汉译世界学术名著丛书

自然哲学

〔德〕黑格尔 著

梁志学 薛华 钱广华 沈真 译

商务印书馆
The Commercial Press
创于1897

G. W. F. Hegel

NATURPHILOSOPHIE

汉译世界学术名著丛书
出 版 说 明

　　我馆历来重视移译世界各国学术名著。从五十年代起，更致力于翻译出版马克思主义诞生以前的古典学术著作，同时适当介绍当代具有定评的各派代表作品。幸赖著译界鼎力襄助，三十年来印行不下三百余种。我们确信只有用人类创造的全部知识财富来丰富自己的头脑，才能够建成现代化的社会主义社会。这些书籍所蕴藏的思想财富和学术价值，为学人所熟知，毋需赘述。这些译本过去以单行本印行，难见系统，汇编为丛书，才能相得益彰，蔚为大观，既便于研读查考，又利于文化积累。为此，我们从1981年着手分辑刊行。限于目前印制能力，每年刊行五十种。今后在积累单本著作的基础上将陆续汇印。由于采用原纸型，译文未能重新校订，体例也不完全统一，凡是原来译本可用的序跋，都一仍其旧，个别序跋予以订正或删除。读书界完全懂得要用正确的分析态度去研读这些著作，汲取其对我有用的精华，剔除其不合时宜的糟粕，这一点也无需我们多说。希望海内外读书界、著译界给我们批评、建议，帮助我们把这套丛书出好。

商务印书馆编辑部
1985 年 10 月

目 录①

---

① 这个目录是译者按照原著正文中的标题编的。

黑格尔《自然哲学》简评

一

黑格尔的自然哲学是十八世纪末到十九世纪初自然科学蓬勃发展的产物。当时,物理学正处于克服接触论和化学论这类最初的电学理论,为建立电磁学、电动力学和电化学奠定基础的时期,正处于克服热质说,形成热的唯动说的时期;化学正处于引入精确定量研究方法,确立化学原子论的时期;生物学正处于自然分类体系取代人工分类体系,酝酿着进化论思想的时期。自然科学取得的这些成就开始揭示出自然界发展的辩证关系,在机械唯物主义自然观上打开了缺口,为黑格尔把整个自然科学作一个百科全书式的概述提供了经验材料。

黑格尔的自然哲学也是德国自然哲学发展的结果。这种自然哲学由雅可布·波墨和莱布尼茨建立起来,经过康德和歌德的发展,到谢林和罗伦茨·奥铿的阶段,对自然科学、尤其是生物学的研究发生了影响。这些德国自然哲学家们都是用高度思辨的头脑,构造他们的自然图景。与机械唯物主义自然观相反,他们认为自然界是一个有机整体,为精神活动所渗透,自然界的一切过程都应该用精神的内在活动来解释,而不应该用物质的外在运动来解释。他们把自然界视为宇宙精神通过矛盾斗争所产生的外化,认为宇宙精神在自然界的发展中经过机械阶段、物理阶段和生命阶段,在人的心灵中达到了自己的充分体现,因而人是整个宇宙发展过程的缩影。黑格尔继承了这一思想传统,力图使它与经验自然科学相结合,建立起自己的包罗宏富的思辨自然哲学。

黑格尔的自然哲学是经过长期酝酿形成的。这个过程包含两个方面:第一,他长期学习自然科学,在耶纳大学当讲师时还旁听过自然科学课程。他是耶纳矿物学会、威斯特伐伦自然研究会和海德堡物理学会的成员,积极参加过自然科学学术活动。通过同自然科学家的交往,通过对自然科学新成就的研究,他为自己的哲学创作汲取了丰富的营养。第二,他长期讲授自然哲学课程,有时也讲授数学和物理学课程;在教学活动的促进下,他不断地研究自然哲学问题,逐步扩大、修改和加深自己对自然界的概括理解,写出了一系列自然哲学著作。

他的第一篇自然哲学著作是他在1801年为取得耶纳大学授课资格而写的论文《论行星轨道》。这篇论文慷慨激昂地批判了牛顿的机械主义和经验主义,强调了把宇宙理解为一个有机整体,展示出他未来的自然观的萌芽;但他根据毕达哥拉斯学派的一个数列,先验地推演行星轨道之间的距离的规律性,断言火星与木星之间不能发现任何星体,而为皮亚齐发现谷神星的经验事实所驳倒,这就表明了他的自然哲学从一开始所具有的根本弱点。

黑格尔在耶纳大学撰写了三部哲学体系草稿。他的第一部草稿,即《耶纳现实哲学》第一部(1803/1804),包含着他的第二部自然哲学著作。这部分自然哲学手稿已经勾画出了未来的自然哲学基本线索,第一篇讲"力学",第二篇讲"化学",第三篇讲"物理学",第四篇讲"有机学"。

他在耶纳大学撰写的第二部哲学体系草稿,即《耶纳逻辑、形而上学与自然哲学》(1804/1805)[①],包含着他的第三部自然哲学著作。在"导论"中,黑格尔阐述了他的自然概念,说"自然界是自我相关的绝对精神",同时论述了思辨哲学的自然考察方式,批评了经验主义的自然考察方式"仅仅停留在非反思的无限性的关系上",而不能把握自然界的真正本质。在第一篇"太阳系"中,黑格尔从一种作为绝对精神的以太出发,分析了空间和时间的统一、物质和运动的统一。他批评了绝对空间和绝对时间的概念,认为这类概念是单调的无限概念;他强调"物质就其本质而言即是运动",认为"惰性物质只不过是形而上学的臆造"。在第二篇"地球系"中,黑格尔分析了重力作用、落体运动、抛物运动、钟摆运动和杠杆原理这些力学问题,分析了化学过程、物理元素、地质过程和矿物起源这些物理学和化学问题。与他后来对待原子论的态度不同,他把原子规定为"质量的量子",认为重力是原子之间的相互关系。与他后来所做的一样,他恢复了四元素说,从火、水、土和气先验地演绎出各种物理物体来。这部手稿没有论述生命有机体的篇章,而且像两极性这样重要的范畴也没有在其中占有什么地位。

他在耶纳大学写出的第三部哲学体系草稿,即《耶纳现实哲学》第二部(1805/1806),包含着他的第四部自然哲学著作。这部

---

① 据基穆尔的考证,这部著作是黑格尔在1804—1805年写的。见基穆尔《关于黑格尔耶纳著作的写作年代》,载西德《黑格尔研究》,第4卷,1967年。

手稿的自然哲学部分写得比较系统。第一篇讲力学,是从以太或绝对物质开始的。他用以太概念规定空间和时间,认为运动是空间和时间的实现,质量是静止和运动的统一。在这里他还没有论述天体系统,没有区分有限力学与绝对力学。第二篇讲形态形成和化学过程,分析了光、重力、弹性、磁和热;第三篇讲物理学,分析了物理物体的形成过程和物理物体的化学过程。在黑格尔看来,物理对象是光和物质的统一,颜色是物理物体的一个环节,伽伐尼电是从化学过程向有机过程的转化。这两篇在结构方面与后来《自然哲学》第二篇有许多不同,这表明黑格尔在对无机自然界的研究中遇到许多难题,因此他的构思改变甚大。第四篇讲有机学,在结构方面同后来《自然哲学》第三篇很相近,但在某些问题的解释上也有不同。例如,他在这里把生命与以太联系起来。

在纽伦堡时期,黑格尔草拟了他的哲学体系。他在《哲学入门》(1809)里,把整个哲学分为三个部分,即逻辑学、自然哲学和精神哲学。他认为,自然哲学和精神哲学与逻辑学不同,可以看作是应用逻辑。自然哲学已经被正式列为他的哲学体系的第二个组成部分。在导论中,他把自然界规定为一个由绝对理念产生的、辩证发展的体系。第一篇"数学"考察的是空间和时间;第二篇"物理学"分为"力学"和"无机物理学",前者考察的是排斥和吸引的统一、物质和运动的统一以及天体运动,后者考察的是光、颜色、磁、电和化学过程;第三篇"有机物理学"考察的是地质过程、植物自然界和动物自然界。自然界的整个发展过程都被黑格尔解释为"自然理念扬弃自身,变为精神的过程"。

在海德堡时期,黑格尔系统地讲授《哲学全书纲要》(1816——

1817）。这部哲学全书发表于 1817 年，在 1827 年第二版和 1830 年第三版时又作了修订和增补；它的第二部分就是他最后酝酿成熟的《自然哲学》。这部著作构成了他用唯心辩证法对当时的自然科学知识所作出的百科全书式的概述。

二

黑格尔在他的《自然哲学》"导论"里讲了三个问题，那就是如何看待自然、如何考察自然和如何划分自然。他对这三个问题的回答，构成了他的整个自然观的纲要。

作为一个客观唯心主义者，黑格尔认为，"自然是作为他在形式中的理念产生出来的"（VII_1,23），"自然界是自我异化的精神"（VII_1,24）。他把丰富多彩、千变万化的自然现象歪曲为精神的外壳，说精神总是包含于自然之中，各种自然形态仅仅是概念的形态。在他的哲学体系里，如果说逻辑是精神的伊利亚特，它的目标是从它自身产生出自然界来，那么，自然则是精神的奥德赛，它的目标是自己毁灭自己，打破自己的直接感性东西的外壳，像芬尼克斯那样，焚毁自己，以便作为精神从这种得到更新的外在性中涌现出来。因此，黑格尔给他的自然哲学提出的根本课题就是"扬弃自然和精神的分离，使精神能认识自己在自然内的本质"（VII_1,23）。显然，这种主张精神产生自然，又解脱自然外壳的自然哲学是唯心主义自然观，是变相的宗教创世说。费尔巴哈写道，"黑格尔关于自然、实在为理念建立的学说，是用理性的说法来表达自然为上帝所创造、物质实体为非物质的、亦即抽象的实体所创造的神学学说"①。

但是,作为一个唯心辩证法家,黑格尔也同时认为自然界是辩证发展的过程。他说,"自然必须看作是一种由各个阶段组成的体系,其中一个阶段是从另一个阶段必然产生的"(VII₁,32)。前一个阶段的产物总是后一个阶段的产物的基础。每一阶段的产物,除了自身特有的属性以外,还具有低级阶段的产物的一切属性。绝对精神内部的矛盾过程导致自然界从一个阶段到另一个阶段的转化。"引导各个阶段向前发展的辩证的概念,是各个阶段内在的东西"(VII₁,33)。他既批评了那种认为自然事物通过量变从不完善逐渐达到完善的进化说,也批评了那种认为自然事物从完善逐渐退化为不完善的流射说。他认为,两种学说都是片面的、表面的;实际上,"永恒的神圣的过程是一种向着两个相反方向的流动,两个方向完全相会为一,贯穿在一起","较前的阶段一方面通过进化得到了扬弃,另一方面却作为背景继续存在,并通过流射又被产生出来。因此,进化也是退化"(VII₁,41)。他着重批评了那种只讲量的变化,忽略质的区别的进化说。他写道,"概念是按质的规定性分化的,而在这种情况下就一定造成飞跃。自然界里无飞跃这个先前的说法或所谓的规律,完全和概念的分裂过程不相容"(VII₁,36)。恩格斯指出,"黑格尔的最大功绩是在于他第一次把整个自然的、历史的和精神的世界都看作一种过程——即永恒的运动、变化、转换和发展的过程,并企图去揭示这些运动和

---

① 《关于改造哲学的临时纲要》,见《18世纪末—19世纪初德国哲学》,北京1960年,第538页。

发展的内在联系"①。

关于如何考察自然,黑格尔同样作出了辩证唯心主义的回答。他的答案在于把认识自然的理论态度与改造自然的实践态度统一起来。他既批评了那种从感性知识出发,不发挥能动性,一味静观默想的片面理论态度,也批评了那种从利己欲望出发,无视客观规律,肆意砍伐自然的片面实践态度。他指出,前一种态度包含着普遍性,而没有包含规定性,后一种态度包含着个别性,而没有包含普遍的东西。对于片面的理论态度"我们也许可以说,连动物也不会像这种形而上学家那样愚蠢,因为动物会扑向事物,捕捉它们,抓住它们,把它们吞食掉"(VII_1,16)。片面的实践态度只是涉及自然界的个别产物,或者说,涉及这些产物的个别方面,"但人用这种方式并不能征服自然本身,征服自然中的普遍东西,也不能使这种东西服从自己的目的"(VII_1,10)。他把考察自然的方式规定为"概念的认识活动"。在这种活动中,我们要强迫自然界这位普罗丢斯停止他的变化,在我们面前显现自身和说明自身;在这种活动中,我们要从个别上升到普遍,从现象深入本质。这样,通过把握这种内在的东西,理论态度和实践态度的片面性就得到了克服,主体和客体就达到了统一。毋庸置疑,黑格尔在这里讲的是作为主体的精神如何认识隐藏在客体中的精神的问题,也就是说,他是用唯心主义对存在与思维的同一性问题作了肯定的回答,但他坚持实践和理论、个别和一般的统一,这却包含着关于认识自然和改造自然的辩证关系的正确思想。

①　《反杜林论》,北京1960年,第22页。

在回答如何考察自然的问题时,黑格尔大力强调了自然哲学必须以自然科学为基础。他指出,"哲学与自然经验不仅必须一致,而且哲学科学的产生和发展是以经验物理学为前提和条件"(VII₁,11);"自然哲学在物理学使它达到的立脚点上,接受物理学从经验中给它准备的材料,并把这种材料重新加以改造"(VII₁,18)。他呼吁,物理学必须帮助哲学工作,以便哲学能把提供给它的知性认识的普遍东西译成概念。但同时,黑格尔也批评了那种蔑视思维,以纯粹经验主义为标榜的自然科学家们。他说,经验物理学自命完全从属于知觉和经验,因而同自然哲学相对立。但事实上必须向经验物理学指出,经验物理学包含的思维比它承认和知道的要多得多,它的情形比它想象的要好;或者说,如果它认为自己包含的思维几乎完全是某种坏东西,它的情形就比它想象的要坏。他用嘲笑的口吻说,"假使物理学仅仅基于知觉,知觉又不外是感官的明证,那么物理学的行动就似乎仅仅在于视、听、嗅等等,而这样一来,动物也就会是物理学家了"(VII₁,12)。黑格尔认为,自然科学同样是用思维方式考察自然,只不过它所使用的范畴不是辩证法的,而是抽象片面的知性范畴罢了。这些见解诚然是黑格尔站在思辨哲学的立场上提出的,但对于正确解决哲学与自然科学的关系问题,却具有深刻的启发意义。

黑格尔把自然界划分为力学、物理学和有机学这三个领域。这种划分的目的就是要表明概念在自然界里自己规定自己,达到具体的普遍性或总体的过程,要表明自苦对象在精神的支配下提高自己的组织程度,达到独立的有机生命的过程。黑格尔认为,在力学领域里,物质系统的各个规定或环节彼此处于外在状态,它们所包含的概念还没有把它们组织为有机整体,它们都是在自身之外寻求自己的中心;在过渡到物理学领域以后,内在的概念就把各个物理物体或元素组织到一起,使它们彼此具有一种反映的关系;但这种物理形态或系统在外部偶然性面前还不能自己保持自己,而总是趋于瓦解;只有发展到有机领域,才出现了具体的总体,出现了能够自我保持、自我组织和自我繁殖的有机生命,这种自为存在着的总体或形态以自身为目的,征服了自己内部的和自己周围的各个环节,把它们降低为手段,于是那种自己规定自己的概念就在生命里找到了自己。黑格尔的这种划分不仅在当时是很完备的,而且就现代的自然科学水平来说,也是饶有趣味的。只要我们剥开他的唯心主义外壳,通观他从物质的属性、作用和组织方面研究形态形成或系统演进的过程,我们就会对他的天才猜测感到惊讶!

黑格尔认为,在这种概念由抽象到具体、自然由低级到高级的发展阶序中,每个阶段都是一个独特的自然领域。每个系统都是在其发展阶段的特定范围内反映整个宇宙;它的完善程度可以由它反映整个宇宙的程度来衡量。因此,"对于任何物体都要按照其特殊范围加以处理"(VII₁,172)。黑格尔正确地批判了还原论。在物理学领域里,他批判了那种把物理系统归结为力学系统的机械论,认为机械论把力学关系作了不合理的推广,抹煞了物理物体的特性;在有机学领域里,他批判了那种把生命系统归结为原子组合的化学论,认为化学论并不能穷尽物体的本质,无论是同化过程和异化过程,还是生物的组织和功能,都不能用化学论解释清楚。但是,他在批判机械论时却导致了否认数学方法应用于物质世界的量的方面的普遍有效性,在批判化学论时却否定了化学原子论,而恢复了陈旧的四元素说。诚然,黑格尔的确认识到了分析高级系统对于分析低级系统的巨大意义。例如,他在谈到生命系统时说,"为了理解低级阶段,我们就必须认识发达的有机体。因为发达的有机体是不发达的有机体的尺度和原型"(VII_1,655)。但是,他却往往把高级系统的属性强加到某些业已研究清楚或暂时尚未研究清楚的低级系统或对象上,或者说,把这些低级系统或对象人为地提高为高级系统,作出种种拟人论的解释。例如,他说潮汐是月亮想飞向地球,以解除其干渴;电是物体的愤怒情绪。凡此种种,都表现了黑格尔的自然哲学的内在矛盾,表现了这种哲学既有正确的、合理的见解,又有错误的、荒谬的思想。

黑格尔在他的《自然哲学》第一篇"力学"里考察的,是空间和时间、物质和运动以及天体运动。他批评了康德时空观中的主观唯心主义成分,而接受了其中的正确规定,即认为空间和时间是单纯的形式。他肯定了牛顿把空间和时间规定为自然界存在的客观形式,而批评了牛顿把空间和时间同物质运动割裂开的观点。他说,有人以为空间"必然像一个箱子,即使其中一无所有,它也仍然不失为某种独立的特殊东西。可是,空间是绝对柔软的,完全不能作出什么抵抗";"人们绝不能指出任何空间是独立不依地存在的空间,相反地,空间总是充实的空间,绝不能和充实于其中的东西分离开";"相对空间是某种更高的东西,因为它是任何一个物体的特定空间"(VII_1,47)。他又说,有人以为一切事物都是在时间中产生和消逝的,如果抽去一切事物,那就只剩下空洞的空间和时间;但是,"一切事物并不是在时间中产生和消逝的,反之,时间本身就是这种变易,即产生和消逝,就是现实存在着的抽象,就是产生一切并摧毁自己的产物的克洛诺斯";"事物本身就是时间性的东西,这样的存在就是它们的客观规定性。所以,正是现实事物本身的历程构成时间"(VII_1,54—55)。黑格尔在批判牛顿的绝对时空观时,论证了空间和时间依赖于运动着的物质,肯定了"空间与时间从属于运动"(VII_1,65)。不难看出,黑格尔思辨地猜测到了爱因斯坦在用曲面几何学解释引力运动时依据的时空模型。正像笛卡尔关于运动不灭的哲学理论是在二百年以后才被自然科学所证实一样,我们同样也可以说,黑格尔关于相对时空的哲学理论是在百年以后才被自然科学所确认。

在黑格尔看来,物质与运动是不可分离的。他正确地认为,运动构成物质的本质,是空间和时间的统一;但他得出物质与运动不可分离的结论的前提,却不是把运动视为物质的谓语,而是把物质视为运动的谓语,因为在唯心主义者黑格尔看来,"运动是真正的世界灵魂的概念。虽然人们已习惯于把运动看作谓语或状态,但运动其实是自我,是作为主体的主语"(VII_1,65)。从这种关于物质与运动的唯心辩证法的前提出发,他一方面批判了那种认为存在着没有运动的物质的机械论观点,指出"属于这种非概念的反思的,是所谓的力被视为移植到物质中,即原来外在于物质,以致恰恰是这种在力的反思范畴中使人看出来的、真正构成物质的本质的空间与时间的统一性,被设定为某种对于物质异在的和偶然的东西,被设定为从外面带进物质里的"(VII_1,64);另一方面,他也批评了那种认为存在着没有物质的运动的唯心论观点,指出"既然有运动,那就有某物在运动,而这种持久性的某物就是物质"（VII₁，67）。他的结论是："就像没有无物质的运动一样，也没有无运动的物质"（VII₁，67）。马克思主义经典作家批判地继承和发展了黑格尔从哲学史和科学史概括出来的这一正确论点，现代物理学进一步证实和丰富了这一正确论点，而那些在上世纪与本世纪之交宣扬"唯能论"的科学家则由于蔑视辩证思维，重犯了黑格尔批判过的错误，受到了历史的嘲笑。

黑格尔对天体运动的考察，仅限于太阳系。他把太阳系当作自己运动的系统。他根据康德在其《自然科学的形而上学基础》中发挥的思想，认为吸引和排斥构成物质，吸引和排斥的矛盾是促使行星运动的力量。他批评了牛顿的"第一推动力"，认为牛顿所讲的有限物质是从外部获得运动，而开普勒所讲的自由物质则是自己使自己运动，因为"天上的形体不是那种在自身之外可能具有运动或静止的本原的形体"（VII₁，97）。这种关于太阳系的辩证法分析，显示了德国自然哲学胜过牛顿天体力学思想的特长。但是，黑格尔又用他的泛逻辑主义三段式强加于这个天体系统。太阳领域被说成概念总体的第一个环节，相当于正题；彗星领域和月亮领域被说成第二个环节，相当于反题；行星领域被说成第三个环节，相当于合题。黑格尔宣称，这四个领域在天空以彼此外在的方式展现出概念的各个环节；自然界的深化只是这四个领域不断改变形态的前进过程。这种关于太阳系的思辨虚构及其在各种物理系统和生命系统中的推广，也无不表现德国自然哲学矫揉造作的弱点。

黑格尔在他的《自然哲学》第二篇"物理学"中考察的，是表现为必然性纽带的隐蔽概念，是在差别和对立中相互反映的个体性。他按照他的"三段式"，把个体性划分为普遍个体性、特殊个体性和总体个体性。

普遍个体性包括三个环节,即自由物理物体、四种元素和气象过程。黑格尔考察了太阳系、元素系统和气象系统的物理性状。他认为,太阳是自身发光的物体,月亮是没有水分的晶体,彗星是彻底透明的含水物体,行星是土质构成的物体,这些自由物理物体构成了一个合乎逻辑推论的天体物理系统。他恢复了恩培多克勒的四元素说,认为元素系统是从天空下降到地上的太阳系,其中气是降为元素的阳光,火是降为元素的月亮,水是降为元素的彗星,土是降为元素的行星。他研究了地球上的元素系统,即气象系统,认为这类物理过程具有各种元素相互转化的特性。这一部分物理学确实包含着许多唯心主义的臆造和陈腐不堪的思想,但也提出不少精辟见解。例如,黑格尔认为光的传播是连续性与间断性的统一。他说,"光是作为物质、作为发光的物体,而与另一个物体发生关系的,因此就存在着一种分离,这种分离在任何情况下都是光的连续性的一种间断。这种分离的扬弃过程就是运动,于是时间也就与这样的间断东西发生了关系"(VII$_1$,141)。他批评了间断的光线观念和连续的光波观念,说这种"认为光按照直线传播的牛顿理论或认为光按照波状传播的波动理论,像欧勒的以太或声响的震荡一样,都是一些物质观念,它们对于认识光毫无裨益"(VII$_1$,141)。这种对于光的传播的猜想,显然类似于百年以后物理学家所提出的光的波粒二象性概念。又如,黑格尔认为"光在自身之外有不同的东西,这就是无光的东西";"光只有通过自己的这种界限,才把自己显现出来";"光本身是不可见的;在纯粹的光里就像在纯粹的暗里一样,我们什么东西也看不到;纯粹的光是黑暗的,就像漆黑的夜色一样"(VII₁,133)。黑格尔的这一见解,恩格斯在《自然辩证法》里曾经给予高度的评价。

特殊个体性包括四个环节,即比重、内聚性、声音和热。黑格尔把比重规定为有重物质各部分的单纯量的关系,把内聚性规定为有重物质各部分的协合关系,把声音规定为物体在其自身的内部振动,把热规定为物体的内聚性的否定。我们应该指出的是,第一,他解决了康德所提出的物质可以无限分割与不可无限分割的二律背反,认为物质的连续性与间断性是统一的,"在弹性中物质部分、原子和分子都被设定为肯定占有其空间的,被设定为持续存在的,同时又同样被设定为不持续存在的,被设定为限量",它们的"连续性根本不能同它们的差异性分离开","物质并不是永远不变的、不可贯穿的东西"(VII₁,203,202,204)。黑格尔的这个思想受到了恩格斯的肯定评价,在自然科学日益深入到物质结构更深层次的凯旋进军中不断得到了证实。第二,他把声音视为"观念东西的自由物理表现",认为它的本质在于"灵魂与物质东西合为一体"。他说,"在物体发出乐音时,我们就觉得自己进入了一个更高的境界。乐音触动了我们最内在的感觉,它之所以能感动我们的内在灵魂,是因为它本身就是内在的、主观的东西"(VII₁,207)。如果我们去掉黑格尔在研究声音时所表现的那种唯心主义意蕴,我们便可以看到,黑格尔接近于把声音这种信息理解为语义内容与物理载体的结合。第三,他认为热来自物体内部的振动,热并不像有重物质那样是独立存在的。他根据美国物理学家伦福德的实验(1806年),批判了热质说。他说,"伦福德关于摩擦生热(例如在钻旋炮膛的情况下)的实验,早已能完全抛开了那种把热视为特殊独立存在的观念;他的实验与热质观念的一切遁辞针锋相对,证明热就其起源和本性而言,纯粹是一种状态的方式";所谓的"热质是知性形而上学在物理学里的纯粹虚构"(VII_1,228,230)。从热的唯动说来看,黑格尔的这一见解表现了他跟随着自然科学前进的步伐,及时作出正确哲学概括的趋势。

总体个体性包括三个环节。第一个环节是包含在普遍东西中的个体性,即磁;第二个是规定自身为差别的个体性,它最初是颜色,最后是电;第三个是从这种差别回到自身的个体性,即化学过程。黑格尔认为,磁是一种用单纯素朴的方式体现概念的本性的物理现象,它以推论的方式表现了对立统一的辩证关系。他说,磁的"两极是两个生动的终端,每一端都是这样设定的:只有与它的另一端相关联,它才存在;如果没有另一端,它就没有任何意义"。"例如,我们就不能割掉北极。把磁体砍成两截,每一截都又是一个完整的磁体;北极又会在被砍断的一截上直接产生出来。每一极都是设定另一极,并从自身排斥另一极的东西;推论的 termini〔各项〕不能单独存在,而只存在于结合中"(VII_1,249)。他指出,在磁现象中"同一的东西恰恰就其为同一的而言,把自己设定为有差别的;有差别的东西恰恰就其为有差别的而言,把自己设定为同一的"(VII_1,264)。因此,那种认为同一就是同一、差别就是差别的形而上学思维方式是不能把握磁现象的,而只有同中求异、异中求同的辩证法思维方式才能理解这种现象。

在颜色学问题上,黑格尔追随歌德,竭力反对牛顿的物理光学。他认为,白光不是复合的,而是单纯的,"引起颜色的正是光明与黑暗的结合"(VII_1,308),从这种结合关系中产生出黄、蓝、红三种基本颜色。他说,绝没有任何一个画家是牛顿派这样的傻瓜;画家们拥有黄色、红色和蓝色,由此配制出其他颜色。牛顿用光学仪器分析光谱的实验,也同样遭到了黑格尔的反对;他认为,这是把主观因素从颜色视觉中排除出去的行径。他说,颜色是由眼睛变幻出来的,是"一种明暗关系在眼里的变形"(VII_1,278);颜色"作为特殊的东西,也是为他物而存在的","这个他物就是我们这种有感觉能力的生物"(VII_1,334)。众所周知,最终还是牛顿的物理光学取得了胜利,歌德的这种基于粗俗体验的颜色学遭到了失败。不过,正像每一个自然科学派别都有其合理因素一样,现代物理学的发展也逐渐展示出歌德颜色学的价值。海森堡在谈到歌德与牛顿的颜色学的对立时指出,"或许我们可以最正确地说,它们所讨论的是实际事物的两个完全不同的层次",从二十世纪物理学的发展中可以看到,"歌德反对物理颜色学的斗争,今天还必须在扩大的战线上继续下去"[①]。海森堡认识到,坚持直观过程与物理过程、主观因素与客观因素的统一有着巨大的认识论价值。

黑格尔对电的考察表现出两种相反的观点。作为唯心辩证法家,他继承着谢林的观点,很重视正电与负电的矛盾。在他看来,"电像磁一样,也出现了这样的概念规定:活动就在于把对立的东西设定为同一的,把同一的东西设定为对立的"(VII_1,345);但在电里对立达到了独特的现实存在,两种电可以彼此分离,保留在不同的物体上,因此电是分裂了的磁。另一方面,当物理学还没有研究清楚电的本性时,作为唯心主义者的黑格尔则把电解释为"思想

---

① 《严密自然科学近年来的变化》,上海 1978 年,第 69—73 页。

的东西"、"物体的自我",说什么"任何物体受到刺激,都会出现物体的愤怒的自我;一切物体都彼此展现出这种活力"(VII₁,349)。

黑格尔对于化学过程的分析,虽然抓住了内在矛盾,肯定了"作为总体的化学过程的一般本性是双重活动,即把统一体分离开的活动和把分离的东西还原为统一体的活动"(VII₁,370),但整个来说,它在形式上还没有完全解脱炼金术的残余,在内容上还落后于随着原子论开始的化学新时代。他在谈到倍比定律时,攻击道尔顿把他的结论隐藏在最坏的原子论形而上学形式中,反对化学原子论。他又用他的"三段式"强加于化学过程,说这种过程是由四类化学元素构成的,氮代表对立的统一,氢代表对立的肯定方面,氧代表对立的否定方面,碳代表对立的再统一。不过,在黑格尔关于化学过程的本质和地位的分析里,也包含着合理的内容。第一,他认为,"化学过程是磁和电的统一,磁和电则是这个总体的抽象的、形式的方面","仅仅以化学过程为载体"(VII₁,362,363)。根据奥斯忒的发现(1819年),他指出磁和电的相互转化关系,断言在化学过程里"这些环节是相互关联和同时并存的"(VII₁,364)。他批评了那种认为磁、电和化学作用绝对分离或完全等同的观点,说"磁、电和化学作用以前认为是完全分离的,彼此毫无联系,每一个都被视为一种独立的分量。哲学已经把握了它们的同一性的观念,但是也明确地保留着它们的差别;物理学最近的表象方式看来又跳到了另一个极端,只认为这些现象有同一性,因此现在确实有必要坚持它们同时相互区别的事实和方式"(VII₁,258)。第二,他把化学过程比作从自然界的散文到自然界的诗词的过渡,说在这两者之间并没有什么不可逾越的界限。他认为,个体性物体是有限的物体,因而理所当然地不能持久;化学过程表现的辩证法把一切物体的属性都弄成了非永久性的,而唯独自为存在的形式是持久的。因此,"化学过程是无机自然界所能达到的顶峰;无机自然界在化学过程里自己毁灭了自己,证明唯有无限的形式才是自己的真理。这样,化学过程就通过形态的衰落而成为向有机界这个更高的领域的过渡"(VII₁,422)。

黑格尔在他的《自然哲学》第三篇"有机物理学"里考察的,是达到其实在性的概念,是凌驾于形式差别之上的个体性,而这种概念或个体性作为充实的、自我性的、主观的总体就是生命。他把生命视为辩证法在自然界里的充分体现,认为"生命是整个对立面的结合"(VII₁,425)。它把外在东西变为内在东西,把内在东西变为外在东西;它既以它自身为自己的目的,又以它自身为自己的手段;它既使它自身成为主体,又使它自身成为自己的客体,并从这种客体回归到自身;因此,在生命这种圆满的总体里,作为结果的东西也是作为原因的东西。生命把内在东西和外在东西、目的和手段、主观东西和客观东西、结果和原因都统一到了自身,所以,"生命只能思辨地加以理解,因为生命中存在的正是思辨的东西"(VII₁,425)。他用他的"三段式"把生命有机体划分为作为普遍主观性的地质有机体、作为特殊主观性的植物有机体和作为个别主观性的动物有机体。

按照当时占统治地位的生物学地质观,黑格尔首先把地质有机体看作生命过程的尸骸或自我异化了的生命。他把地壳的变化过程同生命的演进过程结合起来,认为"地球曾经有一段历史,即它的性状是连续变化的结果";"这些性状表示一系列巨大变革,

这些变革属于遥远的过去";"地球在其表面显示出它自身承负着
过去的植物界和动物界,这两者现在都埋没在地下"(VII₁,434)。
在他看来,地壳的构造有三个层系,即埋藏着海生贝壳化石的原始
岩层,埋藏着鱼类化石的第二岩层和埋藏着两栖类、哺乳类及鸟类
化石的冲积层。他虽然也认识到地球过程的意义是这些形成物的
内在必然联系,但他又作了唯心主义的解释,认为重要的事情是从
中认识概念的行进过程。其次,按照自然界发展的逻辑次序,黑格
尔把地质有机体看作生命过程的基地或生命的无机界。他把地质
有机体同化学过程联系起来,认为地质有机体是绝对普遍的化学
过程,会孕育出生命力来,不过化学的东西在这里丧失了自己的绝
对意义,只是作为环节而继续存在。他认为,极不完善的生命力是
直接发生的。他说,"海洋和陆地所显示的赋予生气的活动的一
般形式是 generatio aequivoca〔自然发生〕"(VII₁,459)。特别是海
洋,在每一点上都迸发出点状性的、暂时性的、发磷光的生命力,构
成无边无际、不可估量的光海。不过这些点并不进一步形成有机
体;如果使它与水分离开,它的生命力就立即衰亡。然而,完善的
生命力,即那种"达到个体存在的、真正的生命力却以其同类属的
另一个体为前提(generatio univoca〔物种产生〕)"(VII₁,459)。在
解决自然发生说与物种产生说的对立问题上,黑格尔的这些观点
也有其正确的地方。

在黑格尔看来,植物有机体是正在开始的、比较真纯的生命
力。植物作为主体已经使自己成为自己的他物,在与他物的相互
关系中保持自己;植物作为主体已经展现出自己的各个部分,使它
们形成一个整体。因此,黑格尔正确地指出,"正如所有知性范畴

整个来说在生命范围内不再成立一样,因果关系在这里也失效了。如果说这些范畴终究还可以使用,那也必须把它们的本性颠倒过来,这样我们就可以说,有生命的东西是它自身的原因"(VII_1,471)。但是,植物作为主体常常被牵引到自身之外,竭力追求阳光,还不能返回自身,真正自己保持自己;它的各个部分同样是一些个体,往往可以单独生殖,还没有形成真正的有机系统。因此,黑格尔说,"植物的纯洁无邪就是使自身同无机东西相关这种无能状态,在这里它的各部分同时都成了其他个体"(VII_1,429)。他特别考察了植物的新陈代谢,指出植物涉及的外在自然是元素,而不是个体化的东西。这些元素包括光、气和水。植物与光相互作用,变得有色有香;植物与气相互作用,进入化学过程,白天吐出氧气,夜里吐出二氧化碳,从而改变了空气;植物与水相互作用,水构成植物的真正营养资料。这就是说,植物的新陈代谢是自养型的;反之,动物的新陈代谢则是异养型的,因为"植物是一种从属性的有机体,这种有机体的使命是把自己呈献给更高级的有机体,以便让更高级的有机体加以享用"(VII_1,549)。

在黑格尔看来,动物有机体是自为存在的、臻于完善的生命力。动物作为主体是在他在中维持自己,把自己的各个部分组成一种真正的有机系统。他说,"动物的各个有机部分纯粹是一种形式的各个环节,它们时刻都在否定自己的独立性,最后又回到统一中去"(VII_1,551)。他批判了机械论的生命观,强调动物这种有机整体是不能机械地加以分解的;"砍掉一个指头,它就不再是指头,而会在化学过程中逐渐瓦解"(VII_1,551)。

关于黑格尔对动物有机体所作的考察,我们应该指出的是:第一,根据德国自然哲学的传统,他提出了一种生物进化论思想。他认为,一切动物都以一种作为普遍原型的绝对精神为其共同来源,动物发展的阶梯是这种普遍原型自我运动的外化表现,而人是这一发展过程的最高阶段,因此,这种最高级的有机体就是普遍原型的最完善的表现。在这个发展过程中,高级动物不仅具有其本身的属性,而且还具有低级动物的属性。高级动物在它的个体发育过程中仿佛重复着低级动物所经历的过程。按照这种观点,黑格尔试图调和居维叶与拉马克的分类原则。他说,居维叶的"动物分类原则比较接近于理念,系指动物的每个更进一步的发展阶段只不过是唯一动物原型的一个更进一步的发展;另一种原则是指有机原型发展的阶梯同动物生命被投于其中的自然元素有本质联系。然而,这种联系只发生于高等动物生命中,低等动物生命同自然元素联系很少"(VII_1,654)。第二,黑格尔并不把动物看作一种绝对稳定的有机系统,而是认为它本身就包含着疾病与死亡的内在可能性。他认为,"健康就是有机体的自我与其特定存在的平衡","就在于有机东西同无机东西有平衡的关系,以致对有机体来说并没有自己无法克服的无机东西存在";反之,疾病则"在于有机体的存在与有机体的自我不平衡"(VII_1,671)。他把有机体的自我解释为精神的普遍性,把有机体的存在解释为物质的个别性,认为这两者在动物中总是处于不符合的状态。"有机体虽然可以从疾病中恢复健康,但因为有机体生来就是有病的,所以在其中隐藏着死亡的必然性,也就是隐藏着解体的必然性"(VII_1,691)。他深刻地揭示了生存与死亡的辩证关系,指出"生命的活动就在于加速生命的死亡"(VII_1,421)。

这样，黑格尔就在他的《自然哲学》的结尾宣布：理念突破了自然的个别性与理念的普遍性的不符合状态，从自然过渡到了精神。

三

黑格尔的自然哲学是在上世纪二十年代最后形成的。在这个时期，随着德国资本主义工业的发展，德国的自然科学研究已经逐步抛弃了思辨自然哲学，转而注重经验和实验。黑格尔不认识这个客观进程，以为德国自然哲学的衰落是由于它被谢林派自然哲学家糟踏坏了，而没有得到精心的保护。因此，他比任何德国自然哲学家都用了更大的力量，详细地研究当时的自然科学成就，力图把丰富的经验材料和高度的思辨构想结合起来，以期挽救自然哲学在自然科学研究中的地位。然而，他不仅没有达到预期的目标，而且也没有得到谢林自然哲学曾经享有过的盛誉。如果说，谢林自然哲学问世以后，还获得了许多自然科学家的拥护，他们争先恐后地到那空气新鲜、阳光充足的大自然中去，放声欢呼，手舞足蹈，作过一场精彩的表演，那么，黑格尔自然哲学诞生以后，则在自然科学家当中不仅没有获得这样的拥护，而且遭到了越来越多的奚落，以至不得不同谢林自然哲学一道归于沉寂。

著名化学家李比希年轻时曾经是谢林自然哲学的拥护者，后来在回顾这个阶段的时候说道："我也经历过这个时期，它充满空话和幻想，但就是缺乏真正的知识和切实可靠的研究；它浪费了我两年宝贵的生命。当我从这个陶醉状态清醒过来以后，我真无法形容我所感到的厌恶"①。他把德国自然哲学叫作"罗织为自然科学扇子的退化研究"。著名生物学家施莱登说,"在独断论歧途上陷于紊乱的哲学家,特别是谢林派和黑格尔派的哲学家",是与自然科学相对抗的。黑格尔的自然哲学"形成一连串粗鲁的经验错误,毫无价值的批判或不加任何评价的引文堆积"②。德国著名数学家高斯在给舒马赫的信中指出,"您不大相信职业哲学家们的概念和规定中的混乱,这不大奇怪";"即使您看一看现代哲学家——谢林、黑格尔以及他们的同谋者,您也会由于他们的规定而毛发竦然"③。德国自然科学家洪堡特把谢林和黑格尔的自然哲学流行的时期概括为在自然科学发展方面"一个仅仅值得遗憾的时期,德国远远落后于英国和法国的时期"④。他以当时德国化学研究的情况为例,指出自然哲学家们都是力求不弄湿双手,而用思辨方法解决一切问题的。

　　黑格尔完成了德国自然哲学,可是他在自然科学家当中遭到了普遍的厌恶。他的自然哲学确实包含着许多常识错误、虚构和幻想,从这方面说,它也实在应该得到这种遭遇。然而这并不是自然科学家反对黑格尔自然哲学的唯一原因,因为正如恩格斯指出的,"当我们要寻找极端的幻想、盲从和迷信时,如果不到那种像德国自然哲学一样竭力把客观世界嵌入自己主观思维框子里的自然科学派别中去寻找,而到那种单凭经验、非常蔑视思维、实际上

① 转引自奥斯特瓦尔德《自然哲学演讲录》,莱比锡1905年,第1页。
② 《谢林和黑格尔对自然科学的关系》,莱比锡1844年,第22页,第60页。
③ 《高斯与舒马赫之间的书信》,阿托那1862年,第4卷,第337页。
④ 《洪堡特致瓦恩哈根·封·恩泽的书信集》,莱比锡1860年,第90页。

走到了极端缺乏思想的地步的派别中去寻找,那么我们就大致不会犯什么错误"①。问题在于,正当自然过程的辩证性质迫使人们不得不接受的时候,正当只有辩证法能够帮助自然科学战胜理论困难的时候,经验主义自然科学家并没有看到黑格尔自然哲学中包含的许多有见识的合理内核,反而把它的辩证法思想和它的唯心主义虚构一起抛到九霄云外,因而又无可奈何地堕落到旧形而上学中去了。这才是在自然科学研究中蔑视黑格尔自然哲学的重要原因。

与经验主义自然科学家全盘否定黑格尔自然哲学的态度相反,马克思主义奠基人对黑格尔自然哲学作了全面的、历史的科学分析。首先,恩格斯指出,"在旧自然哲学中有许多谬见和空想,可是也不比在当时经验主义的自然科学家的非哲学理论内所包含的为多,至于在它里面还包含着许多有见识的和合理的东西,那么这点自从进化论传播以来,已开始为人们所了解了"②。恩格斯在概括当时的自然科学成就,撰写《自然辩证法》时,批判地继承了黑格尔自然哲学(包括逻辑学的自然哲学部分)所包含的这些有见识的和合理的东西。其次,恩格斯批判了黑格尔自然哲学的唯心主义出发点,他明确指出,"在我说来,事情不能在于把辩证法的规律,从外注入于自然界中,而是在于在自然界中找出它们,从自然界里阐发它们"③。他批评了黑格尔自然哲学的种种缺点,指出它们一方面是从黑格尔体系本身而来的,另一方面,也与当时自

---

① 《自然辩证法》,北京1955年,第29页。
② 《反杜林论》,北京1960年,第8页。
③ 同上,第9页。

然科学的状况有关。当时,自然科学还没有建立起细胞学说、能量守恒和转化定律以及生物进化论,因而还不能使人们对各个自然过程的相互联系有大踏步的前进,系统地描绘出一幅自然界发展的科学图景。关于黑格尔自然哲学的历史命运,恩格斯说,"随着唯心论出发点的没落,在它上面建立起来的体系,因而特别是黑格尔的自然哲学,也就没落了"①。

恩格斯在谈到经验主义自然科学家否定黑格尔哲学的态度时指出,虽然他们反对唯心主义的出发点和违背事实的任意虚构是正确的,但"蔑视辩证法是不能不受惩罚的"②。果然,在十九世纪末和二十世纪初,当物理学从古典力学过渡到相对论力学,物质结构学说从原子水平深入到电子水平的时候,那些蔑视辩证法的物理学家就遭到了惩罚。旧的机械唯物主义自然观崩溃了,产生了许多唯心主义的结论。正如列宁说过的,"新物理学陷入唯心主义,主要就是因为物理学家不懂得辩证法"③。二十世纪自然科学的一系列伟大发现,逼着自然科学家再也不能让自己的头脑束缚在旧形而上学的枷锁中。他们经过长期艰苦的摸索,走过种种迂回曲折的道路,克服了许许多多的阻碍,终于自觉或不自觉地接受了自然发展过程的某些辩证性质。所以,现在有一些自然科学家确实改变了对待黑格尔自然哲学的态度,谈到这位唯心辩证法大师对二十世纪某些物理学成就的预见,认为他的思维方法对于克服当前自然科学理论难题可能有所帮助。例如,西德生物学家迈

---

① 《自然辩证法》,北京 1955 年,第 27 页。
② 同上,第 37 页。
③ 《唯物主义和经验批判主义》,北京 1960 年,第 262 页。

耶尔—阿比希试图借用黑格尔的由抽象到具体的方法,建立理论生物学[①];著名物理学家魏扎克强调黑格尔哲学对于理解科学的意义[②];玻恩重视黑格尔对康德"自在之物"的批判[③];薛定谔高度评价了黑格尔的发展观[④]。

随着现代自然科学家的态度的这种变化,有些研究黑格尔的资产阶级学者也开始重视他们的先辈所长期忽视的黑格尔自然哲学。最近重新出版了一些黑格尔自然哲学著作,召开过一些涉及黑格尔自然哲学的学术讨论会。不容否认,有些研究黑格尔的资产阶级学者在黑格尔自然哲学著作的编辑、考证和注释方面做了不少有益的工作,但同时我们也看到一种值得注意的趋势。它的一个表现形式在于摘引黑格尔《自然哲学》的个别字句,把它们解释成某些现代自然科学原理。例如,美国施泰费尔丁在正确地反驳那种认为黑格尔《自然哲学》纯属荒谬的见解时,就走到了另一个极端,竟然认为"黑格尔关于热的规定很容易被解释为热力学第二定律的自然哲学表达"[⑤]。另一表现形式在于把黑格尔《自然哲学》歪曲为"彻底的实在论",用以对抗马克思主义自然辩证法。例如,英国封德里就把黑格尔的自然哲学解释成"一种十分值得注意的实在论和唯物论的基础",竭力否认自然辩证法与旧自然哲学的根本对立,胡说什么黑格尔的辩证法"也不可能由卡尔·

① 《自然哲学的新途径》,斯图加特1948年。
② 《科学的重要性》,斯图加特1966年,第92页。
③ 《我的生活与观点》,莫斯科1973年,第126—127页。
④ 《物理学的新途径》,莫斯科1971年,第32页。
⑤ 见西德《物理学丛刊》1961年第9期。

马克思倒转过来,以脚立地"①,这就完全暴露了他维护唯心主义的立场。

马克思主义的辩证唯物主义自然观建立以后,黑格尔的自然哲学已经成为被扬弃了的理论遗产。因此,任何复活旧自然哲学的企图都不仅是多余的,而且是倒退的。但是,旧自然哲学也提出了一些天才的思想,预测到一些后来的发展,所以,批判地研究这份富有内容的理论遗产,仍然有着现实的意义。列宁在《论战斗唯物主义的意义》里提出,为了抵抗种种反动哲学流派对现代自然科学的侵袭,为了找到自然科学革命所提出的种种哲学问题的解答,就应该从唯物主义的观点对黑格尔的辩证法进行系统的研究。恩格斯根据他那个时代达到的自然科学成就,批判地研究了黑格尔自然哲学,建立了辩证唯物主义自然观,给我们树立了光辉的榜样。现在摆在我们自然辩证法工作者面前的一项任务,就是要根据现代自然科学的成就,从辩证唯物主义的观点进一步研究黑格尔自然哲学,推动我们的自然辩证法研究工作,正像那种美化黑格尔自然哲学的趋势是错误的一样,否认研究黑格尔自然哲学的意义也同样是错误的。

梁 志 学

1978 年 12 月

---

① 《黑格尔的现实》,载法国《哲学文库》1961 年第 3/4 期。他在他后来所写的《黑格尔〈自然哲学〉前言》(米勒尔英译本,牛津 1970 年)、《黑格尔对目的论的应用》(人斯泰因克兰斯编《黑格尔哲学新探》,纽约 1971 年)和《黑格尔与物理学》(载西德《黑格尔研究》1974 年第 II 卷)中,进一步发挥了诸如此类的谬论。

导　论

〔**附释**〕我们也许可以说，在我们的时代，哲学是不可能欢享什么特殊宠爱的，起码不可能像先前那样得到承认，认为哲学研究必须构成其他一切科学教养和专业研究不可缺少的先导和基础。但不管怎样，有一点无疑可以认为是说得正确的：自然哲学正在遭到特别巨大的厌恶。我不想详尽谈论这类反对自然哲学的偏见在多大程度上格外有理，不过我也不能完全避而不谈这个问题。自然哲学观念，如它在新近时期已经展示出来的那样，可以说当它的发现给人以最初步的满足时，就被那些生手草草抓去了，而没有得到思维理性的精心保护，而且它与其说是遭到自己的反对者的沉重打击，还不如说是遭到自己的拥护者的沉重打击[1]；在一个思想大振奋时期，常常出现这种情况，这是难免的。自然哲学观念在许多方面，甚至绝大部分，已被变成一种浅薄的形式主义，被颠倒成一种供肤浅思想和虚幻想象力使用的没有概念的工具。理念，或者更正确地说，理念的被扼杀的形式，已被用于离开正道的行径，这种行径我不想更详细地描述。早在《精神现象学》前言者，我就已经谈了很多这方面的情况。因此，无论是较有见识的自然直观，还是粗糙的经验主义，无论是由理念引导的认识，还是肤浅抽象的知性，都不再理睬这类既离奇又自负的无谓做法，就不足为怪了。

这种做法甚至把粗糙的经验主义和未经理解的思想形式,把完全任意的想象和最平庸的表面类比方式,杂乱无章地混在一起,并把这样的杂拌汤冒充为理念、理性、科学和神圣认识,把缺乏任何方法和科学性冒充为科学性的最高顶峰。由于这种欺诈行为,自然哲学,尤其是谢林哲学就信誉扫地了。

但因为对理念的这类乖离和误解而抛弃自然哲学本身,则完全是另一回事。经常有这种情形发生:那些对憎恨哲学着了迷的人,是盼望滥用和颠倒哲学的,因为他们正在利用这种颠倒的东西,以诋毁科学本身。他们给抛弃这种颠倒的东西作论证,也是想用含混不清的方式证明他们已经击中了哲学本身。

鉴于对自然哲学现有的误解和偏见,阐明这门科学的真正概念,也许看来首先是适当的。但我们一开始就遇到的这种对立,可以看作是某种偶然的和外在的东西,而我们也可以立即把那一套做法放在一边。这种更多地会变成论战的讨论,本身并不是什么快事;这种讨论中可能包含的有教益的东西,一部分会归入科学本身,一部分也不会那么有教益,可以更多缩减这部百科全书的篇幅。对于这部百科全书丰富的材料来说,现有的篇幅本来就很有限。因此我们只好限于业已作出的陈述,它可以看作是对那类研究方法的一种抗议,可以看作是一种申告,说明在本书的阐述中是不能期望有这样的自然哲学思考的。这种哲学思考常常显得光辉夺目,引人入胜,至少也令人惊奇,而且能够使那些竟敢自认在自然哲学中看到灿烂火花,因而可以不动脑筋的人们心满意足。我们在这里所做的,不是想象力的事情,不是幻想的事情,而是概念的事情,理性的事情。

(VII₁,5)

　　因此就这一方面来说,我们在这里是不能讨论自然哲学的概念、任务和方式方法的。不过在论述科学之前事先规定它的对象和目的,规定其中应予考察的内容和考察这种内容应使用的方法,总还是需要的。如果我们对自然哲学的概念作更精确的规定,自然哲学和它的颠倒形式的对立就将自行消除。由于哲学科学是一个圆圈,其中每一环节都有自己的先行者与后继者,而自然哲学在这部百科全书里仅仅表现为整体的一个圆圈,所以自然界之产生于永恒理念、自然界之创造,以至自然界之必然存在的证明,就都包含在前面讲的东西(§. 244)里了;在这里我们必须假定前面讲的东西已为大家所知。如果我们想大体确定自然哲学是什么,那么把自然哲学同其确然相反的东西分开,便是我们的最好办法,因为作任何规定都需要两个方面。我们首先看到自然哲学和一般自然科学,和物理学、自然史、生理学,有一种独特的关系,自然哲学本身就是物理学,不过是理性物理学。从这一观点来看,我们就必须理解自然哲学,特别是确定它和物理学的关系。有人这时可能以为这种对立是新的东西。自然哲学也许首先被看作是一种新的　（VII₁,6）科学;这从一种意义上说,当然是正确的,但从另一意义上讲则不然。因为自然哲学是古老的,同一般自然考察一样古老;自然哲学与一般自然考察没有区分开,甚至比物理学还要古老,例如亚里士多德的物理学,就主要是自然哲学,而不是物理学。两者互相分离,不过是近代的事情。我们在一门科学内已看到这种分离,这门科学在伏尔夫哲学里已作为宇宙论和物理学区分开,并被认为是关于世界或自然的形而上学,然而这种形而上学还限于完全抽象的知性规定。这种形而上学与我们现在理解的自然哲学相比,确

实离物理学更远[2]。关于物理学和自然哲学的这种区别以及它们
相互对立的规定,我们首先必须指出,两者的互相分别并不像起初
想象的那么大。物理学和自然史,首先被叫作经验科学,自命完全
从属于知觉和经验,因而同自然哲学,即这种从思想出发的自然知
识相对立。但事实上首先必须向经验物理学指出的是,经验物理
学包含的思想比它承认和知道的要多得多,它的情形比它想象的
要好;或者说,如果经验物理学认为自己包含的思想几乎完全是某
种坏东西,它的情形就比它想象的要坏。所以物理学和自然科学
并不是像知觉和思维那样相互区别的,而是仅仅通过思维的方式
和方法相互区别的;它们两者都是对自然界的思维的认识。

　　这就是我们首先打算考察的问题,即思维何以首先在物理学
中存在;于是第二,我们就必须考察自然界是什么;然后第三,必须
作出自然哲学的划分。

(VII₁,
7)

A　考察自然的方法

　　〔**附释**〕为了找到自然哲学的概念,我们必须首先指明一般自
然知识的概念,其次说明物理学和自然哲学的区别。

　　自然界是什么?我们想用自然知识和自然哲学来回答这个一
般的问题。我们觉得自然界在我们面前是一个谜和问题,一方面
我们感到自己需要解决这个谜和问题,另一方面我们又为它所排
斥。之所以说我们为自然界所吸引,是因为其中预示着精神;之所
以说我们为这一异己的东西所排斥,是因为精神在其中不能找到
自己。因此亚里士多德才说,哲学是以惊异发端的[3]。我们从知觉

开始,我们搜集有关自然界的各种各样的规律和形态的知识;这样的做法本身就可以向外、向上、向下和向内达到无穷的细节,正因为在这些方向上看不到终点,这种做法就不会使我们满意。在所有这些知识财富中都会在我们面前重新出现或正好产生这个问题:自然界是什么? 自然界仍旧是一个问题。当我们看到自然界的过程和变化时,我们就想把握它的单纯的本质,强使这位普罗丢斯停止他的变化,在我们面前显现自身和说明自身[4]。这样,这位普罗丢斯就不仅会向我们呈现多种多样的、常常是新的形式,而且会以较简单的方式通过语言使我们意识到他是什么。这种关于存在的问题,有各种各样的意义,而且常常只能有一种名称的意义,像人们问这是一种什么植物时那样,或者,如果已经有了名称的话,也只能有直观的意义;如果我不知道什么是罗盘,我就请人把这种工具指给我看,于是我就说现在我知道罗盘是什么了。同样地,当我们问这位是什么人时,这里的系词"是"也具有等级的涵义。但是,当我们问自然界是什么时,就不是这个意思。在我们想要认识自然哲学时,我们在此想要研究的,正是我们从什么意义上在此提出"自然界是什么"这个问题。 (VII₁,8)

我们很想能立即飞向哲学的理念,说自然哲学应给我们提供自然界的理念。如果我们这样来动手,事情就可能变得不清不楚。因为我们必须把理念本身理解为具体的,从而认识它的不同规定,然后把这些规定总括在一起;因此,为了获得理念,我们必须经过一系列的规定,只有通过这一系列的规定,理念才会对我们形成。如果我们现在把这些规定归入自己所熟悉的形式,并说我们是想用思维的方式对待自然,那么,首先还有其他一些对待自然的方

式。在这里我提到这些方式,不是为了周详求全,而是因为我们从
其中会找到一些基础或要素,它们对于认识理念是必不可少的,并
分别通过其他自然考察方式很早就为我们意识到了。这样,我们
就将到达一点,在那里我们所从事的活动的固有特点会突出显示
出来。我们对待自然界的态度,一方面是理论的,一方面是实践
的。通过理论的考察,会给我们显示出一种矛盾,这种矛盾将从第
三方面把我们引向我们的观点。为了解决这一矛盾,我们必须附
加实践关系所特有的东西,这样,实践关系就会同理论关系统一起
来,聚合为总体。

（VII₁,
9）

§. 245

　　人以实践态度对待自然,这时自然是作为一种直接的和外在
的东西,他自己是作为一种直接外在的、因而是感性的个体,不过
这种个体也有理由把自己规定成为同自然对象对立的目的。按这
种关系考察自然,就产生有限目的论的观点（§. 205）。在这种观
点中我们看到一个正确的前提,即自然本身并不包含绝对的终极
目的（§. 207—211）。但这种考察是从特殊的有限目的出发,这
时它一方面就使这种目的成了前提,这些前提的偶然内容本身甚
至可以是无足轻重的和乏味的;另一方面,目的关系本身则要求有
一种比按照外在有限关系进行理解更为深刻的理解方式,即概念
的考察方式。概念就其本性来说,一般是内在的,因而是内在于自
然本身的。

　　〔附释〕对自然的实践态度一般是由利己的欲望决定的;需要
所企求的,是为我们的利益而利用自然,砍伐它,消磨它,一句话,

毁灭它。这里立即进一步出现了两种规定。α）实践态度只是同自然的个别产物有关，或者说，同这种产物的个别方面有关。人的必需和智慧曾发明无数多的运用和征服自然的方式。索福克勒斯说道：

οὐδὲν ἀνθρώπου δεινότερον πέλει，——

ἄπορος ἐπ' οὐδέν ἔρχεται.

（世上没有什么比人更能干，

他做什么都不会束手无策。）[5]

不管自然展示和发出什么力量——严寒、猛兽、洪水、大火——来反对人，人也精通对付它们的手段，而且人是从自然界取得这些手段，运用这些手段对付自然本身的；人的理性的狡计使他能用其他自然事物抵御自然力量，让这些事物去承受那些力量的 (VII₁,
10)
磋磨，在这些事物背后维护和保存自己。但人用这种方式并不能征服自然本身，征服自然中的普遍东西，也不能使这种东西服从自己的目的。β）实践态度的另一特点在于，这里的终极东西是我们的目的，而不是自然事物本身，我们把这些事物变成手段，其使命不取决于它们本身，而取决于我们，例如我们把营养物变成血液时，就是如此。γ）产生的结果就是我们的满足感，我们的自我感觉。由于缺乏某种东西，我们的自我感觉曾陷于紊乱。饥饿时存在于我之内的对我自身的否定，同时也是作为一种与我本身不同的东西，作为一种需要消耗的东西而存在的。我的行动就是要扬弃这一对立，因为我可以使这种他物与我同一，或者通过牺牲事物来恢复我与我自己的统一。

先前如此为人喜爱的目的论考察，虽然也以同精神的关系为基础,但只是坚持外在的合目的性,从有限的、囿于自然目的的精神所具有的意义上去理解精神。由于这类有限目的陈腐无味,而这种目的论考察却指明自然事物对这类目的有用,所以这种考察就辜负了自己展示神智的信用。但目的概念并不是单纯外在于自然的,像我说"羊毛之所以存在,只是为了我能用以给自己做衣"时那样;这里确实经常出现一些蠢事,例如有人就像《讽喻短诗》中说的那样来赞美神智,说上帝让软木树为做瓶塞而生,让本草为治病胃而生,让朱砂为制胭脂而生[6]。目的概念,作为内在于自然事物的概念,是这些事物的单纯规定性。例如植物的种子,就现实可能性来讲,包含着会在树上长出的一切,因此作为合目的的活动,也只是趋向自我保存。亚里士多德就已经在自然界认识到了这个目的概念,并且把这种活动称为事物的本性[7]。因此,真正的目的论考察在于把自然看作在其特有的生命活动内是自由的,这种考察是最高的。

(VII₁,11) 这段左侧

§. 246

现在称为物理学的东西,以前叫作自然哲学,并且同样也是对自然界的理论考察,而且正是思维考察。一方面这种考察并不是从外在于自然的规定出发,如从那些目的的规定出发;另一方面它是以认识自然界里的普遍东西为目标,即以认识力、规律和类属为目标,所以这种普遍的东西同时在自身也就能得到规定;其次,这样的内容也不应该是一种单纯的集合体,而是必须分为纲目,呈现为一种有机体。既然自然哲学是概念的考察,所以它就以同一普遍的东西为对象,但它是自为地这样做的,并依照概念的自我规定,在普遍的东西固有的内在必然性中来考察这种东西。

〔**说明**〕关于哲学和经验科学的关系,我们在全书导论中已经讲过了。哲学与自然经验不仅必须一致,而且哲学科学的产生和发展是以经验物理学为前提和条件。但是,一门科学的产生进程和准备工作是一回事,科学本身则是另外一回事;在后者中,前者不可能再表现为基础,这里的基础毋宁说应该是概念的必然性。上面我们就已提到,在哲学的进程里除了要按照对象的概念规定来论证对象外,还要进一步指出同这种规定相应的经验现象,指明 (VII₁,12) 经验现象事实上与概念规定一致。然而就内容的必然性来说,这样做绝不是诉诸经验,更不容许诉诸过去叫作直观的东西,诉诸往往不过是按照类比作表象和想象(甚至狂想)的做法,这些类比可能较为偶然,也可能较为重要,只是从外面强加给对象一些规定和图式(§. 231"说明")。

〔**附释**〕在对自然的理论态度上,α)首先是我们退出自然事物,让它们如实存在,并使我们以它们为转移。这时我们是从关于自然的感性认识出发。然而,假使物理学仅仅基于知觉,知觉又不外是感官的明证,那么物理学的行动就似乎仅仅在于视、听、嗅等等,而这样一来,动物也就会是物理学家了。但是,从事于视、听等等活动的却是一种精神,一种能思维的生物。现在如果我们说在理论态度中我们是听任事物自由,那么这也只是部分地适用于外在官能,因为这些官能本身一部分是理论的,一部分也是实践的(§. 358);只有表象活动、理智,才有这种对待事物的自由态度。我们诚然也可以按实践态度,把事物仅仅视为现成手段,但那样一来,认识活动也仅仅是手段,而不是以自身为目的。β)事物同我们的第二种关系是,事物为我们获得普遍性的规定,或者说,我们把它们改变成某种普遍的东西。在表象中思维活动变得愈多,事物的自然性、个别性和直接性消失得也愈多。由于思想的侵入,就使无限多样的自然丰宝贫乏了,自然界的青春生命夭折了,它的色彩变幻消失了。生命自然界中呼啸作响的东西,因思想沉静而缄默起来,它在千般万种动人奇迹中形成的丰满热烈的生命萎缩成为枯燥无味的形式和没有形态的普遍性,这种普遍性可与北方的阴雾相比。γ)这两种规定不只同实践态度的两种规定相对立,而且我们发现理论的态度在其自身是矛盾的,因为它似乎在直接促成它所企求的情况的反面。我们本来是要认识现实存在的自然,并不是要认识某种不存在的东西;现在我们却不是对自然听之任之,不是如实了解它,不是感知它,反而使它成为某种全然不同的东西。因为我们思考事物,我们就使它们成为某种普遍的东西;但事物却是个别的,一般的狮子并不存在。我们把事物变成一种主观的东西,为我们所创造的东西,属于我们的东西,而且变成我们作为人所特有的东西,因为自然事物并不思考,也绝不是表象或思想。按照前面我们首先看到的第二种规定,正好产生出这种颠倒,甚至看来我们开始要做的事情都会被立刻弄成我们所不可能做的事情。理论的态度是从抑制欲望开始,是不自利的,而让事物听其自然和持续存在。通过这一姿态,我们立即就确立了两个东西,即主体与客体,确立了两者的分离,即一个此岸和一个彼岸。但我们的意图却毋宁是掌握自然,理解自然,使之成为我们的东西,对我们不成其为异己的和彼岸的东西。于是这里就出现了困难:我们作为主体如何过渡到客体?如果我们允许自己想到跳过这一鸿

(VII₁,13)

沟,并真使自己受到这一诱惑,我们就会去思考这个自然界;我们
使自然界这种与我们不同的东西,变成一种同它自己不同的东西。
对自然的两种理论关系也是直接彼此对立的:我们使事物成为普　(VII₁,14)
遍的东西,或成为我们特有的,然而它们作为自然事物还被认为是
自由地自为地存在的。因此,这就是我们在认识的本性方面所涉
及的一个关键,这就是哲学的意趣之所以。

　　但自然哲学是处在很不利的状态,以致它必须证明它自己的
存在;为了给自然哲学作辩护,我们必须把它归结为众所熟知的东
西。关于主观东西和客观东西的矛盾的解决,必须提到一种独特
的形态。这种形态也是熟知的,一部分是由于科学,一部分是由于
宗教,不过在宗教中它是一种过去的东西,并径直消除了全部困
难。这两种规定的结合就是人们所谓的原始素朴状态。那时精神
和自然是同一的,精神的眼睛直接长在自然中心,而意识所持的分
离的观点却是脱离永恒神圣统一的原罪。这种统一被设想成一种
原始的直观,一种理性,这种理性同时与想象又是一个东西,就是
说它是形成感性形态的,恰恰因此而给感性形态以理性的性质。
这种直观的理性是神圣的理性,因为如果我们有权利这么说的话,
上帝就是这样的一种存在,在这种存在中精神和自然是统一的,理
智同时也具有存在和形态。自然哲学中的那些离开正道的行径,
其部分根源就在于这样一种观念:尽管现在各个人已不再处于这
个天堂,终究还是有些幸运儿,上帝在他们沉睡时把真理的认识和
科学告知了他们;或者说,即使人不是幸运儿,至少也可以因为相
信自己是幸运儿而碰上这类时机,那时自然的内在本质会自动地
直接地启示给他,为了预言般地宣示真理,他似乎只需自己灵机一　(VII₁,15)

动,得到一些奇想,即放任他的想象自由驰骋。这种再也说不出什么源泉的热情横溢的状态,已一般地被看作求知才能的极致。也许人们还可以补充说,这种完善的知识状态在现世历史之前就已出现;在离开这种统一状态以后,于神话中,于传统中,以及其他痕迹中,那种光明精神状态的若干瓦砾和弥远微光还给我们遗留了下来,人类在宗教中的进一步发展就维系于这些东西,一切科学的认识都是以此为出发点。假如说认识真理这件事不应该让意识感到艰难,反之大家只需坐在三角凳上讲说神谕就行,那么思维的劳作当然就可以省掉。

　　为了扼要地说明这类观念的缺陷何在,我们首先确实必须承认其中有某种高超的东西,它使这种观念初看起来就有巨大吸引力。可是理智与直观的那种统一,精神的己内存在[8]同它对外在性的关系的统一,却定然不是开端,而是目标,不是一种直接的统一,而是一种被创造的统一。思维与直观的一种自然的统一,是儿童及动物所具有的统一,这种统一充其量也只能叫作感觉,而不能叫作精神性。但人必须从善恶认识之树取食,历经劳动和思维活动,以便仅仅作为他同自然的这种分离的克服者,成为他所是的东西。所以那种直接的统一不过是抽象的、自在存在的真理,而不是现实的真理;不只内容必须是真实的东西,而且形式也必须这样。

(VII₁,16)　这种分裂的解决必须具有这样的形态:它的形式是能知的理念。而这种解决的各个环节也必须在意识本身去寻求。这里的关键不在于诉诸抽象空洞的东西,逃遁到空无知识的境地,而是意识必须保持自身,因为我们是想用普通意识本身来驳斥那些产生矛盾的假定。

据说自然事物是与我们僵硬对立的,是我们无法透彻认识的,理论意识的这一难题或片面假定直接为实践态度所驳斥。实践态度包含有这样一种绝对唯心论的信念:个别事物本身是不足道的,欲望所具有的缺点从其对事物的态度这一方面来看,并不在于它对事物是实在论的,而在于它对事物太唯心论了。哲学上的真正的唯心论不在于别的,而恰恰在于确定这样一点:事物的真理在于它们之为事物直接是个别的,即感性的,只是现象,是外观。按照我们时代流行的一种形而上学,我们之所以不认识事物,是因为它们绝对同我们固定对立。对于这种形而上学,我们也许可以说,连动物也不会像这种形而上学家那样愚蠢,因为动物会扑向事物,捕捉它们,抓住它们,把它们吞食掉。在上述理论态度的第二个方面,即我们思考自然事物方面,也有同样的规定。理智当然不是就事物的感性存在熟悉事物;反之,由于理智思考事物,它就把事物的内容设定到了自身之内。实践的观念性本身只是否定性,可以说,理智在把形式,把普遍性附加给实践的观念性时,也就给个别性具有的否定方面以一种肯定的规定。事物的这种普遍方面,并不是可以归于我们的主观的东西,相反地作为与暂时的现象对立 $(VII_1,17)$ 的本体,毋宁是事物本身真实的、客观的、现实的东西,就像柏拉图的理念一样。柏拉图的理念并不是存在于遥远的某处,而是作为实体性的类属存在于个别事物之内。只有当我们向着普罗丢斯施加强力时,即我们不过虑感性现象时,他才会被迫说出真理。伊西斯[9]面纱上的题词是:"我是过去、现在和将来都存在的;没有一个尘世的人曾掀起我的面纱。"她的这一题词将在思想面前化为乌有。因此哈曼正当地说:"自然是一个仅用子音写出的希伯来语词,理智必须给它加上母音标点。"[10]

　　现在如果说对自然的经验考察和自然哲学一道,共同拥有普遍性这一范畴,那就应当说这种考察在这一普遍东西是主观的还是客观的问题上,终归有时是摇摆不定的。我们经常可以听说,大家作出那些纲目分类只是为了认识方便。人们寻找事物的标志,并不以为这些标志是事物重要的客观规定,而只是使我们便于达到自己依以识别事物的目的。在这种情况下,那种摇摆就更加表现出来了。假使再无其他东西好讲,人们就宁肯将其他动物所没有的耳垂之类说成人的标志。但我们这时立即就会觉得这样一种规定不足以使人认识到人身上本质的东西。可是,如果普遍的东西已被规定为规律、力和物质,我们也毕竟不是要让人把普遍的东西看作一种外在的形式和主观的附加,而是认为规律有客观现实性,力是内在的,物质是事物本身的真实本性。关于类属的问题,人们也多少承认有类似的情况,例如承认类属并不是相似东西的(VII₁,18)那么一种凑集,一种由我们作出的抽象,承认类属不仅具有共同的东西,而且是对象本身固有的内在本质;同样,各个分目也不是单纯为了供我们概观,而是构成自然本身的一个阶梯。标志也被认为是类属所具有的普遍的、实体的东西。物理学竟然把这些普遍性视为它自己的凯旋;人们甚至可以说,遗憾的是它在作这种概括时走得太远了。有人将现今的哲学叫作同一哲学,我们有更大的理由把这一称号归于那种完全蔑视规定性的物理学,因为举例说,它在今日的电化学中就把磁、电、化学作用全然看作一个东西。物理学的缺点恰恰在于它过分沉湎于同一的东西,因为同一性是知性的基本范畴。

　　自然哲学在物理学使它达到的立脚点上接受物理学从经验中给它准备的材料，并把这种材料重新加以改造，而不把经验作为最终的证明，当成基础。因此物理学必须帮助哲学工作，以便哲学能把提供给它的知性认识的普遍东西译成概念，因为哲学将指明这种普遍东西何以会作为一个内在必然的整体，从概念中产生出来。哲学的阐述方式不是随意任性，在人们长久用腿走路以后，也想有朝一日用头来行走，以便换换花样，或者看到我们的日常面容也有朝一日会被涂上油彩。恰恰相反，就是因为物理学的方式不能使概念满足，所以才要继续前进。

　　更精确地说来，把自然哲学同物理学区别开的东西，是两者各自运用的形而上学的方式。因为形而上学无非就是普遍的思维规定的范围，好比是透亮的网，我们把全部材料都放在里面，从而才（VII₁，19）能使人理解。每一有教养的意识都有自己的形而上学，有这种本能式的思维，这种存在于我们之内的绝对力量。只有我们把这种力量本身作为我们认识的对象，我们才会成为掌握这种力量的主人。哲学作为哲学，一般拥有不同于普通意识的范畴；一切教养都可归结为所用的范畴有别。如同在世界史中一样，在科学中一切革命变革也完全是产生于这样的事实：精神在更真实、更深刻地，更紧密、更自相一致地理解自己时，便改变了自己的范畴，以了解和认识自己，掌握自己。因此，物理学思维规定的不能令人满意之处，可以归结为最紧密地联系在一起的两点。α）物理学的普遍东西是抽象的，或者说仅仅是形式的；它不从它本身取得自己的规定，也不向特殊性过渡。β）正因为如此，特定的内容就是在这种普遍的东西之外，从而分得支离破碎，各各孤立，没有其自身的必然联系,正因为如此,也只是有限的内容。例如,如果我们有一枝花,知性所做的就是指出这枝花的各个性质;化学所做的是把这枝花撕碎,再加以分析。于是我们把颜色、叶子形状、柠檬酸、芳香油、碳和氢等等分离开,接着我们就说,这枝花是由所有这些部分组成的。正如歌德说的:

> 化学以 'Εnχειρη σιν naturae(自然分析)自命,
>
> 它是在开自己的玩笑,
>
> 而且还莫名其妙。
>
> 它手里虽然抓着各个部分,
>
> 只可惜没有维系它们的精神。[11]

精神不能停留在这种知性反思方式上。超出知性反思,有两条道路。α)素朴的精神,当它像我们看到歌德经常以一种敏锐的方式 (VII₁,20) 所做的那样,对自然进行生动的直观时,就会感到自然界中的生命和普遍联系;它猜想到宇宙是一个有机整体,一个理性总体,同样它在个别生物中也感觉到它自身里的一种内在统一性。但即令我们把一枝花的那些成分都聚集在一起,产生的结果也毕竟不是什么花。于是人们在自然哲学内就反过来诉诸直观,并把直观置于反思之上。但这是一条邪路,因为从直观出发,是不能作哲学思考的。β)对直观也必须进行思维,通过思维将那堆零碎的东西还原成单纯的普遍性。这种被思维的统一性,就是概念,概念具有特定的区别,但这种区别是一种在内部自己运动的统一。各个规定对于哲学的普遍性不是漠不相干的;哲学的普遍性是自己充实自己的普遍性,它在其坚实的同一性中同时就包含有内在的区别。

　　真正的无限是它自身和有限的统一,而这就是哲学范畴的涵义,因而也就是自然哲学范畴的涵义。如果说类属和力是自然界的内在东西,相对于这种普遍东西,外在的和个别的东西是消逝的东西,那么我们就需要有内中之内这种东西,作为第三个阶段。这种东西根据上面所说的,应该是普遍和特殊的统一。

　　啊,你这个庸夫俗子!

　　说什么"没有哪个创造性的精神

　　会深入自然的内在本质。"

　　你们可不要对

　　我和兄弟们

　　再提这类的话。

　　我们逐处进行思考,

　　我们就在自然内在深处。

　　"自然让谁光看到外壳,

　　谁也就够福气的了!"

　　这话我六十载来听人一再念叨,

　　我诅咒这种说法,——不过只是悄悄地; 　　　　　　　　(VII$_1$,21)

我千百次地自语:

　　自然慷慨好施,

　　她既没有内核,

　　她也没有外壳,

　　她同时就是一切。

　　他倒最好看看自己:

　　你是内核还是外壳。[12]

　　通过把握这种内在的东西,理论态度和实践态度的片面性就得到了扬弃,同时两种规定也得到了满足。前一种态度包含着普遍性,而没有包含规定性,后一种态度包含着个别性,而没有包含普遍的东西。概念认识活动是中项,在这一中项里普遍性并不总是我之内的一种此岸,与对象的个别性相对立,而是相反,当这种此岸否定地对待事物并同化事物时,也就于其中找到了个别性,让事物听其自然,自由地在其自身规定自己。因此概念认识活动是理论态度和实践态度的统一:个别性的否定作为否定东西的否定,是肯定的普遍性,这种普遍性使各种规定能持续存在,因为真正的个别性同时也是在其自身内的普遍性。

　　至于说到对这一观点可能提出的异议,那么首先可能提出这样一个问题:普遍的东西何以能自己规定自己?无限何以会达到有限?这一问题以更具体的形式提出,就是这样的问题:上帝何以能创造世界?人们虽然可以设想上帝是一个主体,一种自为的现实,远离世界而存在;但这样一种抽象的无限性,这样一种仿佛存在于特殊事物之外的普遍性,也许本身只是一个方面,因而本身只是一种特殊的东西、有限的东西。抛弃自己确立的规定,从而做自己所要做的反面,这正是知性缺少意识的表现。据说特殊是和普遍分离的,但正因为如此它也就在普遍内确立起来了,因而存在的也只是普遍和特殊的统一。上帝有两种启示,一为自然,一为精神,上帝的这两个形态是他的庙堂,他充满两者,他呈现在两者之中。上帝作为一种抽象物,并不是真正的上帝,相反地,只有作为设定自己的他方、设定世界的活生生的过程,他才是真正的上帝,而他的他方,就其神圣的形式来看,是上帝之子。只有在与自己的他方的统一中,在精神中,上帝才是主体。精神在自然内发现它自

(VII₁,22)

己的本质,即自然中的概念,发现它在自然中的复本,这是自然哲学的任务和目的。因此研究自然就是精神在自然内的解放,因为就精神自身不是与他物相关,而是与它自身相关来说,它是在自然内生成的。这也同样是自然的解放。自然自在地就是理性,但是只有通过精神,理性才会作为理性,经过自然而达到实存。亚当在看到夏娃时曾说:"这是我肉中的肉,这是我骨中的骨。"[13]精神具有亚当曾具有的这种确信,这样自然就是新娘,精神同她配偶。但这种确信也是真理吗?自然的内在本质无非是普遍的东西,因此当我们具有思想时,我们就深入到自然的这种内在本质里,同时也就是处在我们自身。如果说真理在主观意义上是观念和对象的一致,那么在客观意义上真实的东西则意味着客体、事物同其自身的一致,意味着客体和事物的实在性符合于它们的概念。自我就其本质来看,是概念,是自相等同的东西,是贯穿一切的东西,这种东西在保持着对于特殊差别的统治时,就是向自身回归的普遍东西。这种概念同时也是真实的理念,宇宙的神圣理念,只有这种理念才是现实的东西。因此,唯有上帝才是真理,才是不朽的生存者,按〔VII₁,23〕照柏拉图的说法,他的肉体与灵魂是自然地成为一体的[14]。这就是我们的第一个问题:上帝为什么决意创造自然。

B　自然的概念

§. 247

　　自然是作为他在形式中的理念产生出来的。既然理念现在是作为它自身的否定东西而存在的,或者说,它对自身是外在的,那么自然就并非仅仅相对于这种理念(和这种理念的主观存在,即精神)才是外在的,相反的,外在性就构成自然的规定,在这种规定中自然才作为自然而存在。

〔**附释**〕如果说上帝是完满无缺的,那么他何以会决然使自己成为一种完全不等同的东西呢?神圣的理念恰恰在于自己决然将这种他物从自身置于自身之外,又使之回到自身之内,以便自己作为主观性和精神而存在。自然哲学本身属于这条回归的道路,因为正是自然哲学扬弃自然和精神的分离,使精神能认识自己在自然内的本质。这就是自然界在整体中所占的地位;自然界的规定性是这样的:理念自己规定自己,即设定自身内的区别,设定一个他物,不过设定的方法却是将它的整个丰富内容分给他在,而它在其不可分割性中则是无限的善。因此,上帝在规定自身时依然是和自己等同的;这些环节中的每个环节本身都是完整的理念,都必须被设定为神圣的总体。这种有区别的东西可以借三种形式——普遍、特殊和个别——来把握。这种有区别的东西首先保存在理念的永恒统一性之内,这就是 λόγος〔逻各斯〕,正如费洛所理解的那样,是上帝的永恒的儿子[15]。对于这一端项来说,另一端项是个别性,是有限精神的形式。个别性作为向其自身的回归,确实也是精神,但作为排除其他一切精神的他在,却是有限的或人的精神,因为我们这里所涉及的,绝不是与人不同的有限精神。当个别的人被看作同时与神圣本质统一时,他就是基督教的对象。这是能够向他提出的最大责望。在这里我们所涉及的第三种形式,即特殊性中的理念,是处于两个端项之间的自然界。这种形式对知性是最便当的。精神已被设定为自为存在着的矛盾,因为无限自由

(VII₁,24)

的理念和个别性形式中的理念是处于客观矛盾之中的;在自然界里矛盾只是自在的或对我们而存在的,因为他在表现为理念的静止形式。矛盾在基督身上设定起来,并且得到扬弃,作为基督之在世、受难和复活。自然界是上帝之子,但不是作为上帝之子,而是作为滞留于他在中的东西存在着——神圣的理念被固定为暂时处在爱之外。自然界是自我异化的精神。精神在自然界里一味开怀嬉戏,是一位放荡不羁的酒神。在自然界里隐藏着概念的统一性。

对自然的思维考察,必须考察自然在其本身何以是这种变成精神、扬弃他在的过程,考察在自然本身的每一阶段何以都存在着理念。自然从理念异化出来,只是知性处置的尸体。然而自然仅仅自在地是理念,所以谢林称自然为僵化的理智,其他一些人甚至称之为僵冷的理智。但上帝永远不会僵死,而是僵硬冰冷的石头会呼喊起来,使自己超升为精神。上帝是主观性,是活动,是无限现实性。在其中他物只是暂时的,并且自在地保持在理念的统一性之内,因为这个他物本身是理念的这种总体。如果说自然是他 (VII$_1$,25) 在形式中的理念,那么按理念的概念来说,理念就不是像它自在自为地存在那样,存在于自然之内,虽说自然也还是理念表现自己的一种方式,并且必然以这种方式出现。自然是理念的这种表现方式,这是我们必须讨论和证明的第二个课题。为了这一目的,我们必须作一比较,看看我们关于自然的规定是否同通常的观念符合,这是后面就要讲的。另一方面,哲学也不必在这种观念上劳神费心,也无须极其周到地去做这种观念所要求的事情,因为这种观念是随意的。不过一般说来,两者终究必定会互相一致。

在自然的这个基本规定方面,必须注意这个规定和形而上学方面的关系,而形而上学方面过去是以世界永恒性问题的形式加以研究的。从表面上看,我们在这里似乎可以把形而上学放在一边,但这里却正是讨论它的地方,而且也没有什么好顾虑的,因为这里不会把它讲得很详尽,可以立即了结。正因为自然形而上学作为自然固有区别的重要思维规定性,主张自然是理念他在中的理念,所以这就意味着自然在本质上是一种观念性的东西,或者说,是这样一种东西,这种东西仅仅是相对的,只有相对于第一性的东西,才有其规定性。关于世界(人们把世界和自然混淆在一起,因为世界终究是精神事物和自然事物的集合体)永恒性的问题,首先包含有时间观念的意义,包含有永恒性的意义,正如人们说的,包含有一种无限长的时间的意义,因而世界在时间上没有开端;第二,这也意味着自然作为永恒的东西,非被创造的东西,被看

(VII₁,26) 作是独立自为地同上帝对立的。关于第二层含义,通过自然之为理念他在中的理念这一规定性,已将其撇开并完全消除了。至于第一层含义,在撇开世界绝对性的意义以后,也只留下了时间观念方面的永恒性。

　　关于这一点,我们必须说明:α) 永恒性并不是存在于时间之前或时间之后,既不是存在于世界创造之前,也不是存在于世界毁灭之时;反之,永恒性是绝对的现在,是既无"在前"也无"在后"的"现时"。世界是被创造的,是现在被创造的,是永远被创造出来的;这表现在保存世界的形式中。创造是绝对理念的活动;自然界的理念如同理念本身一样,是永恒的。β) 通过世界、自然在其有限性中是否有时间的开端这个问题,人们表象世界或一般自然,也就是说,表象普遍的东西,然而真正的普遍东西却是我们已经说过

的永恒理念。但有限的东西是有时间性的,有在先和在后;当我们以有限的东西为对象时,我们就是在时间之内。有限的东西有一开端,但无绝对的开端;它的时间以它为开端,而时间也只是它的时间。哲学是没有时间性的理解活动,就其永恒规定而言,也是对时间和所有一般事物的理解活动。因此,撇开时间的绝对开端,就会出现相反的无限时间的观念。但无限时间如果仍旧被看作时间,而不是被看作扬弃了的时间,就还应当和永恒相区别。如果思想不能把有限的东西化为永恒的东西,那么无限时间就不是这一时间,而是另一时间,而另一时间总是又有另一时间,如此等等(§.258)。譬如,物质是无限可分的;这就是说,物质的本性在于:被设定为整体的东西,作为单一,是完全在自身之外的,在自身之内则是复多。但物质事实上不是一种被分割了的东西,以致竟然是由原子构成的;反之,这是一种可能性,它仅仅是可能性而已;也就是说,这种无限分割并不是某种肯定的东西,现实的东西,而只是一种主观表象活动。同样地,无限时间也只是一种表象,是停留在否定的东西里的一种超脱;只要我们依然将有限看成有限,这就是一种不可避免的表象活动。但如果我过渡到普遍,过渡到非有限,我就离开了产生个别性及其更迭的地方。在表象中世界不过是有限性的聚集,但如果世界被理解为普遍的东西,被理解为总体,关于世界开端的问题也就立即不再存在了。因此在哪里做开端,这是不确定的;开端是需要做的,但开端只能是一种相对的开端。我们可以超越这一开端,但不会达到无限,而只是达到另一开端,这一开端自然也只是一个有条件的开端。一句话,这里表现的也仅仅是相对的东西的本性,因为我们是处在有限的东西当中。

(VII$_1$,27)

这就是那种把各个抽象规定视为绝对规定、在其间徘徊的形而上学。世界在时间上没有开端,还是有一开端,对这个问题是不能作什么圆满肯定的回答的。据说圆满的回答就在于表明非此即彼。但事实上圆满的回答在于指出这种"非此即彼"的问题本身是完全不适宜的。如果你们是处在有限东西当中,你们就既有开端,又有非开端;这两个对立的规定彼此抗争,在未经解决和和解时,都属于有限的东西,而在得到解决和和解时,有限的东西就毁灭了,因为它是矛盾。有限的东西在其自身之前有个他物,在追踪有限联系的过程中,我们必须寻求这个"之前",例如在地球史或人类史上。在这个问题上我们是根本不会达到终点的,虽然通过每个有限事物我们也可以到达某个终点。时间对种种有限事物具有其支配力量。有限事物有个开端,但这个开端不是最初的东西;有限事物是独立的,但这种直接性也是有限制的。特定的有限事物有个"在先"或"在后",表象如果离开这种有限事物,转向时间的空洞表象,或转向一般世界,那就是在空洞的表象里兜圈子,即在单纯抽象的思想里兜圈子。

(VII₁,28)

§. 248

在这种外在性中,概念的规定具有互不相干的持续存在的外观,互相孤立的外观;因此概念是作为内在的东西。所以自然在其定在中没有表现出任何自由,而是表现出必然性和偶然性。

〔说明〕因此,从自然恰恰由以成为自然的特定实存来说,就不应该把自然加以神化,也不应该把太阳、月亮、动物和植物等等看作上帝的作品,并作为上帝的作品优先放在人类事功和事件之上。自然在理念中自在地是神圣的，它的存在并不符合于它的概念；自然宁可说是未经解决的矛盾。它的特性是被设定的存在，是否定的东西，就像古人把一般物质理解为 non-ens〔非存在〕一样。所以自然曾经也被说成是理念背离其自身，因为理念作为这种外在性形态，是处在其不自相符合的状态的。只有在那种本身最初是外在的，从而是直接的意识看来，即在感性意识看来，自然才是第一性的东西，直接的和存在的东西。然而尽管自然是处在这类外在性成分之内，它却是理念的表现，正因为如此，我们也就可以而且的确也应当在自然内赞美上帝的智慧。但是梵尼尼却说，一 (VII₁,29) 根干草就足以认识上帝存在[16]；如果是这样，那就可以说精神的每种表象，它的最恶劣的想象，它的最偶然的兴致的表现，它的每一句话，对认识上帝存在都是比任一个别的自然对象还要高超的根据。在自然界各种形式的表现并非仅仅是其无所羁绊的偶然性，而是每种形态单独来看都缺少其自身的概念。自然在其特定存在中所达到的最高的东西是生命；但生命作为单纯自然性的理念却受外在性的无理性的摆布，个体的生命力在其存在的每一时刻都为某一异己的个别情况所牵制，然而在精神的每一表现中却相反地包含着自由普遍的自我相关的环节。

　　如果把精神事物看得一般比自然事物低微，如果因为人的艺术作品的材料需从外面取来，因为这种作品不是有生命的，就把它们置于自然事物之下，那同样也是一种误解，好像精神的形式不包含一种更高的生命力，不比自然的形式更与精神相称，好像形式一般不比质料更高，在所有伦理的东西中可以称为质料的东西也完全不是唯独属于精神，好像自然界里高级的东西，即有生命的东西,也并不是从外部取得自己的质料。此外,作为自然的优点,人们还提到,尽管自然的存在有其全部偶然性,它还是忠实于永恒规律。但是,自我意识的王国事实上终究也是这样! 有种天意在引导人间事件,这一点在信仰中已经得到承认。换句话说,难道可以把人间事件领域内这种天意的决定作用看作仅仅是偶然的和没有理性的吗? 事实上,如果说精神的偶然性,即任性,会一直发展成恶,那就应当说,这种恶本身与星球合乎规律的运行或植物的纯洁无邪相较,还是一种无比更高的东西,因为这样使自己走入歧途的,还是精神。

(VII₁,30)

〔**附释**〕物质的无限可分性无非意味着物质对它自身是一种外在的东西。自然的不可量度性首先使感官感到惊异,它恰恰就是这种外在性。由于每个物质点都显得完全独立于其他所有的点,所以没有概念的状态就统治了自然界,自然界没有将自己的思想聚集在一起。太阳、行星、彗星、元素、植物和动物,都各自分别存在于那里。太阳是一个与地球不同的个体,只有引力才把这一个体同行星联系起来。只有在生命中,才达到主观性,达到彼此相外状态的反面;心脏、肝脏和眼睛各自都不是独立的个体,而手如果同躯体分离,也就会坏死。有机躯体还是多样性的、彼此外在地存在的东西,但每一个别部分都完全取决于主体,概念是作为支配那些肢体的力量而存在的。因此,概念是在作为灵魂的生命内才达到实存,而在没有概念的状态中则只是一种内在的概念。有机体的空间性对灵魂来说全然没有什么真理性,不然我们就一定像有许多点一样,也有许多灵魂,因为灵魂在身体的每一点上都有感觉。我们切不可让彼此外在状态的外观迷惑自己,而必须认识到彼此外在地存在的东西仅仅构成一个统一体。天体似乎只是独立的,但它们是同一地盘的一些哨兵。不过,由于自然界里的统一性是各个外表上独立的东西的一种关系,所以自然界不是自由的,而是仅仅必然的和偶然的。因为必然性就是不同的东西所具有的不可分离性,这些不同的东西还显得互不相干;但已外存在这种抽象也会取得其正当地位,这是偶然性,是外在的必然性,而不是概念　(VII₁,31)
的内在必然性。关于两极性,人们在物理学中已讲了不少,这个概念是物理学在其形而上学方面的一大进步;因为两极性思想恰恰不是别的,而是两个相异东西之间的必然性关系的规定;设定一方也就设定了另一方,就此而言,两个相异的东西是一个东西。这种两极性只是限于对立,但通过对立,从对立回归也就作为统一性被设定起来,这是第三个环节。这第三个环节是比两极性具有更多的概念必然性的东西。在作为他在的自然界里,属于必然性的完整形式的还有四合体或四一体,例如四种元素,四种颜色等等;此外也还有五一体,例如手指和感官;在精神内必然性的基本形式是三一体。自然界之所以有概念分为四一体的总体,是由于第一个环节是普遍性本身,而第二个环节或区别在自然界本身则表现为一种两重性的东西。因为在自然界里他物本身必须自为地作为他物而存在,以致普遍性和特殊性的主观统一就是第四个环节,于是这一环节对于其他三个环节也有一种特殊的现实存在;甚至因为一元体和二元体本身构成完整的特殊性,概念的总体本身就发展成了五一体。

　　自然界是否定的东西,因为它是理念的否定东西。雅可布·波墨[17]说,上帝最初的产物是启明星,这一发光体曾深入作自我想象,于是变成了恶;这就是区别的环节,就是与圣子固定对立的他在,而圣子是处在神圣的爱之内的他在。这类粗野地以东方式的趣味表现出来的观念,其基础和意义在于自然界的否定本性。他在的另一种形式是直接性,这种直接性在于有区别的东西是抽象自为地存在着的。但这种抽象自为的存在却只是暂时的,不是真正的存在;只有理念才永恒存在着,因为理念是自在自为的存在,也就是说,是返回自身的存在。自然在时间上是最先的东西,但绝对 prius〔在先的〕的东西却是理念;这种绝对 prius 的东西是终极的东西,真正的开端。起点就是终点。人们常常把直接的东西视为更优越的,至于间接的东西,大家却想象成不独立的。但是,概念却具有这两个方面,概念是通过扬弃中介而作中介的,因而是直接性。有人用上述方式谈论对上帝的直接信仰,但这种信仰却是存在的低下形式,而不是较高的形式,就像最初的原始宗教终究还是自然宗教一样。自然界里的肯定的东西是概念之显露光明。概念显示其威力的最切近的方式,是这种外在性的可逝性;但一切现实存在也同样都是一种寓有灵魂的肉体。概念显现自身于这些巨大的肢体,但不是自为地作为概念显现出来;概念如其所然地存在,这只有在精神中才会实现。

(VII₁,32)

§. 249

　　自然必须看作是一种由各个阶段组成的体系,其中一个阶段是从另一阶段必然产生的,是得出它的另一阶段的最切近的真理,但并非这一阶段好像会从另一阶段自然地产生出来,相反地,它是在内在的、构成自然根据的理念里产生出来的。形态的变化只属于概念本身,因为唯有概念的变化才是发展。不过,概念在自然内一方面仅仅是一种内在的东西,另一方面则仅仅是作为有生命的个体而现实存在的,因此,现实存在着的形态变化也仅限于有生命的个体。

〔**说明**〕把一种自然形式和领域向一种更高的自然形式和领域的发展和转化看作外在现实的创造,是古代和近代自然哲学的一种笨拙的观念,可是为了使人更明白这种创造,有人还把这种创 （Ⅶ₁,33）造推回到过去的晦暗状态。各种相异的东西可以互相分离,并且可以作为无差别的现实存在而出现,这种外在性正是自然界所特有的。引导各个阶段向前发展的辩证的概念,是各个阶段内在的东西。思维的考察必须放弃那类模糊不清的、根本上是感性的观念,例如,特别是所谓动植物产生于水,尔后较发达的动物组织产生于较低级的动物组织等等的观念。

〔**附释**〕认为自然事物有益的见解本身,包含有这样的真理:自然事物并非自在自为地是绝对的目的。但这种否定性对自然事物却不是外在的,而是它们的理念的内在要素,这一要素促使它们消逝,促使它们向另一种现实存在过渡,同时也向更高的概念过渡。概念通过普遍的方式使所有特殊性同时达到现实存在。把类属想象成时间上逐渐进化的,那是完全空虚的。时间上的区别对思想毫无趣味。如果问题仅仅是要列举各种生物的系列,将它们依次展示于一般意识,就像它们划分为通常的纲目那样——不管它们在规定和内容上是愈来愈发展和丰富,因而是从最贫乏的规定和内容开始的,还是采取相反的方向——那么,这倒总有一种普遍的趣味。就像自然分成三个领域那样,这里一般也有一种次序,

这比我们把一切都互相混在一起,要好一点;把一切都混在一起,
(VII₁,34) 立即就会使一般意识,使具有概念认识征兆的人产生某种反感。
但是,如果我们运用关于动植物产生的观念,我们就必定不能想象
人们会使这类枯燥的序列成为动力学的或哲学的,或更可理解的,
或随你爱说的什么东西。动物自然界是植物自然界的真理,植物
自然界是矿物自然界的真理,地球是太阳系的真理。在一个体系
里最抽象的东西是最初的东西,每个领域的真实东西都是最后的
东西,而这个最后的东西也只是一个更高阶段的最初的东西。一
个阶段由另一阶段来补充,这是理念的必然性;各个形式的差异必
须理解为必然的和特定的差异。但从水生动物中并没有自然地产
生出陆生动物来,陆生动物也没有飞到大气中去,鸟类后来也绝没
有再反过来归属陆地。当然,如果我们想把自然界的各阶段相互
加以比较,指明这种动物有一个心房,那种动物有两个心房,那是
对的;但我们不可随之就说它已经附加了一些部分,好像真是发生
过这类事情似的。同样也不可运用较早阶段的范畴来说明另一阶
段。当人们说植物是碳极,动物是氮极时,这类话是明显胡闹[18]。

　　借以把握自然界的阶段发展过程的两种形式是进化和流
射[19]。进化是从不完善的、缺乏形式的东西开始,它的进程是这样
的:首先出现的是湿润含水的产物,从水中出现植物、水螅类和软
体动物,然后出现了鱼类,随后是陆生动物,最后从这种动物产生
了人。这种渐进性的变化人们叫作说明和理解。而这种由自然哲
学促成的观念现在也还在流行。但是,这种量的区别尽管极容易
理解,却不能说明什么问题。流射进程的说法,是东方国家固有
(VII₁,35) 的;流射是一种退化的阶序,这种阶序是从完善的东西,从绝对的

总体,从上帝开始的,上帝进行了创造,出现了星光、闪电和上帝的一些映象,以致最初的映象就和上帝极其相似。这种最初的创造物又能动地进行了创造,不过是创造了更不完善的东西,如此向下创造,以致每一被创造的东西总是又能进行创造,直到创造出否定的东西、物质和极恶。流射就是这样以缺少任何形式而告终的。两种过程都是片面的和表面的,都设置了一个不确定的目标。从较完善到较不完善的历程是比较有好处的,因为这样一来,人们就会考虑完善的有机体的原型;为了理解已经衰落的有机组织,就必须在观念中有这种原型的形象。在衰落的有机组织中表现为附属物的东西,例如那些毫无机能的器官,只有通过高级的有机组织,才能认识清楚;在高级的有机组织中,我们可以认识到这类附属物占据何种地位。完善的东西如果要较有好处,那就不只需要存在于表象中,而且也必须是现实存在着的。

　　在形态变化的观念中,也是以同一理念为基础,无论在全部不同的类属,还是在个别器官,都保持着同一理念,以致它们只是同一个原型所具有的形式的变换。人们也就是这样谈昆虫形态的变化的。因为譬如幼虫、蛹和蛾是同一个个体。在个体中发展的确是一种时间上的发展,但在类属中这却是另一回事。当类属以特殊的方式存在时,同时也就设定了现实存在的其他方式;只要存在着水,同时也就设定了气和火等等。坚持同一性是重要的,但坚持区别也是重要的;只讲量的变化,就忽略了区别,这会使关于形态变化的单纯观念成为不能令人满意的。　　　　　　　　　　(VII_1,36)

　　这里还有关于系列的观念。自然事物,特别是生物,都构成系列。认识这类进程的必然性的冲动,引导我们去发现这种系列的规律,去发现一个基本规定;当系列产生差异时,这个基本规定同时也能在差异内重复出现,从而能同时产生一种新差异。但概念的规定活动却不是这种性质的,并非正好总是一再通过新的、规定得形式相同的附加物而增殖自身,总是考察所有环节彼此之间的同一种关系。在理解各个形态的必然性上特别妨害进步的,正是有关阶段系列之类的观念的这种状况。因此,即使可以把星球、金属或一般化学物体排成系列,把动物和植物排成系列,找到这类系列的某种规律,那也是徒劳的事情,因为自然界并不把它的各个形态这样排成系列和链环,并且概念是按质的规定性分化的,而在这种情况下就一定造成飞跃。non datur saltus in natura〔自然界里无飞跃〕这个先前的说法或所谓的规律[20],完全和概念的分裂过程不相容。概念与其自身的连续性完全具有另一种本性。

§. 250

既然理念作为自然,是在其自身之外的,那么理念的矛盾更确切地看,就是这样的矛盾:一方面是概念所产生的理念的各个形成物的必然性及其在有机总体中的理性规定,另一方面则是这些形成物的不相干的偶然性及不可规定的无规则状态。由外面促成的偶然性和可规定性在自然领域内是有其地位的,这种偶然性在具(VII₁,37)体的个体形成物的领域中作用最大,而这些形成物作为自然事物同时又只是直接具体的。直接具体的东西也就是一堆彼此外在的属性,这些属性或多或少是彼此不相干的,正因为如此,单纯的、自为存在着的主观性对它们也是不相干的,使它们听任外在的、因而偶然的规定去支配。仅仅抽象地保持概念的规定,将特殊东西的实现委诸外在的可规定性,这是自然界无能的表现。

〔**说明**〕有人曾把自然形式的无限丰富性和多样性誉为自然界的高度自由,甚至誉为自然界的神性,或者起码也是表现在自然界之内的神性,尤其荒谬的是把混在自然形成物的外在秩序里的偶然性也誉为这样的东西。把偶然性、任性、无序状态当作自由和合乎理性,这应称作感性表象方式的表现。自然界那种无能的表现给哲学设置了界限,而最不当的是要求概念能理解这类偶然性,并且像有人说的那样,"构造"和"推演"这类偶然性;甚至以为自然形成物愈细小、愈具体,人们就会愈轻易地提出这种课题*。概 （Ⅶ₁,38）念规定的踪迹当然到最细微的东西以内也可以追寻出来,但是,后者绝不会让前者穷尽。这种连续伸展和内在联系的踪迹常常会使考察者惊异,但对那种仅仅惯于在自然史和人类史上看到偶然东西的人来说,似乎尤其令人惊异,或者更确切地说,尤其不可置信。不过我们也应该当心,不可将这类踪迹当作各个形成物的规定性的总体,这样做就会转向上述类推。

从经验考察找出切合纲目的固定区别之所以有困难,在许多领域还不可能,其原因就在于自然界没有能力在概念的实现中牢固保持概念。自然界到处通过中间的和不完全的形成物把本质界限混淆起来,这些形成物总是给任何固定的区分带来一些相反的例证,甚至在一些特定类属(例如人类)之内,由于有畸形的产物,

---

* 同时从这方面和其他方面看来,克鲁格先生真有些极其天真的想法,他曾要求自然哲学耍把戏,完全把他手里的笔推演出来。假使科学有朝一日大大进步,彻悟了天上地下、古往今来的一切更为重要的东西,以致不再有任何更重要的东西需要加以理解,那时人们大概就能使他指望做出这种成就并使他的笔荣膺盛誉了²¹。

也发生这种情形。这些畸形的产物,一方面必须归于特定的类属,但另一方面也缺少一些应看作类属所固有的本质特性的规定。为了能把这类形成物看成有缺陷的、不完全的和畸形的,就要假定一个固定的原型。但这个原型不可能取自经验,因为经验提供给人们的恰恰也是那些所谓畸形产物、畸形状态、中间东西等等。这个原型宁可说是以概念规定的独立性和尊严为前提。

§. 251

自然界自在地是一个活生生的整体。贯穿在自然界的阶段发展过程中的运动,更精确地说,是这样的:理念能把它自己设定为它自在地所是的东西;或者换句话说,它能从自己的直接性和外在性——这种外在性是死亡——回到自身之内,以便首先作为有生命的东西而存在,但进一步说,它也会扬弃它在其中只是生命的这种规定性,并把自己创造成精神的现实存在。精神是自然的真理
(VII₁,39) 性和终极目的,是理念的真正现实。

〔**附释**〕概念按照发展的使命,进行合乎目标的发展,或者如果人们愿意的话,也可以说是进行合乎目的的发展,这种发展必须理解为一种实现概念自在地所是的东西的活动,概念内容的这些规定将达到现实存在,被显示出来,但同时又不是独立不倚的规定,而是一些仍在概念统一性之内的环节,是一些观念的、即被设定的环节。因此,就概念的主观性似乎是沉湎于自己的各个规定性的彼此外在状态来说,那种实现活动可以理解为一种表现、展示、呈现、外现的活动。但概念仍保持在那些规定之内,作为它们的统一性和观念性;因此,从相反方面来看,圆心向圆周的这种外

现活动同样也是使此种外现东西聚合到内在性的活动，是一种回忆或内化；存在于那种表现活动中的正是概念。因此，从当初包含着概念的外在性开始，概念的进步就是一种向着圆心、回到自身的活动，也就是说，使不符合概念的直接性的现实存在，使外在性达到主观统一性，达到己内存在；但这种活动的方式并不是概念从直接性的现实存在中抽脱出来，让这种存在作为僵死的外壳留在原处，而宁可说是这样的：现实存在本身会存在于自身之内，或者说，它是符合于概念的；己内存在本身将会存在，而这种存在就是生命。概念要冲破外在性的皮壳，成为自为的。生命是已经达到显现自身的阶段的概念，这种概念是变得明显的、已经展示出来的概念，但同时对知性来说也是最难以理解的，因为在知性看来，抽象的、僵死的东西作为最简单的东西，才是最容易理解的。

C　自然哲学的划分

§. 252

（Ⅶ₁，40）

　　作为自然的理念，第一是存在于彼此外在状态的规定之内，存在于无限个别化的规定之内，形式所具有的统一性是在这种个别化之外，因此是作为一种观念的、仅仅自在存在着的统一性，也只是被寻求的统一性，这就是物质及其观念的体系——力学；第二是存在于特殊性的规定之内，这样实在性便是通过内在的形式规定性和其中存在的差别设定起来的，这是一种反映关系，这种关系的己内存在是自然的个体性——物理学；第三是存在于主观性的规定之内，在主观性里形式所具有的实在区别同样也归于观念的统一性,这种统一性已找到自身,并且是自为的——有机学[22]。

〔**附释**〕这种划分是从那种在其总体中已被把握的概念的观点出发的,而且标明概念分裂成它的各个规定的过程。因为概念是通过这种分裂展示它的各个规定,然而却又仅仅赋予这些规定以暂时的独立性,所以它在这里就实现了自己,从而也就将它自身设定为理念。但概念正在于它既可以把自己的各个环节展示出来,并把自身分解为各个不同的东西,又可以使这些如此显得独立的阶段回到它们的统一性和观念性,回到概念本身,这样概念事实上才使自身成为具体概念,成为理念和真理。因此,这里似乎就既提供了自然哲学划分的两条道路,也提供了科学阐述进程的两条道路。一条道路应该从构成自然界里的生命的具体概念开始,考察这种自为的生命,从这里出发引向生命的各种表现,而以生命的完全衰亡告终。生命把自己的这些表现作为独立的自然领域从自身内投射出来,把它们作为自己的现实存在的另一类方式,但因此（VII₁,41）也就是作为更抽象的方式,和它们发生关系。另一条道路是相反的,这条道路从最初仅仅直接的、包含着概念的方式开始,从概念的最终的已外存在开始,而以概念的真正定在、以完全展现概念的真理告终。前一条道路可以和流射观想象的行程相比,第二条道路则可以和进化观假定的行程相比(§. 249"附释")。这些形式中的每一个,孤立起来看都是片面的,并且这些形式是同时存在的;永恒的神圣的过程是一种向着两个相反方向的流动,两个方向完全相会为一,贯穿在一起。即使我们给最初的东西以至尚称号,它也不过是一种直接东西,虽然我们以为是一种具体东西。例如,因为物质作为不真实的现实存在而否定自身,并有一种更高的现实存在出现,结果,较前的阶段一方面就通过进化得到了扬弃,另一方面却作为背景继续存在,并通过流射又被产生出来。因此,进化也是退化,因为物质将把自身包含到生命中去。凭借理念的这种变得自为的冲动,独立的东西就变成了环节,例如,像动物感官,在被弄成客观外在的东西时,就是太阳、月亮和彗星。即使在物理学范围内,这些星体虽然还以某种改变而保有同一形态,但已失去其独立性,所以是元素;主观视觉被投射于外,就是太阳,味觉被投射于外就是水,嗅觉被投射于外就是气。既然重要的在于实现概念的规定,所以我们必须从最抽象的东西,而不是从真实的领域开始。

　　物质是自然界的已外存在达到其最初的已内存在、达到抽象的自为存在的形式。这种抽象的自为存在是有排斥作用的,因而是一种复多性。这种复多性在作为自为存在着的复多,总括为普遍的自为存在时,就既在其自身之内,同时又在其自身之外获得了自己的统一性,这就是重力。在力学里自为存在还根本没有个体的、稳定的统一性,这种统一性似乎是有力量使复多性服从自己的东西。所以有重物质还没有取得个体性,使各个规定可以保持于其中。由于概念的各个规定还是彼此外在的,所以区别就是一种漠不相干的区别,或者说,仅仅是量的区别,而不是质的区别,而物质作为单纯的质量是没有形式的。通过物理学中的个体性的物体,就达到了形式,这样我们就首先立即得到了重力的揭示,作为自为存在对多样性的统治,这种自为存在已不再作什么努力,而是达到了静止,虽说起初只是采取了表现于外的方式。比如,金的每个原子都包含着全部金的所有规定或属性,而物质在其自身已经

（Ⅶ₁,42）

特殊化和各别化。第二个规定是,在这里还是特殊性作为质的规定性和作为个体性点的自为存在相合为一,因此物体终于得到了规定。但个体性还是和个别的、排他性的特殊属性连在一起,还未以总体的方式存在。如果使这样的物体进入变化过程,如果它失去那类属性,它就不再成其为这样的物体。因此,质的规定性是肯定地设定的,并未同时也否定地加以设定。有机体是自然界的总体,是一种自为存在着的个体性,这种个体性在内部把自身发展为自己的区别。不过它是这样发展的:第一,这些规定同时也是具体总体,不只是特殊属性;第二,它们在质上也仍然是彼此对立地得到规定的,并且这样作为有限规定,是由生命在观念上加以设定的,生命在这些环节的过程中保持着自身。这样,我们就有了相当多的自为存在,但它们被引回自为存在着的自为存在,而这种自为存在以自身为目的,征服那些环节,把它们降为手段;这就是已有质的规定的存在和重力的统一性,这种统一性在生命内找到了自身。

(VII₁,
43)

　　每一阶段都是一个独特的自然领域,它们都显得是独立存在着的,但最后的阶段则是所有先前的阶段的具体统一,正像每一后继阶段在自身一般都包含较低阶段,反过来也使这些阶段同自身对立一样,而这些阶段是后继阶段的无机自然界。一个阶段是作用于其他阶段的力量,而且这种关系是相互的。力能[23]的真实含义就在这里。无机东西是和个体东西、主观东西对立的力能——无机东西破坏有机东西。但反过来说,有机东西同样也是和它那些普遍的力量,即气与水对立的力量,有机东西不断排除这些力量和元素,同样也不断还原和同化它们。第一,自然界的永恒生命在于,理念正如能够在这类有限性里表现出来一样,在每一领域内都会把自己表现出来,仿佛每滴水都可以有太阳的映象;第二点在于概念的辩证法,这种辩证法将突破自然界的界限,因为概念不能满 (Ⅶ₁,44)足于这类不适宜的元素,而必然要向一个更高阶段转化。

第一篇 力学

§. 253

力学考察的,第一是完全抽象的相互外在的东西,即空间和时间;第二是个体化的相互外在东西及其在那种抽象状态中的关系,即物质和运动,这就是有限的力学;第三是在其自在存在的概念的自由中的物质,即在自由运动中的物质,这就是绝对的力学。

〔附释〕己外存在直接分裂为两种形式:首先作为肯定的形式,它是空间;其次作为否定的形式,它是时间。最初的具体东西,即这些抽象环节的统一和否定,就是物质;因为物质与其各个环节相关联,所以,这些环节本身在运动中是相互关联的。如果这种关联不是外在的,我们就会得到物质与运动的绝对统一,得到自身运动的物质。

第一章 空间和时间

A 空间

§. 254

自然界最初的或直接的规定性是其己外存在的抽象普遍性,

是这种存在的没有中介的无差别性,这就是空间。空间是己外存在,因此,空间构成完全观念的、相互并列的东西;这种相互外在的东西还是完全抽象的,内部没有任何确定的差别,因此空间就是完全连续的。

〔**说明**〕关于空间的本性,人们很早以来就提出过各式各样的说法。我只想提到康德的定义,他认为空间和时间是感性直观形式[1]。即使在其他地方,把这种认为空间应当仅仅被看作表象里的某种主观要素的观点当作基础,现在也已经成为司空见惯的现象。如果我们撇开康德概念中属于主观唯心论及其规定的东西,那么剩下的正确规定就在于认为空间是一种单纯的形式,即一种抽象,而且是直接外在性的抽象。人们说空间点似乎构成了空间中肯定的要素,这种说法是不能接受的,因为空间没有差别,因而只是可能性,而不是相互外在的存在和否定的东西的被设定状态,所以是绝对连续的;因此倒不如说,点这种自为存在是空间的否定,是在空间内被设定的对空间的否定。这也就同样解决了空间的无限性问题(§. 100"说明")。一般而言,空间是纯粹的量,这种量不再仅仅是逻辑规定,而且是直接的和外在存在的。所以,自然界是从量的东西而不是从质的东西开始的,因为自然界的规定性不像逻辑的存在那样,是抽象的初始东西和直接东西,相反,在本质上已经是在自己内部得到中介的东西,是外在存在和他在。

〔**附释**〕因为我们的研究程序是要在确定了概念必然建立起来的思维以后,探究这种思维在我们表象中显示出什么外貌,所以进一步的主张是空间在直观中要符合于纯粹已外存在的思维。即使在这方面我们自己弄错了,那也绝不会损害我们思维的真理性。在经验科学中人们则必须采取与此相反的途径;那里最初呈现的

(VII_1,46)

是经验的空间直观,然后人们才达到空间的思维。为了证明空间符合于我们的思维,我们必须把空间表象同我们概念的规定进行比较。空间的充实与空间本身是毫不相干的;在空间中,各地的"此处"是相互并列着,彼此没有干扰。"此处"还不是位置,而只是可能的位置。各地众多的"此处"都是完全相同的,这种抽象的复多正是外在性,它们没有真正的间断和界限。虽然众多的"此处"也是有差别的,但是它们的差别也正是它们的无差别,就是说,这是抽象的差别。因此,空间是没有点状性的点状性,即完全的连续性。如果人们设定一个点,那么人们就割断了空间;但是,空间却完全没有因此而被割断。点之所以具有意义,仅仅是由于它在空间中,这样,它就既外在于自身,又外在于他物。"此处"在其自身之中也有上、下和左、右。一个东西假如在其自身不再是外在的,而是仅仅外在于他物,就会是一个点;但实际上不可能有这种点,因为"此处"不是终极的东西。不论我把星球的位置定得多么遥远,我总是能够超出它;在任何地方世界都不是用木板钉起来的。这就是空间的完全外在性。然而,空间点的他物正像空间点一样,也是己外存在,因而两者既是未被区别的,也是未被分离的;空间的界限就是空间的他在,空间超出其界限时,仍然是在其自身,这种彼此外在中的统一性就构成连续性。间断性与连续性这两个环节的统一是客观上确定的空间概念。然而,这个概念只是空间的

(VII₁,47) 抽象,它常常被看作是绝对空间。有人以为这就是空间的真理[2]。可是,相对的空间是某种更高的东西;因为它是任何一个物体的特定空间,但我们宁可说抽象空间的真理在于作为物质物体而存在。

空间本身究竟是实在的,还只是事物的属物,这在过去是形而

上学的一个首要问题。假如人们说空间是某种独立的实体性的东西，那么它必然是像一个箱子，即使其中一无所有，它也仍然不失为某种独立的特殊东西。可是，空间是绝对柔软的，完全不能作出什么抵抗；而我们向某种实在的东西所要求的，却是这种东西能对另外的东西不相容。人们绝不能指出任何空间是独立不依地存在的空间，相反地，空间总是充实的空间，绝不能和充实于其中的东西分离开。所以，空间是非感性的感性与感性的非感性。自然事物存在于空间中，自然界必须服从外在性的束缚，因为空间就总是自然事物的基础。如果人们像莱布尼茨那样[3]，说空间是与 $voov'$ $-\mu\varepsilon\nu\alpha$〔本体〕无关的事物的秩序，而且在事物中有其基础，我们便会看到，在去掉充实空间的事物以后，各种空间关系也毕竟会仍然不依赖于事物而独立存在着。确实可以说，空间是一种秩序，因为它当然是一种外在的规定性；但是，它却不仅是一种外在规定性，而是外在性自身。

§. 255

a) 空间作为潜在的概念，一般在自身具有概念的各种区别；具体地说，空间在其无差别性中首先直接具有三个维度，它们是单纯相异的，没有任何规定的。

〔**说明**〕空间恰好有三个维度这种必然性，是不能要求几何学 (VII[1], 48) 推演出来的，因为几何学不是一门哲学科学，并且可以把空间及其普遍规定性假定为自己的对象。但在哲学中谁也没有想到指明这种必然性[4]。这种必然性是以概念的本性为根据，但在这种最初的相互外在的东西的形式中，在抽象的量中，概念的规定性是完全表面的,是空无内容的差别。因此,我们不能说长、宽、高相互如何不同,因为它们仅仅被假定为不相同,而事实上还没有什么差别;是否把一个方向称为长、宽或高,这是完全不确定的。高度只不过是在朝着地球中心的方向上得到更详细的规定,但这类更为具体的规定对于空间自身的本性来说是毫不相干的。以这种规定为前提,同一个方向不论是称为高或深,也都仍然是无所谓的;长和宽同样是如此,它们也常常被称为深度,并未因此而得到任何规定。

§. 256

b)但是,空间的差别本质上是特定的、质的差别。作为这样的差别,它 α)首先是空间自身的否定,因而空间是直接的和无差别的已外存在;这就是点。β)可是,这种否定是空间的否定,即它本身是空间性的;点在本质上作为这种关系,即作为扬弃自身的东西,就构成线,构成点的这种最初的他在或空间性存在。γ)然而,他在的真理是否定的否定,所以线过渡到面。面虽然一方面是一种与线和点对立的规定性,因而构成一般的平面,但另一方面却是得到扬弃的空间的否定,因而是空间性总体的恢复,这时空间性总体就在自身包含着否定的环节;这是一种封闭的面,它分离出一种单一的、完整的空间。

(VII₁,49)

〔说明〕线不是由点构成的,面不是由线构成的,这是由于它们的概念所致;在这里倒不如说,线是己外存在着的点,就是说,点使自身与空间相关联,并且扬弃自身;面也同样如此,它是得到扬弃的、已外存在着的线。在这里点被表象为最初的和肯定的东西,并且这种东西被当作开端。但反过来说也是正确的,因为空间实际上是肯定的东西,面是空间的第一个否定,线是第二个否定,而线作为第二个否定,就其真理性而言,是自身相关的否定,即点。这种过渡的必然性和在前一种情形中是相同的。以外在的方式把握和定义点、线等等,就无法想象这种过渡的必然性。用定义的方式,说线产生于点的运动等等,虽然前一种过渡毕竟也被表象出来,但被表象为某种偶然的东西。几何学研究的其他空间图形,是对于抽象的空间、对于面或一个有限的完整空间进一步作出的质的限定。这里也表现出必然性的各个环节。例如,三角形是最初的直线图形,一切别的图形假如要加以规定的话,都必须被还原为三角形或四方形,如此等等,不胜枚举。这些构图法的原理是知性的同一性,它把各个图形规定得合乎规则性,从而设定起有可能赖以认识这些图形的关系。

　　我们可以附带指出,康德有一个特殊想法,他断言,直线是两点之间最短的距离这个定义是一个综合命题,因为我的直的概念并不包含任何量,而是只包含着一种质。就这种意义来说,每个定义都是一个综合命题;直线这个被定义的东西最初仅仅是直观或表象;直线是两点间的最短距离这个定义,首先构成了像在这类定义中已经表现出来的(参看 §. 229)概念。概念已经不存在于直观中,这就是概念与直观的差别,它造成了定义的必要性。但我们很容易看出,康德的定义是分析的,因为直线把自身归结为方向的单纯性,而这种单纯性从量的方面来看,就得出最小量的规定,在这里也就是得出最短距离的规定。 $(\text{VII}_1,50)$

　　〔**附释**〕只有直线才是最初的空间性的规定,曲线则直接地、潜在地包含着两个维度;我们是在圆中得到第二级次的线。作为

第二个否定,面具有两个维度,因为第二个否定如同二一样,也有
二的性质。

几何学的任务就是要在假定了某些规定性以后,发现从中推
演出哪些其他的规定性,于是主要的事情就在于那些被假定的规
定性和推演出来的规定性应当构成一个发达的总体。几何学的基
本命题是这样一些命题,在这些命题中,整体是被设定了的,并且
表现在它的各个规定性中。在三角形方面,有两个完成三角形的
规定性的基本命题。α)如果我们取一个三角形的三个要素,其中
的一个要素必须是边(这有三种情形),那么,这个三角形就完全
得到了规定。几何学关于两个三角形后来还采取了一种迂回曲折
的说法,确定两个三角形在这种情况下为全等的;这是一种比较容
易但又冗长的表述方式。事实上,我们证明这个命题,只需要一个
三角形,三角形在其本身就是这样的关系:如果三角形的最初的三
个部分得到了规定,那么其余的三个部分也就得到了规定;因为三
角形是由两个边和一个角,或两个角和一个边来规定的。最初的
三个要素构成三角形的概念或规定性;其余的三个要素则是它的
外在的实在性,对于概念是多余的。在这样的设定中,规定性仍然
是完全抽象的,这里只有一般的依存关系,因为这里还缺少特定规
定性的关系,表明三角形的各个要素有多大。这是β)在毕达哥拉
斯定理中达到的;这个定理是三角形的完善的规定性,因为只要直
角的两个邻角之和等于直角,直角就完全得到了规定。所以,作为
理念的图像,这个定理比所有其他定理更为优越。它表现了一个
整体,这个整体是在自身之中划分自身,犹如每个哲学形态是在自
身之中划分为概念与实在。在这里我们得到了同样的量值,它首

（VII₁,
51)

先是斜边的平方,然后加以分割,是两个直角边的平方和。一个比半径相等更为高级的圆定义,在于考虑到了圆里的差别,因而得到了圆的完善的规定性[5]。这是在解析几何里完成的,并且其内容恰恰就是毕达哥拉斯定理。直角的两个边是正弦和余弦,或横坐标和纵坐标,而斜边是半径。这三者之间的关系是圆的规定性,但并不像在第一个定义中那样,是一种单纯的规定性,而是不同要素之间的一种关系。欧几里得也是以毕达哥拉斯定理作为他的《几何原本》第一卷的结尾;因此,他后来所关切的也就在于把差别还原为等同。所以,他就把矩形归结为正方形,作为第二卷的结尾。对 (VII$_1$,52)一个斜边来说可能有无限多的直角三角形,同样地,对一个四方形来说也可能有许多矩形;圆则是二者的位置。这就是作为一门抽象知性科学的几何学进行科学研究的方式。

B 时间

§. 257

然而,这种作为点使自身与空间相关联,并作为线和面在空间内部发展出自己的各个规定性的否定性,也同样在己外存在的领域中是自为的;不过,它同时在空间中也把它的各个规定性设定在己外存在的领域中,因而它就对于寂然不动的彼此并列的东西表现为漠不相干的。否定性这样被自为地设定起来,就是时间。

〔**附释**〕空间是直接的、特定存在的量,在空间中,一切事物仍然持续存在,甚至界限都具有持续存在的方式;这是空间的缺陷。空间就是这种自身具有否定的矛盾,但这种否定却分裂为许多漠不相干的持续存在。由于空间仅仅是对其自身的这种内在否定，所以，空间的真理就是其各个环节的自我扬弃。现在时间正是这种持续不断的自我扬弃的存在，所以在时间中点具有现实性。从空间中产生了差别，这就意味着空间不再是这种无差别性，空间在其整个非静止状态中是自为的，不再是无能为力、停滞不动的。这种纯量，作为自为地存在着的差别，就是潜在地否定的东西，即时间；时间是否定的否定，或自我相关的否定。在空间中的否定是对他物的否定；所以在空间中否定的东西还没有得到它应当得到的东西。在空间中，面虽然是否定的否定，但就其真理而言，则不同于空间。空间的真理性是时间，因此空间就变为时间；并不是我们很主观地过渡到时间，而是空间本身过渡到时间。一般的表象以为空间与时间是完全分离的，说我们有空间而且也有时间；哲学就是要向这个"也"字作斗争。

（VII₁,53）

§. 258

作为己外存在的否定性统一，时间同样也是纯粹抽象的、观念的东西。时间是那种存在的时候不存在、不存在的时候存在的存在，是被直观的变易；这就是说，时间的各种确实完全瞬间的、即直接自我扬弃的差别，被规定为外在的、即毕竟对其自身外在的差别。

〔**说明**〕时间如同空间一样，也是感性或直观的纯粹形式[6]，是非感性中的感性因素。然而像空间一样，时间也丝毫不涉及客观性与相反的主观意识之间的分别。如果把这些规定性应用于空间和时间，那么前者就会是抽象的客观性，后者则会是抽象的主观性。时间同纯粹自我意识的我＝我是同一个原则；但这个仍然完全外在的和抽象的原则或单纯的概念，却是被直观的、单纯的变易；这就是纯粹的已内存在，简直是一种从自身产生出来的活动。

正像空间一样，时间也是连续的，因为时间是抽象地自身相关的否定性，在这样的抽象性中尚没有出现实在的区分。

据说一切事物都在时间中产生和消逝；如果人们抽去一切事物，就是说，抽去充实空间和时间的内容，那么剩下的就是空洞的空间和时间，就是说，外在性的这些抽象被设定和被想象为似乎是 (VII₁,54) 独立存在的。但是，一切事物并不是在时间中产生和消逝的，反之，时间本身就是这种变易，即产生和消逝，就是现实存在着的抽象，就是产生一切并摧毁自己的产物的克洛诺斯[7]。实在的东西虽然与时间有区别，但同样在本质上是与时间同一的。实在的东西是有限制的，而且相对于这种否定的他物是在实在东西之外的。因此，规定性在实在东西之中是外在的，所以是这种东西的存在中的矛盾；其矛盾的这种外在性和非静止状态的抽象就是时间本身。有限的东西都是非永久性的和有时间性的，因为它不像概念那样，在其自身是完整的否定性，反之，它虽然包含着这种否定性作为它的普遍本质，但它不符合于这个本质，是片面的，因此，它自身与这种否定性的关系也就像它与统治它的力量的关系。可是，概念在其自由自为地存在着的自相同一性中，作为我＝我，却自在自为地是绝对的否定性和自由，因此，时间不是支配概念的力量，概念也不存在于时间中，不是某种时间性的东西；相反地，概念是支配时间的力量，时间只不过是这种作为外在性的否定性。只有自然的东西，由于是有限的，才服从于时间；而真实的东西，即理念、精神，则是永恒的。然而永恒性这个概念不应当消极地被理解为与时间的分离，好像它是存在于时间之外，也不应当被理解为它是在时间之后才到来，因为这会把永恒性弄成未来，弄成时间的一个环节。

〔附释〕时间并不像一个容器，它犹如流逝的江河，一切东西都被置于其中，席卷而去[8]。时间仅仅是这种毁灭活动的抽象。事物之所以存在于时间中，是因为它们是有限的；它们之所以消逝，并不是因为它们存在于时间中；反之，事物本身就是时间性的东西，这样的存在就是它们的客观规定性。所以，正是现实事物本身的历程构成时间；如果可以称时间为无所不能的，那么，也可以称它为一无所能的。现时的东西有一个惊人的权利：它作为单个的现时的东西，就是子虚乌有；但这种自命排斥一切的东西在我加以言说时，却瓦解了，消逝了，变成了灰尘。持久的东西是这个和那个现时东西包含的普遍性，是不持久的事物的这种过程的被扬弃状态。即使事物持久存在，时间也不是静止不动的，而是不断流逝着；就是以这个方式，时间表现为独立的和不同于事物的。但如果我们说，即使在事物持久存在的时候，时间也毕竟是不断消逝的，那么，这也不过是说，尽管某些事物持久存在，但变化终归会表现于其他事物，比如说表现在太阳的运行之中，因此事物终归是在时间里存在的。于是，逐渐的变化就成了最后的肤浅遁辞，以便终于能够认为事物是静止的和持久的。假如一切东西，甚至连我们的表象，都是静止不动的，那么我们就会是持久不灭的，就不会有时间。但事实上，一切有限的事物都是有时间的，因为它们迟早都要服从于变化；所以，它们的持久性只是相对的。

绝对的无时间性不同于持久性；这是没有自然的时间而存在

（VII₁,55）

的永恒性。然而,时间按其概念来说,本身是永恒的,因为时间既不是现时,也不是某个时间,反之,作为时间的时间是时间的概念,而时间的概念同任何一般概念一样,本身是永恒的东西,因而也就是绝对的现在。永恒性不是将要存在,也不是曾经存在,而是永远现实存在着。所以,持久性与永恒性的不同就在于持久性只是时间的相对扬弃,永恒则是无限的持久性,就是说,不是相对的,而是自身反映的持久性。凡是不存在于时间中的东西,都是没有过程的东西;最不完善的东西如同最完善的东西一样,都不存在于时间之中,所以都是持久的。最不完善的东西之所以持久,是因为它是 $(\text{VII}_1, 56)$ 抽象的普遍性,例如,空间、时间本身就是这样,太阳、元素、石头、山岳一般的无机自然界以及金字塔之类的人工产物也是这样。持久存在的东西被认为比瞬息即逝的东西更为高级;但一切花卉、一切美妙的生命力都会夭折。不过,最完善的东西也是持久存在的,不仅无生命的、无机界的普遍东西是这样,而且其他普遍的东西、自身具体的东西,诸如类属、规律、理念和精神,也是这样。因为我们必须分清某个事物究竟是整个的过程,还仅仅是整个过程的一个环节。作为规律,普遍的东西也在它自己内部有一种过程,而且只有作为过程才是有生命的;但它不是过程的一部分,不是存在于过程之中,而是包含着它的两个方面,它本身是没有过程的。就现象方面说,规律是进入时间过程的,因为概念的各个环节具有独立性的外观;但在它们的概念中,相互排斥的差别却相互关联,得到了调解,回到了和平状态。理念或精神凌驾于时间之上,因为这类东西是时间本身的概念;它自在自为地是永恒的,没有被卷入时间过程中,因为它没有消失于自己的过程的一个方面。在个体本身情形则不然,因为这种东西在一个方面是类属;最完善的生命是把普遍东西与其个体性完全统一为一个形态的东西。但这样一来,个体也就与普遍的东西不相同,因而是过程的一个方面或可变性;从这个注定要消亡的环节来看,个体是属于时间过程的。阿奚里这位希腊生命之花,亚历山大大帝这位无比有力的人物都不在人世了;只有他们的业绩影响还遗留下来,就是说,只有他们所创造的世界还遗留下来。平庸的东西是持久的,并且最终统治着世界。思想也有这种平庸的性质,以此博得了现存世界的赞许,使精神的生气黯然失色,把这种生气转变为纯粹习以为常的东西,并以这种方式长存下去。平庸性具有的持久性恰恰在于它不是建立在真理的基础上,没有得到它的当然权利,既未把概念的荣誉赋予概念,也没有在其自身把真理表现为过程。

(VII₁,57)

§. 259

现在、将来和过去这些时间维度,是外在性的变易本身,是这种变易之分解为向无过渡的存在和向存在过渡的无这样的区别。这样的区别之直接消逝为个别性,就是作为此刻的现在,此刻作为个别性既与其他环节有排斥作用,同时又是完全与其他环节连续的,此刻本身仅仅是从其存在到无和从无到其存在的这种消逝。

〔说明〕有限的现在是被固定为存在的此刻,作为具体的统一,从而作为肯定的东西,它不同于否定的东西,即不同于过去和将来这些抽象的环节;然而,这种存在本身纯粹是抽象的、消逝于无的存在。此外,在自然界中,时间总是此刻,存在并没有达到这些维度的持续存在的区别;只有在主观的表象中,在记忆中,以及在恐惧或希望中,这些维度才是必不可少的。时间的过去和将来,当它们成为自然界中的存在时,就是空间,因为空间是被否定的时间;同样反过来说,被扬弃的空间最初是点,自为地得到发展,就是时间。

绝没有任何研究时间的科学,对应于研究空间的科学,即几何学。时间的区别没有己外存在的漠不相干的性质,而这种性质是构成空间的直接规定性的;因此,时间的区别不像空间那样,能够用图形加以表示。只有知性使时间的原则失效,把时间的否定性 (VII₁,58) 归结为单位,时间的原则才能这样加以表示。这种僵死的单位,思维的最高外在性,能用外在的组合加以表示,而这些组合,这些算术图形,又能按照知性的范畴,用相等与不相等、同一与差别加以表示。

有人还会进而提出一种哲学数学的观念,这种哲学数学要用概念来认识普通数学按照知性的方法从一些假定的范畴中推演出来的结果。但是,既然数学是研究有限的数量规定的科学,而这些规定在它们的有限性里被认为是固定的和有效的,并且没有转化,所以,数学在本质上是一门知性科学;并且,既然数学能够用完善的方式成为这样一门科学,所以,数学反而保持了超过其他这类科学的优点,既没有由于掺杂异质概念而受到玷污,也没有因为用于经验目的而受到玷污。所以在这种情形下,无论是关于知性的指导原则还是关于序列及其必然性,无论是在算术运算(参看 §. 102)中还是在几何定理中,概念建立一种更为确定的意识总是容易的。

其次,试图使用空间图形和数学这样一些不顺心的和不适合的媒介来表达思维,并用强制办法使它们服务于这类目的,这也是一种画蛇添足的、徒劳无益的努力。这些简单的、最初的图形和数字,由于它们的单纯性,是宜于用作符号而不致产生误解的,但对于表达思维却总是格格不入的和残缺不全的方式。纯粹思维的最

(VII₁,59)

初尝试曾经采取过这种应急的方法,毕达哥拉斯的数的体系就是这方面最著名的例证。然而,在更为丰富的概念里这些手段会变得极其不充分,因为它们的外在的组合以及一般联系的偶然性不符合于概念的本质,而且在数字和图形的组合中可能具有的许多关系,哪些应该加以坚持,都是极其不明确的。在任何情形下,概念的灵活性都流于这类外在的手段,而在这类手段中每个规定都陷入了漠不相关的彼此外在状态。这种不明确性只有依靠说明才能消除。于是,思维的根本表达方式就是这种说明,而符号表达方式则成了毫无内容的多余东西。

其他数学范畴,诸如无限及其关系、无限小、因子、幂等等,在哲学本身都有它们的真正的概念;想把这些范畴从数学中借取来,应用于哲学,是不合适的;在数学中,它们被认为是没有概念的,甚至常常被认为是没有意思的;倒不如说,它们的证明和意义必须寄望于哲学。只有那种懒惰的人才为了不进行思维和概念规定,而逃避到根本不属于思维的直接表达的公式及其现成的格式里。

真正哲学的数学科学作为量的理论,应该是度量的科学;但这种科学事实上是以事物的现实特殊性为前提的,而这种特殊性只有在具体的自然界里才存在。由于量的外在的性质,这门科学也确实应该是一切科学中最难的科学。

〔**附释**〕时间概念是变易,时间维度为直观设定了时间概念的

总体性或实在性,从而使直观中得到规定的东西臻于完善。这种 (VII₁,60)
实在性在于:构成变易的统一体的各个抽象环节的每一个,就其本
身来说,都被设定为整体,尽管有对立的规定性。所以,这两个环
节的每一个本身都是作为存在与无的统一;但是,它们也有差别。
这种差别只能是产生与消逝的差别。在前一种情况下,在过去
(地狱),存在是作为开端的基础;过去确实是曾经作为世界历史
或自然事件存在过,但它是在附加的非存在的规定性里被设定的。
后一种情况则相反;在将来,非存在是最初的规定性,存在则是后
来的规定性,尽管不是时间上如此。中项是两者的无差别的统一,
以致前一个规定性和后一个规定性都不是决定因素。现在之所以
存在,仅仅是由于过去已不存在;反过来说,此刻的存在具有不存
在的规定性,而且其存在的非存在就是将来;现在是这种否定的统
一。为此刻所代替的存在的非存在,就是过去;包含在现在中的非
存在的存在,就是将来。因此,大家可以从时间的肯定意义上说,
只有现在存在,这之前和这之后都不存在;但是,具体的现在是过
去的结果,并且孕育着将来。所以,真正的现在是永恒性。

　　此外,数学这个名称似乎也可以用于空间与时间的哲学考察。
但是,假如人们企图从哲学上处理空间与单位的图形,它们就会失
去它们的独特意义与形态;关于空间与时间的哲学会成为某种逻
辑题材,或者,按照人们赋予概念的更为具体的意义,会成为另一 (VII₁,61)
门具体哲学科学的某种题材。数学只考察包含在这些对象中的量
的规定,并且如以前所述的,在这些对象中也并不考察时间本身,
而是只考察单位的图形和组合;反之,在运动学中,时间虽然也是
这门科学研究的一个对象,但应用数学正因为是把纯粹数学应用

于给定的物质及其从经验中取得的规定性,所以整个来说就不是什么内在的科学。

C 位置和运动

§. 260

空间在其自身是漠不相关的彼此外在存在与没有差别的连续性之间的矛盾,是其自身的纯粹否定性,是首先向时间的过渡。同样,因为时间的各个结合为统一体的对立环节直接扬弃了它们自身,所以时间就是直接消融于无差别性,消融于无差别的彼此外在性或空间。因此,否定的规定性,具有排斥作用的点,在空间里已不再是仅仅自在地与概念相一致,而是被设定的,并且通过构成时间的整体否定性,在自身内是具体的;这样具体的点就是位置(§. 255和§. 256)。

〔**附释**〕如果我们回顾一下对于持久性概念的说明,我们就会看到,空间与时间的这种直接的统一已经是它们存在的根据;因为空间的否定东西是时间,而时间的肯定东西或差别的存在则是空(VII₁,62)间。可是在这里空间和时间这两者是被设定为有不同的重要性,或者说,它们的统一仅仅是被表现为从一物过渡到他物的运动,因此,开端、实现与结果陷于分离之中。然而,结果恰恰表现了它们的根据和真理。持久性的要素是由时间转化成的自相等同;这种自相等同就是空间,因为空间的规定性是无差别的一般特定存在。点在此处就像它真实存在的那样,原来是作为一种普遍的东西而存在的;这个"此处"这时同样是时间,是一个直接扬弃了自身的现在,是一个曾经存在过的此刻。因此此处是持久的点,所以此处同时就是此刻。这种此处与此刻的统一便是位置。

§. 261

位置作为这种被设定的空间与时间的同一性,最初也是被设定的矛盾,这种矛盾就是空间与时间的矛盾,就是其自身里的每个方面。位置是空间性的、因而无差别的个别性,并且仅仅作为空间性的此刻,作为时间,才是这样。因此,位置作为这样的个别性,就直接对其自身漠不相关,对自身是外在的,是其自身的否定,并且构成另一个位置。空间在时间中和时间在空间中的这种消逝和自我再生是一个过程,在这个过程中,时间自身在空间中被设定为位置,而这种无差别的空间性也同样直接在时间中被设定;这就是运动。然而这种变易本身同样是其矛盾的内在融合,是位置与运动这两者的直接同一的、特定存在的统一,即物质。

〔说明〕从观念性到实在性、从抽象到具体存在的过渡,即这里的从空间与时间到表现为物质的实在性的过渡,对于知性是不可理解的,所以对于知性总是表现为外在的、现成的东西。空间与时间通常被设想为空虚的,这种观念和空间与时间的充实是漠不相干的,然而它们总得被想象为充实的,就是说,空虚的空间和时间须从外面用物质加以充实。这样,物质的东西一方面被看作对空间和时间是漠不相关的,另一方面同时又被看作根本是在空间与时间中的。 (VII$_1$,63)

关于物质,据说 α)它是组合的;这涉及它的抽象的彼此外在性,即空间。它是从时间中抽象出来的,而且一般是从一切形式中抽象出来的,就此而言,人们曾经主张物质是永恒的和不变的。直接得出的结论实际上就是这样;但是,这样一种物质也仅仅是一种不真实的抽象东西。β)它是不可入的和有抗力的,它是一种能被感觉到的、能被看到的东西等等。这些谓语无非指出物质具有两种规定性,一方面是为特定的知觉而存在的,或者一般地说,是为他物而存在的,但另一方面同样也是为自己而存在的。这两者就是它恰恰作为空间与时间的同一性,作为直接的彼此外在性与否定性——或自为存在的个别性——的同一性所具有的规定性。

从观念性到实在性的过渡也明确表现在众所周知的机械现象中,就是说,观念性可以代替实在性,实在性可以代替观念性;如果两者的同一性不是产生于它们的这种可替换性,那么这只能归咎于无思想的观念和无思想的知性。例如,在杠杆作用中,质量可以用距离来代替,反之亦然,并且,一定量的观念环节可以产生出同相应的实在环节相同的结果。同样,在运动量中速度只是空间与 (VII₁,64) 时间的量的关系,可以代替质量;反之,当质量增大而速度相应地减小时,也会产生相同的现实结果。砖石本身并不能把人砸死,而是只有通过获得的速度,才会产生这个结果,这就是说,人是被空间与时间砸死的。在这里正是力的反思范畴为知性固定下来,表现为终极的东西,阻碍了知性进一步去探究力的各个范畴的关系。不过,这至少也使人看出,力的作用是某种实在的、可以感到的东西,力与其表现具有相同的内容,正是这种力就其实在的表现而言,是通过空间与时间这两个观念环节的关系达到的[9]。

其次,属于这种非概念的反思的,是所谓的力被视为移植到物质中,即原来外在于物质,以致恰恰是这种在力的反思范畴中使人

看出来的、真正构成物质的本质的空间与时间的同一性，被设定为
某种对于物质异在的和偶然的东西，被设定为从外面带进物质里
的。

　　〔**附释**〕一个位置仅仅指向另一个位置，从而扬弃自身，变成
另一个位置；但差别也是一种被扬弃的差别。每个位置就其本身
而言，仅仅是这个位置，这就是说，两个位置是彼此等同的；换句话
说，位置是完全普遍的此处。某物占据着它的位置，改变着它的位
置，因而形成另一个位置；但是，某物一如既往地占据着它的位置，（VⅡ₁,65）
没有离开它的位置。芝诺说，运动应该是变换位置，然而飞矢没有
离开它的位置；他在这样证明没有运动时，就说出了位置固有的这
种辩证法[10]。这种辩证法正是无限的概念，而无限的概念就是此
处，因为时间是在此处本身被设定的。有三种不同的位置，即此刻
的、要占据的以及被扬弃的；时间维度的消失过程停顿了。但同时
只有一个位置，只有那些位置所包含的一种共同的东西，只有一切
变化所包含的一种不变的东西，这就是直接按照其概念而存在的
持久性，而这样的持久性就是运动。运动就是我们辨明的这种东
西，这是不证自明的；这种运动的概念符合于我们对于运动的直
观。运动的本质是成为空间与时间的直接统一；运动是通过空间
而现实存在的时间，或者说，是通过时间才被真正区分的空间。因
此，我们认识到空间与时间从属于运动。速度作为运动的量，是与
流逝的特定时间成比例的空间。运动也被说成是空间与时间的关
系；然而必须把握这种关系的更具体的方式。空间与时间在运动
中才得到现实性。

　　正像牛顿认为时间是纯粹的、形式的自然灵魂，空间是上帝的

感官一样[11],也可以说运动是真正的世界灵魂的概念。虽然人们
已习惯于把运动看作谓语或状态,但运动其实是自我,是作为主体
的主语,并且恰恰是消逝过程中的持久东西。运动表现为谓语,这
恰恰是运动熄灭自身的直接必然性。直线运动不是自在自为的运
动,而是从属于一个他物的运动,在他物中运动就变为谓语、被扬
弃的东西、环节。重新建立点的持久性,作为点的运动的对立物,
就是重新建立不动的位置。但这种重建的位置不是直接的位置,
而是由变化复归的位置,是运动的根据和结果;位置因为是维度,
即与其他环节对立,所以是中心。这种线的复归是圆周,是自相联
结为一体的此刻、以前与以后,是这些维度的漠不相关,以致以前
就是以后,同样,以后也就是以前。这才是在空间中设定的这些维
度之必然失去作用。圆运动是各个时间维度的空间性的或持续存
在的统一。点趋向于一个位置,这个位置是它的将来;点离开一个
位置,这个位置是它的过去;但是,在它后面的东西同时也就是它
正要达到的东西;它已经在它正要达到的位置上。它的目的是那
个构成它的过去的点;时间的真理在于:它的目的是在过去,而不
是将来。使自身与中心相关联的运动本身是面,就是说,是作为综
合整体的运动,在这个整体中包含着运动的各个环节、运动在中心
的熄灭状态、运动本身以及运动与其熄灭活动的关系、圆的半径。
但是,这种面本身是运动的,从而成为自己的他在,即成为完整的
空间;换句话说,运动之复归于自身的状态,即不动的中心,变成了
普遍的点,在这个点里,整体沉入寂然不动的状态。实际上,正是
运动的本质扬弃了此刻、以前和以后的区分,扬弃了运动的维度或
概念。在圆中,这些维度恰恰合为一体;圆是重建的持久性概念,

(VII₁,66)

是在自身之内熄灭的运动。这是被设定的质量,即持久的东西,它通过自身而凝聚自身,并把运动展示为运动的可能性。

现在我们立刻得到了这样的观念:既然有运动,那就有某物在运动,而这种持久性的某物就是物质。空间与时间充满了物质。空间不符合于自己的概念;因此,正是空间概念本身在物质中得到了现实存在。人们常常从物质开始,然后把空间和时间视为物质的形式。此中的正确之处在于,物质是空间与时间中实在的东西。但在我们看来,空间与时间有抽象性,因而在这里必定向我们表现为最初的东西;而物质是它们的真理,这必定是我们后来看出的事实。就像没有无物质的运动一样,也没有无运动的物质。运动是过程,是由时间进入空间和由空间进入时间的过渡;反之,物质则是作为静止的同一性的空间与时间的关系。物质是最初的实在性,特定存在着的自为存在;它不仅是抽象的存在,而且是空间的肯定的持续存在,不过这种持续存在会排斥其他空间。点也可能有排斥作用,但它尚未这样做,因为它仅仅是抽象的否定。物质是排他的自身关系,因而是空间中最初的现实界限。凡是被称为空间与时间的充实的东西,凡是能被捉摸和感觉的东西,凡是能作出抵抗的东西,都在其为他存在中是自为地存在的,这是在空间与时间的完全统一中达到的。

第二章　物质和运动·有限力学

§. 262

物质通过它的否定性的环节、它的抽象的个别化,与它的自相

(VII₁,68) 同一性相反,坚持着它自身的相互分开的状态;这就是物质的排斥。但因为这些有区别的东西是完全同一的,所以这种相互分开存在的自为存在的否定性统一也同样是本质的,因此物质是连续的;这就是物质的吸引。物质不可分离地是这两个环节,并且是它们的否定性统一,是个别性[12]。然而,这种个别性和物质的直接的彼此外在性相反,仍然有区别,所以本身还不是被设定为物质的,而是观念的个别性、中心;这就是重力。

〔**说明**〕康德还特别有一项贡献,那就是他在他的《自然科学的形而上学基础》一书中,通过他的所谓构造物质的尝试,创造了达到物质概念的开端,并且依赖这种尝试,又复活了自然哲学的概念。但在这样做时,康德假定斥力和引力这些反思规定是彼此对立的和固定不变的,并且因为物质被认为是从它们产生出来的,所以他又假定物质是某种现成的东西,以致那种可以被吸引和被排斥的东西就已经是物质。在我的逻辑学体系中,我已经比较详细地阐明了弥漫于康德的这种说明中的混乱现象[13]。此外,只有具有重量的物质才是排斥与吸引作为观念环节而存在于其中的总体和实在东西。因此,这些环节不应当被看作是独立的或自为的力。只有作为概念的环节,它们才产生出物质,而物质则是它们借以表现出来的前提。

必须从根本上把重力同单纯的引力加以区别。单纯的引力一般说来只是对于彼此外在的存在的扬弃,产生出单纯的连续性。相反,重力则是既彼此分离、又同样连续的特殊性之还原为作为否定性自我关系的统一性,还原为个别性,还原为单一的主观性(然而它还是十分抽象的)。可是,在自然界的最初的直接性领域之
(VII₁,69)

中,已外存在着的连续性仍然被设定为持续存在的东西;所以,只有在物理领域里才开始出现物质在自身内的反映。因此,个别性虽然是作为理念的规定存在的,但在这里却外在于物质的东西。因此,物质本身最初在本质上是具有重量的,这并不是一种外在的、也可以与物质分离的属性。重力构成物质的实体性,物质本身具有力求达到处于物质之外的中心的趋向(不过这是物质的另一本质规定)。我们可以说,物质受着中心的吸引,就是说,物质的彼此外在的、连续的存在是受到否定的;但是,假如中心本身被想象为物质的,那么吸引就完全是相互的,吸引同时也是被吸引,而中心又是一种与二者都不相同的东西。然而中心不应当被理解为物质的,因为物质东西的本性正是在它自身之外设定它的中心。所以,物质所固有的不是中心,而是这种力求达到中心的趋向。可以说,重力是物质在它的自为存在中关于它的己外存在的虚无性、它的无独立性和它的矛盾的自供状。

　　正因为重力在它自身还不是中心或主观性,所以它还是不确定的,未发展的,闭塞的,形式还不是物质的,从这个意义上我们也可以说,重力是物质的己内存在。物质的中心在哪里,这是由有重物质来确定的;当物质是质量时,物质是被确定了的,因而物质的趋向也是确定了的,这种趋向就是中心的设定,因此也就是中心的特定的设定。

　　〔**附释**〕物质是空间上的分离,它作出抵抗,并在这样做时自 (Ⅶ₁,70)身推开自身;这就是排斥,通过排斥,物质设定它的实在性并充满空间。但相互排斥的、分离的东西却都仅仅是单一体,是许多单一体;它们每一个都是另一个。单一体只是自身推开自身;这就是自为存在的东西的分离状态的扬弃,即吸引。吸引与排斥结合到一起,作为重力,构成物质概念;重力是物质的谓语,它构成这个主语的实体。重力的统一仅仅是一种应当,一种渴望,是最为不幸的努力,物质永世受到责罚,去做这种努力,因为统一没有回到其自身,没有达到其自身。如果物质达到了它在重力中所渴望的东西,那么它就会融合为一个点。因为排斥如同吸引一样,也是物质的一个本质环节,所以物质在这里还不能达到统一。这种模糊的、朦胧的统一没有变为自由的;但因为物质毕竟是把复多之设定为单一作为其规定,所以物质并不像某些哲学家那样愚蠢,这些哲学家是一些一相情愿的人,他们把单一和复多分离开,因而遭到了物质的驳斥。虽然排斥与吸引这两个统一体是重力的不可分离的环节,但它们毕竟没有把它们自身结合为一个观念的统一体。如我们稍后就会看到的,正是在光里才达到这种统一体的自为的现实存在。物质要在复多之外寻求一个地点;由于在寻求地点的各个因素之间还不存在任何差别,所以就看不出为什么一个因素会比另一个因素更接近这个地点。它们是等距离地处在圆周上,所要寻求的点就是中心,而且这个中心是向一切维度扩张的,所以我们得到的下一个规定就是球体。重力不是物质的僵死的外在性,而是它的

(VII₁,71) 内在性的一种方式;然而在这个发展阶段,这种内在性还没有自己的位置,反之,物质现在还是无内在性的东西,无概念东西的概念。

所以,现在我们必须考察的这第二个领域是有限的力学,因为在这个领域,物质还不符合于它的概念。物质的这种有限性是运动与物质本身的分离状态;因此,当物质的生命,即运动外在于物质时,物质就是有限的。或者物体是静止的,或者运动是从外部传

给物体的,这是在物质本身存在的最初的区分;这种情形随后会被物体的本性,即重力所扬弃。这样,我们在这里就得到了有限力学的三个规定:第一,惯性物质;第二,碰撞;第三,落体,它构成向绝对力学的过渡,在绝对力学里,物质也在其现实存在中符合于概念。重力不仅潜在地属于物质,而且在潜在东西已经表现出来的限度内也属于物质;这就是落体,所以,重力最初出现在落体中。

A　惯性物质

§. 263

物质作为单纯普遍的与直接的物质,开始仅有量的区分,并被特殊化为不同的量子或质量,这些不同的质量,从整体或单一体的表面规定说,就是物体。这种物体也直接不同于它的观念性;它虽然在本质上是空间性的与时间性的,然而存在于空间与时间之内,表现为与这个形式不相干的时空内容。

〔**附释**〕物质充满空间,这无非意味着它是空间中的一个实在界限,因为它作为自为存在具有排他性;空间本身没有这种排他 (VII₁,72)性。随着自为存在,立刻出现了复多这个规定,但复多是一种完全不确定的区分,还不是物质在其自身之内的区分;物质是互相排斥的。

§. 264

按照在其中扬弃了时间的空间规定,物体是持久的;按照在其中扬弃了无差别的空间性持续存在的时间规定,物体是暂时的;一般说来,物体是极其偶然的单一体。物体虽然是把这两个环节在它们的对立中结合起来的统一,即运动;但是,物体与空间和时间(见前节)以及它们的关系(§. 261),即运动是不相干的,所以,运动就像物体运动的否定,即静止一样,对于物体是外在的。这就是说,物体是惯性的。

〔**说明**〕在这个领域之内,物体不符合于其概念的有限性,在于物体作为物质仅仅是时间与空间之抽象的、直接的统一,而它们的没有得到发展的、非静止的统一,即运动,则没有被建立为内在于物体的统一。普通的物理力学认为物体具有这种规定,因此它的一个公理就是:物体只能由于外因而被置于一种运动或静止状态[14]。这种力学模糊地想象到的,只是没有自我的地上物体,对于这类物体那些规定当然是有效的。可是,这只是直接的物体性,正因为如此,它也只是抽象的、有限的物体性。作为物体的物体就是指物体的这种抽象性。但这种抽象实存的不真实性在具体存在的物体中遭到了扬弃,并且这种扬弃已经开始在没有自我的物体中被设定起来。惯性、碰撞、压力、吸引、落体等等规定,是不允许从普通力学,从有限物体性的领域,因而从有限运动的领域搬到绝对力学里去的,在绝对力学里,物体性与运动宁可说是在它们的自由概念中存在的[15]。

(VII₁,73)

〔**附释**〕直接地被设定的质量,包含着运动,作为它的抵抗,因为这种直接性是为他存在。真实的差异环节是外在于质量的;质量所具有的运动,或是作为这种概念,或是作为在质量之内被扬弃的东西。质量在这种意义下被固定下来时,就是惯性质量,但这并不会表现静止。持久作为概念,与其实现,即运动相对立,从这种关系说持久就是静止。质量是静止与运动这两个环节的统一;在质量之内两者得到了扬弃,或者说,质量对它们两者都是不相干的,既能运动,也能静止,质量自身不是这两者的任何一个。质量就其自身说,既不使自己静止,也不使自己运动,而只是通过外在的推动,由一个状态进入另一个状态,就是说,运动和静止是依靠一个他物设定到质量内部的。质量在静止时,总是寂然不动,并不自动地过渡到运动;同样地,质量如果在运动,就一直是在运动,也不自动地过渡到静止。物质潜在地是惯性的,就是说,它作为它的概念,是与自己的实在性对立的。它的实在性与它自身如此分离开,并且与它自身对立,这才是它的被扬弃了的实在性,或者说,在这种情况下它仅仅是作为抽象东西而存在;那些把感性的现实性视为实在东西,而把抽象形式视为自在东西的人们,他们所谓的自在东西和本质,往往正是这种抽象东西。

因此,如果说有限的物质是从外部获得运动,那么自由的物质则是自己使自己运动;因此,自由物质在自己的领域内是无限的,因为整个说来物质是处于有限性的阶段。同样,有道德的人在遵守法律方面是自由的,只有对于不讲道德的人来说法律才是外在 (VII₁,74) 的约束。在自然界中,每个领域不仅存在于它的无限性中,而且本身是有限的关系。像压力与碰撞这样的有限关系,都有一个优点,即它们对我们的反思是熟知的,它们是通过经验构成的。它们的缺点仅仅在于,其他关系也被统摄在这种业已构成的规则之下。人们以为,在我们家里发生的事情也应该在天上发生。但有限的关系是不能表现出一个领域的无限性的。

B 碰撞

§. 265

惯性物体如果从外部被推动起来——正因为如此,这种运动是有限的——从而与另一物体相关联,就会暂时与这另一物体构成一个物体,因为它们二者都是只有量的差别的质量。这样,运动就是两个物体构成的一种运动,即运动的传递。但是,每一个物体同样都被预先设定为直接的单一体,因此,它们也同样互相进行抵抗。它们的这种彼此相反的自为存在,进一步被质量的限量所特殊化,构成它们的相对的重力,即重量,它是在量上特别的质量的重力,在广延方面是各个有重量的部分的集合,在内涵方面是特定的压力(参见 §. 103"说明");这种重量作为实在的规定性,同速度或运动的观念的或量的规定性一起,构成一个规定性(quantitas motus〔运动量〕),在其中重量与速度能够彼此互相替换(参见 §. 261"说明")。

〔**附释**〕这个领域内的第二个环节,是物质被置于运动中,并在这个运动中自相接触。因为物质对于位置是不相干的,所以,也就发生了物质被发动起来的情形。一切必然的东西在这里都以偶然性的方式被设定起来,这是偶然的;稍后我们才会看到,物质的运动也在现实存在中是必然的。在两个物体的相互碰撞中,两个物体须被看作是自己运动的,因为这里有争夺同一个位置的斗争。碰撞的物体要占据静止的物体的位置,而静止的物体,即接受碰撞的物体则坚守着自己的位置,因此也要运动,想重新占有已为另一

(VII₁,75)

物体占领了的位置。但是,由于这些质量彼此碰撞与相互挤压,在它们之间又没有什么虚空的空间,所以现在在这种接触中就开始有了物质的一般观念性。正像概念如何达到现实存在一般总是有趣的一样,看看物质的这种内在性如何发生也是有趣的。这些质量进行接触,即相辅相成,这无非意味着:在同一个点或同一性中有两个物质点或原子,它们的自为存在并不是自为存在。不论人们想象各块物质是如何坚硬易碎,我们总是可以假定它们之间仍然有某种东西;一旦它们互相接触,它们就在一个统一体之内得到被设定的存在,而不管人们想象这个点是如何之小。这是更高的、现实存在着的、物质的连续性,不是外在的、单纯空间性的连续性,而是实在的连续性。同样,时间点是过去与将来的统一:两者存在于一个统一体中,当它们存在于一个统一体时,它们同时又不存在于一个统一体。运动恰恰在于:在一个位置同时又在另一个位置,同样也可以说不在另一个位置,而只是在这个位置。

　　存在于一个统一体中的两个质量,同样也是自为存在的;这构成排斥的另一个环节,或者说,物质是有弹性的。统一体仅仅是外表,或者说,整体是连续的,因此物体是完全坚硬的。但因为只有 (VII₁,76) 整体是统一体,从而统一体不是被设定的,所以物体是完全柔软的,或绝对柔软的。可是,物体离开其整体,就是一个强度相应地更大的单一体。正是柔软性构成物体的得到传播的、自身之外存在的力的扬弃,因为柔软性返回自身,就是这种力的恢复。这两方面的直接置换就是弹性。柔软的东西也有排斥作用,是弹性的;它也软缩,但只是在它不能从一个位置被赶出来的限度内。就是在这里,物质之自为存在首先对我们成为显而易见的,凭借这种自为存在,物质肯定自身是与其外在性相反的内在性(这也被叫作力),这种外在性在此处是指为他存在,即他物在物质之内的存在。自为存在的观念性在于,他物在质量中证实自身,质量也在他物中证实自身。这个似乎从外部得到的观念性规定,显示自身是物质的固有本质,而这种本质本身同时又属于物质的内在性;这就是物理学为何要使用力的反思观念的理由。

碰撞的强度,作为作用的大小,只是物质赖以保有其自为存在或作出抵抗的强度,因为碰撞也是抵抗,而抵抗恰恰是指物质。作出抵抗的东西是物质的,反之,它之所以是物质的,是因为它作出抵抗。抵抗是两个物体的运动,一定的运动与一定的抵抗是同一件事。只有两个物体是独立的,它们才相互作用,而且它们只有凭借重力,才是这样。所以,两个物体只有通过它们的重力,才这样相互作出抵抗。然而,这种重力不是表现物质概念的绝对重力,而是相对重力。物体的一个环节是它的重量,它依靠重量,在自己力求达到地球的中心时,对另一个抵抗它的物体施加压力。所以,压力是一种要扬弃一个质量与另一个质量的分离状态的运动。物体的另一环节是在物体内部被设定的横切线方向上的运动,这种运动偏离开了寻求中心的活动。于是,物体的运动量是由这两个环节来确定的,一个是质量,另一个是作为速度的横切运动的规定性。如果我们设定这个运动量为某种内在的东西,那么这就是我们称之为力的东西。可是,我们可以放弃这套力,因为关乎它们的力学定理大多是同语反复。因为只有一种规定性,即力的规定性,所以,虽然在用速度替换各个物质部分的量,或用各个物质部分的量替换速度的时候,我们仍得到相同的物质作用(因为物质的作用

(VII₁,77)

只是自己运动的),然而,观念的因素只能部分地,而不能整个地代替实在的因素,反过来实在的因素也只能部分地,而不能整个地代替观念的因素。如果质量是六磅,而速度是 4,则力是 24;如果八磅以速度 3 来运动,那么力也是相同的,如此等等。负荷着重量的ὑπομόχλιον〔支点〕一边的臂长和另一边负荷的质量所达到的平衡,也是这个原理的实例。压力与碰撞是外在机械运动的两个原因。

§. 266

这种重量,作为内涵的量,在一个点上集中到物体本身,就是物体的重力中心;但物体是有重量的,须在它自身之外设定和拥有它的中心。因此,碰撞与抵抗,就像由它们设定的运动一样,在一个中心具有实体性的基础,而这个中心是处在各个分离的物体之外,对于这些物体是共同的,从外部传递给这些物体的偶然运动在这个中心转变为静止。由于中心是在物质之外,这种静止同时就只是一种力求达到中心的趋向,而且按照在物体中得到特殊化的、(VII₁,78)力求共同达到中心的物质的关系,是物体相互施加的压力。在物体通过相对空虚的空间而与其重力中心分离开的情况下,物体的这种趋向就构成落体,即本质的运动;偶然的运动就像按照现实存在转变为静止一样,也按照概念转变为这种本质的运动。

〔说明〕关于外在的、有限的运动,力学的基本定律是:静止的物体会永远静止,运动的物体会永远运动,假如它们不被外在的原因从一种状态置于另一种状态的话。这无非是按照同一律(§. 115)表述运动与静止,说运动就是运动,静止就是静止,两个规定彼此是外在的东西。正是孤立的运动和孤立的静止这些抽

象,才产生出关于永远继续进行的运动、关于这种运动的必要条件
等等的空洞论断。这种论断赖以建立的同一律之空无内容,我们
业已在讲到这条规律的地方指出来了。那个论断没有任何经验的
基础,因为甚至碰撞本身也是受重力,即落体的规定性制约的。诚
然,抛物运动是表现一种与本质的落体运动相对立的偶然运动;然
而,抽象,即作为物体的物体,是与其重力不可分离地结合起来的,
所以,在抛物运动中这种重力显然必须加以考虑。人们不能证明
抛物运动是分离的、独立存在的。证明所谓产生于 vis centrifuga〔离
(VII₁,79)　心力〕的运动的实例,通常是手握拴着石头的投石器,作圆圈运
动,这块石头总是表现出一种力求从手里飞出去的趋向(牛顿《自
然哲学的数学原理》,定义 V)。但问题不在于会存在着这样一种
倾向,而在于这种倾向会与重力分离,独立地存在,就像人们把它
表象为完全独立的力那样。在同一地方牛顿要人相信,一个铅球,
"in coelos abiret et motu abeundi pergeret in infinitum〔可以使之进
入太空,并继续运动,直到无限远〕",假如(当然是假如)人们能够
仅仅把适当的速度给予它的话。外在运动与本质运动的这种分离
既不属于经验,也不属于概念,而是仅仅属于抽象反思。把这些运
动加以区别——这在实际上是必需的——并从数学方面把它们作
为分离的线来表示,作为不同的量的因素来处理,这是一回事,而
把它们作为物理方面独立的现实存在来考察,这则是另一回事。*

---

　　* 牛顿(《自然哲学的数学原理》,定义 VIII)明确地说:"我毫无区别地和十分随便
地交替使用了吸引、排斥或任何一种趋于中心的倾向这些字眼,因为我不是从物理上
而是从数学上来考察这种力的。因此,读者不要以为我使用这些字眼,是想为任何
一种作用的种类或方式及其原因或物理根据下什么定义,或者每当我偶尔谈到吸引中

但就是在铅球这样向无限远飞去的情形中,也必须把空气的
抵抗和摩擦抽象掉。perpetuum mobile〔永动机〕不论在理论上得 （Ⅶ₁,80）
到了如何正确的计算和证明,然而在其出现的时期总是转变为静
止,这是抽掉了重力,而且这个现象完全被归因于摩擦。钟摆运动
的逐渐减弱并终于静止,正是被归因于摩擦的阻碍;关于钟摆运动
人们也常说,假如能排除摩擦,它就会不绝地继续下去。物体在它
的偶然运动中所遇到的这种抵抗,当然是它的依附性的必然表现。
但是,正如物体在到达它的中心物体的中央时遇到了阻碍,而这些
阻碍并不消除它的压力、它的重力一样,摩擦这种抵抗也同样阻碍
着物体的抛射运动,并不因而取消物体的重力或以摩擦代替重力。
摩擦是一种阻力,但是,它对于外在的偶然运动不是本质的阻碍。
所以事实依然在于,有限的运动是不可分离地和重力结合在一起
的,并且作为偶然的自为的运动,转变到重力的方向,服从于作为
物质的实体性规定的重力。

〔**附释**〕在这里重力本身现在是作为推动者出现的,但它所导
致的运动一般注定要扬弃那种同中心的分离,即距离。在这里自
己创造自己的运动是一种在现象领域中自己设定自己的规定性的
运动。方向是最初的规定性,而落体定律是另一规定性。方向是
与单一体的关系,这单一体是在重力之中被寻求和假设的;这种寻

心或赋有吸引能力的中心时,以为我是在想把真正的和具有物理意义的力归诸某些中
心(它们只是一些数字的点)。"但由于引入各种力的观念,牛顿就使这些规定脱离开物
理的实在性,而在本质上把它们弄成独立的。同时他在这些观念中又到处亲自谈到物
理对象,因而在关于所谓世界大厦的、据说仅仅属于物理学而不属于形而上学的说明
里,也谈到这类彼此独立、互不依存的力、它们的吸引、排斥以及诸如此类的东西,作为
物理的存在,并依据同一律来探讨它们。

求活动不是一种摸索,不是一种不确定的空间中的徘徊,反之,正是物质自身把空间中的这种单一体设定为一个位置,而这个位置是它所达不到的。这个中心并不是仅仅对其自身存在的,仿佛是一个核心,然后物质集中到它周围,或者会被吸引到它那里,而是质量的重力产生出这样的中心,寻求自身的各个物质点,恰恰因此而设定了一个共同的重力中心。重力就是这样一个单一体的设定;每个特殊的质量都是这个单一体的设定,都在其自身中寻求一个单一体,把自己与其他质量的整个量的关系聚为一个点。这个主观的单一体在作单纯的寻求的时候,构成客观的单一体,是物体的重力中心。每个物体都有重力中心,以便作为中心,在他物中拥有自己的中心;质量在具有中心的时候,就构成这样一种现实的单一体或物体。重力中心是重力单一体最初的实在性,是物体的全部重量都集中于其中的趋向;质量能成为静止的,这必须以其重力中心为支柱。这就造成一个结果,好像物体的其余部分是不存在的;物体的重力完全回归到一个点。这个点作为线——线的每个部分都属于这种单一体——就是杠杆,就是作为中央而将自身分为两个端点的重力中心,这些端点的连续性构成线。整体同样是这种重力单一体;表面构成单一体,而单一体作为整体又回归到中心。凡是在这里分别体现自身于各个维度的东西,在其直接性里就是单一体;换句话说,重力就是以这种方式使自身成为完整的、单一的物体。

于是,每个单一的质量就是这样的物体,它力求达到它的中心,即绝对重力中心。物质确定了一个中心,它要努力达到这个中心,这个中心是一个统一的点,而物质仍然是复多,在这种情况下,物质就被规定为是从它的位置上超乎自身之外。所以,物质就是 (VII₁,82) 其己外存在之超乎自身之外;这作为外在性的扬弃,是最初的真正的内在性。一切质量都从属于这样的中心,每个单一的质量都与这种真正的东西相反,是一种不独立的和偶然的东西。现在由于这种偶然性,单一的质量就可以同这个中心物体分离开。如果在这两者之间有另一特殊质量,它不能阻止第一个物体达到中心的趋向,那么,这个物体就受不到它的阻碍,而将自己运动起来,或者说,就会出现一种规定,表明一个物体没有支撑的东西,会降落下去。落体使外在运动导致的静止虽然总是一种趋向,但与第一种静止不同,既不是偶然的,也不仅仅是状态或外在地设定的。我们现在得到的静止是由概念设定的静止,它类似于落体,而落体就是由概念设定的运动,这种运动扬弃了外在的和偶然的运动。在这里惯性消失不见了,因为我们已经达到了物质的概念。因为每个质量都由于其重力,力求达到中心,因而施展压力,所以,运动仅仅是一种诱发起来的运动,这种运动使自身在另一质量中产生作用,设定另一质量为观念的环节,这正像第二个质量作出抵抗并保持自身,从而设定第一个质量为观念的环节一样。在有限的力学中,静止与运动这两种方式被置于同一个水平。人们把一切东西都还原为各个相互关联的、具有不同的方向与速度的力;于是,主要的事情就在于由此得出的结果。这样一来,人们就把重力所设定的落体运动和抛物运动的力放到同一个水平上去了。

有人设想过,假如炮弹是以较重力更大的力发射出去的,此外,假如没有空气的阻力,那么,它就会朝着切线的方向飞出去[16]。同样,假如空气没有阻力,钟摆将会无限地摆动下去。有人曾说, (VII₁,83)

"钟摆以圆弧形降落下来。在达到垂直方向时,它就通过这种降落,获得了一个速度,依靠这个速度,它必定又会以圆弧形在另一侧上升到它以前开始降落时的高度。因此,它必然是这样不断地来回摆动着。"一方面钟摆具有重力的方向;另一方面在提高它的过程中人们使它离开重力方向,赋予它以另一种规定性,这第二种规定性是引起摆动的规定性。于是有人断言,"主要是由于阻力,致使摆动弧线渐渐变小,钟摆终于达到静止,因为假如没有阻力,摆动本身就真会无限持续下去。"然而,重力运动和横切运动并不是两种互相对立的运动,反之,第一种运动是实体性的运动,第二种偶然的运动服从于第一种运动。但摩擦本身不是偶然的,而是重力的结果,虽然它也能被缩小。弗兰开尔[17]承认这点(《力学原理研究》,第 175 页,注 4—5),他说,"Le frottement ne dépend pas de l'étendue des surfaces en contact, le poid du corps restant le même. Le frottement est propertionnel No. la pression〔在物体的重量保持不变的条件下,摩擦力并不依赖于接触面的广度。摩擦力与压力成比例〕"因此,摩擦力是表现为外在阻力形式的重力,是作为共同引向中心的活动的压力。现在在钟摆中为了阻止变化不定的物体运动,物体必须被固定到别的东西上;这种物质的联系是必然的,但会干扰物体的运动,从而产生摩擦。所以,摩擦本身在钟摆结构中是一个必然的因素,既不能被消除,也不能被忽略。人们如果设想没有摩擦会是怎样的情形,这便是一个毫无内容的观念。但进一步说,使钟摆运动静止下来的,也不单纯是摩擦;即使摩擦不再起作用,钟摆也毕竟会达到静止状态。重力是通过物质概念使钟摆停止的力量;作为普遍的东西,重力会获得克服异在事物的优

(VII₁,84)

势,并使摆动沿着落体线停止下来。但这种概念的必然性在这种
外在性领域中表现为一种外在的阻力或摩擦。一个人能被砸死,
但这个外在的环境却是偶然的;事实真相在于人固有一死。

　　落体与偶然运动的结合,例如在抛物运动场合,并不是我们在
这里要讨论的;我们必须考察的,是偶然运动本身的扬弃。在抛物
运动中,运动量是抛物的力和质块的重量所产生的结果。可是,这
个重量同时正是重力;重力作为普遍的东西,获得了优势,从而克
服了设定于自身的规定性。物体只是依靠重力被抛射出去的;在
抛物运动中物体从特定的重力出发,而回复到普遍的重力,成为单
纯的落体运动。这种回复使重力得到进一步的规定性,或者说,使
运动达到与重力更为紧密的统一。在抛物运动中,重量只是一个
动力环节;或者说,在抛物运动中设定了向一种力的过渡,而这种
力是处于重力之外的。按照这种过渡,重力现在构成全部动力;抛
物运动虽然还在重力之外拥有运动本原,但这种运动本原完全是
在形式上作为单纯的推动,就像在落体中作为单纯的离散一样。
这样,抛物运动就是落体,而钟摆运动则同时既是落体运动又是抛
物运动。重力是离开其自身的活动,是其自身作为自我分裂的表
现,但这一切仍然是外在的。固定的点,离开落体线的活动,同被
推动的点保持距离,以及现实运动的各个环节,这一切都属于一个
他物。从抛物运动向落体线的回复本身就是抛物运动;钟摆的摆　（Ⅶ₁,85)
动是抛物运动之下降的、自我创造的扬弃。

C 落体

§. 267

落体是相对自由的运动。它之所以是自由的,是因为它是由物体的概念设定的,并且是物体固有的重力的表现;所以,它是内在于物体的。可是,它作为外在性之仅仅最初的否定,同时是受制约的;因此,物体离开其自身与中心的联系的活动仍然是一种外在地被设定的、偶然的规定性。

〔说明〕运动定律涉及量,特别是涉及流逝的时间和此中经过的空间的量;这是一些不朽的发现,它们使知性的分析获得了最高的赞誉。这些定律进一步涉及的是其非经验的证明,而这种证明也是由数学力学提供的,以致连建立在经验之上的科学也不满足于单纯经验的指明(证明)。这种先验证明假定速度在落体中是均匀地增加的;但证明却在于将数学公式的各环节转换为各种物理的力,即转换为一种加速度的力*和一种惯性的力,前一种力在(VII₁,86)每个瞬刻都产生一种(均等的)推动,后一种力保持着每个瞬刻所获得的(更大的)速度。这些规定完全没有得到经验的认可,概念也与它们毫无关系。更准确地说,在这里包含着一种力的关系的

---

* 可能会听说,这种所谓加速度的力与其名称很不符合,因为被设定为这种力所引起的作用在每个瞬刻都是相等的(恒定的),这是落体运动量中的经验因数,是(地球表面上15英尺)这个单位。加速度完全在于每个瞬刻都有这经验单位的附加。但加速度至少以同样的方式属于所谓的惯性力;因为惯性力造成一个结果,即这种力的作用是在每个瞬刻末端所获得的速度的延续,就是说,惯性力从自己方面把这个速度附加给那个经验量,而这个速度在每个瞬刻的末端都比前一个瞬刻的末端更大。

量的规定性,被归结为两个互相独立的元素构成的总和的形态,因而那种与概念相联系的质的规定性就被扼杀掉了。从这种被认为如此得到证明的定律可以推出一个系论,说"在匀加速运动中,速度与时间成比例"。[18]但实际上,这个命题只不过是匀加速运动本身的极其简单的定义。单纯的匀速运动是经过的空间与时间成比例的运动;加速运动是速度在每个后继的时间部分不断增大的运动;因此,匀加速运动是速度与消逝的时间成比例的运动;因此是

$\frac{v}{t}$,即 $\frac{s}{t^2}$。这是简单的真正的证明。V 是一般的速度,它还是不确定的,因而同时是抽象的,即单纯均匀的速度。那种证明中出现的 (VII$_1$,87)

困难在于,最初 V 在说明中代表不确定的一般速度,但在数学表达式中把自身表现为 $\frac{s}{t}$,即单纯均匀的速度。这种从数学的解释

借取来的绕弯子的证明方式,是服务于把速度视为单纯均匀的 $\frac{s}{t}$,

并由此过渡到 $\frac{s}{t^2}$ 的需要的。在速度与时间成比例这个命题中,首

先涉及的一般是速度,因此,从数学上把速度规定为单纯均匀的速

度 $\frac{s}{t}$,这样引入惯性力,把这个环节归于速度,这都是多余的。但

如果速度须与时间成比例,那么它倒是被规定为均匀加速的 $\frac{s}{t^2}$,而

那种 $\frac{s}{t}$ 的规定在这里没有任何地位,并被排除掉了 *。

---

* 拉格朗日[19]在其《解析函数论》第 III 部分《函数论在力学中的应用》第 1 章里,按照自己的方式,采取了简单的、完全正确的途径。他从函数的数学研究出发,在其力学的应用中发现,对于 s = ft 来说,在自然界里既出现了 ft,也出现了 bt²,但没有出现 s = ct³。这里完全正确地没有谈什么要对 s = bt² 进行证明;相反地,这种关系被认为是

落体定律与这种僵死的、从外部得到规定的力学过程所具有的抽象均匀速度相反，是一种自由的自然定律，就是说，它在自身具有从物体的概念来规定自身的一个方面。因为由此即可得知这条定律必定能从物体概念推演出来，所以，我们必须预先设定这条定律，并说明伽利略定律——"经过的空间与消逝的时间之平方成比例"——与概念规定相联系的方法[20]。

但这种联系单纯见之于下列事实：由于在这里概念发展为规定活动，所以时间与空间的概念规定就相互成为自由的，就是说，它们的量的规定性是按照它们的概念关联的。但是，现在时间是否定的环节，是自为存在的环节，是单一体的原则，它的量——任何经验数——在与空间的关系中要被看作单位或分母。相反的，空间是彼此并列的存在，它的量无非恰恰是时间的量，因为这种自由运动的速度在于空间和时间不是互相外在的和偶然的，而是两者构成一个规定。空间的彼此外在性的形式，同作为时间形式的单位相对立，并不混杂任何其他的规定性，是四方形；这种量出乎自身之外，把自身设定于第二个维度，从而增大自身，但只是按照

存在于自然界里的。在函数的展开中，当 t 变为 t+ϑ 时，就产生了一种情况：表示在 ϑ 时间所经过的空间的级数，只能用前两项，其他各项则被省略了；拉格朗日以他通常使用的方式，从解析的观点解决了这个问题。但那前两项只是在涉及对象方面加以使用的，因而唯独它们具有一种实在的规定性（同上书，4.5.："大家看到，第一个函数和第二个函数是自然而然地出现在力学里，在力学中它们有一种特定的价值和意义"）。在这一点上，拉格朗日确实回到了牛顿关于从惯性力产生的、抽象的，即单纯均匀的速度的表达式，回到了加速度的力，还从而引起了关于无穷小瞬间（ϑ）及其始末的各种反思虚构。但这对拉格朗日所走的正确道路却毫无影响，因为这条道路并不是想用这些范畴去证明定律，而是像这里应当做的那样，首先是从经验中得到定律，然后才把数学研究应用到这种定律上。

它固有的规定性这样做的;对于这样的扩展,它把它自身弄成界限,并在自己变为他物的过程中仅仅这样自我相关。

　　这就是从物质概念推演出来的落体定律的证明。力的关系本质上是质的关系,并且只是属于概念的关系。关于推出的结论,还应该附加一点:由于落体运动在其自由中同时还包含条件性,所以时间就仍然仅仅是作为直接的数的抽象单位,同样,空间的量的规定也只达到第二个维度。 (Ⅶ₁,89)

　　〔**附释**〕在落体运动中只有寻求中心的活动是绝对方面;以后我们将会看到,其他的环节,诸如分化、区分、物体之被置于无支撑状态,也如何从概念产生出来。在落体中,质量完全与它自身相一致;当它被分离时,它就回归到统一。这样,落体运动就构成过渡,构成惯性物质与这种运动的概念在其中得到绝对实现的物质之间的中项,或者说,构成绝对自由的运动。如果说质量作为单纯量的、不相干的差别,是外在运动的一个因素,那么,在这里,在运动是由物质的概念设定的地方,质量之间的量的差别本身则没有任何意义,因为质量不是作为质量,而是作为一般的物质降落的。在落体中所考察的实际上仅仅是有重量的物体,而且一个大的物体与一个较小的,即较轻的物体有一样的重力。虽然我们知道,一片羽毛不像一个铅球那样降落,然而这是由于必须让路的介质产生的结果,以致两个质量是按照它们所遇到的阻力的质的差异而动作的。例如,一块石头在空气中比在水中降落得较快,但在没有空气的空间中,各种物体都是以同样的方式降落的。伽利略提出了这个命题,并向一些僧侣解说这个命题。只有一个教父以自己的方式同意他的看法,当时这个教父说,一把剪刀和一把刀子会同时到达地球;但问题是不能这样轻易解决的。这种知识比成千上万的所谓光辉思想更有价值。

落体的经验量是:物体在一秒的降落稍大于 15 英尺;然而在不同的纬度上有细小的差异。如果物体降落两秒钟,那么,它所经过的距离就不是一秒的两倍,而是一秒的四倍,即 60 英尺;在三秒钟它降落 9 × 15 英尺,如此等等。或者说,如果一个物体降落三秒钟,而另一个落 9 秒钟,那么,它们所经过的空间的关系则不是 3: 9,而是 9: 81。单纯均匀的运动是常见的机械运动;不均匀的加速运动是不确定的;均匀的加速运动是最初合乎规律的、活生生的自然运动。所以,速度随时间而增加;这就是说,t: $\frac{s}{t}$,亦即 s: t^2,因为 s: t^2 是与 $\frac{s}{t^2}$ 相同的。在力学中,人们用四方形表示所谓惯性力,用四方形上补加的三角形表示所谓加速力,从而用数学方法证明了这一点。这种方法是有趣的,而且对于数学的说明可能是必要的;但它仅仅是由于作那种说明才是必要的,而且是一种折磨人的表述方式。这些证明总是假定它们要证明的东西。于是,人们确实描述了发生的情况。数学的观念是从把力的关系转换为较简易的关系这种需要产生的,例如,这种转换就是把力的关系归结为加、减和乘;这样落体运动就被分解为两个部分。可是,这种区分没有任何实在性,而是一种空洞的虚构,仅仅是为了作数学说明的方便。

§. 268

落体是仅仅抽象地设定一个中心的活动,在这个中心的统一

中,各个特殊的质量与物体之间的差别把自身设定为得到扬弃的;
因此,质量和重量在这种运动量中是不起作用的。但作为这种否 (VII₁,91)
定的自身关系,中心的单纯的自为存在本质上是其自身的排斥。
这种排斥或者是形式的排斥,向着许多不动的中心(星星)进行,
或者是活生生的排斥,它是根据概念的各个环节对这些中心所作
的规定,并且是这些按照概念得到区分的中心彼此之间的本质关
系。这种关系是它们的独立自为存在与在概念中得到的结合的矛
盾;它们的观念性与实在性之间的这种矛盾的表现就是运动,即绝
对自由的运动。

〔**附释**〕可以立刻看出,落体定律的缺陷在于,我们在这种运
动中是以抽象的方式,只在第一种力中把空间设定为线;之所以发
生这种情形,是因为落体运动既是一种被制约的运动,又是一种自
由的运动(见前节)。因为离开中心的条件仍然是偶然的,并不是
由重力本身规定的,所以落体只是重力的最初表现。这种偶然性
还必须加以消除。概念必定会成为完全内在于物质的。这是在第
三章,即在绝对力学中要讲的。在那里,物质是完全自由的,它的
特定存在完全符合于其概念。惯性物质完全不符合于其概念。有
重量的物质在降落的时候,只是部分地符合其概念,就是说,是通
过扬弃复多的活动,通过物质力求达到一中心点的活动,而符合于
其概念。但另一环节,即位置之在其自身的区分,还没有被概念设
定起来;或者说,这里缺少的情形是:被吸引的物质还没有作为有
重物质而排斥自身,分裂为许多物体的活动还不是重力本身的活
动。这种作为复多得到扩展,同时在自身连续的物质,这种在内部 (VII₁,92)
包含着中心的物质,必定是受到排斥的;这是实在的排斥,在这种

排斥中,中心自己排斥自己,使自身成为复多,因而质量被设定为许多质量,每个质量都有自己的中心。逻辑的单一体是无限的自身关系,这种关系是自相同一性,但却是作为自身相关的否定性,因而也是自己对自己的排斥;这是包含在概念中的另一环节。要达到物质的实在性,就需要物质把自身设定到自己的各个环节的规定性之中。落体是把物质片面地设定为吸引的活动;在下一个发展阶段物质也必定表现为排斥。形式的排斥在这里也有其存在的权利,因为容许一种抽象的、分离的环节独立存在,这正是自然界的特点。形式排斥的这种特定存在就是星星,星星还没有得到区分,一般是许多物体;但在这里我们还不是把它们看作能发光的,发光是一种物理的规定。

　　我们可以认为,在星星之间的关系中是存在着理智的;但它们是属于僵死的排斥。它们的图像可以表现本质的关系,但它们不属于活生生的物质,在活生生的物质里,中心是在它自身之内区分它自身。星群是一种形式的世界,因为只有排斥这种片面规定在那里有效。我们确实不应将这种体系同太阳系等量齐观,太阳系才是我们在天上所能认识到的实在合理性的系统。人们可以因为星星恬静而赞美它们,但在地位方面它们不能被认为与具体的个体相等。空间的内容爆裂为无限多的物质;但这仅仅是可以使眼睛愉悦的最初的爆裂。这种光的爆裂犹如人身上出疹和苍蝇成群而飞一样,是不值得惊奇的。这些星星的宁静引起心灵的强烈兴趣,观瞻它们的宁静与单纯,各种激情就会平静下来。可是,这个世界从哲学观点来看,并没有宜于感受的兴味。这个世界在不可测量的空间内作为复多,对于理性是没有意义的;这是外在的东西、空洞的东西、否定的无限性。理性知道它自身高于这种无限性；这种惊奇是一种单纯的、否定的惊奇，是一种囿于其局限性的情绪激昂。在观察星星方面合理的事情是要把握它们互相排列的图像。空间之分裂为抽象的物质，本身是按照内在定律进行的，因此星星表现出似乎有一种内在联系的结晶过程。在这里显示出来的好奇心只是一种空洞的兴致。关于这些图像的必然性现在没有很多可说。赫谢耳已经在星云中观察到透示着规则性的形式[21]。空间距离银河愈远，就愈为空洞；所以，有人（赫谢耳与康德）得出结论说，星星形成一种透镜的图像；但这是某种完全不确定的和一般的东西。大家一定不要以为，科学的价值在于把握和说明所有各种各样的形态；反之，大家必须满足于我们迄今实际上所能把握的东西。有许多东西仍然不能把握，这是在自然哲学中必须承认的。对于星星的合理兴趣现今也仅仅是在研究它们的几何学中表现出来；星星构成这种抽象的和无限的分裂过程的领域，在这个领域中，偶然的东西对于星星的布局具有重要影响。

第三章　绝对力学

（VII₁,94）

§．269

万有引力是实现为理念的真正的和确定的物质形体概念。一般的形体本质上把自身分解为许多特殊的物体，并把自身结合为个别性或主观性的环节，作为表现在运动中的特定存在，这样，个体性就直接是许多物体组成的一个系统。

〔说明〕当万有引力这个思想尤其通过与它相结合的量的规

定而引起注意和获得信任的时候,当它的验证被置于上自太阳系下至毛细管现象的经验基础上的时候,它本身必须被承认为一个深刻的思想;所以,它在反思的范围内加以把握,也仅仅具有一般抽象的意义,更具体地说,只具有引力在落体的量的规定中的意义,而不具有在本节指明的、在自己的实在性中得到发展的理念的意义。万有引力与惯性定律直接相矛盾,因为借助于万有引力,物质力图越出它自身而达到他物。

如已经表明的,引力概念本身包含着自为存在和扬弃自为存在的连续性这两个环节。概念的这些环节经历了一种命运,那就是它们被理解为分离的力,相当于吸引力与排斥力,在更为精细的规定中,它们被理解为向心力与离心力,而这些分离的力像引力一样,被假定为作用于物体,互相独立地、偶然地在作为第三个因素的物体中碰到一起。这样一来,在万有引力的思想中可能颇有深刻意义的东西就又被弄成了子虚乌有,而且只要这些大肆吹嘘的 (VII₁,95) 力的发现在关于绝对运动的学说中居于统治地位,概念和理性就无法渗透到这一学说中。在包含着引力理念——这个理念本身就是这样的概念,这种概念通过物体的特殊性展现其自身于外在的实在性,同时又在物体的观念性和内在反思中,即在运动中显示其自身为自相融合起来的——的推论中,包含着这些环节的合理的同一性和不可分离性,否则,这些环节就会被想象为独立的。一般而言,运动本身只有在许多物体所组成的体系中才具有意义和现实存在,而这些物体是按照不同的规定相互关联的。在总体的推论——它本身就是三个推论组成的一个系统——中的更精细的规定是在客观性的概念中提出的(见 §. 198)。

〔**附释**〕太阳系首先是一大群独立的物体,它们在本质上彼此相关,是有引力的,但在这种关系本身又保持着自身,把它们的统一设定于它们之外的他物。因此,复多性就不再像在星星里那样是不确定的,而是差别得到了设定,这种差别的规定性完全是由绝对普遍的中心性和特殊的中心性所构成的规定性。物质概念在其中得到实现的各个运动形式就是从这两个规定性中产生出来的。运动归于那种在内部构成位置的普遍规定性的相对中心物体;同时,当相对中心物体的位置在他物中有其中心时,这种位置也是不确定的;这种不确定性必定同样具有特定存在,而自在自为地确定 (VII₁,96) 的位置则同时仅仅是一个位置。因此,这些特殊中心物体的位置在哪里,对它们来说也是无所谓的;这表现于它们寻求自己的中心,即它们离开它们的位置,在另一位置设定自身。第三个规定性则在于它们最初都能与它们的中心等距离;假如它们是这样,它们就不会再互相分离。如果它们同时完全在同一轨道上运动,它们就会彼此根本没有差别,而会完全相同,每一个只是重复另一个,因而它们的差别就是徒具空名。第四个规定性在于,因为它们在互相之间不同的距离上变化它们的位置,它们就借助于曲线而回到它们自身,因为只有这样,它们才表现出它们对于中心物体的独立性;同样,因为它们在同一曲线上围绕中心运动,它们就表现出它们与中心物体的统一性。但由于它们对中心物体有独立性,它们也就保持着它们的位置,而不再落到中心物体上。

于是,这里一般有三种运动:α)由外面传递的机械运动,它是均匀的;β)落体运动,它部分地是受制约的,部分地是自由的,在这种运动中,物体与其引力的分离仍然是偶然地被设定的,但运动

已经属于引力本身;γ) 无条件自由的运动,它的主要环节我们已
经指出,是天体的巨大的机械运动。这种运动是一种曲线;在这种
运动中,特殊物体设定中心物体,中心物体设定特殊物体,都是同
时进行的。没有周边,中心就没有意义;没有中心,周边也没有意
义。这就打垮了那些时而从中心,时而从特殊物体出发,时而把后
者,时而把前者当作起始点的物理学假设。每一观点都是不可少
的,但它们分离开,就都是片面的;分成不同东西的活动和设定主
观性的活动是一种活动,即自由的运动,而不是像压力与碰撞之类
(VII₁,97) 的外在活动。据说,可以在重力中看到吸引力是一种自身实在的
力,我们能够证明这种力。造成落体的引力无疑是物质概念,但它
是抽象的,还不能在内部自我分裂。落体是引力的一种不完善的
表现,所以不是实在的。作为沿着切线方向飞出去的意向,离心力
被极为愚笨地假定为是通过斜射、振动和碰撞传给天体的,天体似
乎在开始就得到了这种作用。从外部传给的运动的这类偶然性,
就像绳索上系着的一块石头在斜射时要飞出去一样,属于惯性物
质。所以,我们不应当说有许多力。如果我们要说力,那也只有一
种力,它的各个环节不是作为两种力引向不同的方向的。天体运
动不是这样一种来回牵引,而是自由运动;正如古人所说,天体就
像怡享清福的诸神那样走着它们的道路。天上的形体不是那种在
自身之外可能具有运动或静止的本原的形体。说石头有惯性,整
个地球是由石头组成的,天上的其他形体也正是同样如此,这是一
种把整体所具有的特性与部分所具有的特性相等同的推论。但
是,碰撞、压力、抵抗、摩擦、吸引以及诸如此类的活动,只有对那种
不同于天上形体的物质存在,才是有效的。诚然,两者的共同点是

物质,正如好思想与坏思想二者都是思想一样;但是,坏思想并不因为好思想也是思想而成为好的。

§. 270

至于说到各个自由地自为地实现了引力概念的物体,那么它们是以它们的概念的环节为它们的不同本性的规定。因此,一个　(VII₁,98) 物体是抽象自相关联的普遍中心。与这一端相对立的则是直接的、己外存在的和无中心的个别性,表现为同样独立的形体。然而,特殊的物体是这样一些物体,这些物体既处于己外存在的规定之中,同时也处于己内存在的规定之中,是自为的中心,并且与那个作为它们的本质统一的最初的物体相关联。

〔说明〕行星作为直接具体的物体,在其现实存在中是最完善的物体。通常认为太阳是最优越的,因为知性喜欢抽象的东西,而不喜欢具体的东西;由于这样的理由,甚至恒星也被认为比太阳系的物体更为高级。无中心的物体,在它属于外在性时,是在它自身把自己分解为月亮与彗星的对立。

大家知道,绝对自由运动的定律是由开普勒发现的;这是一项享有不朽盛誉的发现。开普勒发现了经验材料的普遍表达式,在这个意义上证明了这些定律(§. 227)²²。但此后却形成一种普遍的说法,似乎牛顿第一个发现了这些定律的证明。一种荣誉很不公平地从第一个发现者转给另一个人,并不那么容易。关于这件事,我要作出以下说明:1)数学家们也承认,牛顿的公式可以从开普勒的定律推演出来。但这种完全直接的推演仅仅是这样:在开普勒

的第三定律中 $\dfrac{A^3}{T^2}$ 是常数。如果把它表达为 $\dfrac{A \cdot A^2}{T^2}$，并且同意牛顿，

把 $\dfrac{A}{T^2}$ 称为万有引力，那就得到这种所谓引力的作用与距离的平方

成反比的牛顿表达式。2)牛顿关于服从引力定律的物体以椭圆
围绕中心运动这个命题的证明，仅仅看到一种圆锥曲线，而要加以
证明的主要命题却正在于这样的事实，即这样一种物体的轨道并
不是圆或任何其他圆锥曲线，而唯独是椭圆。对于这个证明本身
(《自然哲学的数学原理》，第 I 卷，第 2 节，命题 1)须另外提出一些
异议；它虽然是牛顿理论的基础，但数学分析已不再加以使用。在
数学分析的公式里，那些使物体轨道成为一个特定圆锥曲线的条
件是一些常数，它们的规定被归因于一种经验的情况——在一定
时间点上物体所处的一种特殊的位置——以及假定物体最初获得
的推动的偶然强度；这样，那种把曲线规定为椭圆的情况就落在被
认为要加以证明的公式之外，甚至于连证明这种情况都想不到了。
3)牛顿关于所谓引力的定律也同样只是依靠归纳从经验证明的。

这里看到的无非是这样一种差别：开普勒以纯朴、崇高的方式
在天体运动定律的形式中说出的东西，被牛顿改变成了引力的反
思形式，而且是被改变成了在落体运动中得到其量的定律的引力
的形式。如果说对于数学分析方法牛顿的形式不仅有其方便性，
而且有其必要性，那么，这仅仅是数学公式的差别；数学分析早已

理解，牛顿的表达式和与此有关的命题是从开普勒定律的形式推
演出来的(在这一点上，我同意弗朗开尔《力学原理研究》第 II 卷
第 11 章注 IV 中的极好说明)。就整体来说，所谓证明的陈旧方式
表现出一种胡乱编造的谎言，它是由那些得到了独立力的物理学

意义的纯几何构造线组成的,并且也是由业已提到的加速力和惯性力的空洞反思规定组成的,特别是由那种所谓引力本身对向心力与离心力的关系组成的,等等。

　　这里作出的说明较之在一种纲要中所能作出的说明需要有更为广阔的论述。与公认的意见不一致的命题显得是武断,而且在与很高的权威相矛盾时,还显得是某种更坏的,即放肆的东西。可是,在这里所援引的却是纯粹的事实,而不是命题。我们所需要的反思仅仅在于,数学分析所提出的区分与规定以及它按自己的方法所采取的进程,应当完全同那种被假定为具有物理实在性的东 （VII₁,101）
西区别开。数学分析所要求和提供的前提、进程以及结论,与涉及那类规定和进程的物理价值及物理意义的异议始终完全无关,这一点是应当注意的;重要的是要意识到一种——与概念和经验相反——唯独以那类数学规定为其来源的不堪言说的形而上学湮没了物理力学。

　　大家都承认,牛顿撇开数学分析研究的基础——它的发展又使许多属于牛顿的基本原理和荣誉的东西成为多余的,甚至抛弃了它们——给开普勒定律的内容所添加的有意义的东西是摄动原理[23]。这个原理的重要性必须在这里陈述,因为它是建立在所谓吸引构成物体的一切个别物质部分之间的作用这个命题上的。这个原理的意义在于物质一般设定自己的中心。由此得出,特殊物体的质量须视为这种物体的位置规定中的一个环节,一个系统的全部物体都设定自己的太阳;可是,连各个物体也按照它们在普遍运动中彼此达到的相对位置,形成一种先后相继的瞬时引力关系,它们不仅具有抽象的空间关系,即距离,而且共同设定一个特殊的中心,而这个中心在普遍的系统中又部分地分解自身,但在依然有这样的关系(如在木星与土星的互相摄动里)的时候,则至少仍然部分地从属于普遍的系统。

　　关于自由运动的主要规定如何与概念相联系,现在只是这样指出了若干根本特点,这种联系在它的论证方面是不可能更详细地加以发挥的,因此在当前只好听其自然。这里的原理在于,关于(VII₁,102)自由运动的量的规定性的理性证明只能以空间与时间的概念规定为基础,即只能以这样一些环节的概念规定为基础,这些环节的关系(不是外在的)构成运动。科学将来在什么时候才有一天达到对它所使用的形而上学范畴的自觉,不以这些范畴为基础,而以事实的概念为基础呢?

　　首先,运动一般是一种返回自身的运动,这是由于特殊性和个别性的各个物体的一般规定所致(§. 269),就是说,它们部分地具有它们自身之中的中心和独立的现实存在,同时部分地在他物中具有它们的中心。就是这些概念的规定,它们成为向心力与离心力的观念的基础,但它们又被颠倒为这类观念,好像它们之中的每一个规定都是独立地在其他规定之外存在与发生作用的,好像只有在它们的作用中它们才外在地、因而偶然地彼此遇在一起。如前所述,它们是一些须用来作数学规定的线,但是,却被转变成了物理的现实。

　　其次,这种运动是匀加速度的,在返回到自身时,就转成匀减速度的。在自由运动里,空间与时间达到了如实表现它们自身,即把它们自身表现为运动的量的规定中的差异(§. 267"说明"),而不是像它们在抽象的、单调均匀的速度中那样关联着。在用向心力与离心力的量的相互消长对匀加速运动与匀减速运动作出的所谓解释里,这种独立的力的假定所引起的混乱最为严重。按照这样的解释,在行星从远日点到近日点的运动中,离心力小于向心力,反之,在近日点本身,离心力则被假定为直接又变得大于向心 (Ⅶ₁,103)力;关于从近日点到远日点的运动,人们同样用这种方式假定两种力有相反的关系。很清楚,一种力达到的优势这样突然转变为另一种力之下的劣势,这绝不是从各种力的本性中得出来的结果。相反地,由此应当得出的结论是,一种力超过另一种力所能达到的优势不仅必然会保持自身,而且必然会转化为另一种力的完全消灭,运动或者会由于向心力占优势而必然转化为静止,即行星向其中心物体的坠落,或者会由于离心力占优势而必然转化为直线。由此得出的简单结论是:因为物体经过近日点后离太阳更远,所以离心力就又变得更大;因为物体在远日点离太阳最远,所以在这里离心力也最大。这种独立的离心力和独立的向心力的形而上学怪物是一种假想的东西;不过,任何知性都毕竟不应该被进一步应用于这些知性的虚构,都不应该不涉及这样的问题:这种力既然是独立的,怎么会出于自身的本性,把它自身弄成或被弄成比另一种力时而更弱,时而更强,怎么后来又会扬弃或被取消掉自己的优势。如果进一步考察这种毫无内在根据的相互消长,那就会发现拱点的平均距离中间有一些点,两种力在这些点里处于平衡状态。两种力被假定为继此之后脱离开平衡状态,这正像它们的优势突然 (Ⅶ₁,104)发生转变一样,都是某种没有动因的现象。大家很容易看出,在这种解释方式中,凭借进一步的规定来消除缺点会引起新的和更大的混乱。

　　说明钟摆在赤道上摆动减慢的现象时,也产生了类似的混乱。
这种现象被归因于假定在那里增大的离心力;但人们也同样不难
得出结论说,它可以归因于增大的引力,这种力似乎在向垂直的静
止线更有力地控制钟摆。

　　至于现在说到轨道的形式,那么只有圆才被认作是单调匀速
运动的轨道。如常言所说,诚然可以设想一种匀加速和匀减速的
运动发生在圆里。但这种可设想性或可能性仅仅是一种抽象的可
想象性而已,它忽略了至关重要的特定情况,因此不仅是肤浅的,
而且是错误的。圆是返回到自身的线,它的所有半径都是相等的,
这就是说,它完全是由半径规定的;这只是一种规定性,而且是完
整的规定性。可是,在自由的运动里,空间的与时间的规定性都彼
此有差异,彼此发生质的关系,这种关系必然在空间东西本身表现
为空间的差别,因此,这种差别需要两种规定。由于这个缘故,返
回到自身的轨道的形式本质上是椭圆;这就是开普勒的第一定律。

　　构成圆的抽象规定性,也表现为这样:两个半径合成的角或
弧,不依赖这两个半径,是一种对它们来说纯粹经验的量。可是,
(VII₁,105)　在由概念所规定的运动中,对中心的距离,以及在一定时间经过的
弧,必定包含在一种规定性中,必定构成一个整体(概念的诸环节
不是偶然地相互关联着的);这样就产生了具有两个维度的空间
规定,即扇形。所以,弧在本质上是辐矢径的函数,并且,在相等的
时间是不等的,因而带有半径的不相等性。借助于时间,空间的规
定性表现为具有两个维度的规定性,即平面规定性,这与上文
(§. 267)在落体中关于同类规定性的解释所说的东西有联系,这
种东西先在根里是作为时间,后来在平方里是作为空间。但在这

里,空间的正方形通过运动的线向自身的返回,被限制为扇形。如大家看到的,这就是开普勒的第二定律——在相等的时间截成相等的扇形——所依据的一些一般原理。

　　这个定律只涉及弧与辐矢径的关系;在这个定律中,时间是抽象的统一,在时间中各个不同的扇形是可以比较的,因为时间作为统一体是决定性东西。可是,进一步的关系则是时间与轨道大小的关系,换句话说,是时间与对中心的距离大小的关系;这里,时间不是抽象的统一,而是一般的限量,是周期。我们已经知道,在落体中时间与空间是作为根与平方互相关联着,落体是不完善的自 (VII₁,106) 由运动,它虽然一方面是由概念规定的,但另一方面又是外在规定的。但是,在绝对运动中,即在自由度量的领域中,每个规定性都得到它的总体。时间作为根,是纯粹经验的量,作为质的东西,也仅仅是抽象的统一。然而,作为发达的总体的环节,时间又同时在其特定的统一、自为的总体中产生它自身,并在其中自身与自身相关联;时间作为内部无维度的东西,在它的产生过程中也仅仅是达到形式的自相同一性,即平方。反之,作为积极的彼此外在性,空间则达到概念的维度,即立方。这样,它们的实现就同时包含着它们最初的区别。这是开普勒的第三定律,它涉及到距离的立方与时间的平方的关系。这个定律之所以很伟大,是因为它以这种单纯与直接的方式表述了事物的理性。反之,牛顿的公式却把它转变成应用于引力的定律,这就表明那种半途而废的反思是歪曲事实和倒行逆施的。

　　〔**附释**〕在这里,在力学领域内,出现了真正的定律,因为定律是两个单纯的规定的联系,以致只有它们相互的简单关系才构成完整的关系,但两者必定都有相对自由的外观。反之,在磁里两个规定的不可分割性是已经设定了的,因此,我们不称它为定律。在更高的形态里,个体化了的东西是联结各个规定的第三项,我们不再有彼此关联的两个东西的直接规定。只有在精神里,才又有了规律,因为在那里出现了互相对峙的独立的实体。于是,这种运动的定律涉及两个东西:轨道的形式和运动的速度。把这从概念中发展出来,就是问题之所在。这会发展出一门前途远大的科学;由于这个任务艰巨,它现在还没有全部完成。

(Ⅶ₁,107)

　　开普勒依据第谷·戴·布拉赫的试验,用归纳法从经验方面发现了他的定律[24];从这些零碎现象找出普遍定律是这个领域天才的事业。

　　1) 哥白尼仍然认为轨道是圆形的,而运动是偏离圆心的[25]。可是,相等的弧并不是在相等的时间里经过的;这种运动现在不能发生在圆之内,因为它与圆的性质相矛盾。圆是知性的曲线,知性设定等同。圆的运动只能是均匀的;相等的弧只能对应于相等的半径。这一点并未得到普遍的承认;但如果更仔细地加以考察,则可以看出,相反的意见是空洞的论断。圆只有一个常数,其他二次曲线则有两个常数,即长轴与短轴。如果不同的弧是在相同的时间内经过的,那么,它们必然不仅在经验上有区别,而且必然在它们的函数方面有区别,这就是说,它们的函数本身必然存在着区别。但在圆中,事实上这些弧可能只是在经验方面彼此有区别。在本质上属于一个弧的函数的是半径,即周边对圆心的关系。如果这些弧是不相同的,那么半径也必定不相同,因而圆的概念也就立即会被扬弃。结果,只要假定了加速度,就会直接得出半径的差异,因为弧与半径是完全联结在一起的。所以,轨道必定是一种椭圆,因为这种轨道是返回自身的运动。我们从观察知道,连椭圆形也并不完全符合于行星的轨道,所以后来就必须假定存在着其他的摄动。轨道是不是具有比椭圆形更为奥妙的函数,或许是不是卵形等等,这应留给未来的天文学去决断。

2) 这里弧的规定性在于两条截断弧的半径;这三条线共同 (VII₁,108) 形成一个三角形,它是一个规定性的整体,三条线是这个整体的环节。同样地,半径是弧的函数,也是其他半径的函数。不要忘记,整体的规定性存在于这个三角形之中,而不存在于弧本身,弧是能够加以外在比较的经验量和孤立的规定性。一种规定性,即完整的曲线——弧是它的任一部分——的经验规定性,在于它的两个轴的关系;另一种规定性则在于向量变化的定律;就弧是整体的一部分说,弧像三角形一样,在一般构成全部轨道的规定性的东西中有其规定性。只有一条线是整体的一个环节,这条线才能在必然的规定性里加以理解。线的量只是某种经验的因素,整体才是三角形;有限力学中力的平行四边形的数学观念的起源就在这里。在力的平行四边形之中,人们也把经过的空间视为对角线,对角线这样被设定为总体的一部分或函数,就能够用数学加以处理。向心力是半径,离心力是切线,而弧是切线与半径的对角线。但这只是数学的线,把它同物理的实在分离开,是空洞的表象。在抽象的落体运动中,平方,即时间的平面性东西,只是数量的规定。平方不能在空间的意义上看待,因为在落体中经过的只是一种直线。落体的形式要素即在于此;因此,经过的空间作为平面,它的构图就像人们也在落体里刻画的那样,在平方空间关系的方式里,仅仅是一种形式的构图,然而,在这里当升为平方的时间对应于平面时,时间的自己产生自己的活动就获得了实在性。扇形是一个平面,这个产物是由弧与辐矢径构成的。扇形的两个规定是经过的空间和对中心点的距离。从中心物体所在的焦点引出的各个半径并不相同。两个相等的扇形中,半径较长的扇形具有较小的弧。两个扇形被假定为是在同一时间中经过的;因此,在半径较长的扇形中,经过的空间很小,因而速度也较小。弧或经过的空间在这里不再是直接的东西,而是通过自身和半径的关系,被降为一个环节,因而被降为一种产物的因素;这种现象在落体运动中还不存在。然而,时间所规定的空间东西在这里是轨道本身的两个规定,即经过的空间和对中心的距离。时间规定着整体,而弧只是整体的一个环节。就是由于这个原因,相等的扇形对应于相等的时间;扇形是被时间规定的,就是说,经过的空间被降为一个环节。这里的情形与杠杆作用相同,在杠杆作用中,重量与对支点的距离是平衡的两个环节。

3）对于各个行星同太阳的平均距离的立方与它们的运行周期的平方成正比这条定律,开普勒探索了 27 年;他早已十分接近于发现这条定律,但计算中的错误使他未能成功。他具有不可动摇的信念,认为此中必有理性;由于有这种信念,他才达到这条定律[26]。从先前的考察即可料到时间总是有一个维度。因为空间与时间在这里是结合在一起的,所以每一方都是在其独特性中被设定的,它们的量的规定性是由它们的质规定的。

这些定律是我们在自然科学中所得到的最精致的定律,它们最纯粹,极少为异质因素弄得模糊不清。所以,理解它们是最有趣

(VII₁,109)

(VII₁,110)

的事情。开普勒的这些定律像它们被表述出来的那样,具有最纯粹与最清楚的形式。按照牛顿的定律的形式,引力支配运动,它的力与距离的平方成反比*。发现万有引力定律的光荣被归于牛顿。牛顿掩盖了开普勒的荣誉,在一般人的观念中递夺了开普勒的极大光荣。英国人常常霸占了这样的权威,盛气凌人,德国人则甘拜下风,不表示抗议。伏尔泰在法国人中推崇牛顿的学说,后来德国人也人云亦云。当然,牛顿定律的形式拥有可供数学研究的许多方便,这是他的功绩。贬低伟大人物的荣誉的,确实往往正是忌妒心;但另一方面,把他们的荣誉看作一种至极无上的东西,也是迷信。

甚至在数学界也把引力理解为两类,这样对待牛顿是不公正的。第一,引力仅仅是指石头以每秒 15 英尺落向地面这一方向;这是一个纯粹经验的规定。牛顿把大家认为主要是起因于引力的落体的定律,应用到了月球的运行上,因为月亮也以地球为其中心。这样,15 英尺的量也被当作月球运行的基础。月球同地球的距离是地球直径的六十倍,所以,这个事实也被用来规定月球运动 (VII₁,111) 的引力环节。于是就发现,影响地球对月球的引力的东西(sinus versus〔对穴〕,sagitta〔天箭座〕)也同时规定月球的整个运动;月球的降落也同样如此。这可能是正确的。但是,这首先是落体的一

---

* 拉普拉斯在《宇宙体系解说》第 II 卷第 12 页(巴黎,1796)说:"Newton trouva quén effet cette force est réciproque au quarré du rayon vecteur〔牛顿发现一个事实,即这种力是与辐矢径的平方成反比〕"。牛顿说(《自然哲学的数学原理》,第 I 卷,命题 XI,推论),当一个物体在椭圆、双曲线或抛物线上(但椭圆转变为圆)运动时,向心力就与距离的平方成反比。

种个别情形,是地面上的经验落体运动到月球的推广。这并不意味着落体运动适用于行星,或可能对行星与其卫星的关系有效。所以,这是一个有限的论点。据说落体运动适用于天空的物体。可是,这些物体并不落到太阳上;于是,有人还赋予它们另一种阻止它们降落的运动。这是用很简单的方法做到的。孩子们用棍子把要降落的棒球打到旁边,就是这样。把这类儿童喜欢做的游戏应用于这种自由运动,而加以考察,对我们来说是危险的。其次,万有引力才是引力的第二种意义,而且牛顿把引力视为一切运动的定律;因此,他把引力推广到支配天体的定律上,并把它叫做引力定律。引力定律的这种推广是牛顿的功绩;在我们所看到的石头降落的运动中,即可得到这个定律的现实例证。据说,苹果从树上降落下来的现象曾经促使牛顿去作出这样的推广。按照落体定律,物体向其引力中心运动,天空的物体具有力求达到太阳的趋向;它们的方向是由这种趋向和它们的切线方向合成的,这种由此产生的方向就是对角线的方向。

因此,在这里我们认为我们发现了一条定律,这条定律以下列两条定律为其环节:(1)作为吸引力的万有引力的定律,(2)切线力的定律。然而,我们如果考察行星运行的定律,则只发现一条引力定律;虽然向心力被假定为仅仅是一个环节,但离心力是某种多余的东西,所以就完全消失不见了。由此可见,运动之由这两种力构成,表明自身是没有用处的。一个环节的定律,即关于吸引力所说的定律,不仅是这种力的定律,而且这样表明自身是全部运动的定律;其他的环节则成为一种经验的系数。关于离心力我们没有听说过更多的内容。这两个力当然到处都可以被分离开。据说离

（VII₁,112）

心力是物体按照它们的方向与大小所获得的一种推动力。这样一种经验的量，如同15英尺一样，不能构成一条定律的环节。如果人们想规定离心力定律本身，那就会出现一些矛盾，就像这种对立的方面常有的情形那样。有时人们赋予离心力的定律同赋予向心力的定律是一样的，有时又赋予离心力以另一些定律。可是，当这两种力不再平衡，而是一种力大于另一种力，一种力在另一种力减小的情况下被认为在增大的时候，如果人们企图把两者的作用分离开，那么最大的混乱就会盛行起来。据说在远日点上离心力最大，而在近日点上向心力最大。然而人们也可以同样很好地作出相反的论断。这是因为，如果行星在靠近太阳时得到最大的吸引力，那么，在对太阳的距离又开始增大的地方，离心力也必定压倒向心力，因而在它那方面也恰好最强。但如果人们假定的是这种成问题的力的逐渐增大，而不是突然的转变，那么，在另一种力反而被假定为增大的地方，即使一种力的增大被当作不同于另一种力的增大（这同样出现在某些说明里），那种为了说明问题而假定 (VII₁,113) 的对立也就丢失了。人们用这种假定每一方总是又如何压倒另一方的把戏，把自己弄得稀里糊涂。在医学中，如果认为激应性与感受性成反比例，也会出现相同的情形。因此，整个这种反思形式都应当抛弃。

　　经验表明，钟摆在赤道地方比在纬度较高的地方摆动较慢，所以，要增加它的摆动速度，在赤道地方就必须把它弄短点。人们把这种现象归因于离心力在赤道地方更大，因为在相同的时间，赤道地区比在两极地区描画出更大的圆，因而离心力阻碍着造成钟摆降落的引力。但人们也可以同样很好地，而且更真实地作出相反

的论断。摆动较慢,意味着垂直的方向或静止的方向在这里更强,
所以它一般在这里使运动减弱;而这种运动就是对引力方向的偏
离,所以在这里引力反而增大了。离心力和向心力的对立就是这
样。

　　行星与太阳有内在关系,这个思想并不是牛顿首先得到的,而
是开普勒也已经具有的。所以,把行星受到吸引视为牛顿的新思
想是荒谬的。此外,"吸引"也不是一个恰当的词汇;倒不如说,行
星自己把自己推向太阳。一切都取决于证明轨道是椭圆的;这毕
竟是开普勒定律的精髓,但牛顿并没有证明。拉普拉斯(《宇宙体
系解说》,第 II 卷,第 12—13 页)承认,"无穷小分析依靠着自己的
普遍性,包括了可以从一个给定的定律推演出的一切;这种分析向
我们表明,不仅椭圆,而且一切圆锥曲线,都可以用那种把行星保
持在其轨道中的力来描述。"从这个极为重要的事实看出,牛顿的
证明是完全不充分的。在几何学证明中,牛顿应用了无穷小;这种
(VII₁,114) 证明并不严格,所以现代数学分析也可以把它抛弃。因此牛顿不
是证明开普勒定律,而是做了相反的事情。人们想要得到的是事
实的根据,但只满足于一个坏的根据。无穷小观念在这个证明里
起着惊人的作用,这个证明的依据就在于牛顿认为一切三角形在
无穷小时都相等。可是,正弦与余弦并不相等;如果现在有人说,
两者被假设为无穷小量时是彼此相等的,那么,人们便可以用这样
一个命题处理一切东西。在黑夜里一切牛都是黑的。据说量会逐
渐消失;但如果人们也能把质的东西在量的消失过程中取消掉,那
他们就可以证明一切。牛顿的证明就是建立在这样的命题上的,
因此是极坏的证明。于是,数学分析就从椭圆推演出其他两条定

律;当然,数学分析是用牛顿没有用过的一种方式完成这一工作的;但这是后来完成的,而且正是第一条定律没有得到证明。在牛顿的定律中,随着距离增大而变小的引力仅仅是物体赖以运动的速度。数学的规定 $\dfrac{S}{T^2}$ 是牛顿所抽取的东西,因为他把开普勒定律转变成产生引力的;但是,引力已经包含在开普勒定律之中。就像我们得到圆的定义 $a^2 = x^2 + y^2$ 时那样,牛顿的方法是研究不变的斜边(半径)与两个可变的直角边(横坐标或余弦,纵坐标或正弦)的关系。例如,我们现在想从这个公式推出横坐标,就说 $x^2 = a^2 - y^2 = (a+y)(a-y)$,或者,我们想从这个公式推出纵坐标,就说 $y^2 = a^2 - x^2 = (a+x)(a-x)$。这样,我们就从原来的曲线函数中发现了一切别的规定。同样,我们也可以假定发现了作为引力的 $\dfrac{A}{T^2}$, (Ⅶ₁, 115) 因而仅仅用产生这个规定的方式去处置开普勒公式。从开普勒的每条定律都可以得出这样的结果,从椭圆定律、时间与扇形成正比的定律可以得出这样的结果,从他的第三定律则可以最单纯与最直接地得出这样的结果。这三条定律具有下述的公式: $\dfrac{A^3}{T^2} = \dfrac{a^3}{t^2}$。

我们现在要由此推演出 $\dfrac{S}{T^2}$。S 是经过的空间,作为轨道的一部分;A 是对太阳的距离;但两者是可以互相交换和互相替代的,因为距离(直径)与作为距离的不变函数的轨道互相有关。确定了直径,我也就知道了运行的曲线,反之亦然;这是因为,在这里只有一个规定性。如果现在我们写出公式 $\dfrac{A^2 \cdot A}{T^2} = \dfrac{a^2 \cdot a}{t^2}$,即 $A^2 \dfrac{A}{T^2} = a^2 \dfrac{a}{t^2}$,并且抽出引力 $\left(\dfrac{A}{T^2}\right)$,以 G 代替 $\dfrac{A}{T^2}$,以 g 代替 $\dfrac{a}{t^2}$(不同的引力),那么,我们就得到 $A^2 \cdot G = a^2 \cdot g$。如果现在我们把这表述为比例,我就得到 $A^2 : a^2 = g : G$;这就是牛顿的定律。

　　到现在为止,我们在天体运动中已经得到两个物体。一个物体,即中心物体,作为主观性和位置的自在自为的被规定状态,绝对在它自身中具有它的中心。另一个环节是同这种自在自为的被规定状态相对峙的客观性,即那些不仅在自身中,而且也在他物中具有中心的特殊物体。因为这些物体不再是表现抽象主观性环节的物体,所以,虽然它们的位置是确定的,它们是在表现抽象主观性环节的物体之外,但是,它们的位置不是绝对确定的,相反,它们的位置规定性是不确定的。各种不同的可能性是通过作曲线运动的物体实现的。这就是说,曲线上的每个位置都与物体不相干;物体在曲线上围绕中心物体作运动,恰恰说明了这一事实。在这种最初的关系中,引力还没有发展为概念的总体;要做到这一点,就需要特殊化为许多物体——这些物体是中心的那种主观性所变成的客体——的活动在内部进一步得到规定。我们得到的,首先是绝对的中心物体,其次是各个自身无中心的附属物体,最后是各个相对的中心物体;只有用这三类物体,才能完成整个引力体系。所以大家才说,要辨明两个物体中的哪一个物体在运动,就必须有第三个物体;例如,当我们坐在船里,觉得河岸在向右移动时,就得这样。行星的复多性可能就已经有规定性;但是,这种复多性是单纯的复多性,不是有区别的规定性。如果只有太阳和地球这两个物体,那么,它们当中的哪一个在运动,这对概念来说完全是一回事。第谷·戴·布拉赫由此得出结论说,太阳围绕地球运动,行星则围绕太阳运动;这同样是有理的,只不过很难加以计算。发现真

(VII₁,116)

理的是哥白尼;如果说天文学提出过各种理由支持哥白尼,说太阳比地球大,因此应该说是地球围绕太阳运动,那么,这并没有说出任何道理来。如果把质量也考虑在内,问题则在于较大物体是否具有相同的比密。运动的定律仍然是首要的事情。中心物体表现出抽象的旋转运动;特殊的物体是围绕中心的单纯运动,而没有独立的旋转运动。现在,在自由运动系统中的第三种运动方式则是一种既围绕中心,同时又不依赖于中心而旋转的运动。

1) 中心被假定为是一个点;但它是物体,因而同时是有广延的,就是说,是由寻求中心的各个点组成的。中心物体在它自身所具有的这种不独立的物质,要求中心物体围绕它自身旋转。这是因为,各个不独立的点同时与中心保持着距离,不具有任何自身相关的、永远确定的位置;它们只是降落的物质,因而只是被规定在^{(VII₁,} ¹¹⁷⁾一个方向上。它们没有别的规定,所以,每个点必须占据它能占据的一切位置。自在自为的被规定状态仅仅是中心,其余彼此外在的点都是无关紧要的,因为在这里被规定的是各点对中心的距离,而不是它们的位置本身。规定的这种偶然性后来就达到了现实存在,以致物质改变着自己的位置,而这是通过太阳围绕其中心的内在旋转表现出来的。因此,这个领域是作为静止与运动的统一的直接质量,或者说,是自身相关的运动。自转运动不是位置的变化,因为所有的点在相互关系中都保持着不变的位置。所以,整个自转是静态性的运动。要使这种运动成为真实的,轴对质量就不能不相干,就是说,在质量运动时,轴不能静止不动。静止与这里作为运动的东西的区别绝不是现实的区别,绝不是质量的区别。静止的东西不是质量,而是线;运动的东西不是通过质量区别出来的,而是唯独通过位置区别出来的。

2) 同时具有貌似自由的现实存在的不独立的物体,不构成
具有中心的物体的各个相互联系的广延部分,而是同中心保持着
距离,这些不独立的物体也有转动,但不是围绕着自己转动,因为
它们在它们自身没有中心。所以,它们是围绕着属于另外的个体
物体的中心而转动,它们受到这种个体物体的排斥。它们的位置
完全是这个或那个位置;它们也以转动表现特定位置的这种偶然
性。但是,它们的运动是一种具有惯性的、固定不变的围绕中心物
(VII₁,118) 体的运动,因为它们对中心物体总是保持着同一位置规定,例如月
亮对地球的关系就是这样。这种圆形物体的任一位置 A 总是同
绝对中心与相对中心保持着直线关系,而每个其他的点 B 则总是
保持着其特定的角度。于是,不独立的物体一般仅仅是作为质量
围绕中心物体运动的,而不是作为自身关联的个体性物体围绕中
心物体运动的。这种不独立的天体构成特殊性的方面;这就是它
们作为一种差异为什么会在内部分裂的原因,因为在自然界中,特
殊性是作为二重性存在的,而不像在精神中那样是作为单一性存
在的。这种不独立的二重性物体的存在方式,在这里我们仅仅是
从运动的差别方面考察的,并且我们得到运动的两个方面:

　　a)最初设定的环节是这样一个环节,在这个环节中,静态性
的运动成为这种非静态性的运动,这是乖常运动的领域,或者说,
是力图越出静态性运动的直接定在而进入其自身的彼岸的活动,
这种已外存在的环节,作为质量与领域,本身是实体的环节,因为
每个环节在这里都获得其自身的定在,或者其自身具有自成领域
的整体的实在性。这第二个环节,即彗星的领域,表现出一种涡

动,表现出不断准备使自身分解与分散于无限或虚空的活动。在这方面必须打消掉的想法,一方面还是彗星的物体形态,另一方面是关于彗星与天体的所有这样一类观念,这类观念之所以知道彗星存在,恰恰是因为看到了它们,并且这类观念只不过是想到它们的偶然性。按照这样的想法,彗星同样也可能不存在;对这种想法来说,把彗星认作必然的,把握它们的概念,甚至显得是可笑的,因为人们通常习惯于把这类物体恰恰看作某种彼岸的东西,它们似乎对我们,因而对概念是完全远不可及的。所有那些称为"起源论解释"的观念,即彗星是从太阳中抛射出来的,还是大气中的雾 (Ⅶ₁,119) 气和诸如此类的东西,一般都是属于这种想法。这样的解释虽然也想说明彗星是什么,但对首要的东西,即彗星的必然性仅仅是一闪而过,根本没有深究,而这种必然性正是概念。在这里我们所要做的,也并不是抓住一些现象,给它们披上思想的色彩。彗星的领域有着逃脱普遍的、自身相关的秩序,而失去它的统一性的危险。它是在自身之外具有自己的实体的形式自由,是向未来的追逐。可是,当它成为整体的一个必然环节时,它就不是逃出这个整体,而是始终被封闭在第一个领域之内。然而,这样一些领域作为个别的领域是否分解自身,其他个别的领域是否进入特定存在,或者,它们作为那些在自身之外,在第一个领域里具有自己的静止的运动,是否永远在围绕着第一个领域运动,这都是不确定的。两者都属于自然界的随意性;这样的划分或从这个领域的规定性到另一领域的逐步过渡,须视为感性存在。然而,乖常运动的顶端本身必然在于:首先向着中心物体的主观性无限趋近,然后则屈服于中心物体的排斥。

　　b)可是,这种非静止正是逐渐走近自己的中心的涡动环节;
这种过渡不仅是单纯的变化,而且在其自身直接就是其自身的
对立面。这种对立是双重的东西,即直接的他在和这种他在本
身的扬弃。但这种对立不是对立本身,不是纯粹的非静止,反之,
它像寻求它的中心一样,寻求它的静止;它是得到扬弃的未来,是
作为环节的过去,但这种过去仅仅就其概念而言,还不是就其特定
存在而言,才是对立之被扬弃的状态。这是月亮的领域,它不是乖

(VII₁,120)　离或出自直接的特定存在,而是对业已生成的东西的关系,或者
说,是对自为存在,即自我的关系。可见,彗星的领域只是与自转
的直接领域有关联,而月亮的领域则是与新的、在内部得到反映的
中心有关联,即与行星有关联。因此,月亮还不在其自身具有自在
自为的存在,不是独立自转的[27];反之,月亮的轴是一种在月亮之
外的东西,虽说不是彗星的轴。月亮的领域,作为现存的运动来
看,仅仅是侍服性的,严格地受着一个中心的控制。但乖常的彗星
运动领域同样是不独立的;前一个领域是抽象的服从,是以一个他
物为自己行动的准则,后一个领域则是想象的自由。彗星的领域
构成一种为抽象整体所控制的偏心运动,月亮的领域则构成平静
的惯性。

　　3)最后,自在自为的领域,即行星的领域,是对自身和对他
物的关系;它既是自转的运动,同样也在它自身之外具有它的中
心。因此,行星也在它自身中有它的中心,但这种中心只是相对中
心;它在自身中没有自己的绝对中心,所以也是不独立的。行星在
它自身具有两个规定性,并把这两者展现为位置的变化。它仅仅
这样证明自身是独立的:它的各个部分本身,在它们与那种把绝对

中心和相对中心联结起来的直接所具有的关系方面,改变着它们的位置;这就是行星的旋转运动的基础。岁差是由轨道的轴的移动引起的。(地球的轴也有转动,它的两极刻画出一个椭圆。)行星作为第三个领域,是我们据以得到整体的推论;天体的这种四重性形成理性物体性的完善系统。这属于太阳系,而且是发达的概念分裂过程;这四个领域在天空以彼此外在的方式展现出概念的各个环节。要使彗星契合于这个系统似乎是奇怪的;但是,凡是存 (VII₁,121)在的东西都必然包含在概念中。各种差别在这里还是完全自由地分别产生的。我们将通过以后自然界的所有发展阶段来继续研究太阳、行星、月亮和彗星这四个自然领域;自然界的深化只是这四个领域不断改变形态的前进过程。因为行星的领域是总体,是对立的统一,而其他的领域作为行星领域的无机自然界,只表现为这个统一体的分离的环节,所以,行星领域是最完善的领域,甚至从这里仅仅考察的运动方面来看,也是如此。因此,只有在行星上才有生命。古代各民族曾经赞美过太阳,并且崇拜太阳;当我们把知性的抽象性确立为至高无上的东西,因而——举例说——把上帝规定为最高的本质时,我们也是这样的。

这个总体是产生后来的东西的根据和普遍实体。一切事物都是这种运动的总体,但都归结为更高的己内存在,或换句话说,实现为更高的己内存在。一切事物都在自身具有总体,但总体作为特殊的定在,作为历史,或作为自为存在抗衡过的起源,同样漠不相关地以各种不同的方式停留在背后,以便恰恰能自为地存在。所以,一切事物都生活在这个要素之中,但同时也摆脱这个要素,因为在一切事物中只有这个要素的微弱形迹。地球上的东西,尤其是有机体与自我意识,都摆脱了绝对物质的运动,但仍然同这种运动息息相关,并且把它作为自己的内在要素,继续生活于其中。四季的变迁、昼夜的交替以及醒睡的转化,构成地球在有机领域中的这种生命。每个这样的环节,本身都是一个出乎自身之外,又回到自己的中心点,即回到自己的力的领域;这种环节在把所有千差万别的意识统摄到自己内部时,也就制服了这些意识。夜是否定性的东西,一切事物都复归于这种东西,所以有机体也是从这里得到自己的力量,并用得到的力量再进入清醒的、千差万别的生存领域。所以每个东西都在它自身具有普遍性的领域,都是一种周期性的、回复到自身的领域,这个领域表现普遍的、按照它的方式得到规定的个体性。磁针在其来回偏离的周期中就是这样。按照富克鲁阿的观察[28],人有一种四天一轮的增减周期,所以人是增长三天,在第四天就又使自己回到起始点;疾病的周期过程也是如此。这个领域的更加发达的总体一般表现于血液循环——它的节奏与呼吸领域的节奏不同——,第三,表现于蠕动运动。但更高的物理自然界却一般压制了这个领域中的自由的独特表现。因此,为了研究普遍的运动,我们一定不要停留在这些琐屑的现象上,而是必须达到它们的自由;在个体性中,普遍的运动仅仅是一种内在的东西,即意味的东西,而不表现在自己的自由定在里。

（VII₁,122）

> 以上所说,还没有完成对于太阳系的论述,虽然基本的规定已经提出来了,但还可以补充一些由此得出的规定。各个行星轨道的相互关系、它们彼此的相对倾角以及彗星与卫星对它们形成的倾角,仍然会使我们感到兴趣。各个行星轨道并不是处于一个平面上,而彗星轨道则主要是以颇为不同的角度同行星轨道相交的。

各个行星轨道并不偏离黄道,但它们改变着它们彼此的角度;它们的交点有一种周期很长的运动。阐明这一情况相当困难,我们还没有做到这一点。此外,我们在这里只是一般地研究了行星,但各个行星之间的距离也应加以考察;对于行星系列,我们也想从它们之间的距离的关系方面得到一条定律,但这条定律现在还没有发 (VII₁,123)
现[29]。天文学家们整个说来都蔑视这样一条定律,丝毫也不想去研究它;然而,这却是一个必要的问题。例如,开普勒就再度研究过柏拉图《蒂迈欧》篇中讲到的数[30]。现在关于这个问题可以说的,也许是下述的东西:如果水星,即第一颗行星到太阳的距离是 a,那么金星的轨道是 $a+b$,地球的轨道是 $a+2b$,而火星的轨道是 $a+3b$。大家无疑会看出,这前四个行星合到一起构成一个整体,如果人们愿意这么说,它们就是作为太阳系的四个物体,构成一个系统,在此以后,不仅从行星的数目方面看,而且从行星的物理性状方面看,都开始了另一系统。这四个行星是以同类的方式运行的,而且值得注意的是,正是这四个行星具有相当均匀的性质。在这四个行星中,只有地球有一个卫星,所以,它是最完善的行星。因为从火星到木星有一大跳跃,所以,直到近代发现四个极小的行星——灶神星,天后星,谷神星和武女星——时为止,人们都得不到 $a+4b$,这四个极小的行星后来才填补了这个缺陷,而形成一个新的星群[31]。在这里,行星的统一被分裂为一群小游星,所有这些小游星只是大致有相同的轨道。在这第五个位置,离散活动与相互外在的关系占优势。接着出现的是第三个星群。木星与它的许多卫星是 $a+5b$,如此等待。这个推测仅仅大致是真的,此中的理性的东西现在还没有认识到。这一大群卫星与前四个行星的存在方式相比,也是一种不同的存在方式。接着出现的是带有光环和七个卫星的土星,以及赫谢耳发现的、带有许多卫星的天王星,而天王星的这许多卫星现在只有少数人观察到。这样,我们就获得了更准确地规定各个行星的关系的出发点。不难看出,将来会用这种方式发现关于各个行星的关系的定律。

(VII₁,124)　　哲学一定要从概念出发;即使哲学所述甚少,人们也一定对此感到满意。自然哲学企图说明一切现象,这是它的一个错误;在有限的科学中,企图把一切事物都归结为普遍的思想(假设),也会发生这种情况。在这些科学中,唯独经验要素是假设的证实,因此,一切东西都必须加以说明。但是,通过概念所认识的东西是自明的和可靠的。即使一切现象还都没有得到解释,哲学也无需对此感到不安。因此,我在这里只是奠定了理解数学力学的自然规律这个自由度量领域的合理考察方式的基础。专家们是不考虑这一点的。但将来会有一个时期,人们为这门科学要求理性概念!

§. 271

物质的实体,即引力,在发展成形式的总体时,就不再在自己之外具有物质的己外存在。形式最初按照其差别,表现在空间、时间与运动的观念规定性中,并按照其自为存在,表现为一个在己外存在的物质之外得到规定的中心。可是,在发达的总体里,这种彼此外在的东西被设定为一个完全由总体规定的东西,并且物质在它这种彼此外在的存在之外是不存在的。就是以这种方式,形式被物质化了。反过来看,物质在总体对其己外存在的这种否定中获得了以前单纯寻求的中心,获得了物质的自我,即物质自身的形式规定。物质的抽象的、没有生气的己内存在,作为一般有引力的东西,已经决意达到形式;物质是业已有质的物质,这就是物理学的领域。

〔**附释**〕这样我们就结束了自然哲学第一部分;力学构成一个 (VII₁,125) 自身完整的领域。当笛卡尔说"给我物质与运动,我可以构造出世界"时,他是采取力学观点作为他的第一原理。不管力学观点怎样不充分,我们都不应当因而否认笛卡尔精神的伟大。在运动中,物体只是点,引力所规定的东西只是各点彼此之间的空间关系。物质的统一性仅仅是物质所寻求的位置的统一性,而不是具体的统一性,不是自我。这就是这个领域的本性;这种被规定状态的外在性构成物质特有的规定性。物质是有引力的,是自在存在着的,是对己内存在的寻求;这种无限性的点仅仅是一种位置,因此自为存在还不是现实的。自为存在的总体只是在整个太阳系里被设定的;在整体中是太阳系的东西,现在在各个部分将会是物质。太阳系的形式整体是一般的物质概念;但己外存在现在在每个特定的现实存在中将会都是完整的、得到发展的概念。物质在其整个特定存在中将会是自为的,就是说,它寻找它的统一性;这就是自为存在着的自为存在。换句话说,太阳系作为自己运动的系统,是单纯观念的自为存在的扬弃,是规定性的单纯空间性的扬弃,即非自为存在的扬弃。在概念中,位置的否定不再只是位置的规定;反之,非自为存在的否定是否定之否定,即肯定,从而产生出现实的自为存在。这就是转化的抽象逻辑规定。现实的自为存在正是自为存在的发展过程的总体;这也可以表述为形式在物质中变得自由的过程。那些构成太阳系的形式规定都是物质本身的规 (VII₁,126)

定,这些规定构成物质的存在。这样,规定与存在本质上就是同一的;但存在是质的东西的本性,因为如果在这里排除了规定,存在也就消失了。这就是从力学向物理学的转化。

第二篇　物理学

§. 272

物质只要在其自身中具有自为存在,以致自为存在在物质里得到发展,从而物质在其自身中得到规定,就具有个体性。物质以这种方式挣脱重力,在其自身规定自己时显现自身,并且通过其内在的形式,面对着重力,由自身规定空间的东西,而在以前,则是重力作为一种与物质对立的他物,作为仅仅被物质寻求的中心,具有这样的规定活动。

〔**附释**〕各种物体现在服从于个体性的力量。这一篇所讲的就是各种自由物体之归于个体统一点的力量之下,而这个统一点将会消化这些自由物体。重力作为在自身之内存在的物质本质,仅仅是内在的同一性,重力的概念是本质的外在性,因此,重力会过渡到本质的显现;这样的重力就是各个反思规定的总体,但这些规定却是被分离开的,以致每个规定都表现为具有特质的物质,这种物质尚未被规定为个别性,是没有形态的元素。我们以双重方式得到这些物质化的形式规定,首先是把它们作为直接的,其次是把它们作为被设定的。在太阳系里,这些规定直接表现出来,后来则作为在本质上被设定的规定而存在着,这就像父母作为父母是直接的,但在另一方面也是子女,是产儿。因此,光最初是作为太（VII₁,128）

阳而存在的,后来则是作为从外在条件里产生的东西而存在的。最初的光是潜在地被创造的,是在概念里被创造的;这种光也必须被设定起来,于是这种特定存在就把自身区分为现实存在的特殊方式。

§. 273

物理学的内容为:第一,普遍的个体性,直接的、自由的、物理的质;第二,特殊的个体性,作为物理规定的形式与重力的关系,以及这种形式对重力的规定;第三,总体的、自由的个体性。

〔附释〕物理学部分是自然界中最难理解的部分,因为它包含着有限的物体性。最大的困难总是在有差别的地方遇到的,因为在自然哲学的这一部分,概念已经不再像在第一部分那样,是以直接的方式现成存在的,同时也不像在第三部分那样,显得是现实的。在第二部分,概念是隐蔽的;它只显得是必然性的纽带,而表现出来的东西则是没有概念的。在第一部分,形式的差别是相互无关的、彼此独立的;在第二部分,个体性包含在差别里,包含在对立里;只有在第三部分,个体性才是凌驾于形式的差别之上的女王。

第一章　普遍个体性物理学

§. 274

物理的质,第一,作为直接的、彼此外在的、独立的质,是现在从物理方面得到规定的天体;第二,作为与天体总体的个体性统一相关联的质,是物理元素;第三,作为产生这些元素的个体的过程,是气象过程。(Ⅶ₁,129)

A　自由的物理物体

〔**附释**〕概念的各个规定现在获得了物质性;物质的自为存在找到了自己的统一点,并且因为物质是这样自为存在着的自为存在,是各个规定的过渡,而这些规定相互消逝的过程本身也已经消逝,所以,我们便在逻辑上进入了本质的领域[1]。本质就是在自己的他物里向自身的回归,就是各个规定的相互映现,而这样在自身得到反映的各个规定现在是作为形式发展出来的。这些形式是同一、差异、对立和根据。这就是说,物质是从其最初的直接性开始的,在这种直接性里空间和时间、运动和物质都相互过渡,以致物质终于在自由的机械性中将各个规定据为己有,从而表明它是自己调解自己的,自己规定自己的。碰撞对于物质绝不再是外在的,反之,物质的区别过程就是物质固有的、内在的碰撞;物质在其自身区别自己,在其自身规定自己,这就是自我反映。物质的各个规定是物质性的,并且表示物质东西的本性,物质在其规定里表现自身,因为物质仅仅是这些规定。正是物质的质属于物质实体;物质只有通过其质,才成其为物质。在物理学的第一个领域里,各个规定还与实体有区别,不是物质的规定;反之,实体作为实体还封闭在自身,没有表现出来,因此,这样的实体在过去也仅仅是对其统一的寻求。

1. 光

§. 275

（VII₁,130）

最初的、得到质的规定的物质是作为纯粹的自相同一性,作为自我反映的统一性的物质;因此,这种物质仅仅是最初的、本身还抽象的显现。物质在自然界里特定存在着时,是对总体的其他规定独立的自相关联。物质在这种现实存在着的、普遍的自我,就是光[2]。光作为个体性,就是星星;星星作为一个总体的环节,就是太阳。

〔**附释**〕第一个问题是光的先验概念规定;第二个问题是发现这种概念规定出现在我们观念里的方式方法。物质作为直接的、回复到自身的、自由独立的运动,是单纯的、自相等同的密集性。因为运动回复到了自身,所以太空领域就在其内部完成和封闭了自己的独立的、理想的生活;臻于完善的己内存在正是太空领域的密集性。太空领域作为特定存在的东西是在自身之内存在的;这就是说,总体的这种己内存在本身是特定存在的。太空领域包含着为他存在的环节;自为存在的东西是它的中心的力量,或者说,是它的自我封闭性。但这种单纯的力量本身是特定存在的;单纯内在的东西同样也是外在的,因为内在的东西是这种特定存在着的东西的他物。这样,物质作为直接的、纯粹的总体,就进入了一种对立,这种对立的一方是物质的内在性质,另一方是物质为他物而存在的性质,或物质作为特定存在而具有的性质;因为物质的特定存在尚未包含物质的己内存在。物质,如已经被认识到的,作为自我相关运动的这种不停的回旋,作为向自在自为地存在着的东西的回复,作为与特定存在相反地存在着的这种己内存在,就是光。光是仅仅作为纯粹力量的自我封闭的物质总体,是在自己内部维持自己的强烈生命,是进入自己内部的太空领域,它的回旋恰恰是自我相关运动的各个方向的这种直接对立,一切差别都消融于这种对立,消融于流出和流入的活动;作为特定存在着的同一 （VII₁,131）
性,光是纯粹的直线,它仅仅自己与自己相关。光是这种纯粹的、特定存在的、充实空间的力量,光的存在是绝对速度,是无所不在的、纯粹的物质性,是在自己内部存在的、现实的特定存在,或者说,是作为纯粹透明的可能性的现实性。但空间的充实却是意思含糊的;如果空间的充实在于自为存在,光便不能充实空间,因为对光进行抵抗的脆性已经消逝不见。反之,光仅仅是体现在空间里,就是说,不是单一的东西,不是排他的东西。空间只是抽象的持续存在或己内存在;反之,光作为特定存在着的己内存在,或作为在自己内部存在的、因而纯粹的特定存在,则是在自身之外存在的普遍现实性的力量,并且光作为与万物融合的可能性,就是与万物密切结合、本身长期稳定的东西,特定存在的东西并不因此而丝毫有损于自己的独立性。

　　如果物质作为光进入了为他存在,因而开始显现自己,那么有重物质也会显现自己。但是,对统一性的寻求作为指向他物的趋向,作为压力,却仅仅是否定的、敌对的显现;物质在这种显现里是为他存在,不过是排斥他物、使他物与自己分离开罢了。如果说复多的关系是相互否定的,那么我们现在则得到了肯定的显现,因为他存在在这里是共同存在。光把我们引导到普遍联系；我们之所以能在理论上毫无阻碍地理解一切事物，就是因为一切事物都存在于光里。

我们必须把握这种显现的最初的规定性；在这里，这种显现本身是十分一般的、在其自身还完全没有任何规定性的显现。这种显现的规定性就是不确定性、同一性、自我反映，就是与有重物质的实在性相反的完全的物理观念性，因为我们把这种实在性理解为分化、排斥。这种抽象的显现，这种物质的自相同一性，还没有使自身与他物对立起来；这就是显现的规定性，即振动，不过这种振动仅仅是在其自身。自为存在的自为存在，作为自己与自己相关的肯定的同一性，已经不再是排斥；僵硬的统一体已经消解，并作为没有规定的显现的连续性，而失去了自己的对立。这是纯粹的自我反映，它在精神的高级形式中就是自我。自我是无限的空间，是自我意识无限的自相等同，是我自身的空洞确定性和我的纯粹自我同一的抽象。自我仅仅是作为主体的我自身对于作为客体的我自身的关系所具有的同一性。光与自我意识的这种同一性是平行的，是自我意识的忠实映象。光之所以不是自我，仅仅是因为光在其自身不变暗、不折射，而只是抽象的表现。假如自我能保持自身于纯粹的、抽象的等同中，就像印度人所希望的那样，那么，自我就会消逝，就会变为光，变为抽象的透明体。但自我意识仅仅是作为意识而存在；这种意识在自己内部设定各种规定，并且，就自我意识是其自身的对象而言，自我意识就是意识的自我在其自身的纯粹反映。自我像光一样，是其自身的纯粹显现，但同时又是从作为客体的自我向其自身回归的无限否定，因而也是主观个别性

（Ⅶ₁,132）

和排斥他物的无限点。由此可见,光之所以不是自我意识,就是因为光缺少向自身回归的无限性;光仅仅是其自身的显现,但这种显现不是为了光本身,而仅仅是为了他物。

因此,光缺少具体的自相统一,而这种统一作为自为存在的无限点,是自我意识所具有的;所以,光只是自然的一种显现,而不是精神的显现。由于这个缘故,第二,这种抽象的显现同时也是空间方面的,是在空间里的绝对膨胀,而不是这种膨胀之撤回无限主观性的统一点。光是无限的空间弥散,或毋宁说,是空间的无限创造。因为在自然界里各个规定是作为分离的规定,彼此外在的,所以纯粹的显现现在也是独自存在的,不过是作为一种不真的现实存在。反之,精神作为无限具体的东西,则不会赋予纯粹的同一性以这样一种分离的存在,而是这一思想在自我意识里服从于自我的绝对主观性。 (VII$_1$,133)

第三,光必定会遇到自己的界限;然而,这种碰到光的他物的必然性与那种物质借以作出抵抗的自为存在的绝对限定却有所不同。作为抽象的同一性,光在自身之外有不同的东西,这就是无光的东西;这种无光的东西作为物理物体性,就是本质的其余的反映规定。光作为普遍达到映现的活动,是最初的满足。只有抽象的知性才把这种普遍的物理东西视为最高的东西。自己规定自己的、具体的、理性的思维则要求一种在自身有区别的东西,要求一种普遍的东西,这种东西在自身内规定自己,而不会在这种特殊化过程中丧失自己的普遍性。光作为物质显现的开端,只有在抽象的意义上才是出色的东西。由于这种抽象,光就有了一种界限,有了一种缺陷;光只有通过自己的这种界限,才把自己显现出来。特定的内容必定是来自别的地方；某种东西要显现出来，就必须有一种不同于光的东西。光本身是不可见的；在纯粹的光里就像在纯粹的暗里一样，我们什么东西也看不到；纯粹的光是黑暗的，就像

漆黑的夜色一样。我们如果在纯粹的光里观看，便是在作纯粹的观看；我们还看不见一点东西。只有界限才包含着否定的环节，因而包含着规定的环节；只有在界限内才有实在性。因为只有具体的东西才是真实的东西，所以为了达到现实存在，就不仅必须有一种抽象的东西，而且也必须有别的东西。光只有与暗对比，把自身作为光区分出来以后，才能把自身显现为光。

　　我们说明了光的概念以后，现在的第二个问题就在于光的实在性。如果我们说我们必须考察光的现实存在，那么，这就是说我们必须考察光的为他存在。但光本身就是为他存在的设定；因此，在光的现实存在里我们必须说明这种为他存在的为他存在。可见性怎么是可见的？这种显现本身是怎样被显现出来的？为了显现出来，就必须有一个主体；而问题在于这个主体是怎样现实地存在的。光是在个体的形式下自为地、独立地存在的，就此而言，光只能叫作物质；这种个体化就在于光是作为物体存在的。光构成具有抽象中心的物体的特定存在或物理意义，这个物体作为发光体是实在的；这就是太阳，就是自身发光的物体。现在这已经在经验中得到采纳，而且首先就是我们关于太阳所要说的一切。这个物体是原始的、非被创造的光，它不是从有限的现实存在的条件产生的，而是直接地存在的。各个恒星也是自身发光的物体，它们仅仅以光的物理抽象为其现实存在；而抽象的物质正是以光的这种抽象同一性为其现实存在。停留在这种抽象里的，是星星的这种点

状性;不能过渡到具体的东西,并不是尊严的表现,而是贫乏的表现。因此举例说,把星星看得高于植物是荒谬的。太阳还不是具 (Ⅶ₁,135)
体的东西。抱着虔诚态度的人们异想天开,以为太阳和月亮上有人类、动物和植物;但事实上只有一个行星才能这样。这类回归到自身的自然事物,这类面对普遍的东西而能独立保持其自身的具体形态,在太阳上还不存在;在各个恒星上,在太阳上,只存在着发光的物质。太阳一方面是太阳系的一个环节,另一方面是自身发光的物体,这两方面的结合就在于太阳在两种情况下都具有同一种规定。在力学里,太阳是单纯自己与自己相关的物体;这个规定也是抽象显现的同一性的物理规定。太阳之所以能发出光芒,原因即在于此。

　　此外,我们还可以探讨这样发光的物体存在的有限原因。如果我们要问我们怎样获得太阳光,那么,我们便是把太阳光当作某种被创造出来的东西。在这种规定里,我们把光视为是与火和热结合在一起的,好像太阳光就是我们通常所看到的地球上的光,它表现为燃烧。因而我们就会以为,为了能够用地球上的燃烧过程的情况去解释太阳的发光,有必要指明维持太阳上的燃烧活动的方法,在这里要有火,就必须消耗材料。然而必须指出,地球上的燃烧过程是出现在个体化的物体上,而这类过程的条件在太阳上还没有在自由的质的关系里发生。我们必须把这种原初的光与火分开。地球上的光大多数都与热结合在一起;太阳光也确实是热的。但这种热却并不属于太阳光本身,而是太阳光在射到地球上的时候才变热的。像攀登高山和气球飞行所表现的,太阳光本身是冷的[3]。我们甚至从经验中也得知没有火焰的光,例如,朽木上

发出的磷光就没有火焰;电光也同样没有火焰,因为电解并非由光
所致,而是在震动中有其原因。在地上发光的东西中,也有一些是
金属,它们与铁碰撞,或加以摩擦,就能不燃烧而发出光芒;这类发
光的矿物也许比不发光的矿物还多。因此在这里我们也看到一些
类似于发光物体的东西,它们发光是没有化学过程的。

　　当然,光也必定会进一步表明自身是一种被创造出来的东西。
然而我们在这里绝不是研究产生太阳光的物理条件,因为这些条
件不是概念的规定,而仅仅是经验的事实。但我们可以说,太阳和
恒星作为转动的中心,在其转动中是自己磨损自己的东西。在太
阳的运动中,太阳的生命必然仅仅是这种发出磷光的过程,光就是
从这里发出来的;我们必须用力学从太阳的转动中去寻找太阳光
的起源,因为这种转动是抽象的自身相关。就光必定是在物理方
面被创造出来而言,我们可以说,一切属于太阳系的物体都创造自
己的中心,设定自己的发光体;没有一个环节可以离开另一个环
节,而是一个环节设定另一个环节。一位在卡塞勒长期寓居的法
国人阿利克斯将军[4],在一部著作中解释了太阳的发光物质是如何
产生的,说太阳由于发光而不断流射出光和丧失掉光。有人还问
他,那种总是在行星上展现的氢到了什么地方,阿利克斯将军回答
道,氢是最轻的气体,因此不可到空气里去找,而是提供了补偿太
阳消耗的材料。这个想法包含着真理,那就是他认为各个行星从
自身客观地展现出自己的物质发展过程,从而形成了太阳这个物
体;不过在这里我们必须排除通常意义下的物理媒质和化学媒质。
恒星的生命不断地被一些行星弄得活跃起来,从而得到了更新,这
些行星都是把自己的多样性观念地设定到自己的中心里,从而把

(VII₁,136)

自身统摄到自己的特定存在的这种统一体中。正像在地球上的发 (Ⅶ₁,137)
展过程里个体东西的消耗是火焰的单纯性一样,在太阳上多样性
也把自身集中为太阳光的单纯性;因此,太阳是整个太阳系的发展
过程,这个过程会最终归于这个顶点。

§. 276

作为物质的抽象自我,光是绝对轻的东西;作为物质,光是无
限的己外存在;不过作为纯粹的显现,作为物质的观念性,光却是
不可分离的、单纯的己外存在。

〔**说明**〕在东方人关于精神事物与自然事物的实质同一性的
观点里,意识的纯粹自我性,自相同一的思维,作为真和善的抽象,
与光是一个东西。如果说那种被人们称为实在论的观念否认自然
界里存在着观念性,那么除了其他情形而外,它也应该考虑光,考
虑这种纯粹的显现,这种显现除了是显现以外,就不是任何东西。

自相同一性这种思维规定,或物质现在在自身具有的集中性
的最初抽象自我这种思维规定,这种特定存在着的单纯观念性,应
该是光;要想证明这一点,如我们在导论里已经表明的,就必须采
取经验的方法。在这里也像在任何地方一样,哲学的内在东西是
概念规定的固有必然性,而这种必然性又必须显示为某种自然的
现实存在。在这里,我仅想对于作为光的纯粹显现的经验现实存
在作若干说明。

在重物质可以分为各个质团,因为有重物质是具体的自为存
在和量;但是在光的极其抽象的观念性里却没有这样的差别,光在
其无限传播中所遇到的限制并没有扬弃光的绝对自身联系。关于 (Ⅶ₁,138)

间断的、单纯的光线的观念,关于光微粒的观念,以及关于光束——它被设定为构成一种在其传播中遇到限制的光——的观念,都是特别由牛顿使之盛行于物理学中的种种荒唐范畴的一部分。但最有限的经验也会告诉我们,光正像不能被装到口袋里一样,也不可能被分离成一些光线,而捆扎成光束。光在其无限传播中的不可分性,这种保持自相同一的相互外在的物理性,极少会被知性视为无法理解的,因为知性的固有原则宁可说就是这种抽象的同一性[5]。

当天文学家们开始谈论那些被我们察知以前早已发生了五百年以上的天文现象时,我们一方面可以从中看到光的传播的种种经验现象,看到这些在一个领域里有效的现象被推广到另一个它们在其中毫无意义的领域(然而光的物质性的这样一种规定却与光的单纯不可分性并不矛盾),但另一方面,我们也可以从中看到一个过去如何按照观念性的回忆方式转变成为一个现在。

光学认为,光线会从可见平面上的每个点(这种点是每个人在别的地方都看得见的)向一切方向发散,因而会从每个点形成一个具有无穷维度的物质半球;但从光学的这个观念可以直接得出一个结论:所有这些无穷多的半球(像刺猬)都彼此渗透。然而这样一来,既然不是在眼睛与对象之间出现一个密集的、混乱的质团,既然要去加以解释的可见性不是由于我们作出这种解释而变成了不可见性,那么,这整个观念本身就会恰恰化为乌有,正如关于这样一种具体物体的观念化为乌有一样,这种物体据说是由许多物质组成的,以至于一种物质的细孔里藏有其他物质,反过来,所有其他物质都隐藏和流通于这种物质本身;这种全面渗透的观

（VII₁,139）

念取消了那种据说真实存在的物质会带有间断的物质性的假定，反而确立起了这些物质彼此之间的一种完全观念性的关系，在这里也就是确立起了被照耀的东西与能发光的东西、被显现的东西与能显现的东西的一种完全观念性的关系，确立起了这些对象与其显现的感受者的一种完全观念性的关系；这种关系既然是自身毫无关系的一种自我反映，那么一切其他通常叫做说明和解释的中介形式，诸如微粒、波动、振荡等等，以及光线，即光索和光束，就都可以从这种关系中排除出去了[6]。

〔**附释**〕光赋予自然事物以生气，使它们变为个体，加强和聚合了它们的表露活动，就此而言，光的自我本性是在物质的个体化中才表现出来的，因为这种最初抽象的同一性在这里只有作为特殊性的复归与扬弃，才是个别性的否定的统一性。重量、酸性和响声也是物质的显现，但并不像光那样是纯粹的显现，而是在其自身之内带有特定的变化形态。我们不能听到响声本身，而总是仅仅听到特定的、高低不等的声音。我们也尝不到酸本身，而总是仅仅尝到特定的酸。只有光本身才作为这种纯粹的显现，作为这种抽象的、非个体化的普遍性而存在着。光是无形体的，甚至于是非物质的物质；这似乎是一个矛盾，但这种假象却对我们不可能有什么妨碍。物理学家说，光是可以衡量的。但是，用巨大的透镜把光集 (VII₁,140) 中于一个焦点，让光落到极其精密的天平的秤盘里，天平秤盘不是没有被压得下降，便是像我们所看到的，引起的变化纯粹是由焦点聚集的热量所致。物质正是寻求作为地点的统一体的，就此而言，物质是有重量的；但光却是一种寻求到了自身的物质。

光包含着自相一致的环节，在光里分裂现象和有限性业已消失,因此,光是最初受到崇拜的对象之一;在过去,光曾经被视为这样一种东西,在这种东西里人已经获得了关于绝对的意识。那时,思维与存在、主观东西与客观东西的最高对立还不存在;人要与自然对立,就需要有最深邃的自我意识。崇拜光的宗教比印度人和希腊人的宗教更加崇高,但同时也是这样一种宗教,在这种宗教里人还没有上升到对立的意识,还没有上升到自己认识自己的精神阶段。

考察光是饶有趣味的;因为在自然事物中人们总是仅仅想到个体事物的存在,想到这种实在性。但是,光与个体事物是相反的;光是单纯的思想本身,是以自然方式存在的。因为光是自然界里的知性;这就是说,在自然界里存在着一些知性形式。如果有人试图设想光是什么,他就必须去掉全部有关组合之类的规定。那种认为光是由微粒组成的物理学,同那种建造起没有窗户的房屋,想把光装到口袋里的人们的行径相比,并不见得更妙。光束无非是一个方便的词汇;光束就是整个的光,只不过在外部受到限定而

（VII₁,141）已;光就像自我或纯粹的自我意识一样,并没有被分成光束。当我谈到我自己的时间或恺撒的时间时,这条原则也是适用的。这种特殊的时间曾经也是一切其他事物的时间,而我在这里只是就恺撒谈到它,把它限定到恺撒这个人方面,并没有说恺撒本人实际上也独自有一种分离的时间线或时间束。认为光按照直线传播的牛顿理论,或认为光按照波状传播的波动理论,像欧勒的以太或声响的震荡一样,都是一些物质观念,它们对于认识光毫无裨益。光中的阴暗部分被假定为一系列曲线,它们贯穿在光的运动里,可以用数学方法加以计算;这是一种抽象的规定,它已被引入物理学理

论,并且现在一般被视为对于牛顿的伟大胜利。但这并不是物理规定性,而且两种观念中的任何一种在这里都没有栖身之处,因为任何经验的东西在这里都是无效的。有人认为神经是由一系列小球组成的,每个小球都有一种冲力,推动其他小球;正像这样的神经不存在一样,光微粒或以太微粒也是不存在的。

光的传播是在时间里进行的,因为光的传播作为活动与变化是不能缺少时间这个环节的。光是直接的膨胀;但光是作为物质、作为发光的物体,而与另一个物体发生关系的,因此就存在着一种分离,这种分离在任何情况下都是光的连续性的一种间断。这种分离的扬弃过程就是运动,于是时间也就与这样的间断东西发生了关系。被假定为光所经过的光照距离从属于时间;因为光照活动(无论是通过媒质,还是借助于反映、反射)是一种需要时间的物质作用。因此,在我们的行星范围里,即在一种多少透明的媒质里,光的传播有时间规定,因为光线会由于通过大气而出现折射。但在没有大气的遥远地方,在仿佛虚空的星际空间,光的传播则是另一种情形;这里的空间正是这样的空间,这种空间只有作为星星 (VII$_1$,142) 之间的距离,才可以说是充实的,也就是说,绝不是充实的,而只是星星的结合的否定。赫谢耳把人们在木星的卫星上清晰地观察到的光的传播规律,推广到了星际空间;不过,如他本人所承认的,这些距离带有某种假设的成分。关于某些周而复始地消失和再现的星星与星云,赫谢耳已经得出结论说,由于光达到我们这里需要时间,所以这些变化是在我们看到以前五百年出现的,按照这个结论,某种早已不复存在的东西的这种作用就具有完全类似于幽灵的性质。我们必须承认,时间是光的传播的条件,而不必进一步深究这个结论。

§. 277

光,作为普遍的物理同一性,起初是一种与物质有差别的东西(§. 275),因而在这里也就是一种外在于和不同于已在别的概念环节中得到质的规定的那种物质的东西,而这样一来物质就被规定为光的否定物,被规定为暗物。既然暗物同样不同于光,而自为地存在着,所以光就仅仅涉及这种最初不透明的东西的表面,而这种东西的表面因受光的照射就得到了显现;但这种表面却没有经过进一步的分化,就是说,是平滑的,因此也同样不可分离地显现着自身,即在他物上映现着。因为每个东西都是在他物上映现着,从而只有他物才在每个东西上映现着,所以,每个东西通过其自身外的设定而进行的这种显现活动就是抽象无限的自我反映,通过这种自我反映,在每个东西自身还不会有什么情况自为地表现出来。而为了某种情况能够终于表现出来,能够变为看得见的,就必须以某种物理方式出现进一步的分化(例如出现了粗糙、颜色等等)。

(VII₁,143)〔**附释**〕与这种纯粹的自我相对立的物质是同样纯粹的无我,即暗。暗与光的关系是纯粹对立的关系,因此,一方是肯定的,另一方是否定的。要使暗成为肯定的,就需要物体的个体化;物体是个体化的东西,并且只有从它是抽象的自相同一性的否定这个方面来看,它才是个体化的东西。暗在光面前消逝,只有暗物才依然是与光对立的物体,这种物体现在在光面前变成了可见的。我要看东西,不仅需要有光,而且也需要有一种物体;必须有某种东西被看到。因此,光只有作为发光的物体才是可见的。通过光而变得可见的暗物,从肯定的方面来看,是作为物体的一个抽象方面的形态。光与暗具有一种相互外在的关系;在两者的界限上光才达到现实存在,因为在这种为他存在里某物得到了照明。光在空间里的限定,仅仅应该被视为光在自己的方向上所受到的一种阻滞;如果割断光与中心物体的联系,光就不会存在。因此,这个界限是由被照明的暗物设定的。身为有重物质的暗物,作为与光相关联的他物,是经过分化的物质;然而最直接的分化在这里却是空间的表面差别,如物质是粗糙的、平滑的、带尖的和这样置放的,等等。可见的东西的差别是空间形态的差别;只有这样,才产生出光明和阴暗,不过我们这时还没有得到颜色。另外分化为各式各样形态的物体性,在自己的这种最初的、抽象的显现里,被归结到表面;我们这里得到的东西并不是某种东西的显现,而仅仅是显现本身,因此这种显现的限定在这里也仅仅是一种空间的限定。

§. 278

（VII₁,144）

各个对象相互在其对方身上的显现,受着它们的不透明性的限定,是一种存在于自身之外的、空间的关系,这种关系不进一步为任何东西所规定,因此是直接的(直线的)。因为正是各个表面相互有关,并且可以处于不同的地位,所以就出现了这样一个结果:一个可见对象在另一个(平滑的)可见对象上的显现毋宁说是在第三个可见对象上把自己显现出来,如此等等;位于镜面上的对象映象是在另一个表面上,在眼睛或另一个镜面上反映出来的。在这些经过分化的、空间上的规定中,显现只能以等同性为规律,这种等同性既包括入射角与反射角的等同性,也包括这些角的平面的统一性;根本没有任何东西会以某种方式改变这种关系的同一性。

〔说明〕这一节所讲的各个规定,也许看来已经属于更加确定的物理学领域,它们包含着从暗物对光的一般限定到暗物的特殊空间规定对光的更加确定的限定的过渡。这后一种限定往往是与那种把光视为通常物质的观念联系在一起的。但这种限定所包含的内容却无非是:抽象的观念性,即这种纯粹的显现,作为不可分离的己外存在,本身是能够在空间上,从外部受到特定的限定的;光的这种可以由已经分化的空间性予以限定的性能,是一种必然的规定,它只有这种内容,而排除了光的传递、物理反射以及诸如此类的现象的一切物质范畴。

与这一节所讲的各种规定相联系的是这样一些现象,这些现象引起关于光的所谓固定的偏振或偏振性的粗糙观念。在简单的反射里,所谓入射角与反射角是在同一个平面上,因此,如果使用第二面平镜,再传递由第一面平镜所反射的光照,那么,第一个平面相对于第二个——通过第一次反射和第二次反射的方向所形成的——平面的位置就对反映的对象的位置、亮度或暗度有其影响,适如这种对象经过第二次反映所显现的那样。所以,对于第二次反射的光照(光)的自然的、没有减弱的亮度来说,必须有一个标准的位置,即全部有关的入射角与反射角的平面都属于同一个平面。与此相反,如果两个平面像人们所一定会说的那样,有彼此否定的关系,即相互垂直,那就同样必然会产生如下的结果:第二次反射的光照会变暗和消失(参看歌德《论自然科学》,第Ⅰ卷,第1分册,

(Ⅶ₁,145)

第 28 页以下,第 3 分册;《眼内颜色》,第 XVIII、XIX 页,以及第 144
页以下)。现在,有人(马吕斯[7])已经从这种位置对反射的亮度所引
起的变化作出推论说,光分子在其自身,甚至在其不同的方面都具
有不同的物理作用。这个推论的必然结果也就是把所谓的光线看
作有四个方面,于是就在这个基础之上,用那些进一步在反射中相
互结合的眼内[8]颜色现象,建立起一座极其错综复杂的理论的庞
大迷宫。这就是物理学从经验出发进行推论的一个最独特的例
证。但是,从那种构成马吕斯偏振理论的出发点的反射现象所必
然推出的结论却在于:决定第二次反射的亮度的条件是由此进一 (VII₁,146)
步确立的反射角与第一次反射确立的角度都在同一个平面上。

〔**附释**〕光在照射到物质上,使物质成为可见的东西时,一般
就得到了更具体的规定,它的方向不同,光度也有量的差别。光的
反射比人们所想象的更加难以规定。各个对象是可见的,这就意
味着:光向一切方向反射出来。因为可见的对象是为他物而存在
的,因而是与他物相关联的;这就是说,对象的这种可见方面是存
在于他物中,光不是存在于其自身,而是存在于他物中;因此,各个
对象这时是存在于他物中,而这正是光的反射。光太阳发光的时
候,光是为他物而存在的;因此,这个他物,例如一个表面,就变成
一个与其自身的面积一样大的太阳表面。这个表面现在发光,但
并非原来自己发光,而仅仅是被设定起来的发光物体;这个表面因
为在其任何一点上都有像太阳那样的行为,所以是为他存在,因而
也就是在自身之外和他物之中存在的。这就是反射的主要规定。

但是,只有一个表面是具有空间形态的,例如说它是粗糙的,
我们才会在它上面看到某种东西;如果它是平滑的,那就没有任何

可见的差别。在这里变得可见的东西并不是这种表面本身的某种
东西,因为它是没有差别的。变得可见的只是某种别的东西,而不
是这个表面的规定,这就是说,这个表面是反映某种东西的。平滑
的东西没有空间的差别;既然在没有粗糙的形态时,我们看不到一
个对象本身有任何确定的东西,那么,我们一般也只是看到平滑的
东西有光泽,它是一般的、抽象的映现,是不确定的光辉。由此可

(VII₁,147) 见,逼真地显现他物的图像的东西是平滑的。因此,在平滑的表面
上我们就看到了其他确定的东西,因为这种东西在为他物存在时,
便是可见的。如果这个他物被置于一个表面之前,这个表面是不
透明(虽然透明的东西也有反射作用;参看 §. 320"附释")而平
滑的,那么,这个他物在这一表面上就是可见的,因为有可见性就
意味着在他物里存在。如果我们在这个平镜之前再摆一个平镜,
而光又是在这两个平镜的中间,那么,在两个平镜里就会同时有这
种可见的东西,不过在每个平镜里都只有另一个平镜的规定性;同
样,在两个平镜里它们本身的图像也变为可见的,因为每个平镜在
另一个平镜里是可见的;如果各个平镜彼此保持一定角度,这个过
程就可以一直进行下去,以至无穷,因为平镜的广度决定着我们看
到对象的次数。想用机械的观念解释这种现象,只会陷入最讨厌
的混乱状态。如果我们称这两个平镜为 A 与 B,问在 A 里什么是
可见的,我们的答案便是 B;但 B 是 A 在 B 中的可见东西,因此,A
在 A 里是可见的,在 B 里也是可见的。现在在 B 里什么是可见的
呢?是 A 本身和在 B 里可见的 A。此外在 A 里什么是可见的呢?
是 B 和在 B 里可见的东西,即 A 本身,是 A 在 B 里可见,如此等
等。因此,我们总是得到同一东西的重复,不过每次重复的东西都

有一种特殊的存在。大量的光也可以穿过明镜,被集中到一点上。

光是能够促使万物同一的同一性。但因为这种同一性还完全是抽象的,所以事物还不是真正同一的;反之,事物是为他物而存在的,在他物里设定了自身与他物的同一性。这种设定事物的同一性的活动对于事物来说是一种外在的东西;事物之被照亮对于事物来说是不相干的。但重要的事情在于:事物是为其自身而被设定为具体同一的;光应该变为事物本身的光,这样完成和实现其自身。光现在还完全抽象地是自我性,因而这种性质就是非我,是 (Ⅶ₁,148)自由的、在自身没有包含一切对立的自相同一性。作为太阳的物体的光拥有一种自由的现实存在,这种光所涉及的他物处于光之外,犹如知性在其自身之外有其材料。这种否定的东西,我们最初仅仅称为暗,不过也有其自身的一种内在规定;这种物理的对立处于其抽象的规定里,因而本身还有独立的特定存在,而我们现在要考察的正是这种对立。

2. 对立的物体

§. 279

暗物首先作为光的否定物,是与光的抽象同一的观念性相反的对立物,这是在光本身的对立物;这种对立物有物质的实在性,并在自己内部分裂为两个方面:α)物体的差异性,即物质的自为存在,这是僵硬性;β)对立性本身,这种对立性独立地存在着,不受个体性的控制,仅仅沉浸于其自身之内,因此是分解与中和性;前一方面为月亮,后一方面为彗星。

〔**说明**〕这两种物体即使在引力系统里作为相对的中心物体，也有独特性，它们的这种独特性就像它们的物理独特性一样，都是以同一个概念为基础，并在这里可以更精确地加以说明。两种物体都不围绕自己的轴进行旋转。僵硬性是形式的自为存在，这种自为存在是局限于对立的独立性，因此不是个体性。所以，僵硬性的物体服务于另一个星体，是另一个星体的卫星，它的轴就在这另一个星体里。反之，分解的物体，即僵硬性的对立面，则行为乖常，偏离正道，在其偏心的轨道里和其物理的特定存在里都表现出偶然性；这类星体显得是一种表面的凝结物，它也可以同样偶然地又把自身化为尘埃。

(VII₁,149)

月亮周围没有大气，因而缺少气象过程。它只呈现出圆锥形的高山，与这种高山相对应的是作为山谷的火山口，同时它还呈现出这个僵硬的物体在自己内部的燃烧过程；它的形态是晶体的形态，海谋[9]（有头脑的地质学家之一）已经指明，这个形态也是纯粹僵硬的地球的原始形态。彗星表现为一种形式的过程，一团不宁静的蒸气；没有任何彗星曾表明含有某种僵硬的东西，含有一个内核。古代人以为，彗星纯粹是暂时形成的流星，宛如火球和陨石，对待这种观念，新近的天文学家已不再像从前那么矜持和高傲了。迄今为止，只证明极少数彗星是回归的；按照计算，其他彗星可望回归，但没有回归。有一种想法，认为太阳系实际上是一个体系，一个在内部有本质联系的总体，在这个思想面前，人们必须放弃那种认为彗星是偶然以混乱交错的方式冲向整个太阳系的天文现象的形式看法。这样，人们对于下述设想就易于理解了：太阳系的其他物体一定都在防御彗星，就是说，一定是作为必然的有机环节采取行动,维护自身。这样的设想对于怕彗星给地球造成危险的畏惧情绪,可以比过去提供更好的慰藉;过去的慰藉大部分仅仅是基于彗星在辽阔的天空另有许多空间,作为自己运行的道路,因而毕竟不太可能与地球发生碰撞(这种毕竟不大可能的说法在转变为一种概率理论之后,毕竟不大可能变得更有学术气味)。

〔**附释**〕这两个逻辑对立面在这里是彼此外在地存在的,因为对立是自由的。因此,这两个方面在太阳系里并非偶然巧合;反之,大家如果能深入理解概念的本性,就会毫不惊奇地看到,即使是这样的东西,也不能不表现为一种进入理念圆圈的、并且只有通过理念才合法的东西。两个逻辑方面构成了自行消解的地球的两个独立环节:月亮是地球原来的坚硬内核,彗星则是地球的业已变得独立的大气,是一种稳定的流星(参看下文 §. 287)。但如果说,地球是一个有灵气的物体,并从自身分离出这个作为自己的内核的环节,以致这个环节仍然是地球的个别发展过程的调节者,正如太阳仍然是地球的普遍发展过程的调节者一样,因而能够并且必然会释放出自己的结晶的物体和僵死的东西,那么,在被分解状态的概念里则包含着这样的意思:这个环节自由地分解了自己,作为独立的东西,与地球毫无联系,反而避开了地球。

僵硬的自为存在是坚持在自身的、没有透明性的和自身无差别的东西;这种自为存在在独立的方式中还是静止的,并且就其为静止的而言,也是僵硬的。僵硬的、易脆的东西以点状性为其原则;每个点都是独立的、个别的点。这就是纯粹脆性的机械表现;这种易脆的东西的物理规定性是可燃性。真正的自为存在是自身相关的否定性,是火的过程,火在消耗着他物的时候,也消耗着自

(VII₁,150)

身。但僵硬的东西仅仅是潜在地可燃的东西,还不是实际发生作用的火,而是火的可能性。因此,我们在这里还没有得到火的过程;要得到火的过程,就需要不同东西之间的相互生动联系,但我们在这里还停留在各种质之间的相互自由关系上。我们现在已经观察到水星和金星上有云彩,有大气的生动变换,而在月亮上则没有云彩、海洋和河流;不过,我们也可以很清晰地看到它有水面和银色细线。人们经常看到月亮上有一些倏忽即逝的光点,以为它们是火山爆发;火山爆发当然需要空气,但这却是一种无水分的大气。海谋这位医生的兄弟,曾经力图表明,如果把地球想象成是在可以证实的地质剧变以前就已经存在的,那么地球在当时就具有月亮的形态。月亮是没有水分的晶体,它仿佛试图与我们的海洋结为一体,以解除其僵硬的物体的干渴,因而引起了涨潮与落潮。海水上升,意在飞往月亮,而月亮也把海水引向自身。拉普拉斯(《宇宙体系解说》,第 II 卷,第 136—138 页)根据实际观察和理论研究,发现月亮引起的涨潮比太阳引起的涨潮大三倍,最大的涨潮发生于两者会合的时期。因此,从性质方面看,月亮在朔望、上弦和下弦时期的位置在这种联系中具有最重要的决定作用。

(VII₁,151)

　　僵硬的、自身封闭的东西正像抽象中性的、自身瓦解的和能加以规定的东西一样,是软弱无力的。对立在仅仅是作为对立而存在时,没有支持,仅仅是一种内部崩溃的东西;这样的对立要在对立的规定里被激活,就需要一个能联合和支持对立两端的中项。假如僵硬的东西和中性的东西在这第三个环节里得到了结合,我们就会有一个真正的总体。彗星是一种透光的、透明的含水物体,它当然不属于我们的大气。假如它有核心,它的核心就一定能通过其阴影加以认识;但彗星是彻底透明的,我们通过彗星的尾巴,甚至通过彗星本身,都能看到一些星星。一位天文学家曾经以为他观察到了彗星的核心,但这却不过是他的望远镜造成的一个错误,彗星几乎是在围绕太阳的抛物线轨道上运动(因为它的椭圆轨道很大),后来就又消散了,形成另一个彗星。最确实可靠和最 (VII₁,152) 合乎规律的是哈雷[10]彗星的复归运动,这颗彗星最近出现于1758年,可望在1835年再次出现。一位天文学家根据计算表明,出现彗星的许多现象都可以归结到一条轨道上,这条轨道可能是属于同一个彗星的。这个彗星已被观察到两三次,但按照计算的结果,一定会出现五次。彗星是从种种方面横切行星的轨道运行的,人们认为它们具有可能触及行星的独立性。如果人们害怕彗星触及行星,人们便不会对那种认为彗星在很广袤的天空里不可能触及行星的看法感到满意,因为天空里的每个点都像其他的点一样是可以触的。但是,如果像势必要做的那样,人们设想彗星是我们太阳系的组成部分,那么,彗星就不是作为陌生的过客来到我们这里,而是在太阳系里产生的,它们的轨道取决于太阳系。这样,其他星体就会对彗星保持自己的独立性,因为其他星体也同样是太阳系的必要环节。

　　于是彗星在太阳里就有其中心;月亮作为僵硬的东西与行星有密切的亲缘关系,因为月亮作为地球内核的独立表现,在自身有抽象个体性的原则。彗星与月亮以抽象的方式这样再现着太阳和行星。行星是太阳系的中项,太阳是一端,没有独立性的天体作为依然相互外在的对立物是另一端(A—E—B)。但这种推论是直接的、纯粹形式的推论;这种推论并不是唯一的。另一种更加确定的关系则是:没有独立性的天体是中介,太阳是一端,地球是另一端(E—B—A)。地球是没有独立性的,因而与太阳相关联。但这种没有独立性的东西作为中项,在自身必定包含着两个端项环节;

(VII₁,153)

并且中项是两端的统一,因而必定是一种在自身分裂的东西。每个环节都必定属于一端;既然月亮环节属于行星,彗星环节就必定属于太阳,因为彗星作为内部没有支持的东西,必定与形式的中心相关联。同样,颇为接近君主的宫廷侍从由于其自身与君主的关系,必定是没有自我的,而有官职的大臣及其幕僚则表现出更多合乎规则的、因而整齐划一的行为。第三种推论是这样的推论,在这种推论中太阳本身是中项(B—A—E)[11]。

天体的这种物理关系与天体的力学关系一起,构成宇宙的关系。这种宇宙关系是整个生命自然界也享有的基础或完全普遍的生命(见上文 §. 270"附释",第108—110页)。大家切不可说月亮对地球有影响,仿佛这里存在的是一种外在作用。倒不如说,普遍的生命对个体性是消极无为的,个体性的力量越大,星星力量的支配作用便越小。由于我们享有这种普遍的生命,我们就必须睡眠和觉醒,我们在早晨与晚间的情绪就一定是不相同的。在有生命的东西上,尤其是在有疾病的动物上,也可以看出月亮变更的周期;但健康的动物,尤其是精神动物,却能挣脱这种普遍的生命,而与之抗衡。不过,月亮运行的位置对于精神错乱的人,对于梦游病患者,可以认为同样也会引起某种变化。创伤给人留下局部脆弱的地方,人们在伤疤上也会感到天气的变化。虽然在近代已经认识了宇宙联系的这种重要性,但人们在这方面也往往停留在空洞的说法上,停留在泛泛的论述或个别例证的罗列上。彗星的影响

是完全不应该否认的。有一次,我惹得波德[12]先生叹息起来,因为 （Ⅶ₁,154）
我说经验现在已经表明,彗星出现之后,继之而来的是葡萄丰收
年,如 1811 年与 1819 年那样;与我们关于彗星的复归运动的阅历
相比,这两次经验是同样有益的,甚至更为有益。造成彗星出现与
葡萄丰收之间的联系的原因,在于水的过程与大地分离,从而引起
行星状态的某种改变。

3. 个体性物体

§. 280

对立物在回复到自身时是地球或一般行星,是个体性总体的
物体,在这种总体里,僵硬性已经显示出来,开始分离为现实的差
别,而这种分解是通过自我性的统一点结合起来的。

〔**说明**〕行星作自转,同时又围绕中心物体作公转,它的这种
运动是最具体的运动,是生命力的表现;同样,中心物体的发光本
性是抽象的同一性,这种同一性的真理性,如同思维的真理性存在
于具体的理念里一样,存在于个体性里。

说到行星系列,天文学关于它们的最直接的规定性、它们的距
离,还没有发现任何真正的规律。同样,自然哲学想要通过物理性
状,并通过与金属系列的类比来揭示行星系列的合理性,这些尝试
也几乎不能被视为发现重要观点的开端。不合理的地方在于,这
些尝试都把偶然性这一思想作为基础,例如,(拉普拉斯)把开普
勒按照音乐和谐规律来理解太阳系的布局的思想仅仅视为一种做
梦的想象力的迷误[13],而不高度评价他对于这个体系包含着理性 （Ⅶ₁,155）

的深刻信念,就是不合理的;其实这一信念是这位伟人的光辉发现的唯一基础。与此相反,牛顿把律音的数量比例应用于颜色[14],这个应用本来是完全笨拙的,并且事实上也是完全错误的,却获得了荣誉与信任。

〔**附释**〕行星是真正的 prius〔守护神〕,是这样的主观性,在这种主观性里上述差别纯粹是观念的环节,生命力第一次有了特定存在。太阳为行星服务,正如太阳、月亮、彗星和星星一般说来仅仅对地球才重要一样[15]。因此,太阳既没有产生行星,也没有排除行星;相反,整个太阳系是集体存在的,因为太阳正像产生东西一样,也是被产生的。同样,虽然自我还不是精神,但正如光在具体的行星里有其真理性一样,自我在精神里也有真理性。孤独地停留在我自身的、被视为最高东西的自我,是一种空洞的否定的东西,它并不是精神。自我诚然是精神的一个绝对环节,但就其为孤立的东西而言,并不是这样的环节。

在这里还没有说到个体性物体,因为下一节才无非是关于这种个体性的解说,而我们这里达到的仅仅是个体性的抽象规定。地球和有机体的天职在于消化那些十分普遍的、作为天体而具有独立性外观的星际力量,使他们服从个体性的统辖,在个体性里这些庞大的成员则把自身降低为一些环节。总体性的质是作为无限形式的个体性,这种形式是自相统一的东西。如果说我们谈的是某种值得自豪的东西,那么我们就必须把地球、把现在的东西视为崇高的东西。从量的方面考虑,大家确实可以藐视地球,把它看作“无限事物的海洋里的一滴水”;但量的大小是一种颇为外在的规定。因此,我们的考察现在必须立脚于地球,地球是我们的故乡,它不仅是肉体的故乡,而且也是精神的故乡。

有好多地球和行星,它们构成一个有机统一体;关于它们,我们可以列举出许多协调一致的东西,不过这要完全符合于理念,现在还做不到。谢林与施特芬斯[16]将行星系列与金属系列作过类比;这是一种有意义的、有思想的类比。不过,用铜代表金星,用水银代表水星,用铁代表地球,用锡代表木星,用铅代表土星,这正如称太阳为金,称月亮为银一样,是一些陈旧的观念。这类做法也有某种自然的成分,因为金属在地球的物体里表现为最纯净、最独立的东西。但行星是处于一个与金属和化学过程不同的领域里。这类穿凿附会是一些外在的类比,它们不会解决任何问题。知识并不会因此而有所增进;这仅仅对于想象才是某种辉煌的东西。林奈是按照感官与本能给植物分类的,其他人也按照同样的标准给动物作过分类;金属是按照其比重加以排列的。但各个行星在空间里是由其自身排列的;如果现在大家想给这类系列找到一种像数学级数那样的规律,则可看到每一项都仅仅是同一规律的重复。但有关系列的这整套想法却是非哲学的,与概念抵触的。因为自然界并不是把自己的各种形态先后相继地展现在这类阶梯上,而是大量地展现出来的;最初出现的是普遍的分裂,后来才在每个类属中又发生了分化。林奈的植物二十四纲绝不构成什么自然体系。反之,法国人裕苏把植物分为单子叶植物与双子叶植物,却更 (VII₁,157) 清楚地认识到了这种巨大差别。亚里士多德对动物也作过类似的划分。现在,并非作为系列而存在的行星也是这样。开普勒在他的《宇宙和谐》里把行星距离视为律音关系,这是毕达哥拉斯学派的思想。

　　我们还要考察一件历史事实,那就是帕拉采尔苏斯说,地上的一切物体都是由四种元素——水银、硫磺、食盐和洁土——组成的[17],正如我们有四种基本美德一样。水银是金属性,是流动的自相等同性,相当于光;因为金属是抽象的物质。硫磺是僵硬的东西,是燃烧的可能性;火对于硫磺并不是外来的东西,相反,硫磺是火的自我消耗的现实性。食盐相当于水,相当于彗星成分;它的分解物是无差别的现实东西,是火之分裂为独立的东西。最后,洁土是这种运动的纯洁无瑕的东西,是消灭这些要素的主体。人们把洁土这个名称理解为表示抽象的土质,例如纯洁的硅土。如果对这种理论作化学解释,那就会发现有许多物体并不包含水银或食盐。这个论断的含义,并不说这些物质是 realiter〔现实地〕存在的,而是有更高的意义:真正的物体有四种元素。因此,切不可将这样的元素理解为现实存在;否则,就会认为雅可布·波墨及其他人是胡诌,是缺乏经验。

B　元素

§. 281

　　个体性的物体具有元素总体的各个规定,作为其自身的一些从属环节,这些规定直接是自由地、自为地存在着的物体;所以,这些规定构成个体性物体的普遍的、物理的元素。

（VII₁,158）

　　〔**说明**〕在近代,化学的单纯性被随意当作元素的规定,这种单纯性与物理元素的概念是毫不相干的,物理元素是一种实在的、尚未被消散为抽象化学东西的物质[18]。

〔**附释**〕像我们在自然界里一般看到的,各种宇宙力量是作为独立而相关的物体留在天上的。我们现在就从这些力量过渡到它们在地上作为个体性环节所构成的东西,它们的现实存在正是通过这种东西得到了更大的真理性。光作为同一体的设定,并非仅仅限于照亮暗物,而且还进一步发挥着现实的作用。各种特殊化的物质不仅相互映现,以致每种物质都依然如故,而且它们也相互改变,每种物质都变为另一种物质;这种设定自身为观念的、同一的东西的活动也就是光的作用。光一般鼓动、激发和支配着元素的过程。这个过程属于个体性的地球,它最初还是抽象普遍的个体性,而要成为真正的个体性,还必须在更大的程度上把自己凝结到自己内部。对于普遍的、还没有在自身得到反映的个体性来说,个体性的本原作为主观性和无限的自我相关,还是外在的;这个本原就是具有激活作用的光。我们曾经发觉出现了这种关系;但在考察元素过程以前,我们必须考察这些个体化的、独立存在的差别本身的本性。个体性的物体最初仅仅是被我们规定为在自身具有太阳系的各个环节;下一步则在于它自己把自己规定为具有这样的环节。在这个行星上太阳系的各个物体不再是独立的,而是一个主语的谓语。这些元素有四类,它们的次序如下。气相当于光,因为它是被动的、降为元素的光。对立的元素是火与水。僵硬性、月亮的本原不再是不相干的、自为存在的;反之,作为与他物,即个体性相关的元素,月亮的本原是充满过程的、能动的、不止息的自为存在,因而也就是变得自由的否定性或火。第三种元素相当于彗星的本原,就是水。第四种元素又是土。大家知道,哲学史表明,恩培多克勒[19]的伟大意义就在于他第一个明确地理解和划分

（Ⅶ₁,159）

过这些普遍的基本物理形态。

元素是普遍的自然现实存在,它不再是独立的,然而还没有被个体化。有人站在化学的立场上,以为必须把元素理解为物体的普遍组在部分,一切物体都被假定为是由一定数量的元素组成的。他们的出发点在于认为一切物体都是复合的,于是思想所关切的事情就是把质上得到无限多样的规定的、个体化的物体归结为少数非复合的、因而普遍的质。以这种规定为前提,人们现在责备恩培多克勒以来普遍流行的四元素观念,说它是一种幼稚想法,因为四种元素也是复合的。现在,已经不再准许任何一位物理学家或化学家,甚至有教养的人在什么地方提到四元素了。但是,在目前惯用的意义上寻找一种单纯的、普遍的现实存在,却仅仅属于化学的观点,关于这种观点我们在以后才会谈到。化学的观点首先以物体的个体性为前提,然后就试图分解这种个体性,分解这种自身包含着差别的统一点,使有差别的东西摆脱自身所受到的强制。

(VII₁,160)当酸和盐基被结合起来的时候,就会产生出盐,即两者的统一或第三个环节;但在这第三个环节里还包含着他物,即形态、结晶或个体的形式统一,而这种统一并不纯粹是化学元素的抽象统一。如果物体仅仅是其差别的中和性,那么我们分解这种物体,就确实可以展示其各个方面;但这些方面却不是普通的元素和最初的本原,而仅仅是有质的规定的,即有特殊规定的组成部分。物体的个体性比这些方面的单纯中和性内容更丰富;无限的形式构成主要的东西,尤其是在生物里。如果我们展示出了植物或动物的各个组成部分,那么,我们得到的就不再是植物或动物的组成部分,而是这种有机体遭到了毁灭。因此,在化学力求得到单纯的东西时,个

体性就消失不见了。如果个体性的东西像盐那样是中性的,化学
便能够表明它的各个独立的方面,因为这些不同方面的统一仅仅
是形式的统一,而这种统一是要毁灭的。但如果加以分解的东西
是有机体,那么,不仅扬弃了统一,而且也扬弃了我们想认识的东
西,即有机体。在这里关于物理元素我们是完全不考虑这种化学
意思的。化学观点绝不是唯一的观点,而仅仅是一个特殊的领域,
它完全没有权利把它自身作为本质的东西,推广到其他形式上。
我们在这里只研究个体性的生成,具体地说,首先研究普遍的个体
或地球的生成;各种元素是不同的物质,它们构成普遍个体的这种 （VII₁,161)
生成的环节。因此,我们切不可将化学的观点与那种还很一般的
个体性的观点混淆起来;各种化学元素绝不能加以排列,而是彼此
完全异质的。反之,物理元素则是普遍的、仅仅按照概念环节被特
殊化的物质;所以,物理元素只有四种。古代人确实说过,万物都
由这四种元素构成;但他们这样说,只是想到有这些元素。

　　我们现在必须更详细地考察这些物理元素。它们不是在自身
个体化的,而是缺乏形态的;因此,它们后来就分解为抽象的化学
东西:气分解为氧与氮,水分解为氧与氢;火没有分解,因为它是过
程本身,从这个过程剩下来的纯粹是一种作为物质的发光材料。
在主观性的另一端,有生命的东西,例如植物液汁,甚至动物液汁,
也能被分解为那些抽象的化学物质;特定的剩余物质是很小的部
分。但是,中间的东西,即物理的、个体性的无机物,却最难加以研
究,因为这种物质为其个体性所特殊化,但这种个体性同时还是直
接的,既没有生命也没有感觉,因而作为质是与普遍的东西直接同
一的。

1. 空气

§. 282

缺乏差别的单纯性的元素不再是积极的自相同一性,不再是
作为光本身的自我显现,而仅仅是被降为一个他物的无我环节的
消极普遍性,因此也是有重量的。作为消极的普遍性,这种同一性
(VII₁,162) 是一种虽说不会引起疑窦,但对个体和有机体潜移默化,造成消耗
的力量;它是这样一种流体,这种流体是对光消极的、透明的,但在
自身中挥发着一切个体,对外具有机械的弹性,渗透到一切东西
里。这就是空气。

〔**附释**〕α)个体性的相互联结、各个环节的相互关联是个体性
物体的内在自我;这种自我性,如果被视为自由独立的,没有任何
被设定的个体化,那就是空气,虽然这个环节潜在地包含着自为存
在和点状性的规定。空气是普遍的东西,就像是在与主观性、无限
自我相关的否定性、自为存在的关系中被设定的,因此这种普遍的
东西是作为从属的环节在相对东西的规定里被设定的。空气是完
全不确定的东西,又是绝对可确定的东西;空气还不是在自身确定
的,而只能通过他物加以确定;这个他物就是光,因为光是自由的
普遍的东西。所以,空气与光有关系;空气对于光是绝对透明的东
西,是消极的光,并且一般说来是被设定为消极性的普遍东西。同
样,善作为普遍的东西也是消极的东西,因为它是通过主观性才得
到实现的,而不是自己证实自己的。光也潜在地是消极的东西;但
它还不是作为这样的东西被设定起来的。空气并不是黑暗的,而

是透明的,因为它只在自身才有个体性。只有土质元素才不是透明的东西。

β)空气的第二个规定在于它是对个体绝对能动的东西,是具有积极作用的同一性,而光则仅仅是抽象的同一性。被照明的物体仅仅是在观念上把自身设定于他物中;但空气则是这样的同一性,这种同一性现在存在于与自身类似的东西里,并且与物理物质有关系,而这些物理物质就其物理的规定性而言,是彼此为对方而存在的,是相互接触的。这样一来,空气的这种普遍性就是空气把 (VII₁,163)
自己涉及的他物设定为真正与自身同一的冲动;而这个由空气设定为与其自身同一的他物是一般个体化的、特殊化的东西。但因为空气本身仅仅是普遍性,所以空气在自己的这种活动里并不表现为有力量分解这种个体化东西的个体性物体。因此,空气是纯粹腐蚀性的东西,是个体的敌人,它把个体确立为普遍的元素。但这种销蚀作用却是不明显的、不运动的,并且不表现为暴力,而是秘密地弥漫和潜伏到一切地方,使人看不出它与空气有什么关系,就像理性把自己默化到个体里并且消解个体一样。因此,空气引起了气味,因为产生气味仅仅是个体与空气的这种不明显的、不断进行的相互作用过程。一切东西都会消散,都会离析为极其细微的部分;剩余的东西是没有气味的。有机体通过呼吸也与空气作斗争,就像它一般与元素作斗争一样。例如,某种创伤会仅仅因为暴露于空气而变得危险。有机生命只有一个特点,那就是在其毁灭过程中又不断恢复其自身。经不起这种斗争的无机物是一定会毁坏的;比较坚实的东西虽然也保持自身,但总是受到空气的侵袭。把不再生存的动物形体与空气隔离开,这种形体就会保存下来,而不至于毁坏。这种毁灭过程是可以调解的,例如,湿度能使这个过程导致一定的结果;但这仅仅是一种调解而已,因为空气本身就是破坏活动。空气作为普遍的东西是纯粹的,但不是纯粹的惰性物体;因为消散到空气里的东西并不是保存在空气中,而是被还原为单纯的普遍性。机械物理学以为,消散到空气里的物体的极其细微的部分还在空气里飘浮,但正因为这类物体被分割到了

(VII₁,164) 很小的程度,所以就不再有气味了。因此,虽然有人不希望这类物体遭到毁灭,但我们却不必这么怜悯物质;只有在知性的同一性体系里物质才是僵化不变的。空气净化自身,把万物变为空气,它并不是物质的大杂烩;无论靠嗅觉还是靠化学探讨,都不能证实这一点。知性虽然提出精致的托词,有一种反对“转化”这个字眼的莫大偏见;但关于知觉未给我们提供的东西,经验物理学却没有权利断言它是存在的。这种物理学如果真想只靠经验办事,那就不得不承认这种物体会消逝。

γ)空气作为一般的物质,会作出抵抗,但它是作为质量纯粹在量的方面这么做的,而不像其他物质那样,是以点状或个体的方式这么做的。因此,毕奥[20](《物理学研究》,第 I 卷,第 188 页)说,“Tous les gaz permanents, exposés No. des températures égales, sous la même pression, se dilatent exactement de la même quantité.〔一切永存的气体在同温同压之下,体积保持不变〕。”空气只是作为质量作出抵抗,因而对于它所占据的空间是不相干的。空气不是僵硬的,它既没有内聚性,也没有对外的形态。空气在一定程度上是可压缩的,因为它不是绝对没有空间,就是说,它是一种彼此外在的东西;但它绝不是原子论的彼此外在的东西,仿佛个别化的原则在

空气里达到了现实存在。与此相关联,种类不同的气体也可以占有同一空间;这就是空气的可渗透性的表现,这种表现属于空气的普遍性,空气就是由于有可渗透性而没有在自身得到个体化。例如,如果一个球形玻璃容器充以空气,另一个充以水蒸气,则可在前一个球形玻璃容器中注入水蒸气,以致它能容纳很多水蒸气,好像其中原来没有什么空气似的。如果用机械方法大力压缩空气,使它表现为有强度的东西,则会达到一个阶段,使空间上相互外在的东西完全得到扬弃。这是最妙的发现之一。大家知道,我们就有这样的打火器,在这种打火器里,插着活塞的汽缸的底部有点火 (VII₁,165)
绒,在活塞受到压力的作用时,受压的空气就发出火花,点着引火绒。如果汽缸是透明的,我们还可以看到火花。在这里表现出了空气的整个本性,说明空气是普遍的、自相等同的和有燃烧作用的东西。这种不明显的、造成气味的东西被归结为点;所以,能动的自为存在过去是潜在的,现在则被设定为明显地存在着的自为存在。这就是火的绝对起源:有燃烧作用的能动普遍性,在不相干的持续存在终止的地方,达到了形式。这不再是普遍的自相关联,而是永不止息的自相关联。那个试验之所以如此之妙,是因为它显示了空气与火的本质联系。空气是正在醋睡的火;要使这种火表现出来,只需要改变它的现实存在。

2. 对立的元素

§. 283

a. 对立的元素首先是自为存在,但不是僵硬性的不相干的自

为存在,而是在个体性中作为环节被设定的自为存在,它是个体性
的自为存在着的永不止息状态;这就是火。空气潜在地是火(如
它在受到压缩时显示的那样),在火中空气被设定为消极的普遍
性,或者说,被设定为自相关联的否定性。火是物质化了的时间或
自我性(与热同一的光),是绝对不止息的、有毁灭作用的东西;正
像火从外面延及物体时,会毁灭物体一样,反过来说,物体的自我
毁灭也同样会转变为火(例如通过摩擦)。火是一种毁灭他物的
活动,同时也毁灭自身,而这样一来,就过渡到中和性。

(VII₁,166) 　　〔**附释**〕空气已经是特殊性的这种否定性,但又是看不见的,
因为它还是以无差别的等同性的形态被设定起来;不过,作为孤立
的、个别的、与其他实存方式不同的、在一定地点被设定的东西,空
气是火。空气仅仅是作为它与特殊东西的这种关系而存在的,它
并不耗尽特殊的东西,并不单纯地把这种东西弄成没有滋味、没有
气味的物质,弄成没有任何规定的、单调的物质,而是毁灭这种东
西的物质特殊性。热仅仅是这种毁灭作用在个体性物体上的表
现,因此与火是同一的。火是现实存在着的自为存在,是否定性本
身;然而火不是他物的否定性,而是产生普遍性与等同性的否定东
西的否定。最初的普遍性是僵死的肯定,真正的肯定则是火。非
存在的东西在火里被设定为存在的,反之亦然;所以,火是活跃的
时间。作为一些环节的统一体,火完全受到制约,就像空气一样,
存在于它与特殊化的物质的关系里。火仅仅是包含在对立中的能
动性,而不是精神的能动性;要起毁灭作用,火就必须毁灭某种东
西;它如果没有任何材料,那就会消失。生命的过程也是火的过
程,因为生命就在于毁灭特殊性;但生命又不断产生着自己的材

料。

　　被火毁灭的东西,首先是具体的东西,其次是对立的东西。所谓毁灭具体的东西,意思就是使它出现对立,把它激活,使它燃烧起来;氧化活动与酸的腐蚀活动就属于这类过程。这样,具体的东西就被置于尖锐对立的地步,置于自己毁灭自己的状态;这是具体的东西与他物的紧张关系。这个过程的另一方面,是在一切具体东西里包含的确定的、不同的、个体化的和特殊的东西,都被还原为统一性,还原为不确定的和中性的东西。所以,每个化学过程就像产生对立一样,都会产生出水。火是被设定为无差别性的空气,（VII$_1$,167)是被否定的统一和对立,但这种对立同样也被还原为中和性。淹没了火的中和性,即熄灭了的火,就是水[21]。特殊化的东西所得到的观念同一性的凯旋,作为映现着的统一体,作为光,就是抽象的自我性。因为剩下来的是作为过程的根据的土质元素,所以在这里表现出了一切元素。

§. 284

　　b. 另一对立元素是中性东西,是汇合于自身的对立物。它没有自为存在着的个别性,因而自身没有僵硬性与规定,是一种彻底的平衡,消解着一切机械地设定于它自身的规定性;它仅仅从外部获得形态的限定,并向外部寻求这种限定(附着性);它在自身没有过程的不止息性,而完全是过程的可能性、可溶解性;另外,它有能力采取气体和固体的形式,作为它的独特状态之外的状态,作为它的自身无规定性以外的状态。这样的元素就是水。

　　〔附释〕α)水是无我的对立物的元素,是消极的为他存在,而火则是积极的为他存在;因此,水就获得了特定存在,作为为他存在。水在其自身完全没有内聚性,没有气味,没有滋味,没有形态;水的规定性就在于它还不是特殊的东西。水是抽象的中性物体,不像盐那样是个体化的中性物体;因此,水早已被称为"万物之母"。水像空气一样是流动的,但不是作弹性流动,因而不向一切方面膨胀。水与空气相比,更是土质的东西,它寻求重力中心,最接近于个体的东西,并趋向于这种东西,因为它潜在地是具体的中性东西,不过这中性东西还没有被设定为具体的,而空气则从来都不潜在地是具体的;所以,水是差别的真正可能性,不过这种差别还不存在于水里。因为水在自身没有重力中心,所以它仅仅服从于重力的方向;因为它没有内聚性,所以它的每个点都承受垂直方向的压力;又因为它没有任何部分能进行抵抗,所以它把自身设定于水平状态。因此,一切外来的机械压力都不过是瞬时即逝的东西;受压的点无法独立维持自己,而把压力传递给其他各点,其他各点扬弃了压力。水还是透明的,但因为已经是更接近于土质的东西,所以也就不像空气那么透明。作为中性元素,水是盐和酸的溶剂:溶解于水的东西丧失了自己的形态;机械关系被扬弃了,仅仅保留化学关系。水对于有差别的形态是无差别的,既有可能像蒸汽那样作弹性流动,也有可能作降滴流动,也有可能像冰那样是僵硬的;但所有这些形态仅仅是一个状态,仅仅是形式的过渡。这些状态并不取决于水本身,而是取决于他物,因为它们只是在外部由他物上的气温变化引起的。这就是水的被动性所产生的第一个结果。

(VII₁,168)

β)第二个结果是水不可压缩,或仅仅在很小的程度上可以压

缩;因为自然界里没有绝对的规定。水仅仅是作为质团进行抵抗,
而不是作为自身个别化的东西进行抵抗,就是说,水在通常状态下
是可以降滴流动的。人们也许以为可压缩性是被动性的结果;但
是,水反而由于有被动性,才是不可压缩的,就是说,水的空间大小
是不变的。空气虽然仅仅是自为存在的普遍力量,却是能动的、有
强度的东西,所以对于自己的相互外在性,对于自己的特定空间是
无差别的,因而是能够加以压缩的。因此,要水有空间变化,就等 （Ⅶ₁,169)
于要它具有它本来不具有的内在强度;然而,如果水的空间大小终
究还是有了改变,那么,与此同时有关的就是水的状态的改变。水
作为弹性流体和冰,之所以占有更大的空间,正是因为化学性质有
了改变。物理学家认为,冰之所以占据更大的空间,是由于其中有
气泡,这是不正确的。

γ）这种被动性所产生的第三个结果是水易于分散,有附着性
的趋向,就是说,会把东西弄湿。无论在什么地方,水都附着于它
所接触到的物体,它与这些物体的联系比它自身的联系更为密切。
水使自身脱离开自己的整体,不仅能接受任何外来的形态,而且在
本质上寻求这样的外在支持与联系,以便划分自己,因为水本身恰
恰没有任何坚实的联系与支持。当然,水与油质、脂肪的关系又构
成一个例外。

如果我们现在再来概括这三种考察过的元素的特性,我们就
必须说:空气是一切他物的普遍观念性,是与他物相关的普遍东
西,这种关系毁灭着一切特殊的东西;火是同样的普遍东西,不过
是表现出来的,因此有自为存在的形态,是现实存在着的观念性,
是空气的实存本质,是把他物归结为现象的映现活动;第三种元素

是消极的被动性。这就是这些元素的必然的思维规定。

3. 个体性元素

§. 285

(Ⅶ₁,170)　　得到发展的差别及其个体性规定的元素,与其他元素不同,是最初尚未得到规定的一般土质;不过,这种元素作为把其他各种不同的元素综合到个体统一性里的总体,是把它们激发为过程并且支持着它们的那种力量。

C　元素的过程

§. 286

　　不同的元素以及它们彼此之间的差别性是违背着它们的统一性而被联结于个体同一性之中的,这种个体同一性就是构成地球的物理生命、气象过程的一种辩证关系;各个没有独立性的元素在刚才作为概念的环节从潜在的东西里被发挥出来以后,既是在这种过程里产生出来,作为现实存在着的元素被设定的,同样又是唯独在这种过程里保有其持续存在的。

　　〔**说明**〕正像普通力学的和非独立物体的种种规定被应用于绝对力学与自由中心物体一样,研究个别化了的个体性物体的那种有限物理学也被看作同研究地球过程的自由独立的物理学是一样的。在地球的普遍过程中重新认识和指出那些出现于个别化了的物体的过程中的规定,被视为科学的伟大胜利。然而在这些个

别化了的物体的领域里,概念的自由存在所固有的种种规定已降
为相互外在的关系,作为彼此独立的情况而存在着;同样,活动表
现为受外部制约的、因而偶然的活动,以致活动的产物同样都继续
是那些被假定为独立的、并这样坚持不变的物体的外部形态。人
们所以能列举出这种等同性或毋宁说类似性,乃是由于抽象掉了　　（VII₁,171）
独特的差异和条件所致,因而这种抽象提供了诸如吸引的表面普
遍性,提供了缺乏特殊东西和特定条件的力量和规律。当个别化
了的物体所表现的活动的具体方式被应用于一个仅仅以不同的物
体为环节的领域时,前一领域所需要的外部环境在后一领域里通
常总是一部分被忽略掉,一部分则被按照类比的办法添加了虚构。
一般说来,把种种关系在其中都是有限关系的领域的范畴,应用于
种种关系在其中都是无限关系,即都合乎概念的领域,结局总是这
样。

对这个领域的考察中出现的基本缺点,在于抱有关于实质性
的、不变化的元素差异的固定观念,而这种观念是知性曾经从个别
化了的物质的过程引出,牢固地固定下来的。在这些有限过程上
即使出现更高的转化现象,例如,水在晶体里变得固定不动,光与
热消逝不见,反思也会借助于分解、结合和潜伏之类的模糊不清
的、毫无意义的观念予以说明（参看下文 §. 305“说明”与“附
释”）。主要是这种思想方法把一切现象关系都转变为质料和物
质,并部分地转变为无重的质料和物质,因而任何物理的现实存在
都被弄成业已提到的物质混沌（§. 276“说明”）以及各种物质相
互在其对方的假想细孔里的出出进进;在这种情况下,不仅概念完
蛋了,而且连观念也完蛋了。首先是经验本身完蛋了;虽然在这样　　（VII₁,172）

的主张里还假定了一种经验性的现实存在,但这种存在已不再从经验上表现出来。

〔**附释**〕理解气象过程的主要困难在于人们把物理元素与个体性物体混淆起来;前者是抽象的规定性,它还缺乏主观性;因此,对这些元素有效的东西对主观化的物质还是无效的。忽视这种差别,就会在自然科学里引起极大的混乱。有人想把一切东西都置于同一个发展阶段。当然,人们可以用化学方法处理一切东西,也同样可以用力学方法处理一切东西,或使它们从属于电。但是,在同一个阶段上这么处理物体,例如用化学方法处理植物或动物,却并不能穷尽不同物体的本性。对任何物体都要按其特殊范围加以处理,关键就在于按照物体所处的特殊范围去分别处理物体这条原则。因此,当空气和水从属于一个完全不同的领域的条件时,它们在自己与整个地球的自由的、元素性的联系里的表现就完全不同于它们在自己与个体性物体的个别化的联系里的表现。这正像有人想观察人的精神,却为此去观察海关官员或水手;这样一来,他们就是在不能穷尽精神本性的有限条件与规定下去掌握精神。有人以为,水能在化学实验瓶里显现自己的本性,而在自由的联系中则不能表现出任何其他性质。他们通常的出发点是想指明水、空气和热这样的物理对象的普遍表现,探讨它们是什么,作用如何。而且这个什么不会是思维规定,而是现象,是感性的存在方式。但是这里有两个方面:首先是空气、水和热;其次是另一种对象。现象就是这两方面结合的结果。与这些物理元素相联结的另一种对象,总是特殊的,因此这些物理元素的作用也取决于另一种对象的特殊本性。由此可见,绝不能用这种方式从普遍表现方面

（VII₁,173）

标明所研究的这些元素是什么,而只能从它们与特殊对象的关系方面标明它们是什么。如果要问热的作用如何,回答则是它会膨胀;但它同样也会收缩。我们绝不能陈述毫无例外的普遍现象;这些物体引起这种结果,另一些现象则引起另一种结果。因此,空气、火等等在其他领域的表现如何,在当前的领域里是无法确定的。有限的、个体性的关系的表现作为普遍的东西现在已被当作基础,于是自由的气象过程就是按照这种类比加以解释的;这是一种 $\mu\varepsilon\tau\alpha\beta\alpha\sigma\iota\varsigma\ \varepsilon\grave{\iota}\varsigma\ \ddot{\alpha}\lambda\lambda o\ \gamma\varepsilon\nu o\varsigma$〔偷换概念〕[22]。例如,闪电就被认为只不过是释放云块摩擦所引起的电火花。但在天空里并没有玻璃、火漆、松脂、毛皮垫和人为转动等等。电是到处都必须牺牲生命的替罪羊;但谁都十分清楚,电完全会由湿气消散开,而闪电却是在极其潮湿的空气里出现的。这样一些主张是把有限的条件搬到了自由的自然生命上,尤其是在考察有生命的东西的时候,更为多见;但这是不合适的,头脑健全的人不会相信这样的解释。

　　物理过程具有各种元素相互转化的规定;有限物理学完全不认识这一点,它的知性总是坚持着长久不变的东西的抽象同一性,因而各种元素作为复合元素就仅仅在分解和分离,而不真正相互转化。水、空气、火与土在这种元素过程里是冲突的:水是这一过 　(Ⅶ₁,174)
程的现存材料,起着主要作用,因为它是中性的、可变的、能加以规定的东西;空气作为秘密地进行破坏的、观念地设定的东西,是能动的元素,是特定东西的扬弃;火是自为存在的表现,是表现出来的观念性,是消耗过程的表现。因此,简单的关系正是这样的:水转化为空气,就消失不见了;反之,空气转化为水,从自为存在转变为相反方面,即僵死的中和性,这样中和性与自为存在又有紧张关系。古代人,如赫拉克利特和亚里士多德,就已经考察过元素过程。认识这种关系绝没有任何困难,因为经验与观察已经向我们显示了这种关系。主要的问题在于雨的形成;物理学本身承认,雨未曾得到充分解释。但困难完全是来自反思的物理学,这种物理学对一切观察都坚持自己的这样的双重前提:"α)在自由的联系里发生的情况,也必定能在有条件的、外在的联系中造成;β)在有条件的联系里发生的情况,也发生在自由的联系里;因此,在有条件的联系中保持自相同一的东西也是潜在地完全同一的。"与此相反,我们则主张:在水蒸发殆尽时,蒸汽形式就会完全消失。

我们如果现在把机械运动的规定和有限现象的规定应用于这个过程,则可设想:第一,水将保持不变,改变的仅仅是其形式的状态。例如格临[23](《物理学》,§. 945)就说:"水的蒸发可以在真空条件下进行。像索修尔指出的,充带水蒸气的空气在同等的温度和绝对的弹性下,较之干燥的空气,比重更小;假如水就像盐溶解于水里那样,溶解到空气里,则不可能有这样的情况。所以,水只能是作为特别轻的、有弹性的蒸汽保存在空气里的"。于是有人说,水的分子以蒸汽的形式充满了空气,因而只能在量的方面互相分离,分为极其细微的部分。这种蒸汽依赖于一定的温度;假如没有一定的温度,蒸汽就会又化为水。因此,下雨被认为仅仅是以前存在的东西的再度汇合,只不过这些东西极其微小,因而无法察觉。有人以为,这样一种模糊的观念就解释了雨和雾。李希滕贝格[24]十分彻底地驳斥了这种观念,打掉了那篇受到柏林科学院表彰的研究降雨的悬赏论文的桂冠,使大家认识到这篇文章是十分可笑的。按照戴昌克(此人虽然以虚幻的方式把自己的论证放在

(VII₁,175)

创世说的基础上,但在雨的问题上却作了正确的考察)的理解,李希滕贝格证明,在最高的瑞士山脉上,从湿度计来看,在转变为雨的云雾形成以前,空气本身是十分干燥的,或可能是十分干燥的。雨可以说是来自干燥的空气;但物理学却不能说明这一事实。在夏天与冬天,事实都是如此;正是在夏天,在蒸发最厉害,因而空气被认为最潮湿的时候,空气同时也是最干燥的。水保存在什么地方,这种观念完全无法证实。有人可能以为,水蒸气有弹性,因而会上升到很高的地方;然而在很高的地方天气更冷,水蒸气在那里又会迅速被还原为水。因此,空气并不像放在炉火上烘干的东西那样,仅仅由于在外部湿气离散而成为干燥的;相反,脱水的过程可以比作晶体里的所谓结晶水的消失过程;不过,结晶水既会消失,也会又表现出来。

　第二种观点是化学的,这种观点认为水可以分解为它的单纯质料,即氢与氧。当然,水并不能以气体的形成影响到湿度计,因为热进入氢里,就会出现气体。与这种观点相反,我们可以提出一 (VII$_1$,176)个老问题,即水究竟是不是由氧和氢组成的。诚然,电火花会使这两者成为水。但水并不是由这两者组成的。我们必须更正确地说,氢与氧仅仅是我们使水采取的不同形式。假如水真是这样一种单纯的组合物,那么所有的水就必定都会分解为这样两个部分。但是,一位在慕尼黑逝世的物理学家里特尔[25]做过一项电流实验,他以这项实验雄辩地证明,大家可以设想水不是由各个部分组成的。他取一根 U 形玻璃管,将水注入管内,在中段放上水银,把水分到玻璃管的两端。他用一根穿过水银的金属丝,使两部分水相互沟通,并把水与电联结起来,这时一部分水就变为氢气,另一部分水变为氧气,以致玻璃管的每一端只显示出一种气体。如果两部分水不是被水银阻隔开,关于这种现象有人就可能说,这是氧气跑到这边,氢气跑到那边去了;这种虽然谁都没有见过,但人们在往常以之为遁辞的情形,在这里是不能有的。如果水在蒸发时也得到了分解,那么问题就在于这些气体跑到哪里去了。氧气的量可能在空气里增大;但空气却几乎总是表明氧气和氮气的量是不变的。洪堡特[26]取高山上的空气和舞厅里的所谓污浊空气(据说其中包含着更多的氮),对它们进行化学分析,结果发现两种气体中氧的数量没有差别。尤其是在夏天,在蒸发强烈的时候,空气里似乎应该有更多的氧,但实际情况并非如此。同样,在这个时候,无论在什么地方,也都不会发现有氢气;无论在大气层之上或大气层之下,甚至在并不很高的形成云彩的地方,都未发现有氢气。虽然溪流会干涸数月之久,土壤不再有什么湿度,但在空气里还是发现不了氢这种元素。因此,那些观念是与观察相矛盾的,只不过是基于从另一个领域作出的推论和类比罢了。所以,当阿利克斯为了说明太阳不断消耗的材料来自何处,而认为太阳的活动由氢气加以维持时,这尽管也是一种空洞的观念,但其中却包含着明智的见解,因为他认为一定会揭示出氢在何处的必然性。

认为热、结晶水等等变为潜伏的东西,也属于这样的观念。例如,热是根本不再看得见的、感觉到的;但有人说,它虽然无法察觉,却依然是现实存在的。但是,凡是观察不到的东西都不是在这个领域里现实存在的,因为现实存在正是为他存在,是使自身成为可察觉的东西;这种领域才正是现实存在的领域。所以,变为潜伏的东西是最空洞的形式,在这里人们是把业已转化的东西当作尽管不现实存在,但又被假定为现实存在的东西保存下来。这样,在以知性的同一性思想处置事物的时候,就表现出了最大的矛盾;这是错误的想法,这种想法无论就思想而言,或就经验而言,都是错误的。因此,哲学并非不了解诸如此类的观念,而是认识到它们完全是贫乏的。在精神生活中也有同样的情形:秉性软弱的人实际上是软弱的;在他身上不是潜伏着美德,而是根本没有美德。

§. 287

(VII₁,178)

地球的过程不断受到地球的普遍自我的激发,这个自我就是光的活动,就是地球原来与太阳所具有的关系;然后,地球的过程又按照地球相对于太阳的、制约着气候和季节等等的位置,进一步得到分化。这个过程的一个环节是个体同一性的分裂,是分为独立的对立物的两个环节,即僵硬性和无我的中和性的那种紧张关系,由于这种关系,地球便趋于瓦解,一方面变为无水的晶体、无云的月亮,另一方面变为含水物体、彗星,而个体性的各个环节则力求实现它们与它们的独立的根源的联系。

〔**附释**〕光作为普遍的观念性原则,在这里已不再仅仅是暗的对立面,不再是在观念上设定为他存在,而是在观念上设定现实的东西,设定现实的观念性。阳光与地球的这种真正能动的关系造成了昼夜的差别等等。假如地球与太阳没有联系,地球就不可能有过程。表现这种作用的更具体的方式,须从两个方面来考察。一种变化是纯粹状态的变化,另一种变化是现实过程的质变。

属于第一方面的是热与冷、冬与夏的差别;天气变得更冷或更热,以地球相对于太阳的位置为转移。但这种状态的变化不仅是量的变化,而且也表现为内在的规定性。在夏天,地球转动的轴线总是与其轨道的平面形成同一个角度,因此,向冬天的进展过程首先仅仅是一种量的差别,因为太阳看起来一天比一天升得更高,在达到最高点时,就又向最低点下降。假使最热的天气和最冷的天气仅仅是取决于这种量的差别,取决于太阳的辐射,那么,它们就应该出现在六月夏至和十二月冬至的时节。然而状态的变化会成为特定的交错点;昼夜平分点等等构成一些质的点,在这些点上发生的并不是热之单纯量的消长。因此,在一月十五日到二月十五日之间出现最冷的天气,在七月或八月出现最热的天气。关于前一种情况,有人可能会说,最冷的天气是后来才从两极来到我们这里的;但是,像帕里[27]舰长确实证明的,甚至在两极情况也是如此。秋分过后,在十一月初,寒冷与暴风来到我们这里;然后在十二月份寒冷又减退,直到一月中旬达到最高的程度。春分时的情况也是这样,继二月底的好天气而来的是寒冷与暴风,因为三月与四月的天气相当于十一月份的天气;所以,在夏至以后,在七月份,气温也常常下降。

　　重要的方面是质变,即地球自身的紧张关系以及地球与大气的相互紧张关系。这个过程是月亮因素与彗星因素之间的交替。所以,云的形成并不纯粹是上升为蒸气的活动;反之,此中的重要因素是地球力求达到一个极端的活动。云的形成是空气还原为中和性的表演;但是,云也可能是在不打雷、不下雨的情况下,经过数星期之久形成的。水的真正消失并不仅仅是水的一种消极的规定,而且也是水自身的一种抗争,是水向燃烧着的火的冲动和突进,而火作为自为存在是极端的东西,因而在这个极端里地球自己

（Ⅶ₁,179）

分裂了自己。热与冷在这里仅仅是一些从属的状态,它们并不属 （VII$_1$,180）
于过程本身的规定,所以举例说,它们在冰雹形成的过程中仅仅是
偶然起作用的。

与这种紧张关系有关的是空气的更大的比重,因为更大的气
压引起气压计里水银柱的上升,在空气的数量不变的情况下,仅仅
表示空气的更大的强度或密度。虽然人们可以设想,空气所吸收
的水分引起了气压计里水银柱的升高;但是,正是在空气里充满蒸
气或雨水以后,空气的比重才下降的。歌德说(《论自然科学》,第
II 卷,第 1 分册,第 68 页):"在气压计里的水银柱升高时,水的形
成过程就停止了。大气能携带湿气,或把它分解为自己的元素。
在气压计里的水银柱下降时,水的形成过程就发生了,往往显得是
没有界限的。地球发挥自己的威力,增加自己的吸引力,从而克服
了大气,大气所含的东西就完全属于地球。无论大气里出现什么东
西,都必定会作为露水或白霜降落下来,而天空则依然是相当晴朗
的。其次,气压计里的水银柱的高低也经常与风有关。水银柱的升
高表示有北风和东风,水银柱的降低表示有西风和南风;在前一种
场合,湿气伏在山巅,在后一种场合,湿气则从山巅扑到平川。"

§. 288

过程的另一个环节是,对立双方所同归的自为存在扬弃其自
身,即扬弃趋于极端的否定性;也就是说,这个环节是对立双方所
寻求的、互不相同的持续存在的自我焚毁过程,通过这种过程,对
立双方的本质结合就设定起来,而地球也就变成了真正的和富有 （VII$_1$,181）
成果的个体性。

〔**说明**〕地震、火山及其喷射物可以看作是属于那种向自为存在的自由化否定性转化的僵硬性的过程,可以看作是属于火的过程;这样的现象也可能发生在月亮上。另一方面,云则可以看作是彗星形体的开端。不过雷雨才是这个过程的完整表现,其他气象学现象作为这个过程的开端、环节和萌芽,都与其完整的表现有关联。无论是关于雨的形成(虽然戴吕克根据观察得出了一些过硬的结论,并且在德国人当中有头脑的李希滕贝格还举出这些结论来反对分解论),还是关于闪电和雷鸣,物理学直到如今都未能作出令人满意的解释。关于其他气象学现象,尤其是关于陨石,情况也是如此。在陨石中,这个过程甚至于已经发展到开始形成一个地核的阶段。对于理解这些司空见惯的现象,物理学现在还没有提供起码令人满意的解释。

〔**附释**〕紧张关系的扬弃,作为降雨,就是地球还原为中和性,沉沦到无阻力、无差别的状态里。但是,有紧张关系而无形态的因素,即彗星因素,也进入变易过程,过渡到自为存在。在被置于对立的这个顶点时,对立双方也同样相互贯通。不过,从对立双方突然出现的统一是无实体的火。火不是以有形物质为其环节,而是以纯粹的流体为其环节;火没有任何营养作用,而是直接湮灭的闪光,是气状的火。这样,两个方面就在它们自身扬弃了自己,或者说,它们的自为存在正是它们的特定存在的毁灭。在闪电里自我毁灭达到了现实存在;空气在其自身的这种燃烧是融合起来的紧张关系所达到的最高峰。

自我毁灭的这个环节,也可以在具有紧张关系的地球本身得到证实。地球就像有机物体一样,在其自身就有紧张关系;地球为了达到火的活跃性和水的中和性,把自身体现在火山和泉水中。因此,在地质学采纳火成论和水成论这两条原则的时候,这两者当然都是重要的,都是属于地球的形态形成的过程。沉到地球晶体里的火是火的融合,是火的自我燃烧,这一晶体在燃烧中变成火山。所以,火山是不可机械地加以理解的,而应该被理解为潜伏在地下的、伴随着地震的雷雨现象;反之,雷雨则是云里出现的火山。当然,地震和火山的爆发也需要有外在的环境;但是,人们用密封空气的释放来解释地震,却是一种虚构,或者是从通常的化学领域借用来的观念。倒不如说,我们看到,这样一种地震属于地球总体的生命;因此,地上的走兽和空中的飞禽会在好几天以前就预感到地震,正像我们在雷雨来临以前感到闷热一样。在形成云彩的时候,连绵的山脉起着决定的作用,同样,在这样一些现象中地球上整个有机体也有所作为。因此大量情况表明,这些现象没有一个是某种孤立的东西,相反,每一个都是与整体相联系的事件。此外,气压的高低也是一个因素,因为空气在这些大气变化中会获得或丧失巨大的比重。歌德比较了欧洲、非洲和亚洲的不同子午圈在同一纬度上的气压测量读数,从而发现这些变化是围绕着整个 (Ⅶ₁,183) 地球同时发生的(参看下文 §. 293“附释”)。这个结果比其他所有的结果都更值得注意;不过,我们只掌握一些零星的数据,因而要进一步描绘这种同位关系是困难的。物理学家现在还不能同时进行观察,而且在这个领域里就像在颜色领域里一样,这位诗人所作出的成就还没有被他们采纳。

关于泉水的形成,大家也不可用机械的考察方式予以解释;相反,泉水的形成是一个独特的过程,这个过程当然是由岩层决定的。有人用着火的石炭层的不断燃烧过程来解释温泉,但温泉也像其他泉水一样,是一些活跃的喷射物。据说在高山上积存着泉水,这当然是受了降雨和降雪的影响,并且在很干燥的时候,泉水还会枯竭。可是,如果说火山可比作大气中的闪电,那么泉水则必定类似于不闪电而降雨的云彩。地球的晶体正像把自身转变为火的活跃性一样,总是不断地把自身还原为水的这种抽象的中和性。

　　整个大气的状态同样是一个巨大的、活跃的整体;贸易风也属于这个整体。与此相反,按照歌德的看法(《论自然科学》,第 II 卷,第 1 分册,第 75 页),雷雨行进的过程有更多的局部性或地方性。在智利每天都出现完整的气象过程;大约在午后三时,总是下一场雷雨,并且通常就像在赤道上那样,风和气压是恒定的。在热带贸易风经常是从东方刮来的。如果有人从欧洲出发,进入这种风的范围,那么,风就是从东北吹来的;他越是接近赤道,风就越是从东方来的。在赤道上人们一般害怕风平浪静。越过赤道,风向就逐渐向南移,以至偏到东南方向。越过回归线,人们就离开了贸易风,而又回到风向更替的领域,就像回到我们欧洲波涛汹涌的海域一样。在印度,气压计的水准几乎总是不变的;在我们这里它的变化则很不合乎规则。帕里观察到,在北极地区不下雷雨;但几乎在每个夜间他都看到,四面八方有北极光,而且这些光往往同时出现于相反的方位。所有这些现象都是完整的过程的一些孤立的、形式的环节,它们在整体内部表现为偶然性。北极光不过是一种干燥的冷光,它缺少出现雷雨的其他物质属性。

　　歌德是第一个明确地谈到云的人[28]。他区分了三种基本形式:首先是精细的卷曲云或卷云(cirrus),它或者处于自身分解的状态,或者正在形态形成的开端;其次是较圆的形式,见之于夏天的夜间,系 cumulus〔积云〕的形式;最后是较宽的形式(stratus)〔层云〕,它是雨的直接来源。

　　流星、陨石也同样是完整的过程的孤立形式。这是因为,正像云是形成彗星的开端,从而使空气发展为水一样,大气的这种独立性也能发展为其他的材料,直至发展为月亮物体、岩石形成物或金属。各种云的内部最初只有湿气,但后来也充满了个体化的物质;这些结果超越了彼此孤立的各个物体的过程的一切条件。李维曾经谈到 lapidibus pluit〔陨石雨〕[29],但直到三十年前,当石头还没有在法国莱格勒落到人头上的时候,却没有一个人相信他说的话;后来人们就相信了。这种现象现在已被更加频繁地观察到;大家研究这种石头,把它与那种过去说是陨石的古老石块加以比较,发现它们的构成成分是相同的。在这里我们不必探讨陨石的镍成分与铁成分来自何方。有一种人说它们是从月亮上掉下来的某种东西,另一种人则把它们比作旅途上面的尘土或天马脚下的蹄铁。(VII₁,185)

陨石表现于云爆,火球构成过渡;火球突然湮灭和粉碎,随之而来的就是陨石雨。降落的石块具有完全相同的成分,在地球上也有这种混合物。纯铁并不是作为化石存在的;相反,在巴西、西伯利亚和巴芬湾到处都有类似于落到莱格勒的石块的铁矿,它们与一种类似于石块的物质结合在一起,其中也含有镍。所以,即使从这种石块的外部结构来看,我们也必须承认它起源于大气。

　　把自身变暗为金属性的水和火,是不成熟的月亮,是个体性之进入其自身。正像陨石表现地球之变为月亮一样,流星作为分离的形成物表现彗星的成分。但这两种趋势的要点是现实各个环节的分解。气象过程是个体性的这种生成的表现,个体性支配着各种想要分离的自由的质,使它们回到具体的统一点。这些质最初还是被规定为直接的质,被规定为光、僵硬性、流动性和土质;重力先有一种质,然后又有另一种质。在这个判断里有重物质是主语,各种质是谓语。这曾经是我们的主观判断。现在这种形式达到了现实存在,因为地球本身是这种差别的无穷否定性;因此,火才被设定为个体性。个体性在以前是一个空洞的词汇,因为它是直接的,还不能自己产生自己。这种回归,因而这种完整的、自己支持自己的主体,这种过程,现在则是硕果累累的地球,是普通的个体,它完全以自己的各个环节为家,既不再有某种内在的异己东西,也不再有外在的异己东西,而是只有各个完全特定存在的环节;它的各个抽象环节本身是物理元素,这些物理元素本身就是一些过程。

(VII₁,186)

§. 289

物质的概念,即重力,最初把自己的各个环节发挥为独立而基本的种种实在性,因此地球是个体性的抽象根据。地球在自己的发展过程中把自己设定为各个彼此外在的抽象元素的否定性统一,因而设定为实在的个体性。

〔附释〕借助于这种自我性,地球证明自己是实在的,从而不同于重力。因此,如果说在以前我们得到了仅仅有一般规定性的有重物质,那么我们现在则得到了各种不同于有重物质的质;这就是说,有重物质现在与我们以前尚未得到的规定性有关。光的这种自我性,以前曾经与有重物质相对立,现在则是物质本身的自我性。因此,这种无限的观念性现在是物质本身的本性,因而在这种

观念性与重力的深沉的已内存在之间就确立起一种关系。于是，
物理元素已不再仅仅是一个唯一的主体的各个环节；反之，个体性
的原则是渗透到这些元素里的东西，所以在这种物理东西的任何
一点上都是同一的。我们得到的并不是单一的普遍个体性，而是
个体性的多样化，以致个体性也具有完整的形式。地球把自己个
体化为在自身具有完整形式的个体性；这就构成我们现在必须考
察的物理学第二个领域。

第二章　特殊个体性物理学 （VII$_1$,187）

§. 290

以前的元素规定性现在服从于个体的统一，因此这种个体的
统一是内在的形式，它与物质的重力相反，自为地决定着物质。重
力作为对于统一点的寻求，绝没有给物质的相互外在关系造成任
何损害，这就是说，空间或空间的限量是特殊化有重物质或质量的
差别的度量；物理元素的规定在其自身还不是一种具体的自为存
在，因而与有重物质所寻求的自为存在还不是对立的。但现在，物
质通过其业已设定的个体性，在其相互外在关系本身就是一种集
中活动，而与自己的这种相互外在关系相反，与这种关系对个体性
的寻求相反；物质把自己同重力的观念集中活动区分开，是物质空
间性的一种内在规定，这种规定不同于重力按照重力方向所作出
的规定。物理学的这一部分是个体化的力学[30]，因为物质是由内
在的形式规定的，具体地说，是按照空间的东西规定的。这就首先
提供了空间规定性本身与其所属物质这两者之间的一种关系。

〔**附释**〕如果说重力的统一是一种不同于其他物质部分的统一，那么，个体的统一点则作为自我性，浸透了各个有差别的东西，是这些东西的灵魂，以致它们不再存在于自己的中心之外，反之，这个中心就是它们在它们本身所具有的光；因此，这种自我性就是物质本身的自我性。质已经达到向其自身的回复，这就是我们在这里得到的个体性观点。我们有统一体的两种方式，它们首先存在于彼此的相对关系中；我们还没有达到它们的绝对同一，因为这种自我性本身还受着制约。在这里第一次表现出一种与己内存在相对立的相互外在关系，并且它是由己内存在决定的；这样，通过己内存在，就设定了另一个中心，设定了另一种统一，因而出现了摆脱重力的解放活动。

（VII₁,188）

§. 291

这种个体化的形式规定最初是自在的或直接的，因而还没有被设定为总体。因此，形式的各个特殊环节是作为互不相关的和相互外在的东西达到实存的，而且形式的关系是一种有差别的东西的关系。这就是有限规定的物体，它受外在东西的制约，并分裂为许多特殊的物体。所以，差别部分地表现于不同物体的相互比较里，部分地表现于这些物体的虽说更加现实、但又依然机械的关系里。既不需要比较又不需要兴奋的形式的独立显现，首先达到了形态。

〔**说明**〕就像有限性与有条件性的领域在一切地方的情况一样，有条件的个体性的领域在这里也是一个最难以与具体东西的其他联系加以分离，而又必须就其本身加以把握的对象，并且因为这个领域的内容的有限性与概念的思辨统一处于对立和矛盾中，这种困难就越来越大，而概念的思辨统一则同时只能是进行规定的东西。

〔**附释**〕个体性是对我们刚刚生成的，所以它本身仅仅是最初 （VII₁,189）的个体性；因此，这种个体性是有条件的个体性，还不是得到实现的个体性，而仅仅是一般的自我性。这种自我性直接起源于非个体的东西，因而是抽象的个体性，并且作为仅仅与他物不同的东西，还没有在自己内部得到实现。他在还不是个体性所固有的，因而是一种消极的东西；重力这一他物之所以是由个体性决定的，正因为个体性还不是总体。自我性为了成为自由的，就需要把差别作为自己固有的差别设定起来，但差别现在仅仅是一种假定的东西。这种自我性还没有在内部发挥出自己的各个规定，而总体的个体性则已经在自己内部发挥出天体的各个规定；这就是形态，但我们在这里首先得到的却是形态的生成。个体性作为进行规定的东西，最初仅仅是个别规定的设定；只有个体性既设定起个别的规定，又设定起各个规定的总体，才设定起了发展出自己的全部规定性的个体性。因此，这个过程的目标就在于自我性变为整体，而这种得到实现的自我性我们将会看到是声音。然而，声音作为非物质的东西是消逝的，所以也又是抽象的；不过，声音与物质东西相统一，就是形态。我们在这里必须考察物理学的最有限的、最外在的方面；这样一些方面并没有像我们研究概念或研究业已实现的概念，即总体的那种趣味。

§. 292

重力被动地得到的规定性,第一是抽象的、单纯的规定性,因而也是重力中的一种纯粹量的关系,即比重;第二是各个物质部分的关系的特殊方式,即内聚性;第三是各个物质部分的这种关系本身,是现实存在着的观念性,更具体地说,首先是各个物质部分的单纯观念的扬弃,即声音,其次是各个物质部分的现实的扬弃,即热。

(VII₁,190)

A 比重

§. 293

单纯的、抽象的特殊化是物质的比重或密度,是质块的重量与体积之间的一种关系,通过这种关系,物质的东西作为自我性的东西,摆脱了自己与中心物体的抽象关系,摆脱了万有引力,不再是充实空间的均匀内容,而把一种特殊的己内存在同抽象的相互外在的东西对立起来。

〔说明〕物质的不同密度人们是用细孔假设去解释的,物质的密集人们是用空隙虚构去解释的,这种空隙虽然还没有得到物理学的证明,但已被说成是一种现实存在的东西,而丝毫不考虑物理学所预先提出的那种以经验和观察为基础的主张。一条铁杠,平衡地悬吊在自己的支点上,在被磁化以后,就失去自己的平衡,一端比另一端显得重量更大,这种现象就是关于存在着重力分化的例证。在这里,铁杠的一部分受到磁的影响,以致其体积未变,重

量却变得更大;因此,物质的质量未增,其比重已经增大。物理学
在自己的解释密度的方式中所假定的定理是:1)大小相等的物质
部分,数目相等,则重量相等;由此可见,2)物质部分的数目的度
量就是重量,但是,3)物质部分的数目的度量也是空间,因此,重
量相等的物体所占的空间也是相等的;所以,当4)重量相等的物 (VII$_1$,191)
体毕竟表现于不同的体积时,假定其中有细孔,即可解释物体所充
实的空间是相等的。从前三条定理必然会得出第四条定理的细孔
虚构,那三条定理并不是以经验为依据,而仅仅是以知性的同一律
为根据,因此,就像细孔一样是形式的、先验的虚构。康德已经把
强度同数目的量的规定对立起来,认为物体的密度较大,是由于在
同等体积中包含着数目相等而充实空间的程度更强的物质部分,
而不是由于其中包含着更多的物质部分,从而开创了一门所谓的
动力学物理学[31]。强度限量的规定至少应该与广度限量的规定具
有同样多的合理性,而那种通常的密度观念却仅仅局限于这后一
个范畴。但在这里强度的数量规定是有其优胜之处的,那就是它
指出了度量,首先暗示了一种已内存在,而这种已内存在的概念规
定就是在比较中才表现为一般限量的内在形式规定性。不过,限
量无论是区分为广度限量,还是区分为强度限量,都绝不表示任何
实在性(§. 103"说明"),而动力学物理学也没有比作出这类区
分走得更远。

〔**附释**〕在我们已经得到的规定性中,重力和空间还是一种分
离的东西;物体的差别仅仅是质量的差别,质量的差别也仅仅是物
体彼此之间的一种差别;在这种情况下,空间的充实就是度量,因
为物质部分的更大的数量是与空间的更大的充实相对应的。现

在,在己内存在中则出现了一种不同的度量,或者是在相等的空间里有重量不同的物体,或者是重量相等的物体占有不同的空间。这种内在的关系构成了物质东西的自我性,正是比重;比重是自在

(VII₁,192) 自为的存在,它仅仅自己与自己相关,而与质量完全无关。既然密度是重量与体积的关系,所以,无论是重量还是体积,都能被当作统一体。一立方英寸既可以是水的体积,也可以是金的体积,我们认为它们的这个体积是相等的;但它们的重量却全然不同,因为金比水重十九倍。换句话说,一磅水占据的空间比一磅金占据的空间多十九倍。在这里,纯粹量的东西消失了,而出现了质的东西;因为物质在其自身现在具有独特的规定性。因此,比重是物体的一个根本规定性,它完全浸透到物体里。物体的每个部分都在其自身具有这种特殊的规定性,但在重力领域里这种集中的性质却仅仅属于一个点。

比重既属于特殊的物体,也同样属于整个地球,属于一般的个体。过去在元素过程里,地球仅仅是抽象的个体;个体性的最初表现则是比重。地球作为过程,是特殊现实存在的观念性。但地球的这种个体性也表现为单纯的规定性,并且这种单纯规定性的表现就是气象过程显示的比重,即气压。歌德对气象学作过很多研究;尤其是气压引起了他的注意,他欣然提出了自己对于气压的看法。他发表了重要的见解。主要的事情是他提供了一幅气压比较表,上面记载着1822年12月在魏玛、耶纳、伦敦、波士顿、维也纳和特普勒(处于特普利察附近的高地)整月的气压变化;他用图表描写了这种情况。他想由此得出一个结论,认为不仅在一切地区

(VII₁,193) 气压是按相同的比例变化的,而且气压在不同的海拔高度也有同

样的变化过程。因为大家知道,气压计的读数在高山上比在海面要低得多。人们可以从这种差别(为了温度恒定,还必须使用温度计)测量出山高。因此,撇开山的高度,高山上的气压变化过程也是与平地上的气压变化过程类似的。歌德说(《论自然科学》,第 II 卷,第 1 分册,第 74 页):"如果从波士顿到伦敦、从伦敦经卡尔斯鲁厄到维也纳等地,气压计读数的升降总是类似的,那么这就不可能是取决于一种外在原因,而是必须归诸一种内在原因。"在第 63 页上他还说过:"如果有人考虑到气压计读数升降的经验(纵然在数量比例中人们也会察觉巨大的一致性),他就会对水银柱从最高点到最低点的完全合乎比例的升降感到惊讶。如果我们现在承认太阳的作用只是暂时引起热,那么,最后就只剩下地球是引起气压变化的原因;因此,我们现在不是在地球之外,而是在地球之内寻找气压变化的原因;这些原因既不是属于宇宙的,也不是属于大气的,而是属于地球的。地球改变着自己的吸引力,因而对大气圈的吸引会变得更大或更小。大气圈既没有重力,也不施以某种压力,而是在受到更强的吸引时,似乎向下压得更厉害,负担得更沉重。"按照歌德的看法,大气圈不可能有重量。但受到吸引与具有重量却完全是一回事。"吸引力来自地球的整个质量,可 (VII$_1$,194) 能是从地心达到我们所熟悉的地表,然后从海洋达到最高顶点,超出这个顶峰而逐渐减弱,同时又通过合乎目的地受到限制的脉动,而不断显现出来。"重要的事情在于,歌德正确地把比重的变化归因于地球本身。我们已经说明(§. 287"附释"),气压升高,水的形成过程就会终止,气压降低,水的形成过程就会发生。地球的比重就是地球把自身表现为决定性因素的作用,因此也正是地球把自身表现为个体性的作用。在气压上升时,地球就有一种更大的张力,一种更高的己内存在,这种己内存在使物质相应地在更大的程度上摆脱地球的抽象引力;因为我们必须把比重理解为一种个体性摆脱万有引力的状态。

　　另外还有人以为,一磅金包含着的部分恰好与一磅水包含的一样多,只不过彼此压紧十九倍,所以水就多了十九倍细孔、间隙、空气等等。这样的空洞观念是反思的 cheval de bataille〔惯用手段〕。反思没有能力理解一种内在规定性,而是想保持各个部分的数量相等,但同时却觉得充实剩余的空间是必要的。——比重在通常的物理学里也被归结为排斥与吸引的对立:物质受到的吸引更多,物体就更密;排斥居于优势,物体就不密。但这些因素在这里已不再有任何意义。吸引与排斥作为两种独立力量的对立,本身仅仅属于知性反思。如果吸引与排斥简直不能保持平衡,人们就会陷于一些矛盾,正如上文(§. 270"说明"第 92 页以下和"附释"第 99 页以下)已经就天体运动所表明的,这些矛盾表示了这种反思的谬误。

（VII₁,195）

§. 294

　　密度最初仅仅是有重物质的单纯规定性;但因为物质依然是根本相互外在的东西,所以进一步说,物质的形式规定就是多种多样的物质在空间上相互关联的一种特殊的方式,即内聚性。

　　〔附释〕内聚性像比重一样,是一种不同于重力的规定性;不过,它比比重范围更宽,不仅构成另一种一般的集中性,而且涉及许多物质部分。内聚性不仅是一种按照比重比较各个物体的关系,而且各个物体的规定性现在被设定成这样:它们现实地相互克制和相互接触。

B 内聚性

§. 295

在内聚性里,内在形式设定起各个物质部分在空间上相互并存的另一种方式,它不同于重力方向所规定的方式。因此,这种协合物质东西的特殊方式首先是在单纯不同的东西里设定起来的, (VII₁,196)还没有复归于自身封闭的总体(形态);所以,这种方式也仅仅是出现在均匀度不同、内聚力不同的质量面前,因而表现为抗力机械地克制其他质量的行为的一种独特方式。

〔**附释**〕如我们所说的,单纯机械的行为是挤压和碰撞;在这种挤压和碰撞里,物体现在并不仅仅是作为质量,像在机械关系里那样作出反应,而是不依赖于这种量,表现出一种自我保持、自我统一的特殊方式。过去协合各个物质部分的方式是重力,物体在重力作用中有一个重力中心;现在的方式则是一种内在的东西,各个物体彼此按照自己的特殊重量,把这种东西表示出来。

内聚性目前是许多自然哲学在很不确定的意义上使用的一个词汇。就是说,关于内聚性有许多胡言乱语,它们只不过是关于这个不确定的概念的一些即兴意见和模糊想象罢了。总体的内聚性是磁,它最初出现在形态里。但抽象的内聚性还不是磁的推论。磁的推论区分出两个端项,同样设定了它们的统一点,不过这并不妨碍两端是相互有差别的。因此,磁还不属于这里讨论的范围。

虽然磁是一个迥然不同的发展阶段,谢林却仍然把磁和内聚性凑合到一起[32]。磁尽管还是抽象的,但在其自身内却是总体;因为磁虽说是直线式的,但它的两端和统一毕竟已经作为有差别的东西而发展出来了。在内聚性里还不存在这样的情形。内聚性属于作为总体的个体性的生成过程,磁则属于总体的个体性。因此,内聚性还同重力有斗争,还是一个与重力对立的规定性环节,还不是与重力对立的整个规定性。

(VII$_1$,197)

§. 296

在内聚性里,各种相互外在的东西的形式统一本身是多样的。a)这种形式统一的第一个规定性是完全不确定的协合,所以是自身没有内聚性的东西的内聚性,因此也就是对他物的附着性。b)物质的自相内聚性,α)首先是单纯量的内聚性或普通的内聚性,是抵抗重量影响的物质协合的强度;β)其次是质的内聚性,是屈服于外在暴力的挤压和碰撞的独特性,正因为如此,也是以自己的形式对外在暴力的挤压和碰撞表示独立的独特性。按照空间形式的特定方式,有力学内容的几何学产生了一种在协合中坚持一定维度的独特性:αα)点状性,它构成物体的脆性;ββ)直线性,它一般构成物体的刚性,特别构成物体的韧性;γγ)布面性,它构成物体的延性或展性。

〔附释〕附着性作为被动的内聚性,不是已内存在,而是像光映现在他物里一样,是与他物的亲和势,这种亲和势大于与自身的亲和势。由于这种亲和势,尤其是由于水的各个部分的绝对可位移性,水作为中性的东西也有附着作用,就是说,它能把物体弄湿。

此外,在自身肯定有内聚性的坚硬物体,只要它的表面不是粗糙的,而是完全平滑的,以致表面的一切部分都能完全相互接触,那也会有附着作用;因为这些表面不仅在它们自身没有任何差别,而且在与同样平滑的他物的关系中也没有任何差别,因而坚硬物体与他物可以把它们自己设定为同一的。例如,一些平滑的玻璃面就有很强的附着作用,尤其是在我们把水倒在它们上面,把它们的一切凸凹地方完全填起来的时候;要把它们再分离开,则需要使用相当大的力量。因此,格临说(《物理学》,§.149—150):"附着力的强度一般视接触点的数量而定。"附着性有不同的变化形态。例如,玻璃杯里的水附着在玻璃壁上,玻璃壁四周的水位高于玻璃杯中央的水位;又如,在毛细管里水是完全自动地升高的,如此等等。(Ⅶ₁,198)

至于说到作为特定已内存在的自相内聚性,那么,内聚力作为机械的内聚性,也仅仅是均匀质量在自己内部协合,而反对在自身设置某个物体的作用,就是说,内聚力是均匀质量的强度与某个物体的重量的一种比例关系。因此,一个质量在受到一个重体的吸引或压力时,就会以一定量的己内存在发生反作用。重量的大小决定着质量保持还是放弃自己的内聚力。所以,玻璃、木材等等都能承受一定磅数的压力,而不致断裂;在这里,吸引没有必要朝着重力的方向进行。物体在其内聚力方面的递进序列与物体在其比重方面的递进序列不成任何比例;例如,金与铅在比重方面大于铁与铜,但并不那么坚固。* 物体对碰撞作出的抵抗,也不同于它必

---

* 谢林在他的《思辨物理学杂志》(第Ⅱ卷,第2期,§.72)里说:"内聚性的消长与比重的消长成一定的反比例。观念的本原"(形式、光)"在于同重力进行战争;重力既然在中心点里具有最大优势,所以在重力中心附近也就最易于把相当大的比重与刚性

须仅仅朝着一个方向,即朝着受撞的方向作出的抵抗;反之,断裂、碰撞是朝着一个角度的方向发生的,因而是一种平面的力量;碰撞的无穷力量就是由此而来的。

　　真正的、质的内聚性是均匀质量通过内在的、特殊的形式或限定活动所进行的一种协合,这种限定活动在这里明显地表现为空间的抽象维度。这就是说,独特的形态只能是物体在自身所表示的特定空间性的一种方式。因为内聚力是物体在其相互外在的关系里的同一性;因此质的内聚力是相互外在存在的一种特定方式,即一种空间的规定。这种统一在个体性物质本身是与物质在重力里寻求的那种一般统一相对立的协合。现在物质向许多方面维持其自身的独特方向,这种方向与重力的那种单纯垂直的方向是不同的。这种内聚性虽然是个体性,但同时也是有条件的个体性,因为它只有通过另一物体的作用才能表现出来,它还不是作为形态的自由个体性,就是说,还不是作为它所设定的各个形式组成的总体的个体性。总体的形态是现实存在的,受着机械的规定,当然带有那些方面和角度。但在这里,物质的特性却首先仅仅是物质的

统一起来,因而把 A 与 B"(主观性与客观性)"在差别发展的一个很低的阶段上置于自己的统治之下。差别发展的阶段越高,比重被克服得就越多,不过这时也在越来越高的程度上出现了内聚性,以至达到这样一点,在这个点上随着内聚性的不断削弱,更大的比重又获得了胜利,而最后则是两者同归于尽。这样,根据施特芬斯的看法,我们便在金属系列里看到,铂、金等等以至铁的比重在下降,而主动的内聚性则在上升,并且在铁中达到了自己的最大限度,然后就又让位于相当巨大的比重(例如在铅里),最后,比重就在更低级的金属里与主动的内聚性同时减低。"这可真是捕风捉影。比重诚然是内聚性的一种表现。但是,如果因为内聚性与比重的关系中有一定进程,谢林就想把物体的一般差别建立在内聚性的差别之上,那么我们倒可以说,自然界虽然呈现出这样的进程的一些萌芽,但后来也给其他根本的东西提供了自由,把这种特性确立为彼此没有差别的,而完全不限于这样一种简单的、纯粹量的关系。

内在形态,就是说,正是一种还没有在自己的规定性和发展过程中现实存在的形态。这种情形后来又以这样一种方式表现出来,即物质只有通过他物才能显示出自己的特性。所以,内聚力仅仅是抵抗他物的一种方式,之所以如此,恰恰是因为内聚力的规定仅仅是尚未作为总体出现的个体性的一些孤立形式。——脆性物体既不能加以延展,也不能容有直线方向,而是作为点保持着自身,并且不连续;这就是有内在形态的硬性。玻璃很脆,会破碎;同样,可燃物体一般也是脆的。钢之所以不同于铁,也是由于钢是脆的,有粒状裂痕;铸铁也是这样。快速冷却的玻璃是十分脆的,慢速冷却的玻璃则不然;粉碎快速冷却的玻璃,它会变成粉末。反之,金属大多在自身是连续的东西;不过,一种金属与另一种金属相比,脆性也有大有小。——韧性物体呈纤维状,不易断裂,而总是联结在一起。铁能够被拉成丝,但不是每种铁都能如此;锻铁比生铁有更大的可锻性,并且能不断地采取直线存在的形式。这就是物体的可延性。——最后,可延物体能被锤成板片;有一些金属,能被延展为平面,另一些金属则会破裂。铁、铜、金和银能被加工为板片;它们是软东西,有屈服性,既不脆也不韧。有一种铁,仅仅保持在平面中,另一种铁仅仅保持在直线中,还有一种铁,像铸铁,仅仅以点的形式保持自己。既然平面会变为曲面,或者说,在曲面上点会 （VII$_1$,201）变为整体,那么,可展性一般也就是整体的可延性;这是一种没有形成形态的内在东西,它一般是把自己的协合作为质量的联系加以坚持的。必须说明,这些环节仅仅是一些单个的维度,其中每个维度都是现实物体的环节,即有形态的东西的环节;但形态却不从属于这些环节中的任何一个环节。

§. 297

c）一个物体在坚持自己的独特性的同时，又屈服于另一个物体的暴力，这另一个物体就是另一个个体性物体。但是，有内聚性的物体也是在其自身相互外在的物质，这种物质的各个部分在整体受到暴力的强制时，也彼此施加暴力并相互屈服，但作为同样独立的东西，又扬弃自己遭到的否定，而恢复自己。因此，物体的这种对外屈服的活动和其中所包含的对外自我保持的独特活动，是直接与这种内在的屈服活动和物体自身的自我保持的活动结合在一起的，这就是弹性。

〔附释〕弹性是表现于运动的内聚性，是内聚性的整体。我们已经在第一篇讨论一般物质时得到弹性，在那个阶段，很多物体由于相互进行抵抗、挤压和接触，而否定了自己的空间性，但也同样恢复了自己的空间性；这就是那种抽象的弹性、对外的弹性。现在，弹性则是个体化自身的物体的内在弹性。

§. 298

在这里观念性达到了现实存在，各个物质部分作为物质仅仅寻求现实存在，现实存在是自为地存在着的统一点，在这个点里各个物质部分在实际受到吸引时，只会被否定。就各个物质部分仅仅是有重的而言，这个统一点首先是在它们之外存在的，因而最初仅仅是潜在的；现在，在它们所遭到的上述否定中，这种观念性被设定起来了。但这种观念性还是有条件的，只是关系的一个方面，关系的另一个方面则是相互外在的各个部分的持续存在，以致这

（VII₁,202）

些物质部分的否定过渡到了它们的恢复。因此,弹性仅仅是恢复自身的比重的变化。

〔**说明**〕我们在这里和以前谈到各个物质部分时,既不是把它们理解为原子,也不是把它们理解为分子,就是说,不是把它们理解为分离的、独立的、持续存在的东西,而是仅仅把它们理解为量上有差别的或偶然有差别的东西,因而它们的连续性根本不能同它们的差异性分离开;弹性就是这些环节本身的辩证法的现实存在。物质东西的地点是它的无差别的、特定的持续存在;因此,这种持续存在的观念性是被设定为实在统一性的连续性,就是说,两个以前彼此外在存在的、因而表现为处于不同地点的物质部分现在则是处于同一个地点。这就是矛盾,而且这个矛盾在这里是以物质形式存在的。芝诺的运动辩证法所根据的正是这个矛盾,只不过他在运动中所涉及的是抽象的地点,这里涉及的则是物质的地点、物质的部分。在运动里,空间设定其自身为时间的,时间设定其自身为空间的(§. 260);芝诺的悖论否定了运动,如果把地点弄成孤立的空间点,把瞬刻弄成孤立的时间点,这个悖论就不可能解决;这个悖论的解决,即运动,只能理解为这样:空间和时间在自身都是连续的,自己运动着的物体同时在一个地点又不在同一个地点,即同时在另一个地点,同样,同一个时间点同时存在又 （Ⅶ₁,203）不存在,即同时是另一个时间点。于是,在弹性里物质部分、原子和分子都被设定为肯定占有其空间的,被设定为持续存在的,同时又被同样设定为不持续存在的,被设定为限量,这种限量同时既是广延量又只是内涵量。

对于在弹性中设定各个物质部分为统一体,我们经常提到的细孔虚构也同样被拿来帮助作出所谓的解释。这种解释虽然也另外 in abstracto〔抽象地〕承认物质是可逝的,不是绝对的,但把物质实际上理解为否定的,要设定对物质的否定,也就在应用中违背了自己的诺言。细孔虽然是否定的东西(因为没有其他办法,只好继续用这个范畴),但这种否定的东西只是在物质之旁,就是说,这种否定的东西并不是存在于物质本身,而是存在于物质不存在的地方,以致物质实际上只被假定为肯定的、绝对独立的和永恒的。这种错误来自知性的一般错误,知性错误地认为形而上的东西仅仅是一种在现实之旁,即在现实之外的思想事物;于是,在对物质的非绝对性的信仰之旁,也有一种对物质的绝对性的信仰;前一种信仰在发生的时候,是发生于科学之外,后一种信仰则主要是盛行于科学之中。

〔**附释**〕既然一个物体是在另一个物体里设定自身的,并且两个物体现在都有一定的密度,那么,在一个物体里另一个物体设定自身,这个物体的比重就有了改变;这是第一个环节。第二个环节是作出抵抗的活动、进行否定的活动和自身抽象的行为;第三个环节是这个物体发生反作用,从自身排斥作用于自己的另一个物体。这就是作为软性、硬性和弹性而为大家所熟知的第三个环节。物体现在作出屈服,不再是单纯采取机械的方式,而是在内部通过改变自己的密度;这种软性就是压缩性。因此,物质并不是永远不变的、不可贯穿的东西。当物体的重量不变而空间变小时,密度就会增大;不过密度也能被变小,例如通过加热。钢的硬性作为收缩性,是弹性的对立面,这种硬性也是密度的增大。弹性是物体为了直接恢复自己而复归于自身的活动。内聚性物体会受到另一个物

(VII$_1$,204)

体的打击、碰撞和挤压，这样，它的占有空间的物质性就遭到了否定，因而它的占有地点的性质也遭到了否定。所以，相互外在的物质东西的否定是现实存在的，而这种否定的否定、物质性的恢复也同样是现实存在的。这种恢复已不再是那种一般的弹性，以致物质仅仅是作为质量恢复自身；倒不如说，这种弹性是一种向内的反作用——正是物质的内在形式在物质里按照其质的本性竭力表现其自身。内聚性物质的每个微粒都有像中心点那样的行为；正是整体的一个形式浸透了物质，不是与彼此外在的东西相结合，而是流动的。如果现在给物质施加压力，就是说，如果物体得到了触动其内在规定性的外在否定，那么，就会在物体内部由其特殊形式设定一种反作用，从而设定对于传递给物体的压力的扬弃。每个微粒都通过形式而得到一个独特地点，都保持着这种独特关系。在一般弹性里，物体仅仅竭力表现其自身为质量；在这里，运动则不是作为对外的反作用，而是作为对内的反作用，在其自身不断延续，直到形式恢复其自身为止。这就是物体的振荡和振动。这时，尽管一般弹性的抽象恢复已经发生，但物体的振荡和振动仍然在　　（VII₁,205）内部继续进行下去；运动虽然开始于外部，但碰撞却触及了内在形式。物体的这种内在流动性就是总体的内聚性。

§. 299

在弹性中设定起来的观念性是一种变化，这种变化是双重的否定活动。每个物质部分相互外在的持续存在的否定，就像它们的相互外在的存在和内聚性的恢复一样，也会遭到否定。这种统一的观念性作为彼此扬弃的两个规定性的交替，作为物体在其自身的内在震颤,就是声音[33]。

〔**附释**〕这种内在振动的特定存在显得不同于我们已经得到的规定;这种振动的为他存在是声音,这就是第三个规定。

C　声音

§. 300

物体在其密度和内聚性本原里拥有的这种规定性的特殊单纯性,这种最初的内在形式,在通过沉潜于相互外在的物质东西的阶段以后,就在这种物质东西的相互外在关系的自为持续存在的否定里变为自由的。这就是物质的空间性到物质的时间性的过渡。这种形式在震颤中是作为物质东西的观念性存在于物质东西中,因此,这种单纯的形式是自为地存在着的,表现为机械的、具有灵魂性质的东西。而这种震颤既是各个物质部分的瞬时否定,也同样是这一否定的否定;两个否定彼此联结起来,一个否定为另一个否定所唤起,因此这种震颤就是比重、内聚性的持续存在与否定之间的振荡。

（Ⅶ₁,206）

〔**说明**〕真正的声音纯或不纯,真正的声音与单纯的响声（由敲打固体所生）、噪音等等的区别,取决于彻底振动的物体在内部是否同质均匀,不过也取决于这种物体的特殊内聚性和其他空间维度的规定性,取决于这种物体是物质的线和物质的面,因而是受到限定的线和面,还是一种固体。无内聚性的水是没有声音的,它的运动作为它的完全可以位移的各个部分的单纯外在摩擦,只能产生一种噪音。玻璃的内在脆性有连续性,玻璃能产生声音;金属有非脆性的连续性,还能产生共鸣的声音,如此等等,不胜枚举。

　　声音的可传递性可以说是声音的无声传播,它缺少翻来覆去的重复震颤,是通过所有在脆性等等方面颇为不同的特定物体进行的。(固体比空气有更好的传声性能;土地能把声音传播好几英里远;根据计算,金属传播声音比空气传播声音快十倍。)声音的可传递性显示出自由地贯穿这些特定物体的观念性,这种观念性只需要这些物体的抽象物质性,而不需要它们的密度、内聚性和其他造型的特殊规定性,并且使它们的各个部分受到否定或震颤;这种观念化过程本身无非是声音的传递。

　　一般的声音以及自身有节奏的声音或律音的质的方面,取决于发音物体的密度、内聚性和其他特定内聚方式,因为构成震颤的(VII₁, 207)观念性或主观性是这些特殊的质的否定,以这些特殊的质为自己的内容和规定性;这样一来,这种振动和声音本身也就相应地得到了具体规定,乐器也就有了自己的独特声音和 timbre〔音色〕。

　　〔**附释**〕声音属于力学范围,因为声音与有重物质有关。因此,这种摆脱重物同时又从属于重物的形式依然是有条件的:它既是观念东西的自由物理表现,但又与机械东西相结合;它既摆脱了有重物质,同时又属于这种物质。物体还不能像有机体那样,自动地发出声音,而是只有在受到敲打的时候,才发出声音。当内在内聚性对外在碰撞就像对单纯质量关系那样表明其保持活动的时候,外在碰撞这种运动就会继续下去,而内在内聚性是必须从单纯质量关系方面加以处置的。物体的这些现象是司空见惯的,同时又是多种多样的,这就使得我们用概念来说明它们的必然联系成为困难的事情。它们对我们是平凡的,因此我们就不重视它们;然而,它们又必定会表现为一些在概念里占有其地位的必然环节。在物体发出乐音时,我们就觉得自己进入了一个更高的境界。乐音触动了我们最内在的感觉,它之所以能感动我们的内在灵魂,是因为它本身就是内在的、主观的东西。声音本身是个体性的自我,但并不像光那样,是抽象的观念东西,相反地,声音仿佛是机械的光,仅仅显现为内聚性中运动的时间。个体性包括质料与形式;声音就是在时间里宣示自己的这种总体性的形式,就是完整的个体性。这种个体性无非在于灵魂现在与物质东西合为一体,作为静止的持续存在而居于主导地位。这里表现出来的东西并不以物质为基础,因为这种东西在物质的东西里没有自己的主观性。只有知性为了作出解释,才假定了一种客观的存在,就像谈论热质那样,谈论什么音质。在音响中呈现出一种已内存在,因而原始人会对此表示惊讶;不过,他并不假定其中有物质性的东西,而是假定其中有灵魂性的东西。在这里发生了一种类似于我们在运动中见过的现象,单纯的速度或距离(在杠杆作用的情况下)表现为一种方式,它可以代替量的物质东西。已内存在以物理方式达到了实存,这样的现象并不会使我们感到惊讶,因为自然哲学的基础正在于把各个思维规定表现为致动的本原。

(VII_1,208)

关于声音的具体性质在这里只能作扼要的陈述,因为这种思维规定必须用经验方法加以透彻研究。我们有许多词汇,诸如声响、乐音、噪音以及嘎嘎响、丝丝响、沙沙响等等。这种规定感性事物的语汇是完全多余的;凡在出现律音的时候,无需费什么心思,即可用直接对应的方法,制造出表示律音的符号。单纯的流体是不能发出声音的;外来作用当然可以传递给整体,但这种传递却是起源于完全没有形式、完全缺乏内在规定的情况;反之,声音则以规定性的同一为前提,是内在的形式。因为发出纯粹的声音需要物质内部有密集的连续性与均匀性,所以金属(尤其是贵金属)与玻璃在自身就能发出这种清晰的声音,而这种性质是熔炼出来的。与此相反,举例说,当一口钟有了裂缝时,我们听到的不仅有它的 (VII₁,209) 振动,而且也有它的其他物质性质,例如它的抗力、脆性和不均匀性,这样我们便得到一种不纯的声音,即噪音。石片虽有脆性,却也能发出声音;反之,空气和水尽管能传递声音,它们本身却不能发出声音[34]。

　　声音的起源是难以理解的。与重力分离开的特殊己内存在是作为声音表现出来的;声音是观念东西在他物的这种暴力下发出的控诉,但同样也是对这种暴力的胜利,因为这种特殊的己内存在在这种暴力下保持了自己。声音有两种产生方式:α)摩擦,β)己内存在的真正振动、弹性作用。关于摩擦还有这样的情况,就是在摩擦持续进行的时候,多种多样的东西合为一体,因为各个相互外在的部分暂时有了接触。每个部分的位置都得到了扬弃,因而每个部分的物质性也都得到了扬弃;但这种位置也同样恢复了自己。这种弹性正是由声音表露的弹性。不过,如果物体受到摩擦,那就会听到这种敲打的声音本身;与这种声音相当的反而是我们所谓的音响。如果物体的震颤是由外在物体引起的,我们就会听到两个物体的震颤;两个物体相互干扰,不容有任何纯粹的声音。于是两个物体的颤音就不是独立的,而是相互强制的;我们把这叫做噪音。因此,在弹奏坏的乐器时,大家听到的是唧哩嚓啦的声音或机械打击的声音,例如琴弓在琴弦上的怪乱擦声;同样,从坏的噪音中大家听到的是肌肉的振动。另一种声音则有更高级的性质,是物体在自身的震颤,是物体的内在否定和自我恢复。这种真正的声音就是反响,就是物体的不受阻碍的内在振动,它是由物体的内聚性的本性自由地决定的。因此,还有第三种产生声音的方式,在这种方式下外在的刺激与物体的音响是一致的,这就是人类的歌唱。在歌声中才有形式的这种主观性或独立性,所以这种纯粹震颤的运动有某种合乎精神的东西。小提琴也不会自己连续发出声音;只有摩擦它的弦,它才发出声音。

(VII₁,210)

关于一般的声音,如果我们再探讨它为什么与听觉器官有关,我们则必须回答说,因为这种感官是力学领域的一种感官,具体地说,正是涉及从物质东西逃遁或过渡到非物质东西的感官,而这种非物质的东西就是类似灵魂的东西、观念的东西。反之,凡是属于比重和内聚性的东西则只涉及触觉器官;力学领域包含着物质本身的各个规定性,就此而言,触觉器官是力学领域的另一种感官。

物质产生的特殊音调取决于物质的内聚作用的本性;这些特殊的差别也与音调的高低有关联。但严格地说,音调的真正规定性只能通过物体声音的自相比较而显示出来。至于说到第一点,我们应该指出,举例说,各种金属都有其确定的、特殊的声音,如银的声音和铜的声音。厚度相等、长度相等而由不同材料构成的细棒,会发出不同的音调。像克拉尼[35]已经观察到的,在一个高倍频程上鲸须发 A 调,锡发 B 调,银发 D 调,在一个更高的倍频程上科伦笛发 E 调,铜发 G 调,玻璃发 C 调,枞木发高半音的 C 调,等等。我还应该指出,里特尔对于脑壳的各个不同部分的声音颇有研究。脑壳会发出很沉闷的声音。他在敲打各块不同的脑骨时,发现了

不同的声音,他把它们编入了一定的音阶。还有一些完整的脑壳 (Ⅶ₁,211)
会发出沉闷的声音,但这些沉闷的声音他却未曾编入音阶。然而
问题也许在于,这些叫做空脑壳的不同脑壳是否真正会发出很沉
闷的声音。

根据毕奥所做的实验[36],不仅空气能传递声音,而且一切其他
物体都能传递声音。例如,敲打一条导水的陶土管道或金属管道,
就能在若干英里以外,从管道口的另一端听到声音;而且还能分辨
出两种声音,因为管道材料传来的声音远比气柱传来的声音听到
得更早。声音既不受山水的阻拦,也不受森林的阻拦。土地传递
声音的性能是引人注目的,例如,我们把耳朵贴近地面,就能听到
十英里到二十英里远的炮声;土地传播声音比空气传播声音快十
倍。这种传递一般说来也是值得注意的,因为当物理学家谈到某
种声质,说它能迅速穿过物体的细孔时,这种假说就在声音传递问
题上表明自身是完全不能成立的。

§. 301

在震颤里,我们必须区分出作为外在位置改变的振动,即对其
他物体的空间关系的改变,这构成通常的、真正的运动。这种振动
虽说是不同的,但同时与以前规定的内在运动是同一的,而这种内
在运动是变得自由的主观性,是声音本身的表现。

这种观念性的现实存在,由于其抽象的普遍性,仅仅具有量的
差别。因此,在声音和律音的领域里,它们的进一步的相互差别、
它们的和谐与不和谐就是以数量关系为基础,以这类关系的比较 (Ⅶ₁,212)
简单的或比较复杂、比较间接的符合为基础。

〔**说明**〕弦、气柱、细棒等等的振动就是从直线到弧、从弧到直线的交替过渡。这种过渡是相对于其他物体的外在位置改变。与这种仅仅如此表现出来的外在位置改变直接相结合的则是比重和内聚性的内在变化、交替变化。物质线针对振动弧中心的方面变短了,而物质线的外在方面则变长了;因此,后一方面的比重和内聚性减少了,前一方面的比重和内聚性则增大了,这种情形甚至是同时发生的。

关于量的规定在这个观念领域中的威力,我们应该指出,这样一种规定是通过机械的中断设定到振动的线或面里去的,它把它自身传递给声音的传递过程,传递给整个的线或面超越机械中断点的振动,并在其中形成振动波节,这种现象从克拉尼的图表中就可以看得出来。同样属于这类现象的还有发音的弦在邻近的弦里引起和谐律音,这些弦与发音的弦有一定的数量比例;在这方面最重要的是塔尔蒂尼[37]第一个注意到的这样一种现象:有些律音是从另外一些同时响起的、在振动方面彼此有一定数量比例的律音产生的,它们与这些律音不相同,也只有通过这种比例产生出来。

〔**附释**〕振动是物质在其内部的震颤。物质作为能发出声音的东西,在这种否定中保持着自身,而不遭到毁灭。发出声音的物体必须是一种物质的、物理的面或线,必须在此受到限定,以致各种振动能经过整个的线,受到阻滞,出现回复。击打一块石头,只能发出音响,而绝不能发生有声的震颤,因为这种震动虽然会传播,却不会折回。

(VII₁,213)

返复的、合乎规则的振动所引起的声音变化就是律音;这是表现于音乐里的声音所具有的相当重要的差异。当两条弦在同一时间作次数相等的振动时,就出现了谐音。另一方面,律音的差异在弦乐器或管乐器里取决于发音的弦或气柱的不同厚度、长度和张力。因此,如果在厚度、长度和张力这三种规定中有两种是相等的,那么,律音就是取决于第三种规定的差异;在这里我们最容易从弦上察觉不同的张力,因此人们最喜欢把张力作为计算各种不同的振动的基础。我们把弦拉过弦马,系以重物,即可影响不同的张力。如果仅仅是长度不同,那么,一条弦越短,它在同一时间振动的次数就越多;在管乐器中,震动气柱进入的管道越短,音调就越高;而为了缩短气柱,我们只需要关上活瓣。把单弦琴的弦分为几部分,大家就会看到,在同一时间各个部分的振动次数与其特定长度成反比;三分之一的弦比整弦的振动快三倍。高音的振动很快,因而再也无法计算其微小的振动;不过,把弦分为几个部分,还是可以用类推的方法,十分精确地确定这种微小振动的次数的。

各种律音是我们的一种感觉方式,所以对于我们或者是适意的,或者是不适意的;悦耳的声音这种客观的方式是进入这个机械领域的一种规定性。最令人感兴趣的是耳朵觉得和谐的声音与数量比例的一致性。正是毕达哥拉斯第一个发现了这种一致性,这就促使他利用数的形式去表示思想的关系[38]。和谐的声音以轻盈的谐和乐音为基础,就像建筑里的对称一样,是在差异中感觉到的统一[39]。令人陶醉的和谐与旋律,这种引起我的感觉与激情的东西,难道是以抽象的数为转移吗?这似乎是引人注目的,甚至于是令人惊异的;然而,在这里却仅仅有这种规定,并且我们可以把这种规定看作是对于数量比例的赞颂。构成和谐律音的观念基础的那些比较简单的数量比例是很容易理解的,这主要是以数 2 为基

（Ⅶ₁,214）

础的数量比例。二分之一的弦振动出全长弦的律音,即基音的高

八度。如果两条弦的长度成2∶3的比例,换句话说,如果短弦为长

弦长度的三分之二,因而在长弦振动两次的时间里,短弦振动三

次,那么,短弦就会发出长弦的五度。如果一条弦的3/4作振动,

这就会产生四度,它作四次振动,基音则同时振动三次;这条弦的

4/5以五次振动与四次振动的比例,产生出大三度;这条弦的5/6

以六次振动与五次振动的比例产生出小三度,如此等等。让整个

弦的1/3振动,会得到二倍频程的五度。让整个弦的1/4振动,会

（VII₁,215）得到二倍频程的八度。弦的五分之一产生三倍频程的三度,或者

说,产生大三度的四倍频程;在二倍频程上弦的2/5产生三度;弦

的3/5产生六度。弦的六分之一在三倍频程上产生高五度,如此

等等。因此,基音作一次振动,其八度则同时作两次振动;三度作

$1\frac{1}{4}$次振动,五度则同时作$1\frac{1}{2}$次振动,并且是属音。四度已经有

一种比较难以掌握的比例;弦作$1\frac{1}{3}$次振动,这比作$1\frac{1}{2}$次和$1\frac{1}{4}$次

振动更加复杂;因此,四度也是一种比较活泼的律音。由此可见,

在一个倍频程里振动次数的比例是这样的:当 C 作一次振动时,D

作 9/8 次,E 作 5/4 次,F 作 4/3 次,G 作 3/2 次,A 作 5/3 次,B 作

15/8 次,C₂ 作 2 次,或者说,这种比例是 24/24、27/24、30/24、32/24、

36/24、40/24、45/24、48/24。如果我们设想一条弦可以分为五部

分,并且让真正分割开的唯一的五分之一作振动,那么,在其余的

弦里就会形成一些波节,因为这条弦还自动地把自身分为其他各

个部分。把一些小纸片放到各个分割点上,它们就会始终呆在那

里;把它们移动到别的地方,它们就会从弦上落下来。因此,在这

些分割点上弦是静止的;这些分割点正是振动的波节,它们能吸收

振动引起的其他影响。气柱也会造成这样的波节,例如,长笛在气柱振动为洞孔所打断时,就会造成波节。在那些用简单的数 2,3,4,5 所作出的分割中,耳朵会得到适意的感觉;这些简单的数能明确表达类似于概念规定的特定关系,而不像其他的数,作为多重的内在复合数,变得那么模糊。二是一从自身创造的产物,三是一与二的统一;毕达哥拉斯之所以把这些简单的数用作表示概念规定的符号,原因即在于此。用 2 分割弦,那就不会有任何差异与和谐,因为这种分法太单调。用2:3来分割,弦则会发出和谐的五度; (VII₁,216)同样,用4:5来分割,弦发出三度,用3:4来分割,弦发出四度。

和谐的三和弦是由基音、三度与五度组成的;这就给出一个特定的律音系统,但依然不是音阶。古代人侧重于特定的律音系统,但现在出现了另一种需要。举例说,若以一个经验的律音 C 为基础,则 G 是五度。而以 C 为基础既然是偶然的,那么,每个律音都可以被描绘为一个系统的基础。因此,在任何一个系统里都会出现其他系统里也出现的各个律音,而一个系统的三度也可以是另一个系统的四度或五度。这便引起一种关系,那就是:同一个律音在不同的系统里发挥着不同的作用,因而可以出现在所有的系统里;我们可以把它单独挑选出来,给它标上像 G 之类的中性名称,并赋予它一种普遍的地位。这种对律音作抽象考察的需要也表现为另一种形式的需要,那就是耳朵想不断听到一系列通过相等音程而抑扬顿挫的律音;这一系列律音与和谐的三和弦结合在一起,才产生出音阶。我不知道,把 C、D、E、F 等等的序列里的各个律音视为基础,这在历史上是如何变成我们的看法和习惯的;风琴也许对此作出过贡献。在这里,三度与五度的关系是没有任何意义的,而是唯有算术的均匀性规定占支配地位,而且这本身没有任何界限。这种升音的和谐界限是由 1∶2 的比例给定的,或者说,是由基音与其八度给定的;因此,在这二者之间现在大家也必定会

选取出一些绝对明确的律音来。人们想通过弦的各个部分产生出这样的律音,这些部分必须大于弦的二分之一,因为它们如果比弦的一半还小,各个律音就会高于八度。现在为了产生那种均匀性,必须把一些律音插入和谐的三和弦中,而这些律音彼此之间的关系大致上就像四度与五度的关系;这样就产生了一些全音,它们正像从四度进展到五度一样,形成了一个完整的音程。在弦的 8/9 作振动时,二度就填补了基音与三度的间隙;从基音到二度(从 C 到 D)的音程正好等于从四度到五度(从 F 到 G)的音程,等于从六度到七度(从 A 到 B)的音程。于是二度(D)也与三度(E)有一种比例;这也大致是一个全音,不过仅仅是接近于从 C 到 D 的比例;两个比例并不完全准确地符合。五度与六度的比例(G∶A)就像 D 与 E 的比例。长度(由弦的 8/15 振动而成)与高八度的比例(B∶C)则像三度与四度的比例(E∶F)。在从 E 到 F、从 B 到 C 的这种进展过程里,还有一种比其余音程更大的不相等,为了弥补这种不相等,有人后来还在其余音程中插入所谓的半音,即钢琴上的黑键音;这正是从 E 到 F、从 B 到 C 被打断的进程。这样,我们就得到了一种均匀的序列,不过它并不总是完全均匀的。其余的音程叫作全音,就像我们指出的,也并不完全相等,而是在自身分为大全音(tons majeurs)与小全音(tons mineurs)。属于大全音的是从 C 到 D、从 F 到 G 以及从 A 到 B 的音程,它们彼此相等;属于小全音的是从 D 到 E、从 G 到 A 的音程,它们虽然也彼此相等,

但不同于大全音,因为它们并非完全是全音。音程的这种细微差 (VII₁,218)
别就是我们在音乐里称为音差的东西。但是,五度、四度、三度等
等的那些基本规定却必定始终是基础,而律音进展过程的形式均
匀性则必定居于次要地位。那种按照毫无比例的算术级数纯粹机
械地听 1,2,3,4 这几个音,只能从 1 过渡到 2 的耳朵,也许必须让
位于能够把握绝对分割律音的比例的耳朵。但这里的差异无论如
何是微不足道的,人的耳朵会遵从内在的、主导的和谐比例。

这样,和谐的基础和律音进程的均匀性就形成了这里出现的
第一个对立。并且因为两条原则不是准确地相互符合的,所以就
有人担心,在律音系统进一步展开时,这种差异会更加明确地表现
出来;也就是说,如果通过一个特定基音组成其音阶里的一些律
音,其中一个律音须被弄成另一音阶的基音(无论哪个律音作基
音,本身都是无所谓的,因为每个律音都有做基音的同样权利),
如果同一些律音须被用于另一音阶,更确切地说,须被用于许多的
倍频程,这种差异就会更加明确地表现出来。因此,以 G 为基音,
D 就是五度;但在 B 调里 D 是三度,在 A 调里 D 是四度,如此等
等。因为同一个律音可以依次作三度、四度和五度,所以,只具有
固定的律音的乐器就不能完全表现这种情况。在这里,随着律音
系统的不断展开,那种差异就表现得越来越明显。在一个音调里
合式的律音在另一音调里变为不谐和的;假如音程都是相等的,那
就不会有这样的事情。音调由此获得了内在差异,即以音阶上各
个律音的比例的本性为依据的差异。大家知道,举例说,把 C 调
的五度(G)作为基音,再把 G 调的五度(D)作为产生另一五度的
基音,如此类推,那么,在钢琴上第十一个和第十二个五度就是不 (VII₁,219)

纯的,而且不再适合于可以用 C 来调准这些律音的系统;因此,相对于 C 来说,这些律音就是不合式的五度。其他的全音、半音等等的变化也与此有关联,在这类音里早已出现了不纯、差异和不谐和。人们尽其所能,纠正这些混乱,例如,用一种均匀合理的方式来分配这些不相等。于是有人就构造出了一些完全和谐的竖琴,其中每个系统,如 C、D 等等,都有自己特有的半音。除了这种补救方法以外,有人还 α)在一开始就使每个五度有所缩短,以便均匀地分配差额。但是,因为敏感的耳朵又听到此中有毛病,所以,人们 β)不得不把乐器的范围限定为六倍频程(即使在这些限定内,具有固定的、中性的音的乐器也足以出现偏差)。于是,一般说来,人们或者是很少演奏那些出现诸如此类的不谐和的音调,或者是避免用那些具有显然不纯的声音的个别组合。

只有这种客观地表现出和谐的方法,即和谐的实际作用,我们还须要加以叙述。在这里出现了一些现象,它们乍看起来是背理的,因为在律音的单纯可听性中根本不能找到它们的根据,而且它们唯独依据数量比例才能加以理解。第一,如果我们使一条弦振动起来,那么,它在振动中便把它自身分为这类比例;这是一种内在的、独特的天然关系,是一种形式在自身里的活动。我们不仅听到基音(1),也听到二倍频程的五度(3)和三倍频程的三度(5);有 (VII₁,220) 素养的耳朵还能听出基音的八度(2)和基音的四倍频程(4)。因此,用整数 1,2,3,4,5 表示的律音是听得到的。当然,因为这种弦有两个固定点,所以在弦的中央就形成一个振动波节,它又与两个端点有关,而这就引起既有差异又有谐和的声音现象。

第二,可能出现一些律音,它们不是直接被弹出来的,而是通过弹别的弦引起的。被弹动的弦发出自身固有的律音,大家都说这是可以理解的。比较难以理解的是,为什么我们弹出许多律音,却往往只能听到一个律音,或者,为什么我们在弹出两个律音时,能听到第三个律音。这也是依存于数量规定性的相互关系的本性。α)一种现象是我们选取若干彼此有一定比例的律音,同时弹动它们的一切弦,结果只听到基音。例如,我们摸着风琴的音栓,弹动其中的一个键,即可引起五个管音。虽说每个乐管都有一个特殊的律音,但这五个律音组合的结果却仅仅是一个律音。发生这种现象的原因,就在于这五个乐管或律音是 1)基音 C,2)C 的八度,3)二倍频程的五度(G),4)第三个 C,5)三倍频程的三度(E)。于是我们便只听到基音 C,这是以振动的重合为基础的。那些不同的律音当然必须在某种音调上加以选择,选得既不太低又不太高,但这种重合的根据却在于:低 C 作一次振动,八度则作两次振动。这个八度的 G 作三次振动,基音则同时作一次振动;因为下一个五度作 $1\frac{1}{2}$ 次振动,这个 G 就作三次振动。第三个 C (VII₁,221)是作四次振动。第三个 C 的三度作五次振动,基音则同时作一次振动。因为与基音相比,三度作 5/4 次振动,三倍频程的三度则多振动四倍,因而就是作五次振动。所以,振动在这里就具有一种性状,即其他律音的振动与基音的振动是重合的。发出这些律音的弦具有 1,2,3,4,5 所组成的比例;它们的一切振动都是同时结束的,因为最高律音作完五次振动时,其他较低的律音恰好完成四次、三次、两次或一次振动。由于这种重合,我们就只听到一个 C。

β)另一种情况也是这样。按照塔尔武尼的观察,有人拨动吉他的两条不同的弦,出现了一种神奇的事情,那就是除了这两条弦的律音以外,还听到了第三个律音,但它又不纯粹是前两个音的混合,不是纯粹抽象的中性东西。例如,我们在某种高度上联奏 C 和 G,就会听到低八度和音 C。这种现象的根据在于基音作一次振动,五度则作 1½ 次振动,或者说,五度作三次振动,基音则同时作两次振动。如果基音作一次振动,那么,在这第一次振动还在延续的时候,就已经开始了五度的第二次振动。但是,在 G 的第二次振动延续的时期 C 所开始作的第二次振动,却是与 G 的第三次振动同时告终的;所以,C 和 G 的振动的新开端也将是重合的。因此毕奥说(《物理学研究》,第 II 卷,第 47 页),"有一些周期,其中的各个振动是同时进入耳鼓的;也有另一些周期,其中的各个振动是分开进入耳鼓的"。这就像走路,在同一个时间,一个人走三步,另一个人则走两步;在头一个人走完三步,后一个人走完两步时,这两个人又同时迈开了脚步。这样就出现了 C 每作完两次振动以后的周期性重合。这种重合比 C 的振动慢两倍,或者说,是 C 的振速的半倍。但是,如果一个音的振速是另一个音的振速的半倍,那就会出现低八度,它振动一次,高八度则振动两次。风琴在发出完全纯粹的律音时,就提供了这方面的最好的经验。例如,我们在单弦琴上就可以听到低八度,虽然低八度超出了这种乐器本身的音域。修道院长弗格勒尔[40]以这条原理为基础,建立了一种独特的风琴构造体系;这种构造中有许多乐管,每个乐管都有自己的一个音,合到一起则发出另一个纯音,它本身既不需要单独的乐管,也不需要单独的键钮。

　　关于和谐,大家如果只想满足于听觉,而不想深究数量比例,就完全不会想到,那些同时听到的律音虽然本身相互有别,却是作

(VII₁,222)

为一个音听到的。因此,关于和谐我们切不可老停留在单纯的听觉活动上,而是必须认识和理解律音的客观规定性。然而进一步的说明则应该涉及物理学理论,也涉及音乐理论。不过,就律音是力学领域的这种观念性而言,我们所说的也是属于这些理论的东西。因此,律音的规定性必须被理解为一种力学的规定性,而且这种恰好在力学领域里构成规定性的东西是必须加以认识的。

§. 302

声音是各个物质部分的特殊的相互外在存在和被否定的存在的交替;不过,声音仅仅是这种特殊存在的抽象观念性,或者可以说,仅仅是这种特殊存在的理想观念性。但这样一来,这种交替本身直接就是物质的特殊持续存在的否定;因此,这否定是比重和内聚性的现实观念性,是热。 (VII₁, 223)

〔**说明**〕发音物体发热,就像受到打击和相互摩擦的物体发热一样,也是一种按照概念,和声音一起产生热的现象[41]。

〔**附释**〕在声音里显示自身的己内存在本身是经过物质化的;它支配物质,对物质施加暴力,从而保持着感性的特定存在。己内存在作为声音仅仅是受制约的个体性,还不是现实的总体性,因此,己内存在的自我保持也仅仅是事情的一个方面;事情的另一个方面则在于这种己内存在所浸透的物质性也是可以毁灭的。因此,随着物体在自身之内作这种内在振动,不仅有了物质的观念扬弃,而且也有了热对物质的现实扬弃。物体以特殊方式把自身显示为自我保持的东西的这种活动,反而转变为物体自身的否定。物体内部的内聚性的交互作用同时也是这种内聚性之设定为他物,是物体刚性之开始扬弃,而这正是热。所以,声音与热直接相关;热是声音的完成,是这种物质东西在物质东西中显示自身的否定性;声音本身同样也能粉碎或熔化东西,甚至于玻璃也能因为震裂而发出尖刻的声响。虽然通常的观念以为声音和热是分离的,而且看到这两者彼此颇为接近,还可能以为是怪事;但是,举例说,如果敲打一口钟,那它就会变热,这种热并不是来自钟的外部,而是来自钟本身的内在振动。不仅乐师会变热,乐器也会变热。

（VII₁,224）

D 热

§. 303

热是物质在其无形式的、流动性的状态里的自我恢复,是物质的抽象均匀性对特殊规定性的凯旋;物质的抽象的、单纯自在存在的连续性,作为否定之否定,在这里被设定为主动性,被设定为特定存在的瓦解过程。因此,从形式方面看,即从一般空间规定方面看,热表现为膨胀,因为它扬弃了限制,而限制就是互不相干地占有空间这种特殊化活动。

〔**附释**〕现实的联系屈服于暴力而自行瓦解,因此现实联系本身的破碎与分裂仅仅是消极的、量的内聚性的瓦解,虽然这种联系也在这里表明自己是以特殊方式规定的（§. 296）。但另一种瓦解形式,即热,却唯独与特殊的、质的内聚性有联系。在声音里,对于外在暴力的排斥,作为形式的持续存在,作为自身具有形式的各个部分的持续存在,是主要的因素;在热里则出现了吸引,以致有特殊内聚性的物体在反作用于暴力的同时,也在内部屈服于暴力。

如果说内聚性与刚性得到了克服,那么,各个部分的持续存在就会在观念上被设定起来,因而各个部分得到了改变。物体的这种在内部变为流体的活动是热的发源地,而在这种产生热的地方声音就自行消失了,因为这样的流体是不再发出声音的,就像纯粹僵硬的、脆性的和细碎的东西一样,不再发出声音了。热并不把物体分裂为一些质块,而是仅仅存在于各个部分的持久联系中;热深入地 (VII₁,225) 从内部瓦解物体的各个部分相互排斥、自相分离的状态。因此,与形式相比,热更深入地把各个物体构成为统一体;不过,这种统一体是一种没有规定性的统一体。这样的瓦解是形式本身的胜利;外在的暴力,那种构成惯性的、在排斥中保持自身的物质的强度的东西,自己毁灭着自己。这种瓦解是以内聚性为中介的;如果不以内聚性为中介,暴力就只能产生粉碎作用,就会像粉碎石头一样。单纯的刚性给热的传导设置了一种阻碍;要传导热,就必须有一种作为内在流动性与可延性的联系,而这正是内在的弹性。通过内在的弹性,各个微粒相互在对方设定自己。这就是说,要传导热,就必须有一种既无刚性、又无硬度的东西,它在各个物质部分的联系中同时毁灭了各个物质部分的持续存在。形式在熔解中作为灵魂保持着自己;但火也同样设定起形式的毁灭。

对于外在暴力的排斥和对于作为内在东西的这种暴力的屈服,即声音和热,就是这样彼此对立的;但前者也同样转化为后者。即使在更高级的自然事物,即有机体里,这种对立也是可以指出的;在那里自我在自己内部作为观念的东西保持和拥有自己,又被热向外拉到现实存在中。在植物和花卉中,可以最明显地看出各种各样的形态,看出各个颜色及其光泽的纯粹的、抽象的形成过程;植物和花卉的自我在被外在的光拉向外部时,就被倾注到了作为光的特定存在里。与此相反,动物一般只呈现出模糊的颜色。在表现出最华丽的色彩的鸟类中,热带鸟类的自我性是按照植物的方式,通过当地气候中的热和光,而被引到自己的植物性外壳,即羽毛里的;反之,北方鸟类在色彩方面则比不上热带鸟类,不过唱得更好听,像夜莺与云雀就是这样,它们在热带是碰不到的。①

(VII₁,226) 因此,在热带鸟类身上,也正是热不把这种己内存在,不把它们的这种作为歌声的内在观念性的表露保存在内部,而是熔解了它,迫使它呈现为金属的色彩光泽;这就是说,声音在热里毁灭了。歌声虽然是一种比声音更高级的东西,但也把自身表现在同炎热气候的这种对立里。

§. 304

因此,物体特性的这种现实否定就是物体在其特定存在里肯定不属于其自身的状态;倒不如说,物体的这种现实存在是一个物

---

① 斯皮克思与马齐乌斯[42]在其《游记》第 I 卷第 191 页上写道:"在这些森林"(巴西森林,在圣大克卢茨群岛后面)"里,我们第一次听到一种褐灰色鸟儿,可能是一种画眉的歌声,它们栖息于茂密的灌木丛中和潮湿的森林地上,频繁地重唱着从 B¹ 和 A² 的音阶,声音很合乎节奏,以致连其中的任何一个单音都不会丢掉。它们通常把任何一个音唱四、五遍,然后就不知不觉地唱下边的四分音。有人往往否认这种美洲森林歌手有任何发出和谐声音的能力,而只承认华丽的色彩是它们的优异之处。但一般说来,即使这些居住在热带的温柔的鸟儿主要是以华丽的色彩著称,而不是以丰满有力的歌声著称,即使它们的歌声似乎比不上我们的夜莺的清晰悦耳的歌唱,这种小鸟儿也毕竟格外表明,它们至少同样拥有唱出悦耳曲调的基础。也可以设想,一些哼着几乎没有节奏的声音的人们,一俟穿过巴西森林,不再发出声响时,许多长着羽毛的歌手也就会在那里唱出美妙的旋律。"

体与其他物体所具有的通性,是一个物体向其他物体的传导,而这就是外在的热。物体对于热的被动性是以比重和内聚性里自在存在的物质东西的连续性为基础的,由于这种连续性的原始观念性,比重和内聚性的变化形态对于那种传导的活动,对于那种通性的设定,就绝不能是真正的界限。

〔说明〕无内聚性的东西(如羊毛)和潜在地无内聚性的东西 （VII₁,227）(如玻璃和石头之类易碎的东西),同金属相比,是不良导热物体。金属的特性在于自身拥有密集的、不间断的连续性。同样,空气和水因为没有内聚性,或一般地说,因为还属于无形体的物质,所以也是不良导热物体。导致那种把热视为独立存在的东西,视为热质的观念的,主要有三个环节:首先是可传导性,根据这种性质,热能够同最初包含的热的物体相分离,从而表现为不依赖于这种物体的东西,表现为从外部来到这种物体中的东西;其次是与此有关的其他机械规定,它们是能够加以传播的(如凹面镜的反射);最后是出现在热里的量的规定(参看 §. 286"说明")。但是,对于把热称为一种物体,甚至仅仅把它称为一种有形体的东西,大家却起码应该持保留态度;这种态度就已经暗示出一层意思,表示特殊定在的现象能同时属于不同的范畴。因此,在热里表现出来的有限特殊性,热与有热物体的可分性,也不是把物质范畴应用于热的充足理由;物质在自身就根本是总体,所以至少是有重的。那种特殊性现象主要是由于外在方式所致,在这种方式中,热相对于现存的物体而表现于传导。伦福德[43]关于物体摩擦生热(例如在钻旋炮膛的情况下)的实验,早已能完全抛开那种所热视为特殊独立存在的观念;他的实验与热质观念的一切遁辞针锋相对,证明热就

（VII₁,228）其起源和本性而言,纯粹是一种状态的方式。抽象的物质观念自身就包含着连续性的规定,这种连续性使传导成为可能,而作为活动则使传导成为现实;这种潜在地存在的连续性作为对形式的否定,作为对比重、内聚性以及形态的否定,就变成了活动。

〔附释〕声音和热在现象世界本身又是现象。可传导性与被传导是状态的性质里的主要环节;因为状态根本是一种共同的规定,是一种对环境的依赖性。热之所以可传导,就是因为它有现象的规定,它不仅作为现象是可传导的,而且在以物质的实在性为前提的领域里也是可传导的;正是一种存在,同时是映现,或者说,正是一种映现,也依然是存在。存在是有内聚性的物体;这种物体的瓦解,即内聚性的否定,则是映现。因此热并不是物质,而是这种实在性的否定。不过,热已不再是声音的抽象否定,也还不是火的业已完成的否定。作为物质化的否定或否定的物质化,热是现存的东西,并且具有普遍性、共同性的形态。热作为否定,也同样还是现实的持续存在,因此是一般特定存在着的消极性。作为这种仅仅表现出来的否定,热并不是自为的,而是依赖于他物的。

这样,热在本质上就是可以传播的,因而设定起自身与他物的等同性,所以,这种传播是能够从外部由面来决定的。热可以用烧杯和凹面镜集中起来,甚至于寒冷也可以用同样的手段集中起来;我记得,这是日内瓦教授皮克泰特[44]先生所做的一项实验。不过,各个物体能够使自身被设定为表现出来的东西,它们并不能阻止（VII₁,229）自己这样做,因为它们潜在地具有一种本性,就是它们的内聚性能加以否定。所以,各个物体就潜在地是在热里达到特定存在的东西,而这种潜在的存在正是各个物体的消极性。因为单纯潜在的东西恰恰是消极的,例如,一个单纯潜在地具有理性的人就是消极无为的人。由此可见,被传导的状态是他物按照这个潜在地存在的方面设定起来的规定性,是物体的单纯潜在存在的一般显现;不过这种状态作为活动也必须是现实的。因此,这种显现的方式是双重的:它一方面是能动的、开创的显现,另一方面则是被动的、无为的显现。这样,一个物体可以具有热的内在源泉,另一些物体则是从外部得到热,而并不在自身产生热。热起源于内聚性的变化,它所达到的外在关系是附加到他物上的现存东西,从热的起源到这种外在关系的转化就像导热现象那样,显示出这样的规定是没有自我的,与此相反,重力或重量则不能加以传导。

因为热的一般性质是特殊的、现实的彼此并列存在的观念化,而且如我们所说的,是以这种否定为基础,所以我们不能设想在这方面有什么热质。就像声质的假定一样,热质的假定也是以那种认为引起感性印象的东西必须感性存在的范畴为依据的。虽说在这里人们扩大了物质概念,以致在探讨热质是否能衡量的问题时,放弃了构成物质的基本规定的重力,但人们却总是假定客观上存在着一种质料,它是不能毁灭的和独立不倚的,它时显时隐,能在特定地点增减[45]。正是这种外在的附加的东西,知性形而上学无法超越,把它弄成了原始的关系,尤其是把它弄成了热的关系。于是,在没有表现出热质,而接着出现了热的地方,就被附加上这种东西,假定它已经积聚起来,潜伏在那里。虽然听说一些实验已经断定热有物质性,而且有人也往往在这方面根据琐碎的事实得出了轻浮的结论,但伦福德伯爵想精确计算钻旋炮膛的发热量的实验却特别有力地驳倒了他们的说法。这就是说,当人们断言金属 (VII₁,230)

片里所生的剧热是由强烈摩擦从邻近物体输入的时候,伦福德则说明热是在金属本身产生的。他用木料把整个金属包裹起来,木材本来是不良的热导体,不会让热通过,但金属片却变得同不加这层包裹一样灼热。从这里可以看出,知性给自己创造了一种我们绝不能用概念承认的基质。声音和热并不像有重物质那样,是独立存在的;所谓的声质和热质是知性形而上学在物理学里的纯粹虚构。声音和热受着物质存在的制约,构成了物质存在的否定性;它们不过是一些环节,但作为物质东西的规定又是有量的,因此可按程度加以规定,或者说,是一种有强度的东西。

§. 305

热在各个不同物体的传导,自身仅仅包含着这个规定性穿过不确定的物质性的抽象连续活动;就此而言,热不能在内在的质的维度,而是只能有肯定的东西和否定的东西的抽象对立,有限量和程度,采取一种抽象的平衡的形式,而这种平衡就是各个分有不等温度的物体在温度方面的同等。但热既然是比重和内聚性的变化,所以同时也与这些规定有联系;对于热的存在的规定性来讲,外部传入的温度是由受热物体的特殊比重与内聚性制约的。这就是热容率。

（VII₁,231）

〔说明〕与物质和质料范畴相结合,热容率导致了关于潜伏的、不可觉察的和受到束缚的热质的观念。作为一种不可察觉的东西,这样的规定没有观察和经验的根据,但作为揭示出来的东西,则以假定热的物质独立性为依据(参看 §. 286"说明"与"附释")。这种假定正因为自身不是经验的,所以就用自己的方式,把热质的独立性弄成在经验上无可反驳的。当我们指出热消失在它曾经存在的地方或出现在它不曾存在的地方的时候,前一种现象就被解释为热质是单纯隐匿于或束缚于不可觉察的状态里的,后一种现象则被解释为热质是从纯粹不可觉察的状态里出现的;关于热的独立性的形而上学是违背着上述经验建立起来的,并且确实是 a priori〔先验地〕给经验假定了的。

　　对于这里给出的热的规定来说,关键在于用经验方法证明概念本身所要求的规定,即比重和内聚性的改变的规定在现象里表现为热。两者的最初密切结合是容易从热的多种多样的产生方式 (VII$_1$,232)（和多种多样的消失方式）里辨认出来的,这些方式见之于发酵、其他化学过程、结晶和晶体分解,见之于我们已经提到的内外机械联合振动,如打钟、敲击金属、摩擦物体等等。（野蛮人）摩擦两块木片的活动或我们通常看到的打火活动,会使一个物体的相互外在的物质东西,通过另一物体的迅速挤压运动,而顷刻集中到一个点上;这是各个物质部分在空间上的持续存在的一种否定,它突变为物体的发热和燃烧,或突变为由此放出的火花。另一个难题在于把热与比重、内聚性的结合理解为物质东西的现实存在着的观念性,也在于把热理解为否定东西的现实存在,这种存在本身包含着被否定的东西的规定性,而这种规定性又进一步具有限量的规定性,并且作为持续存在的观念性,是否定东西的己外存在,是否定东西在他物里的自我设定,这就是传导。这里涉及的课题,同整个自然哲学涉及的课题一样,仅仅在于用思辨概念的思想关系去代替知性的范畴,并按这种关系去理解和规定现象。

　　〔附释〕就像任何物体按照自己的特殊内聚性而有一种特殊

的声音方式一样,热也是特殊的。如果我们使性质不同的物体处于同等的温度,就是说,给予它们以同等的热[46],那么,它们的发热程度就是不相同的。每个物体都是在不同的程度上吸收空气的温度的。例如,空气严寒时,铁比石头冷得多;空气酷热时,水往往比空气冷一些。已经有人算出,要使水和水银提高同等的温度,水所需要的热约比水银所需要的热大十三倍;换句话说,在使它们丧失了同等的温度以后,水比水银少十三倍热。同样,被传导的热所引起的熔点也是不同的;例如,要熔解水银所需要的热就比熔解任何其他金属小得多。这样一来,就在传导热的同时,物体表现出自己的比热,从而产生了一个问题,即在这里出现了己内存在的哪种形式。己内存在首先是内聚性、点状性、直线性和布面性的形式,后来作为单纯的规定性,又是比重。在比热中表现自身的己内存在,只能是己内存在的简单方式,因为热是内聚性的特定相互外在关系的扬弃;但同时作为持续存在,物体也保持在自己的特定己内存在中。己内存在现在与扬弃自己的内聚性一起,还仅仅是普遍的、抽象的己内存在,即比重。因此,比重就表现为在这里显示自身的己内存在。

（VII₁,233）

这样,热容就同比重有了关系,比重是与单纯重力相反的物体的己内存在。这种关系是一种反比例关系;比重较大的物体比比重较小的物体更容易发热,就是说,在相同的温度条件下变得更热。于是有人就说,在前一种物体中热质是潜伏的,在后一种物体中热质是自由的。同样,当事实清楚地表明热不是来自外部,而是产生自物体内部时（参看 §. 304"附释"）,也有人断言热曾经是潜伏的。在石油精的蒸发引起寒冷时,也有人说这是热变为潜伏的。在零度冻结起来的水,如大家所说的,丧失了热;要把它弄成流体,就得再加热;在它的温度未由此得到提高时,据说热质是潜伏在它里面的。关于水转化成的弹性蒸气,据说也出现了同样的情况;因为水不会高过80°R,而仅仅是在较高的温度下进行蒸发。反之,具有一定温度的蒸气和弹性流体在凝结的时候则比在膨胀的时候产生了更大的热;这就是说,膨胀代替了作为内涵量的温度(参看§. 103"附释")。内聚性的内在变化是出现热的场所,例如,水可以在零下若干度冻结,也可以在零度冻结;当一些现象十分清楚地说明了这一点时,热质潜伏说就是一种遁辞。热质被假定为不断出现和不断消失的;但是,既然热质被认为是独立的,因而人们并不想承认它会消逝,所以人们就说它依然存在着,只不过潜伏起来罢了。然而,怎么能有某种毕竟不存在的东西呢? 这样的东西是一种空洞的思想东西;事实上,甚至连热的被传导的性能也会反而恰好证明这种规定是不独立的。

　　有人可能以为,大的比重一定会引起更多的热。然而比重大的物体却是这样一些物体,它们的规定性还是简单的,就是说,它们有一种未发展的、未个体化的己内存在;它们还没有发展为更进一步的内在规定。反之,个体性则是对热的更大阻力。因此,连有机体也完全不能接受外在的热。一般说来,在像动物和植物这样的高级有机体里,比重和热容失去了自己的重要地位和意义,因此,整个说来木质的差异在这方面就没有任何意义。与此相反,在金属里比重和热容则是主要的规定。比重还不是内聚性,也没有什么个体性,而仅仅是抽象的、普遍的己内存在,没有内在分化,因而也就被热浸透得最彻底;这种己内存在最容易和最热衷于接受

(VII$_1$,234)

特定联系的否定。反之,更多地得到个体化的内聚性物体则赋予自己的规定以更大的持续性,而很不容易把热吸收到自身。

我们已经以物质的已内存在的特殊被规定状态为出发点,从内聚性方面对热的产生作了考察。α)真正产生热的方式能通过振动或作为自燃表现出来,例如在自动产生的发酵过程中就是这样。叶卡捷琳娜女皇的一艘巡洋舰曾经以这样一种方式自行燃烧起来:业已烘干的咖啡从内部发酵,热度逐渐升高,以至冒出了火焰;这也许是在船上发生的情况。亚麻纤维、大麻纤维和涂着柏油的绳索,会最后自动起火。连酒或醋的发酵过程也会产生出热。在化学过程里也发生了同样的情况;因为晶体的瓦解总是内聚性状态的改变。不过大家都知道,热在这种机械领域里,在这种重力关系中,是以双重方式产生的。β)另一种方式是通过摩擦本身。摩擦只涉及表面,震撼了表面的各个部分,并非彻底的振动。这种摩擦是普通的、常见的产生热的方式。但切不可纯粹机械地理解这种方式,像《哥廷根文汇报》(1817 年第 161 期)那样,说什么"大家知道,每个物体由于受到强压,就失去自己的一部分比热,或更确切地说,在强压之下物体包含的比热量不能等于在低压之下包含的比热量;因此,热是靠着打击物体、摩擦物体、迅速压缩空气以及类似的方法产生出来的"。所以,形式的这种变为自由的过程还不是自我的真正独立的总体,而是这个统一体的仍然受到制约的、仍然不能自我保持的活动。因此,摩擦就能以外在的方式,机械地产生出热来。热在上升到燃烧的阶段以后,就是纯粹观念性对这种彼此外在的物质东西的自由凯旋。从钢与火石里迸发出来的仅仅是火花,因为内在的坚硬性所作的抵抗越大,在外面被触动的各个部分的振动就越强。反之,木材则会被焚尽,因为它是一种能使热继续下去的质料。

§. 306

作为一般的温度,热首先是经过特殊化的物质性的瓦解,这种瓦解还是抽象的,在热的现实存在和规定性方面受制约。但消耗物体特性的作用在把自身发挥出来,实际上得到实现以后,就获得了纯粹物理观念性的现实存在,获得了物质东西变得自由的否定的现实存在,并且表现为光;不过这种光是火焰,是受物质束缚的物质否定。火最初(§. 283)是从自在的东西中发展出来的,这时则被设定起来,它受着外在的制约,从有限实存领域里的现存概念环节出发,创造了它自身。其次,它还与它所消耗的条件一起,同时作为有限的东西消耗着自身。

〔**附释**〕光本身是冷的;在夏季,光是在大气里和地面上才引起炎热的。在最炎热的夏天,光在高山上是十分冷的,虽然这个地方离太阳更近,却终年有积雪。只有触及其他物体,才会有热,因为光是自我性的东西,它所触及的东西也变为自我性的,就是说,要表示瓦解或热的开端。

§. 307

现实的物质即在自身包含着形式的物质,这种物质的发展在它的总体里转化为它的各个规定的纯粹观念性,转化为抽象地自相同一的自我性,这种性质在这个外在个体性领域里外化自身(为火 (Ⅶ₁,237)焰),因而就消失不见了。这个领域的有条件性在于形式曾经是有重物质的一种特殊化,而作为总体的个体性最初只是潜在的。在热里设定了现实的直接性瓦解的环节,设定了特定物质东西最初互不相关的环节。因此,形式现在作为总体在无法抵抗自己的物质东西里是内在的。作为无限自我相关的形式,自我性本身进入了现实存在;这种性质在屈服于自己的外在性中保持着自己,并且作为自由地规定这类物质东西的总体性,是自由的个体性。

〔**附释**〕从这里开始要构成向现实个体性或形态的转化,而这种形态的环节我们在上文已经看到。聚集于内部的形式,即作为声音飞逝的灵魂,它与物质的流动性是构成真正的个体性概念的两个环节。作为服从于无限形式的东西,重力是总体的、自由的个体性,其中的物质东西完全是由形式所浸透和规定的。在自己内部得到发展的、决定许多物质东西的形态是绝对的集中性,它不再像重力那样,有许多仅仅在自己外部的东西。作为趋向的个体性的性状,在于这种个体性首先把自己的各个环节设定为单个的图形。但是,如果说在空间里点、线和面构成的各个图形在过去仅仅

(VII₁,238) 是空间的否定,那么形式现在则把它们描绘为一种完全由形式决定的内容;它们不再被描绘为空间的轮廓,而是被描绘为物质联系的区分,被描绘为物质的现实空间图形,这些图形使自身完善为表面的总体。要使声音作为灵魂不从质料里飞逝,而是作为力量在质料里形成,就需要设定物质的坚实存在的否定;这种否定是在热的瓦解作用里被设定为现实存在的。在开端里最初由概念设定起来的物质的贯穿性,现在则在结果中被设定为特定存在。作为比重的已内存在可以当作开端,其中的物质会被认为直接有一种性状,那就是形式可以把自己融会到物质中。物质的这种潜在东西

虽然有这样的贯穿性,是这样被瓦解的,但在过去也表现为现实存
在的,而且是通过内聚性表现为现实存在的。内聚性里的相互外
在的东西的瓦解就是这种内聚性本身的扬弃;保存下来的东西则
是比重。作为最初的主观性,比重曾经是抽象的、单纯的被规定状
态;它在被规定为内在总体的时候,就是声音,它在有流动性的时
候,就是热。最初的直接性必然既表现自身为被扬弃的,又表现自
身为被设定的;所以,我们必定会不断地回到开端。内聚性曾经用
物质造成形式的有限存在。与这种有限存在相反,形式本身则是
起中介作用的东西,它在内部引起否定或热,以致内聚性自己否定
了自己,就是说,恰恰否定了单纯的自在存在,否定了形式的纯粹
有限的实存方式。指出这些环节是容易的;但是,当我们想发挥出
那种在现实存在中符合于思维规定的东西时,要分别考察这些环
节却是困难的,因为其中的每一规定性也都有符合于自己的现实
存在。在把整体仅仅当作趋向,因而把规定仅仅表现为分离的性
状的章节里,这种困难特别巨大。个体性的抽象环节,即比重、内
聚性等等,按概念来说,必定先于自由的个体性,因此,自由的个体　（VII$_1$,239)
性应该作为结果从这些抽象环节中产生出来。现在,在形式作为
支配者出现的总体个体性里,一切环节都得到了实现,而且形式在
这些环节里依然是特定的统一。形态必须有灵魂,有形式与其自
身的统一,也必须有概念规定,作为为他存在。在这种设定活动
中,作为这种差别的绝对统一,形式同时也是自由的。比重是单纯
抽象自由的,因为比重与他物的关系也是无差异的,属于外在的比
较。但真正的形式却是形式自身与他物的关系,而不经过第三个
环节。质料为热所熔化,就能够接受形式;所以,作为无限形式的

声音的有限存在就得到了扬弃,这种形式虽然还好像与他物有关,但再也找不到什么对立面。热是从形态里解放着自己的形态,是一种把自身变为实体的光,它包含着消极形态的环节,作为一种在热里得到扬弃的环节。

第三章　总体个体性物理学

§. 308

作为有重物质的物质,最初潜在地是概念总体,所以并没有在其自身铸造成形;概念以其特殊规定在物质中被设定起来,首先显示出有限的、分裂为各个特殊物质环节的个体性。既然概念总体现在已被设定起来,所以重力中心就不再是物质所寻求的主观性,而是物质所固有的主观性,是那些最初直接的和有条件的形式规定的观念性,而这些形式规定在现阶段则是从内部发展出来的环节[47]。物质的个体性既然是这样在其发展中自相同一的,所以既是无限自为的,但同时又是有条件的;它仅仅最初直接地是主观的总体。因此,它虽然是无限自为的,但包含着与他物的关系,并且正是在过程中才导致一种结局,使这种外在性和有条件性被设定为扬弃自己的;这样,它就变成了物质自为存在的实存总体,而这种总体此后潜在地就是生命,并在概念中转化为生命。

（VII₁,240）

〔附释〕作为一种抽象整体的形式和一种相对于形式的、可以规定的质料,是现实物理物体的两个环节,它们本身是同一的,并且按照概念在这种同一性中包含着它们的相互转化。这是因为,正像形式是纯粹的、物理的、自我相关的自相同一性,而没有得到特定存在一样,质料作为流动的东西也是这种普遍的同一东西,它作为没有抵抗能力的东西而存在着。质料就像形式一样,在内部是无差别的,因此本身就是形式。质料作为普遍的东西,注定要成为一种在内部得到规定的东西;这正是形式所应当发挥的作用,质料就是形式的自在东西。我们最初得到的环节是在普遍东西中包含的个体性;我们其次得到的环节在于这种个体性被设定到一种与重力相反的差异中,被设定到重力的有限的、受到限定的规定性中;第三个环节则在于个体性从这种差异回归到自身。而现在这个环节本身又有三个形态或规定。

§. 309

　　第一,总体的个体性在其概念里是直接的形态本身,是其表现于自由的现实存在的抽象原则;这就是磁。第二,总体的个体性规定其自身为差别,为物体总体的特殊形式;这种个体的特殊化在上升到端项以后,就是电。第三,这种特殊化的实在性是在化学方面 $(VII_1, 241)$ 有差别的物体,是这种物体的关系,也就是说,是以物体为自己的环节并把自己实现为总体的个体性;这就是化学过程[48]。

　　〔**附释**〕在形态里,无限的形式是各个物质部分的决定性原则,而这些物质部分现在已不再仅仅具有空间上的漠不相干的关系。但形态却不停留在自己的这种概念上,因为概念本身不是静止的持续存在,而是分化自己,在本质上把自己开展为各个现实的特性,这些特性并不是仅仅以观念的方式坚持在统一体里,而且也得到了特殊的现实存在。这些用质的个体性规定的差别就是元素,不过是属于个体性领域,就是说,是经过特殊化的,与个体的物体性是统一的,或者倒不如说,是转化为个体的物体性的。这样,形式里的还有缺陷的地方就自在地,即在概念里得到了补充。但必然性的意趣现在却又在于这种自在东西被设定起来,或者说,在于形态如何把自身产生出来;这就意味着,转化也必须在现实存在里完成。因此,转化的结果就是形态被创造出来;这就是向本原的复归,只不过本原现在表现为一种被创造出来的东西。于是,这种复归同时也是向一个更广阔的领域的转化;因此,化学过程在其概念里即包含着向有机领域的转化。我们最初得到的则是个体化了的物质的过程。

A　形态

§. 310

作为总体个体性的物体,就直接性而言,是静止的总体,因而

(VII₁,242)　是物质东西在空间上共存的形式,所以又首先是机械过程。因此,形态是现在无条件的和自由决定的个体性的物质机械过程,是这样一种物体,这种物体不仅在其内在协合的特殊方式方面,而且在其外在空间的限定活动方面,也是决定于内在的和得到发展的形式活动。这样,形式就由其自身表现出来,而且把自己不首先表现为一种抵抗外在暴力的独特性。

〔第一版说明〕在形态和一般个体性的形式中主要是应该去掉关于外在机械方式和组合的观念。用各个部分的外在分割和外在连接来帮助理解形态的规定性,是毫无用处的。本质的东西始终在于独特的区分,它表现于这些部分,并构成关联它们的一种特

定的、自我性的统一。

〔**附释**〕如果说已内存在以前仅仅是通过外在碰撞,作为对于这种碰撞的反作用显示自己的,那么在这里形式则既不是通过外在暴力,也不是作为物质性的没落表现自己的;反之,物体在不受刺激的情况下也在内部具有一种隐蔽的、安静的几何学家,他作为完全彻底的形式,对外和对内组织物体。这种对内和对外的限定活动对于个体性是必然的。所以,物体的表面也受到形式的限定;物体对别的东西是封闭的,并且在不受外在影响的条件下,以自己的静止的持续存在,展现出自己的特殊规定性。晶体虽然不是机 （VII₁,243）械地组合而成的,但机械过程作为个体性过程在这里也得到了再现,因为这个领域正是彼此外在的东西的静止的持续存在,尽管各个部分与中心的关系是由内在形式决定的。这样形成的产物摆脱了重力,例如,它向高处生长。天然的晶体如果加以考察,则显得是彻底层次分明的。不过在这里我们还得不到我们在生命中将会发现的灵魂,因为个体性在这里还不是客观的;这就是无机体与有机体的差别。由于个体性在这里还不是主观性,所以,在内部有差别的和结合自己的差别的无限形式也就不可能是自为的。这种情形首先存在于有感觉能力的东西里;在这里个体性则依然沉沦到物质中,还不是自由的,只不过是存在着罢了。

现在须要更详细地加以考察的,是无机形态所具有的、与有机体不同的规定性。我们在这里得到的形态是这样一种形态,在这种形态中形式的空间规定最初仅仅是知性的规定,即直线、平面和特定角度。造成这种情况的原因须在这里加以指明。展现于结晶里的形式是一种不能作声、不能作响的生命,它以令人惊奇的方式,在纯粹机械的、似乎可以从外部规定的石头或金属里进行活动,并以独特的形态表现为一种有机体的和有机化的冲动。这些形态是自由地、独立地生长出来的;谁不常见这些合乎规则的、精致细腻的形态的外观,谁就不会把它们视为自然的产物,而会认为它们是人类的艺术和劳作的产物。但艺术的合乎规则性却是由外在合目的的活动引起的。我们在这里必然不会设想这样的外在合目的性,就像我按照我的目的而把一种外在物质铸造成形那样。

(VII₁,244) 倒不如说,在晶体中物质的形式并不是外在的,反之,它本身就是目的,是自在自为发挥作用的东西。因此,在水里有一种看不见的萌芽,有一种进行构造的力量。从最严格的意义上说,这种形态是合乎规则的;但因为它在其自身还不是过程,所以它仅仅是大体合乎规则的东西,以致它的各个部分结合到一起,才构成这一形式。这里存在着的还不是有机形态,有机形态已不再是知性的;这种东西还是那种最初的形式,因为最初的形式不是主观的形式。反之,在有机体中形态则具有这样一种性状,即每一部分都表现出形态的整体,而不是只有通过整体才能加以理解。因此,就像我在我的身体的每一部分都能有感觉那样,在生物中身体周围的每一点都是整体。从这里恰恰可以看出,有机体的形态并不以直线和平面为基础,直线和平面仅仅属于整体的抽象方面,在自身不是总体。与此相反,我们在生命形态中得到的则是曲线,因为只有通过曲线的整个规律,曲线的每一部分才能加以理解,而那种知性的形态却绝不是这样。但是,有机体的圆满形式也不是圆形或球形;这是因为,圆周上的每个点与圆心的关系本身又是抽象的同一性,因而圆形或球形本身又是知性的曲线。我们在有机体中得到的曲线必定在自身是有差别的,但其结果却是这种有差别的东西又服从于等同性。所以,生物的线形可以说是椭圆,在椭圆中又出现了两部分的等同,两个部分无论在长轴方面还是在短轴方面,从任何意义上说都是等同的。更严格地说,在生物中占支配地位的是卵形线,它仅仅在一个方向有这种等同。因此,莫勒尔①很正确地指出,诸如羽毛、翅膀和头部这一切有机体形式,面部的一切线条,诸如植物叶片、昆虫、鸟类和鱼类这一切形态,都是卵形线的变形或波动线的变形,所以,他也称它们为优美的线形[49]。但在无机体中出现的 (VII₁,245) 还不是曲线,而是合乎几何规则的图形,它们的对应角是相等的,一切都必须经过同一性的进程。于是,秘密地作出直线,规定平面,用平行角划定界限,现在就是形成形态的活动。

我们现在必须进一步考察这种形态的各个规定,它们可以分为三类:第一是形态的抽象环节,因此真正说来,也就是无形态的东西;第二是形态的严格环节,是处于过程中的形态,是正在生成的形态,是形态的活动,是尚未完成的形态,这就是磁;第三是现实的形态,即晶体。

§. 311

1. 直接的形态,即被设定为内部无形式的形态,一方面是点状性、脆性这个端项,另一方面是自成球形的流体这个端项;这就是内部无形态的形态。

〔附释〕形式作为这种内在几何学主宰者,其规定性首先是

---

① 《新思辨物理学杂志》,谢林编,第 I 卷,第 3 期(1802),第 42 页以下。

点,其次是线和面,最后是整个体积。脆性东西是易碎的、单一的东西,它作为单纯的内聚性方式是我们已经遇见的;它像在白金颗粒中特别明显地表现出来的那样,是颗粒状的东西。与这种东西相对立的,是球形的东西,是普遍的、自成圆球的、在内部抹煞一切维度的流体,它虽然这样一来构成向所有三个维度的完整发展,但又是一种没有规定性的发展过程的总体。球形是在形式上合乎规则的普遍形态,是自由摆动的形态,因此,这种形态也是作为普遍个体的自由天体所具有的。流体之所以能自成球形,是因为它内部没有规定性,使各个方面的大气压力都是相等的;因此,形态的规定性在一切方面都是相同的,还没有在其中设定任何差别。但是,形态不仅是这样一种抽象东西,而且是一种现实的原则,就是说,是一种现实的形式总体。

（VII$_1$,246）

§. 312

2. 脆性东西作为铸造成形的个体性的潜在地存在着的总体,把自己展现为概念的差别。点首先转化为线;形式在线里把自身设定成对立的端项,这些端项作为环节绝没有它们自己的持续存在,而是仅仅被它们的关系保持下来,这种关系在表现出来时,就是它们的中项和对立的无差别点。这种推论构成了规定性得到发展的形态的原则,并且在这种依然抽象的严格性中,构成了磁。

〔说明〕磁属于这样一些规定,这些规定在概念从特定自然界揣测自己并把握自然哲学观念时,必定会首先表现出来,因为磁体是以一种单纯的、素朴的方式体现概念的本性的,也就是说,是以自己的得到发展的形式,即推论（§. 181）体现概念的本性的。两

极是一条实在的线(一根细棒或一个向一切维度不断膨胀的物体)
的感性存在的终端,不过终端作为两极并不具有感性的、机械的实
在性,而是具有一种观念的实在性;两个终端是完全不可分离的。
在无差别的点中终端拥有自己的实体,这种无差别的点是统一体,
终端在其中是概念的规定,因此,唯独在这种统一体里才有意义和
现实存在;两极性仅仅是这样一些环节的关系。磁除了具有由此
设定的规定性以外,没有任何其他特殊属性。单个磁针指向北方, （VII₁,247）
因而在统一体中也就是指向南方,这就是普遍的地磁作用的表现。

　　但是,认为一切物体都带有磁性这个看法却有一种自相矛盾
的双重含义:正确的含义在于,一切实在的、而非纯粹脆性的形态
都包含着这个规定性原则;不正确的含义则在于,一切物体在都表
现着这个原则,正像这个原则是以其严格的抽象性存在的,就是
说,是作为磁存在的。试图在自然界里指出有一种概念形式,说它
应该普遍地存在于它表现为一种抽象的规定性中,这似乎是一种
非哲学的思想。倒不如说,自然界是体现在相互外在的元素中的
理念,所以,正像知性一样,坚持着分散的概念环节,把它们表现于
实在,而在更高级的事物里则把不同的概念形式统一为最高的凝
结物(参看 §. 313"说明")

　　〔**附释**〕α)球形物体与脆性东西的统一首先引起一般的现实
形态。无限的形式在被设定为脆性东西的中心以后,也设定起自
己的差别,赋予这些差别以一种持续存在,但同时又把它们保持在
统一体中。空间虽然还是这些差别的特定存在的元素,但概念是
属性的这种单纯性,是这种在分离中依然不失为贯穿一切的普遍
东西的声音,而这种普遍东西则脱离了重力的一般已内存在,使其

自身成为自己的差别的实体或实存。这种单纯内在的形态在其自身还没有自己的特定存在,而是通过质块的分裂,才有了自己的特定存在;不过,现在设定的规定是形态从其自身得来的。这种个体化的原则就是把自身转变为实在的目的,然而还是有差别的,还不是得到完成的目的。因此,目的仅仅把自身表现为脆性东西与流体的两个原则的过程;形式在这个过程中孕育着可以规定的不确定的流体。这就是磁的原则,是还没有达到静止的、趋于形态的冲动,或者说,是依然作为冲动的、创造形态的形式。因此,磁最初仅仅是物质的主观存在,是主体统一中差别的形式性定在,是把不同的物质点置于统一形式之下的内聚性活动。因此,磁的各个方面还纯粹是在主观统一体之下结合起来的,它们的对立还不是作为独立性存在的。在脆性点本身,差别还完全没有设定起来。但是,既然我们现在得到了总体的个体性,它在空间上应该具体地存在着,必须把自身具体地设定于差别中,所以,点与点之间就既有关联,又有差别;这就是直线,还不是平面或三维总体,因为冲动还不是作为总体存在的,而且实际上两个维度也直接变成了三个维度,即曲面。这样,我们就得到了作为直线性的完全抽象的空间性,这是第一个一般的规定性。但是,直线是天然的线,可以说,是线本身;因为在曲线中我们已经得到第二个规定性,以致立刻可以设定起面。

　　β)磁是怎样表现出来的呢? 我们只能用观念的方式理解这里存在的运动,因为磁是不能用感性方式理解的。感性的理解方式只是从外部把各种各样的东西结合起来,这种情况虽然也出现于两极和把两极结合到一起的无差别点,但只是构成磁体,还没有构成磁。为了确定这个概念的内涵,我们必须首先完全去掉关于磁石或关于用磁石摩擦过的铁的感性观念。但其次,我们也必须把磁的各种现象与磁的概念加以比较,以便看这些现象是否符合于磁的概念。在这里,各个有差别的东西并不是以一种外在方式被设定为同一的,而是自己把自己设定为同一的。但磁体的运动确实还是一种外在运动,这是因为,恰恰否定性还不具备各个现实的、独立的方面,或者说,总体的各个环节还没有得到解放,还不是不同的独立东西在相互发生关系,重力中心还没有被分裂。因此,各个环节的发展还是作为一种外在东西被设定的,或者说,仅仅是通过潜在地存在着的概念被设定的。在脆性点把自己展现为概念的差别时,我们就得到了两极。在内部具有形式差别的物理线上,两极是两个生动的终端,每一端都是这样设定的:只有与它的另一端相关联,它才存在;如果没有另一端,它就没有任何意义。只不过两极是相互外在的,两者是彼此否定的东西;它们之间在空间上也存在着它们的统一,扬弃了它们的对立。现在一切充满两极性的东西都在表现出来,因此,在这种两极性根本不存在的地方,它也常常被人们不分青红皂白地加以应用。这种物理学的对立绝不是用感性方式确定的东西。例如,我们就不能割掉北极。把磁体砍成两截,每一截都又是一个完整的磁体;北极又会在被砍断的一截上直接产生出来。每一极都是设定另一极,并从自身排斥另一极的东西;推论的 termini〔各项〕不能单独存在,而只存在于结合中。所以,我们完全是在超感性事物的领域里生存的。如果有人以为自然界里不可能有思想,我们便可以向他指出在磁里就有思想。磁现象本身是非常令人惊奇的;但如果我们现在愿意用若干 (Ⅶ₁,250)

(Ⅶ₁,249)

思想来理解这种现象,它就会变得更加令人惊奇。因此,磁曾在自然哲学里被列为一个首要开端。反思虽然谈到磁性物质,但这种物质本身并不表现出来;在这里起作用的绝不是物质的东西,而是纯粹非物质的形式。

如果我们将一些不带磁的小棒放到一根已经磁化的、分为北极和南极的铁棒周围,那么,在这些小棒不受机械力量的制约,能够自由地运动,例如,能够在磁针上保持平衡时,我们就会看到一种运动。在这种情况下,小棒的一端与磁体的北极结合在一起,另一端则受到磁体北极的排斥;小棒获得了磁的规定性,因而本身变成了磁体。但这种规定性也并非局限于端点。如果在一块磁体上放一些铁屑,逐渐向中间移动,则会达到一个无差别点,不再出现这类吸引和排斥。我们可以用这个方法把负磁和正磁区分开;然而我们也可以把磁体对非磁铁不发生作用的性质称为负磁。这时,就像我们以前得到地球的中心点一样,我们可以用这个无差别点设定一个自由的中心点。其次,如果再把小棒拿走,放到磁体的另一极,那么,被前一个磁极吸引的端点就会受到排斥,而被前一个磁极排斥的端点则会受到吸引。在这里还没有任何规定性,能表明磁体的两个端点自身是相反的;因为这种空洞的空间差别正像线的两端一般没有差别一样,在自身也绝不是差别。但如果我们把这两块磁体与地球加以比较,我们就会看到它们的一个终端大致指向地球的北方,另一终端则大致指向南方;并且这时我们还会看到,两块磁体的两个北极是相互排斥的,两个南极也是相互排斥的,而一块磁体的北极与另一块磁体的南极则是相互吸引的。向北的方向是从太阳轨道推导出来,并非磁体特有。因为一个单独的磁体以一个终端指向北方,以另一个终端指向南方,所以,像我们认为磁体指向北方一样,中国人说磁体指向南方,也是同样有道理的;两者是一个规定性。而且这也仅仅是两个磁体彼此之间的一种关系,因为地磁是决定这类磁棒的;不过我们必须认识到,我们在一块磁体上称为北极的东西(这一名称现在往往用法相反,引起许多混乱)就事情的本质而言,实际上是南极;因为磁体的南极是指向地球的北极的。这种现象构成磁的全部理论。物理学家说,大家还不知道磁是什么,它是不是一种流,等等。所有这类东西都属于概念所不承认的那种形而上学。磁绝不是神秘的东西。

　　如果我们取一块磁石,而不是取一条线,那么,磁冲力的作用就总是沿着一条作为轴线的观念线进行的。在这块磁石上,可以有立方体或球体的形式,可能有许多轴线;这样,地球就有许多磁轴线,它们没有一条是与地球转动的轴线直接重合的。磁在地球上之所以变成自由的,是因为地球并没有发展为真正的晶体,而是作为酝酿着个体性的东西,停留在渴望形成形态的抽象冲动阶段。（VII_1,252）在现阶段,地球是一个生动的磁体,它的轴线没有固定在一个特定的点上,因此,磁针的方向虽然接近于真正的子午线的方向,但磁的子午线并不是准确地与真正的子午线重合的。这就是磁针向东和向西的偏角,因此磁偏角在不同的地方和时间是不相同的,实际上是一种更加普遍的自然事物的振动。在一般谈到磁针与地轴的这种关系时,物理学家已经不怕抛开这样一种铁棒,或换句话说,抛开轴线方向上的这样一种特定的现实存在,去进行解释了。他们已经发现,唯有在地球的中心点假定一个磁体,才能满足经验的要求,这个磁体有无限的强度,而无广度,就是说,这个磁体并不像在磁铁中那样,是一条线,它在一个点上比在其他点上有更强的磁力。在磁铁中,铁屑在两极受到的引力比在中心点受到的引力更强,这种引力从两极到中心点逐渐减弱。然而,磁是地球上的这种极其普遍的东西,这种东西在任何地方都是作为整体而存在的。两个从属点就是从这里发生的。

γ)对于哲学来说,磁表现在哪种物体上是完全无所谓的。磁主要是出现在铁上,但也出现在镍和钴上。里希特[50]曾经想说明纯粹的钴和镍,说它们也有磁性。其他人则主张,这些金属仍然包含着铁,这正是它们具有磁性的唯一原因。铁就其内聚性和内在结晶来看,在自身表现出了形成形态的冲动本身,这同概念是不相干的。其他金属在得到一种特殊温度时,也会变为有磁性的。因此,在一种物体上出现磁,就与这种物体的内聚性有关。但一般说来只有金属可以磁化,因为它不是绝对易脆的,内部有单纯比重的密集连续性,而这种连续性正是我们现在仍然考察的抽象形态。

(VII₁,253)

因此,金属是热和磁的导体。盐和土所以不表现出磁本身,是因为它们是中性东西,差别在其中是不起作用的。所以,进一步说,问题就在于铁的哪种特性恰好在铁中主要表现为磁。铁的内聚性能够把形成形态的冲动作为潜在的张力保持下来,而不导致任何结果,这正是因为这种金属的脆性和连续性在某种程度上是平衡的。我们可以让铁从最显著的脆性变为最巨大的展性,而且与贵金属的密集连续性相反,铁能够把这两个极端联结起来。但磁正是得到开放的脆性,它包含着尚未转化为密集连续性的特性。所以,对于酸的作用,铁与比重最大的金属相比,具有更大的开放性,而这些比重最大的金属,如金,自身有紧密的统一性,因此未发展为差别。反过来说,铁与比重更小的金属相比,是易于保持自己的规整形态的,而这些比重更小的金属则很容易受到酸的浸袭而崩溃,并且作为半金属,几乎不能保持自己的金属形态。但铁的南极和北极在无差别点之外拥有明显的特定存在,这总是自然界的一种素朴性,自然界也同样以抽象的方式,把自己的抽象环节展现在个体事物上。这样,磁就在铁矿中表现出来;不过磁铁石似乎是显现出磁的特殊东西。洪堡特在拜罗伊特附近的蛇纹石矿层中发现,某些磁体虽然对磁针有影响,但并不磁化其他的铁。在矿坑里,每个 (VII$_1$,254) 能有磁性的物体,甚至磁石,还不是带磁的;它们只有被采掘出来,才会带上磁性。因此,要确立差别和紧张关系,就需要光在大气里的刺激作用①。

δ)因此,我们还要探讨的是磁在什么情况和条件下表现出来。铁在灼热状态下被弄成流动的,因而失去了自己的磁性;同样,铁在完全被氧化时,铁灰也没有磁性,因为这种规整的金属的内聚性完全遭到了破坏。锻铸、锤炼等等也会同样导致不同的结果。锻铸过的铁很容易带上磁性,但又会同样迅速地失去磁性;在钢的内部,铁有一种土质的、颗粒状的裂痕,因此,钢很难加以磁化,但也能更牢固地长久保持磁性,这也许是由于钢的巨大脆性所致。在磁的产生过程中表现出这种特性的可转移性;磁绝不是固定不变的,而是不断消失和不断出现的。单纯的摩擦就会使铁带

---

①　斯皮克思和马齐乌斯在他们的《游记》第一部分第 65 页上说:"磁的两极性的现象在这种玄武土里"(马德拉岛)"也许比在较深的玄武岩层里更为明显"。这也是由于同一原因所致,即因为所处位置较高的岩石同土壤有更多的绝缘(参看《爱丁堡哲学杂志》,1821 年,第 221 页。)

磁,更具体地说,使铁的两极带磁;不过,铁必须在子午线的方向上加以摩擦。无论用赤手怎样敲打铁,无论在空气里怎样震动铁,也同样会使铁带磁。内聚性的振动确立起一种紧张关系,这种关系

就是形成形态的冲动。甚至于铁棒单纯在户外长期竖立,也会磁化;同样,任何铁物体,诸如铁炉、教堂铁十字架和定风针,一般说来也容易在内部获得一种磁的规定性;只需要使用弱磁体,就能使这些物体的磁性呈现出来。事实上,我们在试验中的最大困难完全在于制造不带磁性的铁,并使它保持这种状态,而这只有把铁烧红才能做到。如果摩擦一根铁棒,那就会出现一个点,在这个点上铁棒的一个极是没有磁性作用的;同样,铁棒的另一极在另一方面对某个点也不发生作用。这就是布鲁格曼[51]的两个无差别点,它们与那种一般的、也不尽居中的无差别点是不相同的。大家在这些无差别点上现在也想假定一种潜伏的磁性吗?范·施文登[52]称每个极的作用最强的点为顶点。

如果说一根平放在针尖上的无磁小铁棒由于两端平衡而平行于地平线,那么在出现磁以后,它的一方就会立刻下沉(§. 293"说明"):北端在地球北部下沉,南端在地球南部下沉;纬度越高,即地理位置越接近两极,下沉的幅度就越大。当磁针与磁子午线最后在地球磁极形成一个直角时,磁针就采取垂直的位置,就是说,变成了一条纯粹与地球分离的、离开地球的直线。这就是随着地点和时间而变化的磁倾角;帕里在其北极探险中已经感到这种现象很强烈,以致他根本不再能使用磁针。磁倾角表明磁是重力,而且是以一种比铁的吸引更加令人注目的方式,表明磁是重力。被想象为质块和杠杆的磁体,有一个重力中心,它在两个方面的质

量虽然是自由平衡的,但也是经过分化的,因此一方面的质量比另 （VII₁,256)
一方面的质量更重。比重在这里是以极其简单的方式确立起来
的;它不会变化,而是仅仅被规定为不同的东西。同样,地轴也有
一个相对于黄道的倾角;不过这实际上属于天体领域的规定。

但真正说来,在整个地球上特殊的东西与普遍的东西是这样
分离的:各个特定的质块在不同的地方表现出力量变得不同的摆
动过程,这些质块的比重在两极比在赤道之下更大;因为这些质块
显得是作为同一些质块以不同的方式起作用的。在这种情况下,
只有各个物体把自己的质量的力量表现为运动的力量,而这种力
量作为自由的东西是自相等同的和常住不变的,各个物体才能加
以相互比较。既然质量的大小作为运动的力量进入了摆动过程,
因此,在摆动过程中同一质量越接近两极,所具有的运动力量就必
然越大。由于地球的转动,向心力与离心力被假定为分离的;但
是,无论是说物体有一种更大的离心力,因而以更多的力量背离了
落体方向,还是说物体很强烈地降落下来,都是无差别的;因为无
论把这种运动叫作落体,还是叫作抛物,都是一样的。虽然在高度
相等、质量相等的条件下重力总是不变的,但这种力量本身在摆动
中也毕竟得到规定;换句话说,这就好像物体从一个更大的或更小
的高度降落下来。因此,在不同纬度下各个摆动量的差别也是重
力本身的一种特殊化(参看 §. 270"说明"第 93—94 页和"附释"
第 101—102 页)。

§. 313

这种自我相关的形式首先存在于这种成为持续差别的同一性

(VII₁,257) 的抽象规定中,因而还没有在总体的形态中变成产物,失去效力,
就此而言,这种形式作为活动,作为形态领域中的活动,是自由机
械过程的内在活动,即对地点关系的规定。

　　〔说明〕在这里应该谈一谈关于磁、电和化学作用的同一性的
说法[53]。这种同一性现在已经得到普遍的承认,甚至变成了物理
学的基础。个体物质东西中的形式对立也发展到把自身规定为比
较实在的电的对立和更加实在的化学的对立。同一个普遍的总体
为所有这些特殊形式奠定了基础,作为它们的实体。其次,电和化
学作用作为过程,还是更加实在的、进一步得到物理规定的对立的
活动;但除此以外,这些过程主要是包含着物质空间性的关系里的
变化。这种具体的活动同时也是机械化的规定,从这方面来看,潜
在地是磁的活动。在近代已经发现一些经验条件,说明磁的活动
本身在什么限度内也能在这种具体过程中表现出来。因此,这些
现象的同一性观念现在得到承认,应该视为经验科学的一个重要
进步。这种同一性有各种名称,或者是叫作电化学作用,或者是叫
作磁电化学作用,或者是叫作别的什么东西。但是,包含着普遍形
式的特殊形式及其特殊表现也必须同样在本质上加以相互区分。
因此,磁这个名称应该保留给明确的形式及其表现,这一表现存在
于形态领域本身,只与空间规定有关;同样,电这个名称应该保留
(VII₁,258) 给它所明确表示的现象规定。磁、电和化学作用以前认为是完全
分离的,彼此毫无联系,每一个都被视为一种独立的力量。哲学已
经把握了它们的同一性的观念,但是也明确地保留着它们的差别;
物理学最近的表象方式看来又跳到了另一个极端,只认为这些现
象有同一性,因此现在确实有必要坚持它们同时相互区别的事实

和方式。这里的困难在于需要把它们的同一性和差别性统一起来；这个困难的解除，只有依靠概念的本性，而不能依靠那种混淆磁、电和化学作用的名称的同一性。

〔**附释**〕磁力作用的直线性的第二个问题（上节"附释"α，第225 页）是这种活动的规定性问题。在这里我们所得到的还不是物质的特殊的被规定状态，而仅仅是物质的空间性的关系，所以变化就只能是运动；因为运动正是空间性东西在时间里的这种变化。但进一步说，这种活动正是沉没在物质中，而没有得到实现，所以也必须有一个支持自己的物质基础；因为形式在基础中仅仅是一条直线的方向。反之，在有生命的东西里，物质则是为生命力本身所规定的。在这里虽然规定性是一种内在的规定性，它仅仅直接规定重物，还没有其他物理规定性，但这种活动是渗透到物质内部，而不是通过外在的机械碰撞，传递给物质；作为物质的内在形式，这种活动是业已物质化的和正在物质化的活动。而且这种运动不是不确定的，而是确定的，因此，不是接近的，就是离散的活动。不过，磁使物体服从的方向完全不同于重力垂直方向，因此，(VII₁,259)磁与重力是不相同的；磁的作用恰恰是这样的规定性：铁屑不是落在自己按照单纯的重力方向会落到的地方，或停留在这样的地方。这种运动不像天体运动那样是在一条曲线上转动，因此它既不缺少吸引，也不缺少排斥。在天体运动的曲线中，接近和离散是同一个活动，因此无法区分吸引和排斥。但在这里，这两种运动却是作为收敛和发散分开存在的，因为我们现在涉及的是有限的、个体化的物质，在这种物质里概念所包含的各个环节要变为自由的；与它们的差别相反，也出现了它们的统一，只不过它们仅仅是潜在地同一的。它们的普遍东西就是静止,而这种静止是它们的无差别的东西,因为要把它们分开,从而有特定的运动,就必须有静止点。但是,对立在运动本身是一种在直线上的作用的对立,因为这里只有同一条线上的离散和接近这种单纯的规定性。两个规定性不能相互替换或分配到两个方面,而是始终同时存在着,因为我们涉及的不是时间,而是空间性东西。所以,必定正是同一个物体,恰恰因为被规定为受到吸引,同时也就被规定为受到排斥。这个物体接近于某个点,它在这样做的时候,某种东西也就被传递给了它;这个物体本身是被规定的,它在这样被规定的时候,也必定同时离开了另一方面。

电与磁的关系,人们主要是从它在伏打电堆的表现中看到的。这种关系是在早已被思想把握了以后,才这样在现象中展示出来;一般说来,物理学家的工作正在于把概念的同一性作为现象的同一性,而加以探讨和陈述。但哲学却不是以一种肤浅抽象的方式把握这种同一性,以致把磁、电和化学作用完全当作同一个东西。哲学早就说过,磁是形式的原则,电和化学过程只不过是这个原则的其他形式。在以前人们认为磁是孤立的,仅仅居于次要地位;人们顶多看到磁对航海的重要性,而完全没有看到在无磁的情况下会出现背离自然体系的结果。以上所述,已经包含着磁与化学过程和电的联系。化学过程是总体,各个物体按照自己的特殊性参与这个总体,磁则仅仅是空间性的。然而,在某些情况下磁的两极也表现为在电和化学方面是不相同的,或反过来说,电流过程也容易产生出磁,因为封闭电路对于磁有很敏感的作用。在电流活动中,在化学过程中,设定了差别;这就是各个物理对立面的一种发

(VII₁,260)

展过程。因此,十分明显,这些具体的对立面也表现在磁这个低级
发展阶段。电流过程也正是运动,不过还是各个物理对立面的一
种斗争。进一步说,两极在电里是自由的,在磁里则不然;因此,在
电里两极是彼此对立的特殊物体,以致电的两极性具有的现实存
在完全不同于磁体的直线式现实存在。但是,如果金属物体是由
电的过程推动起来的,在自身原先并没有物理规定性,那么,这些
物体就会按照自己的方式在自身表现出这种运动过程;这种方式　（VII$_1$,261)
就是运动的单纯活动,并且这就是磁。因此,在任何现象里都必须
弄清哪个是磁的环节,哪个是电的环节,如此等等。我们已经说
过,一切电的活动都是磁,磁可能是有差别的东西得以存在的根本
力量,这些东西虽然始终是彼此外在的,但也完全彼此相关。这种
现象当然也出现在电的过程和化学过程里,只不过比在磁里出现
的方式更加具体。化学过程是真正个体化了的物质形成形态的过
程。因此,形成形态的冲动本身是化学过程的环节;这个环节主要
是在电路里变为自由的,整个电路都有一种紧张关系,不过它不像
在化学过程中那样,转变为产物。这种紧张关系集中到两端,因而
在这里表现出它对磁体的作用。

　　在磁与电的联系方面,有趣的现象还在于:电流过程的这种活
动在把一个磁性确定的物体推动起来时,就使这个物体出现了倾
斜。在这里产生了一种对立,就是磁体会像南极和北极有倾斜一
样,或者向东倾斜,或者向西倾斜。在这方面,我的同事爱尔曼[54]
教授所建立的那个能使电路自由摆动的装置是很机巧的。一条厚
纸板或鲸须被剪开,使它的一端(或许在中间?)能装入一个铜的
或银的小容器。这个容器盛满酸,把一根锌条或锌丝插到酸里,然

后再用这根锌条或锌丝把鲸须缠绕起来,接到另一端,由此通到容器的外部。这样就出现了电流活动。如果把整个装置悬挂在一条线上,让它迎着一个磁体的两极摆动,这个摆动的装置就会呈现出不同的现象。爱尔曼称这个被悬挂起来的可动电池为循环电路。其 – E 线取从南到北的方向。他说:"如果我们用一个磁体的北极从东侧接近这种装置的北端,这个北端就会受到排斥;但如果从西侧接近这个北极,则会出现一种吸引。在两种场合里全部结果都是相同的,因为无论是被吸引或被排斥,原先在南北方向上静止的循环电路一俟离开自己的弧线,放置于一个磁体的北极,就总是向西转,即从左向右转。一个磁体的南极则产生相反的结果。"化学的两极性在这里与磁的两极性是相交的;后者是南北两极性,前者是东西两极性;后者在地球上获得了更广泛的意义。即使在这里也表现出了磁的规定性的流动性。如果磁体是停在电路上空的,那么,磁的规定性就完全不同于磁体停在电路中间时产生的规定性;就是说,这种装置是完全循环的。

(VII₁,262)

§. 314

形式的活动无非是一般概念的活动。这种活动就是把同一的东西设定为有差别的,把有差别的东西设定为同一的;因此,在这里,在物质空间性的领域里,这种活动就是把空间里同一的东西设定为有差别的,即把这类东西从自身离散出来(排斥),而把空间里有差别的东西设定为同一的,即使这类东西接近起来,相互接触(吸引)。这种活动既然存在于一种物质东西中,而依然是抽象地存在的(并且只有作为这样的活动,才构成磁),所以,只是赋予直线性东西以生气(§. 256)。在这种直线性东西中,形式的两种规定只能分别出现于这种东西的差别中,即出现于两端;形式的、能动的、磁性的差别仅仅在于:一端(一极)把同一个东西——第三 (VII₁,263) 个环节——设定为与其自身同一的,而这同一个东西是另一端(另一极)从自身离散出来的。

〔**说明**〕磁的规律是这样加以表达的:同名极相斥,异名极相吸,就是说,同名极是敌对的,异名极则是友好的。然而规定同名的方法却仅仅在于:两个极如果同样都被第三个环节所吸引或排斥,那就是同名的。但规定这第三个环节的方法也同样仅仅在于它排斥或吸引那些同名极,或概括地说,在于它排斥或吸引一个他物。所有这些规定都完全是纯粹相对的,没有不同的、感性的和漠不相干的现实存在;在上文(§. 312“说明”)中已经指出,像南和北这样的东西,绝不包含着这种原始的、第一性的或直接的规定。因此,异名极友好和同名极敌对这种现象,在一种预先假定的、已有独特规定的磁里,完全不是第二性的或仍然特殊的现象,而无非是表现了磁本身的本性,因而当概念在这个领域被设定为活动时,就表现了概念的纯粹本性。

〔**附释**〕因此,在这里就进而出现了第三个问题:什么东西被接近和什么东西被离散? 磁就是这种分离活动,但有人还没有看到这一事实。当某物与一个依然不相干的他物被设定为有关时,这第二个环节就是以一种方式受到第一个环节的一端的影响,以另一种方式受到另一端的影响。这种影响在于第二个环节被弄成第一个环节的对立面,以便首先作为他物(即由第一个环节设定为他物)可以被第一个环节设定为同一的。因此,形式的作用首 (VII₁,264)

先是把第二个环节规定为对立物;所以,形式是与他物相反的现实
存在着的过程。这种活动把自身与一个他物相关联,把这个他物
设定为自己的对立物。这个他物最初仅仅在比较中对我们来说才
是一个他物,现在则对形式来说被规定为他物,于是就被设定成为
同一的。反过来说,在另一方面也有这种规定的对立面。必须假
定,直线作用也被传递给了第二个环节。既然第二个环节在一个
方面是作为对立物受到影响的,那么,其另一端与第一个环节的第
一端便是直接同一的。这第二条物质直线的第二端如果现在与第
一条物质直线的第一端发生接触,则与这个第一端是同一的,因此
是被离散的。正像感性理解方式一样,知性理解方式也不能把握
磁。因为知性认为,同一的东西就是同一的,有差别的东西就是有
差别的,换句话说,两个事物从哪方面来看是同一的,从哪方面来
看就不是有差别的。但在磁里却有这样的事情:同一的东西恰恰
就其为同一的而言,把自己设定为有差别的;有差别的东西恰恰就
其为有差别的而言,把自己设定为同一的。差别就在于它既是它
自身,又是它的对立面。两极中同一的东西把自己设定为有差别
的,两极中有差别的东西把自己设定为同一的。这是清晰的、能动
的概念,但是还没有得到发挥。

　　这就是那种设定对立面为同一物的总体形式的作用。这种作
用与重力的抽象作用不同,是具体的。在重力里,两个对立面已经
是潜在地同一的;与此相反,磁的活动则在于第一次影响他物,使
它成为有重的。重力虽有吸引作用,但并不像磁那样是能动的,因
为有吸引作用的东西已经是潜在地同一的;但在磁里他物则第一
次被弄成既能吸引又能被吸引的东西,而且只有这样,形式才是能

动的。吸引正是这种作用,被作用的他物本身与作用的东西是并驾齐驱的。

磁构成主观性和流体这两端之间的中间环节,即构成形式变得自由的抽象活动。主观性把自身固定在一个点上,流体则仅仅是连续体,而在内部完全不确定。形式在晶体里发展为物质产物,例如,像我们在冰针上看到的。作为这种自由的、辩证的、因而连续进行的活动,磁也是自在的存在和业已完成的自我实现之间的中间环节。在磁里把致动的活动分离开,正是自然界软弱无力的地方;但思想的威力却在于把这样的东西结合为整体。

§. 315

3. 活动转化为自己的产物,就是形态,并且被规定为晶体。在这种总体中,有差别的磁极还原为中性,规定位置的活动的抽象直线性实现为整个物体的平面和曲面;更准确地说,一方面易脆的点状性扩张为发达的形式,另一方面球体在形式上的扩张则还原为限定活动。在这里起作用的是一种形式,因为它 α)限定球体,使物体对外结晶,β)铸造点状性的形态,使物体的内在连续性在层理中,即在核心形态里[55]彻底结晶。

〔**附释**〕第三个环节首先是作为磁和球形的统一体的形态;还没有物质性的规定变成了物质的,因而磁的不安息活动达到了完全的静止。在这里绝不再存在什么离散与接近,而是一切东西都各就其位。磁最初转化为普遍的独立性,转化为地球这一晶体,就是说,直线转化为完整的球形空间。但作为现实的磁,个体性的晶体却是这种熄灭冲动、把对立中和为不相关性的形式的总体;于

(VII₁,266)

是,磁把自己的差异表现为曲面的规定。所以,我们现在得到的不再是那种为了特定存在而需要有一个他物的内在形态,而是独自特定存在的形态。一切形成形态的活动内部都有磁,因为一切形成形态的活动都是完全的空间限制,它是由内在的冲动,即形式的工头设定起来的。这就是自然界的一种无声活动,这种活动在无时间的状态中展示出自己的维度;这就是自然界固有的生命原则,这条原则在无为的状态中把自己表露出来,而关于这条原则的形成物,我们只能说它是在那里存在的。在流动的球体里,这条原则无处不在,遇不到任何阻力;这条原则就是沉静的、把整体的一切不相关部分关联起来的造形活动。但在晶体里,磁已经得到了满足,因此不是作为磁存在的;磁的各个不可分离的方面在这里既倾注到不相关的流体性中,同时也有持续的特定存在,是消亡于这种不相关状态的造形活动。因此,如果在自然哲学里说磁是一种极其普遍的规定性,这是正确的;但如果还想在形态里表明有磁本身,则是错误的。磁作为抽象冲动的规定性还是直线式的;它作为已经完成的冲动,则在一切维度上都是规定着空间限制的东西。形态是一种向一切维度延伸出去的静止物质,是无限形式和物质性的中和状态。所以,在这里就表现出了形式对于整个机械质块

(VII₁,267) 的统治。当然,物体相对于地球而言,总是依然有重量的,这种最初的实体性关系还被保存下来,而且甚至于作为精神的人类——绝对轻盈的东西——也仍然是有重量的。然而,各个部分的关联现在是从内部取决于一种不以重力为转移的形式原则。由此可见,这里第一次破天荒地有了自然界本身的合目的性:它是各个不同的、不相关的东西的一种关系,是一种必然性,这种必然性的各

个环节具有静止的特定存在,或者说,具有在那里存在的己内存在;它是自然界的一种独立自主的理智行动。因此,合目的性并不单纯是一种从外部赋予物质以形式的理智。各个在先的形式还不是合乎目的的,只不过是一种特定存在而已,而这种特定存在作为特定存在是在其自身与他物无关的。磁体还不是合乎目的的,因为磁体的两端还不是不相关的,而仅仅是单纯相互需要的东西。但在晶体里则有各个不相关的东西的一种统一,或者说,有这样一些环节的一种统一,这些环节的特定存在在其关系内是互相自由的。晶体的各条直线就是这种不相关性。一条直线可以同另一条直线分离开,而它们依然存在;不过,它们只有彼此相关,才完全有意义,而目的就是它们的这种统一和意义。

但因为晶体是这种静止的目的,所以运动是一种不同于晶体的目的的东西;目的还不是作为时间而存在。被分离的片层总是毫不相关地存在于那里;晶体的各个尖端可以折断,然后我们把每个尖端都剥离开。磁的情况则不是这样。因此,如果因为晶体的这些对立面是取决于主观的形式,我们便把晶体尖端也称为极,那么这总是一种不地道的命名方式,因为在晶体中差别已发展为静 (VII$_1$,268) 止的持续存在。形态既然是有差别的东西的平衡,所以也就必须在自身表现出这类差别;就此而言,晶体在自身包含着为一种异己东西而存在的环节,包含着在其质块的粉碎中表现其特性的环节。但这样一来,形态本身也必须进一步出现在差别里,并且必须是这些有差别的东西的统一;晶体既有一种内在的形态,也有一种外在的形态,作为自己的形式的两个整体。这种双重的几何学,这种双重的形态,就好像是概念和实在,灵魂和肉体。晶体的生长是逐层进行的;晶体的破碎则是通过所有层次进行的。形式的内在规定性已不再是内聚性的单纯规定性,而是一切部分都属于这种形式;物质彻底变成了晶体。从外部来看,晶体也同样是封闭的,而且被合乎规则地封闭在一个内部业已经过分化的统一体里。晶体的界面是完全平滑的,有棱和角,形成各种形态,从单纯合乎规则的等边棱柱形态到外表不合乎规则的形态,但在这种不合乎规则的形态里也还是可以识别出一种规则来。当然也可能有一种微粒状的、土质的晶体,它的形态主要在表面上,而土质作为点状性,正是无形态的东西的形态。但方解石之类的纯粹晶体,如果被打碎,使之有按照内在形式而破裂的自由,则会在自己的极小的部分里表现出自己的内在的、以前完全不可能看见的形态。所以,在圣哥塔岭和马达加斯加岛发现的大块矿物晶石,有三英尺长,一英尺厚,总是依然保持着自己的六角形。令人惊讶的主要是这种彻底的核心形态。粉碎偏菱形形态的方解石,就会看到各个片层是完全合乎规则的;如果这种分裂是按照内部纹理发生的,所有的面就都会平如明镜。无论怎样不断粉碎方解石,总会看到同样的情况;带有

(VII₁,269) 灵魂性质的观念形式浸透在整个方解石内部,而无所不在。这种内在的形态现在就是总体;这是因为,如果说在内聚性中占统治地位的曾经是像点、线或面这样的单一规定性,那么形态现在则是在所有三个维度中形成的。这种形态过去有人按照韦尔纳[56]的说法,称为层理,现在则叫作分层形态或核心形态。晶体具有的核心本身是一种晶体,晶体的内在形态是一种由三个维度构成的整体。核心形态可以是不相同的;片层形态可以有下降的阶序,从扁平的和中凸的片层到完全确定的核心形态。金刚石在外部也同样是八

面体的晶体,虽然它的清晰度极高,但在内部也是晶体。它自身分解为片层,如果有人想琢磨它,是难以磨尖的;但我们却知道一种敲碎它的方法,那就是让它按照层理的性质破裂,于是它的面就完全平如明镜。奥伊[57]主要是描绘了晶体的形式,后来别人又对他的工作作了许多补充。

发现内在形式(forme primitive〔初始形式〕)与外在形式(forme secondaire〔从属形式〕)的关联,从内在形式推导出外在形式,这是结晶学里的一个有趣的、微妙的课题。一切观察都必须依据普遍的转化原理来进行。外在的结晶并非总是与内在的结晶相契合;并不是一切偏菱形的方解石都在外部和内部具有同样的规定性,但在两个形态之间也毕竟有一种统一性。大家知道,奥伊就化石阐明了关于内在形态与外在形态的关系的这种几何学,但没有揭示出这种关系的内在必然性,也没有揭示出形态与比重的关系。他假定了核心,让分子按照一种排列方法分布在核面上,说外在形态是由于基础序列的缩减而产生的,但这样一来,这种排列的 （Ⅶ₁,270）规则却正是取决于被寻找的形态。同样,结晶学也必须规定形态与化学物质的关系,因为对于某种化学物质来说,一种形态比另一种形态更为独特。盐从外部和内部来看,主要是晶体。反之,金属则主要是局限于形式性的形态,因为它不是中性的东西,而是抽象地无差别的;金属的核心形态大多属于假设,只有在铋中才看出这样一种形态。在弱酸作用于金属表面的时候,像在锡和铁的moirées métalliques〔金属纹理〕里看到的,金属虽然不愧为结晶的开端,但其外形是不规则的,只不过是能看到一种核心形态的萌芽罢了。

B 个体性物体的特殊化

§. 316

形成形态的活动,即规定空间的机械过程的个体化,过渡到了物理的特殊化。个体性物体潜在地是物理的总体;物理的总体须在个体性物体中以差别的形式设定起来,但这就像差别在个体性里得到规定和保持下来一样。物体作为这些规定的主语,是把它们作为属性或谓语包含在自身的;但这样一来,它们同时也就是一种对于它们的不受拘束的、普遍的元素的关系,并且是与这些元素相互作用的过程。这就是它们的直接的、尚未设定的(这种设定活动构成化学过程)特殊化,按照这种特殊化,它们还没有回归到个体性,仅仅是对于那些元素的关系,而不是过程的现实总体。这些规定性的相互区分就是它们的元素的区分,而这种区分的逻辑规定性我们已经在其领域(§. 282 以下)里指明。

〔说明〕第一,在古代一般认为每个物体都是由四种元素组成的,在近代帕拉采尔苏斯认为每个物体都是由水银(或液体)、硫磺(或油)和食盐(雅可布·波墨称它们为巨大的三一体[58])组成的,如果人们想把这些名称只理解为它们最初所指的各个经验物质,那么,要推翻这些看法以及许多其他这类看法是很容易的。但不容否认,它们可能从颇为重要的方面包含和表达了概念的规定。因此,当这种尚未自由的思想在这样的特殊感性存在中仅仅认识和坚持自己的固有规定和普遍意义时,我们倒应该对它的强大威力表示钦佩;所以,它也是不可能用经验方式加以推翻的(参看上

(VII₁,271)

文 §. 280"附释"第 144 页)。第二,这样一种理解和规定既然是以理性能力为其动力源泉,而理性不会为感性现象玩艺儿及其杂乱无章所误,依然完全被人遗忘,所以,也就远远地超脱了单纯寻找和胡乱罗列物体属性的活动。这种探索总是从某种特殊的东西出发,而不把许多特殊的东西还原为普遍的东西和概念,把特殊的东西视为普遍的东西和概念,这可以算作它的功绩和荣誉。

〔附释〕在晶体阶段,无限的形式仅仅把自身以空间的方式确 (VII₁,272) 立到有重物质内部,所缺少的是差别的特殊化。形式的规定本身现在必须表现为物质,因此这就是个体性对物理元素的重建和改造。个体性的物体、土质的元素是气、光、火、水的统一,它们在个体性物体中的存在方式就是个体性的特殊化。光相当于气;光在物体的黑暗状态中被个体化为特殊的驳杂东西,就是颜色。可燃的、起火的东西,作为个体性物体的一个环节,是物体的气味。这就是消耗物体的持续的、无可怀疑的过程,不过,不是那种在化学意义上叫做氧化过程的燃烧过程,而是被个体化为一个特殊过程的单纯性的气。水作为个体化了的中和状态,是盐、酸等等;这就是物体的滋味。这种中和状态已经暗示出这个物体的可分解性,暗示出这个物体与他物的现实关系,即化学过程。像颜色、气味和滋味这些个体性物体的属性,并不是独立自为地存在的,而是属于一种基质。因为它们首先仅仅是保持在直接的个体性里,所以,它们也就彼此无关;因此,构成属性的东西也就是物质,例如颜料。这还是软弱无力的个体性,因而属性也会逸散;在个体性物体里还不像在有机体里,已有集中统一的生命力。属性作为特殊的属性,也具有一种与其起源保持关系的普遍意义。因此,颜色与光有关系,可以因光而失色;气味是与气有关的过程;同样,滋味也与其抽象的元素,即水保持着一种关系。

(VII₁,273)　　特别是现在同样谈到的气味与滋味,不仅在客观上是那种属于物体的物理属性,而且也指一种主观性,即指这些属性对应于主观官能的存在,所以顾名思义,就使我们想到了感觉。因此,随着元素规定性出现于主观性领域,也必须提到这些规定性与官能的关系。现在要探讨的首先是为什么在这里恰好产生了物体与主观官能的关系?其次是哪些客观属性与我们的五官相对应?刚才举出的属性仅仅有三种,即颜色、气味和滋味;与这三种属性相对应,我们有三种官能,即视觉、嗅觉和味觉。在这里没有出现听觉和触觉,因此也要同时探讨对应于这另外两种官能的客观东西在什么地方有其地位?

　　α)关于物体与主观官能的关系,可以说明如下。我们有一种个体性的、自我封闭的形态,它作为总体,具有自成一体的意义,所以不再与他物有差别,因而也与他物无任何实践关系。内聚性的规定不是对他物不相干,而是仅仅关系到他物;与此相反,这种关系对于形态则是不相干的。形态虽然也能机械地加以处理,但因为是自我相关的东西,所以他物与形态绝不发生必然的关系,而是仅仅发生一种偶然的关系。他物与形态的这样一种关系,我们可以叫作理论关系;但这种关系仅仅为能够感觉某物的生物所具有,在更高的发展阶段上,则仅仅为能够思维某物的生物所具有。更精确地说,这样一种理论关系就在于:有感觉的东西在与他物有关的同时也自我相关,对于对象保持着自己的自由,而这样一来,对

(VII₁,274) 象也就同时得到了自由。两个个体性物体,例如两个晶体,虽然也

可以自由分离,但这仅仅是因为它们彼此毫无关系;它们要彼此相关,就必须在化学方面取决于水的中介;否则,就只有一个第三者,即自我用比较方法规定它们。因此,这种理论关系仅仅是基于两个物体彼此毫无关系。只有实际上出现两个物体的彼此关系,又出现它们的自我相关的自由,才有真正的理论关系,而这样一种关系正是感觉与其对象的关系。在这里,封闭的总体现在是由他物得到自由的,并且只以这种方式与他物相关;这就是说,物理总体是为感觉存在的,而且因为它又把它自身展现在自己的规定性里(关于这个问题,我们在这里略而不谈),所以又是为不同的感觉方式,为各个官能存在的。正因为这个缘故,在形成形态的过程中形态与官能的关系就会在这里引起我们的注目,虽然这种关系不属于物理东西的范围,因而我们还没有必要加以论述(参看下文§. 358)。

β) 如果说现在我们在这里看到了颜色、气味与滋味是形态的规定,它们是通过视觉、嗅觉和味觉这三种官能察知的,那么,我们在以前就已经考察了另外两种官能,即触觉和听觉的感性对象。(参看上文 §. 300"附释"第 192 页)形态本身,即机械的个体性,是为一般的触觉而存在的;这主要是指热。我们与热的关系较之我们与一般形态的关系,有更多的理论性,因为形态只有对我们作出抵抗,才能被我们感受到。这种关系已经是实践的,因为一方不想让另一方如实存在;在这里我们必须压缩、触动形态,而在热里则尚未出现任何抵抗。我们在研究声音时已经考察过听觉;声音 (Ⅶ₁,275)是由机械东西决定的个体性。因此,听觉属于无限形式与物质东西相关的这种特殊化过程。不过,这种带有灵魂性质的东西仅仅

是在外部关联到物质的东西上,这是单纯逃避机械物质性的形式,
因此,这种形式是直接消逝着的,还没有固定不变的场所。听觉是
对于表现为观念的机械性总体的感觉,这种感觉的对立物是触觉,
而触觉是以地球上的东西、重力和尚未在自身特殊化的形态为对
象。这样,我们就在总体性的形态里得到了观念的听觉和实在的
触觉这两个极端;形态的差别则把自身局限于其他三种官能。

　　个体性形态的一定物理属性本身并不是形态,而是形态的各
种显现,它们在本质上是把自身保持在自己的为他存在里的,而理
论关系的纯粹无差别性就是从这里开始消失的。涉及这些性质的
他物,是它们的普遍本质或它们的元素,还不是个体的物体性;在
这种他物本身,立刻确立起一种具有过程和差别的关系,然而这只
能是一种抽象的关系。但物理物体并不仅仅是这样一种特殊的差
别,也不纯粹分解为这些规定性,而是这些差别的总体,因此,物理
物体的这种分解仅仅是它自身的分化,是它的属性,它在分化中依
然是一个整体。这样,我们现在就得到了一般有差别的物体,所
以,作为总体这种物体本身也与其他同样有差别的物体相关。这
种总体性形态的差别是一种外在的机械关系,因为这些形态必须
保持它们的本来面貌,它们的自我保存活动还没有瓦解;这种坚持
差别的表现就是电,因此电同时也是与元素相反的这种物体的表
面过程。这样,我们便一方面得到了特殊的差别,另一方面得到了
作为总体的一般的差别。

（VII₁,276）

　　更精确地说,我们在下面讨论的课题的划分是这样的:第一,
个体性物体与光的关系;第二,有差别的关系本身,即气味与滋味;
第三,两个总体性物体的一般差别,即电。个体性物体的各个物理

规定性与自己的各个一般元素有关,我们在这里仅仅是从这种关系方面考察它们,而它们与一般元素相反,经过个体化,就是总体性的物体。因此,在这种关系中被瓦解的并不是个体性本身,倒不如说,个体性本身会保存自己。这样一来,在这里加以考察的就仅仅是属性。形态实际上首先是在化学过程中被瓦解的,就是说,在这个阶段构成属性的东西将在化学过程中被阐述为特殊物质。例如,物质化了的颜色作为颜料就不再属于作为总体性形态的个体性物体,而是通过化学分解从个体性物体中分离出来,被设定为自为的。这种同个体性的自我毫无关联地存在着的属性,虽然也可以称为一种个体性总体,但以金属为例,它却仅仅是一种无差别物体,而不是中性物体。在化学过程中我们还会进而看到,这样的物体仅仅是形式的、抽象的总体。这些特殊化首先是以我们为出发点,通过概念发生的;就是说,它们像形态一样,是自在地或直接地存在的。但进一步说,它们也是由现实的过程,即化学过程设定起来的;它们存在的条件与形态存在的条件一样,也正是在这里。

1. 个体性物体与光的关系 （Ⅶ₁，277）

§. 317

在业已形成形态的物体性中,最初的规定是它的自相同一的自我性,是它作为不确定的、单纯的个体性的抽象自我表现;这就是光。但形态本身并不发亮,反之,这种属性是与光的一种关系(参看 §. 316)。

a. 物体作为纯粹的晶体,在其中性存在的内在个体化的完全均匀性中是透明的,并且是一种光的媒质。

〔**说明**〕在透明性方面构成气的内在无内聚性的东西,在具体的物体中是内部凝聚的和结晶的形态的均匀性。个体性物体从不确定的方面来看,当然既是透明的,也是不透明的,或是半透明的,等等。但透明性却是作为晶体的个体性物体的另一初始规定性,这种物体的物理均匀性还没有在内部进一步得到特殊化和深化。

〔**附释**〕形态在这里还是静止的个体性,它处于机械的和化学的中性状态中,但还不像完善的形态,在一切点上都有这种状态。因此,形态作为完全规定和浸透物质的纯粹形式,在物质里仅仅是自相同一,并彻底支配着物质。这就是形态的 最初的思想规定。既然这种自相同一性在物质东西中是物理的,而光则表现着这种抽象的物理自相同一性,所以,形态的最初的特殊化就是它与光的关系,形态则由于有这种同一性而在自身包含着光。形态通过这种关系,为他物而设定自身,因此这种关系对于形态来说实际上是理论的,就是说,绝不是实践的关系,而是一种完全观念的关系。这种同一性不再像在重力里那样,仅仅被设定为冲动,而是在光里变为自由的;现在它在地球的个体性里被设定起来,是在形态本身升起曙光。但形态还不是绝对自由的个体性,而是特定的个体性,因此,形态的普遍性在地球上的这种个体化还不是个体性与形态固有的普遍性的内在联系。只有有感觉能力的生物才具有其规定性的普遍东西,作为其自身的普遍东西,就是说,才是自为的普遍东西。因此,只有有机体才对他物具有一种外观,表明其普遍性属于其自身。与此相反,这种个体性的普遍东西在这里作为元素,对于个体性的物体来说,则依然是一种他在的、外在的东西。地球仅仅作为普遍的个体,才与太阳有一种关系,并且还是一种极其抽象的关系,而个体性物体则至少与光有一种现实的关系。这是因为,虽然这一般是抽象的、自为存在的物质的规定性,因而个体性物体最初是黑暗的;但物质的个体化,通过浸透一切的形式,也扬弃了那种抽象的黑暗状态。于是,这种与光的关系的特殊变形就是颜色,因而颜色也必须在这里加以讨论。如果说各种颜色一方面为现实的、个体性的物体所具有,那么另一方面它们也仅仅是浮现在物体的个体性之外。颜色一般是一些阴影,直到现在为止,还不能认为它们有任何客观物质存在;颜色是一些映现,它们纯粹是以光明和尚无形体的黑暗的关系为基础。简言之,颜色是一种视象。所以,颜色部分地是完全主观的,是由眼睛变幻出来的;这是一种光明或黑暗的作用,是一种明暗关系在眼里的变形。然而,要有这种作用和变形,确实也需要一种外在的亮光。舒尔茨[59]认为我们眼里的磷能发出一种独特的亮光,以致在我们的内部是否有光明和黑暗以及两者的关系,都往往难以说清。 （VII$_1$,279)

第一,我们现在必须把个体化了的物质与光的这种关系视为没有对立的同一性,它与另一种规定性还没有差别,这就是形式的、普遍的透明性;第二,这种相对于他物的同一性是经过特化的,是两个透明媒质的比较,这就是折射,在折射里媒质不是完全透明的,而是得到特殊规定的;第三,我们必须把颜色视为属性,这就是金属,金属是机械的中性东西,而不是化学的中性东西。

首先,关于透明性我们应该指出,不透明性或黑暗属于抽象个体性或土质元素。气、水与火有元素的普遍性与中和性,因此,是透明的,而不是黑暗的。同样,纯粹的形态克服了黑暗,克服了个体性物质的这种抽象的、脆性的和秘密的自为存在,克服了非自我显现,从而把自己也弄成了透明的。因为这种形态使自己恰好又回到中和性的均匀性,而这些性质就是对于光的一种关系。物质的个体性故步自封,不能以观念显现于他物,因而是内在的黑暗状态。个体性的形式则作为总体,浸透到自己的物质中,正因为如此,也就把自己显现出来,进展到特定存在的这种观念性。自我显现是形式的发展,是为他物设定一个特定存在,以致这种关系同时也在个体性的统一中保持下来。因此,作为脆性物体的月亮是不

(VII₁,280) 透明的,彗星则是透明的。这种透明性是形式的东西,所以,是晶体和自身无形态的元素、即气与水共同具有的。不过,晶体的透明性就其起源而言,同时也不同于这些元素的透明性。这些元素之所以是透明的,是因为它们还没有达到内在个体性、土质元素和黑暗状态。诚然,业已形成形态的物体是个体性物质,因而本身不是光;但个体性的点状性自我作为这种内部造形者是不受阻碍的,因而在这种黑暗的物质东西中不再有任何异己的东西,反之,这种纯粹过渡到发达的形式总体的己内存在在这里已经导致物质的均匀等同性。自由地和不受限制地统括了整体和各个部分的形式就是透明性。一切个别部分都被弄得完全与这个整体相同,正因为如此,它们之间也被弄得完全相同,在机械的渗透中彼此不分离。因此,晶体的抽象的同一性、它的完全机械的无差别的统一性和化学的中性的统一性,就是构成它的透明性的东西。这种同一性虽然现在自身不发光,但与光的关系很密切,以致几乎能达到发光的地步。光所引起的正是晶体;光是这种己内存在的灵魂,因为质量完全消解在光线里。原始晶体是地球上的金刚石,每只眼睛都喜欢

看到它,承认它是光和重力的初生子。光是抽象的、完全自由的同一性,气是元素的同一性;从属的同一性是对光的被动性,这就是晶体的透明性。反之,金属是不透明的,因为个体性的自我在金属中通过很高的比重而被集中为自为存在(参看 §. 320"附释"末尾)。要有透明性,就需要晶体没有任何土质裂缝;否则,晶体就 (VII₁,281)属于脆性物体。其次,像我们在众所周知的现象里看到的,透明的东西也可以不经过化学作用,而单纯通过一种机械的变化,立刻被弄成不透明的;而要做到这一点,只需要把它分割为各个部分。碎成粉末的玻璃和变成泡沫的水是不透明的;它们失去了机械的无差别性和均匀性,失去了连续性,被置于个体化了的自为存在的形式中,而在以前则是一种机械的连续体。冰已经不比水透明,如果加以粉碎,就会变成完全不透明的。像在雪里那样,如果透明物体的各个部分的连续性遭到扬弃,它们被弄成复多,那就会从透明物体中产生出白的东西。所以,光只有作为白的东西,才有对于我的特定存在,并刺激我们的眼睛。歌德在《论颜色学》第 I 部分第189 页说,"我们可以把纯粹透明物体的偶然的(即机械的)不透明状态叫作白的。众所周知的(没有粉碎的)土质在其纯粹状态中是白的,但通过天然的结晶,则转变为透明的东西。"所以,石灰土和硅土是不透明的,它们有一种金属盐基,而这种盐基转变成了对立和差别,因而变成了一种中性东西。因此,有一些化学的中性物质是不透明的,但正因为如此,它们就不是完全中性的,就是说,它们内部残留着一种与他物没有关系的本原。但如果硅土在不借助于酸的条件下结晶为水晶矿,或黏土结晶为云母,泻盐结晶为滑石(石灰土的结晶当然需要加上碳酸),那就会出现透明性。这种很

容易从不透明性转变为透明性的现象,是屡见不鲜的。有种石头,
(VII₁,282) 叫作水显石(Hydrotion),原来不透明,在浸渍上水以后,则变成了
透明的;水把它弄成中性的,因而也就扬弃了它的间断性。硼砂沉
浸到橄榄油里,也会变为完全透明的,因此它的各个部分仅仅是被
连续地设定的①。中性化学物质有变为透明物质的趋向,所以,金
属的晶体就其不是密集的金属,而是金属盐(硫酸盐)而言,也会
借助于自己的中和性而变为半透明的。也有一些有色透明物质,
例如宝石,它们之所以不完全透明,恰恰是因为它们由之得到颜色
的金属本原虽然已被中和,但并没有完全被克服。

§. 318

b. 物理媒质所拥有的最初的和最单纯的规定性就是它的比
重,比重的特性本身表现在比较中,所以在透明性方面也仅仅表现
在与另一媒质的不同密度的比较中。在两个媒质的透明性中从一
个媒质(离眼睛较远的)到另一个媒质(为了易于描绘和想象,可
以假定前一媒质是水,后一媒质是气)起作用的东西,唯独是从质
的方面规定位置的密度。因此,水的体积及其包含的图像可以在
透明的气里看到,仿佛设置了水的体积的同一个气的体积具有更
(VII₁,283) 大的比密,即具有水的比密,因而仿佛收缩到一个相当小的空间

---

① 毕奥:《物理学研究》,第 III 卷,第 199 页:"不规整的硼砂屑"(即硼酸钠,一种
透明晶体,随着时间的推移,其光泽有所减退,其表面的结晶水有所丧失)"由于形态参
差不齐,由于表面缺乏光滑,就不再表现为透明的。但是,如果它们沉浸到橄榄油里,
则会变得完全透明,因为这消除了它们的一切参差不齐之处;而这两种物质的共同接
触面上产生的反射是很微弱的,以致我们几乎无法辨别它们分离的界限。"

里;这就是所谓的折射。

〔**说明**〕光的折射这个词汇最初是一个感性的词汇,举例说,如果我们考虑到插入水中的细棒像大家所知道的那样,看起来是折断的,它还是一个正确的词汇。这个词汇自然也适用于这种现象的几何学描写。不过,从物理学意义上说光的折射和所谓光线的折射却是一种迥然不同的东西,是一种比初看起来更加难以理解的现象。如果撇开通常观念中的其他缺点不谈,那就很容易看出,这类观念把假定的光线描绘成从一点出发,作半圆球形状的传播,必然会陷于混乱。关于通常用以解释这种现象的理论,我们必须提到一个重要的经验事实,即盛满水的容器的平底看起来是平的,因而是完全等高的。这一情况虽然与理论相矛盾,但像它在这类场合中通常发生的那样,却因此而被教科书所忽视或隐瞒起来。关键在于:单独一种媒质一般说来是完全透明的东西,只有两种比重不同的媒质的关系才是引起可见性的分别的东西;这是一种同时仅仅以规定位置的方式,即以极其抽象的密度设定的规定性。但发生这种作用的两种媒质的关系并不是出现在无差别的相互并列的存在中,相反,唯有一种媒质在另一种媒质里设定起来,即在这里单纯设定为可见的东西,设定为视觉空间,这种关系才会出现。可以说,这另一种媒质是受着设定于自身里的第一种媒质的非物质性密度的影响,以致按照自身所受的限定,在自身显示出图（VII₁,284）像的视觉空间,从而限定这种空间。在这里明显地出现了纯粹机械的属性,它不是物理的实在属性,而是密度的观念属性,仅仅对空间有规定作用。因此,这种属性是在它所从属的物质东西之外起作用的,因为它唯独对可见东西所占的位置起作用;如果没有这种观念性,两种媒质的关系就无法加以理解。

〔**附释**〕晶体作为透明的东西,本身是不可见的。在我们首先考察了晶体的透明性以后,我们要考察的第二种东西是这种透明东西的可见性,因而同时也是可见的不透明东西。我们在上文(§. 278)已经在不确定的透明东西里得到可见的东西,即一个物体把自身用观念方式设定到另一物体中的直线东西,这就是光的反射。但在晶体的形式同一性里出现了进一步的特殊化。透明的晶体如果达到其黑暗的自为存在的观念性,允许其他黑暗东西通过自己映现出来,那就是媒质,即一个东西映现到另一个东西里的中介。这里有两类现象,一是光的折射,二是很多晶体显示的双像。

这里所说的可见性是通过许多透明物体看到某个东西的可见性,以致这些媒质是各不相同的;这是因为,我们得到的个体性物体的透明性,同样也是有特殊规定的,所以只与另一透明媒质有关。作为有特殊规定的东西,媒质有自身的比重,还有别的物理性质。但是,只有一个媒质与另一透明媒质重合,映现活动以这两个媒质为中介,这些规定性才表现出来。在单一的媒质里,中介是一种同形的、纯粹取决于光的扩张的映现;例如,这种映现在水里也可以看到,只不过不那么清晰罢了。这样,如果媒质只是一种媒质,则只有一种密度,因此也只有一种位置规定;但如果媒质是两种,则会有两种位置规定。在这里恰好出现了折射的最奇特的现象。这种现象显得很简单,甚至很平凡,我们每天都会看到。但折射却是一种单纯的名称。通过任何单独的媒质,我们都会看到对象是在指向眼睛的直线上,而与其他对象的关系不变;只有两种媒

（VII₁,285）

质的相互关系才引起差别。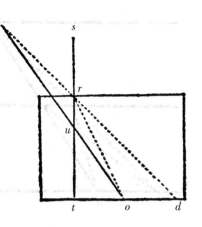
如果眼睛是通过另一种媒质
看一个对象，以致视觉经过了
两种媒质，那么，我们就会看
到这个对象是在另一个位置，
这个位置与它不借助于另一
种媒质的特殊性状而显示自
身的位置是不相同的，就是
说，与它按照感觉在物质东西
的关联中所处的位置是不相同的，换句话说，这个对象在与光的联
系中占有另一位置。例如，太阳的图像看起来就是这样，尽管太阳
实际上并不在地平线的近旁。一个对象在盛水容器里比在空虚容
器里看起来紊乱，并且显得更高。射鱼的人们都晓得鱼只是看起
来在高处，因此须向一个低于它的视觉位置的地点射击。

在这个图形里，从眼睛(a)到所看到的对象(d)的直线(ad)与 (VII₁,286)
垂直线(st)构成角(ars)，这个角大于眼睛与对象实际所在的点
(o)之间的直线同垂直线构成的角(aus)。大家通常都说，光在从
一种媒质进入另一种媒质时，偏离开自己的途径(or)，出现了折
射，而我们是在这种偏离的方向(ard)上看到对象的。但细加考
察，这种说法毫无意义；因为一种媒质并不会单独出现折射，而是
只有在两种媒质的关系中才能找到对于这样一种视觉起作用的东
西。如果光是从一种媒质里出现的，那它就得不到使它改变得适
应于另一种媒质的特殊性质，因而也就不会有另一种媒质给它指
向另一途径。这一点可从下图看得更加清楚。

如果从 AB 到眼睛所在的位置 a 有一种媒质,例如水,那么 o 就是在方向 aqo 上的地点 o 被看到的;因此,媒质 CDAB 不会改变方向,使之不是从 q 到 o,而从 q 到 p。如果 ab 与 CD 之间的这种媒质被拿走,那么,要假定 α)o 不再走向 q,而是走向 r,仿佛光线 oq 现在表明在自己上边有空气,并且可以在 r 涌现出去,因而 o 被我视为 r,这毕竟是可笑的;同样,要假定 β)o 不再走向和经过 q,光线依然能从这个点回到 a,这也是毫无意义的。因为 o 指向一切地方,既指向 q,也指向 r 等等。

由此可见,这是一种难以理解的现象,之所以如此,是因为感性事物在这里变成了合乎精神的。我过去常常考虑这种现象,我现在想说明我是如何解决这个难题的。

(VII₁,287)

实际情况是 CDAB 不仅透明,而且它的特殊本性也会被看到,这就是说,观念的关系构成 AB 与 a 之间的视觉中介。在我们涉及可见性的地方,我们是处于观念性的领域里,因为可见性一般说来就是以观念方式在他物中设定自身。但由于在这里观念的东西还与有形体的现象不统一,所以,只有潜在的,即无形体的观念规定性,就是说,只有比重是规定视觉的东西,这种东西不是规定颜色等等,而是仅仅规定空间关系。这就是说,我看到了媒质 CDAB 的非物质规定性,而这种媒质并不是以其有形体的特定存在本身起作用的。物质本身的差别与眼睛毫无关系；虽然光所经过的空间或眼睛所借助的媒质同时也是物质的，但这种物质性仅仅改变着媒质对空间因素的规定。

　　更详细地说，这种事情须理解成这样：如果我们停留在水与气的关系上（虽然它们仅仅是元素的透明物体，就是说，不是由克服了重力的形式设定的），并且把它们设定为两种彼此毗邻的媒质（虽然它们的抽象规定性比比重出现得更早，但如果它们须被规定为具体的物理东西，我们就必须考虑到在它们的特殊本性的发展过程中还没有加以考虑的一切性质），那么，当我们在对象与眼 (VII₁,288) 睛之间有这两种媒质时，我们就会看到物体是在一个与其实际位置不同的地方。问题在于这里出现了什么情况。整个媒质 CDAB 与其对象 o 都是按照其质的本性，作为观念的东西，被设定到媒质 CDa 里。但我看到其质的本性是什么呢？换句话说，什么东西能从自身进入另一种媒质？正是媒质 CDAB（例如，它是水）的这种质的非物质本性进入另一种媒质，即空气里，并且把空气规定为可见的东西，只不过这种本性是媒质 CDAB 的无形体的质的本性，而不是其化学的本性，即不是无水的。这种质的本性在可见性方面现在被设定为在空气里起作用，这就是说，水与其内容看起来好像是空气。水的质的本性处于气中可见的地位，这就是事情的关键。水形成的视觉空间被置于另一种视觉空间，即眼睛所在的空气空间里。是哪种特殊规定性把水保留在这种新的视觉空间里，使水表现为可见的，即起作用的呢？这种规定性不是形态，因为水与空气作为透明物体，彼此毫无形态可言；也不是内聚性，而是比重。此外，虽然油和燃料的性质也会造成一种差别，但我们依然坚持比重,而不想把事情复杂化。只有一种媒质的特殊规定性映现在另一种媒质里。难题在于,决定位置的比重的性质在这里是脱离开它的物质的,仅仅规定可见性的位置。但比重除了是规定空间的形式而外,又是什么呢? 因此,在这里,水的比重除了借助于水的比重设定第二种视觉空间,即空气而外,绝不会有任何作用。眼睛是从作为空气空间的视觉空间出发的;眼睛所在的这第一种视觉

(VII₁,289) 空间,就是眼睛的本原、眼睛的统一。眼睛还在自己面前有第二种视觉空间,即水构成的视觉空间,在这种空间的位置上眼睛设定起空气空间,把前者还原为后者。于是,(在仅仅考察这种差别的地方)眼睛把水构成的空间还原为空气空间在可能具有水的密度时可能占有的容积;因为水占有的空间在另一种空间,即空气空间中变成了可见的。这样,一定体积的水就被弄成空气,它保留了水的比重。这就是说,与水的体积相等的可见空气空间,现在是由水的比重规定的,虽然得到了相同的内容,但容积更小。因为现在水的空间被移到空气空间里,就是说,我看到的是空气媒质,而不是水,所以,空气的量虽然与以前一样,仍然是同一个外延之量,但水的容积看起来却只有等量空气,即等容积空气可能具有水的比重时那样大。因此,我们也可以反过来说,这部分体积确定的空气在性质方面得到了改变,就是说,被收缩到空气变为水以后所占有的空间里。因为空气的比重较小,因而同一空间盛以空气比盛以水会保持更小的容积,所以,这个空间就受到了压缩,从一切方面被缩减为更小的容积。这就是理解这种现象的方式方法;这种理解也

(VII₁,290) 许显得是人为的,但事实正是这样。据说光线是传播的,光是贯穿媒质的;但是,在这里整个媒质——透明的、光照的水的空间——

都是按照其特殊的性质,被设定到另一媒质里,而不是单纯的辐 （VII₁,291）

射。所以,我们可以思议的绝不是光的物质传播,而是水作为可见 （VII₁,292）

东西以观念方式呈现在空气里。这种呈现就是一种比重,唯独依
靠这种特殊规定性,水才能保持自己,在自己转变成的东西中发挥
作用,因而水的这种变化形式也就转变成了水本身。与此类似的
现象是:迁移到兽类躯体中的人类心灵会在其中保持自身,并会把
这种躯体扩展为人类的身体;或者,迁移到大象躯体中的老鼠灵魂
会成为大象的灵魂,同时会把这种躯体缩小和贬低为自己的躯体。
我们对观念活动领域所作的考察提供了说明这类现象的最好例
证,在这个领域里,灵魂与躯体的那种关系毕竟是观念性的关系,
观念也进行着那种缩小躯体的活动。如果把一位伟大人物的英雄
事业转交给一个渺小心灵,它就会按照自己的特殊规定性接受这
项伟大的事业,把伟大人物的事情贬低为它自己的事情,以致这种
固有的渺小眼光只会根据自己强加给伟人的大小尺度去看待这个
伟大的事情。当我观照英雄的活动时,这种活动就积极地存在于
我的心中,不过,仅仅是以观念的方式积极地存在于我的心中;同
样,空气也接受了水的视觉空间,并把这种空间缩小为自己的空
间。正是这种接受活动最难以理解,之所以如此,恰恰是因为它既
是一种观念的特定存在,但又是一种能动的、实在的特定存在。正 （VII₁,293）

是通过透明性,媒质构成这种非物质性,构成这种类似于光的东
西,这种东西能够以物质方式呈现于另一位置,而依然保持原样。
这样,物质形体就在透明性中净化成了类似于光的东西。

　　这种现象从经验方面看,就在于各个对象在盛水容器里显得
位置高。荷兰人斯涅尔[60]发现了折射角,笛卡尔采纳了他的发现。

从眼睛到对象可以引一条直线;虽然光是以直线方式表现自身的,但我们会看到对象不是在直线的末端,而是在偏高的位置上。看到对象所在的位置是一个特定的位置,从这个位置到眼睛可以再引一条直线。我们可以通过前一条直线露出水面的点作一条垂直线,然后规定视线与这条垂直线形成的角,从而用几何学的方法准确规定两个位置之间差距的大小。如果眼睛所在的媒质在比重方面低于对象所在的媒质,那么,与我们仅仅通过空气看对象时相比,对象就会在我们面前显得距垂直线更远。这就是说,角度是由于这第二种媒质增大的。这种改变是数学物理学家按照那种作为折射率的角的正弦加以规定的。如果根本没有这样的角,而是视线完全垂直于媒质面,那就一定会从正弦的规定中直接得知,对象没有移位,而是在其真正的位置被看到的。这种现象也可以这样加以表述:垂直于折射平面的光线并不被折射。但这种规定并没有考虑到另一事实,即:我们尽管是在同一个方向上看到对象,然

(VII₁,294)　而它毕竟显得更近,因此它总是显得偏高。所以说,数学物理学家与一般物理教科书仅仅是指明了与正弦有关的折射量的定律,而没有指明这种偏高的现象本身,但这种现象即使入射角＝0,也会发生。由此可见,角的正弦的各种规定是不充分的,因为它们并不涉及对象显得接近我们这种现象。他们似乎除了这条定律以外,就没有任何东西,因此他们得出结论说,只有那个能与眼睛构成一条垂直线的点,才可以看作是在它与眼睛的真实距离上,其他各点则逐渐显得越来越近;于是,就会进而有这样一种现象:就像球缺一样,盛水容器的底部向中央变为拱圆形,由于深度(即凹度)不断增加,它的边缘则显得更高。但实际情况并非如此;我看到盛水

容器的底部完全是平坦的,只不过挪得更近罢了。物理学就是这样对待这个问题的! 由于这种情形,我们切不可像物理学家所做的那样,把入射角、折射角和它们的正弦作为研究这个问题的起点,就是说,不可把这种规定视为光线改变方向的唯一原因。这种规定既然说的是角与正弦 =0 时垂直线毫无改变,然而像在一切地方一样,在这里却有升高现象,那么,我们倒不如说,必须以这种升高为出发点,这样就可以在不同的入射角中得出折射角的规定。

　　折射的强度以媒质的不同比重为转移;整个说来,比重较大的媒质也就引起较大的折射。然而,这种现象并不唯独以比重为转 (VII₁,295) 移,而且也出现了其他起作用的规定;这还取决于一种媒质是不是油质的、可燃的元素。所以,格临援引了一些例证(《物理学》,§. 700),表明折射力不可能取决于密度。例如,光在明矾和硫酸盐中有明显的折射,虽然它们的比重没有明显的不同;同样,用橄榄油浸润硼砂,这两种东西虽然是可燃的,但它们的折射并不符合于它们的比重;水和松脂油等等的情况,也是如此。同样,毕奥说(《物理学研究》,第 III 卷,第 296 页),一些矿物质的折射虽然在相当大的程度上是符合于它们的密度的,但可燃气态物质则不然。他在下一页上又说:"On voit que des substances de densités trèsdiverses peuvent avoir des forces réfringentes égales, et qu'une substance moins dense qu'une autre peut cependant posséder un pouvoir réfringent plus fort. Cette force dépend surtout de la *nature chimique* de chaque particule. La force la plus énergique réfringente est dans les huiles et resines, et l'eau distillée ne léur est pas inférieure.〔我们知道,密度极为不同的物质可以有同等的折射力,而一种在密度方面

比另一种物质更小的物质却能具有更强的折射力。这种力量依赖
于每个分子的化学本性。折射力最强的力量存在于油和树脂中，
而蒸馏水在这方面也不比它们更弱〕"。所以，可燃物质是一种在
这里以独特方式表现出来的特殊物质，油、金刚石和氢气有一种较
强的折射。不过，在这里我们必须仅以确定和陈述有关折射的一
般观点为满足。现象是由极其杂乱无章的东西组成的，这种东西
是存在的。但这种杂乱无章状态的固有本性却在于：精神性质最
多的东西在这里是被安置在物质的规定性中，神圣的东西投宿于
世俗的东西，而在纯洁的、贞女般的、不可捉摸的光辉与物体性的
这种婚姻生活里，每一方都同时保留着自己的权利。

§. 319

　　存在于不同媒质（气、水、玻璃等等）中的不同密度决定着可
见性，首先是在外部加以比较和统一的，而这种比较和统一在晶体
的本质中就是一种内在比较。一方面，晶体一般是透明的，另一方
面则在其内在的个体化（核心形态）中拥有一种形式，它偏离开一
般透明性所从属的形式等同性①。这种形式虽然也是作为核心形
态的形态，但同样是观念的、主观的形式，它就像比重一样，发挥着
规定位置的作用，因而与最初的抽象透明性不同，也以特殊的方式
规定着作为空间表现的可见性。这就是双折射61。

（VII₁,296）

---

　　①　形式等同性在这里一般是指立方体。关于表现出所谓光线双折射的晶体，我
援引毕奥《物理学研究》（第 III 卷，第 4 章，第 325 页）里的这样一段话作为对它的充分
规定："这种现象是在一切透明晶体上显示出来的，而这类晶体的原始形式既不是正六
面体，也不是合乎规则的正八面体。"

〔**说明**〕力这个范畴在这里可以妥帖地加以使用,因为偏菱形的形式(它在偏离开内在形态的形式等同性的晶体里是最常见的)从内部把晶体彻底地弄成了个体,不过,在晶体没有突然分裂为片层的情况下,偏菱形的形式并未达到作为形态的现实存在,至少并未中断和破坏晶体的完全均匀性和透明性,因而也只是作为非物质的规定性在发生作用。

歌德谈到两块面对面的平镜的外在配置与眼内颜色现象的关系,这种现象是在位于两面平镜之间的玻璃立方体内部产生的。(VII₁,297)关于从一种最初在外部设定的关系到它那种作为在内部发挥作用的规定性或力的形式的过渡,我所能援引的,只有他谈过的话最为中肯。他在《论自然科学》第 I 卷第 3 分册第 XXII 节第 148 页上讲到"天然的、透明的和结晶的物体"时写道:"因此,关于这些物体我们说,自然界在它们的最内在的深处建立了一种相同的反射装置,就像我们用外在的、物理—机械的手段把它建立起来一样"(参看同一分册第 147 页)①;这是自然界的一种内在锦绣织品。如我们已经谈过的,外在东西与内在东西的这种搭配或组合并不是涉及上节所说的折射,而是涉及一种外在的双反射以及在内部与此对应的现象。歌德在同一分册第 147 页说,"大家在菱形方解石中可以极其明显地看到,片层的各个不同脉络和由此而来的相互影响的反射是这种现象的直接原因"。因此,当他这样说时,我们必须进一步分清,这一节所说的是那种可以说呈现偏菱形的

---

① 我关于这个要点的论述[62],歌德已欣然接受,因此可以在《论自然科学》第 I 卷第 4 分册第 294 页上看到。

力或作用,而不是现实存在着的片层的作用(参看《论自然科学》,
第 I 卷,第 1 分册,第 25 页)。

〔**附释**〕冰岛方解石显示的两种图像,有一种是处于通常的地
位,或者说,折射仅仅是通常的折射。另一种图像则叫作非常的图
像,它呈偏菱形,即一种受到延压的立方体,它的 molécules
intégrantes〔组成整体的分子〕绝不是立方体或双锥体,因此它的位
置看起来是偏高的。这虽然是两种不同的位置,因而是两种图像,
但它们都包含在一种形态里;这是因为,形态尽管起初对光是消极
的,因而单纯传导图像,但个体性物体的整个内在结构形成一种表
面,所以形态后来也同样发挥出自己的物质性的作用。歌德对这
种现象亲自作过许多研究,把它归因于晶体的细微裂缝和现实存
在的片层;但引起位移的原因并不是裂缝,而仅仅是内在的形态。
因为一俟有了真正的裂缝,也就立刻出现了各种颜色(参看下一
节)。通过一些其他的物体,我们会看到一条线不仅是双重的,而
且甚至于是两对。在近代,人们已经发现许多具有双折射现象的
物体。人们在海岸上看到一物双像的现象,通常叫作 fata morgana
〔海市蜃楼〕,法国人叫作 mirage,也属于此列(毕奥《物理学研
究》,第 III 卷,第 321 页)。这种现象并不是反射,而是折射,因为
就像在方解石中看到的那样,我们是通过那些以不同方式变热的、
具有不同密度的气层观看对象的。

$$§.\ 320$$

c. 形式的这种非物质自为存在(力),在发展为内在的特定存
在时,就扬弃了结晶的中性本质;并且在那种像脆性玻璃所具有的

(VII$_1$,298)

更加完全而更加形式的透明性中,也出现了内在点状性、脆性(以及内聚性)的规定。脆性这个环节不同于自相同一的显现,即不同于光和照亮;因此,这个环节也是变暗的内在开端或本原,是尚未现实存在而对变暗起作用的黑暗东西的内在开端或本原。脆性玻璃虽然完全透明,却是产生眼内颜色的公认条件。

变暗并非始终单纯是本原,而是与形态的单纯的、不确定的中 (VII₁,299) 性相反,离开从外部在量上受到影响的变暗过程与微弱的透明性,发展为密集性的抽象片面的极端,发展为消极内聚性(金属性)的抽象片面的极端。于是,就有一种也是自为现实存在的黑暗和一种自为存在的光明,它们借助于透明性,同时被设定到具体的、个体化的统一体里,这就是颜色现象[63]。

〔**说明**〕与光本身直接对立的是抽象的黑暗(§. 277 及其“附释”)。但黑暗东西首先是作为个体化的物理物体而变为观念性的;上述变暗过程是光明东西,即这里的透明东西个体化为个体物质的己内存在的过程,就是说,是形态领域里的消极显现个体化为个体物质的己内存在的过程。透明的东西是在其现实存在里均匀的中性东西,黑暗的东西是在其内部个体化为自为存在的东西,但这种东西并不是存在于点状性中,而仅仅是与光明东西相反的力,因此,同样也能存在于完全的均匀状态中。大家知道,金属性是一切颜色的物质本原,或者,如果人们想这么说的话,是普遍的颜色物质。这里考察的金属的东西,仅仅是其高度的比重,特殊的物质与透明形态袒露出来的内在中性相反,撤回到这种占优势的特殊化过程中,并上升到端项;后来在化学领域中金属也同样是片面的、无差别的盐基。

在对整个变暗过程所作出的解释里,重要的问题在于:不仅要抽象地陈述各个环节,而且要列举它们从中表现出来的经验方式。显然,做到这两方面是有困难的;但给物理学造成更大困难的事情,却在于把那些属于极其不同的范围的规定或属性混合到一起。一方面,在颇为不同的条件和情况下给热和颜色之类的普遍现象找出单纯的、特殊的规定性,固然是重要的,但另一方面,坚持这些现象从中表现出来的差别也是重要的。什么是颜色、热等等,这在经验物理学里是不能依据概念提出的,而只能是依据发生方式提出的。但各种发生方式却极其不同。想单纯寻找普遍的规律,就会由于这个目的而忽略本质差别,把各种极其不同的东西按照一种抽象的观点罗列到一起(例如,在化学中把气、硫磺和金属等等罗列到一起)。因此,不按照不同的媒质及其所处的范围把各个作用方式视为经过特殊化的方式,就必然会损害这种寻求普遍规律与规定的要求本身。于是,产生颜色现象的这些情况就被彼此胡乱并列起来,而那些属于特定范围的情况的实验则往往被置于关键地位,同颜色本质表露给毫无偏颇的官能的单纯普遍条件,即原始现象相对立。这种表面上打着精微透彻的经验的幌子,实际上用粗俗肤浅的观点处理问题的迷人举动,只要重视发生方式的差别,就能加以对付。因此,我们必须认识这些差别,必须依据它们的规定性,把它们分开。

首先要确信,照亮的阻碍与比重和内聚性有关,这是根本的规定性。这些规定性与纯粹表面的抽象同一性(光本身)相反,是物体的独特性和特殊化;从这些规定性出发,物体进而回到自身,回到黑暗。正是这些规定性,直接构成从有限个体性到自由个体性

(VII₁,300)

(VII₁,301)

的进展（§. 307），并在这里表现于前者与后者的关系中。眼内颜色中的有趣现象在于，变暗的本原，即这里的脆性，是非物质的（仅仅作为力起作用的）点状性，它在透明晶体变为粉末时，以一种外在方式存在着，并像透明液体起泡沫一样，引起不透明性（§. 317"附释"）。压迫眼球晶体会产生出干涉[64]颜色，这单纯是比重的外在机械变化，没有分割为片层或诸如此类的现存障碍的现象。加热金属（这也是比重的变化），"会在其表面产生出各种倏忽即逝的、先后相继的颜色，它们甚至可以按照人们的爱好而被固定下来"（歌德《论颜色学》，第 I 部分，第 191 页）。在化学的规定性中，通过酸的作用则会出现暗物照亮、内在自我显现和火化活动的一种极其不同的本原。因此，我们必须首先从颜色考察中排除这种从化学方面确定了的障碍、变暗和照亮。因为化学物体，像眼睛（在主观的、生理学的颜色现象中）那样，是一种具体的东西，它自身有其他许多规定性，以致这些与颜色有关的规定性不能被人们很确定地遴选出来，分别标明。反之，要在这种具体的东西中找出　　(Ⅶ₁,302) 与颜色有关的东西，倒是以认识抽象的颜色为前提。

我们所说的是那种属于物体本性的内在变暗。变暗造成的模糊状态是不能以一种外在独立的方式确立的，因而也是不能用这种方式指明的；就此而言，证实这种物体本性在颜色方面是有趣的事情。不过，外在的变暗也不是光的整个减弱，例如，不是由于距离遥远所致，相反，一种在外在现实存在中起着变暗作用的媒质是一种透明性很小的、只不过能透亮的一般媒质；一种完全透明的媒质（作为元素的空气没有非个体化的水的中性状态已经包含的具体东西），如水或纯粹的玻璃，有一种变暗的萌芽，特别是在壳层

（即间断的界限）增多的时候,这种变暗的过程会由于媒质变密而达到特定存在。能在外部起变暗作用的最著名的材料是棱镜,而它是在两种情况下起着这种作用的:一是在其外在界限本身,在其边缘;二是在其棱镜形态中,在其侧面从整个边宽到对棱的对径不相等的情况下。棱镜具有变暗的作用,特别是由于光所经过的各个部分的对径长度不同,而具有不同的变暗作用;颜色理论忽视了棱镜的这种特性,这尤其属于其不可理解的地方。

但变暗一般说来仅仅是一种情况,另一种情况则是照亮;对这(VII₁,303)两者的关系作更精确的规定是属于颜色范围之内的事情。光能照明,白昼驱散黑暗;朦胧状态作为光明与现在黑暗的单纯混合,一般说来会引起灰色。但颜色却是两种规定的这样一种结合:它们既相互分立,又在同样程度上被设定为一体。它们是分离的,但一方又映现在另一方。这种结合必须叫作个体化;这是一种关系,就像在所谓折射中已经指明的那样,表示一种规定既是在另一种规定里发挥作用的,但又有其自身的特定存在。这是一般的概念方法,概念作为具体的东西,既区分各个环节,同时又把它们包含在它们的观念性、它们的统一性里。这种规定给理解歌德的说明造成了困难。在歌德的说明里,这种规定是以其具有的感性方式这样加以表述的:在棱镜中,不是光明压倒黑暗,就是黑暗压倒光明,以致光明在被弄模糊的时候,仍然作为光明渗透到黑暗内部,独立地发挥作用,而且(在棱镜里)如果不考虑共同的错位,那么,光明就既是停留在自己的位置上,同时又有错位。在光明与黑暗,或毋宁说,照亮东西与变暗东西(两者是相对的)独立存在于暗淡媒质中的时候,这种被置于黑暗(或光明)背景之前、因而起着照亮作

用的暗淡媒质依然保持着自己的独特现象,依然保持着过去的亮
度或暗度,同时一方在另一方里被设定为否定的,因而两者被设定
为同一的。所以,颜色与单纯的灰暗(例如,单纯灰暗无色的阴
影,虽然它比人们最初想象的也许更为罕见)的区别须理解为这
样:它与颜色四角形中的绿色和红色的差别是一样的,绿色是蓝色
与黄色这种对立面的混合,红色是蓝色与黄色的个体性。

　　按照牛顿的著名理论,白色的、即无色的光是由五种或七种颜 （VII₁,304)
色组成的[65],因为这个理论本身并不确切知道光是由几种颜色组
成的。关于这套理论,我们无论怎么激烈批评,都不过分。首先是
关于这种未开化的观念,在这种观念中,连光也是按照最坏的反思
形式,即组合加以把握的,而且就像人们可能认为清澈的水是由七
种土质组成的那样,在这里据说光明甚至于是由七种暗色组成的。

　　还有关于牛顿的观察和实验的拙笨之处和不正确之处,关于
它们的枯燥无味,甚至像歌德指明的,关于它们的不诚实态度;而
最令人注目的和最简单的错误之一就在于虚伪地保证,一个棱镜
所造成的单色光谱部分可以通过另一个棱镜又映现为单色的(牛
顿《光学》,第I卷第I部分命题V末尾)。

　　其次是关于根据那种不纯的经验材料所作的推断、推论和证
明的同样坏的性质;牛顿不仅使用了棱镜,而且他也不是没有意识
到,要用棱镜产生颜色,就需要在光明与黑暗之间有一条界限
(《光学》,第II卷,第II部分,第230页,拉丁文版,伦敦1719年),
然而,他却竟然忽视了会造成驳杂成分的黑暗;一般说来,他仅仅
是在他的理论早已制定以后,才在一种极其特殊的场合附带提到
产生颜色的这种条件(而且在这里也提得很拙笨);所以,这种提

(VII₁,305) 法对牛顿理论捍卫者的用处,仅仅在于有可能说牛顿并非不知道这种条件,而不在于把这种条件和光一起列为一切颜色考察的首要条件;在一切颜色中都有黑暗,这是教科书反而闭口不谈的情况;通过棱镜去看一堵完全白色的(或单色的)墙壁,绝不会看到任何颜色(在单色情况下看到的无非正是墙壁的颜色),但一俟在墙壁上楔入一个钉子,造成某种凸凹不平的地方,就立刻会表现出各种颜色,而且只有在这个时候和这个地方才会表现出各种颜色;这一极其简单的经验事实,教科书也是闭口不谈的;因此,不谈这么多反驳牛顿的经验事实,也算是他的理论说明的不当之处。

　　进一步说,特别是关于牛顿的无思想性,由于这种无思想性,他的理论推出的许多直接结论(如消色差望远镜的不可能性)就被放弃了,而他的理论本身却被坚持下来。

　　但最后是关于认为这种理论以某种数学东西为依据的成见的盲目性,好像那些本身部分地是错误的、片面的度量完全应该荣膺数学之名,好像塞进推论里的那些量的规定能给论证这种理论和事实本身的本性提供某种根据。

　　歌德关于光所包含的这种黑暗的说明既是透彻的,又是清楚

(VII₁,306) 的,甚至于也是博学的。毫无疑问,它之所以没有被积极采纳,一个主要原因在于人人所承认的毫无思想和随心所欲的观念太严重了。这种荒谬的观念并没有衰落,而是在近代利用马吕斯发现,再通过光的偏振,甚至通过太阳光线的四角形性质,通过有色光微粒时而从左向右、时而从右向左的旋转转动,尤其是通过又被采纳的牛顿 Fits〔冲动〕,即 accès de facile transmission〔顺利透射的冲动〕和 accès de facile réflexion〔顺利反射的冲动〕(毕奥《物理学研

究》,第 IV 卷,第 88 页及以下诸页）[66],而被发展成为更加杂乱无章的形而上学空话（参看上文 §. 278"说明"第 132 页）。在这里,有一部分这样的观念,也是产生于微分公式在颜色现象上的应用, (VII₁,307) 因为这种公式的各项在力学里所具有的正确意义被不适当地推广到了一个完全不同的领域的规定里。

〔**附释**〕第一,在棱镜中同样有所谓双折射,并且出现了另外的规定性,借助于这种规定性,透明性转化为变暗过程,从而产生了各种颜色。玻璃的脆性表现为变光明为暗淡的作用,虽然玻璃完全是透明的。乳白色的玻璃、半透明的玻璃也有这样的作用,但这里引起的暗淡并不是作为外部存在的东西表现出来。光并不把自己变暗,倒不如说,光是不被变暗的东西。因此,颜色观念首先与个体东西、主观东西有关,这种东西既把自身分化为差别,同时又在自身把这些差异结合起来。更精确地规定这种现象,是经验物理学的事情;但因为经验物理学不仅必须进行观察,而且也必须把观察归结为普遍规律,所以,它便与哲学的考察有关。关于颜色现在有两种观念占支配地位。一种是我们所拥有的,认为光是一种简单的东西;另一种则认为光是复合的,这种观念简直与一切概念相对立,是最粗糙的形而上学。因为问题在于整个的考察方式,所以这种形而上学是最坏不过的。正是在涉及光的地方,我们放弃了对于单一和复多的考察,而必须把自己提高到对于现存同一体的抽象。因此,在涉及光的地方,我们似乎不得不使自己上升到观察的东西,上升到思想;但思想在另一种光的观念里是不可能造成的,因为人们在这个地方采取了极其粗率的态度。所以,哲学所必须研究的绝不是一种复合的东西,而是概念,是差别的统一,这 (VII₁,308)

种统一是差别的内在统一,而不是差别的外在表面统一。为了补救牛顿的理论,有人想去掉这种复合,说什么光在自身把自己规定为这些颜色,就像电或磁把自身极化为差异一样。但颜色只能见之于光明与黑暗之间的界限上,这是牛顿本人也承认的事实(第273页)。光把自身规定为颜色,总需要有一种外在的规定或条件,如费希特唯心论里的无限冲击,具体地说,总需要有一种特殊的规定或条件。光假如是自己把自己变暗的,那就成了在内部自我分化的理念;但光实际上仅仅是一个抽象环节,是业已达到抽象自由的重力的自我性和中心性。这就是必须从哲学方面处理的问题,就是说,是光应该从哪种观念来考察的问题。因此,光所具有的还是自身之外的物理东西。固定不变的光亮物体是白色东西,它还没有任何颜色;而物质化了的和特殊化了的昏暗示西则是黑色东西。颜色存在于这两个极端之间;引起颜色的正是光明与黑暗的结合,具体地说,是这种结合的特殊化。在这种关系之外,黑暗是子虚乌有,而光也不是某种东西。黑夜包含着一切力量自行瓦解的酵母和进行破坏的斗争,包含着万物存在的绝对可能性,包含着混沌状态,这种状态不是在自身含有一种现存的物质,而是恰恰在其毁灭中含有万物。黑夜是生育万物的母亲,光则是纯粹的形式,它只有同黑夜相统一,才有自己的存在。黑夜的恐怖是一切力量的静穆颤动;白昼的光明是黑夜的己外存在,这种己外存在未曾保持内在性,而是作为没有精神、没有力量的现实,倾泻出来,消失不见。但是,如已经表明的,真理却是两者的统一。光并不是映现到黑暗中,而是被这种作为本质的黑暗所浸透,正因为如此,就变成了实体,变成了物质。光并不映现到黑暗中,照明黑暗,在黑暗里发生折射;相反地,在自身被折射的概念作为光与黑暗的统一,在这种实体中表现出自己的自我,表现出自己的各个环节的差别。这就是明朗的颜色领域,就是颜色在色彩变换现象里的生动运动。任何人都晓得颜色比光更暗。但按照牛顿的观念,光并不是亮光,反而在自身是暗的;这些不同的颜色被认为是原始的东西,只有把它们混合起来,才产生出光。如果有人反对牛顿,那就似乎是狂妄自大;但是,这件事情只用经验方式即可处理,因此,当牛顿用僵化的反思观念把它弄得模糊不清时,歌德则对它作出了说明。牛顿的体系之所以能保存到现在,完全是因为物理学家在观察实验时为这种僵化的观念所蒙蔽。关于这个问题我可以说得更简短些,因为我们可以期待,在这所大学里很快就会有专门演讲谈到这个极其有趣的颜色问题,让你们通过实验详细地看到事实真相,看到牛顿的惊人错误以及物理学家的盲从态度。

　　透明性取决于致暗材料(棱镜也必须被视为这种材料),因而出现了光与黑暗的关系,对于颜色的考察必须从这样的地方开始做起。颜色作为这种简单的、自由的东西,需要一种达到自己的现实性的他物,需要一种特定的、参差不齐的图形,它的各个边形成不同的角。于是,在强度方面就出现了不同的照亮过程与致暗过 (VII₁,310) 程,它们相互作用,从而变暗或照亮,产生了自由的颜色。为了得到不同的致暗结果,我们主要是使用透明的玻璃;但为了产生颜色,我们却连这种东西都不需要;这是一种更加复杂的、更加间接的结果。我们可以直接让不同的致暗过程或照亮过程——如阳光或烛光——相互接触,这样就会立即得到有色阴影,因为任何一种光的暗影都同时被另一种光所照亮;所以,我们就用两种阴影得到了它们的两种照亮过程。如果是各种各样的、紊乱不堪的致暗过程在相互重合,那么,像我们一般在通常的阴影上所看到的,就会产生无色的灰暗状态;这是一种不确定的照亮过程。但是,如果在照亮过程中仅仅是几种或两种确定的差别相互重合,那就会立即产生出颜色;这是一种质的差别,而阴影则仅仅表现量的差别。太阳光过于强烈,以致任何别的光照都不能胜过它,反而整个地区都以它为一种普遍的、首要的光源。但是,如果不同的照亮过程进入室内,即使这仅仅是补充太阳照耀的蔚蓝天空,也会立刻出现有色阴影,因而当我们开始注目于阴影的不同的颜色变化时,我们就再也不会立刻看到灰暗的阴影,而是到处都会看到一些有色的阴影,只不过它们很微弱,结果颜色并没有把自身个体化。烛光和月光产生出最美丽的阴影。如果在这两种光照中立一根小棒,两个阴影就会被两种光照亮,就是说,月光的阴影会被烛光照亮,烛光的阴影会被月光照亮。于是,我们就得到了蓝色和橙色,而两支烛光则唯独引起清晰的黄色。在晨光曦微和暮色苍茫之际,太阳光并

(VII₁,311)

不耀眼,以致经过多次反射,即可排除有色阴影,这时也会在烛光下出现那种明暗对立。

　　牛顿以为,他在涂着一切颜色的旋转盘上找到了他的理论的一个有力证明;这是因为,既然迅速旋转圆盘不会明显地看到任何颜色,而只会看到一种白色闪光,那么,这种白光就可以假定为是由七种颜色组成的。人们之所以仅仅看到一种"不鲜明的"灰色,一种灰尘颜色,是因为眼睛在圆盘迅速旋转的情况下不再能分辨各种颜色,就像有人在头晕目眩、神志不清的情况下不再能保持对象的确定表象一样。如果有人用绳索拴着一块石子旋转,谁会把

看到的圆圈视为真实的呢？牛顿派的那种基本实验直接驳倒了他们想要证明的东西，因为颜色假如是原始的、固定不变的东西，颜色本身所包含的晦暗成分就完全不可能在这里把自身还原为光明。相反，正如守夜人所唱的，光明一般会驱散黑暗，所以晦暗因素绝不是原始的东西。在晦暗成分占优势的地方，微弱的照亮成分反而逐渐消失了。因此，把一些具有特定颜色的玻璃相互叠合起来，如果它们的颜色是明亮的，我们就会透视到白色，如果它们的颜色是晦暗的，我们就会透视到黑色。这时牛顿派仍然会说黑暗也是由各种颜色组成的，就像另一位英国人实际上主张黑色是由所有颜色组成一样。这样，颜色的特殊性就烟消云散了。

　　牛顿派反思的进程就像在他的整个物理学方法中见到的那样，简单地说，是这样的：

　　α)牛顿从玻璃棱镜在一间完全黑暗的房屋里所引起的现象（这种故弄玄虚以及 foramen ovale〔椭圆细孔〕和诸如此类的东西都是完全多余的）出发，让他所说的"光线"投射到棱镜上。于是　(VII$_1$,312)我们就通过棱镜看到了不同的颜色，并且在另一地点看到了光像，看到了按照特定次序排列起来的各种颜色，例如，在靠上的部位看到紫色，在靠下的部位看到红色。这本来是单纯的现象，但牛顿这时却说：既然一部分光像比另一部分散度更大，而且在散度更大的地点可以看到别的颜色，那么，一种颜色就会比另一种颜色有更大的散度。这种现象后来就被说成是这样：各种颜色的内在差异就它们的本性而言，在于它们的各种不同的可折射性。于是，每种颜色都是原始的东西，它在光里向来就是作为不同的东西存在和构成的；例如，棱镜的作用似乎无非在于把这种向来现成存在的差异

表现出来,而这种差异好像在最初并不是由这种方法产生的;这好
比蝴蝶翅膀上的鳞毛,我们虽然单纯用肉眼无法看到,但可以通过
显微镜看到。这是合理的推论。光的这种柔和悦目、精细无比、可
以无限规定和绝对自相同一的东西,能够屈服于任何印象作用,以
完全无差异的方式,单纯接受任何外在变化形态,因而被认为是由
固定不变的成分组成的。大家也可以在另一领域使用类似的方
法。在一架钢琴上按动不同的键,会产生不同律音,因为事实上是
按动了不同的弦。同样,手风琴的每个律音都有一根乐管,吹入气
体,就会发出一种特别的律音。不过,吹奏一支号角或长笛,也会
听到不同的律音,虽然我们并没有看到什么特别的键或乐管。当
然有一种俄罗斯号角乐,其中每个律音都有一支特定的号角,这样
每个演奏者都是用自己的号角,仅仅奏出一种律音。人们听过这
种音乐以后,再听普通圆号吹奏的同一旋律,就可能像牛顿那样进
行推论,说"在这种单一的号角里暗装着一些不同的号角,它们是
看不见、摸不着的,但在这里起着棱镜作用的演奏者却能把它们表
现出来;为了产生不同的律音,他必须在每一次都吹奏一支不同的
号角,因为每个律音本身都是一种固定的和现成的东西,它有它自
己的所在和它自己的号角"。虽然我们也知道,在一支号角上手
指关住洞口,嘴唇伸曲移动,也能引起不同的律音;但这却被认为
是毫无成效的,不过是一种形式的活动而已,它只能表现已经现成
存在的不同律音,而不能引起律音本身的差异。我们还知道,棱镜
是一种条件,借助于这种条件,不同的颜色映现出来,因为棱镜的
形态所呈现的不同密度会使光的各个不同的致暗活动过程相互重
叠;但是,即使大家向牛顿派指出颜色仅仅是在这种条件下产生

(Ⅶ₁,313)

的,他们也依然主张,这些不同的活动在光方面并不会引起不同的结果,相反,不同的结果在产生以前就已经是现成存在的。这好比有人主张,不管我怎样关闭和张开嘴唇,不管手指怎样塞住乐器上面的洞口,圆号吹奏的各个律音反正是一种不同的现成律音,好像这些活动并不是改变律音的活动,而仅仅是一支号角紧接着另一支号角的不断重复吹奏。歌德的功绩在于他贬低了棱镜的作用。（VII₁,314）
牛顿作出结论说,"棱镜引起的东西是原始的东西",这是一个粗暴的结论。大气会发生致暗作用,而且会以不同的方式发生致暗作用,例如,太阳在升起时呈橘红色,因为空气里包含着更多的水蒸气。水和玻璃所起的致暗作用更大。牛顿并没有考虑到仪器把光变暗的作用方式,所以他认为从棱镜后面出现的变暗过程是原始的组成部分,以为棱镜把光分解成了这些部分。但是,说棱镜有分散光线的力量,这却是轻浮粗疏的言论,因为这种说法已经把那种据说得到经验证明的理论当成了前提。这好比我用擦地拖把把水弄脏,然后又想证明水原来并非清澈的。

　　β)牛顿进而主张,紫、靛、蓝、绿、黄、橙、红七种颜色是单纯的和不可分解的,这是不能令人信服的,例如,绝不会有人认为紫色是单纯的,因为这种颜色是蓝色和某种红色的混合。任何小孩都知道,黄色和蓝色混合,会产生绿色;在蓝色中加上一些比出现紫色时更少的红色,就会产生淡紫色;黄色和红色混合,会产生橙色。但在牛顿派看来,绿、紫和橙是原始颜色,靛蓝和青色(即灰绿色,它有点绿色的痕迹)虽然完全没有什么质的差别,但他们也认为是绝对不同的。绝没有任何一位画家是牛顿派这样的傻瓜;画家们拥有红色、黄色和蓝色,由此制造出其他颜色。甚至于把黄色和

(VII₁,315) 蓝色两种干颜料粉机械地混合到一起,也会产生绿色。既然像牛
顿派所不得不承认的那样,许多颜色是这样混合而成,所以,他们
为了拯救他们那种关于颜色的单纯性的理论,就说通过棱镜的光
谱(或幻景)产生的颜色本来也不同于其余的天然颜色,不同于固
定在物质上的色素。然而,这却是一种子虚乌有的差别;颜色就是
颜色,而且它无论是怎样产生的,无论是物理的或化学的,它不是
同质的,就是不同质的。诚然,就像在其他地方那样,甚至在棱镜
里也产生了混合颜色;我们在这里得到的,是一种特定的、处于其
产生过程中的映现本身,因而也就是映现与映现的一种纯粹混合,
而不是映现与有色东西的进一步结合,因为让棱镜靠近墙壁,只会
把色像的边缘弄成蓝的和红的,而色像的中央仍然是白的。有人
说,有许多颜色会合的色像中央,产生了一种白色光辉。这是多么
荒谬呵!人们竟然把这类事情推勘到难以置信的地步,而且这样
继续胡言乱语正在变成一种单纯的习惯。但是,加大棱镜与墙壁
的距离,则会使色像边缘变得更宽,以至白色最后完全消失,并由
于与色像边缘接触,而产生出绿色。牛顿派想用他们的实验证明,
颜色全然是单纯的(参看本节"说明"第 273 页),在这种实验里,
经过墙壁上的窟窿落到对面墙壁上的光线颜色,透过棱镜来看,无
疑不会很完整地显示出各种不同的颜色;但是,就像我通过有色玻
璃观看某种景物一样,在边缘上形成的各个颜色圆圈当然也会不
很清楚,因为它们的基础是另一种颜色。因此,大家切不可让自己
为牛顿鼎鼎大名的权威所折服,也不可让自己为那种主要是在近
(VII₁,316) 代围绕着他的学说建立起来的数学证明骨架所折服。有人说牛顿
是一位伟大的数学家,好像这就证明了他的颜色理论是正确的。

然而,唯有数量才能从数学方面加以证明,物理的东西则不能从数学方面得到证明。在颜色方面数学是无足轻重的,在光学中情形则有所不同。如果说牛顿测量过各种颜色[67],那么,这仍然不是数学要做的工作,或者说,这终究不过是没有血肉的数学工作罢了。牛顿测量过宽度不同的光带的比率,但他说他的视力不太敏锐,以致无法亲自进行测量,于是他就聘请了一位视力敏锐、信得过去的好朋友,替他做这件事情①。尽管牛顿后来把这种比率同乐音的数量关系作过对比(参看上文 §. 280"说明"),但这也仍然不是数学工作。甚至在图像很大的时候,也没有一个眼光最锐利的人能指明不同的颜色是在什么地方开始的;无论是谁,只要看一下光谱,就会知道这里没有任何固定不变的界限(confinia),它们似乎能够由直线加以规定。我们如果能考虑到光带边缘由于棱镜与墙壁的距离不等而具有极其不同的宽度,就会看出牛顿所做的事情是完全荒唐可笑的。例如,在距离最大的情况下,绿色会有最大的宽度,因为黄色和蓝色由于其宽度的增大,越来越相互重叠,以致这两种颜色本身变得越来越狭窄。

γ)牛顿的第三个观念,后来被毕奥作了进一步的扩充。这个观念认为,把一块透镜压到玻璃上,会看到一个圆圈以相互重叠的方式,形成许多彩虹,因此不同的颜色具有不同的冲动。例如,在这个点上大家只看到一个黄色圆圈,而看不到一切其他颜色;于 (VII₁,317)

---

① 牛顿《光学》第 120—121 页:"一位帮我工作,比我具有更犀利的视力的朋友,指出光谱中各种颜色的界限是用横断线找出来的。"牛顿就是一切物理学家的这样一位好朋友,没有一个人亲身看到这样的东西,假如有人看到过,他就会像牛顿那样说话和思考。

是,那两位先生就说,黄色有显现出来的冲动,其他颜色则有埋没自身、隐而不显的突发活动。据说透明物体可以让某些光线穿过,其他物体则不然。因此,颜色的本性就在于:一俟具有这种显现的accès〔冲动〕,就能让光线穿过。这是极其空洞的观念,单纯的现象被接纳到僵硬的反思里去了。

符合于概念的颜色说明,我们应该归功于歌德。他在早年就对考察颜色和光发生了兴趣,后来特别从绘画方面作了这样的考察。他的纯粹的、质朴的天赋智能,即诗人的首要条件,必然会对牛顿的那种粗野的反思方式发生反感。柏拉图以来关于光和颜色所作的解释和实验,他都进行了透彻的考察。他以质朴的方式理解了这种现象,而理性的真正本能就在于从这种现象表现得最质朴的方面去理解这种现象。进一步的研究则在于把这种原始现象同整整一大堆条件综合起来;如果人们从这一大堆条件出发,那就难以认识本质。

α)歌德理论的主要成分是把光视为自为的,而把黑暗视为光之外的另一东西。白色是可见的光明,黑色是可见的黑暗,灰色则是它们的第一种纯粹量的关系,因而是光明或黑暗的消长。但在第二种更加确定的关系中,在光明和黑暗彼此保持着这种固定不变的特质的地方,重要的问题却在于致暗媒质是以什么为基础,致暗媒质是什么。或者是有一种明亮的基础,在这个基础上有一种比较黑暗的本原,或者是相反,而颜色就是由此产生的。这种差别的协合符合于概念,歌德的伟大智能使得他说出了这种情况本来如此。合理性就是寓于持续的差异性中的同一性,只有进行思维的意识能够对这一事实作出解释。例如,在自我性的东西不是同对象阻隔,而是同对象融合的地方,就只有动物的感觉活动。但如果我说我感觉到某种热的东西,意识便设定起一个对象,虽说有这种分离,我却毕竟把两者结合在一个统一体里了。这是一种比例。3:4 是一种完全不同于我们把它们仅仅组合为 7(3＋4) 或者 12(3×4) 或 1(4－3) 的比例,相反,在这种比例关系中三就被认为是三,四就被认为是四。同样,在颜色中光明与黑暗也必定是相互关联的,媒质与基质在这里必然始终是分离的,媒质实际上就是媒质,自身并不发光。αα) 虽然我可以另外设想一种黑暗的基础和照射到这种基础上的阳光,然而这绝不是媒质。而致暗的媒质也只能产生单纯的灰色,而不是产生颜色。例如,我通过透光的棉纱观看黑色对象,或通过黑色棉纱观看白色对象,就有这样的情况。这是因为,要明确地感觉到一般的颜色,就需要有一些特殊的条件。其次,在这样的颜色现象中,重要的因素在于眼睛的差异和环境。如果靠近另一种暗度或亮度确定的东西,或者说,如果与一种显著的颜色相毗邻,微弱的颜色外貌就会仅仅表现为灰色。眼睛在感受颜色方面也是极其不同的;不过我们可以提高自己的注意力,例如,帽缘透过棉纱来看,我觉得是蓝色的。因此,单纯的致暗过程必定不同于 ββ) 光明与黑暗的相互透射。天空是黑夜,呈黑色;我们的大气层作为空气,则是透明的。假如大气层是完全纯洁的,我们便只会看到黑色的天空;但大气层充满了水蒸气,因而是 (VII₁,319) 一种致暗物质,所以我们看到天空是有色的,即蓝色的。在空气比较纯洁的山上,我们看到天空比较黑。反之,如果我们有一种光明的基础,例如太阳,如果我们透过一种发暗的玻璃,例如乳色玻璃,去看大气层,我们就会觉得大气层是有色的,即黄色的或红色的。

有某种木材,用它煮成的东西,放在明亮的东西面前呈黄色,放在黑暗的东西面前呈蓝色。这种最简单的关系总是各种颜色的基础;每种透光的、还没有任何决定性颜色的媒质,都是这样起作用的。例如,我们取一块蛋白石,它在以天空为背景时呈黄色或红色,在以黑暗为背景时呈蓝色。我(在1824年1月5日)在我的窗户前面观察了烟囱里冒烟,当时天空是阴沉沉的,因而有一种白色背景。我看到,当烟升起,并有这种背景时,它是带黄色的;当它下沉,以黑色屋顶和黑色枯树为背景时,它是带浅蓝色的;当它又往下沉,以房屋的白墙为背景时,它又是黄色的。同样,有一些啤酒瓶也呈现出这种现象。歌德取了一个波希米亚玻璃杯,从内部沿着它的圆壁贴了一半黑纸,一半白纸,于是这个玻璃杯就呈现蓝色和黄色。这就是歌德所谓的原始现象。

　　β)产生这种致暗作用的另一种方式是由棱镜引起的。如果我们取一块白纸,上面绘以黑图,或取一块黑纸,上面绘以白图,并通过棱镜对此进行观察,那么,我们就会看到有色的光带边缘,因为棱镜作为既透明同时又不透明的东西,是同时把这个对象呈现在它所在的位置和另一位置;因此,即使没有单纯的致暗作用,各个光带边缘也变成了一些界限,并相互重叠。在上文(§. 320"说明"第273页)引证的地方(《光学》,第230页),牛顿感到惊奇的事实是:某些薄片层或玻璃小球(《光学》,第217页)本来完全透明,在任何方面都没有阴影,但通过棱镜来看,却显示出自身是有颜色的(annulos coloratos exhibeant)。他说,"cum e contrario, prismatis refractione, corpora omnia *ea solummodo sui parte* apparere soleant coloribus distincta, ubi vel umbris terminentur, vel partes

（VII₁,320）

habeant inaequaliter luminosas〔相反地,在棱镜的折射作用下,所有物体通常只是在自己的一些部分显示出各种颜色,它们在这些部分或者为阴影所限定,或者在不同程度上得到照耀〕"。但是,他怎么能看到这些玻璃小球在棱镜中没有它们的环境呢? 因为棱镜总是使图像和环境的截然分离发生错位,或者说,棱镜总是把它们的界限确立为界限(参看 §. 92"附释")。事实就是如此,虽然还没有得到充分解释。冰岛方解石首先以透明的性质表现出天然图像,然后以其偏菱形的形式使这种图像出现错位,因而我们在这种方解石中看到了双像,这种情况正是如此;现在其他玻璃的情况也必定同样如此。因此,我在棱镜中假定双像是直接聚合为一体的。在棱镜里始终处于自己位置上的正常图像,从这个位置发挥着作用,恰好仅仅作为映现而被投射到透明媒质中;已经错位的非常图像则是通常图像的致暗媒质。所以,棱镜在光里就设定了概念的分离过程(第 275 页),这种分离通过黑暗获得自己的实在性。不过,棱镜作用方式一般说来是 $\alpha\alpha$)使整个图像发生媒质本性所决 (VII$_1$,321)
定的错位。但 $\beta\beta$)棱镜形态也是一种决定性因素,确实可以从中看出图像大小,因为棱镜形态正在于使那种由折射固定下来的图像进一步在自己内部发生错位,而这里的真正关键就是这种在自己内部的东西。既然棱镜上宽下窄(例如在角向下时),那么,光就会从不同方向落到每个点上。因此,棱镜形态就引起了一种特定的、进一步的错位。虽然这种现象也还相当不明显,但事实在于图像因而同时也在内部被移到另一位置。这种内在状态会通过玻璃的化学性质而大加改变,例如,铅玻璃以及其他诸如此类的物质就是一种独特的结晶,即一种内在的趋向方式。

γ）即使在几英尺的距离内,我用自己的眼睛也看到对象的棱和边是模糊的。不必眨眼,我就能极其轻而易举地看到窗框的宽边是有色的,这种整个看来呈现灰色的窗框是处于半明半暗的地方;在这里也有一种双像。在所谓的衍射[68]中,我们也客观地看到这种双像;当光通过细小的隙缝射入暗室里的时候,一根头发也会被看成双像,甚至于被看成三像。只有牛顿用两个小刀片做的实验是有趣的;他以前援引的实验,包括刚才提到的,都毫无意义。在小刀片实验中特别值得注意的情况是:刀片离窗口越近,成像的

光带就越宽(牛顿《光学》,第 III 卷,第 328 页)。由此可见,这种现象同棱镜现象密切有关。在这里光也表现出它如何是他物的界限。但光并不是通过棱镜的外在力量仅仅改变了方向,相反,光的实在性恰恰在于光与黑暗本身相关,向着黑暗衍射自身,与黑暗造成一种肯定的界限,即光与黑暗不是截然分开,而是相互逾越的界限。凡在光与黑暗相遇的地方,到处都有光的衍射,它造成了浓淡参庭、半明半暗的阴影。光偏离开自己的方向,光与黑暗每一方都越过自己的分明界限,而跨入对方。这种情况堪与一种气氛的形成相比,而气味就是一种气氛的形成,例如我们谈到金属的酸气氛、电气氛等。这就是作为事物显得束缚在形态中的观念东西的出现。因此界限也就变得更加肯定,不仅是一般的混合,而且是明暗相交的阴影,它在亮的方面被光所限定,但在暗的方面又被光同样与黑暗分开,以致它在亮的方面最暗,向着把它与黑暗分离开的光逐渐变暗,并且这样的现象会多次重复出现,因而产生了相互并列的阴影线条。要把这种综合、这种中性状态也表现为在质的方面是确定的,光的这种衍射,即自由奇特的折射,还需要特殊的图

形。

δ)还必须指明颜色总体的情况如何。颜色现在是特定的颜色。这种规定性已不再仅仅是一般的规定性,而是作为现实的规定性,在自身包含着概念的差别;这就是说,它已不再是不确定的规定性。重力作为他在中的普遍的、直接的己内存在,在自身直接具有差别,这种差别是非本质的差别,是很大的质团的差别,而大小完全是无质的。反之,热作为自己内部的否定东西,则在温度的冷热差异中具有差别,这种差异本身最初仅仅属于大小之量,但是也获得了一种质的意义。颜色作为真正否定的东西,作为实在的 (Ⅶ₁,323) 东西,具有直接的、由概念设定和规定的差别。我们根据自己的感性知觉认识到,黄色、蓝色和红色是基本颜色,此外还可以附加上本身属于混合颜色的绿色。经验表明,这种关系是这样的:第一种颜色是黄色,如舒尔茨先生所说的,它是一种明亮的基础,同时也是一种晦暗的媒质,这种媒质被明亮的基础渗入明或渗入亮。因此,我们觉得太阳是黄色的,是一种表面的致暗过程。另一端是蓝色,同样如舒尔茨先生所说的,黑暗的基础在蓝色状态中给明亮的媒质渗入阴影。因此,在大气里有蒸汽的时候,天空是蓝色的;在人们超越大气的晦暗介质,在高山——如瑞士的阿尔卑斯山——上和气球上看天空的时候,天空是深蓝色的或几乎完全是黑蓝色的。人们眨眼,会把眼睛的水晶体遮盖一半,从而把它弄成一块棱镜,而且这时人们就会看到火焰的一侧是黄色的,另一侧是蓝色的。望远镜作为透镜,也有棱镜的作用,因而能呈现各种颜色。只有把两块棱镜相叠,才能完全消除色差。蓝色和黄色是最单纯的颜色,在这两端之间有红色和绿色,而它们已不再属于这种极其单纯的、普遍的对立面。一个中介是红色,蓝色和黄色都能被提高为红色;由于致暗作用的增强,黄色很容易被扩张为红色。在光谱上,红色已经出现在紫色里,另一方面,红色与黄色一起,也同样出现在橙色里。如果黄色又被渗入暗,或蓝色又被渗入亮,那就会出现红色;因此,更多地被贯入阴暗状态的黄色,或更多地被贯入明亮状态的蓝色,就变成了红色。红色是黄色与蓝色的这样一种中介,它与构成消极中介的绿色相反,必须被视为积极中介,被视为黄色和蓝色的主观的、个体的规定性。红色是高贵的颜色,是克服和完全浸透黑暗的光明,是夺目耀眼的东西,是能动有力的东西,是黄色和蓝色这两端的内涵。绿色是黄色和蓝色的单纯混合,是它们的共同中性状态;把黄色和蓝色重叠起来,就会在棱镜里极其明显地看到这一点。作为中性颜色,绿色是植物颜色,因为植物的其他质的东西就是从植物的绿色中生长出来的。作为第一种颜色,黄色是带有单纯致暗作用的光,是直接特定存在的颜色;黄色是一种热颜色。第二种颜色是对立本身获得双重表现的中介,是红色和绿色,它们相当于我们过去讨论过的火和水(§. 283 与§. 284)。第三种颜色是蓝色,是一种冷颜色,是通过明亮物体看到的黑暗基础,而这种基础并未发展为具体总体。天空的蓝色可以说是衬托出大地的基础。这些颜色的象征意义是这样的:黄色是明朗的、高贵的颜色,它以其力量和纯净而令人高兴;红色表示严肃和庄重、仁慈和优雅;蓝色表示温存的、深刻的感受。红色与绿色构成一种对立,彼此亲近,因而易于相互转化。加强的绿色看起来是红的。取一种绿色植物液汁(例如,鼠尾草液汁),它看起来完全是绿的。如果把这种本来深绿的液体装入形如香槟酒杯的

(Ⅶ₁,324)

玻璃容器里,置于阳光下,我们就会看到它在底部是绿色,顶部是最美丽的深红色。在玻璃杯狭窄的地方,它呈现出绿色;再往上看,它通过黄色,转变为红色。这种液体,在注入宽大的瓶里时,是红色的;在倒出来的时候,则看起来是绿色的。所以,是它的强度使它成为红色的;或毋宁说,加强的绿色看起来是红色的。光焰在底部看起来是蓝色的,因为它在那里最稀薄;它在顶部看起来则是红色的,因为它在那里最强烈,而且火焰也最炽热;所以发暗的东西在底部,中间的火焰是黄色的。 （VII₁,325）

ε）客观必然的东西也在主观视觉里结合到一起,如果我们要看一种颜色,眼睛就需要有另一种颜色。黄色需要紫色,橙色需要蓝色,深红色需要绿色,反之亦然。因此,歌德称这些颜色为补色。黎明和黄昏时刻的黄色阴影或蓝色阴影,与月光和烛光相反（参看上文第 278 页）,可以算入补色。按照歌德的一项实验,将一个红色玻璃杯放到一只烛光之后,就会看到红色的照明现象;那里再放上另一支烛光,红光所投的阴影就是红色的,而另一个阴影看起来则是绿色的,因为绿色是红色的补色。这是一种生理学的现象。听说牛顿以前谈过绿色的起源。如果我们看光,然后闭住眼睛,我们就会在一个圆圈上看到一种颜色与我们已经看到的颜色相反。关于这种主观图像,我们应该援引下列实验:我把透镜焦点上的太阳图像观看了很长一段时间,当我合住眼睛的时候,我眼睛里留着的图像在中央是蓝色的,其余的同心平面则是美丽的海绿色;这个中央与瞳孔一样大,它的周围则比虹膜更大,略呈椭圆形。当我张开眼睛的时候,这个图像依然存在:对着黑暗的背景去看,中央仍 （VII₁,326）
然是美丽的天蓝色,周围是绿色;但对着明亮的背景去看,中央则变为黄色,周围变为红色。如果我们把红色火漆放到一张纸上,看它很长一段时间,然后把视线转到别的地方,我们就会看到一种绿色现象。波涛汹涌的大海里的深红色是补色,波浪的明亮部分呈现出自己的固有颜色,是绿色的,波浪的阴暗部分则呈现出相反的颜色,是深红色的。在天空晴朗适度的时候,面对着郁郁葱葱、别无他色的草地,我们往往会看到树木躯干和人行小道的光泽是红色的。关于这些生理学的颜色,政府全权代表舒尔茨做过极其重要和有趣的实验,他已将这次实验通知歌德先生和几位当地的朋友,不久即可公诸于世。

我们必须坚持歌德关于原始现象的观点。错综复杂的情况所引起的微不足道的现象,可能被用来反对歌德。其实,连牛顿的实验也是紊乱的、不好的和琐碎的。牛顿的颜色理论业已提炼成百条要领,经过反复咀嚼,被背诵得滚瓜烂熟。但歌德所维护的观点,像他通过著作表示的那样,绝没有完全毁灭。人们之所以反对歌德,是因为他是诗人,而不是教授。只有承认某些习套、某些理论等等,才属于行家;别人所说的东西则完全被忽视了,好像根本不曾有过似的。因此,这类人常常想结为一个与其他阶层隔绝的、具有自己的严格规范的阶层,独霸科学领域,不许别人发表评论,例如,法学家就是如此。但法权是为一切人而成立的,颜色也同样如此。在这样一个阶层中形成了某些故步自封的、束缚思路的基本观念,我们如果不按照它们讲话,就被认为是不理解它们,好像只有行会同人才对它们有所理解。他们这种想法的确不错,因为(VII₁,327) 我们考察事实,的确不使用他们认为应该依据的这种知性范畴,的确不使用他们认为应该依据的这种形而上学。哲学家们主要是这样遭到反驳的,但他们的任务却正在于批判这些范畴。

第二,在另一些现象中我们也看到另一种致暗作用。既然致暗作用是点状性、脆性和粉碎过程的无形态东西(当然仅仅是一种本原,而不是用破碎方法真正扬弃内聚性),那么,在迅速加热和迅速冷却的玻璃中就出现了另一种致暗作用,因为玻璃的脆度最大;所以,玻璃也很容易破碎。

α)在这个阶段出现了眼内颜色。歌德在他的形态学里很机智地说明了这个阶段。如果我们有这类易脆玻璃的立方体或四方块,那就会有这种现象,而不会有别的现象。如果我们将一种通常的、非脆性的玻璃立方体放到黑色基底上,使之面向明亮的天空方位(这在早晨是西方,因为最暗的部分是最接近太阳的部分),我们就会看到这种光明的景象投射到小方块玻璃上,变为眼睛可见的反射(参看上文 §. 278"附释"第 134 页);在夏季,太阳在中午位置高的时候,整个地平线都是明亮的,到处都呈现出这种现象。在这种易脆玻璃上,除了任何玻璃都会出现的明亮部分以外,我们现在还在小方块玻璃的四个角里看到四个暗斑,以致明亮的部分形成一个白色十字架。如果我们改变自己的位置,使自己与以前的直线构成一个直角,因而不是通过小方块玻璃看西方,而是看南方, (VII₁,328)那么,我们看到的就不是四个暗点,而是四个亮点,不是白色十字架,而是一个黑色十字架。在这里我们得到了原始现象。如果借助于反射继续增大致暗作用,就会在四个点上出现一些颜色圆圈。因此,我们在这里一般看到的现象,就是一种黑暗东西在这种透明的、明亮的东西中产生的过程;这种黑暗的东西一方面是由方块玻璃的界限引起的,另一方面是由媒质的间断本性引起的。这样,我们便得到黑暗东西与明亮东西的一种关系,这两类东西如果进一步在自身加以规定和区分,相互重叠,就会按照一种根据不同位置而颠倒过来的次序,产生出各种不同的颜色。就是说,如果四个点是白色的,十字架是黑色的,那么,致暗作用首先会引起黄色,它进而转化为绿色和蓝色。反之,如果十字架是白色的,角是黑暗的,那么,更大的致暗作用首先会引起蓝色,因为明亮的东西被驱赶到了黑暗的基础里。因此,在这里我们在透明媒质中得到的是另一种致暗作用,它被发展为颜色,并以脆性物体的质的本性为转移。

　　β)与这种现象密切有关的是干涉颜色,它们是机械地产生的。透镜压着玻璃板的触点(参看上文第 271 页与第 283 页)最初是黑色的,如果加强压力,则会扩张和分化为许多颜色圆圈,绿色的、红色的和黄色的。冰上压以石块,也会发生同样的现象。在这里引起各种颜色的,纯粹是机械的压力,而这种压力无非是内聚性在最接近受压部分的一种改变。这的确类似于热,热也仅仅是内聚性的变化。正像在声音中振动是一种扩散机械印象作用的活动,是一种又扬弃自身的震颤一样,在这里玻璃也有一种经久不息

(VII$_1$,329) 的波动,它是对于受压的不同抵抗,是内聚性的一种持续存在的不均匀状态,这种状态在不同的位置引起不同的致暗作用。所以,如果说脆性曾经引起了眼内颜色,那么现在则是内聚性的间断过程引起了干涉颜色。

　　γ)内聚性的间断过程再进一步发展下去,我们就会得到蜕变[69]颜色。在这种玻璃中,尤其是在方解石中,产生了壳层及细微裂痕;而且就像在鸽子项颈上看到的,颜色在这里往往转化为彩虹色。在这里有一种致暗过程,它是由于透明物体的协合不得不导

致真正分解而引起的。

这些规定性属于从明亮到黑暗的过渡。在光和黑暗的这个总体里，光就其概念而言，已变为某种完全不同的东西；它扬弃了自己的纯粹的质，而这种质是构成它的本质的。换句话说，物理的东西表现为透光的统一体，表现为重力和过程的实体和可能性。第三，恒定不变的、可以被解释成色素的物理颜色是物体的这样一种固定的致暗过程，这种过程已不再表现为外在规定，不再表现为光利用物体所做的单纯闪烁；反之，在这里物质的黑暗状态本身实质上仅仅是物质在其自身的一种致暗过程，因为光已经以内在方式浸透到物体里，而特别在其中得到规定。这种有形体的颜色与单纯透明或透暗的颜色的区别是什么呢？因为物理的物体在自身有颜色，例如金是黄色的，所以问题在于光是怎样进入这种物体的？在外部照射的光是怎样凝结到物质上，变为一种与黑暗物体相结合的色素的？就像我们在我们以前的研究进程中是以明亮为出发点一样，我们在谈到色素时也必须以明亮为出发点。晶体的首要 （VII₁,330）
东西是它的抽象理想的等同性，是它让外部照射的光线穿过它自身的透明性。一切物体在被照耀的时候，最初仅仅在表面上是明亮的；它们的可见性就在于外部的光线照射到它们上面。但晶体却是在自己内部保持着明亮的性质，因为它彻底地具有被看见的现实可能性，就是说，具有在观念上或理论上存在于他物中、设定自身于他物中的现实可能性。因为这种可见性并不表现为实在的明亮性质，而是表现为这种一般的理论性质，并且形态把自身点状化为比重、己内存在的内在无差别状态，即发展为现实的脆性、自为存在的统一体，所以，这种从可见性到黑暗性的进程就是自由的内在结晶的扬弃,就是颜色。因此,颜色是物理的东西,是出现在表面上的东西,它就像形态中的热一样,不再有任何内部东西和外部东西,而是纯粹的现象;换句话说,一切潜在地是颜色的东西,也是特定存在的。因此,特定的物理物体有一种颜色。形态的这种致暗过程是其均匀中性状态的扬弃,即形式的扬弃,而形式本身恰恰保持在中性状态里,因为形式始终是其各个环节所构成的、有渗透能力的统一体,形式否定着这种统一体的各个环节的特定差别。颜色就是形式使自身达到的这种无差别性和同一性的扬弃;因此,形式的致暗作用就是把某个单一的形式规定设定为差异的总体的扬弃活动。作为机械总体的物体是在自身得到彻底发展的形式。把这种形式消解为抽象的无差别性是作为个体化物体的颜色的变暗过程。这种被设定的规定性是个别性的解放,形态在其中把自己的各个部分规定为点状性,规定为机械方式;但这种解放在一般形态的连续性里却是形态内部的无差别状态。光的观念性和绝对自相同一性变成了物质个体性的形式,物质个体性恰恰回复到这种同一性,但这种同一性作为现实形式向无差别状态的还原,是一种致暗过程,不过是特定的致暗过程;正是内在的结晶把自身变暗,即扬弃形式的差别,因而回归到纯粹的、密集的无差别状态,回归到高度的比重。黑暗物质的这种己内存在,这种密集性,作为内部无形式的同一性,仅仅在内部有强度,所以是金属性,是一切颜色变化过程的本原,是被解释为质料的物体的光明方面。高度的比重正是不外露的己内存在,是尚未分解的单纯性;比重在金属中有意义,在其他物体中则变得几乎毫无意义。

　　所以,在这里被设定为有差别的规定性的环节之一是抽象的、

(VII_1, 331)

纯粹的同一性,但同时作为物体的现实同一性,也是在物体本身被
设定为其固有颜色的光,是变为物质的同一性。这种普遍的东西
由此变为一种特殊的、与整体分离的环节;而另一个环节则是对
立。透明的东西也就是无差别状态,不过这是借助于形式;因此,
这种无差别状态就与我们现在得到的僵死的、黑暗的无差别状态
是对立的。前一种无差别状态,如精神,由于受形式的支配,在自
身是明亮的;黑暗东西的无差别状态,作为物体的纯粹自相密集的
状态,则是受物质东西的支配。在干涉颜色和蜕变颜色里我们也
看到质料与形式的分离,它是正在开始的黑暗状态和颜色产生过　(Ⅶ₁,332)
程的方式。这也是作为个体化和点状化的无形式状态,不过主要
是一种在外部设定的致暗方式。但潜在的无形式的东西并不是复
多,而是无差别状态,是没有形成形态的东西;因此,在金属物体中
不能区分出复多。金属绝不是在内部复多的东西,既不是可燃的,
也不是中性的。

　　每种规整的金属都有自己的特殊颜色,这属于经验事实。谢
林说,金是凝结起来的光[70]。反之,铁则有一种变黑的趋向,因为
它是有磁性的。如果颜色是作为色素分离出来的,那么,一切有色
东西都可以被解说为金属;这必须由经验加以证明。甚至从植物
中提取出来的颜色,如靛蓝色,也有一种金属的光泽,而且一般有
一种金属的外貌。血液的红色可以溯源于铁,如此等等,不胜枚
举。但如果使金属参与化学关系,或者甚至受热的影响,那么金属
的颜色就是可变的。金属受到热的影响,就会表现出无穷的瞬刻
即逝的颜色。将银熔解,就会有一个达到最亮光辉的点;这是极高
的熔解度,金属学家称之为银的闪光。这种闪光完全是瞬息即逝

的,而不容延长。在出现这种闪光以前,银按照次序先后呈现出虹的种种颜色,这些颜色以波状的形式在银的表面闪闪发亮;这个次序就是红色、黄色、绿色和蓝色。歌德在上面(本节"说明"第271页)引证的那个段落里说:"加热一块磨光的钢,它会在一定热度下变为黄色的。迅速使它离开炭火,它也依然保持这种颜色。一俟这块钢变得更热,黄色就会显得更暗、更深,而立刻转变为深红色。深红色是难以保持的,因为它很快就会转变为深蓝色。如果把这块钢迅速地从烈火中取出来,插到灰里,则可保持住这种美丽的蓝色。变蓝的钢材产品就是用这种方法制作而成的。但继续把它放到火上,它不久就会变为鲜蓝色,并且依然保持着这种颜色。把削铅笔刀插到火焰里,会出现一种与刀身相交的有色条纹。火焰最深处的那部分条纹是鲜蓝色的,整个条纹逐渐变成蓝红色,深红色在中央,然后是黄红色和黄色。从以上所说即可得出这种现象的解释。靠近把柄的刀身不像伸到火焰里的刀尖那么热;因此,另外相继产生的一切颜色必定是同时表现出来的,我们可以最完善地把它们保持下来。"因此,即使在这里也正是单纯的密度变化决定着各种颜色的差异,因为物体的黑暗性被设定于不同的规定,会引起颜色。因此,金属性就是这种达到静止的、物理的自相等同。金属在自身就有颜色,但颜色依然完全属于光,光还存在于其纯粹的质中,还没有瓦解,就是说,颜色是光泽。金属是不透明的,因为透明性是固有的无光的性质,现实的光对于金属是一种异在的东西。

　　此外,从化学的意义上说,金属是可以氧化的东西,是一个与中性状态相反的形式的端项,是形式之还原为形式的、无差别的同一性。所以,金属很容易被一种弱酸变为白色东西,例如铅会被醋

(Ⅶ₁,333)

酸变为白铅;锌华也是以类似的方式形成的。反之,黄色与黄红色则与酸有亲和性,蓝色与蓝红色与碱有亲和性。不过,也不仅仅是金属会经过化学处理而改变自己的颜色。歌德(《论颜色学》,第 II 部分,第 451 页)说:"一切蓝色和紫色花朵的液汁都会被碱变为绿色(因而被弄得更鲜明),被酸变为纯红色。从红色木材煮出来的东西会被酸变为黄色,被碱变为紫色;黄色植物制剂则会被碱变暗,并且在酸的作用下几乎将其颜色丧失殆尽。"在同书第 201 页上他说:"石蕊是一种颜色物质,它能被碱规定为红蓝色;它被酸转变为红黄色,而又被碱转变为红蓝色。" (VII₁,334)

但我们在这里考察的是个体性物体的特殊化,所以,我们把颜色仅仅解说为反而有可能变成质料的环节或属性。因此,作为金属而这样分离与分化的颜色在这里我们尚未涉及。颜色作为属性依然被保持在个体性中,虽然可以被解说为质料。这种可能性来自个体性的软弱无力,个体性在这里还不是完全体现在客观性,即属性中的无限形式。但是,即使属性在有机体里仍然被解说为质料,也属于死亡的领域。这是因为,既然生命的无限形式在其特殊化中是客观的,在其属性方面是自相同一的,那么,这种特殊化在生命中就不再是可以分离的,否则,整个生命就会死亡和瓦解。

作为属性,颜色现在是以一个主体为前提,并且保持在这种主体性中;但它作为特殊的东西,也是为他物而存在的,就像任何属性本身仅仅是为生物官能而存在一样。这个他物就是我们这种有感觉能力的生物;我们的视觉取决于颜色。为视觉而存在的仅仅是颜色;形态属于触觉,为视觉而存在的则仅仅是明暗交替所揭示 (VII₁,335)

出来的东西。物理的东西从触觉、从普遍的无质特定存在撤退到
自身,在自己的他在中反映到自身。重力像热一样,属于触觉;但
颜色现在是一种普遍的现实存在,是一种为他的存在,虽然像热和
重力那样,有一种传播,但同时这里的属性依然直接是客观的。首
先发展出自己的触觉官能的自然界,现在则发展出自己的视觉官
能;自然界是从视觉过渡到嗅觉和味觉的。因为颜色是为他物而
存在的,所以他物必定把颜色留给物体;因此,他物与颜色的关系
仅仅是理论的,而不是实践的。官能对属性采取听其自然的态度;
属性虽然为官能而存在,但官能却并不夺取属性。但是,既然属性
属于自然界,那么,就像对于生物的官能一样,这种关系也必定是
物理的,而不是纯粹理论的;所以,属性就像以前属于事物一样,后
来也必定涉及无机领域本身的一种他物。颜色所涉及的这种他
物,就是作为普遍元素的光;但光不是个体的,而恰恰是自由的,就
此而言,光是颜色的他物,即同一个本原。于是,普遍的东西就是
形成这种特殊东西的力量,并且总是消耗着这种特殊东西;无机物
的一切颜色都在这里失去光泽。有机物的颜色则不然;有机物总
是不断地产生出颜色。这种失去光泽的过程还不是化学过程,而
是一种宁静的理论过程,因为特殊的东西绝不能使任何东西同自
己的这种普遍本质相对立。

　　　　　　　　因为各种元素憎恨

　　　　　　　出自人手的产物[71],

就像它们一般憎恨和瓦解任何个体化了的东西那样。但同样,元
素的抽象普遍观念性也永远是在颜色中实现了个体化。

2. 业已特殊化的物体性中的差别

§. 321

a. 这种差别里的一个环节的本原（*自为存在*）是火（§. 283），不过还不是个体性物体中的现实化学过程（§. 316），也不再是机械的脆性，反之，在物理特殊性中是潜在可燃性；这种可燃性同时也对外有差别，构成与元素普遍性的否定方面的关系，与空气这种不知不觉地进行消耗的东西的关系（§. 282），或者说，构成空气在物体里的过程。这种过程是作为单纯理论过程的特殊个体性，是物体不知不觉地散发到空气里的过程；这就是*气味*。

〔**说明**〕物体的气味这种属性作为独立存在的物质（参看§. 126），作为散发嗅味的物质，是油质，是燃烧为火焰的东西。例如，在金属的呛人气味中，嗅味就是作为单纯的属性存在的。

〔**附释**〕差别中的第二个环节，即表现于个体性物体的对立，是嗅觉与味觉；它们是对于差别的知觉，已经属于自身发展的过程。它们有着很密切的关系，在斯瓦比亚是没有区别的，以致那里的人们只有四觉。因为他们说"花有好尝的滋味"，而不说"花有好闻的气味"，因此我们斯瓦比亚人仿佛也用舌头去闻气味，而鼻子在这方面是多余的。

如果我们想更精确地把握这种过渡，那么，它是这样的：我们达到的无差别的黑暗东西或金属性在化学方面是可燃的物质，即完全可以氧化的物质，因此金属性是一种只能通过外在因素被弄成能动的对立物的盐基或极端；所以这就必须有另一种有差别的物体(如氧等等)。可燃物质的这种抽象可能性,只有作为石灰,在这种物质得到氧化的时候,才是可燃的;酸只有在氧化了金属以后,才与金属相中和(因而是与作为氧化物的金属相中和,而不是与作为金属的金属相中和)。这就是说,金属要中和自身,就必须首先被规定为对立的一个方面。所以这样的金属是能够构成化学过程的一个方面的;金属的无差别性仅仅是一种片面的东西,一种抽象的规定性,正因为如此,在本质上是与对立的关系。但我们从无差别性进入的这种对立,首先是整体的对立,因为我们还没有处于化学过程的片面对立中,化学过程的两个方面本身就已经是现实的物体性。既然我们是处于整体的对立中,这种对立便不可能仅仅代表可燃物质的一个部分,而是我们得到了一种供给整个过程的材料。这就是与金属不同的意义上的可燃物质,而金属是普通意义上的可燃物质,即仅仅是过程的一个不同方面。而这种作为对立的整个可能性的材料,就是嗅觉的根本质素。嗅觉是对这种宁静的、物体内部的、散发到空气里的活动过程的感觉,空气本身之所以没有气味,恰恰是因为一切东西都在空气里散发气味,空气完全溶解了一切气味,就像颜色在光里丧失光泽那样。如果说颜色仅仅是物体的抽象同一性,那么,气味则是物体的特殊个体性,它凝聚到差别里,它的整个特性都是转向外部,并在这种转向里消耗它自身;这是因为,物体丧失了自己的气味,就会变得枯燥无味、黯淡无光。物体的这种消耗是一种没有过程的过程,而绝不是与火焰的关系,因为火焰是一个个体的个体性形态消耗自身的活动。然而,在无机物里这样的凝聚大多仅仅是火;只有在有机物中,例如在花卉里,才更多地出现了芬芳馥郁的气味。因此,绝非总体性物体的金属也不是作为金属散发气味,反之,它们只有集合到另一物体上,才在某种程度上在自己周围形成一种气氛,并这样消耗自身;这样,这些金属就变成了有毒的,因此也同样有呛人的气味。然而贵金属就很少有这样的情况,这正是因为它们很难以丧失掉自己的规整的形态;因此,它们往往被用来享用食物。所以,就像光在金属里有一种特殊的现实存在一样,火在气味里也有一种特殊的现实存在,不过,它不是像硫磺这样一种独立物质的现实存在,反之,在这里仅仅是抽象的属性而已。

§. 322

　　b. 对立的另一环节,即中性状态(§. 284),把自身个体化为盐分的特定物理中性及其规定,像酸等等;这就是说,它把自身个体化为滋味,个体化为这样一种属性,这种属性同时保持着与元素、与水的抽象中性状态的关系,而在水中物体作为单纯中性的东西是可溶解的。反过来说,水包含的抽象中性是可以与水的具体中性状态的物理组成部分分离的,并且可以表现为结晶水,虽然结晶水并不是作为水而存在于尚未分解的中性物体中(§. 286"说明")。

　　〔**附释**〕结晶水首先是在水的分离状态中达到现实存在的。在晶体里,结晶水又被假定为潜在的,但在晶体里实际上却根本没有作为水的水,因为在其中绝对找不到任何潮湿的东西。

　　构成物体的第三种特殊性的滋味,作为中性的东西,又扬弃了这种对于元素的关系,并由此撤回自身;这就是说,在滋味里并不像在气味里一样,总是发生过程的直接实存,相反,过程是依赖于　　（Ⅶ₁,339）

双方的一种偶然会合。因此,水和盐是彼此毫不相干地存在着的;
滋味是从个体性物体到个体性物体的现实过程,而不是从个体性
物体到元素的现实过程。所以,如果说可燃性物质是双方联为一
体、没有差别的过程,那么,中性物体则能被分解为酸和碱(第301
页)。作为抽象的中性状态,水又是没有滋味的;只有个体化了的
中性状态才是滋味,才是瓦解为消极中性状态的对立面的统一。
因此,只有像盐这样的中性物体,分解为自己的各个对立面,才有
特定的滋味。我们称盐为涉及我们感官的有味东西,但另一种东
西在这里也依然是元素,因为物体能被溶解于水恰恰是指它能被
尝出滋味。金属不能像盐那样溶解到水里,因为它并不像盐那样
是对立面的统一,一般说来,它是一种不完整的物体,这种物体只
有在金属矿之类的东西中才又变为完整的。这一点以后将在化学
里加以研究。

　　颜色、气味与滋味是个体性物体特殊化过程中的三个规定。
物体由于有滋味而过渡到化学的、现实的过程;不过这种过渡还是
一件比较遥远的事情。在这里,这些规定最初是作为物体的属性
与普遍的元素相关联的,这就是它们挥发的开端。普遍东西的力
量是一种无对立的浸透作用和感染作用,因为普遍东西就是特殊
东西本身的本质,并且已经潜在地包含在特殊东西里。在有机体
里,正是类属、内在的普遍东西使个体归于毁灭。在化学过程里,
将在我们面前出现一些同样的物体,但它们是作为独立的东西
(参看 §. 320"附释"第299页)存在于相互作用的过程中,而不再
存在于与元素作用的过程中。这种现象已经在电里开始,因此我
们必须完成向电的过渡。作为单个的东西,这些属性当然也相互

有关系。因为我们是通过比较设定它们的关系的,所以,这种事情虽然看起来最初仅仅是指明给我们的,但进一步的发挥就会表明,个体物体性正因为是特殊的,所以就使自身关涉到其他的物体性。因此,个体化了的物体最初既不是仅仅具有无差别的持续存在,作为晶体的直接总体,也不是仅仅具有物理的差别,作为各个元素的差别,而是彼此也有一种关系,这种关系是双重的。在前一种情况下,这些特殊化仅仅在表面上彼此相关,作为独立的东西保持着自身;这就是在总体性物体中这样表现出来的带电物体。但是,现实的关系是这些物体向另一种物体的过渡;这就是表现这种关系的更深刻的内容的化学过程。

3. 特殊个体性中的总体;电

§. 323

各种物体,按照它们的确定的特殊性来说,是与各个元素有关,但它们作为业已形成形态的整体,也彼此有关,是物理的个体性。按照它们那种尚未进入化学过程的特殊性来说,它们是独立的东西,彼此毫不相干地保持着自身,完全处于机械的关系中。正如它们在机械的关系中把自己的观念运动的自我表现为一种内在振动——声音一样,现在它们在特殊性的相互物理紧张关系中则把自己的实在的自我性表现为自己的光,不过这种自我性同时还（VII₁,341）有抽象实在性,而这种光是一种在自身有差别的光。这就是电的关系[72]。

〔附释〕电是一种驰名的现象,它像磁一样,以前认为是孤立存在的,被看作一种附属物(参看上文 §. 313"附释"第 236 页)。
如果说我们在不久以前(§. 322"附释")已经指出了电和最接近
于电的现象的联系,那么我们现在则想把电同声音这个早先的发
展阶段加以比较。由于有了声音,我们便进入了形态;形态在化学
过程里瓦解自身以前,在现在这个阶段,是纯粹的自相同一的形
式,这就是作为电光的形态。在声音里,物体呈现出自己的抽象灵
魂;不过,物体的自我性的这种显现完全属于机械内聚性的领域,
因为物体在其不断自我撤回的运动中表现为机械的总体。反之,
我们在这里得到的则不是这样一种机械的自我保持活动,而是一
种关乎物理实在性的自我保持活动。电的紧张关系的特定存在是
一种物理现象。虽然像声音取决于另一物体的敲击一样,电也是
有条件的,电的产生需要有两个物体,但两者的区别却在于:在电
里两个物体是彼此不同的,因而连刺激物也进入了差别状态;反
之,在声音里则只有一个物体发出声响,或者,在两个物体发出声
响的时候,它们的声响是彼此不相干的。产生这种进展的原因,在
于物理方面个体化了的物体作为其各种属性的总体,现在是以不
同的方式彼此相关的。当这些分离的属性相互分开落到我们的感
官上的时候,就像我们的事物观念又把它们联结为一体那样,个体
性物体是它们的统一纽带。这种个体性总体现在是与自身相关,
而我们必须恰好依据这个观点去考察这种关系。但作为发达的总
体,物体是有差别的总体;这种差别状态依然是总体,因而仅仅是
一般的差别状态,它必然需要两个彼此相关的环节。

　　我们得到了作为一种物理总体的物理物体,这就直接假定了
许多这样的物体,因为单一变为复多的过程从逻辑上来看是很清

(VII₁,342)

楚的（§. 97"附释"）。虽然这些复多的物体最初彼此毫不相干，但因为它们必定是它们的总体的设定，彼此是不同的，所以这种毫不相干的状态也扬弃了自身。它们通过自己的设定活动的关系，彼此证明自身是物理的个体性；它们在这种关系中必定同时保持着它们本来的面貌，因为它们都是这些总体。正因为它们保持着它们本来的面貌，它们的关系最初就是一种机械的关系；各个物体都彼此接触，互相摩擦。这种现象是通过外在力量发生的；但它们也必定依然是总体，因此这种外在关系就不是我们以前得到的那类接触活动。这种关系绝不是内聚性的抗力所决定的毁坏作用；它既不是声响，也不是转化为热或火焰而消耗着物体的力量。因此，它仅仅是表面的微弱摩擦或压力，是表面的碰撞，这碰撞把一个无差别的东西设定于另一个无差别的东西存在的地方；或者，它是对于形态的一种打击，是引起声音的一种活动，这活动设定声音的纯粹内在否定性或振动的特定存在。这样，它就设定了已经分裂的统一体，设定了独立的、无差别的东西分裂的过程；这就是磁。磁的两极是自由的形态，磁的对立就分布到这两个自由的形态上，以致特定存在的中项是自由的否定性，这否定性本身没有特定存在，而仅仅存在于自己的各个环节里。电是形态的纯粹目的，这目的摆脱了形态；电是开始扬弃自己的无差别状态的形态，因为电是 (VII₁,343) 直接出现的东西，或者，是依然来自形态，依然受形态制约的特定存在；换句话说，电还不是形态本身的瓦解，而是表面的过程，在这个过程中各个差别虽然离弃了形态，但又以形态为自己的条件，还不能独立于形态。这种关系显得是偶然的，因为它仅仅潜在地是必然的。这种关系并不难以理解；但假定它就是电，最初却可能是

令人惊奇的;要表明这种关系,我们就必须把这种概念规定同现象
作比较。

§. 324

机械的接触把一个物体的物理差别设定到另一个物体里;各
个物体同时彼此保持着机械的独立性,因而这种差别是一种对立
的紧张关系。所以,进入这种紧张关系里的不是物体的物理本质
的具体规定性;相反,个体性表现自身,并适应于过程,这仅仅是抽
象自我的实在性,是光,而且是一种对立的光。分裂过程的扬弃,
这种表面过程的另一环节,以一种无差别的光为产物,这产物作为
无形体的东西逐渐直接消失,除了这种抽象的物理现象以外,大多
仅仅得到震动的机械结果。

〔说明〕理解电的概念方面的困难,有一部分在于这种过程里
的物体个体的物理惯性与机械惯性的基本规定;因此,电的紧张关
系就被归因于另一种本原,归因于光所从属的一种物质,而光与那

(VII₁,344) 种保持着自己的独立性的物体的具体实在性不同,是抽象地、自为
地出现的。另一部分困难是概念本身的一般困难,即把光从其关
联中理解为总体的环节;进一步说,这里的光已不再像太阳光那么
自由,而是属于特殊物体的环节,因为这种光可以潜在地是特殊物
体的纯粹物理的自我性,从特殊物体的内在性产生出来,进入现实
存在。正如最初的光,即太阳的光(§. 275)仅仅来自概念本身一
样,在这里(如在 §. 306)也从一种现实存在中出现了一种光的发
生过程,不过这是一种不同的光,而这种现实存在也是作为特殊物
体存在着的概念。

大家知道,过去那种束缚于一定感性存在的玻璃电与树脂电的区别已经通过完备的经验研究,被理想化为正电与负电的思想区别。这是一个值得注意的例证,它表明最初拟以感性形式理解和把握普遍东西的经验研究如何亲自放弃了自己的感性东西。如果说在近代关于光的两极化已有大量论述,那么现在似乎有更多的理由把这类词汇保留给电,而不保留给马吕斯所观察到的现象。在这种现象中,正是透明媒质、反光表面、它们的相互位置以及其他许多情况,在光的照耀中引起一种外在差别,而不是在光本身引起一种外在差别(参看 §. 278、§. 319 与 §. 320)。出现正电和负电的各种条件,例如比较平滑的表面或比较粗糙的表面,嘘气和类似的东西,都证明电的过程具有表面性,物体的具体物理性质很少参与这种过程。同样,两种电光的微弱色彩、两种电的气味与滋味仅仅表示一种物体性在光的抽象自我中的开端,这开端保持着过程的紧张关系,而过程虽然是物理的,却不是一种具体的过程。扬弃对立的紧张关系的否定性,主要是一种打击;通过自己的分裂 $(VII_1,345)$ 而设定自己为自相同一的自我,也作为这种总体化,停留在外在的机械领域里。光作为放电火花,几乎没有一个开端,把自身物质化为热,而那种能从所谓放电产生的燃烧,按照伯叟莱[73](《静电化学》,第 I 卷,第 III 节,注解 XI)的看法,主要是震动的一个直接结果,而不是光实现为火的结果。

两种电可以彼此分离,保留在不同的物体上。就此而言,电像磁一样(§. 314),也出现了这样的概念规定:活动就在于把对立的东西设定为同一的,把同一的东西设定为对立的。一方面,这种活动是作为空间上的吸引和排斥的机械活动——这个方面,就其

能成为分离的现象而言,确立了电与磁的联系本身;另一方面,这
种活动则是物理的活动,表现于电的传递本身或电的传导的有趣
现象中,并且表现于电的感应的有趣现象中。

〔附释〕这种电的关系是活动,不过还不是产物,因而是一种抽
象的活动;它仅仅存在于紧张关系或矛盾尚未得到扬弃的地方,所
以矛盾的每一方都包含自己的另一方,而另一方又同时是独立的。

　　这种紧张关系绝不是各个部分的单纯内在的机械紧张关系,
而是必须在本质上表现自身。这种表现必定不同于个体的物体
性,因为个体依然是自己变得有差别时的那种面貌。因此,个体只
有首先按照自己的普遍个体性而出现,个体的现实物体性并不进
入这个过程。因为这样,这种表现就依然是一种抽象的物理表现,
就是说,个体的一般映现把物体显示为不同的。于是,物体就把自
己的物理的灵魂显示为光;不过,如果说阳光是直接的和自由的,
那么这种光则是由一个他物的力量诱发出来的。这样一来,光就
是彼此对立的物体特定存在的方式;这种有紧张关系的光就是在
他物中区分自身的冲动。然而,差别恰好还不是独立的,而仅仅是
抽象的,因此,被区分的东西作为光仅仅是在自己的消逝的过程中
显示自身。所以,在这里出现的并不是像通过摩擦所出现的火焰;
在摩擦中,光是消耗物体的胜利顶点,甚至在打火的过程中,从火
石里迸发出来的火花也是内聚性的扬弃和各个部分在一个点上的
集中。不过在这里也出现了保持物体的观念性,这就是一种温和
的火;火花是冷的,是单纯的光,它还没有任何滋养万物的作用。
因为有紧张关系的物体的特殊物质性还没有进入过程,而是在其
中仅仅以元素和灵魂的方式得到规定。然而光作为有差别的东西

（VII₁,346）

已不再是纯粹的,而是已经有了色彩;负电火花有一层淡红色光,正电火花有一种蓝色光。而且既然这种光是从物理东西里突然出现的观念性,所以也就开始涌现出总体个体性的其余物理规定,即气味与滋味,不过这种涌现的方式完全是观念的、非物质的。电发出气味,如果我们用鼻子靠近它,它就会引起类似于蜘蛛网造成的感觉。在电里也出现一种滋味,不过这种滋味是无形体的。这种滋味包含在两种电光里;一种电光的滋味主要是倾向于酸,另一种 (VII$_1$,347)电光的滋味则主要是倾向于碱。除了滋味以外,最后也同样出现了图像。正电有一种长条状的辐射火花,负电火花则更多地集中为点状性。放电时把两种火花打到松脂粉末上,就会看到这种现象。

　　反思方法业已习惯于把物体个体理解为某种僵死的东西,这种东西仅仅参与外在的机械接触或化学关系。因为这样,我们在这里得到的紧张关系的表现就不是归因于物体本身,而是归因于另一种物体,前一种物体则仅仅是装运后一种物体的工具。这后一种物体已被称为电质[74]。于是物体就仅仅成了一种让电质在自己内部循环流动的海绵,因为物体性状未变,依然如故,只不过接受电质更容易一些或更困难一些罢了;这种现象竟然不是物体的内在作用,而仅仅是传导。据说电还进一步对大自然里的一切现象都有影响,尤其是对气象学研究的现象有影响。但电在这方面究竟起过什么作用,却无法加以指明。既然电不是物质,不是物质东西的传播,所以,电像磁一样,整个显得是某种多余的东西。电和磁的作用范围显得极其有限,因为正像磁是铁指向北方的特性一样,电则是放出一种火花。不过,放射火花的现象到处可见,而且不产生任何东西,或者说,放射不出很多东西。所以,电就像经

院哲学家所假定的各种玄妙莫测的质一样,表现为一种玄妙莫测
的动因。如果在雷雨中有电,我们就看不出它为什么还会在别的
情况下存在。像气候这样的大自然现象,切不可按照类似乎我们
的化学烹调术的方法加以对待。云彩既然反正比海绵还起码更柔
软,怎么能摩擦自己呢? 在阴霾满天、大雨滂沱、电光闪闪的时候,
一切电的紧张关系必然会直接得到中和,因为云彩与大地的联系
通过下降的雨水构成了完善的导体(参看上文 §. 286 第 159
页)。但是,假如这里还是有电,那么,我们也毕竟无法指出它的
目的何在,就是说,无法指出它与有形体的大自然的必然结合和联
系何在。电诚然是普遍的牺牲品,一切东西都有电,但这是一种模
糊的说法,并没有指明电有哪种作用。反之,我们则把电的紧张关
系理解为物体固有的自我性,它是物理的总体,保持着自身与另一
种物体的接触。我们看到的,正是物体固有的愤怒情绪,正是物体
固有的激昂情绪;在这里除了物体本身,至少是除了一种异己的物
质,绝没有任何人存在。物质的少年盛气突然爆发出来,它凭靠后
肢腾空跃起;它的物理本性集中全去去反对它与他物的联系,而且
它是作为光的抽象观念性这样做的。不仅我们比较物体,而且物
体自己也比较自己,并在这种比较中保持自己的物理本性。这就
是有机体的开端,有机体在营养物品面前也要保持自己。内在的
物理的反抗性构成物体的能动本质,这是必然的事情。

在这方面须要说明,这样一来,我们最初作为直接的规定得到
的东西现在就变成了一种被设定起来的东西。在过去,作为晶体
的形态是直接透明的,就像独立的天体直接是光一样。个体性的
物体现在并不直接照明,本身并不是光,因为它作为形态不是抽象

(VII₁,348)

的观念性,而是作为业已展开和发达的统一体,包含着天体的规
定,作为其个体性中的属性;因此,个体性的物体只有作为他物在　　(VII₁,349)
自身并通过自身的映现,才是直接存在的。晶体虽然通过形式,把
物质自为存在的差别带回统一,但这种形式的统一在其规定方面
还不是物理的观念性,而仅仅是在内部得到规定的机械性总体。
反之,光则是物理的观念性;因此,作为不自我照明的东西,晶体仅
仅潜在地是这种观念性,因为它仅仅在自身对他物的反作用中表
现出这种观念性。但是,晶体潜在地构成的东西现在则必须加以
设定,于是,这种观念性在发达的总体中被设定起来以后,就不再
单纯是被看到的东西的一种映现,不再单纯是一种异己的、入射的
光,而是自我在他物面前的映现的单纯总体。这就意味着,因为形
式的自相统一现在被设定起来,所以晶体在这里就把自身构成为
一个太阳;在晶体中作为有差别的自我出现的光,仅仅把自己的总
体作为一种单纯的物理实存,表现于其特性方面。

　　电的差别是通过什么途径出现的?这种对立与物体的物理属
性有什么关系?凡是在两个物体相互接触的地方,尤其在它们受
到摩擦的时候,到处都会出现电。因此,不仅在电机上有电,而且
任何压力、任何打击也都会产生电的紧张关系;不过,接触毕竟是
产生电的紧张关系的条件。电绝不是什么特殊的现象,它仅仅出
现在琥珀、火漆等等东西上,相反,任何物体与另一物体相接触,都
会有电;问题仅仅在于得到一种很精密的静电计,以便令人信服这
一事实。任何物体受到刺激,都会出现物体的愤怒的自我;一切物
体都彼此展现出这种活力。虽然正电最初出现在玻璃上,负电最
初出现在松脂上(毕奥和一般法国人还谈到 électricité résineus et　　(VII₁,350)

vitreuse〔树脂电与玻璃电〕),但这种差别是很有限的差别,因为恰恰一切物体都有电,甚至金属也有电,只不过必须加以隔绝罢了。其次,在玻璃上也出现负电,因为事情同样取决于玻璃片是磨光的或黯淡的,而这种差别也显示出不同的电。奥伊(《矿物学研究》,第Ⅰ卷,第237页)说,"电把矿藏分为三大部类,它们同一般矿物分类是符合的。几乎所有的石头和盐在拥有一定的纯度时,都会通过摩擦而带正电。但像松脂、硫磺这类可燃物质以及金刚石,则带负电。金属是导体"。所以,中性物质有正电;附属于火、否定东西和自为存在的物质,即有差别的物质,显示出负电;内部无差别的物质,即在本质上内部完全均匀的物质,是流动的、导电的。例如,几乎所有流体都导电;唯独油有可燃性,因而是一种不良导体。一般说来,电与特定的自然性质就具有这样的普遍联系,不过电同时也是很表面的,以致物体的极小差异就足以引起电的变化。例如,蜡和丝是不良导体;但是蜡被熔解,丝被加热以后,它们也会变为很好的导体,因为热能使它们变为流体。冰是一种很好的导体;反之,干燥的空气和干燥的气体则是很不好的导体。磨光的玻璃与毛织品相摩擦,生正电,与猫皮相摩擦,则生负电。丝与松脂相摩擦,生负电,与光亮的玻璃相摩擦,则生正电。摩擦两根极其相似的玻璃管,一根生正电,另一根生负电。摩擦两根火漆棒,也同样是一根生正电,另一根生负电。取两条同一类型的丝领带,一根沿着横切方向去捋,变成带负电的,另一根顺着纵长方向去捋,变成带正电的。如果两个人处于绝缘状态(因为不这样的话,他们身上的电就会传给整个地球,而他们也不成其为个体),一个人手持一块猫皮,摩擦另一个人的衣服,前一个人就会得到正电,后

(Ⅶ₁,351)

一个人则会得到负电。这种差别是由前一个人的活动造成的。把熔解了的硫磺注入绝缘的金属容器里,硫磺会得到正电,金属会得到负电;但有时也会有相反的情况。一个主要的情况是毕奥(第 II 卷,第356—359页)指出的。他说:"两个物体的表面在一起加以摩擦,就会显得形成正电,物体表面的各个部分极少分离,也很少造成对于它们彼此的自然位置的偏离。反之,两个表面的各个微粒如果由于另一个表面粗糙而彼此有更大的分散,两个表面就主要是倾向于产生负电。表面得到真正的扩张,这种倾向就会增长。一种坚固干燥的动物性物质或植物性物质如果同粗糙的金属表面加以摩擦,则会得到负电,因为它的各个部分有更大的错位。反之,如果把这样一种物质同很平滑的金属加以摩擦,而这种金属很少改变那种物质的表面,仅限于对它施加压力,使它的各个微粒分散开,那么,它不是根本不出现电的象征,便是显示出正电。把一块带毛的猫皮同平滑的或不平滑的金属平面摩擦,这些毛发便只会屈服于压力,它们的相对位置绝不会遭到破坏,因此它们是带正电的。但是,如果这些毛发被织成某种材料(这就需要它们发生错位,被弄弯曲,自己挤压自己),同不平滑的(dépolie)金属平面 (VII$_1$,352) 摩擦,那么,它们不仅会被压缩到一起,而且会由于这种表面粗糙而被相互分离和相互分裂;由于这样,除非金属表面有一定的光滑程度,它们就变成带负电的。"颜色也造成一种差别。毕奥说:"新黑丝料与白丝带相摩擦,会得到负电,这确实是由于丝料表面具有很粗糙的黑色彩所致。反之,使用黑色丝料,磨掉它的颜色,它就会在与白丝带摩擦时得到正电。白丝带与白毛料相摩擦,出现负电的象征,与染黑的毛料相摩擦,则出现正电。"因此,造成差别的这种性质不是本质的,便是表面的。

鲍勒[75]在他评论孟克版《盖勒尔[76]物理学辞典》前三卷的文章(《柏林学术评论年鉴》,1829 年 10 月,第 54 期,第 430 页以下)里说道:"我们必须认清,电的对立几乎与颜色的对立是完全一样的,只不过还以朦胧的色调标志着氧化和脱氧的化学对立,这种化学对立极其变动不居,还往往完全不以质量的状态和很坚实的、内在的质的关系为转移;我们必须认清,在仿佛相同的情况下,在两个实体的相互作用中,在最精细的观察也不再能测知形态发生最细微的变化的时候,大自然几乎不费吹灰之力,就在其表现冲动所作的生动活泼、逗人嬉笑的表演中,把电的对立中的 + 和 - 时而投到这个方面,时而投到相反方面,这种活动犹如大自然让同一品种从某一植物个体的同一颗种子里时而带着红色花冠萌生出来,时而带着蓝色花冠萌生出来。

(VII₁,353) "孤立存在的因果关系是一个同样从开头起就被引入现象学里的错误假设,这个假设所产生的最常见的、同时也是最有害的后果,由于一种运动的、流动的电的观念到处蔓延,便在电的现象中达到了登峰造极的地步。因为那种就其真正意义来说仅仅是崭露头角的化学过程的最初活动的东西被确立为一种业已分离的、在现象的一切交替变化中持续存在的独立流体 X,于是大家便不再想探索这种过程本身的进一步发展了,不再想认识属于这种过程的各个规定的天然联系了,反之,构成过程本身的真正内在的运动与发展的东西,从以前坚持的观念来说,即使在那种虚构的电流体单纯作外在运动的空洞格式里,现在也立刻被视为一种流动,这种流动接近于表现在原始紧张形式中的行为,完全被定为这一基本电基质的第二种作用。

"这种观念决定了对于这种现象的客观看法的完全偏离,打开了作为肤浅错误结论的先河,结果关于电和电流的一切理论,无论就整体来说,还是就各个具体观察来说,迄今都是彻底不健全的,以致近代电流学家和电化学家所进行的那些充斥种种迷误的研究也是如此。

"在最敏感的静电计已不再能产生有电的极细象征的地方,还要假定电的存在是活动的,这甚至在奥斯忒[77]发现问世以前,也（VII₁,354）不再能理所当然地算作符合于经验的,因此,如果在静电计已经长期失灵的地方,我们现在还能用磁针看出它直接表示那里有磁,而不是有长期假想的电,那就完全没有理由证明这种假定本身依然应该加以坚持。"

电是自相区分的无限形式,又是这些区分的统一;因此,这两种物体就像磁体的北极和南极一样,是不可分离地结合在一起的。不过,在磁里仅仅有一种机械的活动,因而仅仅有一种运动作用方面的对立;这是看不见、摸不着的,是嗅不出、尝不到的,就是说,这不是光、颜色、气味和滋味。反之,在电里那些飘浮不定的差别则包含在光里,所以是物理的;假如它们是物体的进一步物质特殊化,我们便会得到化学过程。诚然,在电里有差别的东西是能动的,并作为这样的东西始终是能动的,所以这种活动也只能存在于机械东西中,存在于运动中。电像磁一样,有趋近和离散的活动,这可以解释电雨、电铃等等的作用。负电为正电所吸引,而为负电所排斥。有差别的东西以这种方式把自身设定为一体,因此是彼此沟通的;但它们一俟被设定为一体,就又躲避起来,反之亦然。

在磁里我们只需要一种物体,它还没有任何物理规定性,而仅仅是这种活动的基础。在电的过程里,两个不同的物体中的任何一个都有一种不同的规定性,这种规定性仅仅是由另一物体设定起来的,但在这种规定性面前,那个物体的其余个体性依然是一种自由的、分离的东西。因此,一种电与另一种电要达到它们的现实存在,就需要一个固有的物体个体;换句话说,一种带电物体只有一种电,而这一种电能把自身之外的物体规定为相反的电。这就是说,在只有一种电的地方,也立刻会有另一种电。但同一个物体并不像在磁里那样,在自身把自己规定为两极性的。由此可见,虽然电像磁一样有推论的根本规定,但在电里对立达到了独特的现实存在。这就是谢林称电为分裂了的磁的原因[78]。这种过程比磁更加具体,但又没有化学过程那么具体。处于紧张状态的两极还没有构成现实的、总体的过程,而是依然独立的,以致它们的过程只是它们的抽象自我。这是因为,物理的差别没有构成完整的物体性,并且因为这样,电仅仅是物理领域的抽象总体。所以,在形态领域里是磁的东西,在物理总体领域里则是电。

一个物体在被规定为有电时,它的电就能加以传导,尤其是对于像金属这样的导体。金属被置于绝缘状态,作为自我区分的东西,同样能很好地保持自己特有的电;玻璃也是如此,只不过不能传电。但任何物体作为导体,都有同名的电,因而这样的物体是相互离散的。物理学家现在还区分了电的传导和感应所显示的电。后一种电是这样的:把一个绝缘圆柱导体 B 放到带正电的物体 A 附近,使之不与这个已经被规定为有电的物体接触,这个导体就会显示出自身也有电,不过,它的最接近物体 A 的一端是显示出

(VII₁,355)

(VII₁,356)

－E,相反的一端显示出＋E,中间的电则等于 0。在这里须说明两
类情况:α)使 B 离开物体 A 的有电范围,它的电就会消失;β)如果
它还处在物体 A 附近,并在它带正电的部位使第三个导体 C 与它
相接触,而 C 通过这种传导占去了它的＋E,那么,这第二个物体
B 在远离开 A 的范围时,就也会有电,而且纯粹是带负电。产生这
种现象的原因在于带电需要有两个个体性物体,因此正电和负电
每一种都需要一个物体。物体 B 只要不加以接触,就会像磁一
样,在自身有紧张关系和差别,而这并不构成其个体的规定性;相
反地,它在被放到另一个已有自己的规定性的物体附近时,就只有
通过另一物体得到它的规定性。在这里它作为导体依然是无差别
的;然而它同时又处于带电范围里,所以能够作为扩张开的东西令
人看到它自身有不同的规定性。因此,它虽然有两种电,但电还不
是存在于它本身,相反地,只有在它有一种电的时候,才出现电的
个体性存在,而要出现这种情况,就需要有另一物体与它相对立。
既然现在它通过这种接触失去了无差别状态,而且它转向物体 A　(VII₁,357)
的那个部位上的相反的电转入了与它相接触的物体 C,那么,它就
反而是带着另一种电。其次,因为两个物体的接近已经是对立面
的联结,所以,物体 B 的负电距离 A 越远,与 A 的对立就越强,反
之,放得离 A 越近,强度就显得越小。两块经过相互摩擦而彼此
保持绝缘状态的玻璃板,在相互靠近,加以挤压时,绝不会显示出
任何电的迹象,但在分离开的时候,却显示出了这样的迹象。两块
金属板即使绝缘,也不会有这样的情况,因为它们的电在它们自身
也就中和了自己。取两个电性相同、大小相等的圆球,让它们相互
接触,则在它们接触的地方电的强度＝0,圆球离开接触点越远,电

的强度就越大。如果取两大小不等而电性相同的圆球,则电在它们接触的瞬刻,在它们的接触点同样 = 0;但把它们分离开,则在较小的圆球的接触点上有 − E。当它们的距离变得很大时,这种规定性就消失不见了,整个较小的圆球都带着 + E。在这里设定起这种对立的正是电量的不等。奥伊(《矿物学研究》,第 I 卷,第237 页)也注意到,电石和许多其他形式不对称的晶体放在热水里或火炭上,就会在它们的恰好毁坏了对称性的各个末端部分获得电极,而在它们的中间部分则仍然是无差别的。

至于说到电的效应,那么,它主要是见之于扬弃紧张关系的过程。带电物体与水相结合,即不再有紧张关系。一个物体能容纳多少电,取决于它的表面。一个玻璃瓶容纳的电量可以增高到它爆破的地步;这就是说,在玻璃上紧张的强度是不再有任何阻碍的。最主要的扬弃紧张关系的过程是发生在两种电接触的时候。任何一种电,若无另一种电,就是不完备的;它们想把它们自身合为总体。它们在相互分立的时候,是处于一种强制状态里。这些无实体的对立面不能持续存在,它们是一种自己扬弃自己的紧张关系。所以,它们在合为一体的时候,就是在映现中消失的电光。但电光的本质却在于形态的无差别特定存在的否定性,而形态是有特定存在的;这就是说,电光的本质在于电光突然进入形态中,打破形态的无差别状态,把内在形式与外在形式联为一体。变得自相等同的形式就是一种从内部突然迸发出来,与外部的光汇合到一起的光,就是重力的这样一种己内存在,这种己内存在毁灭着自己,在自己的消逝过程中恰恰变为无力的、单纯的光,即恰恰与外部的光合而为一;这种情况类似于柏拉图把视觉活动理解为外

(VII₁,358)

部的光与内部的光融为一体的活动。在紧张的物体之间建立一种
联系,这就使得两种电相互集合到一起,从而一种差别状态进入了
另一种差别状态。不过,这种产物仅仅是一种闪烁,是两个抽象规
定性的丧失,即这两种火花的相互渗透。电的主要作用是毁坏相
互联结起来的东西;电击碎木块,杀死动物,打破玻璃窗,加热和熔
化金属丝,挥发黄金,如此等等,不胜枚举。电手枪表明,机械压力
也可以引起电的作用,在这种仪器中装着两个体积的氢气和一个
体积的氧气,电火花把它们转变成了水。电的过程的化学方面是
水的分解。因为恰恰不是物体的个体性进入紧张关系,所以电的 (Ⅶ₁,359)
作用只能以物理的方式把自己显示于抽象的中性物质,即水里。
这种作用是把水分解为氢气和氧气的主宰。不过我们已经知道
(参看上文 §. 286"附释"第 161 页),这些气体并不是水的混合成
分,而仅仅是表现出水的抽象形式,因为在电流过程中我们看不到
玻璃管里来回冒气泡,进入玻璃管中间的酸也没有变化,但把这些
气体加入玻璃管里,则一定会出现变化。

§. 325

但个体性物体的特殊化并不停留在不同东西的惯性差别状态
与自我活动状态,抽象的、纯粹的自我性,即光的本原,从这种状态
发展为过程,发展为对立物的紧张关系和这种关系在自己的无差
别状态中的扬弃。因为特殊的属性仅仅是这种单纯概念的实在
性,是其灵魂,即光的躯体,而属性的复合,即特殊的物体也不是真
正独立的,所以完整的物体性就进入了紧张关系和过程,而过程同
时又是个体性物体的生成过程。这样一来,最初仅仅产生于概念,

因而仅仅是潜在地设定起来的形态,现在也就从现实存在着的过程产生出来,并把自身表现为一种从现实存在设定起来的东西。这就是化学过程。

(Ⅶ₁,360) 〔**附释**〕我们曾经以一种直接的形态为开端,把它认作由概念发展来的一个必然形态。但它也必须在终端把自身表现为现实存在着的,就是说,表现为产生于过程的。物体这种直接的东西,以现实的化学过程为其前提。例如,父母虽然是人由之出发的直接东西,但他们本身也按照现实存在把自身规定为被设定起来的东西。形态按照概念过渡到这第三个环节,但这个环节倒不如说是第一个环节,以前是第一个环节的东西正是从这第三个环节产生的。这种情况是以更深入的逻辑发展进程为依据。个体性物体的特殊化并不停留在这种作为抽象自我性的紧张关系的差别上。特殊的物体不是独立不依的,而是链条上的一个环节,与他物有关联。这就是我们在电的过程里已经看到的概念的无所不能之处;在他物对物体的这种刺激活动中所要求和表现的,只不过是物体的抽象自我性。但过程必然会从根本上变为物体规定性的现实过程,因为整个物体性都进入了过程;物体的相对性必然会表现出来,而这种相对性的表现就是化学过程里的物体的变化。

C　化学过程

§. 326

个体性在它的发达的总体中是这样的:它的各个环节本身被规定为个体性的总体,被规定为完整的特殊的物体,这些物体又同时仅仅作为彼此不同的环节而相互关联。这种关联作为不同的、独立的物体的同一性，就是矛盾，因而在本质上也就是过程，这过程按照概念具有一种规定，那就是把有差别的东西设定为同一的，化为无差别的，而把同一的东西化为有差别的，把这种东西激活和分解。 （VII₁,361）

〔**附释**〕为了认识化学过程的一般地位与本质，我们必须前后联系起来进行考察。化学过程是形态发展的第三个阶段。第二个阶段是有差别的形态，它的抽象过程就是电。在尚未完备的和非中性的形态里，我们也曾经得到一种过程，即磁。如果说形态是概念与实在的统一，那么，磁作为最初仅仅抽象的活动，就是形态的概念；第二个阶段，即形态在自己内部并针对他物的特殊化，就是电；第三个阶段，即实现着自身的非静止状态，就是化学过程，作为这个领域里的概念的真正实在。虽然像在磁里那样，把自身分化为差别并作为统一体而存在的正是一种形式，但它并不停留在这个地方。在磁里差别出现在一个物体上。在电里每个差别则都属于一个特有的物体；每个差别都是独立的，整个形态并不进入电的过程。化学过程是无机个体性的生命的总体，因为我们在这里得到的是完整的、有物理规定性的形态。物体不仅以气味、滋味和颜色进入化学过程，而且是有嗅、有味和有色的物质。这些物体的关系并不是运动，而是完整的、不同的物质的变化，是它们的属性的相互消长。物体的抽象关系构成物体的光，不仅是抽象的，而且在本质上是这种经过特殊化的关系。因此，整个物体性就进入了化学过程，这类过程也就是现实的电的过程。这样一来，我们就像在磁里那样，得到了完整的形态，不过不是一个整体，而是一些不同 （VII₁,362）

的整体。因此,形式分化成的两个方面就是一些完整的物体,如金属、酸类和碱类;它们的真理性在于它们发生关系。这里的电的发展阶段在于这些方面彼此分立,独立不倚,而在磁里还不存在这样的现象。但磁的不可分离的统一体同时也是支配这两种物体的东西;两种物体借助于它们的这种同一性又返回到磁的关系中,电的过程则没有这种同一性。

所以,化学过程是磁和电的统一,磁和电则是这个总体的抽象的、形式的方面,因而不是化学过程。任何化学过程都在自身包含着磁和电。但它们在化学过程的那种可以说是饱和的状态里,却不可能作为不同的东西而出现;只有这种过程本身以抽象的方式表现出来,而不达到其完备的实在,它们才能那样。这就是在地球的一般个体性里的情况。化学过程本身是地球上的一般过程,但必须被区分为真正个体性的过程与一般个体性的过程。在这种自我保持的一般个体性中,化学过程虽然是活生生的,但只能以抽象普遍的方式表现出来。地球个体并不是一种特殊的个体,它能瓦解自己,在另一个体里实际上中和自己。这是因为,地球坚持自身为一般的个体,因而不进入影响到完整的形态的化学过程;地球只有不是作为一般的东西存在着,即只有把自身分割为自己的特殊物体,才进入化学过程。因此,地球上的化学过程就是我们业已作为气象学过程考察过的东西,这是物理元素的过程,而这些元素是有普遍规定性的、尚未构成个体物体性的物质。在这里化学过程既然是以这种抽象方式存在的,所以也就出现了自己的抽象环节。因此,在自身之外有变化的地球上出现了磁,同样也出现了雷雨里的电的紧张关系。但包括闪电、北极光等等在内的地球上的电,不

(VII₁,363)

同于土地里的电,完全不受同样的条件的制约(参看上文 §. 285
"附释"第159页;§. 324"附释"第311—313页)。磁和电仅仅以
化学过程为载体,它们首先是由地球本身的一般过程设定起来的。
决定各个磁针的磁是某种变化的东西,它以地球上的内在过程和
气象学过程为转移。帕里在其北极旅行中发现,磁针在那里变成
了某种完全不确定的东西,例如在出现浓雾的时候,指北的方向会
变得完全没有意义,磁针整个失灵,人们可以随心所欲地拨动它。
像北极光等等电现象,则是某种变化更大的现象。有人也在英格
兰南部,甚至西班牙南部,中午看到北极光。所以,这仅仅是电现
象所依赖的总体性过程的一些环节。在化学过程里,尤其是在电
流化学过程中,也出现电的紧张关系;不过,电的紧张关系还引起
一种带电的磁布局。磁对化学过程的这种依赖关系是近代科学发
现中值得注意的事情。地球的南北极性,地球驻轴的方向,取决于
整个地球的一般转动,这种转动是地球围绕着自己的轴线的转动,
它有东西极性。奥斯忒发现,电的活动和磁的活动就其作为方向
涉及空间而言,也是彼此对立的,因为它们是相交为十字的。电的
活动采取从东到西的方向,磁的活动则采取从北到南的方向,但也
可以反过来说,是采取从南到北的方向(参看上文 §. 313"附释" (VII₁,364)
第238页)。但磁在本质上仅仅是空间性,电则是某种具有更多
的物理性质的东西。这个发现现在还进一步表明,在个体物体性
的化学过程里这些环节是相互关联和同时并存的,而且恰恰当它
们作为不同的电现象和化学现象在电流过程里彼此分开出现的时
候,它们就是这样。

　系统的哲学考察与经验考察的差别在于不把自然界的具体存

在的发展阶段解说为一些总体,而是解说为规定的发展阶段。因此,最初把地球视为行星,这并没有穷尽地球的具体本性,相反,就地球作为一般的个体能够不断规定而言,各个物理环节的不断规定过程就是地球的不断规定过程,因为个体性物体的有限关系与地球无关。个体性物体的情况正是这样。这些物体的相互关系和相互结合的阶段发展过程是一回事,把某个具体的个体性物体看作这样一种物体则是另一回事。个体性物体把所有这些规定都结合到自身,就像一把花束那样,把它们都结合起来。如果我们把这些说明应用于当前的情况,那么,虽然会看到在地球这个与太阳对立的独立个体上有化学过程,不过它仅仅是元素过程。同时,地球上的化学过程也必须被理解为过去的过程,因为这些巨大的环节作为独立分化出来的环节,是停留在化化阶段,而没有过渡到中性状态。反之,像那种在特殊物体的个体性中表现出来的过程则产生了一种结果,那就是这些个体性把自身还原为又能加以分化的

(VII₁,365) 中性东西。这类过程比一般过程处于较低的发展阶段;我们现在仅限于研究这类过程,而气象学过程则是自然界的巨大化学过程。但另一方面,这类过程又是生命过程的直接起源,因而它比一般过程处于较高的发展阶段。这是因为,在生命过程里它的任何环节都不能持续存在,它的部分也不能存在,反之,只有主观的统一体里才有它的持续存在;在生命过程里正是主观的统一体构成现实的东西。与此相反,天体的过程依然是抽象的,因为天体保持着自己的独立性;所以,个体性的化学过程更为深刻,因为各个特殊物体的真理性是在它们寻求和达到自己的统一时得到实现的。

以上所述就是化学过程在整个自然界的地位。化学过程之所

以与元素过程和特殊过程有区别,恰恰是因为特殊物体不仅特殊,而且也属于一般元素。因此,当这些物体作为特殊物体存在于过程里的时候,那种一般的气象学过程正因为是一般的过程,所以也必然表现在这些物体上。一切化学过程都与地球上的一般过程有关。电流过程也取决于季节与时辰;尤其是电和磁,每一方都在自身表现出这种关系。这些活动除了其他变化以外,都有自己的周期;现在有人已经对这些周期性变化作为精确观察,用公式把它们表示出来。在化学过程上也看到了若干这样的关系,不过范围较小。例如里特尔[79]发现,日蚀引起了化学过程的变化。但这类联系是一种很不密切的联系;这并不是元素本身进入化学过程。然而,在任何化学过程里都出现一种规定一般元素的过程,因为特殊的形态形成过程仅仅是一般元素的主观化,这种主观化与一般元素有关。所以,如果化学过程中的特殊性质有了改变,也就会出现一种规定一般元素的过程。水在本质上是化学过程的条件或产物;同样,火也是化学过程的原因或结果。　　　　　　　　　　　（VII₁,366）

　　既然一般化学过程的概念是这样必须成为总体的,那么,我们便得到了一个观念,即在化学过程里概念完全保持着自己的差别,就是说,概念在把自身设定为自身的否定东西时,完全停留在自身。所以,每一方面都是整体。酸这一方面诚然不是碱那一方面,反之亦然;双方都是片面的。但进一步的发展过程却在于:每一方面也自主地是另一方面,是它自身和另一方面的总体;这就是碱对酸的渴求,也是酸对碱的渴求。物体一俟被激活,就要把握他物;它如果得不到更好的结果,就会进入与空气相互作用的过程。每个东西都自在地是他物,这表现于每个东西都渴求他物的情况中;

由于这样,每个东西就都是其自身的矛盾。但一切东西只有都是这种自相矛盾,才具有冲动。这种矛盾是在化学过程里才开始的,因为在这里这种自在地成为中性东西、成为总体的矛盾引起了无限的冲动;在生命中这种矛盾后来又进一步表现出来。所以,化学过程是一种类似于生命的东西;我们在这里遇见的生命内在活动会令人感到惊奇。化学过程假如能自动地继续进行下去,那就会成为生命;因此,显然应该从化学方面理解生命。

(VII₁ ,367)

§. 327

首先须要排除掉形式的过程,这种过程是单纯差别物的结合,而不是对立物的结合;这些单纯差别物并不需要现实存在的第三个环节,作为它们的中项,它们可以在其中潜在地统一起来。它们的共同本原或类属已经构成它们彼此相近的现实存在的规定性;它们的结合或分解具有直接性的方式,它们的现实存在的属性得到了保存。在化学方面彼此不激活的各个物体的这样一些结合,就是金属的汞合作用和其他融合作用,各种酸的彼此混合,酒精之类的东西与水的混合,以及其他很多诸如此类的结合。

〔**附释**〕温特尔①曾经称这种过程为物合⁸⁰;这个名称在其他地方并未出现,因此在本书第三版中就删掉了。这种物合是直接的结合,不具有一种会发生变化并且自身经受变化的媒质,因而还不是真正的化学过程。金属的汞合当然需要火,但火还不是亲身参

---

① 他是佩斯的一位教授,在 20 世纪初曾决意更深入地了解化学。他声称发现了一种特殊物质安德洛尼亚(Andronia);但这并没有得到证实⁸¹。

与这个过程的媒质。因为各种不同的、不完全的物体被设定为一个统一体,所以问题在于它们有什么变化。我们必须回答说,它们的变化使它们成为这种特殊的东西。使它们成为特殊东西的最初的、原始的规定性,首先是它们的比重,其次是它们的内聚性。因此,这样一些同类物体的结合诚然不是单纯的混合,而是它们的差别都在它们的结合中经受了形态的改变。但那种属于物体的一般属性的规定性却没有真正的物理差别,因此这些属性的变化还不是独特的化学变化,而是实质性的内在东西的变化,在这里实质性 (VII$_1$,368) 的内在东西还没有达到差别本身的外在现实存在。因此,我们必须把这种个别的变化方式与化学过程区分开;这是因为,虽然这种变化方式在任何化学过程里都会发生,但也必定有一种特殊的、本身自由的现实存在。这种混合并不是外在的,而是一种真正的结合。水与酒精混合,会完全相互渗透;重量虽然没有变化,同它们分别存在时是一样的,但比密却是一种不同于两者的量的统一的密度,因为它们比以前占有更小的空间。同样,金与银融合到一起,也占有更小的空间。由于这个缘故,希隆在把金和银交给金匠做王冠时,就怀疑他在进行诈骗,以为他有所克扣,因为阿基米德已经根据两种物体的比重计算出了整个混合物的重量;但阿基米德这样对待金匠却可以说是很不公平的[82]。正像比重与内聚性有变化一样,颜色也有变化。铜和锡融合为黄铜时,铜的红色就退为黄色。易于与金和银汞合,但不与铁和钴汞合的水银,有两种金属相互饱和的一定比例。例如,用银太少,就逸出没有得到饱和的水银部分;用银太多,一部分银就不参与变化。这些结合物往往比单独存在的金属有更大的硬度和密度,因为差别表现更高的己内存

在,无差别的东西则比较松散;但同时这些结合物也比融合成它们
的那些单独存在的金属更易于融合,因为内部有差别的东西反而
容易接受化学变化,只对这种变化进行微弱的抵抗;这种情况类似
于意志最坚毅的人物在暴力面前不愧为最刚强的人物,但又很容
易以自由意志去接受符合于自己的天性的东西。用八份铋、五份
铅、三份锡混合而成的达赛[83]焊条,在低于水的沸点的温度中,甚
至在发热的手里,都会变为流体。本身不可熔化而在结合中变得
可以熔化的各种土质,也是这样。这在冶金术里对于减轻冶金劳
作是很重要的事情。各种金属的提炼都是以熔解结合物的不同温
度为基础,因而也属于这里考察的范围。例如,借助于铅可以提炼
出与铜相结合的银。融化铅的热也为银所吸收;但如果在金里加
若干铜,金就会与铜永远结合在一起。王水是盐酸与硝酸的结合
物;它们不能单独溶解金,而只有这样结合起来,才能溶解金。这
种物合作用仅仅是内在的、潜在的差别的变化。但真正的化学过
程则是以一定的对立为前提,由此产生的是一种更巨大的活动和
一种更特殊的产物。

§. 328

现实的过程同时涉及化学的差别（§. 200 以下）,因为物体
的完备的、具体的总体同时参与了这个过程（§. 325）。进入现实
过程的各个物体在与它们不同的第三个环节中得到了调解,这个
环节就是那两端之抽象的、最初仅仅自在地存在的统一,它由过程
设定为现实存在的。因此,这第三个环节仅仅是一些元素,而且本
身有差别,一方面是作为化合活动的元素,即一般的抽象中性东西

或水,另一方面是作为分化活动和分解活动的元素,即空气。因为在自然界里不同的概念环节也展现自身于特殊的现实存在,所以 (VII₁,370)
过程的分解活动和中和活动也都同样是二重化的东西,每种活动既有抽象方面也有具体方面。分解活动一方面是中性物体之分解为物体的组成部分,另一方面则是抽象物理元素之分化为氮、氧、氢、碳这四种依然很抽象的化学成分,它们一起构成概念的总体,并按照概念的各个环节得到规定。我们由此得到了这样的化学元素:1)无差别状态的抽象物,即氮;2)对立的两个元素,α)自为地存在的差别状态的元素,即氧这样的助燃物体,β)属于对立的无差别状态的元素,即氢这样的可燃物体;3)它们的个体性元素的抽象物,即碳[84]。

同样,化合活动也一方面是具体物体的中和,另一方面则是那些抽象化学元素的中和。虽然过程的具体规定性和抽象规定性是不同的,但两者也同时联合在一起;因为物理元素作为两端的中项,是这样一种东西,从这种东西的差别状态中不相干的具体物体得到激活,就是说,达到其化学差别的现实存在,而这一现实存在是趋向于和转变为中和的。

〔附释〕作为总体的化学过程的一般本性是双重活动,即把统一体分离开的活动和把分离的东西还原为统一体的活动。既然业已成形的、进入过程的各个物体必须作为总体相互接触,使它们的本质规定性相互接触——但是,如果它们像在表面的电过程里那样,仅仅通过摩擦,作为机械的无差别东西而彼此施加暴力,这种 (VII₁,371)
相互接触则是不可能的——那么,它们也必然会在无差别的东西里汇合到一起,这种无差别的东西作为它们的无差别状态是一种抽象的物理元素,就是说,是作为肯定的本原的水,是作为火、自为存在和否定的本原的气。构成这个中项的两个元素参与了过程,并把自身规定为差别;同样,它们又把自身融合为物理元素。因此,在这里元素性的东西或者是个体性物体在其中首先彼此显示自己的作用的能动东西,或者是被转化为抽象形式,从而表现为被规定的过程。但两端或者被结合为中项,或者是像盐之类的中性东西,因而被分裂为两端。所以说,化学过程是一种推论,不仅是推论的开端,也同样是推论的过程;因为推论的过程需要三项,即两个独立的端项和一个中项,两端的规定性在中项里相接触,并且两端分化了自身。但我们构成形式的化学过程(参看 §. 327)却只需要两项。极其密集的酸没有水分,倾注到金属上以后,或者是对金属没有溶解作用,或者是对它只有微弱的浸蚀作用;反之,这种酸如果用水加以稀释,则会对金属有很大的浸蚀作用,因为这里恰好有三项。空气也是如此。特罗姆斯多夫[85]说,"铅甚至于在干燥的空气里会迅速失去自己的光泽,但在潮湿的空气里这个过程则进行得更快。在杜绝空气的时候,纯水对铅绝不会表现出任何作用,因此,如果我们把一块新近融化的、仍然颇有光泽的铅置于一个盛满新鲜蒸馏水的密封玻璃容器里,铅就依然毫无改变。反之,铅置于开口容器所盛的水里,则由于容器与空气有许多接触

点,而立刻会变得黯淡无光。"铁也是这样;因此,铁只有在空气潮湿时才会生锈,在空气炎热干燥时则依然不变。

四种化学元素是物理元素的抽象,而这些抽象是自身现实的东西。在很长的一段时期,人们认为一切盐基都是由这类单纯的物质组成的,就像现在认为它们是由金属物质组成一样。吉顿[86]

假想,石灰由氮、碳、氢组成,滑石由石灰和氮组成,钾碱由石灰和氢组成,泡碱由滑石和氢组成。施特芬斯还想在植物性东西和动物性东西里再发现碳与氮的对立等等。但这样的抽象东西作为化学上不同的东西,仅仅独自出现于个体性物体,因为一般的物理元素作为中项是由过程规定为现存差别,从而被分解为自己的抽象物。这样,水就被分离成氧和氢。在气象学(§. 286"附释"第161—162页)中我们已经特别说明,物理学家关于水由氢氧组成这个范畴是不适用的。同样,空气也不是由氧气和氮气组成的,相反,这两种气体也仅仅是一些设定空气的形式。这些抽象后来并不是彼此集为一体,而是在第三个环节中集为一体,在这个环节里两端扬弃了自己的抽象性,把自身完善为概念的总体。至于说到化学元素,那么我们可以撇开其形式,根据其盐基,称之为物质。但除了碳以外,我们绝不能把任何化学元素作为独立的物质保存下来,相反,它们仅仅表现在气体的形式里。然而,它们作为这样的元素是物质的、有重量的现实存在,因为举例说,金属附加上氧气,得到氧化,就会增加重量;又如,铅与抽象化学元素氧相结合,成为铅石灰,就会比以前还处于规整状态时分量更重。拉瓦锡[87]　(VII₁,373)的理论就是以此为基础的。不过金属的比重变小了,它失去了无差别的密集性的特点。

这四种元素是这样构成总体的:α)氮是相当于金属性的僵死残基;它是不能呼吸的,也不能燃烧;但它可以分化,可以氧化,大气里的空气就是氮的氧化物。β)氢是对立的规定性的肯定方面,是经过分化的氮气;它不能赡养动物生命,动物在氢气中会很快窒息而死。黄磷在氢气中不着火,灯光和任何燃烧着的物体伸到氢气里,都会熄灭;但氢本身可以燃烧,只要大气里的气体或氧气流进来,它就会被立即点燃。γ)对立的规定性的另一个方面,即否定的、能动的东西,是氧;它拥有它自己的气味和滋味,把前两个环节激活。δ)整体的第四个环节,即僵死的个体性,是碳;这就是通常的煤或地球上的化学元素。正是宝石以自身的灿烂形式,被视为纯碳,并且作为坚硬的土质形态是晶体。唯独碳有其自为的持续存在,其他元素则仅仅是以强制方式达到现实存在,因而只有一种暂时的现实存在。正是这些化学规定构成一些形式,一般的密集东西在其中把自身集为整体。只有氮始终存在于过程之外;氢、氧和碳则是一些不同的环节,它们会变为个体性的物理物体,从而失去它们的这种片面性。

§. 329

(VII₁,374)

　　过程在其抽象方面诚然是要成为原始的划分与差别的统一的同一性,而这种差别是由原始划分导致的;并且过程作为进展还是向自身回复的总体。但是,过程的有限性却在于过程的各个环节也有物体的独立性;因此总体的内容就在于过程以直接的物体性为其前提,而这前提也同样仅仅是过程的产物。由于这种直接性,直接的物体性就显得是在过程之外存在的,过程则显得是走向直接的物体性的。其次,过程进展的各个环节本身也因此作为直接的与不同的东西,彼此分离;进展作为现实的总体变为特殊过程组成的圆圈,圆圈中的每个特殊过程都以另一特殊过程为前提,但又从外部为自身取得自己的开端,湮灭于自己的特殊产物中,而不从自身出发使自己延续到和内在地转变为构成总体的其他环节的过

程。物体在这些过程的每一个过程里是作为条件出现的,在另一
个过程里则是作为产物出现的;物体在哪个特殊过程里占有这种
地位,这构成物体的化学属性。物体的分类只能以它们在特殊过
程占有中的这种地位为基础。

　　过程进展的两个方面是:1)从无差别的物体出发,经过它的
激活作用,达到中性;2)从这种化合回复到分解,分离为无差别的
物体[88]。

　　〔**附释**〕化学过程与有机过程相比,还有有限的,其理由如下:
α)分裂的统一和分裂本身在生命过程里是一种完全不可分离的
东西,因为在这个过程里统一体把它自身不断地弄成对象,而把它
从自身分泌出来的东西又不断地弄成它自身;这种无限的活动在
化学过程里依然分为两个方面。被分离的东西又能被结合到一
起,这对化学过程来说是外在的和不相干的;一个过程以这种分裂
告终,这时一个新的过程就又会开始。β)此外,化学过程的有限
性还在于每个片面的化学过程虽然又是总体,但仅仅是以一种形
式的方式构成总体。例如燃烧,即设定差别的活动或氧化,就是以
分裂为结局;但在这样的片面过程里发生了一种中性东西,也产生
了水。反过来说,在以中性东西为结局的过程里也有分化,只不过
是以抽象的方式,即通过各种气体的挥发出现分化的。γ)于是,
进入过程的各个形态首先是静止的;这种过程在于,或者是这些不
同的形态被设定为统一体,或者是以它们的不相干的持续存在被
分裂为有差别的东西,而物体并不能保持自身。不同东西潜在统
一虽然是绝对的条件,但这些东西还是作为不同的东西出现的,因
而仅仅按照概念来说是一个东西,它们的统一还没有进入现实存

（Ⅶ₁,375）

在。酸和苛性碱是潜在地同一的,酸潜在地就是碱;因此,正如苛性碱渴求酸一样,酸也渴求碱。每个东西都有自成一体的趋向,这就是说,每个东西都潜在地是中性的,不过还没有这样达到现实存在。所以,化学过程的有限性就在于概念和现实存在这两个方面还彼此不符合,但在有生命的东西里有差别的东西的同一性却是现实存在的。δ) 有差别的东西虽然在化学过程里扬弃了自己的片面性,但这种扬弃仅仅是相对的,是流于另一种片面性。金属会变为氧化物,一种物质会变成酸,而中性的产物又总是片面的。

(VII₁,376) ε) 可以由此进一步看出,整个过程分裂成了一些不同的过程。具有片面产物的过程,本身也是不完整的过程,而不是总体的过程。当一种规定性被设定于另一种规定性时,过程就结束了;因此,这种过程本身并非真正的总体,而仅仅是完整的总体过程的一个环节。每个过程都潜在地是过程的总体;但这总体分裂成为一些不同的过程和产物。因此,整个化学过程的理念是一系列间断的过程,它们代表化学过程发展的不同阶段和转折点。

ζ 化学过程的有限性还有这样一种情形:各个特殊的、个体的物体形态恰恰属于这个过程的不同阶段,换句话说,各个特殊的物体个体性取决于它们属于整个过程的哪个阶段。电过程的表面性与物体的个体性的关系还很小,因为一个物体会由于极小的规定作用而变得带正电或负电;在化学过程里这种关系才变成重要的。在各个化学过程中我们得到许多能够加以区分的方面和物质。为了能够理解这种复合体,我们必须分清,在每个过程中哪些物质性起作用,哪些物质性不起作用;我们切不可将两者置于同一个发展阶段,而是必须把两者很好地相互分开。一个物体的本性取决于它在不同过程中的地位,它在不同过程里或者是开创性的、决定性的因素,或者是产物。它虽然也能参与其他过程,但在其中不是决定性因素。所以,在电流过程里金属作为形态规整的东西是决定性因素;它虽然也过渡到作为碱和酸的火的过程,但碱和酸并没有给它在整个过程中留有地位。硫磺也与酸有一种关系,并且被认为是这样的东西;但它在其中起决定作用的关系却是它与火的关系。这就是硫磺的地位。但在经验化学里每个物体都是按照它与一切化学物体的关系加以描述的。如果发现一种新的金属,人们 (VII₁,377) 就会把它与整个阶梯上的一切物体的关系记载下来。翻开化学教科书,看一看物体序列是怎样编排的,就会发现这里的主要区分是所谓的单纯物体与它们的化合物的区分。我们看到,在前一类物体中氮、氢、氧、碳、磷、硫、金、银和其他金属被编排到一起。但粗略地看一眼,就会看出这是一些完全复合的东西。其次,化合物诚然是过程的产物;但所谓的单纯物体也同样是产生于比较抽象的过程。最后,化学家认为,在这个或那个过程产生的僵死产物是应该加以描述的重要事实;但实际上过程及其阶序才是重要的事实,过程的进展是决定因素,物体个体的规定性只有在过程发展的不同阶段上才有其意义。不过,这也是有限的、形式的过程,在这种过程里每个物体都通过自己的特殊性,表现出整个过程的一种变态进展。物体的特殊行为及其特殊变态过程正是化学研究的对象,化学就是以给定的物体规定性为前提的。与此相反,我们在这里则必须考察过程的总体,考察过程怎样分化出各类物体,怎样把它们标志为自己发展进程中的一些变得固定的阶段。

过程的总体,正像过程在特殊的物体个体中把自己的各个发展阶段固定下来一样,也使这些阶段本身表现为一些特殊类型的过程。这些过程的总体是一个由许多特殊过程接合成的链条,它是一种循环,循环的圆圈本身就是一个由许多过程组成的链条。所以,化学过程的总体是一个由许多特殊形式的过程组成的系统:1)在我们业已于上文(§. 327)讨论过的物合作用的形式过程中,

(VII₁,378) 差别还不是实在的。2)现实过程的主要问题在于活动是以哪种方式存在的。a)在电流过程里,活动是作为无差别物体的差异性存在的;即使在这里差别也依然不是现实存在的,差异性也不过是由过程的活动被设定为差别。因此,我们在这里就得到了金属,它的各个差异性质是彼此接触的;它们在这种结合中是能动的,即有差别的,因而就有过程。b)在火的过程里,活动自为地存在于物体之外;因为火就是这种在内部进行消耗的、否定的自为存在,是不断运动的有差别的东西,它的作用就在于设定差别。这个过程在最初是基本的和抽象的;产物,即火的物化,则是向苛性的碱、向激活的酸的过渡。c)如果说第一个环节是氧化物的设定,第二个环节是酸的设定,那么现在,第三个环节则是这种被激活的东西的过程。分化的活动现在是以物体方式存在的。这个过程就是还原为中性物体、产生出盐来的过程。d)最后,我们得到了从中性东西到开端,到酸、氧化物和烈性物的回复过程。首先出现了有差别的东西,然后依次出现了被设定的不同东西、被设定的对立物以及作为产物的中性东西。但中性东西本身也是一种片面的东西,因而又被还原为无差别的东西。无差别的东西是化学过程的前提,而化学过程又以这个前提为其产物。在经验考察中各个物体的形式是主要的事情;但我们却必须从过程的特殊形式开始,并把这些

形式加以区分。唯独使用这个方法，我们才能将仅仅涉及产物的、在经验方面无穷无尽的各式各样事物编排为一个合理的系统，而照样阻止那种把一切事物毫无体统地拼凑到一起的抽象普遍性。(VII₁,379)

1. 化合

a. 电流

§. 330

在形式方面直接的、无差别的物体性，即金属性，构成过程的开端，从而构成最初的特殊过程；这种物体性保持着尚未得到发展的、统一为单纯比重规定的不同属性。各种金属——第一类物体——彼此只有差别，而不相互激活，它们通过那密集的统一体（自在存在的流体、能够导热与导电的物体），彼此传递自己的内在规定性和差别性，从而构成过程的激发者；同时它们作为独立的东西，也因而彼此发生这样依然带电的紧张关系。但在水的中性的、因而可分的媒质中，与空气相结合，它们的差别性能实现自身。通过水（它或者是纯粹的，或者是由盐等等得到更具体的效能的）的中性，因而通过水的易于分化的性能，出现了金属及其与水的紧张差别的一种实在的（并非单纯带电的）活动；这样，电的过程就转化为化学过程。化学过程的产生活动是金属的一般氧化过程，是 (VII₁,380) 金属的脱氧过程或氢化过程（如果这种过程有很大进展）；或者，这种产生活动至少是氢气的发生过程，同样也是氧气的发生过程，就是说，是一种把中性东西分解成的差别也设定在抽象的、自为的现实存在里的活动（§. 328）；同样，这些差别与盐基的结合也同时在氧化物(或氢氧化物)中达到现实存在。这就是第二类物体。

〔**说明**〕按照这种对于处在最初阶段的过程的说明,电与一般过程的化学方面,尤其是与这里的电流过程的化学方面的区分以及它们的联系,就是一种昭然若揭的事实。但物理学却顽固不化,在电流过程中只看到电,以致推论的两端与中项的区别被概括为干燥导体与潮湿导体的单纯区别,两端与中项一般被概括为导体。我们没有必要在这里考虑这样一些更具体的变化形态:两端也可以是不同的流体,中项也可以是一种金属;在一些场合(像在这一节里)可以坚持电的形式,在另一些场合有时可以把电的形式弄成占支配地位的,有时则是可以加强化学作用;金属有独立性,要得到分化,转变为金属灰,就需要水和更具体的中性物质,或需要业已现成存在的酸或碱的化学对立,与此相反,非金属物质则很缺乏独立性,以致与空气相关联,就会立即跃进到自己的分化过程中,变为土质等等。这些细节以及其他许多细节丝毫也不能改进我们对于电流过程中原始现象的考察,反而会损害我们的这种考察。关于电流过程,我们想继续使用这个最初就有的、当之无愧的名称。随着在伏打电堆中发现电流过程的简单化学形态而立刻扼杀了对于这个过程的简明考察的根本祸害,是关于潮湿导体的观念。这就消除和放弃了对于这样一种活动的理解或单纯经验直观,这种活动是在作为中间环节的水里被设定起来,在其中并从其中被表现出来的。水不是被视为能动的导体,而是被视为惰性的导体。于是,与此有关的结果是:电同样被看作现成的东西,只不过像通过金属流动一样,也通过水来流动。因此,连金属也在这方面仅仅被视为导体,并且与水相比,被视为第一类导体。不过,这

（VII₁,381）

种活动的关系——从最简单的关系,即水与单一金属的关系起,到　(VII₁,382)
条件的改变所引起的最复杂的关系止——是可以从鲍勒先生的
《电路中的过程》(莱比锡 1826 年)一书看得出来的,这本著作虽
然是用经验方法证明了这种活动的关系,但同时也体现了他直观
和理解生动的自然界活动的全部能力。对理性官能提出的要求,
是把一般电流过程与化学过程的进展理解为自然界活动的总体,
也许完全是由于这个要求甚高,以致记载经验证实的事实这种微
不足道的要求至今都没有得到实现。

　　忽视这个领域里的经验的一个突出表现是:为了想象水由氧
和氢组成,把电堆——水处于其活动范围中——的一个极上出现
氧、相反极上出现氢的现象陈述为水的分解,认为氢作为与氧分离
的、组成水的另一部分,从发生氧的电极出发,神秘地经过依然作
为水而存在的媒质,走到相反方面,同样,氧则是从发生氢的电极
出发,神秘地经过这样的媒质,走到相反方面,并且两者在各自走
到相反方面时是相互穿插的。人们不仅没有注意到这样的观念本
身的谬误,而且忽视了下列情况:在水的两部分物质的分离——然
而,作出这种分离的方式在于水的两部分物质依然有一种联系,只
不过是(通过金属)进行传导的联系罢了——中,氧气在一个极
上、氢气在另一个极上的发生是以相同方式在这样一些条件下完
成的,在这些条件下,气体或 molécules〔分子〕的那种本身毫无根　(VII₁,383)
据地、神秘地向其同名方面移动的极其外在的方式根本不可能存
在。人们同样闭口不谈的经验事实是:当一种酸和一种碱被置于
相反的、对应的电极上时,两者都中和了自身(在这里人们同样会
以为,为了中和碱,一部分酸就从相反方面走到碱的方面,同样,为

了中和酸,一部分碱就从自己方面走到相反方面);当两个方面用石蕊试剂联结起来时,在这种敏感媒质中并看不到任何作用的踪迹,因而也看不到有人们假定经过石蕊试剂的酸存在的踪迹。

关于这种事情也可以提到,把水视为纯粹电导体——尽管以水为媒质的电堆比以其他更具体的材料为媒质的电堆具有更弱的作用,已属于经验事实——的考察已经得出了独创性的结论,毕奥(《物理学研究》,第 II 卷,第 506 页)认为"*L'eau pure* qui transmet une électricité forte,telle que celle que nous excitons par nos machines ordinaires,devient *presqu' isolante* pour les faibles forces de l'appareil électromoteur〔能够传导一种强烈的电——比如我们用平常的机器所激发的那样的电——的纯水,对电动仪的微弱力量却成了几乎是绝缘的东西〕"。(在这个理论中电动仪是一个用来表示伏打电堆的名称。)只有那种自身不为这样一个结论所动摇的顽强理论,才有勇气认为水是一种电绝缘体。

这种理论的中心是把电和化学作用等同起来,它虽然对这两者如此令人触目的差别可以说是惊惶万状、退避三舍,但后来又为这种差别不明显而聊以自慰、镇定自若。差别也确实是不明显的!

(VII₁,384) 如果以等同为前提,差别就恰恰会因此而被弄成不明显的。只要把物体的化学规定性与正负电相等同,就会立刻表明这种做法本身是肤浅的和不充分的。尽管化学关系与温度之类的外部条件密切有关,并在其他方面也是相对的,但与化学关系相比,电的关系是完全瞬时即逝的、变动不居的,并能够由于最轻微的环境变化而被整个倒转过来。此外,如果说化学关系的一个方面的种种物体,例如各种酸,可以根据它们与一种碱相饱和的量的比例与质的比

例,精确地加以相互区分(§. 333"说明"),那么,单纯电的对立则
与此相反,即使是某种比较固定的东西,也丝毫表现不出这类规定
性。虽然在化学过程里现实物体变化的整个可见进程没有被观察
到,而且很快变成了产物,但化学过程的产物与电过程的产物的差
别还是很明显的,以致假定了两种形式的等同,就不可能不对这种
差别感到惊奇。柏采留斯[89]在他的著作《论化学比例理论》(巴黎
1819 年)里很朴实地表现了这种惊奇之感,我在这里仅想援引表
示这种感受的言论。在这本著作的第 73 页上他说道:"Il s'élève
pourtant ici une question qui *ne peut* être *resolue* par *aucun* phénomène
analogue à*la décharge* électro-*chimique*〔可是,在这里却发生了一个问
题,这个问题是用任何类似于电化学放电这样的现象所不能解决
的〕"(为了强调电,化学结合被称为放电);"ils restent dans cette
combinaison *avec une force*,qui est supérieure No. toutes celles qui peu-
vent produire une séparation mécanique. Les phénomènes électriques *or-
dinaires*......*ne nous éclairent pas* sur la cause *de l'union permanente
des corps avec une si grande force*,après que l'état d'opposition
électrique est détruit〔在这种结合中,物体同一种力结合在一起,这种
力比一切能够产生机械分裂的力都要优越。在电的对立状态消失
以后,物体如何同一个如此巨大的力永久结合在一起,通常的电的
现象并不能给我们说明原因〕"。在化学过程里出现的比重、内聚
性、形态、颜色等等的变化,以及酸性、苛性、碱性等等属性的变化,　(VII₁,385)
都被置之度外,一切东西都沉没于电的抽象。然而,如果为了正电
和负电,所有这些物体属性都可以被遗忘,那么,大家就再也不要责
备哲学"抽掉特殊东西,坚持空洞共性"了! 自然哲学昔日的一种做

法[90]是把动物再生的系统和过程提高——或毋宁说,消散和冲淡——为磁,把脉管系统提高为电,这种公式主义方法并不比现在把具体物体的对立还原为电的办法更加肤浅。在过去情况下,那种削减具体东西,忽视特殊东西,从而流于抽象的方法已经理所当然地受到了责备。在当前情况下类似的方法为什么不应该受到责备呢?

不过,在具体过程与抽象公式的区分中还留下一个难处,这就是那些通过化学过程化合为氧化物、盐等等的物质的结合强度。这种强度就其本身而言,当然与单纯放电的结果适成鲜明对照,在放电以后,放出正电的物体与放出负电的物体恰恰保持在原来的状态里,因而每个物体就像以前在摩擦时那样,依然是分离的、不结合的,而火花则消失不见了。这就是电过程的真正结果;因此,从那种给人们主张的两类过程的等同造成困难的情况来看,化学过程的结果似乎可以同火花相比较。假定正电与负电在放电火花中的结合强度仅仅等于酸和碱在盐中的结合强度,不是能够消除

(VII₁,386) 这种困难吗?但火花已经消失,因而不容许再加以比较;反之,我们极其明显地看到,在化学过程的结局中盐或氧化物是一种比电火花更进一步的东西。此外,在化学过程中表现出来的光和热的发生,也被人们错误地解释为这样的火花。关于上述困难,柏采留斯说:"Est-ce l'effet d'une force *particulière* inhérente aux atomes, comme la polarisation électrique〔难道这像电的极性那样,是原子固有的一种特殊的力的效果吗〕?"这就是说,在物体中化学东西是否还是某种不同于电的东西?确实如此,显然如此!"Ou est-ce une propriété électrique qui *n'est pas sensible* dans les phénomènes *ordinaires*〔或者,在日常现象中,即像上文(第343页)所说的,在真

正电的现象中,这种不可感知的电的属性在哪里呢〕?"对这个问题同样可以作出简单的肯定回答:在真正的电里化学东西是不存在的,因此是不能察觉的;化学的东西只有在化学过程里才能察觉。但关于物体的电的规定性和化学规定性可能不同的第一种情况,柏采留斯却回答说:"La permanence de la combinaison *ne devait pas être soumise* No. l'influence de l'électricité〔结合的持久性不应该归因于受电的影响〕。"这就是说,一个物体的两种属性是不同的,因而必然彼此毫无关系。金属的比重与金属的氧化、金属的光泽毫无关系,金属的颜色也同样与金属的氧化、中和等等毫无关系。(VII₁,387)但实际相反,最平常的经验表明,物体的一些属性是根本屈服于另一些属性的活动和变化的影响的;要把不同的、甚至属于同一物体的属性弄成完全分离的、独立的属性,这是知性的枯燥无味的抽象思维。电的规定性与化学规定性可能不同的第二种情况在于,电毕竟有力量分解坚强的化学结合物,虽然这在通常的电里也同样是不能察觉的。关于这一情况,柏采留斯回答道:"Le rétablissement de la polarité électrique devrait détruire même la plus forte combinaison chimique〔电的极性的恢复甚至可以破坏最坚强的化学结合物〕。"为了证明这一点,他还用了下列特例:一个伏打电堆(这里叫作电池),仅仅由八对或十对银片和锌片组成,每片有五块法郎大,能借助于水银溶解苛性碱,即能把苛性碱的根保存在汞剂中。困难是由通常的电造成的,这种电与电堆的作用不同,没有表现出那种分解坚强的化学结合物的力量[91]。现在这种电堆的作用代替了通常的电,只不过有一种单纯文字方面的修改,在以前(第 342 页)这种电堆的理论名称是 appareil électromoteur〔电动仪〕,现在它则叫作 batterie électrique〔电池〕。但这种修改极其明了,很容易加以证明,因为要解决那个阻碍过把电和化学作用等同起来的困难,就须要在这里再径直假定电堆仅仅是一种电装置,它的活动也不过是产生电而已。

〔附释〕任何个别的过程都是从貌似直接的东西开始的,但这种东西在循环过程的另一点上又是产物。金属构成真正的开端,它是内部静止的东西,这种东西只有通过比较才显得不同于另一种东西。所以,金与锌是否不同,这对金来说是不相干的;金像中性东西或氧化物一样,在自己内部是无差别的,这就是说,金不能分裂为两个对立的方面。因此,各种金属最初仅仅是彼此不同的;不过,它们也不仅对我们来说是不同的,而且它们彼此接触(这种接触本身是偶然的),因而使它们自身相互区分。它们的金属性是连续性,就此而言,它们的金属性是它们的这种区分变得能动,并且能把自身设定于另一种金属的区分的条件。但这就需要第三种物质,它能够作出实在的区分,而各种金属在其中也可能把自身统一为整体;各种金属的区分就是在这第三种物质里得到自己的营养的。它们并不像树脂和硫磺那样是脆性的,在它们自身设定的规定性仅限于一个点;反之,它们整个都是由规定性沟通的,它们彼此接受对方的区分,因为一种金属的区分可以在另一种金属得到感应。于是,各种金属的差别产生了它们在过程中的关系,这种关系一般说来正是它们固有的贵重性、密集性、延展性、流体性同它们的脆性、易氧化性的对立。像金、银、铂这样的贵金属,在火中单纯与空气接触,并不会烧成金属灰;它们通过自由的火的过程是一种烧不尽的燃烧活动。它们不会分裂为碱酸两极,因此它们不

(Ⅶ₁,388)

属于这两方面的任何一方;反之,它们只发生形态从固体到可滴流体的非化学变化。这是由于它们的无差别状态所致。金看来是以最纯粹的形式体现了金属的这种密集单纯性的概念,这就是真金不会受到腐蚀、古老金币依然光泽俱全的原因。与此相反,铅和其他金属甚至会受到弱酸的侵蚀。数量更大的、被人们称为非金属的金属,几乎不能保持规整的状态,与空气接触,就会变为氧化物。 (VII$_1$,389)

金、银和铂即使被酸氧化,再要恢复原状,也绝不需要附加炭之类的可燃物质;它们在通红的炉火里加热,就又会自动地变为规整的金属。水银加热熔化,诚然会被挥发为蒸气的形式;它通过震动和摩擦,加入空气,当然也会变为一种不完全的黑灰色金属灰,再持续加热,又会变为一种完全的暗红色金属灰,带有强烈的金属气味。但是,如果像特劳姆斯多夫所说的,水银处于封闭的干燥空气中,停留于静止不动的状态,那么,它的表面就不会遭到变化,也不会受到腐蚀。但是他看到"一个在古布特纳尔人那里天晓得经过了多少年保存下来的小水银药瓶"(空气通过纸面的细小洞孔进入瓶内),水银上层硬化为金属灰,有一层红色氧化汞薄片[92]。但水银的这种金属灰和其他一切金属灰在烈火中加热,而不必添加可燃东西,就又可以被恢复为形态规整的水银。因此,谢林认为(《新思辨物理学杂志》,第 I 卷,第 3 部分第 96 页):金、银、铂和水银是四种贵金属,因为在它们的内部本质(重力)和形式(内聚性)的无差别状态已被设定起来;与此相反,像铁这样的金属,形式在其中大部脱离开自己与本质的无差别状态,自我性或个体性居于支配地位,则不能被认为是贵金属,而像铅之类的金属,形式的不完备性在其中还毁坏了本质,把本质弄得很不整洁,很糟糕,则更不能被认为是贵金属。但这种看法是不充分的。这些金属有高度的连续性和密集性,因而也正是它们的高度比重使它们成为贵金属。铂诚然比金具有更大的密度,但它是若干金属元素,即锇、铱和钯的统一体。施特芬斯还比谢林(参看 §. 296"附释"第 181—182 页注脚)更早就断言,密度与内聚性成反比,但这只对某些贵金属而言才是正确的,例如金就比不甚贵重的、更加易脆的金属具有较小的特殊内聚性[93]。各种金属的差别越大,它们之间引起的活动就越大。如果我们使金和银、金和铜、金和锌、银和锌相互接触,在两者之间放入第三种物质,例如滴入一些水(然而此中也必定有空气),那么,立刻就有一个过程出现,而且它的活动相当可观。这是一种简单电流线路。有人已经偶然发现,这种线路必定是封闭的;如果它不是封闭的,那就没有反应活动,没有能动的差别。人们通常以为,这个过程中的各个物体仅仅存在于它们所在的地方,在接触中仅仅是作为有重物质彼此施加压力。但我们已从电里看到,各个物体是按照它们的物理规定性彼此发生作用的。各种金属的情况也是这样,进行接触的正是它们的不同本性和不同比重。

简单的电流路线一般说来无非是两个对立物借助于第三种东西,即可溶中性东西的结合,差别能在这种东西中进入现实存在,因此金属性并不是电流活动的唯一条件。一些液体也能有过程的这种形式,但是,在过程中进行反应活动的东西却总是这种形式的单纯的、彼此不同的规定性(就像这种形式构成金属物质的根据那样)。煤被里特尔视为一种金属,也能参与电流过程[94];煤是一种烧过的植物性东西,它作为包含着熄灭的规定性的残渣,也有这样的无差别的特质。甚至各种酸也因为有流体性而表现出电流过程。肥皂水与普通水被锡连结起来,会有电流作用:如果将肥皂水同舌头相接触,将普通水没手相接触,味觉器官就会受到电路关闭的影响;但如果把接触点对换过来,味觉器官则会受到电路开放的影响。封·洪堡特先生考察过由热锌、冷锌和湿气产生的简单电路[95]。施魏格尔[96]也用盛满稀硫酸的热铜碗和冷铜碗制造了一些同样的电堆。因此,甚至这样一些差别也会引起电流作用。如果显示出这种作用的物体像肌肉那样细致,差别就会小得多。

　　电流过程中的活动是由一种内在矛盾的产生引起的,因为两种特殊性彼此都想设定其自身于对方中。但活动本身在于设定了这些内在差别的内在的、潜在的统一。在电流过程里电之所以居于更加重要的支配地位,是因为被设定为差别的东西是一些金属,就是说,是一些无差别的、独立存在的东西,它们甚至在被改变的时候都保持着它们自身,而这正是电的特征。在一个方面必定有负极,在另一方面必定有正极,或从化学方面来说,在一个方面必定产生氧,在另一方面必定产生氢。有人在过去就把这种现象与电化学观念结合起来。现在有一部分物理学家则走得更远,以致认为电与化学作用有关。渥拉斯顿[97]甚至说电只出现在有氧化的地方。有人则正确地反驳了这种看法,指出猫毛皮摩擦玻璃是在没有氧化的情况下引起电的。金属在化学方面受到侵袭时,毕竟既没有被瓦解,也没有被分裂为各个组成部分,所以金属本身不愧为中性东西;反之,金属通过氧化显示的那种现实差别是一种附加的差别,因为金属与某种别的东西有关联。　　　　　　　　　(VII$_1$,392)

　　两种金属的结合最初绝没有现实存在着的中间环节;中间环节是仅仅潜在地在接触中存在的。现实的中间环节则是必将被差

别带入现实存在的中间环节;这种中间环节在逻辑推论里是简单
的 medius terminus〔中项〕,在自然界本身是二重化的东西。在这
个有限的过程里,转向两个片面的极端、使它们必将联为一体的中
介,不仅潜在地是一种有差别的东西,而且这种有差别的东西必定
是现实存在的;这就是说,恰恰这种中间环节就其现实存在而言,
必定是业已分裂的。因此,要产生电流活动,就必须有大气里的空
气或氧气。如果人们使电堆与大气里的空气隔绝,电堆就不会有
任何作用。所以,特罗姆斯多夫援引了戴维[98]的下列实验:"如果
两块金属板之间的水是完全纯净的,而且外部空气被一种树脂覆
盖物同水的质体隔离开,那么,就不会从水里分离出任何气体,不
会产生出任何氧气,而且电堆里的锌也几乎没有受到感应。"毕奥
(《物理学研究》,第 II 卷,第 528 页)竭力反对戴维,认为电堆在空
气唧筒底部还会引起气体的逸散,虽然很微弱;但这种现象之所以
发生,是因为唧洞里的空气没有完全被抽净。要使中间环节成为
一种二重化的东西,就需要在两种金属之间不放薄纸片或薄布片,
而放盐酸、硇砂之类东西,从而使活动剧烈增强;因为这样的混合
物已经潜在地是一种化学合成物。

　　　　这种活动首先由伽伐尼发现,因此大家把它叫作伽伐尼电;伏
打则第一个认清了这种活动。伽伐尼最初以迥然不同的方式利用
了这种现象;伏打则首先把它从有机体分离出来,并归结为它的单
纯条件,虽然他认为它是纯粹的电。伽伐尼发现,解剖青蛙,使脊
髓神经暴露在外,并通过不同金属(或甚至仅仅通过银丝)与胫肌
联系起来,就会产生痉挛,在其中表现出这些差别的矛盾所构成的
活动。阿尔迪尼[99]表明,一种金属,尤其是纯水银就足以引起这种

效果,湿麻绳也往往足以把神经和肌肉联系起来,使这种联系成为活动的;他围绕自己的房屋,盘引湿麻绳250英尺之长,取得了令人满意的效果。另一个人也发现,在体大活泼的青蛙身上,单纯使肌肉与其神经接触,就会出现痉挛,而没有那种电枢。洪堡特认为,在使用两种类似的金属的地方,仅仅受到一种金属的感应就足以引起金属刺激。如果在同一根神经的两个地方覆盖上两种不同金属,并用一种良好导体联系起来,也同样会表现出痉挛现象[100]。

　　这是电流的最初形式;人们以为它恰好局限于有机体,因而称之为动物电。伏打用金属代替了肌肉和神经,从而用一些成对的金属片安装成了电池。每对金属片都有同下一对金属片相反的规定性,但这几对金属片的活动却综合在一起,以致在一端有全部负电活动,在另一端有全部正电活动,在中间则是无差别点。伏打还把潮湿导体(水)与干燥导体(金属)区分开,好像这里除了电以外就不存在任何东西[101]。但水与金属的差别是一种完全不同的差别,而且两者也并不是单纯具有导体的作用。电的作用与化学作用是很容易区分的。因为金属片的表面越大,例如是8平方英寸,电的作用在放火花方面所具有的光泽就越灿烂。表面的大小似乎 (VII₁,394) 对其他现象没有什么影响;相反,仅仅用三对金属片就产生了火花。如果在一个电堆的银极上接一根铁丝,把它引到锌极,而这个电堆是用40对这样大的锌片和铜片造成的,那就会在接触的瞬刻出现一朵形似蔷薇、直径为3到$3\frac{1}{2}$英寸的火花,一些光线竟达$1\frac{1}{2}$到$1\frac{3}{4}$英寸长,在一些地方拥为一簇,顶端有一些小火星。通讯的金属丝会被火花焊接得很牢固,以致要把它们分离开,需要相当大的力量。在氧气里金和银的行为同在大气里是一样的,铁丝会着火并燃烧起来,铅和锡燃烧得更旺,并带有鲜艳的颜色。现在,如果化学作用在这里得到削减,它就会变得不同于燃烧活动,因为甚至在电里也发生了一种旺盛的燃烧,不过这是加热引起的熔解,而不是水的分解(参看上文 §. 324 第 321 页)。反过来说,化学作用变得更大,电的作用则变得更小;金属片更小,它们的数量则更多,例如有 1000 对。然而两种作用也得到了统一,所以水也就由于强烈的放电而被分解了。因为毕奥(《物理学研究》,第 II 卷,第 436 页)说:"Pour décomposer l'eau, on sést d'abord servi de violentes décharges transmises No. travers ce liquide, et qui y produisaient les explosions accompagnées d'étincelles. Mais Wollaston est parvenu No. produire le *même* effet, d'une manière infiniment plus marquée, plus sure et plus facile, en conduisant le courant électrique dans l'eau par des fils tressés, terminés en pointes aigues etc.〔为了分解水,我们最初采用了猛烈的火花放电,火花放电传到这种液体中,在那里引起伴随着火花的爆炸。但渥拉斯顿采用一种颇为明确、安全和简易的方法,收到了同样效果,这种方法就是通过一些两端成尖的、拧到一起的金属线,把电流导入水中〕"。慕尼黑科

(VII₁,395) 学院院士里特尔制造了一些干电堆,在这些电堆里电流活动是绝缘的[102]。我们现在已经看到,在一个毕竟能以其他组合方式表现出强烈化学作用和高度电压的电堆里,化学作用在带有纯水时是不强烈的,于是化学家们便得出结论说,水在这里起着电绝缘体的作用,它阻碍着电的传导,因为既然化学活动在不受这种阻碍时会增大,那么,在化学活动极小时,引起化学作用的电传导似乎就受到了水的阻碍。但我们可以说这是最荒唐不过的结论,因为水实

际上是最强的导体,比金属还强,而这种荒唐说法原出于人们把化学作用唯独归因于电,只看到导体的规定。

电流活动既表现为滋味,也表现为光现象。例如,我们把一块锡箔衔到舌尖和下嘴唇之间,就会尝到这种滋味;我们再让舌尖的上部表面与银相接触,让这块锡箔也与银相接触,就会在两种金属相互接触的时刻感觉到一种显著的碱性滋味,它类似乎绿矾的味道。我如果在弄湿的手里握一只盛满碱水的锡杯,用舌尖舐这种液体,就会在接触碱液的舌头部位得到一种酸性滋味,反之,我如果在一套银脚架上放一只锡杯,或比这更好的锌杯,盛满纯水,然后把舌尖伸到水里,则不会觉察出什么味道;但一俟我们用颇为潮湿的双手同时握住银脚架,我们就会在舌头上感到一种弱酸滋味。如果我们往嘴里在上颚和左腮之间塞一根锌棒,在右下颚与右腮之间塞一根银棒,使两根金属棒露出嘴外,露出的两个末端相互靠紧,那么,在黑暗状态中当两种金属接触的时候,我们就会感到有光。在这里同一性是主观地存在于感觉中,而不会在外部产生一 （VII$_1$,396）种火花;高功率电池的情况大概就是如此。

现在,电流作用的产物一般说来是这样的:潜在地存在的东西——特殊差别的同一性,它在金属中是同时与其无差别的独立性相结合的——达到了现实存在,因而一种金属的差别也同样在另一种金属中达到了现实存在,所以无差别的东西就被设定为有差别的。这种潜在地存在的东西还没有达到一种中性产物,因为还没有现实存在的差别。既然现在这些差别还不就是物体,而仅仅是抽象的规定性,那么问题就在于:它们在这里将以哪种形式达到现实存在。这些差别的抽象现实存在是某种自然元素,我们看到它表现为空气或各种气体;于是我们在这里必须谈到抽象的化学元素。因此水就是在各种金属之间起中介作用的中性物质,那些差别能在其中发生接触(好像这种中性物质也就是消解了两种盐的差别的物质),所以每种金属都是从水里得到自己的现实存在着的差别,一方面注定要氧化,另一方面则注定要氢化。然而,既然水的性质一般是中性的,那么,起着激活作用、分化作用的东西就不是在水里存在着,而是在空气里存在着。空气虽然看起来是中性的,其实是进行秘密破坏的能动东西;因此,在金属中被激起的活动必定是金属从空气本身取得的,这就是各种差别以气体形式表现出来的原因。在这个过程中氧气是起着激活作用、分化作用的本原。可以更加肯定地说,电流过程的结果是氧化物,是一种被设定为差别的金属;这就是我们所得到的第一种差别。无差别的东西则成为一个总体,尽管还不是完备的总体。虽然这种产物也立刻是一种二重化的东西,但出现的结果毕竟不是两种业已分化的东西。在一个方面出现的是氧化,例如锌变为金属灰。另一个方面,即金、银之类的东西,则保持在这种与其对立物相反的密集状态之中,依然形态规整。或者说,这些东西即使业已氧化,也会脱氧,又被弄成规整的形态。既然锌的激活作用不可能是一种片面的差别的设定,在另一方面或许不能脱氧,那么,在发生了氢气的时候,对立的另一方就只表现在水的另一形式里。里特尔看到,也可能发生这样的事情:出现的不是氧化金属,而是氢化金属,因而另一方面也就不得不发展为产物[103]。但作为对立的特定差别就是碱和酸;这是某种不同于抽象分化的东西。不过,甚至在这种现实的分化里对立也显得主要是由氧引起的。属于从电流过

(VII₁,397)

程最后产生的金属灰的,还有这样的土质:硅土、石灰、重土、碱土和钾碱;因为表现为土质的东西一般都有一个金属盐基。现在已经能够说明这些盐基是一种金属性东西,不过许多金属灰却只具有金属盐基的征兆。即使这种金属性东西现在不能像在非金属里那样,总是能够被独立地保存下来,但它也表现在汞合物中,而只有金属性东西才能与汞形成汞合物。所以,金属性在非金属里仅仅是一个环节;非金属又会迅速氧化,例如钨矿是难以弄成规整的形态的。阿摩尼亚是特别值得注意的,因为我们在一方面能够指明 (Ⅶ₁,398) 它的盐基是氮气,它的另一组成部分是氧,但同样也可以说明它的盐基是金属性,即铍(参看 §. 328“附释”第333—334页);在这里金属性已达到了它也整个表现为抽象化学物质、表现为气体的阶段。

过程以氧化的结果而告终。这个最初的、抽象的和普遍的否定的对立面就是自由的否定性,是与那种在无差别的金属状态瘫痪无力的否定性相反的自为存在着的否定性。就概念而言,或者就自在的阶段而言,这个对立面是必然的;但这个对立面的现实存在,即火则是偶然出现的。

b. 火的过程

§. 331

在以前的过程里仅仅潜在地存在于各种相关金属的不同规定性中的活动,在独自被设定为现实存在着的活动以后,就是火;借助于火,潜在地可燃的东西(像硫)——第三类物体——就燃烧起来,或一般地说,那种处于依然不相干、不活泼的差别中(像在中性物体中)的东西就被激活为化学方面的酸与(苛性)碱的对立,而这种对立与其说是一个特有类型的实在物体的对立——因为这类物体不能独立存在——不如说仅仅是第三种形式的物体环节之被设定的存在的对立。

(VII₁,399)〔**附释**〕当电流过程以金属氧化物、以土质终结时,化学过程的进展就中断了。因为就现实存在而言,各个化学过程并不是联结在一起的;否则,我们就会得到生命,得到过程的圆圈式回归。如果产物现在被进一步加以发展,那就会增添从外而来的活动,正像各种金属也由外部活动相互结合起来那样。因此,只有概念,只有内在的必然性,才使过程得以继续进展下去;过程仅仅是潜在地被发展为总体的圆圈。因为我们现在进入的新形式仅仅对我们来说是正在产生的,或潜在地产生的,所以进入过程的东西我们必须就其自然性来把握。我们打算进一步研究的、仿佛仅仅来自其他反应物的东西,并不是同一种现实存在着的产物(因此在这里也不是电流过程以之告终的氧化物);倒不如说,过程的客体作为潜在地被规定了的东西,必须被当作原始的东西,它不是按照现实存在业已生成的东西,而是以业已生成的东西的这种规定性为其概念的单纯内在规定性。

过程的一个方面是作为火焰的火,差别的统一过去是电流过程的结果,现在则在火焰里自为地存在着,并且采取了自由运动、自我毁灭的形式。过程的另一方面,即可燃物质,是火的客体,它与火具有同样的本性,不过是以物理方式存在的物体。于是,过程(VII₁,400)的产物就在于:一方面,火是作为物理的质存在的;或从相反的方面说,在物质的东西中设定了就其自然规定性而言业已存在的东西,即设定了火。如果说最初的过程是重物的过程,那么我们在这

里则得到了轻物的过程,因为火把自身体现为酸。可能被燃烧和
被激活的物理物体,不仅是还原为消极无差别状态的僵死东西,而
且变得有了燃烧自身的作用。因为这样被激活的物质东西现在是
一种简直在自身设定起来的对立物,而这种对立物又自相矛盾,所
以它就需要有自己的他物,而且事实上简直与自己的他物具有现
实的关系。于是,可燃物质就有两类形态,因为否定东西的这种自
为存在就其进入差别而言,是把自身设定到它自己的差别里。一
类是通常的可燃物质,即硫、磷等等;可燃物质的另一种形式则是
一种中性物质。在这两种形态中,静止的持续存在仅仅是现实存
在的一种方式,而不是可燃物质的本质;反之,在电流过程中金属
的无差别状态则构成可燃物质的本质。在这些形态中更加值得注
意的是单纯发光而不燃烧的现象,是像许多矿物那样发出磷光的
现象;当它们有所撕破、擦伤,甚或暴露于日光之下的时候,它们也
在一个相当长的时间里保持着磷光。电也是这样瞬时即逝的光现
象,不过没有分裂过程。第一类可燃物质范围并不广袤,只包括
硫、沥青和石油精。没有牢固的、无差别的盐基的脆性物体,并不
是通过自身与有差别的东西的结合,从外部得到差别,而是在它自
己内部,发展出它自己的否定性。物体的无差别状态转变为一种
化学差别。硫的可燃性不再是停留于过程本身的表面可能性,而
是这种被消灭了的无差别性。可燃物质燃烧着,火就是它的现实 (VII₁,401)
性;它不仅燃烧,还烧尽自身,就是说,它不再是无差别的,而变为
一种酸。诚然,温特尔曾经断言这样的硫是一种酸[104],而实际情况
也是这样,因为硫甚至于不用其他酸所需的水基(氢),就能中
和盐基、土基和各种金属。第二类可燃物质是形式的中性物质,它

的持续存在也仅仅是形式,而不构成它的本质的规定性,似乎能比过程更经久。形式的中性物质(盐是物理的中性物质)是石灰、重土和钾碱,一句话,是一些土质,它们无非是氧化物,即以一种金属为它们的盐基;这就是我们用电池发现的现象,通过电池我们使碱性物质脱去了氧。碱也是金属氧化物:动物性的、植物性的和矿物性的。属于盐基的另一方面,例如在石灰中,是通过加热炭所生的碳酸,这是一种抽象的化学东西,而不是个体性的、物理性的物体。因此,石灰是得到中和的,而不是一种现实的中性物质;中和性在这里仅仅是以元素的、一般的方式完成的。大家切不可把重土和锶视为盐,因为中和它们的东西并不是一种现实的酸,而恰恰是那种表现为碳酸的抽象化学东西。这就是构成过程的另一方面的两类可燃物质。

在火的过程里相互冲突的物体外在地结合在一起,这是由化学过程的有限性制约的。除了这两种物体,又出现了元素的东西,作为它们的中介;这就是空气和水。例如,要用硫生产出硫酸,就使用了水湿的器壁与空气。所以,整个过程都具有一种推论的形式,这种推论有一个间断的中项和两个端项。这种推论的更为具体的形式涉及活动方式,涉及端项为了用中项自成一体而规定中项的结果。更精确地考察这一点,可能是一项很细致的分析工作,同时也会使人们离题太远。任何化学过程都可以作为一个推论系列加以说明,在这个系列中最初的端项变为中项;中项又会被设定为端项。一般的情况是:可燃物质,即硫、磷或形式的中性物质,在这种过程里受到激活作用。因此,如果说各种土质作为盐在以前的状态里是温和的,那么它们现在则被火置于苛性状态中。甚至

（VII₁,402）

金属物质(即不良金属、灰质金属)也能被燃烧激活,不是变成一种氧化物,而是立即被弄成酸。砷的氧化物本身就是砷酸。被激活的碱有腐蚀作用,是苛性的;酸同样也有破坏作用和侵蚀作用。硫(以及诸如此类的物质)本身绝没有无差别的盐基,所以在这里水就变成基键,因而酸能够独立不倚地存在,即使仅仅是在刹那之间。但是,当碱性物质变为苛性物质时,以前那种作为结晶水(这实际上已不再是水)而构成中和键的水就通过火失去了自己的形式性的中性形态,因为这样的碱性物质本身已经具有一种无差别的金属基。

c. 中和作用·水的过程

§. 332

这样得到区分的物体简直与它的他物相对立;这就是它的质,以致它在本质上仅仅存在于它对这个他物的关系中;因此,它的物体性在独立的、分离的现实存在里仅仅是一种强制状态,而它在它自身的片面性里则是使它自身与它的否定东西相同一的过程(即使这个过程仅仅是带有空气,而在空气中酸和苛性碱失去自身的 (Ⅶ₁,403) 强度,即把自身还原为形式的中性)。这个产物是具体的中性物质,是一种盐。这就是第四类物体,具体地说,是现实的物体。

〔**附释**〕金属仅仅潜在地不同于他物;他物包含在金属的概念里,但也不过是包含在概念里而已。然而,因为现在每个方面都是作为对立面存在的,所以这种片面性就不再仅仅是潜在的,而是被设定起来的。因此,个体性的物体就是扬弃自己的片面性而设定总体的冲动,而且这种物体就其概念而言,已经是总体。两个方面

都是物理实在:一个方面是硫酸或另一种酸,但不是碳酸;另一个
方面是氧化物、土质和碱性物质。这样鼓动起来的对立物并不需
要通过第三种物质被置于活动状态;每个对立物在其自身都是扬
弃自己,使自己与其对立面成为一体,从而中和自己的不安息的东
西,不过这些对立物也不能独立存在,因为它们与它们自身不符
合。酸里注入水,加热以后,就会着火。浓缩的酸会从空气里吸收
水分,进行蒸发。例如,浓缩的硫酸会以这种方式膨胀起来,占据
更大的空间,而变得较弱。酸被压入不透气的容器里,会侵蚀容
器。同样,苛性碱又会变得温和;于是有人说苛性碱是从空气里吸
收到了碳酸。但这是一种假想;倒不如说,苛性碱是用空气造成碳
酸,以便中和自身。

　　激活两个方面的东西是一种化学的抽象东西,是作为有差别
的抽象东西的化学氧元素;各种基(即使仅仅是水)是有差别的、
持续存在的东西,是键。因此,激活作用无论在酸里还是在碱里,
都是氧化。但使酸碱相互对立的东西,就像在正负对立中业已出
现的那样,是某种相对的东西。因此在算术里负数有时被当作它
自身中的否定东西,有时则仅仅被当作另一个数的否定东西,以致
以哪个数为正、哪个数为负都是无所谓的。具有两个相反方向的
电也有同样的情况,在这里前后反复的运动总是仅仅回到同一个
点,如此等等。所以,虽然酸是它自身中的否定东西,但这种关系
也同样表现为相对的。从一个方面看属于酸的东西,从另一个方
面看则是碱。例如,硫化钾就被称为一种酸,虽然它实际上是氢化
硫;所以在这里酸就是氢化。当然,这种情况并非到处都是如此,
而是出自硫的可燃性。然而,硫通过氧化会变为硫酸,以致能够有

(VII₁,404)

两种形式。各种土质的情况也同样如此,它们分为两类:α)石灰、重土和锶是碱性金属氧化物;β)在硅土、黏土和苦土中,这种情况是可以推想出来的,部分地是靠类比方法,部分地是凭汞合金中电流作用的踪迹。但施特芬斯却把黏土与碱族硅土对立起来[105]。舒斯特尔认为,矾土也对碱有反应,就是说,是酸性的;另方面,矾土对硫酸的反应则在于它占有盐基的位置;黏土是在其碱溶液中由酸沉淀下去的,因而其行为与酸一样[106]。伯叟莱证实了矾土的双重本性,他说(《静电化学》,第 II 卷,第 302 页):"L'alumine a une disposition presqu'égale No. se combiner avec les acides et avec les alcalis〔氧化铝对于酸和碱具有一种几乎相同的结合倾向〕";第 308 页说:"L'acide nitrique a aussi la propriété de cristalliser avec l'alumine;il est probable que c'est également par le moyen d'une base alcaline〔硝酸也有同氧化铝结成晶体的特性;很可能这同样也是通过某种碱性盐基产生的〕。"舒斯特尔说,"硅土是一种酸,虽然是一种弱酸;因为它能中和盐基,而且与钾、钠结合,形成玻璃",(VII₁,405)如此等等[107]。然而伯叟莱(上引书,第 II 卷,第 314 页)看到,硅土不过是有一种与碱结合比与酸结合更强的趋向。

即使在这里空气与水也起着中介作用,因为毫无水分的、完全浓缩的酸(尽管它绝不能完全没有水分)比稀释的酸作用要弱得多,尤其是在没有空气的时候,酸的作用就会完全停止。这种作用的一般抽象结果是:酸与未被激活的碱一般构成一种中性产物,不过绝不是构成抽象的无差别东西,而是构成两种现实存在物的统一。酸要扬弃自己的对立、自己的矛盾,因为酸不能忍受这种对立、矛盾;而且酸在这样扬弃自己的片面性时,就设定了自己按照自己的概念所构成的东西,既设定了这一方面,也设定了那一方面。大家都说,酸并不是直接作用于金属,而是首先把金属弄成氧化物,弄成现实存在着的对立的一个方面,然后使自身与这种氧化物中和,而这种氧化物虽然有差别,却没有被激活为苛性东西。作为这种中和作用的产物的盐首先是化学的总体、中心,但同时还不是生命的无限总体,而是一种达到静止、局限于他物的东西。

d. 作为总体的过程

§. 333

这些中性物体又彼此相关,形成完全现实的化学过程,因为这种化学过程是以这样一些现实物体为其各个方面。这些物体要得到调解,就需要水,即需要中性的抽象媒质。但两者明显地是中性的,彼此绝没有任何差别。在这里出现了一般中性物体的分化,因而也同样出现了在化学方面被激活的各个物体的差别的彼此分化;这就是所谓的选择亲和性,就是这些现存中性物体的分离形成其他特殊中性物体的过程。

(VII$_1$,406)

〔说明〕走向简化选择亲和性细节的最重要步骤,是通过里希特[108]与吉顿·莫尔沃[109]发现的定律做出的,这条定律指明,当各种中性化合物在溶液里混合,酸使它们的盐基相互置换时,这些化合物在饱和状态方面绝不经受任何变化。与此有关的是酸碱的数量标度,每种单一的酸为了得到饱和,都按照这种数量标度同每种碱有一个特定的比例,因此,如果对于某种数量确定的酸来说各种碱是按照它们与这种等量的酸相中和的数量排列为一个系列的,那么各种碱对于任何其他的酸就都在自身彼此保持着它们与前一种酸相饱和的同一饱和比例,只不过这些酸与碱的固定系列相结合的数量单位不同罢了。同样,各种酸相对于每种不同的碱也在自身彼此有一种固定的比例。

此外,选择亲和性本身仅仅是酸与盐基的抽象关系。一般化学物体,尤其是中性物体,同时也是具有特定比重、内聚性、温度等等的具体物理物体。这些真正的物理属性及其在过程中的变化(§. 328)与过程的化学环节有关,妨碍、阻止或加速、改变着化学过程的作用。伯叟莱完全承认选择亲和性的系列,在其知名的著作《静电化学》里综合研究过引起化学作用结果的改变的各种情 (VII₁,407) 况,而这些结果往往仅仅是按照选择亲和性的片面制约作用加以规定的。他说,"这种解释给科学带来的肤浅性竟然被一些人特别视为进步。"

〔**附释**〕碱和酸这两个对立面把自身直接统一为一种中性物质,这绝不是一个过程;盐就像固守南北极的磁体或放电中出现的火花一样,是一种没有过程的产物。如果过程进一步加以发挥,各种彼此不相干、彼此无需求的盐就必定又会以外在方式被相互凑合起来。活动并不是存在于这些盐里,而是通过偶然情况才又表现出来;彼此不相干的东西恰恰只能在第三种物质中相互接触,而这种物质在这里又是水。在这里尤其是形态的形成和结晶的过程占有其地位。但过程一般说来却在于一种中性物质被扬弃,而另一种中性物质又被产生出来。因此,中性物质在这里是处于自相斗争的境地,因为这种作为产物的中性物质是由中性物质的否定加以调解的。因此,酸和碱构成的各种特殊中性物质是相互冲突的。一种酸与一种碱的亲和性遭到了否定;这种亲和性的否定本

身是一种酸与一种碱的关系,或者说,本身也是一种亲和性。这种
亲和性同样是第二种盐里的酸与第一种盐里的碱、第二种盐里的
碱与第一种盐里的酸的亲和性。这种亲和性作为否定前一种亲和
性的东西,被称为选择亲和性,它无非意味着,这里的酸碱对立面
就像在磁和电里那样,设定自身为同一的。这种过程的存在、表现
和作用方式是一样的。就像磁体北极排斥北极,但每个磁体北极
依然与同一南极攸切相关一样,一种酸也从一种碱性物质里驱除
另一种酸。但在这里各种酸是在第三种物质中相互比较的,每种
酸都有自己的对立面,它主要是这种碱性物质;规定并不单纯是由
对立面的一般本质产生的,因为化学过程是一些在质方面彼此有
对立作用的类族的领域。因此,关键在于亲和性的强度,但任何亲
和性都不是片面的。我同某人亲近到什么程度,他也就同我亲近
到什么程度。两种盐的酸和碱会扬弃它们的结合,构成新的盐,在
第二种盐的酸与第一种盐的碱更亲密地结合起来,驱除掉第一种
盐的酸时,这种酸则与第二种盐的碱有同样的关系,这就是说,一
种酸在另一种酸向自己表示出更加密切的亲和性时,就放弃了自
己的碱。于是,这种结果又是现实的中性产物,因此这种产物就所
属类族而言是与开端一样的,而这就是中性物质在形式方面向其
自身的回归。

我们在"说明"里谈到的选择亲和性定律是里希特发现的,在
英国人和法国人(伯叟莱和渥拉斯顿)谈到他,利用了他的著作,
使它受到重视以前,这条定律始终无人理睬。同样,歌德的颜色学
在一位法国人或英国人采纳以前,或在一位法国人或英国人独自
发挥了同样的观点,使这种观点为大家所承认以前,在德国也一直

(VII₁,408)

是默然无闻的。没有必要再为此鸣冤叫屈,因为除非赞助加尔[110]骨相学那种胡话,我们德国人现在就总是如此。里希特以许多渊博的见识分析过的这条化学分析法原理,现在很容易用下列比喻 (VII₁,409)予以形象的说明。如果我用弗里德利希金币购入各种不同的商品,那么举例说,我为一定数量的第一类商品需花一个弗里德利希金币,为同样数量的第二类商品需花两个弗里德利希金币,如此等等。如果我现在用银币购入,那么我就需要更多的银币,就是说,用 5⅜个银币顶替一个弗里德利希金币,用 11½个银币顶替两个弗里德利希金币,如此等等。各类商品彼此保持着不变的比率;有两倍价值的商品也依然遵守那种比率,而不管用哪种货币去衡量它。各种不同的货币彼此也同样有一定的比率;因此,它们按照它们彼此的这种规定性,抵得上某个份额的任何商品。所以,如果一个弗里德利希金币等于 5⅜个银币,而一个银币抵得上三件特定商品,那么,一个弗里德利希金币就抵得上 5⅜×3 件这样的商品。柏采留斯在氧化过程的阶段方面也坚持了同样的观点,并且特别把这种观点概括为一条普遍的定律;因为在氧化过程中一种物质比另一种物质需用更多或更少的氧。例如,把 100 份锡饱和为一氧化物需要 13.6 份氧,把它饱和为白色二氧化物需要 20.4 份氧,把它饱和为黄色过氧化物需要 27.4 份氧。道尔顿[111]第一个研究了这个问题,但他把他的结论隐藏在最坏的原子论形而上学形式中,因为他把一些最基本的元素或单纯的、基本的量规定为原子,然后就谈到这些原子的重量或重量关系,说这些原子应该是球形的,部分地环绕以比较稠密的或比较稀薄的热素大气;他现在还教导人们如何把原子的相对重量和直径以及它们的数量规定为复合

物体。柏采留斯、特别是施魏格尔又制造了一种电化学关系的混

合物。但在这个现实的过程中却不能出现磁和电的形式环节。或

(VII₁,410) 者说,即使出现了,也仅仅是有限的。只有过程不是完全现实的,

这些抽象形式才能特别居于支配地位。所以戴维第一个指出,在

化学方面作用相反的两种物质在电方面是对立的[112]。把硫融注到

容器里,在两者之间就会出现电的紧张关系,因为这绝不是现实的

化学过程。出于同样的理由,如我们看到的,在电流过程中最明显

不过地出现了电;因此,电也就在电流过程变为化学过程的地方退

居次要地位了。但是,只有差别一定把自身表现为空间的差别,磁

才能表现于化学过程;而这又主要是以电流形式发生的,电流形式

恰恰不是化学过程的绝对活动。

2. 分解

§. 334

在中性物质的溶解中,通过一系列独特的过程,一方面开始了

向特殊化学物体以至无差别的物体的回归,但另一方面,任何这

样的分解本身一般都与化合不可分离地结合起来,同样,那些被陈

述为属于化合进程的过程也同时直接包含着分解的其他环节

(§. 328)。为了规定过程的任何特殊形式所占有的独特地位,因

而规定产物中的特殊东西,必须考察具体作用物构成的过程,同样

(VII₁,411) 必须考察具体的产物。具有抽象作用物(如作用于金属的纯水或

纯气等等)的抽象过程,虽然潜在地包含着过程的总体,但并没有

用明显的方式展现出自己的各个环节。

〔**说明**〕经验化学主要是研究物质与产物的特殊性,把这些物质与产物按照表面的、抽象的属性排列到一起,以致它们的特殊性根本不成系统。在这种排列中,金属、氧和氢等等,非金属(以前叫作土质)、硫和磷,都显得是在同一直线上相互并列的单纯化学物体。这些物体的巨大物理差异必然立刻会引起人们对于这样一种雷同的反感;而这些物体的化学起源、它们的产生过程也会显得颇为不同。但是,这些比较抽象、比较实在的过程却被同样杂乱无章地置于同一发展阶段。如果科学形式要进入这个领域,那么,每个产物都必须按照具体的、完全发达的过程的发展阶段加以规定,每个产物实质上就是从这种过程产生的,而这种过程的发展阶段则赋予每个产物以独特的意义;为了达到这个目的,同样重要的是区分过程的抽象或实在发展的各个阶段。然而,动物性物质和植物性物质是属于一种迥然不同的系统;它们的本质很少能从化学过程加以理解,以致它们在化学过程中反而遭到毁灭,只有它们死亡的方法得到了理解。但这些物质却根本可以用来对抗化学和物理学中盛行的形而上学;即对抗那种认为物质在一切情况下都不 （VII₁,412）可能变化的思想,或更正确地说,对抗那种作如是观的荒唐观念,对抗用这样的物质组成和构成物体的范畴。我们看到,大家一般都承认化学物质在化合中失去了它们在分离中显示的属性,然而有人还以为它们具有这些属性与不具有这些属性是一样的东西,而且以为它们作为具有这些属性的东西并不是过程的产物。依然没有差别的物体,即金属,是以物理方式获得其肯定的规定的,就是说,它的属性在它内部表现为直接的属性。但进一步得到规定的物体却不能以人们随后看到的它们在过程中的行为方式为前

提;反之,它们唯独按照它们在化学过程中的地位,获得它们的最
初的、根本的规定。物体的进一步的规定是物体相对于所有其他
特殊物体所展示的行为的那种经验的、极其特别的特殊性;而要得
到这种知识,任何人就都必须认识物体相对于所有作用物的一连
串单调行为。

　　在这方面最令人触目的事情是看到四种化学元素(氧等等)
同金、银等等,同硫等等,作为物质,被置于同一直线上,仿佛它们
具有像金、硫等等一样的独立现实存在,或者说,仿佛氧具有像碳
一样的现实存在。从它们在过程中的地位即可得出它们的从属性
和抽象性,它们就是由于这些性质在类族方面与金属、盐完全分
开,而同这些具体物体绝不属于同一直线的;这种地位已在 §.
328 作了分析。抽象的中项在自己内部是间断的(参看 §. 204
"说明"),因而具有两个元素——水与空气——,在这种作为媒质
而被放弃的抽象中项里,推论的两个现实端项得到了自己原来的、
最初仅仅潜在存在的差别的现实存在。差别的这个环节在这样独
立发展为特定存在以后,就构成作为完全抽象的环节的化学元素;
这些物质并不是我们最初用"元素"这个名称所表示的基本物质、
实质基础,而是差别的极端尖锐的形式。

　　在这里,像在一般场合一样,须把握化学过程的完整的总体。
把形式过程和抽象过程这些特别部分隔开,会导致抽象的观念,以
为一般的化学过程仅仅是一种物质对另一种物质的作用;在这种
情况下,发生的许多其他现象——如在一切过程里发生的抽象中
和(水的产生)和抽象分解(气的发生)——就显得是几乎附属的
东西或偶然的结果,或至少是只有外在的联系,而不会被视为整体

（VII₁,413）

关系中的本质环节。但是,对化学过程的总体的完整分析却进一步要求把这种过程作为现实的推论,同时也作为彼此极其密切联系的推论的三重体加以阐明,这些推论不仅是它们的 terminis〔各项〕的一般结合,而且作为活动是它们的规定的否定(参看 §.198),仿佛要展现一个过程中结合起来的化合与分解的联系。　(VII₁,414)

　　〔**附释**〕最初的过程走向化合,彼此相反的中性物体的过程则同时是中性物体的分化或分裂,是我们由之出发的抽象物体的分解。这样,我们视为直接现存的、因而由之出发的纯金属,现在就是那种从作为我们的前进目标的总体性物体中产生出来的结果。在这里加以瓦解的、构成具体中项的东西是一种现实的中性物体(盐),而在以前加以瓦解的、构成形式中项的东西则在电流过程里是水,在火的过程里是空气。这种还原所采取的各个方式与经历的各个阶段是不同的,尤其火的过程是这样,而盐的过程也同样如此。例如,盐被烧得通红,业已削弱的酸就又会被变强;同样,石灰会散发出碳酸,因为在这种温度中据说石灰对"热素"比对碳酸具有更大的亲和性。这样就进而达到了金属的还原,例如,当硫作为与一种碱相结合的酸被分离出来,而金属变得形态规整时,情况就是如此。在自然界只发现少数金属是纯的,大多数金属则只有通过化学过程分离出来。

　　这就是化学过程的全部经历。要确定个体性物体属于哪个阶段,化学过程的进展就必须在其特定的阶序中加以确定;否则我们还必须研究无数的、自身依然是无机混合物的物质。因此,个体性物体在过程里把自身规定为这样(这些物体是过程的环节和产物,并作为现在被规定为个体性的具体元素,构成特定的,即有差　(VII₁,415)

别的物体性的下列体系）：

　　a. 个体化的、有差别的气是各种气体，具体地说，本身是四种气体构成的总体：α）氮气，抽象无差别的气体；β）氧气和氢气，对立的气，前者在对立中起着燃烧作用、激活作用，后者在对立中是肯定的东西、无差别的东西；γ）碳酸气，即土质气体，因为它部分地表现为土质，部分地表现为气体。

　　b. 对立的一个环节是火的循环，是个体性的、得到实现的火，这个环节的对立物是加以燃烧的物质。这个环节本身形成一个总体：α）盐基，即自身可燃的物质，自身有火性的物质，既不是仅仅在一种差别中被设定为规定性的无差别东西，也不是仅仅被限定为差别的肯定东西，而是自在的否定性，在内部得到实现的、沉眠不醒的时间（就像火本身可以被称为活跃的时间[113]一样），在这种时间中自在的否定性的静止存在仅仅是形式，以致这种否定性是这种时间的质，不是这种时间的存在的单纯形式，而是这种时间的存在本身是这种形式——这就是作为土质盐基的硫，作为空气盐基的氢，石油精，植物油，动物油等等；β）酸，具体地说，就是 $\alpha\alpha$）硫酸，即土质可燃物的酸，$\beta\beta$）氮酸，即具有不同的形式的硝酸，$\gamma\gamma$）氢酸，即盐酸（我把氢视为盐酸的根；空气个体性的各个无差别环节必定被激活为酸，它们已经是自身可燃的物质，而不单纯像金属那样，因为它们是抽象的环节；但它们既然是无差别的，所以在它们自身就有这种物质，而不像氧那样，是在自身以外获得这种物质）；$\delta\delta$）土质酸，它分为（1）抽象的土质碳酸，（2）具体的土质碳酸，即砷酸等等，（3）植物酸和动物酸（柠檬酸、血酸、蚁酸）；γ）与酸相反的一般氧化物、碱类。

　　c. 对立的另一环节是得到实现的水,即酸和氧化物的中性——盐、土、石。在这里真正出现了总体性物体;各种气体是空气,火的循环还没有达到总体的静止,硫作为超过其他土质物体的基础,飘浮在火的循环里。各种土质则是白色东西、纯粹脆性东西、完全个体性的东西,它既没有金属的连续性和发展过程,也没有可燃性。土质主要有四类。这些土质中性物质分为一系列双重物质:α)中性物质,它仅仅以水的抽象环节为中性盐基,是既作为酸的中性物质、也作为碱的中性物质而存在的;这种过渡是由硅土、黏土和苦土(云母)造成的。αα)硅仿佛是土质金属,是纯粹脆性物质,它通过自己的个体性的抽象,特别与钾碱相结合,变为玻璃,并且就像金属表现为颜色和密集性一样,表面为熔解过程的个体性;硅是无色物质,在这种物质中金属性毁于纯粹的形式,内在东西是绝对的间断性。ββ)就像硅是直接的、单纯的、晦暗的概念一样,黏土是最初的、有差别的土质,这就是可燃性的可能性。纯粹的黏土从空气里吸取氧,但一般与硫酸结合,构成一种土质的火,即瓷土。黏土变得坚硬和化为晶体,是由火所致。水在结晶方面较之外在的内聚性,起的作用更小。γγ)云母或苦土是盐的主体,海水的苦味即由此而来。正是间接的滋味,变为火的本原,恰恰构成中性物质向火的本原的回复。β)最后我们得到与此相反的对立物,即真正现实的中性物质、钙类物质、碱性物质、有差别的 　(VII₁,417)
东西,它又瓦解着自己的土质本原,只需要有物理元素,就足以构成过程,即构成熄灭之后又得到恢复的过程;石灰是火的本原,它在自身由物理物体产生出来。

　　d. 对于仅仅剩有重力的土质来说,其他一切规定都是在它之外出现的,而且它的重力与光是同一的,这样的土质就是金属。正像重力是不确定的外在性中的己内存在一样,这种己内存在在光里是现实的。所以,金属一方面有颜色,另一方面金属的光泽则是这种从自身放射出来的、不确定的、使颜色消失的纯光。密集的金属在自身经历了金属的各种状态,首先是金属的连续性和密集性,其次是金属易于进入过程的性质,是金属的脆性、点状性和可氧化性;α)所以,某些金属处于规整的形式中;β)其他金属则仅仅以氧化的形式、与土质混合的形式表现出来,几乎是不规整的,而且它们在这样表现出来时,毕竟完全表现为粉末状的,例如砷就是如此;同样,锑和诸如此类的金属也很脆、很硬,因而易成虀粉。γ)最后,金属表现为渣滓,状如玻璃,并且像硫那样,具有结构等同的单纯形式。

§. 335

　　诚然,化学过程一般就是生命,个体性物体在其直接性中既被产生,又被扬弃,因而概念不再是内在必然性,而是表现出来。但是,由于进入化学过程的物体的直接性,概念也一般带有分离作用。因此,概念的各个环节就表现为外在的条件,自身分解的东西就分裂为彼此不相干的产物,火与激活作用湮没于中性物体里,再也不在其中自动振作起来。过程的开端与终结是彼此不同的;这就构成过程的有限性,它使过程达不到生命,有别于生命。

（VII₁,418）

　　〔说明〕有些化学现象已经使化学解释它们时使用了合目的性范畴,例如,在化学过程中某种氧化物被降低到较低的氧化程度,可以与作用于它的酸相结合,它的一部分则得到了强烈的氧化;这种合目的性就是概念在其实现中以自身为根据所做的基本自我规定活动,所以,概念的实现单靠外在现存条件是确定不了的。

〔**附释**〕虽然在化学过程中有一种生命力的外貌,但这种生命力却在产物里消失了。化学过程的产物本身又开始活动时,也许就是生命。就此而言,生命是一种不断造成的化学过程。化学物体的类族的规定性与化学过程的实体性是同一的;所以我们在这里依然是处于固定不变的类族的领域中。反之,在生物界类族的规定性则与个体的实体性不是同一的;个体就其规定性而言,既是有限的,又同样是无限的。概念在化学过程里仅仅间断地展现自己的各个环节;化学过程的总体一方面包含着固定不变的、以差别方式存在的规定性,另一方面包含着在自己内部成为自己的对立面,从而取消固定不变的规定性的冲动。但静止的存在和冲动是彼此不同的东西;总体仅仅潜在地或在概念中被设定起来。两种规定性立刻存在于统一体中的情况并没有达到现实存在;这种现实存在的统一体是生命的规定性,而自然界就是力求达到这种规 （VII$_1$,419) 定性。生命在化学过程里是潜在地存在的,但内在的必然性还不是现实存在的统一体。

§. 336

然而,化学过程本身就在于把这些直接的前提,即自己的外在性和有限性的基础设定为被否定的东西,在过程的另一个发展阶段上改变那些表现为过程的一个特殊发展阶段的结果的物体属性,把那些条件降低为产物。在化学过程中这样一般被设定的东西,是直接的实体和属性的相对性。因此,毫不相干地存在的物体仅仅是被设定为个体性的环节,概念是在与概念相符合的实在中被设定起来。这种在统一体中从不同物体的分化不断产生的具体自相统一,是否定自己的这种片面自我相关形式,把自身分裂和分化为概念的各个环节,又同样使这些环节复归于那个统一体的活动,因而是不断自我振作和自我保持的无限过程——这就是有机体。

〔**附释**〕我们现在必须造成从无机自然界到有机自然界、从自然界的散文到自然界的诗词的过渡。在化学过程里物体并不是在表面上有改变,而是在一切方面有改变。内聚性、颜色、光泽、不透明性、声音和透明性这一切属性都消失了。甚至于显得是最深刻、最单纯的规定的比重,也不能持久。正是在化学过程里,显得不相干的个体规定的相对性作为本质表现于偶性的这种更迭;物体显示出它的现实存在的暂时性,它的这种相对性就是它的存在。如果要如实地描述物体,那么,只有指出物体变化的整个循环过程,

(VII₁,420) 这种描述才能完成;因为物体的真正个体性并不是存在于单个的状态中,而是仅仅穷尽和展现于各个状态的这种循环过程。形态的总体正因为仅仅是一种特殊的总体,所以是不能持久的;个体性物体是一种有限的物体,因而理所当然地不能持久。所以,有一些金属,它们作为氧化物或由酸所中和的物质,经历了颜色的全部循环过程;就像盐一般是毁灭颜色的东西一样,这些金属也能形成透明的、中性的盐。脆性、密集性、气味和滋味同样消失了;这就是在这个领域里展现的特殊物体的观念性。各个物体经历了这些可能的规定的全部循环过程。例如,铜作为形态规整的金属,就其颜色而言是红色的;但硫酸铜却产生了一种蓝色的晶体,氢氧化铜作为

沉淀物是绀青色的,盐酸铜氧化物是白色的;铜的其他氧化物是绿
色的、深灰色的、棕红色的,等等;蓝铜矿又有另一种颜色,如此等
等,反应随作用物而异,化学物体仅仅是作用物反应的总和。这就
是说,反应的总体仅仅是作为总和存在的,而不是作为无限自我复
归存在的。在一个物体与其他物体相结合的氧化与中和的一切反
应中,这个物体保持着自己的规定性,不过这种规定性仅仅是潜在
存在的,而不是现实存在的。铁总是潜在的铁,但它也仅仅是潜在
地如此,而不是在它的现实存在的方式中如此。然而我们所关切
的是现实存在的保存,而不是潜在东西的保存;更准确地说,我们 （VII₁,421)
所关切的是潜在东西应该现实地存在,或现实存在应该潜在地存
在。特殊反应的循环过程构成物体的一般特性;但这种特性仅仅
是潜在地存在的,而不是一般的现实存在。只有在火的过程里活
动才是内在的;这是一瞬间的特有生命,而生命的活动就在于加速
生命的死亡。但自身具有特殊规定的直接形态是在这里衰落的,
因此这就包含着一种过渡,即规定性的潜在普遍东西也被设定到
了现实存在中;这就是有机体的自我保存。有机体进行活动,并对
极其不同的力能作出反应;有机体虽然在任何反应中都得到不同
的规定,但是也同样保持着一种自相统一。类属的这种潜在存在
的规定性虽然现在也是现实存在的,与他物有交往,然而也打断这
种交往,不与他物相中和,而是在有机体与其他物所同时决定的过
程中保持着自身。如果作为个体性灵魂的无限形式依然在形态里
体现为物质的,这种形式就是被贬低为一个统一体,它在自身不是
无限自由的形式,而是在其现实存在里构成一种现存的、固定的东
西。但这种静止与无限的形式是背道而驰的,因为无限的形式是

骚动、运动和活动；只有这样，无限的形式才表现为它自在自为地
所是的东西。形态的每个东西都能作为独立的物质而存在，在这
样的形态里虽然无限形式的各个环节的持续存在也是无限形式之
进入现实存在，但在这里无限形式的统一体还不具备自己所表示
的真理。然而，因为化学过程现在恰恰表现辩证法，而辩证法把物
体的一切特殊属性都弄成了非永久性的（化学过程就在于否定构
成其有限性的本原的直接前提），所以，唯独自为存在的无限形
式、纯粹无形体的个体性是持久的，这种个体性是自为存在的，物

$(\text{VII}_1, 422)$ 质的持续存在对于这种个体性来说完全是一种可变的东西。化学
过程是无机自然界所能达到的顶峰；无机自然界在化学过程里自
己毁灭了自己，证明唯有无限的形式才是自己的真理。这样，化学
过程就通过形态的衰落而成为向有机界这个更高的领域的过渡，
在有机界里无限的形式作为无限的形式把自身造成实在的，就是
说，无限的形式是在有机界达到其实在性的概念。这种过渡是现
实存在之上升为普遍性。所以在这里自然界达到了概念的特定存
在，概念已不再是在自己内部存在的，不再沉没于自然界的相互外
在的持续存在。这就是自由的火，α）它被清除了物质的东西，并
且 β）在特定存在中得到物质化。持续存在的东西的各个环节把
它们自身提高为这种观念性，仅仅具有观念性的这种存在，而不倒
退到有限的持续存在；这样，就像赫拉克利特说火是灵魂，干燥的
灵魂是最好的灵魂一样[114]，我们便得到了客观的时间，即一种永恒
的火、生命之火。

第三篇　有机物理学

§. 337

个体性把自己规定为特殊性或有限性,而又否定这种有限性,并向自身回归,在过程的终点使自己恢复为开端,这是一个无限的过程。因此,作为这样的过程,物体的现实的总体就是向自然界最初具有的观念性的上升,不过这样一来它已成为一种充实的总体,并且作为自身相关的、否定的统一性,本质上已成为自我性的、主观的总体。这样,理念就达到了现实存在,首先是达到了直接的现实存在,达到了生命。第一,生命作为形态,是生命的普遍的映象,是地质有机体;第二,作为特殊的、形式的主观性,是植物有机体;第三,作为个别的、具体的主观性,是动物有机体[1]。

理念只有在自身是作为主观的理念时,才有真理性和现实性(§. 215);因此,生命作为仅仅直接的理念,是在自身之外的,是非生命,只是生命过程的尸骸,这样有机体就是作为非生命存在的、机械的和物理的自然界的总体。

与此不同,在植物自然界则开始有了主观的生命力,开始有了有生命的东西;但个体作为在其自身之外存在着的东西,还是分解成它的各个有机部分,这些部分本身也是一些个体。

只有动物有机体才发展到形态的这样一些区别,这些区别本质上只是作为动物有机体的各个有机部分而存在的,因此动物有机体就是作为主体存在的。虽然生命力作为自然的生命力分解成有生命的东西的不确定的杂多状态,但这些有生命的东西在其自身却是主观的有机体;只有在理念中这些有生命的东西才是同一生命,才是生命的一个有机系统。

〔**附释**〕如果我们回顾一下以前所说的东西,那么我们在第一篇里看到的就是 α)物质,是作为空间的抽象的彼此外在状态。物质作为彼此外在状态的抽象自为存在,作为能作抵抗的东西,是完全个别化了的,全然原子式的。这种原子状态的等同性致使物质还是完全不确定的东西,但是只有按知性而不是按理性来看,物质才会是绝对原子式的。β)我们进一步看到的是得到彼此对立的规定的、特殊的质量;最后 γ)我们看到的是重力,重力构成一种基本规定,在这种规定中一切特殊性都是得到扬弃的和观念的。重力的这种观念性在第二篇里变成了光,随后变成了形态,现在又得到了恢复。α)在那里个体化了的物质包含着如同我们在元素及其过程内所看到的那些自由的规定;然后 β)这种物质又使自己发展成现象领域,即发展成独立性同他物反映的对立,作为比重和内聚性;以至 γ)这种物质在个体性形态内使自己发展成总体。但是,既然特殊的物体在于扬弃其现实存在的不同方式,那么这种观念性现在就是结果,和光一样,是清澈透明的统一性和自相等同性,同时却又是从特殊化的总体产生的,这些特殊化已压缩到一起,归于最初的无差别状态。个体性现在在其自身内是有重的和有光的,是凯旋的个体性,是作为过程在所有特殊性内创造自身和
(VII$_1$,425)　保持自身的统一性,而这就是第三篇的研究对象。有生命的物体

总是准备向化学过程转化,氧、氢和盐类总是想显露出来,但总是又被扬弃,只有在死亡或疾病中化学过程才能使自己占优势。有生命的东西总是使自己濒于险境,在自身总是有一他物,但又能忍受这一矛盾,这是无机的东西所不能做到的。但生命同时也是这一矛盾的解决,思辨的东西也就在于这一点,而只有对知性来说矛盾才是不可解决的。因此,生命只能思辨地加以理解,因为生命中存在的正是思辨的东西。因此,生命的持久活动是绝对的唯心论;生命会成为一个他物,但这一他物总会被扬弃。假使要说生命是实在论者,那就应该说它对外部的东西怀有敬意;可是它却总是妨碍他物的实在性,并把这种实在性变成它自身。

可见生命才是真实的东西,它比星星更高级,也比太阳更高级,太阳虽然是一个个体,但绝不是主体。作为概念和转向外面的现实存在——其中保持着概念——的统一,生命就是理念;在这个意义上斯宾诺莎也把生命叫作合适的概念[2],这当然还是一个完全抽象的说法。生命是整个对立面的结合,而不单纯是概念和实在这种对立面的结合。只要内在的东西和外在的东西、原因和结果、目的和手段、主观性和客观性等等是同一个东西,就会有生命。生命的真正规定是:在概念和实在统一的情况下,这种实在不会再以直接的方式,以独立性的方式,作为许多现实存在着的、互相分开的属性而存在,反之,概念完全会是这种不相干的持续存在具有的　　（Ⅶ₁,426）观念性。既然我们在化学过程内得到的观念性在这里已经设定起来,所以个体性就在其自由中设定起来了。主观的、无限的形式现在也存在于其客观性之内,这在形态中还是不曾有过的,因为在形态中无限形式的各个规定作为物质还具有固定的存在。与此相反,有机体的抽象概念却是这样:特殊性的现实存在是和概念的统一性符合的,因为这些特殊性已被设定为同一主体的转瞬即逝的环节,然而在天体系统中概念的所有特殊环节却都是自为地自由地存在着的物体,是独立的物体,这些物体还没有返回概念的统一之下。太阳系是第一个有机体,但这一有机体仅仅是自在的,还不是什么有机的现实存在。这些巨大的有机部分是一些独立的形态,它们的独立性具有的观念性只是它们的运动,这里只有一种机械性的有机体。但有生命的东西却统一拥有自然界这些巨大的有机部分,因为一切特殊的东西都已经被设定为显现出来的。所以在生命中光完全是支配重力的主人;因此有生命的东西是个体性,这种个体性在自身内已克服了重力的进一步特殊化,并且在其自身内是能动的。只有作为扬弃自身的实在,概念的自我保存才设定起来。化学物体的个体性可能为一种异己的力量所控制,但生命却在其本身有自己的他物,是它自身内的一个圆满的总体,或者说,它以自身为目的。如果说自然哲学的第一部分是机械论,第二部分于其顶点是化学论,那么这第三部分就是目的论(参看§. 194"附释"2)。生命是手段,可是并非他物的手段,而是这一概念的手段;生命总是把它的无限形式创造出来。康德就已经把

(VII₁,427) 有生命的东西规定为它自身的目的³。变化只是为概念而存在,只是概念的他在的变化;唯有在这种对否定物的否定中,在这种绝对的否定性中,概念才能保留于其自身。有机的东西就已经自在地是它现实地所是的东西,它是自己生成的运动。但作为结果的,也是在先的,开端就是终点那种东西;这一点至此都只是我们的认识活动,现在则进入了现实存在。

　　由于生命作为理念是它本身的运动,从而它才使自己成为主体,所以生命就使它自身成为自己的他物,成为它自身抛出的对立面;它给自己以作为客体的形式,以便向自身回归,并回到自身。因此,只有在第三种东西内生命才能作为生命而存在,因为生命的主要规定是主观性;以前的阶段仅仅是达到生命的一些不完善的途径。这样我们就碰到三个领域:矿物界、植物界和动物界。

　　生命的前提是把自己作为它本身的他物,它首先是地质自然界,而这样它就只是生命的基地。它诚然可以说是生命,是个体性、主观性,但并不是真正的主观性,不是把相关部分归于一体。虽然在生命里必定存在着个体性、主观性或向自身回归的环节;但作为直接的环节,这些方面是彼此异化了的,也就是说,它们是互相分开的。处在一方面的是个体性,处在另一方面的是个体性的过程;个体性还不是作为能动的、观念化的生命存在的,还没有把自己规定成个别性,而是僵化的生命,和能动的生命是对立的。这种僵化的生命也包含活动,但一部分是仅仅自在地包含的,另一部分则在它之外。主观性的过程是和普遍的主体本身有别的,因为我们还没有得到自在地在其自身之内就会是能动的个体。因此,直接的生命是自身异化了的生命,这样它也就是主观生命的无机自然界。因为任何外在性都是无机的,例如,倘若个人还不熟悉科（VII₁,428）学,而科学只是激起他的热忱,本身只是他不得不去掌握的道理,这时科学对个人来说就是他的无机自然界。地球是一个整体,是生命系统,不过作为结晶体地球却像一架骨骼,它可以看作是死的,因为它的各部分还在形式上显得是独立存在的,它的过程还处在它之外。

　　第二个领域是反映阶段,是正在开始的、比较真纯的生命力,在这里个体在其本身就是它的活动,是生命过程,不过只是作为反映的主体。这种形式的主观性还不是和客观性、和相关部分的系统同一的主观性。这种主观性还是抽象的,因为它不过是从上述异化起源的,这是易脆的、点状的、仅仅个体的主观性。主体诚然是在使自身特殊化,在同他物相关中作为主观性保存自己,使自己成为各个有机部分,并把它们贯穿起来;但是,形式的东西却在于它还没有真正地与他物相关中保存自己,而是同样也还会被牵引到它自身之外去。因此,当主体使自己和自己相区别,使自己成为它的对象时,它还不能使自己信赖真正分出的区别,而从这些区别返回来才是真正的自我保存。所以植物还不是真正的主观性。植物的立脚点是仅仅从形式上使自己和自己相区别,并且只有这样才能留存于自身。植物会把它的各部分展现出来;但由于它的这些部分本质上是完整的主体,所以它不会达到其他区别,反之,根、茎、叶也只是一些个体。这样一来,植物为了自我保存而创造的现实的东西,既然仅仅是完全和它自身相似的东西,也就没有形成机(VII₁,429) 体各部分的真正区分。因此,每种植物都只是数量无限的主体,它们借以表现为一个主体的那种联系,也只是表面的。所以植物没有能力维持它支配其相关部分的力量,因为它的各部分作为独立的部分在逃避它。植物的纯洁无邪就是使自身同无机东西相关这种无能状态,在这里它的各部分同时都成了其他个体。这第二个领域是水的领域,中和的领域。

　　第三个领域是火的领域,是作为完善的生命力的个体主观性。这是植物和各个区别的统一。这种主观性就像各个形式所构成的第一个系统一样,是形态。但机体各部分并不同时就是一些部分,如同还在植物那里一样。动物生命在自己的他在中维持自己,但这一他在是一种现实的区别。同时,动物生命的这些部分所组成的系统也观念地设定起来了。这样,有生命的东西才是主体,是灵魂,是以太式的东西,是区分和扩展的本质过程,但这样一来,这种形成形态的活动就直接在时间上设定起来了,区别就被永远收回了。火投放到机体各部分,不断转化为产物;而产物又不断被归结为主观性的统一,因为那种独立性会直接被耗尽。因此,动物的生命是展现于时空里的概念。机体每一部分在自身内都有完整的灵魂,都不是独立的,而完全是同整体联在一起的。感觉活动,在自身内察觉自身的活动,是这里才存在的最高的东西;这就是在规定性内保持自相统一的活动,在规定性内自由地自主地存在的活动。植物不会在自身内察觉自身,因为它的机体的各部分是一些和它对立的独立个体。生命展现出的概念是动物自然界,只有在这里才存在着真实的生命力。——这三种形式构成了生命。

第一章　地质自然界

（VII₁,430）

§. 338

最初的有机体,就其首先被规定为直接的有机体或自在地存在着的有机体而言,不是作为有生命的东西而存在的,因为作为主体和过程,生命本质上是自相中介的活动。从主观生命出发来看,特殊化的第一个环节在于主观生命使自己成为自己的前提,从而给自己以直接性的方式,在其中把自己和自己的条件与外在存在

对立起来。自然理念在自身里内化为主观生命力,特别是精神的
生命力,这是判断,是自然理念之划分为它自身和那种缺乏过程的
直接性。这种自身由主观总体作为前提的直接总体只是有机体的
形态,是作为个体性物体的普遍系统的地体。

〔**附释**〕在化学过程里地球已经是作为这一总体而存在的,一
般元素都介入地球的特殊形体,有的是过程的原因,有的则是过程
的结果(§. 328“附释”第331—332页)。但这种运动却只是抽象
的,因为这些形体只是特殊的形体。地球确实是总体,但由于它仅
仅自在地是这些物体的过程,所以过程还是在自己的永恒产物之
外。就内容说这里不可能缺少属于生命的规定,但既然这些形体
是以相互外在的方式存在的,所以就缺少主观性的无限形式。这
样,当地球作为生命的基础,被生命当作前提时,它就被设定成为
未经设定的,因为设定活动是被直接性掩盖着的,于是另一环节就
是这一前提自己分解自己。

A　　地球的历史

（ VII₁,431)

§. 339

因此,这一仅仅自在存在着的有机体的各部分在其自身内并
不包含生命过程,而是构成一个外在的体系,这个体系的形成物显
示出作为基础的一种理念的展现,但这一体系的形成过程却是一
种过去的过程。自然界把这一过程的力量作为独立状态留在地球
彼岸,这些力量是地球在太阳系之内的联系和地位,是它在太阳、
月亮和彗星方面的生命,是它的轴向轨道的倾斜和磁轴。陆地和

海洋的分布和这些轴及其极化有相当密切的关系。陆地在北部联着进行扩展,向南部的部分分开并变窄而成尖形,进一步分为旧大陆和新大陆,旧大陆又分布成一些部分,也和那些轴及其极化有相当密切的关系。旧大陆的这些部分因其物理学的、有机学的和人类学的特点而彼此不同,与新大陆也相对不同;同这些部分连接在一起的还有一个更为年轻和更不成熟的部分。最后山脉等等也与那些轴及其极化有相当密切的关系。

〔**附释**〕1. 这一过程的力量显得对其产物是独立的,然而动物作为其自身内的过程,却在其自身内部有自己的力量。动物的机体部分就是动物过程的力能。与此相反,地球却完全归结为这样一点:它在太阳系中有这种地位,在行列星系中占有这种位置。反之,由于在动物里每个部分在自身都是整体,所以空间的相互外在性就在灵魂中扬弃了,灵魂在其肉体内无所不在。然而如果我们这么来说,我们就又设定了一种空间关系,但这种关系对灵魂并不是真正的关系。灵魂诚然无所不在,但并没有分离开,不是作为一种相互外在的东西。地质有机体的各部分却事实上是相互外在的,因而是没有灵魂的。地球在所有星球当中是最卓越的、居中的星球,是个体的东西,它要把它这种现实存在完全归回于上述那种持久的联系;如果缺一个环节,地球就不再成其为地球。地球显得是僵死的产物,可是它是由所有那些条件维持的,这些条件形成一个链条,一个整体。因为地球是普遍的个体,所以磁、电和化学作用之类的环节在气象过程内就独立自由地表现了出来。反之,动物已不再有磁,而电在其中也是某种从属性的东西。

2. 正因为地球不是有生命的主体,于是形成过程也不在地球

(VII$_1$,432)

本身。因此,地球不是从这一过程产生,像有生命的东西那样。它是持久的,但不创造自身。所以,地球的各部分也持久不变,而这并不是什么优点。与此相反,有生命的东西却具有可生可灭这一优点。有生命的东西作为个别的东西,是类属的现象,但也和类属有冲突,这种冲突通过个别东西的毁灭表现了出来。就地球自为地是普遍的个体来说,地球的过程作为这样的过程,只是一种内在的必然性,因为这一过程只是自在的,并非存在于有机体的各部分之内,然而在动物中每一部分却都是产物,又是创造产物的,就我们应在地球这一个体来考察其过程而言,必须把这种过程看作过去的过程,这一过程将其各个环节作为独立状态留在地球彼岸。地球构造学[4]试图把这一过程描绘成有差别的元素,即火和水的一种斗争。一个体系——火成论断言,地球的形态、层理和岩石种类应归因于火。另一体系——水成论也同样片面地说,一切都是水的过程的结果。四十年前在韦尔纳时代人们在这个问题上反复争论了许多[5]。这两种原理都必须承认为是本质的,但它们各自都是片面的和形式的。在地球的结晶过程中,火正像水一样,还是起作用的,在火山、水源和一般气象过程内都起作用。

(VII₁,433)

　　在地球过程上必须区别三个方面:a)普遍的、绝对的过程是理念的过程,自在自为存在着的过程,地球是由这一过程创造和维持的。但创造是永恒的,不是一度存在过,而是永恒地产生着自己,因为理念的无限创造力是延续不断的活动。因此我们在自然界里看到普遍的东西不是产生的,也就是说,自然界里的普遍的东西没有什么历史。与此相反,科学、法制等等都有历史,因为它们是精神中普遍的东西。b)地球上也有过程,但只是以一般的方式存在的,因为地球没有作为主体把自己产生出来。这种过程一般是使地球有生气,有成果,即是说,它是有生命的主体从这种被赋予生气的东西内给自己的存在取来的一种可能性。地球如此使自己成为生物的有生气的基地,这是气象过程。c)地球无疑必须被 （VII₁,434）看作是有生有灭的东西,正如《圣经》中也讲的那样:"天地将毁灭。"[6]地球和整个自然界必须被看作是产物,依照概念来说,这是必然的。随之而来的第二步,在于人们就地球的性状,同样以经验的方式证实这一个规定;这主要是地球构造学的课题。地球曾经有一段历史,即它的性状是连续变化的结果,这是它的性状本身所直接显示出来的。这种性状表示出一系列巨大变革,这些变革属于遥远的过去,而且也确实有一种宇宙的联系,因为地球的态势,从它的轴和轨道构成的角度来看,可能是被改变了的。地球在其表面显示出它自身承负着过去的植物界和动物界,这两者现在都埋没在地下:α)在较深的地层;β)在巨大的沉积层;γ)在这些动物和植物类属不再生存的地带。

　　地球的这种状态,特别按埃贝尔[7]的描述(《论地球的构造》,第 II 卷,第 188 页以下)来说,大致是这样:在第二层岩内我们就可以看到树木的化石,甚至整棵的树,植物的压痕等等,不过更多地 （VII₁,435）是在冲积层之内看到这类东西,巨大的森林倒塌下去,被上面崩塌的 40—100 英尺厚的岩层碎块覆盖起来,有时甚至是 600—900 英尺的。许多这样的森林仍保持其植物状态,带着树皮、树根和树枝,没有腐烂,没有破坏,饱含树脂,可以很好燃烧,其他则已石化为玉髓。这些树木的绝大部分种类还可以辨认出来,譬如棕榈树,尤其是康斯塔特附近内卡河谷的棕榈树化石林,等等。在荷兰,在

不来梅地方,常常发现当地森林中的树木同它们的主根牢牢联在
一起,躺倒时未曾折断。在别的地方,树干顺利折断,并和它们的
主根分离,倒在它们的主根附近,而这些主根还牢牢插在地里。在
东弗里斯兰,在荷兰,在不来梅地方,所有这类树干的顶端都向东
南或东北方向倒下。这些树林都曾在这些地方生长,然而在多斯
加那的阿尔诺河岸旁,人们则发现橡树化石(上边还有棕榈树),它
们和许多变成化石的海贝,以及一些庞大的骨骼交相混杂在一起。
这些巨大的树林在欧洲、南北美和北亚的所有冲积层都可以见到。
在动物界方面,量上居第一位的是海贝、蜗牛和植虫,在欧洲只要
是有第二层岩的地方,因而是在世界这部分的无数地带,到处都有
这类动物的化石。在亚洲,阿那托里亚、叙利亚、西伯利亚、孟加
拉、中国等地,在埃及,在塞内加尔,在好望角,在美洲,也是如此。
无论在较深的地层,在原始岩层上最初的岩层,还是在一些最高的
地方,例如,在比利牛斯山海拔 10968 英尺的最高部分 Mont Perdu
〔佩尔都峰〕上,居第一位的都是上述动物化石(伏尔泰是这样来
解释这种现象的:这里的鱼、牡蛎和诸如此类的东西是过去旅行者
们作为食料携带上去的[8]);在阿尔卑斯山海拔 13872 英尺的最高

石灰岩山峰——少妇峰上,在海拔 12000—13242 英尺的南美安第
斯山上,居第一位的也是那些动物化石。这些过去生命的残迹并
不是零散地遍布在整个山身,而是只存在于个别岩层,常常是成群
的,极有秩序,而且真像是平安定居在那里时完好保存下来的。在
直接沉积到原始岩层上的最老的构造层里,整个来说很少看到有
海生动物硬壳,而只是某些类属的硬壳。但在较晚的第二岩层内
它们的数量和多样性就增加了,那里也出现了鱼类化石,虽说很稀

少。相反地,植物化石在较年轻的构造层内才出现,两栖动物、哺乳动物和鸟类的骨骼则只出现在最年轻的构造层内。最值得注意的是四足动物象、虎、狮、熊的骨骼,而且恰恰是那些已不再存在的种类。所有这些大动物都是仅仅浅埋在沙砾、泥灰岩或黏土之下,埋在德国、匈牙利、波兰、俄国,特别是埋在俄国的亚洲部分,那里用挖掘出来的长牙从事重要贸易。洪堡特在墨西哥的山谷曾发现猛犸骨骼,后来又在基多和秘鲁的山谷发现这类骨骼,这些地方往往海拔 7086—8934 英尺;在拉普拉塔河域他发现一个大动物的骨架,12 英尺长,6 英尺高。但是,不只有机界的这些残余,而且地球构造学讲的地球结构,以及一般冲积层的整个层系,都显示出了强有力的变革和外部产生过程的特点。在山脉中存在着一些完整的形成物,甚至存在着一些层系,这些层系形成一些稳定的山岳和山列,这些山岳和山列完全由漂石与岩屑组成,并固结在一起。瑞士境内的钉状岩石是一种由光滑的卵石所构成的岩石,又通过砂岩和石灰岩联结在一起。钉状岩石层的岩层是很规则的,譬如一个岩层由几乎纯系半英尺厚的巨石构成,紧接的一层就由较小的构 (VII₁,437) 成,第三层由还要小的构成,这层上又接着一层较大的漂石层。其构成成分是种类繁多的岩屑:花岗岩、片麻岩、斑岩、杏仁岩、蛇纹岩、硅酸片岩、角岩、火石、盐性致密灰岩、泥质岩和铁质岩、阿尔卑斯砂岩。在一处的钉状岩石里,某种岩屑多一些,在另一处的钉状岩石里,另一种岩屑多一些。这样一种钉状岩石就形成一个山脉,这山脉宽有 1—3 ½ 小时行程,它可以升到海拔 5000—6000 英尺的高度(利基山岩高是 5723 英尺),因而超过了瑞士境内树木生长的高度。除阿尔卑斯山和比利牛斯山外,这些山岩超过了法国

和英国的其余山脉,就连西里西亚境内大山的最高峰也只有 4949
英尺高,布罗肯峰也只有 3528 英尺高。最后,原始丛岭、花岗岩山
和山岩本身都带有可怕的断裂和破坏所造成的可惊痕迹,为无数
逐级彼此覆盖的长谷、交错谷及沟壑所截断,如此等等。

这种属于历史方面的情形必须承认是事实,这种事实与哲学
无关。如果说这种事实现在应当加以说明,那我们就必须了解研
究和考察它所需用的方式。地球早先曾拥有历史,但是现在它已
进入静止状态;这是一种生命,它在自身内骚动时,在它本身也曾
具有时间。这是地球的精神,这种精神还没有达到对立,是一个沉
睡者的运动和梦境,直到其苏醒,在人那里获得其自我意识,因而
作为静止的形态和其本身对立起来。说到过去这种状况的经验方
面,有人就会得出这样的结论:地球构造学的主要意趣在于时间规
定,哪个岩层最古老,等等。把握地质有机体,通常意味着把这些
不同层系的前后次序当作主要的事情。但这不过是一种外在的解
(VII₁,438) 释。人们说,先后相继出现于时间中的岩层,首先是最深的花岗石
的几个原始岩层,然后是再生的、溶解了的花岗石,这种岩石又沉
积下来。一些较高的层理,例如第二层岩,可能是在较晚时期沉积
下来的,裂缝里涌进了流质,等等。这种只有时间区别的单纯发生
的事情,这些层理的先后相继状态,完全没有使人理解什么,或者
更正确地说,完全把必然性,把理解活动放弃了。水或火的瓦解作
用完全是一些个别方面,这些方面不能表现有机体的骚动。当我
们把这些方面理解为氧化过程和还原过程,或者极其表面地把它
们归结为碳族和氮族的对立时,它们同样也很少能表现那种骚动。
整个那种说明方式不是别的,不过是把空间上的彼此并列变成时

间上的先后相继;这就像我看到一座楼房有底层、二层、三层和屋顶时,我就以大智大识来深思熟虑,并推论说"由此可见,底层是先建造的,然后才是第二层",云云。为什么石灰石出现较晚呢?因为在这里石灰石是在砂石之上。这是一种容易得到的见识。把空间上的彼此并列变成时间上的先后相继,真正说来并没有什么理性的趣味。这种过程除了产物外也没有别的内容。也想用连续系列的形式看到彼此并列存在的东西,是一种无所谓的好奇心。谈谈这类变革之间的广阔间隔,谈谈地轴的变化所引起的更高的变革,以及谈谈海洋的变革,人们可能得到一些有趣的思想。不 (VII$_1$,439) 过,在历史领域里现在存在的是一些假设,而这种有关单纯前后次序的看法也和哲学考察毫无关系。

但是,这种次序中具有某种更深刻的东西。地球过程的意义和精神是这些形成物的内在联系和必然关系,时间上的先后相继对此毫无补益。层系的这种次序所具有的一般规律是可以认识的,而要认识到这种规律人们似乎无需历史的形式。重要的是从中认识概念的行进过程,这才是理性的东西,是唯独对概念有意义的东西。韦尔纳的巨大贡献就在于使人们注意到这种次序,整个来说以正确的眼光看出这种次序。内在的联系在眼前是作为一种空间上的彼此并列状态存在的;而它又一定是以这些形成物的性状、内容为转移。因此,地球的历史一方面是经验的,另一方面又是一种依据经验材料作出的推论。确定百万年前情形如何(在年数上人们可以慷慨大度),这不是有趣的事情;反之,有趣的事情仅限于现存的东西,仅限于不同形成物所组成的这个系统。这是一门很广泛的经验科学。在这具尸骸上人们不可能理解任何东

西,因为偶然性在这里有它的作用。从立法系统的模糊混沌状态
熟悉立法的合理系统,这也不是哲学的兴趣所在,或者说,这种系
统是以何种时间次序,借何种外在缘由表现出来的,这也不是哲学
的兴趣所在。

　　人们一般把有生命的东西的创造描写成脱离混沌状态的一场
变革,在那种状态下植物生命和动物生命、有机的东西和无机的东
西据说是一个统一体。或者,人们就这样来想象:仿佛曾经存在过
一种一般的生物,而它又分裂成许多种植物和动物,分裂成一些人

(VII₁,440) 种。但是,根本不能设想什么在时间上表现出来的感性分裂过程,
也不能设想一种如此在时间上存在的一般的人。设想有这样的怪
物,是空虚的想象力的一种表象。自然事物,有生命的东西,并不
是混合而成的,并不像在阿拉伯图案里那样,是一切形式的混合。
自然界本质上是具有知性的。自然的形成物是确定的、有限的,而
且是作为这样的形成物进入现实存在。因此,如果说地球也曾经
处于一种状态,那时它根本没有什么生物,而只有化学过程等等,
那么,我们应当说,一俟生物的闪电劈穿物质,就会像密纳发全身
武装从丘比特脑袋里跳出来一样⁹,终归立即会有一种确定的、完
全的形成物出现于地球。当《创世记》十分天真地说,某天产生植
物,某天产生动物,某天产生人时,这也还算最好的说法。人不是
从动物形成的,动物也不是从植物形成的,每种生物一下子就完全
是其所是的东西。在这样的个体身上也有进化;当它方才诞生时,
它还不完全,但确有现实的可能性,成为它会变成的一切。有生命
的东西是点,是这个灵魂,是主观性,是无限的形式,因而是直接自
在自为地得到规定的。即使在作为点而存在的晶体里,也立即会

有完整的形态,会有形式的总体;晶体能生长,这仅仅是一种量的变化。在有生命的东西里,情形尤其如此。

3. 地球的特殊构造,是自然地理学的对象。地球的自我作为形态的差异性,是其所有部分的静静展现和独立性。地球的稳固结构,恰恰在于它自己具有的生命还不是作为灵魂,而是作为普遍的生命。正是无机的地球,作为未激活的形态,将自己的各部分展现出来,就像把一个坚硬的物体展现出来一样。地球分割成刚刚在主观东西中贯通和联结起来的水域和陆地,分割为稳固的大陆和岛屿,形成和结晶为山谷和山脉,这都属于纯粹机械的形成过 (Ⅶ₁,441) 程。这里当然可以说地球在一处较为收缩,在另一处则较为扩展;但这并未说出什么来。在北部的凝缩决定了各种产物、植物和动物的共同性。在边端地区动物形成物特殊化和个别化为不同的属与种,这些属和种是各大陆特有的。这种现象初看起来好像是偶然的,但是概念的活动却在于把感性意识以为是偶然的东西,理解为必然地规定了的。偶然性确定也有自己作用的范围,但只是存在于非本质的东西之内。各大陆和山脉从西北向东南的走向也可以归因于磁轴,但磁作为直线方向一般是一种完全形式的力矩,其力恰恰已经在球体内,尤其在主体内受到抑制。理解地球的整个形态形成过程,与其说需要把固定的层理和海洋加以比较,还不如说需要和洋流加以比较,即和地球在其本身的自由运动的表现加以比较。一般地说,与球体对立而力求确定性的形态形成活动,在成为一个锥体形,在球体内形成一个底,一个宽面,宽面向相反方面形成尖顶,因此出现了陆地向南分裂的现象。但无休止的旋转运动的洋流却在从西向东的方向上处处冲刷地球的形状,好像在向东推挤这块固体,使地球的形状像拉紧的弓一样朝东面鼓出;这样一来,地球形状在西半球就突出和鼓胀起来。但整个来说,大地是碎裂成两个部分:旧大陆和新大陆。前者布局像个马掌形,后者从北向南长长延伸。新大陆之所以新,不只是由于发现较晚,即加入一般民族系统较晚这种偶然情形(虽说恰恰因此它也就是新的,因为只有在这种联系中,它的存在才是现实的),而是由于它那里一切都是新的:人们的发展没有掌握相互反对的文明大武装,没有马和铁。旧大陆没有一个部分曾为新大陆所压迫,但新大陆却只是欧洲的猎获物。新大陆动物界比较薄弱,却有一个巨大的植物界。在旧大陆山脉的走向整个来说是从西向东,或者也从西南向东北,相反地,在美洲,在旧大陆的反面,则是从南向北;可是河流却往东流,特别是在南美。一般地说,新大陆表现的是不发展的分化,以磁体的形式分为南北两部分;旧大陆表现的则是完善的分化,分成三部分。其中一部分是非洲,地地道道的金属,月亮的元素,由于热而呆滞了,在那里人在其内心变得迟钝起来,这是没有达到意识的沉默的精神。另一部分是亚洲,这里存在的是酒神的放浪,彗星的离轨,是狂热地一味从自身进行生育的中心,畸形的生殖,而不能成为支配自己中心的主人。而第三个部分,即欧洲,却在形成意识,形成地球的理性部分,形成河谷山川的平衡,这部分的中心是德国。因此,世界各部分的区分不是偶然的,不是为了便利;反之,这是本质性的区别。

(VII₁,442)

B　地球的构造

§. 340

地球的这种物理的组成过程,作为直接的组成过程,不是从胚胎的简单的、不开展的形式开始,而是从这样一个起点开始,这个 (VII₁,443) 起点已分裂成一个两重化的起点,分裂成具体的花岗石的本原和石灰质的本原,前者是表现出在自身内业已得到发展的三一体环节的岩石核心,后者是还原为中和状态的区别。第一个本原的各环节发展到形成形态,有一个阶程,这个阶程上进一步的形成物一方面是一些转化形态,花岗石的本原在其中仍然是基础,不过比在它自身内更不等同,更不匀称,另一方面是这一本原的各个环节分离成更确定的差别,分离成更抽象的矿物要素、金属和一般采掘对象,直到发展本身沉溺于机械的层理和缺乏内在成形作用的冲积层。与此并行的是另一种本原、中和的本原的发展,一方面是作为微弱的改变,另一方面两种本原随后就在共生活动中互相衔接,直到明显地互相混合在一起。

〔**附释**〕按照韦尔纳的想法,在矿物学中人们把岩石类和矿脉类区分开:地质学研究前者,采掘学[10]研究后者。在有学识的矿物学中可以说不再用后一术语了,只是矿业师还坚持这种区别。各种岩石包括了具体的块体,而地质学就考察各种岩石的基本形式不断形成的过程及其变形,在这里各种岩石也还是具体的形成物。由此形成了较抽象的东西,这种东西是另一种东西,是各种矿脉。矿脉也使自己成为山岳,适如两者一般不能确切分开一样。这样

一些抽象的形成物是晶体、矿石和金属。在这里出现了差别。这
些形成物已使自己可以呈中和状态,可以形成具体形态,因为在这
类抽象的东西里,形态正好变得自由了。各种矿脉是具有某种混
合物、某种土石的山脉,是由这些构成的;它们具有特定的纹理或
倾斜度,也就是说,和地平线有一角度。于是,这些岩层就被矿脉
以不同角度穿插分割开;对采矿来说,重要的正是矿脉。韦尔纳把
这些矿脉想象成一些裂缝,为另一种矿物所填充,完全和构成山岳
的岩石不同[11]。

(VII₁,444)

地球的物理构成具有这样的性状:它的表面会发生一些有机
中心,发生一些总体性的点,这些点把整体结合在自身之内,从此
开始使整体分裂,使之表现出是个别地产生出来的。那种收缩,在
展示出自己时,就转化为各要素的离析。这些中心是一类核心,这
些核心以其外壳和外皮表现着整体,并穿过外壳和外皮,使自己贯
通到作为其元素的一般基地中。

这些构成活动的核心和根本并不是一个简单的自我,而是构
成活动的发达的总体,这种总体在自身已包含互相分离的各环节,
这就是有机统一体的现实存在,如它在这种普遍个体性中能够存
在的那样。这一核心是花岗石,花岗石是如此密集,如果坚硬,如
此坚固,以致各个部分很难以纯粹的形态分离出来。这里到处有
一种结晶的开端。花岗石整个来说是最内在的东西、中心的东西,
是基础,在这一基础向两面引伸时,其他东西才沉积下来。尽管花
岗石是原始的东西,它却有三种组成成分,不过这三种成分构成一
块十分坚硬的块体而已。大家知道,花岗石 α)是由硅石、石英构
成的,这是绝对的土质,脆性的点状形式;β)是由云母组成的,这

是平面,它使自己发展成对立,这是展示自身的点状形式、可燃性
的要素,这一要素包含一切抽象的萌芽;最后 γ)是由长石组成的, ^{（VII₁,445）}
这是石灰在硅石层内透示出来的尚不发展的中和状态和结晶,因
为其中可以找到 2—3% 的钾碱。这就是简单的、地球的三一体,
现在它按其不同方面发展自身,更精确地说,在过程的两个方向上
发展自身:一方面,这一整体在自身具有作为其形式的区别,在内
容上仍然是同一的东西,仅有不同的形态变化;另一方面,这些区
别将贯通实体,成为一些简单的抽象。前一种情况是形态的形成,
像这种活动在此显现出的那样;后一种情况是区别,但这种区别已
经丧失化学方面的全部意义,并且正是简单的物理物体的形态形
成。更切近地说,我们已经掌握 α)原始岩层的外在形成活动;β)
总体的各个定在环节的消除,并把这些环节纯粹分离成抽象,这就
是第二岩层;γ)最后是分裂成无差别的定在,即沉积土。

　　1. 正像贯穿所有进一步的构造层一样,在原始岩层内立即显
示出一些对立:α)硅质东西的对立;β)黏土东西的对立,以及与此
有关的东西的对立;γ)钙质东西的以立。原始的石灰与花岗石对
立,因此硅石系和石灰系形成一种本质的对立。施特芬斯在其早
期著作中曾让人注意这一点¹²,这在他常常以粗糙而无学养的、粗
野而无概念的想象讲出的看法当中,是他最好的见地之一。在原
始岩层,这两方面的不同特点是突出的,并且是一个决定性的因
素。石灰方面是总体的中和性,这个方面的变形更多地是涉及外
在的形态形成活动,而不是涉及内在地使其自身特殊化的差别。
与此相反,在硅石的构造里,更多存在的却是确定的区别,这里花
岗石是基础。

　　　a. 造成开端的花岗岩层是最高的,其他岩层都依仗于它,以
(VII₁,446) 致最高的每每也是最低的,而其他岩层又依仗于最低的岩层。紧
接的岩层部分,是花岗石的形态变异,是作为花岗石一个方面的进
一步发展,在那里时而是一种发展占优势,时而是另一种发展占优
势。花岗岩层使片麻岩、正长岩、云母片岩等等在自己四周形成层
理,这纯系花岗岩易于发生的一些改变。埃贝尔说,"一种岩石通
过合成成分逐渐的改变,转化成另一层板的岩石。这样,致密完整
的花岗石就转化为带有细纹的花岗石和片麻岩,极硬的片麻岩经
过自己的合成成分的一系列比例,一直转化成极软的云母片岩,云
母片岩又转化成原始泥质片岩",如此等等[13]。最后几类岩石层很
接近,以致转化易于看出。因此在地质学的研究中,首先必须看到
普遍的块体和诸要素的概念,而不是在发觉一个微小的区别时,就
通过没有概念的枚举,由此马上得出一个新的属或种。最重要的
是探索层理转化的本性。自然界只是一般地维系于这一秩序,通
过多种多样的变更创造这种秩序,然而同时也保持这一秩序的基
本特点。但是,既然自然界使这些层理作为一些部分,在不相干的
彼此外在状态中形成层理,所以,自然界就会通过有差异的东西的
互相转化,暗示出必然性;于是,对单纯的直观就出现了岩石种类
的差异,不过这种差异并非仅仅是由于单纯逐渐递减出现的,而恰
恰是按照概念的差异出现的。自然界把这些转化表现成质的东西
和量的东西的混合,或者说,表明两者是因特性不同才会彼此不
同。这就在一种岩石内开始形成另一种岩石的球体、窝穴和中心,
(VII₁,447) 它们之开始形成,部分地是与前一种岩石混合在一起,部分也是与
之明显分离。海谋曾以真正的哲学观点,极好地指明了这种转化,

即一物在他物内突发的过程[14]。正长石是花岗石的对头,因为其中不是含有云母,而是只含有角闪石,后者比之云母,是更富有泥质性的东西,但又与云母相似。从云母片岩起,过程现在是以一定的平面化方式进行的。石英几乎消失不见了,黏土变得更加有力,以致薄岩席和黏土在泥质片岩,在一般页岩——这是下一个变化形式——内完全成为占优势的,而石英、长石、云母和角闪石这些构造的特有本性则解体和丧失殆尽。进一步下去,不成形式的东西就获得优势,因为从此花岗石的转变已开始不断进行;这时也有许多尚属花岗石的东西,但却是作为花岗石规定性的退化。云母片岩转变成了斑岩,斑岩主要由黏土构成,也由其他块体(角石)构成,这种块体含有长石粒以及石英粒。老的斑岩尚属于原始岩层。页岩向不同的方面发生转变,在硅质片岩内变得更为坚硬,更像石英,另一方面在硬砂片岩和硬砂岩内则变得更像砂质的,从而黏土就被挤到了次要地位。例如在哈尔茨山,硬砂岩就是花岗石较低级的再生,看起来像砂石,其实是石英,是泥质片岩和长石的一种混合物。特别是绿岩,它是由角闪石、长石和石英构成的,其中角闪石是主要的构成部分。随后与此相连的是整个进一步上升的梯层,不过在这里一切都更混杂。这就是那些绝对岩层的界限。

这样,如同我们上面说过的,从花岗石出发,发展就达到了花岗石的特殊构成部分不再可见的地步。三一体是作为基础,但这些环节互相分离开,这一或那一环节突出起来。玄武岩是中心,在(VII$_1$,448)这里各个元素又完全互相贯通:玄武岩含有40成硅石,16成黏土,9成钾碱,2成滑石,2成泡碱,其余的是氧化锰和水。玄武岩火成论有这样的真理性:玄武岩属于火这一本原,但它不是通过火产生的,正如不是通过水产生一样。玄武岩内显示出一种内在的无定形状态,尤其是在杏仁岩、橄榄岩、辉石等等之内,这是一些抽象的、在自身内完全达到特殊化的形成物,从这里开始,产生的就只是那些元素的一种形式的混合或形式的分解。必须依照这一原则来确定更进一步的细节:α)继续发展的一条途径只是花岗石的形态变异,在这里仍然有这种三一体的基础的痕迹;在片麻岩、云母片岩和斑岩里,下至绿岩、硬砂岩、玄武岩和杏仁岩里,以至普通的沙里,都有这类痕迹。β)另一途径是具体的东西分离成抽象形式。在这里尤其出现了硅石系和石灰系的对立:αα)在山脉里,ββ)在以前所谓的那些种脉石内。

b. 如果说到此为止我们主要阐述了硅石层系,那么从另一方面说来,整个进程也转化为盐皮土的滑石形式,转化为展现出苦味的可燃物、蛇纹石以及诸如此类的东西,这种物质处处都是不规则地表现出来的。

c. 随后,一般钙质的东西就和这一可燃的形式处于对立。钙质的东西是一种中和物,但这种中和物为金属性所贯穿,自身具有质的统一性,因此完全为有机的形成过程所贯穿。原始石灰已同花岗石结合在一起,而且同花岗石族一样真纯。这样,在原始岩层四周就围上了石灰岩;这种原始石灰石是小颗粒的,结晶体的。在过渡性的石灰内,同花岗石对立的原始石灰接近于石灰的更加开展的形式。也可以发现一些层系,在那里花岗石和石灰互相麇集在一起,以致譬如原始石灰石就贯穿着云母:"原始石灰是片岩岩石的伴侣,它和片岩岩石混合在一起,在稀薄的夹层,在细褶皱和巨大的矿床,它和片岩岩石交相更替,以致有时成为碎块岩石,片

(VII₁,449)

岩几乎已完全压在一起。"①

2. 这些主要层系会转化成所谓的第二层岩和冲积岩层,这时这些要素差不多已分离为纯粹的土,表现已完全分解的总体;这个总体分解成砂石层、黏土层和壤土层、石炭矿层、泥炭层、含沥青的片岩、石盐层,最后还有石灰层,石膏层和灰泥,石灰层也和石盐层混在一起。随着花岗石的东西更多地变成一种不确定的混合物,就出现了这种情形:不同的东西的一些特殊部分现在表现得更加抽象。这种情形是各个区别的一种混合,就像在属于过渡性岩石种类和矿层种类的上升系和硬砂岩内那样。但随着花岗石及其所属的东西聚集于抽象分离的东西,真纯本然的东西、花岗石的坚持自在的总体性和致密性愈丧失,愈变平,互相分离着的矿石和它们所伴随的晶体也就相反地愈加展现出来。展现得特别早的是铁质的东西,这些东西遍布于整个岩石体,遍布于各个层理,尤其是在矿脉和矿层内。内在的东西袒露出来,以便出现抽象的形成物。这些矿脉种类表示各别的元素是从那些较具体的岩石种类形成的。而且这些矿脉种类既然是更自由地形成的,它们就能产生这些多样性的晶体形成物和纯粹的形态。它们在花岗石内还全然没有出现或者很少出现,只是出现锡而已。只有原始岩层进一步展 $(VII_1, 450)$ 现,达到了次生的石灰,金属方才出现(因为在原始石灰中甚至完全没有金属)。只有那些本身较抽象的或混合的岩层,才允许这些抽象分离的东西表现出来。有些洞穴已经打开,岩晶的构造在这里已经得到其独特的形态,已经脱离其紧密的结合。

---

① 封·洛默尔[15]:《地球构造学探讨》,〔柏林1816年〕,第13页。

　　人们把矿脉看作这些岩石种类的容器和窝穴,看作某种不过机械地把岩石贯穿起来的东西。有人以为由于失水,岩石会形成裂缝、罅隙,以致溶化的金属之类的浆液竟冲入其中。在水成论看来,尤其是这样。所以,后来治愈这种创伤,就是极可理解的事情。但这种想法是没有思想的。关系并不那样机械,真正说来倒是一种物理关系,在其中总体的各个自身简化的部分把发展了的定在扬弃,正因为如此,这种定在现在就以抽象形式被驱逐出来。矿脉的走向同岩石的走向大都是对立的,这似乎是断层面,但不只在空间形态方面如此,而且在物理意义上也是如此。据特莱布拉[16]观察,矿脉是沿慢坡走的。

　　这些矿脉不可看作对岩层种类是偶然的,因为偶然情形尽管在这里也必定有其巨大的作用,但两者的本质联系还是不可轻估。在这上面,矿工有多种经验。在这个问题上最重要的一个观点是确定那些穿插在一起的金属和别的形成物的范围。例如,金常常与石英在一起,或者是单独与它在一起,或者是同铜和铅、银和锌等等一道,而不是同汞、锡、钴、钼、钨一道与它在一起。银是较合群的,每每与其他金属相连,最常见的是和方铅矿相连,而是锌矿相随。汞和石英、方解石、铁在一起,因而也和菱铁矿在一起,铜在这里是少见的东西。各类的汞大多数彼此在一起,它们都首先是在泥质的东西里。铜及其各种矿石很少有伴生者。锡不是和银、铅、钴、方解石、石膏等穿插在一起。有一些金属在所有岩石构造内都出现,例如铁;其他金属则更多地以原始岩层为限,诸如钼、钽、钛、钨、铀、锡。钼、钨从原始岩层起完全消失。金在赤道附近最常见。其他值得指出的关系是矿脉形成高品位矿和低品位矿的

（VII₁,451）

过程,这些关系透示出一种更高的联系。图林根森林内利格尔斯道尔弗和沙勒费尔德的钴构造层,只有在矿脉降到初生的(下层赤砂岩的)砂石构造层时,才变成富矿。在哈尔茨的安得列阿斯贝格,岩石种类有片岩和硬砂岩,矿脉在降到硅石片岩层时,是低品位的;在克劳斯塔勒,矿脉成为低品位的,是由于下落的壤土有裂罅,在弗赖堡地区,是由于斑岩的作用。金属也出现在一定深度。角银矿、白锑矿仅在上层出现。在蒂罗尔的一个菱铁矿、泥铁矿和铁菱镁矿矿层里,它们也出现在消失着的黄铜矿中。在多菲内地方的拉戈尔代特,天然金位于上层,特别是在含有铁赭石的裂罅穿过的地方。矿脉构造层也依较大的裂缝而互相区别。在沙英—阿尔登基尔森,岩脉变得更窄了,常常能采到镜铁矿;在变宽的地方,则能采到褐铁矿、黑磁铁矿和菱铁矿。"黄晶出现在一种脂肪质的、已变成高岭土的云母内,也出现在易碎的、部分纯粹、部分与许多铁赭石混合的高岭土内,这种高岭土也要将其构成归诸云母,而且有石英、瓷土相随。无论从黄晶,还是从兰柱石,都可以 (Ⅶ₁,452)看到很精致的高岭土小鳞很明显的印痕,这些印痕可以充分证明这些矿物是同时形成的。萨尔斯堡地区的祖母绿也一样。在片麻岩内,云母把自己分离开,形成强有力的矿脉,至许多英尺之大。祖母绿在片麻岩内是罕见的,而常常见之于云母,不过从来不是成团的,相反,晶体长在云母内是散乱的。祖母绿晶体也带有其周围的云母鳞的印痕。"[1]

3. 最后的情况,即从第二层岩向冲积层的转化,是一种混合,

---

[1]　斯皮克思和马齐乌斯:《游记》,第Ⅰ卷,第332页。

同样也是黏土、沙、石灰、灰泥的抽象沉积,是全然缺乏形式的东西。进展过程的一般分界就是如此,进行规定的概念是这些分界的基础。原始岩层发展起来,一直到它失去自己的矿物性状的地方,而在这里它则和植物的东西相毗连。泥质的东西和石灰层系明显地退化为泥炭,在这里矿物的东西和植物的东西不再能加以区别,因为泥炭是以植物的方式产生的,但同样也还属于矿物的东西。另一方面,石灰层系在其最后层系内正是朝着形成动物骨骼质体的方向变化的。石灰首先是颗粒状的,是大理石,是彻头彻尾矿物性的;但进而出现的石灰,却像它部分地属于第二层岩,部分地属于冲积层那样,转化为这样一些形态,关于这些形态我们不能说它们是矿物的还是动物的东西(贝壳)。这里还没有什么贝壳,我们可以将它看作某一绝灭的动物界的遗痕。当然,这里也显示出动物形成物的化石在石灰裂隙内是大量存在的。但另一方面,也有一些石灰层系,它们并非动物形态的遗痕,而只是动物形态的开端,在这里石灰层系就终结了。所以,在石灰和真正的石化之间这是一个中间阶段,但这个阶段必须仅仅看作贝壳东西的进一步发展,一种单纯矿物性东西的发展,因为这类形成物还不曾达到动物的完满形式。这样,硅石系和石灰系的对立就指示了一种更高的有机区别,因为它们的界限一方面与植物自然界邻接,一方面又与动物自然界邻接。施特芬斯也提出这个方面,但从精确的含义上说,他做得过头了:α)好像这些层系是从地球的动植物过程产生的;β)好像硅石系是碳族,石灰系是氮族[17]。

　　至于要更切近地说到那些在地质有机体内发端的有机形成物,那就应当说它们主要是属于泥质片岩和石灰层理,它们一部分

(VII$_1$,453)

以个别的动植物形式分散开,但主要是以完整巨大的块体,完全有机地成形的。同样,它们在石灰层内也可以看到,人们常常从中确定地认出树木形式。结果,如将角砾岩也估计在内的话,那就有同其他东西一样多的有机形成物。在此人们当然可以立即承认那里曾经有过某一有机界,后来它在水中毁灭了。可是这个有机界到底从何而来呢? 它是从土里兴起的,但不是历史上的,而是还不断地从中产生着,在其中取得自己的实体。那些有机的形式,存在于 (VII₁,454) 岩层互相转化的地方,尤其是在它们个别地存在而未构成完整块体的情况下。在缺少过程的自然界互相分离的那些要素被设定为一体时,界限首先是有机形成物的所在之处,是化石和一些形成物的所在之处,这些形成物既无动物形式,也无植物形式,而是超出晶体形式,作为形成有机形态的表演和尝试。无机的东西主要是展现在片岩和石灰岩层系内。因为前者在从其土质一面形成为硫质的东西,一面又在自身获得金属本原时,就会将其固定的主观性扬弃。它的点状性在通过沥青展现出来,在其自身具有一般差别时,就在金属性上得到一个绝对主语和谓语的连续性。它这种点状性是无限的,陷于有机东西和无机东西之间的摇动。石灰质的东西作为中性的东西,同样具有实在性这一环节,在自身方面持续存在的环节,而单纯的金属性由于其连续性的单纯性,就表现为消除这些方面的无差别性的质的统一性,这种统一性包含有中和物的各个方面,而中和物又是具有统一性的。这样,石灰质的东西就表现了向有机东西的转化,因为它一方面阻止向僵死的中和状态飞跃,另一方面又阻止向僵死的抽象性和单纯性飞跃。这些有机形式(当然是个别的形式,不过这里谈的不是个别形式)是不能这样来看的,好像它们真的曾经生存过,而后又死掉,相反地,它们生来就是僵死的;如同骨纤维不曾是血管或神经,而后才硬化一样,这些形式也非如此。正是有机的可塑性的自然,通过直接存在的元素产生有机的东西,因而将它作为僵死的形态产生出来,使它完全结晶,就像艺术家借石头或在平展的亚麻布上表现人和其他东

(VII₁,455) 西的形体一样。艺术家并不把人敲砍死,把人弄干,给人塞上石料,或者把人挤压到石头里去(他也能这样,因为他会铸造模型),而是按照他的观念,借用工具创造这类表现生命的、本身并非活着的形式。不过,自然是直接这样做,无须经过这种中介。这就是说,概念并不是作为被表现的东西存在的,事物也不是作为和表现者相对立、由表现者进行加工的东西存在的。概念没有意识的形式,而是直接寓于存在的元素里,与存在的要素不可分离。在有机东西的各个环节以其总体性存在的地方,概念才获得它的劳动材料。说自然界处处有生命力,这并不是指自然界的一般生命,而是指生命的本质,这种本质必须在其现实性或总体性的各个环节里加以理解、阐释,而这些环节也须予以指明。

C 地球的生命

§. 341

生命的这个晶体,即地球这个僵死的有机体,在自身之外的星球的联系中有它的概念,但它的独特过程却是作为一种预先假定的过去而取得的。这个晶体是气象过程的直接主体,通过气象过程,这个主体作为生命的自在存在着的总体就不再仅仅被孕育为

个体形态(参看 §. 287)，而是被孕育为生命力。这样陆地，特别是海洋，作为生命的现实可能性，就在每一点上都无限地迸发出点状的、暂时的生命力来，在海内是迸发出地衣类、鞭毛虫和难以估量的大群发磷光的生命点。但 generatio aequivoca〔自然发生〕[18] 在 (VII₁,456)具有自身之外的这个客观的有机体时，也恰恰只是限于这类点状的有机化，而这种有机化并没有在自身内使自己发展到特定的有机区分，还没有使它本身 ex ovo〔从卵〕再生。

〔**附释**〕如果说地球这个地质有机体曾经确实是产物，处在地球形态的构成过程之中，那么现在作为具有创造能力的、充当基础的个体性，地球则扬弃了它的僵硬性，并把自己展现为主观的生命力。不过它却把这种生命力排斥到自身之外，转给别的个体。因为地质有机体原来不过是自在的生命力，所以真正有生命力的东西是一种与地质有机体不同的东西。但是，既然地质有机体自在地是对它自身的否定，是对它的直接性的扬弃，它就把自己的内在东西实现出来，不过是作为自己的他物那样的内在东西，这就是说，地球是有孕育力的，正好作为存在于地球上的个体生命力的基地。但地球只有在特定方式下才是生命力。生命力虽然到处都迸发出来，但在地球上却仅仅是残缺不全的。地球的这种普遍的生命具有这样一些生命成分，这些成分是元素，即这种生命的普遍的东西，这种生命的无机自然界。可是，既然地球也是一个特殊的星体，和它的卫星、太阳和彗星相对立，那么它就是在连续地进行创造，就是说，是在保存这个有差别的体系，是绝对普遍的化学过程。然而由于这种分离过程的庞大的有机部分是一些自由独立的个体，所以它们的关系就纯粹是作为运动的自由过程，而彗星本身则是这种过程的一种新的不断的创造。至于这一过程随后达到它的实在性，达到那些似乎独立的形态的毁灭，因而出现现实的个体的统一性，这是在个体的化学过程内才会发生的事情，正因为如此，个体的化学过程就比那种普遍的过程更为深刻，更为根本。但因为各个元素的普遍的过程是物质的过程，所以个体的过程不能离开物质过程而存在。普遍过程的那些自由独立的有机部分，即太阳、月亮和彗星，就其真理性来说，是一些元素：作为大气是气的元素，作为海洋是水的元素，作为大地是火的元素。不过火包含在有肥力的、分解了的土之内，已作为养育万物的太阳分离开来。地球的生命是大气过程和海洋过程，地球在其中创造这些元素，每一元素都有自己的自为的生命，所有元素也只是构成这一过程。化学的东西在这里丧失了自己的绝对意义，只是作为环节而继续存在；化学的东西在独立性中反映出来，受着主体的约束，死死地拘泥于主体之内。每一元素通过自己的实体本身，都作为自由的主体而与其他主体相关联。而有机的地球的形成就包含着它的有机生命的定在方式。

(VII₁,457)

1. 地球的第一种特定的生命是大气。但气象过程不是地球的生命过程，尽管它给地球以生气；因为这种赋予生气的活动只是主观性作为有生命的东西在地球上出现的现实可能性。作为纯粹的运动，作为观念的实体，大气在自身虽然具有太空领域的生命，因为它的变化和太空运动相联系，但它同时也以自己的元素把这种运动变为物质的。大气是业已分解的、纯粹有张力的土，是重力和热的关系；它既经历年份的周期，也经气月日的周期，而且作为热和重力的变化表现这种周期。这种周期性的变更又互相分别出现,所以当自转占优势时,日周期就取得优势,因此在赤道上有气压的昼夜变化或气压的昼夜升降,但在一年期间并不分别出现这种状况;相反地,在我们的温带,气压的昼夜升降则很少能察觉出来,变化的全部时间主要是和月亮有关。　　　　　　　　　（VII₁,458）

大气的重力是内在的重力,是作为压力的弹性,而本质上是比重的变化;这是大气的运动、波动。这种波动和温度变化有联系。但这样一来,温度的变化就有对立的意义,即成了通常的温度和光的温度,前者是大气释放出来的热,后者是光自由地附加上的热。后一种热一般是气的透明性,是气的纯粹弹性,是高气压状态;前一种热则从属于形态形成过程,在有弹性的东西转化成雨或雪时,也会出现的。这些抽象的要素在气里正好返回自身之内。

如果说太空运动能在气里物质化,那么同样地,海洋和土地也在另一方面参与这种运动,消散为这种运动,这是一种缺少过程的、直接的转化。气在自身把两者个体化,一方面,气使两者个体化为一般的大气过程,在这里正好形成它的最高的独立性,把水和土溶解到气味里去,并形成它特有的放电作用和向水的转化;另一方面,它自己又个体化为流星,即转瞬即逝的彗星,变成它所创造的土;这就是说,气会变成陨石,部分地变成对动物躯体有毒害的风、瘴气,部分地变成甘露和霉菌,变成动物的气和植物的气。

2. 但中和的土,即海洋,同样也是涨潮和落潮的运动,是一种由太阳、月亮位置的变化以及地球的形状复合而成的运动。正如气作为普遍的元素是从土取得自己的张力一样,海洋也是从土那里取得它的中和性。土地和海洋一样,都向空气蒸发。但和海洋相反,土地是晶体,这种晶体通过泉源把多余的水从自身排出去,

泉源又汇合成河流。但这里水作为淡水,只是抽象的中和性,反

之,海洋则是物理的中和性,土的晶体会转化为这种中和性。因此,不可用机械的和完全表面的方式把取之不竭的泉源的起源描绘成一种渗透作用,同样也不可从另一方面把火山和温泉的产生描绘成渗透作用。反之,如果说泉源对于土的蒸发是肺和分泌管道,那么火山就是土地的肝,因为火山表现了这种在其本身使自己发热的作用。我们到处看到一些地带,特别是砂石层,它们在不断排出湿气。因此,我不把山脉看作渗入其中的雨水的贮存器。应该说,真正的泉源,那些产生恒河、罗纳河和莱茵河一类河流的泉源,有一种内在的生命、倾向和冲动,和女水神娜娅岱一样。土排出其抽象的淡水,由于这种流溢,淡水就加速走向其具体的生命状态,走向海洋。

海洋本身是比气更高级的生命状态,是苦味、中和性和分解的主体,是一个有生气的过程。这一过程总是准备发生生命,但这种生命又总是返归于水,因为水包含着那一过程的全部环节:主体的点、中和性以及这一主体之分解为中和性。如果说固定的陆地是有孕育力的,那么海洋也一样有孕育力,而且海洋的孕育程度还要更高。海洋和陆地所显示的赋予生气的活动的一般形式是 generatio aequivoca〔自然发生〕,然而达到个体存在的、真正的生命力却以其同类属的另一个体为前提(generatio univoca〔物种产生〕)。人们接受 omne vivum ex ovo〔一切生命来自卵〕[19]这样一句话,而在人们不知道某些微小动物起源于何处时,他们就以杜撰作为自己的遁辞。但有些有机体是直接产生的,而且不进一步再生。鞭毛虫会衰退,变成另一种形态,以致它们只是起过渡作用。这种普

遍的生命力是一种有机的生命,它在其本身使自身兴奋,作为刺激 （VII$_1$,460)
作用于它本身。海洋是某种不同于泉水和咸水的东西,不仅包含
食盐,而且也包含硫酸镁,是作为一种有机东西的具体的盐性,这
种东西到处都表明自己是创生的。这就像水一样,它一般总是有
一种趋于消散和改变自身的冲动,这时只有大气压力才使水保持
水的形式。海洋具有特别的腐烂气味,这里有一种生命,这种生命
似乎不断因变质而解体了。船夫们谈到海洋夏季在开花。在七、
八、九月,海洋变得浑浊不清,成了黏液状的:朝西方,在大西洋里
这种情况比在波罗的海早一个月。海洋充满了无数的植物点、纤
维体和扁平体,这里有一种迸发成植物性东西的倾向。在高度勃
发状态,海洋在巨大幅度内迸发磷光,这是表面的生命。这种生命
聚集为简单的统一性,但同样也聚集成完全反映于自身的统一性,
因为这种发光现象常常被归因于鱼类和其他已属有生命力的主观
性的动物。但就连海洋的整个表面也部分地是一种无限的显现,
部分地是一种不可估量的、无边无际的光海,这种光海由一些纯粹
有生命力的点构成,这些点并不进一步形成有机体。如果将水同
这些有生命力的点分开,其生命力就立即衰亡,这时留下的是一种
胶状的黏液,即植物生命的肇端,海洋从上到下都充满这种东西。
在任何发酵过程中,都立即表明有微小动物存在。但海洋还进一
步向上达到一定的形成物,达到鞭毛虫和别的微小的软体动物,它
们是透明的,有较长的生命,但具有一种还极不完善的有机体。例
如封·夏米索[20]先生曾在其他海樽中对一种海樽有个精彩的发 （VII$_1$,461)
现,这种海樽是多产的,以致它的产物像一种植物的自由的花瓣成
簇地挂在花梗周围一样,大多数彼此成层,形成个花冠或花环,这

时许多产物都具有同一生命,就像水螅体一样,而且随之又聚集成一个个体。低等动物有不少的种是发光的,由于这个低等动物世界只是达到暂时存在着的胶质的程度,所以动物生命的主观性在这里只能达到发光的程度,达到自身同一性外在显现的程度。这个动物世界不能把它的光作为内在的自我保持在自己之内,而是这种光完全作为物理的光向外发散,并不停留下来;同时成千上万的生命又迅速分开,游到水这种元素里。这样,海洋就显示出一群星星,它们密密麻麻地集成"银河",这些星星近乎天上的星星,因为天上的星星只是一些抽象的光点,而那些星星却是来自有机的形成物,光在天空是在其最初尚未加工的粗朴状态,在海里却是作为动物的东西,由动物的东西透射出来的,就像腐烂的木材发光一样;这是生命的闪光,灵魂的出现。城里曾风传说我把星星同有机体发疹相比,或同蚁群相比,有机体发疹,皮肤发出无数多的红点,而蚁群里也有知性和必然性(见上文 §. 268 "附释"第 83—84 页)。事实上,我真把具体的东西看得比抽象的东西更高,把哪怕仅仅带有胶质的动物性看得比星群更高。抛开鱼类不说,海洋世界另外也包含有水螅类、珊瑚、石性植物、石性动物、植虫等,每滴

(VII₁,462)

海水都是由鞭毛虫之类的微小动物组成的活地球。海洋的流体性不允许生命力点状化,成为生命物体,使生命物体与海洋分离,在自身内与海洋对峙,就此而言,海洋在其本身包含生命力比之陆地就更为自在。海洋的中和性把这种正在开始的主观性拉回海洋的无差别的母体,以此使那种主观性为自己取得的海洋的生命力又消溶于普遍的东西之内。的确,最古老的观念认为一切有生命的东西都是从海洋出现的,但这种出现正是使其自身与海洋分离,而

有生命的东西只不过是在摆脱大海,同这种中和性相对立,自为地保存自己时才会存在。因此,海洋在其流体状态中仍然处在元素的生命之内。主观的生命在被又抛回和拉回海洋时,像在鲸鱼(尽管鲸鱼是哺乳动物)那里一样,即使有较发达的组织,也还会感到这样保存着不发展的重滞状态。

3. 作为先前内在的、现已消逝的生命的巨大尸体,陆地是这种个体的、挣脱中和状态的稠性体,是月亮元素的稳固的晶体,然而海洋却是彗星性的东西。但是,由于这两个环节在主观的生命物中是互相贯通的,所以胶质、黏液就变成了仍为内在的光的容器。和水一样,土地表明有无限普遍的孕育力。不过,如果说水主要是长出动物生命,那么土地宁可说是长出植物生命。因此海洋更多地是动物的,因为中和性就是在其自身内扩展;土地则首先是植物的,在点状化中保持自身的。土地处处覆盖着绿色植物,覆盖着一些不确定的形成物,这些形成物我们也可以归诸动物方面。个体的植物当然必然从同一类属的种子产生,但普遍的植物并不是这样的个体东西。地衣、青苔就是这样,各种石头都可以长出这类植物。只要有土壤、空气和湿度,就会出现一种植物生命。只要某种东西发生风化,就会立即出现一种植物形成物,即霉菌;真菌　(VII$_1$,463)　也到处产生。这种植物在还不是个体性形成物时,像地衣和真菌那样,是无机兼有机的形成物,关于它们,人们不能确切知道应该如何对待,这是些独特的、接近于动物生命的稳定的实体。鲁道勒菲[21]说(《植物解剖学》,§. 14 和 §. 17),"在地衣那里,根本碰不到人们在植物结果那里想当作典型的东西;地衣确实没有一种真正的细胞组织,没有管体或导管,在这点上,所有作家都是一致的。

至于它们的所谓的生殖器官真是这种器官,我没有一处能找到证明。较可能的也许是有些芽,地衣通过这种芽用许多真正植物也用的相似方法繁殖,这结果也没有证明什么。它们的色素,它们的树胶和树脂成分,糖黏液和鞣酸,在许多情况下表明了它们的植物本性。真菌在其结构上完全离开了植物。我研究了许多真菌,发现它们的实体有这样的特性:我们可以正当地把它们叫做动物性的东西。在一些软体真菌那里,可以看到一种纤维状的黏液组织,这种组织和动物的很接近,但和植物的硬细胞结构完全不同。在 Boletus cetatophorus〔鬃状珊瑚菌〕那里有一种绒毛状组织,这种组织绝不是植物性的,而是构成从软体真菌向木质真菌的明显过渡,我想把后者的实体同柳珊瑚目类比。"亚历山大·封·洪堡特男爵说①,"如果观察真菌的动物组成,及其在通电下的行为,就更加容易抛弃这种意见:认为真菌属于植物界,是真正的植物。而只要看看真菌的产生方式,在动物和植物的一些部分腐败或体解时,恰恰是这种腐败就会产生一些新的形态,例如 Clavaria militaris〔胄状珊瑚菌〕就只是在死的毛虫上生出的。"这种无穷多的形成物不能归之于点状的胚种或种子,后者只存在于已经达到主观性的地方。可以说,真菌并不是在成长,而是像结晶一样,突然生成的。在这类植物产生时,我们也不必想到种子,就像在大量不完善的动物形成物那里一样,如鞭毛虫、蛔虫、猪囊虫等等。因此不只在海洋和陆地,而且同样也在独立的有生命的主观性那里,都可以看到这种普遍的生命力。在确定植物、动物是什么时,可以根据归纳说明细

(VII₁,464)

---

① 《关于刺激肌肉和神经纤维的实验》,柏林 1797 年,第 171—180 页。

胞组织、种子、卵子、生长之类的事情。但这类规定性却不可固定起来，而且也没有这样的规定性，因为真菌、地衣和类似的东西，一般是植物界的，虽然自然界在其表现活动中没有坚持概念，因而使它们缺少这方面的规定性。它们的形式具有的丰富性，就是缺乏规定性，就是对这些形式的玩弄；不是概念需根据它们来理解，而是它们需以概念来衡量。这样一些界限模糊的、非鱼非肉的中间物，就是一种总体性形式的各个要素，不过是孤立的罢了。

§. 342

普遍的、自身外在的有机体和仅仅点状的、瞬时即逝的主观性的这种分离，通过其概念的自在存在着的同一性扬弃自身，达到这种同一性的现实存在，达到活的有机体，达到在其自身使自己区分的主观性；这种主观性从自身排除仅仅自在存在着的有机体，排除物理的、普遍的和个体的自然界，并与这个自然界相对立，但同时也从这些力量方面取得自己的生存条件，取得自己的过程的刺激 （VII$_1$,465）和质料。

〔**附释**〕有机东西的这种表现所具有的缺陷，一般地说，直接有机的东西所具有的缺陷，在于概念在这里还是直接的，仅仅是无差别性的元素中的内在目的，它的各个环节却是物理实在，这类实在没有在其自身得到反映，没有形成一个和那种无差别性相对立的同一体。但普遍的东西，即目的，在扩展到这些实在时，就返回自身之内；这些实在的无差别性是片面的、集结在否定性之内的环节，而且是个体。实体不只把自己分割成有差异的东西，而且分割成绝对对立的东西，并且是这样绝对对立的东西：其中每个对立物都是总体,是一种反映于自身之内的东西,对他物漠然处之,本质上是一,并且不只在本质上如此,而且实体分割成这样一些绝对对立的东西,它们的实在性本身就是这种同一存在,这种否定性,即是说,它们的定在就是其本身的过程。

这样生命本质上就是其一切部分的完全流动的互相渗透,即对整体漠然无关的那些部分的互相渗透。这些部分绝非化学的抽象,而是实体性的、固有的、完整的生命。这是各部分的一种生命,它在自己内部不止息地使自己分解,而只创造整体。整体是普遍的实体,它既是原因,又是作为结果而产生的总体,并且是作为现实性的总体。它是同一体,这个同一体把处在其自由状态中的各部分连在一起时,就把这些部分包含在自身之内。它分裂成这些部分,将自己的普遍生命赋予它们,作为它们的否定面,作为它们的力量,把它们保持在它自己内部。这一点是这样实现的:各部分在其本身有其独立的圆圈进程,而这一进程又是各部分具有的特殊性的扬弃,是普遍的东西的生成。这是个别现实东西具有的普遍的运动圆圈。这种圆圈严格说是三个圆圈的总体,是普遍性和现实性的统一:它们的对立的两个圆圈,和它们在其自身内的反映的圆圈。

(VII₁,466)

第一,有机的东西是现实的东西,这种东西自己维持自己,经历它自身内的过程;它是它自己的普遍东西,这种普遍东西把自己分裂为自己的各个部分。这些部分在创造整体时,就扬弃了自己。类属在这里是处在有机的东西方面。结论是,类属直接被同无机的东西结合起来;于是有机的东西就把它自己分为两个普遍的端项,即无机自然界和类属,而它是两者的中项(A—E—B),在这里它同两端中每一端都还直接是一体,本身就是类属和无机自然界。因此,个体在它自身还具有自己的无机自然,用它自身营养它自己,因为它作为自己固有的无机性消耗它自身。但这样一来,个体就在其自身内把自己区分开,也就是说,它在将其普遍性分裂成自己的各个区别。这是在个体本身的过程的进程,作为有机东西的非排他性的分裂过程和有机东西与其自身的关联。普遍的东西必须在它自身实现自己,它正是通过自己由以变得自为的那种运动,给自己以自己的自我感。有机的东西作为这一直接普遍的东西,作为这一有机的类属,现在已转而与其自身对立。这就是有机的东西个体化的过程,它在其自身内同自己对立,正如以后与外在的东西对立一样。他物还为概念所约束。然而,就个别的东西已先设定起来而言,它在这里是在把作为其普遍性的类属与特殊化的普遍东西联结在一起。特殊化了的普遍东西是一端,它被绝对的类属接受时,变成绝对的特殊性和个别性。这就是个体性这一环节的特殊诞生过程,是个体性的生成过程,这种个体性已作为存在着的东西而进入过程。除已经存在的东西外,这里没有出现任何东西。这就是个别的东西自身的消化过程,是各个环节的区分和 　(VII$_1$,467)
形态形成。机体各部分被消耗掉,同时也产生出来,而在这种普遍非静止中保持着的单纯东西就是灵魂。个体的东西在这里通过类属走向和类属分离;类属内的过程也正好使类属成为同一体,这个同一体本身具有否定性,因此同作为普遍东西的类属是对立的。

第二,普遍的东西是特定存在的东西,而有机的同一体是支配它本身的这种否定东西的力量,支配这一外在东西的力量,并且消耗这种东西,以致这种东西只有作为被扬弃的东西而存在。有机

的东西直接是个体性和普遍性的统一,是有机的类属;它是排他的
同一体,从自身排斥普遍的东西。类属是被否定性的力量所遗弃
的,被生命所遗弃的;或者说,有机的东西给自己设定自己的无机
东西。类属是绝对普遍的东西,绝对普遍的东西本身与抽象普遍
的东西相对立。但这样一来,个别性这一环节也就解放出来,对这
种无机的东西持否定态度。如果说在以前个体的东西是中项,而
两边是普遍的两端,那么现在类属则是元素,所以有机的东西在这
里是以类属为中介,和无机的东西联系起来(B—A—E)。第二项
是支配第三项的力量,因为它是绝对普遍的东西;这就是营养过
程。无机的东西是作为非现实的类属的普遍性,属于这种普遍性
的东西一方面是一般个体性,即地球的威势,一方面却是摆脱个体
性的个别性的威势;这种普遍性就是单纯的被动性。但这种普遍
性就其现实性说,如它存在于它自身那样,是有机自然界与其无机
自然界的互相分离,前者是个别性的形式,后者是普遍性的形式。
两者都是抽象;实体在这些形式内是同一的,已把自己规定为这些
形式。

(VII₁,468) 　α)规定性仍然是普遍性,属于元素和本原;对有机的东西来
说根本不存在不是其自身的东西。有机的东西在反映中已经反过
来取消了这种情况:它的无机世界是自在的。它的无机世界只是
被扬弃了的,而有机的东西就在于设定和支撑这一无机世界。但
只采取这种活动似乎也是片面的。应该说地球也造太阳,造自己
的各元素,同每种有机的东西一样,因为地球就是这一普遍的有机
东西,但它也同样自在地是两方面。无机东西的这种被设定的存
在,是它的被扬弃的存在,这种存在不是自在的。有机的东西是独

立的东西,但无机东西对有机东西作为自在东西起初是两者的漠然无关的特定存在,后来则转化为紧张的特定存在,转化为适应有机东西的自为存在的形式。

β)有机东西的那种直接的存在,作为类属也是完全以无机东西为中介的东西,它只是通过这一他在,通过这一作为抽象普遍性的、与它自身相反的对立面而存在的;它是挣脱个体性的类属。但这种普遍性因为在其自身也是生命,所以就通过其自身以 generatio aequivoca〔自然发生〕的方式转化为有机的东西。一般地说,有机东西的定在是整个地球使自己个别化、进行收缩的行动,是普遍的东西在自己内部的自我反映。但地球也会成为稳定的、在自己内部得到反映的存在,而高等动植物就是这种稳定的、在自己内部得到反映的存在。这种存在并不是像真菌,像没有个体性的胶状物或地衣那样,从土里发出,这些生物一般只是处于贫乏的机体区分过程中的有机生命。不过地球在其定在中也只是达到一般的反映,并在这里开始显露出其直接的生成活动。这一在自己内部得到反映的东西现在是自为地固定下来,经过它自己的圆圈而存在的;它是一种特有的定在,这种定在仍然与地球的定在对立,坚持其否定性本质,否认其起源,自为地表现其生成。

第三,这一被创造的现实东西是类属,是同个别的东西对立的　(VII₁,469)力量,是这种力量的过程。这种力量扬弃这种个别的东西,创造出另一种东西,这种东西是类属的现实,但恰恰因此也就是同类属所陷入的无机自然界对立的分裂作用。有机的东西这样以无机东西为中介,和类属联系起来(E—B—A),就是性别关系。结论是:作为整个有机东西的这两个方面是相关的,或者,这一整体分裂成了对立的、独立的两性；这就是扬弃类属的个别的东西和已成的状态，不过这一类属是一种又开始循环的个别现实东西。所以，结果是个别的东西使自己与类属发生分离。因此，这一独立的东西是和作为类属而同自己相似的东西有关联，类属已使自己分为两个独立的东西，其中每个独立的东西作为整体都是自己的对象，不过是在自己之外的对象。在第一个过程里，我们得到的是自为存在，在第二个过程里我们得到对一个他物的认识和表象，在第三个过程里得到两者、即他物和自为存在自身的统一。这是概念的真正实现，是自为存在和他物两者完全的独立，在其中每一方都在如同其自身的他物内认识自己；这是纯粹观念化的关系，以致每一方都对自己是观念的，是一种自在的普遍东西，于是纯粹的非对象性就在自我本身建立起来了。

　　有机的东西从个别性开始，提高到类属。但这一进程同样也直接是相反的进程：单纯的类属下降成个别性，因为个体通过它们的被扬弃而完成于类属，这也是后代的直接个别性的生成。因此，与地球的普遍生命相对的他物是真正的有机生物，这种生物以其类属而延续自身。这首先就是植物界，是自为存在、自身内的反映（VII₁,470）的第一个阶段，不过仅仅是直接的、形式的自为存在，还不是真正的无限。植物自由地从自身释放出各个环节，作为有机部分，并且只是主观的生命点。因此，植物的东西是从生命力使自己聚集成一点的地方开始的，而这一点将保存自己和创造自己，自己排除自己，并产生一些新的点。

第二章　植物有机体

§. 343

按主观性来说,有机的东西是个别的东西。主观性现在把自己发展成客观的有机体,发展成作为一种躯体的形态,这种躯体又区分成彼此不同的一些部分。在植物中,在这种最初仅仅是直接的主观生命力中,客观的有机体及其主观性还是直接同一的;因此植物性主体的分化和自我保存的过程是它超出自身和分裂成一些个体的过程,对这些个体来说,一个完整的个体与其说是各部分的主观统一,不如说是基础;部分——芽、枝等等——也是完整的植物。因此,有机体的各部分的差别也只是一种表面的变态,一个部分也能轻易地转化成另一部分的机能。

〔**附释**〕如果说地质有机体是未借助于观念性而形成形态的单纯体系,那么借助于植物生命的主观性,现在就出现了观念性。但作为呈现在植物生命的所有部分内的观念性,生命本质上是有生命的东西,而有生命的东西仅仅是由外在东西激发起来的。因此,正如所有知性范畴整个来说在生命范围内不再成立一样,因果 （VII₁,471）关系在这里失效了。如果说这些范畴终究还可以使用,那也必须把它们的本性颠倒过来,这样我们就可以说有生命的东西是它自身的原因。人们也可以提出这样一个命题:"自然界里的一切都有生命"²²;这是崇高的,也应当说是思辨的。但生命的概念,即自在的生命——这当然是无所不在的——是一回事,现实的生命,即有生命的东西的主观性——在其中每个部分都作为有生气的部分而存在——却是另一回事。因此,地质有机体不是从个别东西来说,而是从整体来说才是有生命的:只是自在地有生命的,而不是体现在现实存在上。但是,连有生命的东西本身也有主观的东西和僵死的东西之分:一方面,它在变硬过程方面,在骨骼方面给自己创造了它的个体架构的前提,如在地质有机体内从整体上做的那样;但另一方面,有生命的东西是形态,这种形态使实体的形式寓于自身。这种形式不只在各个部分的空间关系方面是决定性的,而且也是一种骚动,它从自身出发规定物理属性的各个过程,以便从这些过程创造出形态来。

　　然而作为尚属从直接性起源的、最初自为存在着的主体,植物是软弱幼稚的生命,这种生命在它自身内尚未展现出区别。因为如同每种有生命的东西一样,植物自然界诚然也发生了特殊化;但如果说在动物里这种特殊性同时是这样一种特殊性,与这种特殊性相对立,主观性作为灵魂也是一种普遍的东西,那么在植物里特殊化的东西却同植物的整个生命力是完全直接同一的。这种东西不是存在于植物的内在生命会与之不同的那种状况的方式之内,反之,植物的质完全贯穿着它的一般的植物本性,而不是像在动物 (VII₁,472) 中那样,这里已有区别。因此,在植物里各个部分只是互相对立的特殊性的东西,而不是与整体相对立;各个部分本身又是整体,就如同在僵死的有机体里一样,在那里它们在各个层理也还是彼此外在的。尽管植物现在终究会把自己设定为它自身的他物,以便永远将这一矛盾理想化,但那也不过是作一种形式的区别;它设定为他物的东西,根本不是真正的他物,而是作为主体的同一个体。

　　因此,在植物界里占主要地位的生长是它自身的增殖,作为形

式的变化,而动物的生长却只是大小的变化,同时保持着同一的形
态,因为机体各部分的总体已为主观性所接受。植物的生长是把
他物同化为自身,但作为自身的增殖,这种同化作用也是超出自
身。这不是作为个体的东西达到自身,而是个体性的增殖,以致同
一个体性只是许多个体性的表面的统一。这些个别的东西仍然是
一堆突然冒出的、彼此不相干的东西,它们不是从其作为共同体的
实体中产生的。所以舒尔茨[23]说(《活植物自然界》,第 I 卷,第 617
页),"植物的生长是新的、先前不曾存在的部分的一种不断增
生。"因此,同植物各部分的同质性连在一起的,是这些部分的分　　(VII₁,473)
离,因为它们不是作为内在的质的差别相互对待,换句话说,这种
有机体没有同时形成内脏系统。这是在外在性方面创造自己,不
过也一般地还是从自身进行的生长,绝不是一种外在的结晶活动。

§. 344

这样,个别个体的形态形成和再生的过程就是和类属的过程
一致的,是新的个体的连续创造。由于自我性的普遍性、个体性的
主观同一体不是与实在的特殊化过程分开,而是一味沉浸于其中,
因而植物对其自在存在的有机体(§. 342)还不是自为存在的主
观性,所以植物既不是根据它自身来确定它的地位,具有位置的运
动,也不是自为地和那种机体的物理特殊化和个体化的活动对立,
具有间断的吸收作用,而是有一种连续流动着的营养过程。而且
植物也不和个体化了的无机东西发生关系,而是和普遍的元素发
生关系。它尤其很少能有动物的热和感觉,因为它不是将其有机
部分归结为否定的单纯统一体的过程,这些有机部分主要是一些

部分,甚至是一些个体。

〔**附释**〕所有有机的东西都是在其自身内作自我区分的东西,这种东西在统一性中保持着多样性。但动物的生命作为有机东西的真理,正进展到更高的确定的区别,在这里,由实体的形式所渗透的区别,只是一个方面,而实体的形式本身与这一被沉浸的存在对立,又构成另一方面;所以动物是有感觉的。可是植物还没有进展到这种自身内的区别:自我性的统一点和有机的晶体可以说已经是其生命的两个方面。因此,赋予生气的东西在动物里是灵魂,(VII₁,474) 在植物里还是沉浸在过程的相互外在状态。与此相反,在动物里,同一赋予生气的东西是以双重的方式存在着:α)作为内寓的和赋予生气的,β)作为自我性的统一,而这种统一是作为单纯的东西存在着。两种要素及其关系当然在植物身上也一定是存在的,但这一区别的一个部分却处在植物的存在之外,然而在动物东西中则存在着作为自我感觉的有生命东西的绝对回归。与动物相反,存在着的植物只是那种具有躯体的有机体,在这种有机体内纯粹的、自我性的自相统一还不是现实地存在着,而只存在于概念之内,因为它还没有变成客观的东西。因此,在植物里已有分化的躯体还不是灵魂的客观性,植物对其自身还不是客观的。这样一来,统一对植物便是一种外在的东西,正如地球有机体的过程处于地球之外一样;植物的这种外在的、物理的自我是光,植物尽力追求光,就像孤独的人寻求人一样。植物对光有一种本质的、无限的关系,但它就像有重物质一样,不过是寻求它这个自我。这一存在于植物之外的单纯的自我性,是支配植物的最高力量;所以谢林说,假使植物有意识,它就会把光奉为它的上帝[24]。自我保存的过程是获得自我,满足自己,达到自我感。但因为自我是在植物之外,因此,植物之追求自我毋宁说是被拉向自身之外,所以植物之向自身回归总是走出自身,反之亦然。因此,植物作为自我保存是使它自身增殖(§. 343)。植物的主观自我性统一的外在性,在其同光的关系上是客观的,正如光在海生的胶质形成物上(见§. 341"附释"第411页),以及在热带鸟类颜色(见§. 303"附释"第205—206页)上是在外面显现出来一样,所以这里光的威力甚至在动物的东西当中也是可见的。人更多地是向自己内部形成自我,但南方人也不能做到客观上使他们的自我和他们的自由得到保证。植物正是从光里得到液汁,一般地得到强有力的个体化。离开光,植物诚然也会长得更大,但还是无色、无嗅、无味的。因此植物就转向光:地窖里发芽的马铃薯这种植物,从远离开许多英尺的地方,沿着土地爬向有光孔的那一面,好像它们熟悉路径似的,顺墙攀援而上,以长到它们能享受到光的出口。向日葵和其他许多花以太阳在天空的运动为准,随太阳的运动而旋转自身。傍晚时如果大家从东向西走到一片鲜花盛开的草地,就很少能看到花朵,也许根本看不到花朵,因为它们全都转到了太阳那个方向;如果从西向东,那就会到处花开满目的景象。早晨在草地上,如果天还早,人们从东方来也看不到花朵;只有当太阳起作用时,它们才转而面向东方。维尔德诺夫[25]说①,"有的花,如"Portulaca oleracea〔马齿苋〕,Drosera rotundifolia〔毛毡苔〕,只有在中午12点前后才朝太阳

（Ⅶ₁,475）

① 《草木学大纲》,林克编(第六版,1821年),第473页。

开放;有的花则只在夜间开放",如名贵的火炬掌(Cactus grandiflo-
rus),它只盛开几个小时。

　　α)如我们说过的,因为在植物里主观的同一体本身沉陷在植
物的质和特殊化里,因而植物的否定的自我性还同它本身没有关
系,所以这一自我也还没有作为一种完全非感性的东西——这种
东西正是叫灵魂——存在,而仍然是感性的,虽说不再作为物质的
复合体,却终究也还是作为物质东西的感性的统一。对统一性仍
然保持的感性东西是空间。因此,当植物还不能完全消除感性东
西时,它就还不是自身内纯粹的时间;因此植物处在一个特定的位
置,尽管它在这一位置展开自己,却不能消除这一位置。但动物却
作为过程对待位置,消除位置,虽说随后又确定位置。同样,自我
也要使自己这个点运动,就是说,要改变它的位置,即改变它作为
点的感性的、直接的持续存在,换句话说,自我要把它自己作为同
一体的观念性和它自身作为感性的同一体区别开。在太空运动中
同一体系的天体虽然也有自由运动,但根本没有偶然的运动,它们
的位置不是它们作为特殊物的确定,而是这个体系的时间确定它
们的位置,这种时间按照规律是植根于太阳的。同样,在磁内对立
的质也是决定性的东西。但在作为自为时间的主观上有生命的东
西内,位置的否定设定起来了,更确切地说,以绝对无差别的方式
或作为内在的无差别性设定起来了。然而,植物还不是这种对空
间的无差别的相互外在存在的统治,因此它的空间还是一种抽象
的空间。雌蕊和雄蕊的相对运动,丝藻类的摆动等等,只能看作简
单的生长,没有对位置的偶然规定。植物的运动是由光、热和空气

（VII₁,476）

决定的。特雷维拉努斯①²⁶以 Hedysarum girans〔岩黄蓍属〕为例指明了这点:"这种植物的每条叶柄在末端都有一种较大的椭圆披针形叶子,在叶子旁边,于同一主柄上生有两个较小的带柄的侧叶。主柄和主叶的运动是和侧叶的运动不同的。主柄和主叶的运动在光下是竖挺的,在黑暗时是低垂的;这一运动发生在那些把叶子和 (VII₁,477) 叶柄、叶柄和枝条连在一起的节里。从 20 步远的墙上来的太阳反光,就足以使叶子明显竖挺,而一个不透明的物体或太阳前浮过的云彩把阳光阻隔,就足以使叶子低垂。在正午太阳下,或在凸透镜所聚的阳光下,胡弗兰德曾经发觉主叶和整个植物的颤震运动²⁷。月光和人造光对上述运动毫无影响。单纯由那些小侧叶所进行的第二种运动,是通过同一枝条上对生的每对这样的小叶片的交替上升和下沉表现出来的,这种运动随着植物死亡才中断。在这里没有什么直接对这种运动发生作用的外在原因,然而这种运动在受粉时最强烈。"可是,特雷维拉努斯还是认为,丝藻类的游走子在离开这些植物漂到水里后,具有随意性运动。② 他认为丝藻类的运动部分地是摆动式的:"丝藻类的各个丝状体,用自由的末端,断断续续地从右向左、从左向右弯曲;它们常常转圈,以致它们的自由的末端近乎划成一个圆。"但是,这类现象还根本不是随意运动。

β) 假使植物要中断同外部世界的关系,那它们就必须作为主观的东西而存在,必须作为自我同它们的自我发生关系。因此植

---

① 《生物学或关于活自然界的哲学》〔六卷本,哥廷根 1802—1822 年〕,第 V 卷,第 202—203 页。

② 特雷维拉努斯:《生物学或关于活自然界的哲学》,第 II 卷,第 381 页以下,第 507 页;第 III 卷,第 281 页以下。

物的吸收作用之所以不中断,其根源正在于它有这样一种本性:它不是真正的主观性,而是它的个体性不断分裂成它的特殊性,从而没有作为无限的自为存在保持自身。只有作为自我的自我才是排斥外物的自我,正因如此,灵魂才是这一作为自身相关的状态。而自我既然在灵魂中构成这一关系的两个方面,那么这种关系就是一个同无机自然界分开的灵魂的内在圆圈。但由于植物还不是这种东西,所以它就缺乏那种仿佛能摆脱同外物的关系的内在性。因此,空气和水不断作用于植物,它不是将水一饮即成。光的作用虽然会在黑夜或冬季从外面中断或减弱,但这并不是植物自身的一种区别,而是一种植物以外的东西。所以,如果我们夜间把植物放在光照的屋子里,白天把它放在黑暗的屋子里,我们就能渐渐改变它的活动。戴·康道勒[28]曾这样在含羞草属和其他植物那里用点放灯光的办法,仅在几夜以后改变了它们的睡眠时间。植物的其余行为以季节和气候为转移。冬眠的北方植物在南方地带逐渐改变了这种习性。植物也还没有使自己和个体的东西发生关系,也是因为它不是自我对自我的关系,它的对方不是一种个体性的东西,而是元素性的无机东西。

　　γ)关于植物体内的热有人作过许多探讨,进行过许多争论,特别是黑尔姆施泰德[29]也对此颇有研究①。有人确实想在植物体内发现比在其周围有更高的比热,但一无所得。热是业已变化的内聚性的一种冲突,但植物在自身内没有内聚性的这种变化,没有

---

　　①　特雷维拉努斯,前引书,第 V 卷,第 4 页以下;维尔德诺夫,前引书,第 422—438 页。

(VII₁,478)

这种燃烧过程,没有这种构成动物生命的内在的火。有人确实把温度计放在自己钻透的树干内部,发现内外温度有重大区别,如列氏 −5° 和 +2°, −10° 和 +1°,等等。但这种情形之所以产生,是因 (VII₁,479) 为木质是一种不良热导体,而且茎可以获得从土里传来的热。不管怎样特雷维拉努斯说道(同上书,第 V 卷,第 16 页),"芳塔纳的 4600 多次试验[30]表明,植物的热是完全以其所处的媒质为转移。" 在第 19 页特雷维拉努斯继续说道,"个别植物类属在一定环境下,确能制造冷热,以此对抗外面温度的影响。不少人在 Arum maculatum〔斑叶海芋〕和其他物种的肉穗花序(spadix)表面进行观察,当肉穗花序开始突破外皮长出时,他们观察到一种热,这种热在四至五小时内增加,在 Arum maculatum〔斑叶海芋〕那里正是在下午三、四点之间增加,然后又以四至五小时减少;当这种热达到最高度时,就超过了外部空气的温度,在 Arum maculatum〔斑叶海芋〕超过约华氏 15°—16°,在 Arum cordifolium〔心叶海芋〕超过约华氏 60°—70°[①]。冰花(Mesembryanthemun crystallinum)无疑是从含硝石部位放出冷。但那种热确实不是用来使植物在受粉期间防冷,如同这种冷不是用来使植物防热一样。"因此植物依然没有那种内在的过程,因为它在向外运动时完全是僵硬的,与此相反,动物却是流动的磁体,这种磁体的不同部分互相转化,因而放出热,这种热的本原恰恰只在于血液。

　　δ)植物完全没有感觉,这又是因为主观的同一体沉陷在植物 (VII₁,480)

① 林克在其《植物解剖学和生理学要义》(哥廷根 1807 年)第 229 页就此指出:"花发出很强烈的臭味,我以为油或引起臭味的碳化氢气在空气中发散和分散,是出现热的唯一原因。"

的质之内,沉陷在特殊化活动本身之内,已内存在还没有像在动物
中那样,作为神经系统独立于外物。只有自身内具有感觉的东西,
才能经受它自身作为他物,才能和个体性的坚硬性挑战,敢于同其
他个体性斗争。植物是直接的有机个体性,在其中类属拥有优势,
反映也不是个体性的,个体的东西不是作为个体的东西返回自己
之内,而是一种他物,因而根本没有自我感觉。某些植物的感受性
并不属于自我感觉,而只是机械的弹性,适如植物睡眠时植物对光
的关系在起作用一样。在这方面,特雷维拉努斯说(同上书,第 V
卷,第 206—208 页),"有人曾想把对于外在的、单纯位置的影响
的应激性,和对这些影响的反应运动,都看作感觉,这种情形自然
也和动物肌肉纤维的收缩有无可怀疑的相似之处",但后一种情
形没有感觉时也可能发生。"受精器官尤其表现出这样一种应激
性:当触动雄蕊花丝时,花粉就从花粉囊里散布出来,受机械刺激
后,雌蕊和雄蕊就运动,特别是花丝被触动时向雌蕊运动。"引起
这种应激性的原因的外在性特别证明了梅迪库斯[31]的观察。特雷
维拉努斯引证了(同上书,第 210 页)梅迪库斯的观察:"较冷地带
的许多植物在午后和干热的天气里是完全不可刺激的,相反地,在
早晨大露后和整个细雨天,是很可刺激的;较温气候下的植物只在

(VII₁,481) 　朗朗晴空下才表现出自己的应激性;当花粉刚成熟而雌蕊被有亮
油时,所有植物都极可刺激。"关于叶子的应激性,最出名的是某
些含羞草种和其他与此同属荚豆科的植物:"Dionaea muscipula
〔捕蝇草〕有大量在茎周围轮生的叶子,Oxalis sensitiva〔敏叶酢浆
草〕的叶子由十二对卵形小叶组成,在受到触动时,这些植物就把
它们的叶子包合起来。Averrhova Carambola〔阳桃〕的叶子是羽状

的,它们在自己的柄上受到触动,就低垂下来。"[①]鲁道勒菲和林克[32]的解剖观察也证明了这一点。鲁道勒菲(《植物解剖学》,第239页)说,"这些植物独特的地方是叶柄的次生叶柄的关节,叶子集结在基部,而在其他羽状叶片那里基部则伸展出来,或至少不是更窄小。再者,那些植物上的叶柄密集在茎节上,比长在其余地方更粗实,这样,密集的茎节就尤其变得触目了。此外,这种结节是完全由细胞组织组成,这种细胞组织通常很快就木质化。如果我们把山扁豆、羽扁豆等等割断,有关各部分会马上收卷,像在植物睡眠时一样,不再打开。一株幼嫩的含羞草稍加触动就下垂,并迅速挺起来,当它得病或疲劳时,人们尽可以长久刺激它,也属徒劳,在它把下垂部分抬起时,也要长久时间。德斯丰泰因如米尔贝尔讲的那样[33],有一年曾随身带一株含羞草旅行。在车辆刚启动时,含羞草就把它所有的叶子闭起来,但后来它们又悄悄打开,路上也没有再闭起来,仿佛它们已习惯于车辆的动荡似的。"林克说(上引书,第 V 卷,第 258 页),"起风时叶子都下垂,但尽管有风,也会 (VII₁,482) 又挺起来,并最后习惯于刮风,以致风不再对它们有影响了。"在《要义》补编(第 I 卷,第 26 页)内林克又说,"应激性只限于震动所及的范围。我们可以给一片小叶子以很强烈的作用,而不会由此影响附近一些叶子,看来每一刺激只是附着和作用于它被引起的地方。"这里我们确实终究只是遇到收缩和扩张这种简单现象,这种现象在这里是比较迅速和突然地显示出来的,然而我们在上述 β)点所说的植物活动的改变上,效果却比较缓慢。

① 特雷维拉努斯,前引书,第 V 卷,第 217—219 页。

§. 345

但作为有机的东西,植物本质上也把自己分为抽象的形成物
(细胞、菌丝以及诸如此类的东西)和较具体的形成物的差别,
不过后者仍存在于它们的原始同质性状态。植物的形态在未曾摆脱
个体性而达到主观性时,仍然和几何形式及晶体的规则状态相近,
适如植物过程的产物还和化学产物较接近一样。

〔说明〕歌德的《植物的变形》[34]给关于植物本性的理性思想开
了先河,因为它把观念从关切单纯个别状态引向认识生命的统一
性。各个器官的同一性在变形这一范畴内是占主要地位的,但生
命过程由以确立起来的机体各部分的特定差别和特有机能也是对
那种实体的统一性不可缺少的另一个方面。植物的生理机制必然
表现得比动物体的生理机制更暧昧,因为植物的生理机制比较简
单,同化作用通过的中介不多,变化也是作为直接的影响发生的。
(VII$_1$,483)　在这里如同在所有自然的和精神的生命过程中一样,同化作用及
分泌作用的主要事情都是实体的变化,即一种外在的或特殊的物
质一般地直接变成另一种物质;这里出现了一个点,在这个点里进
一步追寻中介作用,不管是在化学的渐进性内存在的中介作用,还
是以力学的渐进性方式存在的中介作用,都被打断,变得不可能
了。这个点无处不在,贯穿一切,不认识或宁可说不承认这种单纯
的同一作用和单纯的分裂作用,恰恰是使生物生理学成为不可能
的原因。我的同事卡·亨·舒尔茨教授先生的著作(《活植物自
然界或植物和植物界》,共两卷)关于植物的生理机制提供了有趣
的启示,下面几节里陈述的关于植物生命过程特有的一些基本特

点是从这一著作汲取的,因此我在这里应该提到它。

〔**附释**〕植物的客观化完全是形式的,并非真正的客观性:植物并不仅仅一般地向外进展,反之,它的自我作为个体保存下来也仅仅是由于不断设定一个新的个体。

α)整个植物的原型简单地说是这样的:有一个点(胞果),一个胚、种子、结节,或随你称呼的东西存在。这个点长成丝状物,使自己成为一条线(如果大家愿意,可以称之为磁,不过这里没有两极对立),这种往外向长度的进展又会被阻止,长出新的种子,新的结节。这些结节是通过自相排斥不断形成的,因为在一个丝状物内植物分裂成许多胚,这些胚又将是完整的植物;这样,机体各部分就被创造出来,其中每一部分都是整体。这种分节活动是否停留在同一个体,或是否同时分成一些个体,最初是不相干的。所以这种再生不是以对立为中介,不是从对立产生的会合,虽然植物也达到这一地步。不过对立在性别关系中的真正分离,是属于动物的力量,在植物中所见到的这种情形,只是一种表面现象,关于这一点随后将会讲到。植物的这种原型,以丝藻类为例,可以极其简单和完全直接地表现出来,丝藻类本来也不是别的,而是没有任何进一步形态发展的绿色丝状体,这是水生植物的最初开端。因此,特雷维拉努斯描述它们说(同上书,第 III 卷,第 278—283 页),"泉生黄丝藻(Conferva fontinalis L.)是通过一种卵形小芽增殖的,构成这种植物的柔软丝状体的顶尖,向这种小芽胀大。过些时间,这种芽就和丝状体分离,在最近的地方固定下来,不久又长出一个顶尖,这一顶尖延长为一个完全的水生丝状体。由罗特[35]归入 Ceramium〔仙菜属〕的所有那些种,其繁殖也是以类似的简单

(VII₁,484)

方式实现的。在它们的茎或它们的枝的表皮,于一定时期,更确切说,绝大多数在春天,产生出一些浆果似的植物体。这种植物体通常包有一个或两个小种子,在完全成熟时不是脱落下来,就是自行裂开,卸掉它们的子实。在真正的丝藻(Conferva R.〔黄丝藻属〕)、网水绵属(Hydrodictyon R.)、分歧藻属和许多银耳属那里,繁殖器官"(?)"处在植物实体之内,而且这种器官有两个类型。或者这种器官由甚小的、彼此规则排列的种子组成,而这些种子在植物最初形成时就已存在于植物中,或者这种器官表现为较大的、卵状的形体,这些形体和丝藻的内胞囊有相同直径,而且仅在这些植虫生活的一定时间才出现。在一些丝藻里,前一类种子排成锯齿形或者螺旋线,在其他丝藻里,排成星状图案,排成矩形等等,也可以说它们彼此排列成树枝形,而且这些树枝以环形轮生在一条共同茎干周围,它们会游离开来,并且作为新的丝藻的开端。同这些甚小的种子很不同的是一种较大的圆形的"(卵形的和浆果似的),"形体,这些形体产生于某些业已分化的丝藻(Conferva setiformis〔刺黄丝藻〕,spiralis〔螺旋黄丝藻〕和 bipunctata R.〔双点黄丝藻〕),并且只产生于它们生活的一定期间(五月、六月和七月)。大约在这个时间,那些较小的原始种子就离开它们的合乎规则的位置,结合成较大的卵状或球状的形体。随着后者的构成,丝藻失去自己的绿色,只留有一种透明无色的皮层,这种皮层在其机体每一部分都包含一种棕色的果实。在这种薄膜最终碎裂后,这些果实就沉落到水底,在这里静待到来年春天,那时每一个这样的果实都发展出一种同以前的丝藻同类的丝藻来,这种发生方式似乎与动物从卵中爬出,较之与种子发芽有更多的相似之处。"在同书中

(VII₁,485)

（第 314 页以下）特雷维拉努斯认为丝藻有交配和交媾活动。

β）在高等植物里，特别是小灌木，直接的生长径直是以分成枝和条的方式存在的。在植物身上我们分出根、茎、枝条和叶。但人所共知的莫过于每个枝和条都是一个完全的植物，在植物体以及土壤内都有其根：将它从植物体上折下来，作为压条埋在土中，(VII$_1$,486) 就会生根，成了完整的植物。这种事情也因枝条偶然脱离自己的个体而发生。特雷维拉努斯说（前引书，第 III 卷，第 365 页），"植物通过分离进行繁殖的方式绝不会在它们自身自发地发生，而总是人为地或偶然地发生的。用这种方式使自己繁殖的能力，首先为 Tillandsia usneoides〔铁兰〕这种寄生的风梨科植物所拥有。如果这种植物的任何一部分被风刮离，而且被树的枝条托起来，这部分不久就会生出根来，长得差不多像它从子实里迅速繁生出来一样。"大家知道，草莓和其他很多植物长蔓茎，即从根发出匍匐长的茎。这些丝状物或叶柄构成茎节（为什么不是由"自由部分"构成呢？）；如果这样一些点和土壤接触，它们就又生出根来，并生成新的完整的植物。维尔德诺夫陈述说（前引书，第 397 页），"美国红树（Phizophora mangle）把自己的枝垂到地面，把它们变成茎干；所以，在亚洲、非洲和美洲的热带地区，仅仅一株树就能把潮湿的岸边覆盖一英里之远，在上面覆盖了一片树林，它由无数多茎干组成，这些茎干顶部被遮盖起来，像片茂密整修的叶丛。"

γ）枝条生自芽（gemmulae）。维尔德诺夫援引奥贝尔·杜·佩蒂-图阿尔斯[36]的话说（前引书，第 393 页），"导管从每个芽自行延伸，并向下穿过整个植物，以致树木真正说来就是所有芽的根纤维的一种形成物，而木本植物就是许多株植物的一种聚合体。"

维尔德诺夫随后继续说,"如果我们把一颗嫁接过的树在嫁接处打开,那自然也就会看到纤维从接穗那里走一小段距离,进入主(VII₁,487)茎,正如林克已观察到的一样,而我也同样看到了。"他在第486—487页相当详细地谈到这种芽接法:"众所周知,接植于另一茎干的一种灌木或乔木的芽会在这一茎干上成长起来,并应看作一株特殊的植物。它完全不改变自己的本性,而是继续生长,犹如它是处在土壤里似的。阿格利科拉和巴尔内斯[37]用这种繁殖方式更为幸运,他们径直把芽安在土里,由此培育出完善的植物来。在这种人工繁殖方式上值得指出的是,不论以任何一种方式,扦插、枝接或芽接,都可以把枝条或幼枝芽(gemmae)育成新的植物,这时提供这些枝条和幼枝芽的植物不只是"作为物种繁殖自己,而且也作为变种繁殖自己。种子只繁殖种,这样的种在一些情况下能由种子长成变种。所以博尔斯托尔弗的苹果总是经过枝接和芽接才保持原样,但从种子得到的则是完全不同的变种。"这样一些芽在成为另一株树的枝条时,也在颇大程度上保留了自己的个性,所以举例说,在同一株树上就可以长出十二种梨来。

鳞茎也是这样一类的芽(即在单子叶植物里),在自己内部也进行分离。特雷维拉努斯说(前引书,第 III 卷,第363—364页),"鳞茎是单子叶植物所特有的。鳞茎有时在根的上部长出,有时在茎和叶柄之间的夹角内长出,如在 Lilium bulbiferum〔鳞茎百合〕和 Fritillaria regia〔王贝母〕里,有时在花中长出,如在 Allium〔葱属〕的某些种里。那些用根支撑鳞茎"(即自己作简单分裂)"的植物,通常产生一些不结果的种子;但如果幼鳞茎在其产生过程中很快遭到破坏,这些种子就会成为结果的。在 Fritillaria regia〔王贝母〕里,每个叶片都有能力在同茎分离时也产生鳞茎。这样一种 _{（VII₁,488）}叶子秋天时靠近鳞茎切下来,轻轻压在吸墨纸间,保存在一个温热的地方,就会从其与根结合在一起的最下端,长出新的鳞茎,而且恰恰相应于这些鳞茎的发育过程,自己就逐渐衰亡了。在一些从叶腋或茎上长出自己的鳞茎的植物里,那些鳞茎有时会自动和母体分离,离开母体长出根和叶来。这样的植物尤其应该称为胎萌植物。在 Lilium bulbilferum〔鳞茎百合〕、Poa bulbosa〔鳞茎早熟禾〕和 Allium〔葱属〕的许多种里,这种现象无需人工参与就会产生。在 Tulipa gesneriana〔郁金香〕、Eucomis punctata〔百合科一属〕和其他许多多汁的单子叶植物那里,如果把这些植物的花在受精前取去,把带叶的茎栽到有阴影的地方,这种现象就可以借助于人工方法产生出来。"维尔德诺夫直接指出(前引书,第 487 页),"Pathos〔天南星科一属〕和 Plumiera〔鸡蛋花属〕甚至可以用叶来繁殖自己。"对此林克补充说,"这一特性在 Bryophyllum calycinum〔景天科一属〕身上是突出的。"一个叶片平铺在地上,就在整个边缘周围长出纤维和小根来。林克说(《要义》,第 181 页),"所以我们有一些长根的芽的例证,这些芽是从叶柄长出来的,曼迪洛拉[38]首次以人工方式用叶培植树木。从每个仅仅包含螺纹导管和细胞组织的部分都产生一个芽,这是可能的。"简言之,植物的每个部分都能直接作为完整的个体而存在。除了水螅类和其他十分不完全的动物物种,在动物中完全不存在这样的事情。因此真正讲来,一株植物是许多个体的一种聚合体,这些个体构成一个个体,但这 _{（VII₁,489）}一个体的各部分却是完全独立的。各部分的这种独立性,是植物软弱无力的表现,反之,动物则有内脏和不独立的肢体,它们只能完全存在于和整体的统一性之内。如果内脏(即紧要的内在部分)受到损害,个体的生命就消失了。在动物有机体里有些部分当然也可以去掉,但在植物里却只是存在着这样一些部分。

因此,歌德曾以巨大的自然鉴别力把植物的生长规定为同一形成物的变形。1790 年他的著作《植物的变形》发表,对这一著作植物学家们漠然处之,而且不知道该用它做些什么,这恰恰是因为里面描述出一个整体。超出自身而分成一些个体,同时也是一种完整的形态,一种有机的总体。这一总体在其完善状态中,具有根、茎干、枝、叶、花和果实,而且在自身也当然确立起一种差别,我们在后面就将阐明这种差别。但歌德的意趣却是要指明植物的所有这些有差别的部分何以是一种单纯的、自身封闭的基本生命,而一切形式都不过是同一个同一性的基本本质的外在改变,不只在理念上如此,而且在实存上也如此,所以每一部分都很容易转化成另一部分;这里有各个形式的一种精神的、飘忽的气息,这种气息没有达到质的、根本的区别,而只是植物物质的一种观念性的变形。各个部分是作为自在地等同的东西而存在的,歌德把区别只(VII₁,490)理解为扩张或收缩。例如大家知道,把树倒过来,使根朝天,而把枝和条栽在土里,这时就会发生这样的情形:根长出叶子、芽和花等等,而枝和条则变成了根。例如,在蔷薇里,开重瓣的花无非是野蔷薇的花丝(雄蕊)、花药(花粉囊)以及雌蕊(花柱),由于营养更多而变成花瓣,或者完全如此,或者还可见出其原有痕迹。在许多这类花瓣上还保存着花丝的本性,以致它们一方面是花瓣,另一方面又是花丝,因为花丝也恰恰无非是缩紧的叶子。人们称为"怪物"的郁金香,具有一些在花瓣和茎叶间摇摆的花瓣。花瓣本身不过是植物的叶片,只是变得精致了。连雌蕊也只是一种缩紧的叶子。甚至花粉(花粉粒),例如蔷薇植物的金黄色粉末,也有叶的本性。同样,种囊和果实也完全有叶的本性,正像我们在果实背部有时还看出叶一样。在果核里叶的本性也可以辨认出来。野生植物的刺在一些经过栽培的植物里变成了叶,苹果树、梨树和柠檬树在瘦瘠的土壤里有刺,通过栽培刺就消失,并变成叶。[①]

这样,在植物的整个创造过程内就显示出同一的同类性和简单的发展,而形式具有的这种统一性是叶。因此,一种形式能易于演变为另一形式。胚在其自身已经以其子叶或小子叶显示出自己 （VII_1,491）作为叶的形式的特征,就是说,子叶或小子叶正是带有较粗原料、未经加工的叶子。胚会过渡到茎,茎上长出叶。这些叶常常是羽状的,因此同花接近。如果这样进行延伸,持续一段长时间(像在丝藻那里一样),那么茎叶就结出茎节,并在这些茎节出现叶子,它们在茎部下面是简单的,随后是带裂缝的,彼此分开,互相区分。在下面最初那些叶子上,四周、叶缘尚不发达[②]。歌德用他给一种一年生植物提供的这幅图画继续说道,"不过进一步的发展会不可遏止地通过叶从一个茎节扩展到一个茎节,从此叶也就表现出是切割深裂进去的,由一些小叶组成的,在后一种情形下它们使我们看到一些完善的小枝条。关于最简单的叶子形态的这样一种连续的、极高的多样化,枣椰树给我们提供了一个触目的例子。在一些叶子组成的序列中,中脉向前推进,扇形的单叶被分裂、分割,于

---

① 参看维尔德诺夫,前引书,第 293 页。

② 参看歌德:《论形态学》,第 7—10 页。

是发展成一种极复杂的、同枝条竞争的叶。"（歌德，前引书，第11页）现在叶比子叶已发展得更精致了，因为它们是从茎部吸收自己的汁液，而茎是一种已经成为机体的东西（同上书，第12页）

　　这里我要顺便作一个对物种的区别有重要性的说明：在一个物种内可以在叶子发展上表现出来的这种进程，也主要是那种在不同的物种本身作为决定性东西的进程，以致所有物种的叶子一起也都表现出一个叶子的全部发展，这正如我们在一系列天竺葵例子中看到的那样，在那里初看起来彼此很不相同的叶子是以一些转化为中介的。"大家知道，植物学家绝大部分是在叶的形成上寻找植物的特殊区别。让我们观察一下 Sorbus hybrida〔栎叶花楸〕的叶子。这些叶子有些还完全是吻合的，只有某种较深的锯齿状叶缘的缺刻，在侧脉之间向我们暗示出自然界从这里起在趋于更深刻的分离。在其他一些叶子里，这些缺刻就变得更深了，特别是在叶基和叶的下半部；我们可以明白看出，每一侧脉都会变为某一特殊小叶的主脉。其他一些叶子已有最下的侧脉明显分离成自己的小叶的现象。在随后的侧脉中，已达到最深的缺刻，而我们认识到一种更自由的力求分脉的冲动在这里也似乎克服了吻合。这在另一些叶子上就真的实现了，在那里从下往上两三对以至四对侧脉都已分开，老的中脉由于生长更迅速，也把各片小叶牵拉得互相分开。这样，叶子现在就一半是羽状，一半还是吻合的。按照树是年老还是年幼，按照树有不同位置，甚至按时年情形，我们可以看到时而是分脉这种分离活动占优势，时而则是肋脉吻合在某种程度上占优势。我有一些叶子，它们差不多完全是羽状。现在我们转而看看 Sorbus aucuparia〔鸟花楸〕，那就很明白，这个种只

（VII$_1$,492）

是 Sorbus hybrida〔栎叶花楸〕的进化史的继续，两个种只是由于时运而不同，这种时运使后者力求在组织间有一种较强的亲缘关系，而使前者力求有一种更大的繁盛自由。"[1]

　　歌德（前引书，第 15—20 页）随后从叶转到花萼："我们看到向开花的转化会或速或缓地发生。在较缓的情况下，我们通常看 (VII₁,493) 到茎叶从其边周又开始向里收缩，特别是开始失去其多种多样的外部的区分，反之，在其同茎相连的较下部分，则开始或多或少地扩张。同时我们看见树木这时虽然没有从一茎节向一茎节明显地伸长，但至少还是使茎比其先前的状态发展得更精细柔软了。由此可以看出，营养过多会妨碍植物开花。——我们常常看到这种变化是迅速发生的，并且在这种情况下茎会从最后发展成的叶子的结节突然伸长变细，向高处挺拔，在它末端聚集起一些围绕着一个轴的叶片，这就是花萼。花萼的叶片是和茎叶同一的器官，但现在是聚集在一个共同的中心。我们还看到在许多花里未曾改变的茎叶就在花冠下集合成一种花萼。由于这些茎叶自身还完全带有它们的形态，所以我们这里只需诉诸外观和植物学术语，植物学术语曾称它们为苞叶（folia floralia）。当茎叶渐渐收缩时，它们就是在自己变化，而且好像将自己悄悄潜入花萼似的。我们看到，这些茎叶还很少能加以辨认，因为它们常常联结在一起，出现在它们共同长出的侧面。这些如此相互靠近、向前突进的叶，给我们呈现出一些钟状的或所谓单叶的花萼，花萼从上往里有或多或少的切刻。因此，自然界是以这样的方式形成花萼的：它把一些叶子一齐结合

---

　　① 　舍尔维[39]：《对植物性别学说的批判》，续编，第 I 卷（1814 年），第 38—40 页。

在一个中心周围,因而把一些茎节一齐结合在一个中心周围,这些

(Ⅶ₁,494)

茎节似乎是它另外先后相继地使它们彼此保持着某种距离产生出来的;因此,它在花萼中根本没有形成什么新的器官。"相反地,花萼只是这样一个点,在这个点的周围先前在整个茎上散开的东西以圆圈形式聚集起来。

花本身不过是花萼的二重化,因为花瓣和萼片是非常相近的。即使在这里,在"花萼向花冠(内花被)的转化"上,歌德也没有说有对立:"尽管花萼的颜色通常还是绿色,和茎叶的颜色相似,但这种颜色在花萼的这一或那一部分常有变化,在顶尖,在边缘,在背部,甚至在花萼的内在方面都有变化。不过外在方面仍然是绿色,并且我们看到,同各个时期的这种颜色变化相连,总是在变得更精细。这样就出现了一些界限不明的花萼,它们同样有理由可以被看作花冠。于是通过扩张就又产生出花冠。花瓣通常比萼片要大,并且可以看出,器官在花萼之内是如何收缩在一起,现在却作为花瓣又扩张开来,在更高程度上变精细了。这些器官的精致组织,它们的颜色,它们的气味,假使我们不能在许多非常情况下窥探自然,真会使我们完全认不出它们的起源。因此,譬如在一种石竹的花萼内,有时就有第二种花萼,这种花萼一部分完全是绿色,显示出一种单叶的、有缺刻的花萼的萌芽;一部分则是裂开的,并在其尖齿和边缘变成了花瓣的真正开端,这种花瓣细嫩、修长、

(Ⅶ₁,495)

着色。在一些植物上,在其临开花前的较长时间,茎叶已多少显出是带色的,其他植物则完全是在接近开花时才着色。有时在郁金香的茎部也可以看到几乎完全发育成的和着色的花瓣;这种情况在下列场合尤其明显:这样一种叶子一半是绿的,一半属于茎,固

着在茎上,它着色的另一部分却随花冠向上长起,这种叶子于是分裂成两部分。认为花瓣的颜色和气味应归因于其中现有的雄性种子,这是一种近乎情理的意见。这种种子在其中可能还分离得不够,更确切地说,是和其他汁液结合在一起,为其他汁液冲淡了。颜色的美丽现象使我们想到,充满这些叶子的物质虽然纯度很高,但还不是最高,纯度最高的物质使我们觉得是白色和无色的。"(歌德,前引书,第21—23页)

　　结实是光在植物中的最高发展。就是在这里,歌德也指明了"花瓣同花粉器官的亲缘性"。"这一转化常常是规则的,例如在昙花属那里。一片真正的、很少改变的花瓣是在边缘上部进行收缩,于是表现出一个花粉囊,在这个囊的旁边其余的花瓣代替了雄蕊。在那些常常显出重瓣的花上,我们可以在其所有阶段来观察这一转化。在许多蔷薇属的种里,于结构完善和着色的花瓣中,可以看到其他一些花瓣,它们部分在中间收缩,部分在侧边收缩。这种收缩是因一种小硬结引起的,这种硬结可以多少看成一个完善的花粉囊。在一些重瓣的罂粟花里,在层层重瓣的花冠改变不大 (VII₁,496)的瓣叶上,有些完全发育成的花药。这些称为蜜腺"(叫做 paraco-rolla〔副花冠〕更好)"的器官表现出花瓣在近于变为花粉管。不同的花瓣本身都带有小窝和油腺,它们都分泌一种类似蜜的汁液,这是一种尚不完善的精液。茎叶、萼片和花瓣曾向广度扩张的全部原因在这里完全不起作用,而是产生了一种柔弱的、极简单的线状体。正是那些本来在延长、在扩张而又彼此相需的导管,现在却处在最高收缩状态。"这样,花粉粒就更加有力地向外作用于雌蕊。歌德把雌蕊也归于同一原型:"在许多情形下,花柱看起来几

乎和没有花药的雄蕊相同。通过这一观念,雌性器官和雄性器官
的紧密亲缘性对我们就正好一目了然了,既然如此,我们也就不讨
厌把交配称为一种精神的交合,并且我们相信,我们至少暂时已经
把生长和生殖的概念更密切地互相结合起来。我们经常发现花柱
是由许多分离的花柱一起长成的。鸢尾属的雌蕊及其柱头是以一
种花瓣的完全形态呈现于我们眼前。Sarracenie〔瓶子草属〕的伞
状柱头尽管并不那么明显地显示出是由一些叶子组成,然而它甚
至也不排除有绿的颜色。"(歌德,前引书,第23—26页,第30—34

(VII₁,497)页)关于花药,一位生理学家说,"在花药形成时,萼片的边缘向内
包卷,以致首先出现一个空心的圆筒,在其顶部有丛绒毛。当花药
变得更完满充实时,这丛绒毛后来就脱范了。花柱(stilus)表现出
一种相似的变化,在那里,一个或常常是多个萼片从边缘往里弯曲
(arcuarentur),由此产生的首先是一个简单的空室,接着是子房。
那丛处在空室顶部的细毛并不像在花药里那样变枯萎,而是相反,
获得了完善柱头(stigma)的本性。"[①]

　　果实、种皮同样可以指明是叶的变形:"我们这里真正谈的是
这样的种皮,它们包着所谓被子植物的种子。石竹上的种子蒴果
常常又变成花萼性的叶片,甚至有一些石竹,在它们身上蒴果已变
成了真正完善的花萼,然而这种花萼的缺刻在顶部还带有花柱和
柱头的细微残迹,并从这第二种花萼的至深处又发展出一种多少
完全的叶形花冠,而不是发展出种子。此外,自然界本身用相当多
样的方式,通过不断有规则的构形,给我们显示出一种隐藏在叶子

[①]　赫尔曼·弗里德利希·奥滕里特[40]:《论性别》(图宾根1821年),第29—30页。

之内的繁殖力。例如,一种虽已变化、但还完全可以辨认的菩提树叶子,就从其中脉产生出一种小梗,并在小梗上产生出一种完全的花和果实。蕨亚科茎叶的直接繁殖力在我们看来还要更强,似乎更大,它们发展出无数能生长的种子,使之遍布四周。在蒴果中我们不会认不出叶子的形状来。例如荚壳就是一种简单的、合在一起的叶子;长荚果是由很多叠在一起生长的叶子构成的。在多汁的和发软的果被里,或在木质的和坚硬的果被里,我们几乎看不出这种同叶子的相似性。种子蒴果同先前生出的各部分的亲缘关系（ⅦII~1~,498）也通过柱头显示出来,柱头在许多场合直接坐落在上面,和蒴不可分离地连在一起。我们在上面已经指出了柱头和叶子形态的亲缘关系。在各种种子里都可以看到,它们会把叶子变成自己的直接外皮。在许多翅果上,例如在槭树的翅果上,我们会看到这类同种子不全相合的叶子形态的迹象。为了不离开我们以前已经抓住的线索,我们从头到尾只是把植物作为一年生的植物来考察。然而为了使这一尝试有必要的完全性,谈谈芽现在就更必要了。芽无需子叶”,等等。(歌德,前引书,第36—40页,第42—43页)关于多年生植物的冲动和活动,我们以后还要来谈。

上面就是歌德的《植物的变形》的主要思想。歌德以一种明见的方式把统一性描述为精神的阶梯。但变形只是一个方面,它不足以穷尽整体。形成物所具有的区别也必须加以注意,由于区别,生命的真正过程才会出现。因此在植物中必须区别两个方面:α)植物的整个本性的统一性,它的各有机部分和形成物对它的形态变化的不相干性;β)它的不同的发展,生命本身的进程,即一直向性别发展的组织,尽管这种发展也不过是一种不相干的和多余

的事情。植物的生命过程是植物在每一部分中自为的过程,枝、枝条和叶各有一个独立的完整过程,因为它们每一个都是完整的个

(VII₁,499)

体。因此,植物的生命过程在每部分都是完整的,因为植物完全特殊化了,而不是过程使自身已经分裂成不同的活动。因此,作为植物在自身内进行区别的活动,植物的过程在其开端和在其最后产物内一样,只是表现为形成形态的活动。在形成形态这一方面,植物是处在矿物晶体和自由动物形态中间,因为动物机体具有卵形椭圆形式,而晶体的东西是直线的知性形式。植物的形态是简单的。知性在直线形的柄梗上还占统治地位,正如一般在植物那里直线还是以很大优势存在着一样。叶柄内部有些细胞,一部分像蜂房,一部分向长伸;然后有一些纤维,它们虽然一起绕成螺旋线,但随之又自行伸长,并没有使自己在自己内部恢复成圆形。在叶内是平面占支配地位,叶片的不同形式,无论对植物体还是对花来说,都还很合乎规则,在其特定缺刻和尖齿上,可以看出有一种机械的同形性。叶片是牙齿状、锯齿状、披针形、针形、盾形、心形,但它们终归不再是抽象地合乎规则的;叶的一面和另一面不等同,一半较收缩,一半较扩张,较圆满。最后,果实上是球形占支配地位,不过是一种可以通约的圆形,还不是动物圆形的更高形式。

　　按照数作出的知性规定,在植物中还是占统治地位的。例如三或六这两个数,后者在鳞茎中就占统治地位。在花的花萼中,是六、三、四这些数占统治地位。不过也可以见到数五,具体说是这样的:如果花有五条花丝和五个花药,也就有五个或十个花瓣;而

(VII₁,500)

花萼也有五个或十个萼片,等等。林克说(《要义》,第212页),"真正看来,只是五个叶片构成一个完全的轮生体。如有六个或

更多叶片存在,那的确就可以看到两个或更多轮生体,一个轮生体在另一个内部。一个轮生体有四个叶片,就给第五个留有间隙,三个叶片表现出一种更欠完善的形式,两个叶片或甚至单独一个叶片同样会给两个叶片或第三个叶片留下间隙。"

植物的汁液如同植物形态一样,也动摇在化学物质和有机物质之间。连过程本身也还动摇于化学的东西和动物的东西之间。植物性的产物是酸(例如柠檬酸),是这样一些物质:它们诚然不再完全是化学的,而已经更为无差别,但还不像动物的东西。通过单纯氧化和氢化,我们是不足以说明问题的,在动物东西上尤其如此,例如呼吸活动。有机的、贯穿着生命的、个体化的水,化学是掌握不了的,这里存在的是一种精神联系。

§. 346

作为生命力的过程,即使是统一的过程,也必定使自己分为三重性过程(§. 217—220)。

〔**附释**〕植物的过程,分为三个推论。在这种过程中,如前面(§. 342"附释")已经加以陈述的那样,第一个过程是普遍的过程,植物有机体在它自身内的过程,个体同其自身的关系。在这一关系中,个体自己消耗自身,使自己成为自己的无机自然界,并通过这种消耗活动从自己内创造自己,这就是形态形成过程。第二,有生命的东西不是在它自身拥有自己的他物,而是将这种他物作为一种独立的他物;它本身不是自己的无机自然界,而是发现无机自然界作为客体已在它面前,以偶然性的外观出现在它面前。这是同外在自然界对立的特殊化的过程。第三是类属的过程,是前

（VII₁,501）两个过程的结合；这是个体同自身作为类属相关的过程，是类属的
创造和保存，即消耗个体、保存类属的活动，作为另一个体的创造。
无机自然界在这里是个体本身，反之，个体的自然界却是个体的类
属；但类属同样也是一种他物，是个体的客观自然界。在植物中这
些过程并非像在动物中那样是区别开的，而是彼此交织在一起；这
正造成阐述植物有机体的困难。

A　形态形成过程

§. 346a

　　植物对其自身的关系所具有的内在过程，依照植物性东西本
身的简单本性，也直接是对他物的关系和外化。一方面，这一过程
是实体的、直接的变化，它部分地是营养流质之变成植物物种的特
殊本性，部分地是内部业已改变的液体（活汁）之变成形态结构。
另一方面，这一过程作为自相中介，α）是从同时向外分离出根和
叶开始，从一般细胞组织内在地抽象地分离成木质纤维和生命导
管开始，木质纤维也使自己向外发生关系，而生命导管则包括植物
的内部循环。在此自相中介的保存活动是β）作为创造新形态的
生长，是分裂成抽象的自身关系，分裂成木质和其他部分的硬化
（以至在竹子一类植物中达到石化的程度），以及分裂成茎表皮
（VII₁,502）（持久的叶）的活动。γ）自我保存聚集为统一性，不是个体同其自
身结合，而是创造一个新的植物个体，创造芽。

　　〔附释〕在形态形成过程上，我们的出发点是作为直接东西的
生物的胚。但这种直接性只是一种设定的直接性，就是说，胚也是

产物;然而这是在第三个过程内才出现的一种规定。形态形成过程应该只是内在性的过程,作为植物从其自身进行的创造。但因为在植物的东西内创造它自身是作为超出它自己的活动,因此创造它自身就是创造一种他物,即创造芽。这也直接涉及向外的过程,所以第一个过程离开第二个和第三个过程就不能加以理解。发达的形态形成过程应是个体的内脏同它自己相互作用的过程,这种形态形成过程植物还是缺少的,因为植物恰恰没有什么内脏,而只有一些机体部分,这些部分具有同外物的一种关系。不过有机过程一般本质上也有这样一个方面:它把从外来到它自身的东西毁坏掉,加以转变,使之成为它自己的东西。吸收水分同时就是使水接触生命的力量,以致水立即被设定为一种有机生命所渗透的东西。这种情形是直接发生的,还是有一变化的阶序? 在植物那里主要的情况在于这一变化是直接发生的。但在高等有机植物中也可以找到这一过程,作为一种经过许多中介的过程;在动物界里也可以找到这一过程。然而就是在这里,也存在着直接向淋巴的转变,它无需经过机体活动部分的中介作用。在植物中,特别是在低等植物中,不存在以对立面为中介的过程,即没有对立面的会合,反之,营养过程是一种没有过程的变化活动。因此,植物的内在生理学结构也相当简单;林克和鲁道勒菲指出,这里只有一些简　　（VII$_1$,503)
单的细胞,还有一些螺纹导管和小管。

　　1. 胚是没有展现出来的东西,这是完整的概念,是植物的本性,但这种本性还不是作为理念,因为它还没有实在性。植物在种子里是作为自我和类属的单纯直接统一而出现的。因此,种子由于其个体性的直接性,就是一种不相干的东西;它从属于土,土对它来说是普遍的力量。一块好土壤所具有的意义,仅仅在于它是这种开放的、有机的力量或可能性,正如一个好的头脑只意味着一种可能性一样。种子作为本质的力量,由于它是存在于土,也就能扬弃它之为土,使自己得以实现。但这不是不相干的特定存在的对立,如与种子的无机自然界的对立;相反地,种子被放进土里,这正意味着它是力。所以,种子这样藏在土里,是一种神秘的、奇异的行动,这种行动表示种子内有一些还在沉睡的秘密力量,表示种子真正说来还是某种同其现存情形不同的东西。这正如婴儿,他不仅是这种无倚无靠的、未将自己显示为理性的人的形态,而且潜在地是理性的力量,是一种迥然不同于这种不能言语、不能做任何合理事情的生物的东西,洗礼正是对精神王国的同胞的这种庄严承认。巫师给予我用手搓碎的这颗种粒以一种完全不同的含义,这位巫师就是自然的概念,在他看来一盏旧灯是一个强有力的精灵[41];种粒有一种威力,这种威力能用咒法召唤土地,使土地的力量为它服务。

(VII₁,504)　　a. 胚的发展,起初是单纯的生长,单纯的增殖。它潜在地是整个植物,是微小的树干等等。各部分已经完全形成,只不过将获得扩展、形式重复、硬化等等罢了。因为将来生成的,现在已经存在;或者说,生成是这种单纯表面的运动。但生成同样也是一种质的分化和形态形成过程,而这样一来也就是一个本质的过程。"种子的萌芽首先是借助于水分发生的。在完善的植物里,在未来的植物或胚胎上,未来的茎明显可见,而且构成锥状部分,这部分我们通常叫做幼根(radicula〔胚根〕,rostillum〔小喙〕);尖端部分是下面的部分,未来的根就从这里长出。这部分极少向上延长;

人们还常把这种延长部分叫作茎干（scapus）。有时在那里也可以看到幼芽、小芽（plumula）的征兆。从胚胎侧面常长出两片种叶或内核片（cotyledones），它们随后就发展自己，表现出是子叶。人们没有理由把幼根当作未来真正的根，其实它只是向下生长的茎。当植物较大的种子，例如玉蜀黍、南瓜、豆类的种子萌芽时，我们仔细观察它们，就会看到真正的根从种体（玉蜀黍的种体已分为三部分）长出来是何等细嫩。"①如果把尖端部分转过来向上，那它也会发芽，但却是以弧形生长，使它的尖端又转而向下。"胚由小喙（rostellum）和带叶小芽（plumula）构成。从前者产生根，从后者产生植物在地上的部分。如把种子倒放到土里，使小喙反过来向土表生长，那它也还是绝不会向上生长；它使自己伸长，但尽管如此还是往土里走，而且使种子又倒过来，以致种子又回到其正常位置。"②维尔德诺夫同时有如下发现："欧菱（Trapa natans）没有什么小喙。这些坚果发出一种长长的带叶小芽，这种小芽在水面的垂直方向上生长，在侧面以大的间隔长出一些毛发状的、分枝的叶子来，这些叶子中有些是自身向下倾，牢牢扎根于土里。由此可以看出，有些种子是可以缺少小喙的，但一个能结果的种子没有子叶和带叶的小芽就是全然不可思议的。还从来没有任何人敢于否认任何一个种子有带叶的小芽。值得指出的是，在具有鳞茎的植物中小喙已变成鳞茎。但在某些具有中间茎"（即这样的茎："它既不属于向下长的茎，也不属于向上长的茎，有时有根的外观，有时

（VII₁,505）

---

①　林克：《要义》，第235页以下。

②　维尔德诺夫，前引书，第367页—369页。

有茎的外观,在前一种情况下是块茎状的,而且不是像芜菁,就是像洋葱,如在 Ranunculus bulbosus〔鳞茎毛茛〕那里"及其他等处)"的鳞茎植物中,小喙已变成这样的茎,例如在仙客来属那里。最后在一些植物里,出芽不久,小喙就消失,旁边发展出真正的根来。"①同一个东西向着两个方面分裂,一个方面是作为土地、具体的普遍东西和普遍个体的地球,一个方面是纯粹抽象的观念东西、光,我们可以称这种分裂为两极化。

（VII₁,506）
在叶和根之间,第一种分裂是茎。我们在这里真正谈的是那些有了发达的特定存在的植物,因为海绵一类东西不属于此列。但茎并非径直就是本质的,叶可以直接从根长出,而许多植物也仅仅局限于那两个主要环节(叶和根)。这是单子叶植物和双子叶植物的巨大区别所在。属于前者的有鳞茎类植物、禾本科和棕榈科,这就是林奈那里的六雄蕊植物和三雄蕊植物,他还没有注意到(而是裕苏才注意到)这一区别,把所有植物都还放在同一水平⁴²。问题正在于胚长出的子叶(κοτυληδών)是成双的还是单一的。由于根和叶构成最初的对立,所以在单子叶植物中最初的、受压缩的本性就存在于根和叶里,没有达到对立,以致根或球根与叶之间出现了一个他物,出现茎。棕榈科诚然有一种茎干,但这种茎干之产生是因为叶子向基部互相生长在一起。"棕榈科除茎干顶端外,根本没有枝条,就是在茎干顶端也只有花梗。事情看起来好像是过多的叶子把枝条吸收掉了。在羊齿植物里情形也一样。甚至在我们本地的禾本科和许多鳞茎植物上,除了开花的枝条外,也看不

---

① 维尔德诺夫,前引书,第370—371页,第380页(第31页)。

到别的。"①它们仅仅在内部实体当中具有细胞和木质纤维的对立,但没有髓部纤维。叶脉不弯曲或很少弯曲,在禾本科中是直线前伸的。单子叶植物既缺乏真正的茎干,同样也缺乏完全平展的叶片;它们总是有些不开展的花蕾,这些花蕾虽然也开放,但从来都没有完成。所以它们也不产生能繁殖的种子。它们的根和它们的整个茎是髓。茎是一种延续的根,没有芽,也没有枝条,而总是有一些新的根,这些根由木质纤维连在一起,而且会衰亡。过分强烈的光不容易形成木质的内在性;叶不衰亡,而是在叶那里长出新的叶子。但是,如果说在棕榈上叶显得像茎和枝,那么相反地也有 (VII₁,507) 一些长茎的植物物种,在那里茎和叶还是一个东西,例如像在仙人掌科那样,这里是从茎长出茎:"普通被当作叶的茎节,是茎的部分。这种植物的叶是一些锥形肉质的尖状物,它们常常有小刺环绕在自己的基部。在这部分"(这当然是指茎节)"发展以后,这些叶就立即脱落";"它们先前的位置上显出叶痕或毛刺丛。"②这些植物仍然保留着同日光对抗的多汁叶,它们形成的只是刺,而不是木。

b. 植物中构成一般协合体的是细胞组织。细胞组织如同在动物里一样,是由一些小细胞构成的。这是普遍的、动物和植物的产物,是纤细的组成要素。"每一细胞都是同其他细胞分离的,与其余细胞没有结合。在韧皮部细胞采取卵形、尖卵形和长条的形式。"在植物的这一基础方面,小泡和长细胞立即就有了区别。α)

---

① 林克:《要义》,第 185 页。

② 维尔德诺夫,前引书,第 398 页。

"规则的细胞组织是:αα)柔软组织,松弛或疏松的细胞组织,它由
宽细胞组成;我们很容易认出这种组织,它特别见之于茎的表皮和
髓部。ββ)韧皮组织,纤维状的、致密的细胞组织,特别见之于花
丝、雌蕊支撑体和类似部分;这种组织具有很长很窄、但还明显可
见的细胞。然而韧皮或纤维组织的构造在内表皮,在木质,在叶肋
处是很难认出的。韧皮组织由一些非常小而窄的细胞组成,这些
细胞采取长条的和尖卵形的形式。——β)不规则的细胞组织出
现于这样一些植物物种,在这些植物身上我们只能外表上区分出
孢子囊(sporangia)和其余的支撑体(thallus)。地衣类不是有树皮
状的 thallus,就是有叶片形的 thallus。硬皮完全由大小十分不同
的圆泡或细胞没有秩序地聚集而成。藻类和前一种植物很不相
同。如果把 thallus 从其最厚实处切开,就可以从中看到许多明显
而又像胶状的纤维,有各种各样的、参差交错的方向。一些水藻的
基础是薄膜,常常像黏液,也常常像胶质,但绝不溶于水。真菌的
组织是由纤维组成的,这些纤维不难认出是细胞。在这些纤维组
织间到处分散着一些颗粒,也像在地衣类那里一样,它们可以被当
作孢子。这里涉及的是细胞组织的外形。那么这种细胞组织到底
是怎样发展和变化的呢? 显然是在老细胞之间出现新的细胞组
织。细胞内的颗粒大概就是植物的淀粉。"[1]

　　如果说第一种分裂在根与土壤,叶与空气及光相互关联时,立
即就涉及向外的过程,那么第二种更细致的分裂则是植物本身把

（VII₁,508）

---

　　① 林克:《要义》,第 12 页(补编,第 I 卷,第 7 页),第 15—18 页,第 20—26 页,第
29—30 页,第 32 页。

自己分割成木质纤维或能动的螺纹导管和其他导管,这些导管舒尔茨教授先生叫做生命导管[43]。舒尔茨先生无论在他的经验方面,还是他从哲学上论证事实方面,都是透彻的,虽说人们对后一方面在细节上也可以另有看法。连植物这种分离出自己内部构造的活动,螺旋形的产生等等,也是直接的产生活动,一般也是一种 (VII₁,509) 单纯的增殖。首先是髓细胞进行增殖,然后也就是螺纹导管、木质纤维束等等进行增殖。林克把这点说得特别清楚:"螺纹导管是一些条带,这些条带以螺纹形式卷成一种管道。当螺纹导管的旋转圈成双地长到一起时,螺纹导管就变成梯状脉管,梯状脉管是不能旋转的。由于相邻部分增大,螺纹导管就受到张力或压力。这就产生了交叉条带的波形弯曲,并且当两个螺纹导管的旋转圈彼此重叠在一起时,也会产生交叉线条的表面分裂,也许还有真正的裂缝。具有这样一些条带或点的导管,是带点和带斑的导管,我们认为它们和梯状脉管是同类东西。"这里首先留下来的还只是一些交叉线;长得极其靠近的螺纹导管的旋转圈也还只是显示出一些小斑点,而不是显示出线、缺刻和交叉线条。"环纹导管是这样产生的:邻近部分迅速生长时,螺纹导管的旋转圈就被互相撕开,单个保存下来。毫不奇怪,在迅速生长的根和这类螺纹导管必须大量发挥其机能的其他部分,也可以比在生长较平稳地进行的地方,看到更旧的、已被改变的老导管。螺纹导管几乎扩展到植物的所有部分,构成了植物的骨架。的确,那种以网纹状分布到叶里的螺纹导管束,在同所有处于导管束之间的细胞组织脱离以后,也被人们称为叶骨架。只有在花药和花粉当中我不曾发现任何螺纹导管。它们随处都和韧皮组织相伴而生,而我们也就把这种同韧皮

组织混在一起的导管束称为木质。环绕在木质周围的细胞组织被
称为表皮,由木质环绕在周围的细胞组织被称为髓。"①

（VII₁,510）

"许多植物都缺少所有这些导管,在一些具有不正常细胞组
织的植物里,在地衣类、藻类和真菌里,都从未碰到它们。具有规
则细胞组织的真正的植物,不是有螺旋走向的导管,就是没有螺旋
形导管。属于后者的,有叶状苔藓、苔纲和少数水生植物,如 Cha-
ra〔轮藻属〕。至于螺纹导管原初是怎么产生的,我就不知道了。
施普伦格尔⁴⁴说,既然螺纹导管后来是作为细胞组织存在的,那它
们当然就一定是从细胞组织产生的。这在我看来是不能信从的;
反之,我相信,它们是在韧皮细胞之间从那里排出的汁液产生的。
此外,螺纹导管可以生长,于是在它们之间产生一些新螺纹导管。
除了可以用螺纹导管这一普通名称表示出导管(我称它们为真正
的导管,与梯形脉管和有斑导管相对立)外,我在植物内没有看到
任何导管。"②可是"生命导管"在何处呢?

按照林克在"补编"(第 II 卷,第 14 页)里讲的,似乎可以下结
论说,螺纹导管起源于木质纤维的直线性状:"我觉得自己不得不
又接受一种老看法:在植物内存在着单纯的长纤维,至于是空是
实,是不能明确察知的。单纯的纤维不带分枝的痕迹,绝不能扩展
到整个植物之内。在枝进入茎干的地方,可以清楚看到枝的纤维
紧靠茎干的纤维,而且似乎形成插入茎干的一种楔。在同一茎干
和枝之内,这些纤维的进展也似乎不无中断。纤维导管总是成束

（VII₁,511）

---

① 林克:《要义》,第 46—49 页,第 51—58 页,第 61 页,第 64—65 页。
② 同上,第 65—68 页。

而处,这些维管束在最老的茎干内同韧皮一起聚集成环。通常纤维导管围着一束螺纹导管,但在一些植物中也只有纤维导管存在,没有任何螺纹导管的迹象。这些导管的方向是直的,在这些维管束内相当平行。在树干和根里,我们看到它们偏离较大,似乎交错在一起。它们见之于绝大多数植物,一般见之于显花植物。在许多地衣和水藻内我们看到的只是一些盘旋在一起的纤维,它们在真菌内是常常可以明显地看到的。不过也有一些地衣、水藻和真菌,其中根本没有见到纤维的痕迹,而只见到细胞和孢囊。"这样我们就在孢囊和纤维体的对立之中看到了种粒或结节同单纯的长度的原始对立,不过,螺纹导管却是力求变圆的。

因此,奥铿[45]虽然是按上述原则(见上文 §. 344"附释",第224—225 页)阐述细胞组织向螺纹导管的这种转化,但带有以前自然哲学的公式主义。他说,"螺纹导管是植物中的光系统。我清楚地知道这一学说同迄今被接受的东西多么相矛盾,但我收集了所有事实,思量了各种意见和尝试,我可以满有信心地说,它们都支持自然哲学构造的这一结论。"但这种构造只不过是一种保证而已。"如果说螺纹导管是光系统,那么植物的精神性机能,或单纯的两极化机能就转给它们了。螺纹状纤维产生于光和细胞组织的对立,或者说产生于太阳同行星的对立。光线会穿过植物孢囊或胚。孢囊或细胞或者黏液点(植物在种子内原初就是这种东西)逐渐按这条极线把自己互相排列起来。在这个领域和光带进这个领域的直线之间的斗争中,黏液小球确实会互相排成直线,然而它们 (VII₁,512) 通过细胞组织所具有的类似于行星的过程,却不断被向下引入化学作用范围,从这样的斗争产生了螺旋形式。由于太阳运行,植物每一时刻都是一部分受光,另一部分变暗,因此两部分时而变作茎,时而变作根。太阳的这种运行具有什么作用,我只是想提一下。"①

c. 最后,与此有关的另一方面是过程本身,是最初规定里的活动,是普遍的生命。这是单纯直接变化的形式的过程,作为生命的无限威力的那种影响作用。有生命的东西是一种自为地固定的和确定的东西。从外部以化学方式作用于生物的东西,会由于这种作用而直接被改变。因此,有生命的东西直接克服着那种胆敢以化学方式发挥作用的妄举,并在他物进行的这种作用中保存自身。它直接毒死和改变这一他物,正像精神直观到某种东西时也就去改变这种东西,使这种东西成为自己的东西一样;因为他物是它的表现。这一过程在植物本身又可以从两方面理解:α)理解为木质纤维的活动,这种活动是吸收作用;β)理解为汁液由以在生命导管内获得植物本性的那种活动。这种被变成植物性的、有机性的汁液的吸收和循环,是概念的本质环节,虽然个别方面也还可能有改变。于是,叶就是生命汁液活动的主要部位,不过它正像根和表皮一样,也能很好地进行吸收,因为它已经和空气相互有关;这是因为,在植物中每一机体部分并非像在动物中那样,各有特殊机能。正如林克所说(补编,第 I 卷,第 54 页),"叶的最重要的机能之一是给其他部分准备汁液。"群叶是纯粹的过程,因此照林奈说,叶可以称为植物的肺。

(VII₁,513)

关于导管和细胞组织的一般机能,林克指出,"完整无损的根不接受有色的液体,这种液体也不能渗透到有色的上皮。因此营

① 奥铿:《自然哲学教程》,第 II 卷,第 52 页。

养液在被导管接受以前,首先是穿过上皮那些难以看清的孔,充满根尖上的细胞。汁液可穿过各种导管,特别是细胞组织内的脉管,这些脉管没有任何特殊外皮包裹,可渗液体到螺纹导管等等之内。在螺纹导管和所有类似的导管内都有空气;在纤维导管内存在的汁液从这里渗到细胞里,向各个方面扩散。纤维导管到处同空气导管并行存在。现在我还觉得上皮上的裂孔具有分泌腺的机能。"(补编,第 II 卷,第 18 页,第 38 页)这是因为,"油、树脂和酸,都是植物的分泌物和僵死的沉淀物。"[1]斯皮克思和马齐乌斯在他们的《巴西旅行记》里(第 I 卷,第 299 页)也谈到表皮和木质部之间产生的 Hymenaea Courbaril L.〔李叶豆〕树的树胶,这种树当地叫 jatoba 或 jatai:"在使这种树的主根从土里露出来时,树脂的绝大部分就都出现于树的主根之下,这种现象绝大多数只能发生于树干倒地以后。在老树下有时可以发现淡黄色的圆饼,有六至八磅重,这些圆饼是液体树脂逐渐渗漏在一起形成的。这种根间树脂团的形成,似乎给说明琥珀的产生投来一线光芒。琥珀在被海 (VII$_1$,514) 洋卷走之前,就是这样聚成的。在这种树的树脂块内,和琥珀内一样,也可以发现昆虫,特别是蚂蚁。"

这样,如果说螺纹导管有第一种机能,即吸收直接存在的水分,那么第二种机能就在有机化的汁液。这种使水分有机化的作用是依照植物的本性以直接的方式实现的。在这里与在动物中不同,根本没有胃等等器官。这种汁液流通于整个植物。生命力的这种在其自身内的颤动之所以属于植物,是因为植物是有生命的,

---

[1]　舒尔茨:《活植物自然界》,第 I 卷,第 530 页。

是不停息的时间。这就是植物内的血液循环。还在 1774 年,阿巴·科尔蒂①就在水生纤维植物(枝灯形植物,Chara Lin.〔轮藻属〕)中看到汁液的一种循环。阿米契② 1818 年重新探讨了这种循环,并通过显微镜作出如下发现:"在这种植物的所有各部分,无论在极柔软的根细纤维内,还是在极精致的绿茎枝细纤维内,都可以看到所含汁液的有规则循环。在不停的循环中,不同大小的白色透明小球稳定而规则地运动着,速度从中心向侧壁逐渐增加;运动分成两个交互对立的流向,一上一下,而且是进行于同一单纯

（VII₁,515）

圆柱形的管道或导管的两半部,管道或导管未由任何隔膜分开。这种导管按直线穿过植物纤维,但一段一段地为结节所中断,并被一种限制循环的隔膜所封闭。这种循环往往也是螺旋形的。这样循环就在整个植物和植物所有纤维内从一个结节达到其他结节,在每个这样予以限制的段落都是独立于其余段落而单独进行的。在根纤维内只发生这样一种简单的循环,因为这里只显示出个别这样的中心导管。但在植物的绿色纤维内就有一种多重的导管,因为大中心导管是由许多小而相似的导管环围着,它们通过自己的侧壁而与中心导管分开。如果把这样的导管轻轻扎住,或弯成锐角,那么循环就会像被一个自然结节中断一样而中断,然后才转过去,在扎带和弯曲处继续像先前一样穿过整段行程。如果过去

---

① 科尔蒂⁴⁶:《Osservazioni microscopiche sulla Tremella e sulla circolazione del fluido in una pianta aquajuola〔在显微镜下对银耳和一种水生植物的液体循环所做的观察〕》,卢卡 1774 年。

② 阿米契⁴⁷:《Osservazioni sulla circolazione del succhio nella Chara〔对轮藻汁液循环的观察〕》,摩纳德 1818 年,附有一幅铜版插画。

的情况又得到恢复,那么原来的运动也就恢复起来。如果横向切入这种导管,那么其中所包含的汁液就不会同时完全流出来,而是两半导管中只有一半的汁液流出,更确切说,流出来的是朝着切口的液流,另一半的液流则继续进行这种 gyrus〔循环〕。"①舒尔茨教授曾在一些较发达的植物内看到这种液流,例如在 Chelidonium majus(白屈菜)上,它有一种黄色汁液;在大戟属上也看到有那种液流。舒尔茨对此所作出的描述,简直是概念的活动;思想的一种直观就这样在眼前表现出来了。这种流动是从中心到腔壁,从腔壁到中心的运动,而且这种水平的流动是同向上流动和向下流动 (VII₁,516) 共同存在的。向腔壁而去的过程有这样的特性,即腔壁也不是固定的,反之,一切都要从这里产生。流动是这样察觉的:一种小球力求形成,但常常又被解体。如果把植物切为两部分,让汁液流入水中,那就可以看到一些小球,像动物体中的血球一样。这种流动是如此柔弱,以致并非随便哪种植物中都可以认出。在舒尔茨教授所探讨的植物里,并不像在轮藻里那样,液流经过同一管道,而是有两个导管,供流上和流下。我们必须研究一下在已经嫁接的树上这种循环是否已被打断。这种循环贯穿着整体,由于这种循环,形成一株植物的许多个体就被结合成一个个体。

α. 现在舒尔茨(前引书,第 I 卷,第 488 页,第 500 页)是这样来描述那个双重的过程(见上文第 459—460 页)的:第一,"木质

---

① 《维也纳年鉴》,1819 年,第 V 卷,第 203 页。(马齐乌斯《论轮藻的结构和本性》,入列奥波尔德与科洛林自然科学家科学院《生理学和医学新文献》,第 I 卷,爱尔兰根 1814 年;特雷维拉努斯《关于轮藻的观察》,入韦伯尔《自然科学论丛》,第 II 卷,基尔 1810 年。)

部的汁液是还没有完全同化"（很少特殊化）"的植物营养,这种汁液后来才在更高程度上被变为有机的东西,转而输导于循环系统。木质部是空气的同化系统,也是水的同化系统。这种同化作用就是生命活动。"由细胞组织和螺纹导管组成的木质部通过根的木质纤维吸入水,从地上部分吸入气。"在许多根尖可以明显看到,乳状突起有汲取营养液的任务,然后螺纹导管就从这里汲取营养液,以便将它输导到别处去。"①毛细管及其规律,即毛细作用,不适合于植物;植物要水,干渴不禁,所以吸吮水。

(VII₁,517) β. 另一点是舒尔茨的完全独特的、极其重要的发现,这就是现在已同化的那种汁液的运动,虽说我们还不能在所有植物内指明这种汁液存在,因为运动难以进行观察。木质部汁液还很少有滋味,只是多少发甜,而且还没有加工得适合于植物的特点,这种特点在气味、滋味等等方面是特别的。关于这种生命汁液,舒尔茨于是说（前引书,第 507 页,第 576 页,第 564 页）,"植物在整个冬季也继续进行的循环,是一种完全变为有机物的汁液的运动,这种运动构成一个封闭的体系,在植物的所有外在部分进行,在根、茎、叶和果实都在进行,正如所有这些部分都有其同化任务一样,不过后一种情况常常同循环形成两极对立,而在这种循环中木质部汁液自身运动的方式也和在循环系统内完全不同。木质部汁液向生命汁液的转化也只是在植物的外在部分的各端进行的,主要是在有叶的地方,在叶内进行的,其次是在花和果实的一些部分进行的。与此相反,木质部汁液绝不会从木质纤维来直接转到生命导

---

① 林克:《要义》,第 76 页。

管。从木质部汁液向表皮的转化,是以叶为中介。"因此,同芽或叶没有任何联系的表皮就死掉了。关于这个方面,林克援引了如下试验:"迈耶尔环绕表皮切出几个条带,同时把表皮分离成几个片断,他看到有芽或类似东西的片断能自我保存,但那些无此类东西的片断却不久就枯死了[48]。我曾在杏树上重复这种试验,发现是正确的。一片表皮用这种方式不带幼芽或叶分离出来,不久就萎缩和枯干了,也不会流出什么树胶。另一片表皮带着三个扯掉的幼芽和叶子分离出来,枯干得较慢,也不会流出什么树胶。而带着三个未受损伤的芽和叶子分离出来的第三片表皮则不枯萎,处　(VII$_1$,518)处保持绿色,在下部可以流出树胶。在脱掉的表皮里,首先产生一层柔软组织,好像作为一种新的髓;随之生出一层韧皮,具有一些互相分开的螺纹导管和梯形脉管,所有这些都覆盖着由柔软组织形成的新表皮,因此柔软组织是首先产生的,正如它也构成幼茎和胚芽的基础一样。在某种程度上说,这里产生的是新的髓、新的木质和新的表皮。"①

γ. 第三,植物的生命汁液随后转化为产物:"随着叶子突发,表皮在植物的所有部分都容易和木质脱离,并且这是产生于处在表皮和木质之间的一种柔软的实体,即形成层,它只是和叶一齐产生。与此相反,生命汁液不是在表皮和木质之间,而是在表皮之内。"这第三种汁液是中性的东西:"形成层并不运动,在植物内具有周期性存在。形成层是整个个体生命的余留物(正如形成果实是类属生命的余留物)。它不像其余植物汁液那样是流液,而是

---

① 林克,补编,第Ⅰ卷,第49—51页。

完整的、已有结构的植物总体的柔软胚胎形态,是未经展开的总
体,就像一种非木质的植物(或者说像动物的淋巴)一样。所以形
成层可以通过循环由表皮的生命汁液形成,同时由此而产生木质
和表皮层。连细胞组织也是由无区别的形成层发展起来的。因
此,如果说在循环的导管系统内产生的是生命导管和生命汁液的
对立,在同化系统内产生的是螺纹导管和木质部汁液的对立,那么
在细胞组织内产生的则是细胞同其流体内容的对立。根和枝伸长

(VII₁,519)　时,就在它们的顶冠部分存放着一些新的胚芽结构,这些结构从同
形的实体向上行进,和它们从形成层向侧面行进一样,并未发生本
质的区别。在蕨亚科、禾本科和棕榈科那里彼此重叠地形成一种
结节,而在鳞茎植物那里则是彼此并列地形成一些结节,从这些结
节一面出现根,另一面出现芽。在高等植物里,这种外在的结节现
象就不再那么明显可见,而是相应地在结节顶端显示出一种木质
和表皮物体的形成过程。"①

　　如果我们现在总结一下上述内容,那么,在植物自身内的形成
过程上我们首先必须立即区别这样三个环节:α) 分裂成根和叶的
活动,这作为本身向外的关系,是自身内的营养过程,是木质部汁
液;β) 对内的关系,自身内的纯粹过程,这是生命汁液;γ) 一般的
产物是 αα) 植物学家的形成层,ββ) 以太油和盐的死的分泌物,

(VII₁,520)　γγ) 植物在其自身内分裂成木质和表皮的实体。这样第二,我们
就看到了作为类属增殖的结节过程,而最后是芽,它预示着性别的
过程。

---

　　① 舒尔茨:《活植物自然界》,第Ⅰ卷,第632页,第636页,第653页,第659页。

2. 这种已被植物化的汁液和它的产物,这种以前的无差别东西之分成表皮和木质,可以同个体在地球的普遍生命过程里出现的分裂相比拟,那种分裂是分成过去的、在个体之外的生命活动本身和作为过程的物质基质与余留物的有机形成物的体系。植物像动物一样,在把存在和自己对立起来时,就永远是在自杀,这种情形在植物是木质化,而在动物则是骨骼系统。骨骼系统是动物有机体的负荷者,但作为抽象静止的存在,则是被分泌出的东西,钙化的东西。植物在它自身内同样也设定了它的无机的基础,它的骨架。那种未展示出的力量,纯粹的自我,是木质纤维。纯粹的自我正因为自己的直接的单纯性,会反过来陷于无机的东西;从化学方面来看,纯粹的自我是碳,是抽象的主体,这种主体在根里作为没有髓和表皮的纯粹的木质,保留在土壤内。木质是作为火的可能性的可燃性,本身并不是热,因此它常常发展为硫的状态。在一些根里会产生出完全成形的硫。植根是这样一种弄弯和消除平面和直线的活动,是这样一种结节活动:上述的维度被扬弃,而成为一种真正的连续性,这种连续性正要成为完全无机的,没有形态区别的。奥锲把木质纤维看作神经纤维:"螺纹导管之于植物,犹如神经之于动物。"[1]但木质纤维并不是神经,而是骨骼。植物仅仅达到这种作为抽象自身关系的单纯化;这种自身内的反映是死的东西,因为它不过是抽象的普遍性。　　　　　　　　　　(VII₁,521)

进一步的木质化过程在细节上是很简单的。林克在《要义》(第142—146页)里是这样来描述这种过程的:"单子叶植物中茎

---

[1]　奥锲:《自然哲学教程》,第Ⅱ卷,第112页。

的内部结构同双子叶植物中的这种结构大相径庭。前者缺乏将髓
和表皮互相分开的木质部圆环；木质束分散地处在细胞组织中，朝
表皮量较多，朝中间量较少。在双子叶植物中所有木质束排作圆
形；但因自然界没有一处会划出明确界线，这种散处的纤维束在南
瓜属和其他少数植物内也还可以见到。韧皮组织诚然通常是伴随
着细胞组织，但也有一些场合，在那里很窄而伸长的细胞组织或韧
皮组织纤维束在茎内离导管束相当远。因此有些 Labiatae〔唇形
科〕植物是在茎的四角有这样的韧皮组织纤维束，许多伞形科植
物则是在凸起的棱内有这样的纤维束。茎的不断生长和木质层的
形成在单子叶植物内是以简单平常的方式实现的。各部分不只是
伸长和扩张，而且在旧的部分之间产生新的部分，在细胞之间产生
细胞，在导管之间产生导管。一根老茎的横切面和一条幼茎的横
切面在各个片断内都相似。在树状禾本科植物中，各部分以一种
异常的方式僵化了。"维尔德诺夫指出（前引书，第 336 页），"在许
多禾本科植物曾发现二氧化硅，在刺箭竹（Bambusa arundinacea）
等等也曾发现。二氧化硅也构成植物纤维的成分，如在大麻和亚
麻里。在 Alnus glutinosa〔胶桤木〕和 Betula alba〔白桦〕的木质中，
二氧化硅似乎也存在，因为这种木质在旋制时常常冒出火花。"

（VII₁,522）

　　林克继续说，"双子叶的情况则完全不同。在头一年，木质纤
维束首先彼此分离，排成一个圆圈，并由柔软组织环绕起来。在这
个最早阶段，这些纤维束只含有韧皮组织，往内有一束螺纹导管。
首先进行生长并插入柔软组织之间的，正是韧皮组织"，以致产生
了更迭的纤维层和韧皮组织。"木质纤维束向侧面扩展，把韧皮组
织压在一起，并终于形成一个联结的圆环，它把髓封闭起来。这些

木质纤维的韧皮组织现在是疏密相间,因此也可能有新的韧皮组织插到旧的之间。在朝髓的方面,木质部圆环里还有个别木质纤维束环绕成圈。所谓髓纤维,既来源于更迭的韧皮组织,也来源于被压在一起的柔软组织。"因此,这些纤维是髓的延伸,它们从髓向外,走向表皮,处于纵向纤维之间,在单子叶植物内是不存在的。"通过木质部圆环,髓同表皮于是才区分开。此外,木质纤维束也向内扩展,木质部圆环变得更宽。几列梯纹导管以射线状指向髓"(但无疑是垂直地)。"在木质部圆环内侧,髓的周围环绕着彼此分离的螺纹导管束。但髓细胞并没有变得更小,而是更大了,尽管髓的大小相对于茎的厚度已经变小。因此,当髓的外在部分变小,向侧面被压缩成射线时,髓就要缩小,但它之缩小绝不是由于自己在中间能被压缩到一个更小的空间里。所以最初的(最内部的)螺纹导管束并没有被生长着的木质部推向里面,而是髓部的纤维束已不断重新产生,先前的纤维束已向侧面扩展,把柔软组织压到一起。由螺纹导管形成了一些梯形脉管,而且螺旋形维管束既然起 （VII$_1$,523）初多少是彼此孤立存在的,所以梯纹导管现在也就排成向外行进的几个系列。这一切都表明,木质层在形成,因为分散的螺纹导管束和韧皮组织在向侧面会合,互相结合在一起,同时也因为成圈的新螺纹导管束在不断向内生长,并且也向侧面互相结合。"[①]

"在以后的年代,年年有一新的木质层插入表皮和木质之间。如果第一年里木质层是依木质纤维生长,并由此变大,那么在以后年代这样一种新的木质层就极可能是围绕木质体积成的。在外表

----

① 林克:《要义》,第146—151页(补编,第 I 卷,第45—46页)。

层也会有新的柔软组织积成,正如在内表皮会有新的韧皮组织层积成一样。但一层向另一层准确而有序的转化表明,生长也在老层细胞组织以及导管的空隙处发生,甚至在髓内也会发生,直到它完全被填满。到处都有一些部分插了进来,只是向外的数量很大,以致增长在那里很明显。在增长本身并未发生什么层次的区别,木质随处都是均匀地不间断地进行生长;除了各层有疏松和致密的区别以外,完全没有任何区别。不过较老的几层不能保持自己的厚度,它们就得越来越薄,最后竟达到我们几乎不再能区别和计算的程度。因此这里有一种真正的收缩,它能使韧皮细胞变窄。当所有的髓耗尽时,木质内的生长就最终停止了。我曾从五月到七月几乎天天研究一些头年生的枝,长久没有发现第二圈年轮的痕迹。可是最后它突然出现了,而且很快就大得可观。因此我认为年轮是木质突然收缩造成的。这是在夏至左右或其后必定发生的一种收缩,而且和木质每年生长无关。假使只是在最外层加围新的一轮,在春季和夏季识认上年的年轮,就定该是可能的。"[1]所以,在植物那连形成木质部圆环也总是一种新的创造活动,并不像在动物里那样,是单纯的保存。

(VII₁,524)

3. 同时和这种创造活动联在一起的,是个体性在自身内的重演,这就是芽的产生。芽是先行植物上的一种新植物,或者终究也是这种植物素质的简单重演:"每个芽都展现出一种带叶的枝条,在每一叶柄基部都又有一个芽。这就是一般生长发生的方式。假

---

① 林克,补编,第 I 卷,第 46—48 页;第 II 卷,第 41—42 页(《要义》,第 151—153页)。

使每个芽一到产生花的时候,不在开完花和结成果以后衰亡,从芽到芽的发展就会无止境地继续下去。花和随之而生的果实的展现构成了枝条生长的不可逾越的界限。"①所以花是一年生的植物。②这样,植物的过程就结束了。植物通过它自身的再生保存自己,而这种再生同时也是另一植物的创造。因此,这一过程是以上述环节为中介的。这种创造是单纯展示植物在最初的主要冲动中所包藏的东西,就此而言,这一过程还是形式的过程。

（VII₁,525）

B　同化过程

§. 347

形态形成过程是直接同第二种向外特殊化自身的过程相连的。种子萌芽完全是从外引起的,而形态形成活动之分裂为根和叶,本身就是分裂为向土和水的方向与向光和气的方向,即分裂为吸收水分和同化水分。后者是以叶和表皮以及光和空气为中介的。同化以返回自身为终结;返回自身不是把那种同外在性相对立的内在主观普遍性中的自我作为结果,不是把一种自我感觉作为结果。宁可说,植物是被那种作为它自身之外的自我的光拉到外面,向着光攀援而上,把自己分蘖成许多个体。植物在它自己内从光那里使自己得到特殊的热气和力量,得到气味和滋味的芳香和灵性,得到颜色的明暗、形态的结实性和健壮性。

---

① 维尔德诺夫,前引书,第402—403页。
② 歌德:《论形态学》,第54页。

〔**附释**〕由于向外的过程和第一种过程如此有联系,以致根和叶的过程在它们的生命存在内就仅仅是作为向外的过程,所以两个过程的区别只是这样的:一方面是向外的这一面必定可以更确定地显示出来,另一方面则主要是返回自身的过程作为自我的生成——自我感觉、从克服无机自然界产生的自我满足——在这里具有独特的形态,即成为同样向外的发展这种形态,因而不能归于形态形成过程。存在于形态之内的自我会参与向外的过程,以便通过这一中介而与其本身相中介,把自我创造为自我。但自我却没有自己证实自己,它的这种自我满足在植物里没有成为一种自相结合的活动,而是成为一种使自己发展成光的植物的活动。这就取代了感觉的地位。自我在其特定存在、在其形态内作自身反映,这一点在这里意味着它们的特定存在和形成形态的活动在各方面都是整个的个体,本身是现实存在着的东西;不过,它在其特定存在内不是本身普遍的个体,以致它竟会是它自身和普遍东西的统一,反之,它自己涉及的另一个别的东西仅仅是整体的一部分,并且本身就是一种植物。自我没有变成自我的对象,没有变成它自己的自我的对象;相反地,植物必须依照概念对待的第二种自我是在植物之外的。自我没有变得为植物而存在,倒是植物只有在光之内才对自己成为一种自我。植物发光,变成光,这并不是它自己对自己变成光,相反地,只有依靠光,只有在光之内,它才能被创造出来。因此,光的自我性作为对象的现有性并没有成为视觉活动,相反地,视觉官能在植物身上仍然只是光,是颜色,而不是在沉睡的午夜、在纯粹自我的黑暗境地新生的光,不是作为纯粹的、现实存在着的否定性的那种精神化的光。

这种对外关系的封闭圆圈是一年生的,尽管另外也有植物作为树木是多年生的。不只花蕾的展现是一年生的,而且所有包含 (VII₁,527) 其他向外关系的部分和器官,即根和叶,也都是一年生的。维尔德诺夫(前引书,第450—451页)说,"在北方气候下叶在秋天脱落,但在另一种气候下,它们可以保持数年。"但如果说维尔德诺夫是把落叶归因于汁液中断(前引书,第452页),那么林克则假定了(补编,第Ⅰ卷,第55页)一种相反的原因:"看来叶子脱落与其说是以汁液缺乏为先导,倒不如说是以汁液过多为先导。在表皮上完全成环的切口之所以会促进叶落,正是因为汁液之返回表皮不能不停止。我觉得表皮被削弱,部分地是由于茎的生长,部分地是由于寒冷,这就给叶子脱落打下了根本的基础。"根同样也会死亡,又重新产生出来:"植物的根处于不断的变化之中。纤维和枝不断死亡,并长出其他的纤维和枝。从根里产生的大量纤维和须根是潮湿引出来的,它们扩展到各个方面,这样根也就为潮湿环境所吸引。根也可以发汗生潮,根上所以带着沙土,原因即在于此。因为老根很快就显得不中用,也许还因为螺纹导管过分位置错乱,根就使土壤变腐变肥。主根很少多年延续,在它们长出带新根的茎和枝条后,它们就死去了。在树木上,茎往土里长,最终会取代根。因为不单是根才往下长,连茎也绝不缺乏这种长法。在发芽后数天可以看到茎已大大挤入土里。"①

植物涉及的外在自然是元素,而不是个体化的东西。植物涉 (VII₁,528) 及的是 α)光,β)气,γ)水。

---

①　林克:《要义》,第137页(补编,第Ⅰ卷,第39页,第43页),第140页。

1. 如果说植物同气和水这两个元素相互作用的过程是普遍的,那么它对光的关系就特别表现在花芽的展现中。但花芽的展现作为一种新形态的创造,也属于第一种过程,而作为性别的预兆,同样也属于第三种过程,这证明植物的不同过程如何互相贯通,何以只是在表面上有区别。依靠光,植物才在各个方面变得有力,变得有香有色,光是植物获得这些性质的原因,并且使植物保持直立。"在光之内,叶变成绿色;不过也有一些绿色的植物部分,它们处在完全不透光的地方,如内表皮部分。在暗处长起的幼叶是白色,但当它们变得较大和较壮时,它们在同一暗处就会着上绿色。花却是在光下才得到较美的颜色,芳香油和树脂也才会增加。在黑暗中一切都变得苍白无力,失去气味。在暖房里,植物会冒出一些长长的嫩枝,但只要它们缺光,它们就是细弱的,没有颜色和气味。"① 表皮和叶子作为过程的自我,还处在其无差别状态,正因为如此,也还是绿色。蓝色和黄色的这种综合颜色,因水的中和性而被扬弃,分裂为蓝色和黄色,而黄色以后就转化为红色。人工园艺就在于使花出现所有这些颜色及其混合。但植物在与其存在于自己之外的自我的关系里,并不同时用化学方式进行活动,而是接受这种自我于自己之内,把它包含在自己之内,就像作视觉活动时一样。植物在光之内,在同光的关系内,是为它自身的;面对光的绝对威力,面对光的最独特的同一性,植物为它自身构造自己。一个人类个体是在他与那种作为他的伦理实体性、他的绝对威力和他的本质的国家的关系里,在这种同一性里,才变为独立的

(VII₁,529)

---

① 林克:《要义》,第 290—291 页。

和自为的,变为成熟的和重要的,如同这种情况一样,植物也是在它与光的关系里,才给自己产生出它的特殊性,产生出它自身里的特殊而有力的规定性。特别是在南方就有这种芳香;有个长芳香植物的岛,把香味散发在海上许多英里之远,展现出一大片绚丽多彩的花景。

2. 在空气过程中植物在它自己内规定空气,这是这样表现出来的:植物把空气作为一种特定的气体又从它里面产生出来,因为它通过同化作用使这一元素有了差别。这个过程最接近于化学过程。植物进行蒸腾,它把气变成水,反过来又把水变成气。这个过程是呼吸过程:植物白天吐出氧气,夜间吐出二氧化碳。[①]由于植物封闭起来,保持自在,这一过程就是一种不明朗的东西。如果我们这样理解吸收作用,即认为被吸收的部分已是现成的,只是把其中异质的成分排除出去,那么,我们就会说植物是从空气里把二氧化碳吸引到自身,而把氧气等等其余的气体释放出来。这一据说有哲学性的考察依据的是这样一些实验,在做这些实验时,把植物置于光和水里,植物就排出氧气;好像这并非同样也是同水相互作用的过程,好像植物并不是同时分解空气,并把氧气吸收到自身。然而,事情一般不能归结为这种化学的特定存在,因为那样一来有机生命也许早就绝灭了。借用气变成水的过程,任何化学观点都丝毫无助于说明氮转化为氢,因为这两者在化学观点看来是不能　(VII$_1$,530)变化的物质。但中介作用却会通过作为否定性自我的氧气而实现。然而过程也没有就此结束,它又返回到碳这种稳定的东西上

---

① 　林克:《要义》,第283页。

来;通过相反的道路,植物反过来也可以使这种点状的东西分解为气和水。植物使大气保持湿润,同样也吸收大气的水分。一切否定的东西同样都是肯定的。而在植物本身,这种过程就是植物形成形态的过程,这种形成形态的过程包含三个环节:α)植物成为稳定的自我,成为木质化的东西,β)成为含水的东西,中和的东西,γ)成为空气状的、纯粹观念性的过程(参见 §. 346"附释"第464—465 页)。

　　林克这样来描述植物同空气相互作用的过程:"我发现氧气对植物的生命是不可少的,但植物在氧气中完全不生长;与此相反,二氧化碳以 1/12 左右的比例和氧气混合,却能使受光的植物长得很好;这时二氧化碳被分解,并放出氧气。在黑暗情况下,二氧化碳有害于植物。据索修尔的试验[49],植物吸入氧气,把氧气变成二氧化碳,把二氧化碳分解后又呼出氧气。非绿色部分不吸入氧气,径直把氧气变成二氧化碳。从肥沃的土壤中选取的东西用于营养植物。氧气从土壤中吸取碳,以形成二氧化碳。深层土壤不适合于营养植物,但如这种土壤已长期暴露在空气下,却很适合。"在这里一场雨就会又使一切就绪。"索修尔看到,裸露的、尖稍浸入水里的、置于不能吸入的空气中的那类根会枯萎,如置于氧气中则会活下去。这些根把氧气变成二氧化碳,而如果它们上面还有茎干,它们就吸进二氧化碳,从叶那里放出氧气。"[①]因此,不能把植物同空气相互作用的过程理解成植物似乎是接收一种已然现成的东西,并这样完全机械地增殖自己。这种机械的观念是完

---

　　① 林克,补编,第 I 卷,第 62—63 页;《要义》,第 284—285 页。

全必须摈斥的;这里发生的是一种完全的变化,是一种通过生物的威势造就东西的活动,因为有机生命正是支配无机东西,改变无机东西的威力。此外,特别在生葡萄之类的不成熟的植物里常见的钾,也可能是由此而来的。[①]

植物同空气相互作用的这一过程的器官,维尔德诺夫(前引书,第354—355页)是用如下方式描述的:"植物的上皮显示出一些气孔(pori, stomata)。这是一些非常柔细的长缝,它们可开可合。它们通常是早晨打开,在中午炎热的太阳下闭合。在植物所有暴露于空气和具有绿色的部分,我们都可以看到这些气孔,更常见的是在叶的背面,而不是在叶的上面。处在水下的叶子,以及叶子挨水浮漂的那一表面,都缺少气孔。水藻、苔藓、地衣和真菌,以及类似的植物,也都缺少气孔。但从这种皮孔往里却完全没有渠道相通,使我们竟然可以见到能与皮孔相连的管道。皮孔没有任何其他设施,在封闭的细胞那里就终止了。"

3. 和气的过程并列,主要的是水的过程,因为植物得到湿气才能结实。植物里没有自为的冲动,而如果没有水,胚就仍然死呆着。"种子放在那里,没有生命冲动,没有活动,保持封闭状态,也许能达许多年! 有一幸运的机会才会把它唤醒,不然它就还会更长久地呆在漠然不动状态,或者最终腐烂。摆脱土地的影响而靠生出的(自己的)营养生长,这是发芽的茎具有的冲动,使依靠"(根部)"生出的营养而进行的生长摆脱这种营养的偶然进程,达到自己的尺度,达到同土地影响的丰度相对立的、改变了的形式, $(VII_1, 532)$

---

① 参看林克,补编,第Ⅰ卷,第61页。

这是叶的生命。"①

　　绝大多数植物不需要把土用作自己的营养,我们可以把它们放在玻璃粉和碎石内,玻璃粉和碎石也不会受影响,这就是说,植物不能从这些东西中汲取营养。因此,植物用水就可以同样很好地活下去,不过在可能如此时,水中必须含有某种油性的东西。"黑尔蒙特首先发现,一株树种在盛满土的盆里,其重量的增加比土重的减少大得多^{50}。于是他得出结论说,水是植物真正的营养资料。杜阿梅尔曾把一棵栎树移栽在纯净的水里,它继续长了八年之久^{51}。特别是施拉德尔,对植物生长做过严密的试验,把植物种到了用纯净的水浇灌的升华硫之内;但这些植物没有结出任何成熟的种子^{52}。植物不长在对自己适合的土壤里,而是或者长在单纯的水里,或者长在砂或硫里,也不会达到应有的完善,这是不足为奇的。一种在石灰质土壤里长出的植物永远也不会在纯砂里善终,反过来说,喜砂植物在肥土里照例也绝不会结出成熟的种子。盐很可能是真正有肥力的,而不是单纯充当刺激剂,不过量太大它也有害。土地的不可离解的基础对植物生长不是不相干的,或者说,只有当它能渗透水或保持水时,它才会发生作用。硫在空气中加速种子萌发,同样,氧化铅也可以加速种子萌发,而没有脱氧的痕迹。"②"在出现缺乏湿气的情况时,植物常常从其自身得到耗用,正如干放的鳞茎植物所证明的那样,它们能长叶开花,但这样也就把整个鳞茎耗用尽了。"③

（VII₁,533）

① 舍尔维,前引书,续编,第 I 卷,第 23 页;前引书,第 78 页。
② 林克:《要义》,第 272—274 页,第 278—279 页。
③ 维尔德诺夫,前引书,第 434—435 页。

向外的过程,一方面是由根导引,另一方面是由叶导引,它是被迫向外的消化活动,甚至在 Chelidonium〔白屈菜属〕和其他植物那里从根到叶也进行着这种循环。这一过程的产物是植物在它本身内出现结节。植物从自身达到这一产物的那种发展和自我超越,可以这样来表述:植物在它本身内正在成熟。但植物因此也阻碍着这种超越,而这恰恰就是植物本身在芽内的增殖。如果说最初的冲动是单纯形式上增长已然存在的东西,是单纯继续发芽(正如芽终究也常常生叶,叶又生芽,如此无穷递进),那么,花芽却同时是一种阻止和取消自我超越和一般生长的活动,而且是在开花后不久。"每种草木在我们这里年年都两次发芽,一次是主芽,在春季发出;它是由大量汁液形成的,而这些汁液是根在整整一冬吸入的。只有在一月二十日圣费边和圣塞巴斯蒂安节左右,我们这里树内才会看到汁液,如果把树木钻孔的话;汁液在接着而来的暖和的天气里是不会流出的,而是只有在又出现寒冷气候时才会流出。从晚秋直到一月中旬,都完全不会流汁液。"稍后,当叶子已出现时,也就不再流了;因此,从根在一月开始活动时起,直到随后叶还活动,从表皮取得营养的期间,汁液只流出一次。"第 (VII$_1$,534) 二次出芽不那么强烈,出现在白昼最长的时候,因此也就是出现在夏至前后,所以也叫'圣约翰芽'。它是由春季吸入的水分产生的。在热带二次出芽都一样强,因此那里的植物生长更茂盛。"[1] 所以在那里也可以看到两种不同的芽,不过在这类南方植物中生长及其终止是同时发生的,而在我们这里一种情形和另一种情形

---

① 维尔德诺夫,前引书,第 448—449 页。

却并不同时存在。由于生物的再生表现为整体的重复,所以同新
芽的出现相联系,也有一圈新的年轮出现,或有自身内的一次新的
分裂。因为如同在圣约翰节左右产生出下年的芽一样,新的木质
部也在产生,这正和我们在上面(§. 346a"附释"2. ,第468—469
页)已经看到的相同。

于是,如同阻止一般的自我超越会使树木的结果能力增长一
样,嫁接也特别能得到这种效果。之所以如此,正是因为异体的枝
条能和恰恰处于自我超越中的整个植物生命保持更大的分离。因
此,接穗能结出 α)更多的果实,因为它作为独立的东西已避免作
单纯的发芽生长,能以独特的生命力使自己更多地从事于结实;并
且 β)结出更优良、更精美的果实,因为"用作珍贵植物的野生砧木
的根每每是预先定好的,被嫁接的组织器官也是预先定好的。"①
通过对表皮(在油料树木里)作环形切割,也能阻止生长冲动,从
而使树木更能结果;切刻也会促进根的产生。

(VII₁,535) 但一般地说来,这一过程的规定并不是作无止境的自我超越,
而宁可说是这样:约束自己,使自己缩回自身;花就是这种回归和
自为存在的环节,尽管植物永远不能真正达到自我。芽只进行生
长,花不是这种作为芽的结节;相反地,作为阻止生长的结节活动,
花是发育得更精致的叶(petale〔花瓣〕)的聚集。植物从细胞组织
这种点状的基础或最初的胚开始,通过木质纤维的直线和叶子的
平面,在花和果实内达到了圆形形态。叶的复多状态又聚成一点。
作为向光、向这种自我提高的形态,主要是花取得颜色。在花萼

---

① 舍尔维,前引书,第46页。

内,尤其在花内,单纯中和的绿色已经染上各种颜色。此外,花不单是像树叶被擦碎时那样放出气味,而是自己散发香味。在花里终于出现了器官上的差别,这些器官可以和动物的性器官相比拟,它们是在植物自身产生的自我的形象,这一自我自己和自己发生关系。花是包裹着自己的植物性生命,这种生命在胚周围产生内花被,作为内在的产物,而在此以前它却仅仅是向外发展的。

C　类属过程

§. 348

于是植物在花里就由自己产生它的光,作为它自己的自我。在花里中和的绿色首先被规定为一种特殊的颜色。类属过程作为个体性自我同自我的关系,作为向自己的回归,能阻止生长,这种生长是本身无止境地从芽向芽的往外萌发滋长。但是,植物并没有达到真正个体的关系,而只是达到一种区别,这种区别的双方并 (VII₁,536)非同时在本身就是完整的个体,并没有规定完整的个体性,因此这种区别也不过是达到类属过程的开端和前兆。胚在这里必须看作同一的个体,其生命力穿过这一过程,并通过向自身的回归,一面进行自我保存,一面发展到使种子成熟。不过这一进程整个来说是一种多余之举,因为作为新个体的创造,形态形成过程和同化过程本身就是再生。

〔附释〕植物最后的行动是开花,通过开花植物使自己成为客观的,它同化光,并且创造这种外在的东西,作为它自己的东西。所以奥铿说(《自然哲学教程》,第 II 卷,第 112 页),花是植物的

脑;反之,同一学派的其他人则认为植物的脑、植物的根在土里,性
器官反而朝天。花是植物最高的主观性,是整体的收缩,如同在个
别东西中一样,是它自身内的、同它自身的对立,但这种对立同时
也是作为同某种外在东西的对立,正如花序展现本身又是一个连
续序列一样。"茎上开花比枝上要早,主枝上比侧枝上又要早,如
此递进。在同一枝条上,下部的花开得要比上部的早。"①但植物
在创造其他个体时既然同时也是进一步保存它本身,那么这种增
殖力就不仅具有植物通过不断结节而超越自身的意义,倒应该说,
停止生长并阻止这样向外萌芽滋长正是那种增殖力的条件。现在
如果要说对超出自身的这种否定在植物上定会达到现实存在,这
也无非意味着:植物的自为独立的个体性,那种构成植物概念并自
为地寓于整个植物的实体形式,即植物的 idea matrix〔母本〕,正在
变得分离开。当然,通过这种分离又不过是产生一个新的个体,但
是这种个体作为对增殖的阻滞,却正因为如此而仅仅是它本身内
的分化;当我们考察植物的性器官的命运时,这也就是植物中所发
生的情形。在这里就像在整个生殖活动中一样,探讨未受精的种
子中存在的东西和通过受精添加的东西,是没有什么益处的。粗
暴的化学的手不能染指这种考察,因为它会把有生命的东西杀死;
它只能看到死的东西,而不能看到有生命的东西。植物的受精作
用仅仅在于植物通过这种抽象,在分离的特定存在内确立自己的
各个环节,并通过接触使它们又成为同一体。这种运动作为抽象
的、有差别的东西之间的一种运动,作为赋有精神而特定存在的东

（VII₁,537）

---

① 林克,补编,第 I 卷,第 52 页。

西之间(因为这些东西是抽象的东西)的一种运动,是植物的实现,而这种实现是植物在其本身表现出来的。

1. 自林奈以来,植物的这种表现活动已被普遍看作性的过程。然而这一过程之能成为这样,它一定不会仅以植物的某些部分为其环节,而是以整个植物为其环节。因此,在植物学中就出现了一个著名的争论问题:在植物中是否真像在动物中那样,第一存在着性别,第二存在着受精作用。

a. 对第一个问题,我们必须回答说:植物现在所达到的差别, $(VII_1, 538)$ 即一个植物自我与另一个植物自我的差别,其中每一个自我都具有和另一自我达到同一的冲动,这样的规定只是作为类似于性别关系的东西而存在的。因为彼此发生关系的并不是两种个体。只有在个别形成物上性别才表现出来,其方式是分离的性分配于两个独立的植物体;这就是雌雄异株植物的情形,其中有一些极重要的植物,如棕榈、大麻、忽布等。这样,雌雄异株植物就成了受精作用的主要证明。但在雌雄同株植物中,如香瓜、南瓜、榛树、枞树、橡树,雄花和雌花是存在于同一植物,就是说,这样一些植物是雌雄同体。这里还有杂性式植物,它们同时开不同性的花和两性的花。[①] 不过这些区别在植物那里于其生长期间是经常大大改变的,例如在大麻、Mercurialis〔山靛属〕之类的雌雄异株植物那里,一株植物首先显示出雌性的萌芽,但随后却终于成了雄性的,因此区别仅仅是完全局部的。所以,不同的个体不能看作有不同的性,因为它们没有完全为它们对立的本原所影响,因为它们对立的本原

---

① 维尔德诺夫,前引书,第235—236页。

没有完全渗透在它们之内,不是整个个体的普遍要素,而是个体的一个分离的部分,而且两者只是就这一部分互相关联。真正的性别关系必须把一些完整的个体作为其对立的要素,这些个体的规定性完全反映在自身内,把自己扩展于整体。个体的整个习性必须和它的性别联在一起。只有内在的生殖力得以贯穿于全体并达到饱和程度,个体的冲动才是存在的,性别关系也才会觉醒。动物身上自始就有性别的东西,只是发展自己,获得力量,变成冲动,而不是形成其器官的东西;这种东西在植物中则是一种外在的产物。

(VII₁,539)

因此,植物是无性的,其至雌雄异株植物也不例外,因为除了其个体性而外,性器官形成一种特殊的封闭圆圈。我们一方面是把花丝和花药看作雄性器官,另一方面把子房和雌蕊看作雌性器官。林克以如下方式描述了这些器官(《要义》,第215—218页):"我从未在花药里看到导管;花药绝大部分是由大形、圆形和多角形的细胞所构成。只有在可以发现神经"(?)"的地方,细胞才是细而长的。花药内有花粉,绝大多数分散存在,呈小圆粒形,只有很少情形下花粉才固定在细小的纤维上;在一些植物上花粉是一种树脂的东西,在另一些植物上则由一种动物性物质所构成,由磷酸钙和磷酸镁构成。苔藓植物的花药在外在形式上,在带有排列规则的叶的周围,同雄蕊有许多相似之处。根本没有导管束从花柄或子房中央径直通到雌蕊内,倒是有些导管束从果实外皮或邻近的果实到雌蕊内相遇。因此,雌蕊基部有时显得是空的,有一条坚韧的细胞组织带通过雌蕊中央。为使种子受精而从柱头通向种子的另一管道是不存在的。"(难道这种细胞组织不是真的通向种子吗?)"那些导管常常不是达到柱头;或者说,它们是从柱头避过种子,达到果实外,从那里达到花柄。"

b. 与是否存在着真正的性器官这第一个问题连在一起,现在 (VII₁,540) 还有第二个问题:交配本身是否真的发生。受精作用实际上是存在的,柏林的那段众所周知的故事作了证明:"当地植物园的格列迪奇 1749 年用从莱比锡波什公园送给他的雄性 Chaemerops humilis〔矮棕榈〕的花粉,给一株雌性矮棕榈授粉,得到了成熟的种子。这株雌矮棕榈已开花三十年,但从来没有结出成熟的果实。1767年春,克勒罗伊特把在卡尔斯鲁厄植物园收集到的矮棕榈花粉送给在柏林的格列迪奇一部分,另一部分送给在圣彼得堡的老园艺学家埃克莱本。在两地均以幸运的成效实现了给这种雌性棕榈授精。在圣彼得堡的棕榈已达百岁,不断空开花。"①⁵³

c. 这样,如果说我们据此必须承认有真正的受精作用,那也还有第三个问题:受精作用是不是必然的。既然芽是整个的个体,植物通过蔓茎就能发展,而叶和枝条为了自为地作为独立的个体成为有成果的,只需触地(§. 345"附释",第435—436页),那么,植物那里从两性的中介综合——生殖——产生一个新的个体就是一种游戏,一种靡费,就是某种对繁殖多余的东西。因为,植物的保存本身就只是它自身的增殖。通过两性结合进行受精不是必然的,因为植物的形成物既然是完整的个体性,所以自己就已经进行了受精,也无需接触某一他物。因此,许多植物具有受精器官,但只是得到未受精的种子:"一些苔藓植物可能具有雄蕊,而无需用它们去繁殖,因为这些植物通过芽就足以使自己繁衍。但这些植 (VII₁,541)

---

① 维尔德诺夫,前引书,第483页;舍尔维,前引书,第12—13页。

物不是和木虱一样,至少经过几个世代,没有受精也可以产生发芽的种子吗? 斯巴兰让尼[54]的实验似乎证明了这一点。"[①]

　　如果我们现在问雌蕊从花丝和花药没有受取花粉粒,一株植物是否能产生成熟的种子,那么回答就是这样:在一些植物中,它完全不能产生成熟的种子,但在另一些植物中,情况却确实如此。因此,事情一般就在于:在绝大多数植物里受精作用以雌蕊和花粉粒的接触为其条件,而在许多植物里似乎无需这种接触,受精作用也会出现。事实上,因为软弱的植物生命虽然显出了过渡到性别的尝试,但没有完全达到这点,植物的本性整个说来反而和性别不相干,所以,一些植物即使在雌蕊、柱头突然弄坏,植物生命从而受到损害时,也能成熟和单独开花;因此,它们是独立地完成的,而且这样一来,种子对芽也就没有什么优越之处。在雌雄同株植物如香瓜、南瓜中,两部分性器官也不是同时成熟,或者说,是处在它们彼此不能接触的部位与距离。因此,在许多花里,特别是在白前科里,看不出花粉如何能到雌蕊上去。[②] 在一些花里,必须由昆虫、风等等来实现这点。

　　2. 然而,在性别和类属过程已经存在的地方,产生了进一步的问题:应如何来理解这一过程? 因为这一过程对种子的成熟并不是必然的;这一过程是否完全可以根据同动物情况的类比来了解。

(VII₁,542)　　a. 类属过程在植物里是形式的东西;只有在动物有机体内它

①　林克:《要义》,第 228 页。
②　同上,第 219 页。

才有其真实的意义。如果说在动物的类属过程内类属作为支配个体的否定力量,通过牺牲这一个体,会实现自己,用另一个体取代这一个体,那么,过程的这个肯定方面在植物里就已经存在于最初的两个过程之内。因为同外部世界的关系已经是植物本身的再生,因而同类属过程一致。由于这一点,性的关系真正说来同样可以看作是消化过程,或者宁可看作是这种过程。消化和生殖在这里是同一的。消化活动产生个体本身,但植物内又有另一个体,这一个体在这里正在形成,如同在生长所具有的直接消化活动中一样,这恰恰也是形成结节。要使芽产生和成熟,只需阻止徒长,这样整体就集中到结节,集中到果实,并分为许多子粒,它们能够独立生存。所以,类属过程对植物的本性来说没有什么重要性。类属过程在于表明,个体的再生是以一种经过中介的方式发生的,甚至是作为一个完整的过程发生的,虽然这一切在植物里又终归照样是个体的直接产生,无论是性别,还是种子的产生,都是如此。

b. 但是,当接触真实存在时,又会如何呢?花药将开裂,花粉粒飞出来,并和雌蕊上的柱头接触。在花粉这样飞散以后,雌蕊就萎缩了,子房、种子及其外皮就膨胀起来。但是,为了个体能被产生,也只是需要否定生长,甚至性器官的命运也不外是遭到抑制、否定、变碎、枯萎。这种抑制、否定对动物生命也是必需的。每个性别都否定自己的自为存在,使自己与异性达到同一。但这种否定不单是在动物里设定这一生命的统一性的否定,而且双方同一性之肯定地被设定在这里也是需要的,双方同一性的这种被设定是以那种否定为中介。这就是受精的东西,胚,生殖出来的东西。然而,在植物里却只有否定是必需的,因为在植物本身已经直接自 （Ⅶ₁,543）

在地处处都有了个体性的肯定的同一性,即胚,idea matrix〔母本〕;因为植物是原始同一的东西,同时每一部分都直接是个体。与此相反,在动物里个体独立性的直接否定却会变成作为统一感的肯定。而这种在植物中唯一必需的否定方面恰好存在于花粉碎裂的过程中,雌蕊的枯萎就与花粉粒的碎裂联系在一起。

　　c. 舍尔维曾把这一否定方面更进一步看作雌蕊中毒。他说,"如把郁金香的花药去掉,它们就不会得到蒴果和果实,而是始终不孕。但由花药对植物果实的完成不可少,也不可切掉"(这个事实本身,如我们在第483—484页所看到的,确实并非普遍的),"还不能得出结论说花药是授精的性别。即令花药并不用于授精,那么终究也不会因此就是一个多余的部分,可以取消和损伤,而不伤害植物的生命。连切除花瓣和其他部分,也能伤害果实的发展,不过我们也不会因此就说,如果它们被切除,就会使果实失去授精的性别。花粉粒不也可以是一种必然先于种子成熟的分泌物吗?谁不怀成见地考虑这种情形,谁就反而可能发现也有这样一些植物:在适合于它们的气候下,切去 stamina〔雄蕊〕对它们的受精作用也可以是有利的,正如这样做对其他植物一般是有害的一样。切去一些根和枝,刻刺表皮,抽去营养物等等,也常常使不能结果的植物成为能结果的。但斯巴兰让尼也曾无害地卸掉雌雄同株植物的雄花,并从未经受粉的果实中得到成熟的、又发芽的种子,譬如在甜瓜和西瓜上。"[①]这种情形在雌雄异株植物里也可以看到,这种植物的雌花是先封在玻璃导管里的。为了更多地获得

(VII₁,544)

---

① 舍尔维,前引书,第4—7页。

果实,对花、根等等作这样一种切除,是抽去过多营养的一种办法,这可以看作给树木放血。现在这方面作了大量正反的试验,它们对一种情况是成功的,对另一种情况则不然。"如果果实要成熟,植物的生长和长势就得中止,因为如果植物不断又从内部用新的青春活力开始发芽,植物的终止就必然不能同时存在,或者说,果实的成熟、发展就会停止。因此,幼年的植物和各种汁液丰富、营养旺盛的植物结出成熟的果实,都很少见。在果实已经局部发展以后,果实的幼胚本身常常又遭到排斥,或者变成了幼芽,如在所谓的抱茎植物的花和果实中就有这种情形。作为这样一种限制生长,杀死生长的毒药,花粉粒作用于柱头。事实上,一到胚开始膨大和成熟,雌蕊就渐渐枯萎了。然而,如果说这种死亡不是发生于植物过程的内在转折,那么胚离开外在助力也不会变成熟。但这种助力是在花粉之内,因为花粉本身就是达到自己顶点的冲动的显现和突发,是分离进行的生长活动(变态)。花粉中杀害生长的力量主要是其中的油。"因为植物给自己产生一种可燃烧的自为　(VII$_1$,545)存在。"在植物的一切部分,油、蜡和树脂都是与外部分界的、发亮的覆盖物。油不已经自在地就是植物物质的界限,是几乎要超出植物本性,而与动物物质、脂肪相似的最高最终产物吗? 随着转化成油,植物体就衰亡,因此,植物体内存在着制止胚种发出新芽的力量。至于花粉也能使别种植物受精,所谓杂种就是明证。"[1]因此受精作为油性的东西同柱头的接触,只是扬弃性器官的彼此外在性的那种否定,但不是作为肯定的统一性。舍尔维在自己新

---

① 舍尔维,前引书,第15—17页。

出的那册杂志里,详细论述了有关这方面的实验是没有根据的。

3. 植物体的这种灭亡过程的结果,是果实的形成,是一种芽的形成,这种芽不是直接的,而是通过发展过程设定的,然而果实却仅仅是整体的形式重复。但果实显然创造种子,因此植物在果实里也就完全使自己结合成圆形的了。

a. 果实里产生的种子是某种多余的东西。种子之为种子,就仅能有一新东西被产生而言,比芽根本没有什么优点。不过种子是未被消化的植物;在果实中植物表现其固有的有机本性:它是由（VII₁,546）它自身并通过它自身产生的,而不像在许多没有种子的植物中那样,类属不以这种方式作自我保存,类属过程反而和个体性的过程相重合。

b. 种子是种子本身,果皮是种子的外皮。后者或是荚果,或是水果,或是木质化的硬壳。在木质化的硬壳内,植物的整个本性一般都最终聚结成圆形。从种子、从个体的单纯概念分离成直线和平面的叶,把自己聚结成香味的、有滋补的叶,以便成为这颗种子的种皮。植物在种子和果实内产生了两种有机的质体,但这两者是不相干的,互相分开的。土地成了生育种子的力量,而不是果实作种子的子宫。

c. 果实的成熟也就是它的衰落,因为它的损伤促使它成熟。诚然有人说,当花粉由昆虫传到雌性器官时,也绝没有产生果实,但舍尔维以无花果为例指出,损伤果实可以使之成熟。他援引了尤利乌斯·邦台德拉[55]（《文集》,帕多瓦 1720 年,第 XXXII 章）谈无花果授粉的话（前引书,第 20—21 页）:“在我们这里绝大多数植物上,由于外在损伤所致,果实会更快成熟掉落。同样,苹果树和其他这类树的果实不成熟也掉落,这时人们也就用这样的办法来补救它们:使它们承受石块的重负(induntur),同时加固它们的根(fixa radice)。这样做以后,常常能防止果实损失。乡下人把橡木楔打到杏树里去,在杏树上也促成了同一效果。在其他树上,是把棍子(caulices)一直钻到髓部,或切刻树皮。所以我想有一种特别的蚊子(culicum)已经创造出来,它在不孕的"(即雄性的)"棕 (VII₁,547)
榈花上产生,能到达可孕的棕榈的胚胎,刺穿它们,以一种仿佛保健的啮咬(medico morsu)作用于它们,这样全部果实就会保存下来,达到成熟。"

　　舍尔维继续说(第21—24页),"无花果好像是由一种 Cynips Psenes〔无花果刺蜂〕授粉的,它似乎拥有昆虫在这一技巧上的头等荣耀。在无花果上对所传来的花粉的任何推测都不能成立,因为这种无花果授粉只有针对气候才是必要的。""无花果授粉"之说,原出于下列事实:那种必须刺扎优良无花果树、从而使之得到成熟果实的昆虫,只有在另一劣种的无花果树(caprificus)上才能看到,因此后者也就被栽植在附近。"约翰·鲍欣[56]说,这些从野生无花果树的腐烂果实产生的昆虫,会飞到良种的(urbanae)无花果树的果实上,当它们通过啮咬给这些果实开了洞,它们就使之去掉了多余的水分,因而加速和促进了成熟。普利尼[57](《自然史》,第 XV 卷,第19页)说,无花果生长在瘠瘠的土地上会很快干裂,这种瘠瘠的土地可以起到昆虫为无花果授精所作出的那种效果:在许多干燥的灰尘从大路落到树上,多余的汁液被吸收的地方,'无花果授粉'也是不必要的。在我们这带地方缺少雄性的树和昆虫,无花果的种子不能成熟,因为无花果发育不完全。至于说在盛热的国家未经授粉而成熟的无花果只是一个成熟的花托,它根本不含有发育完全的种子,这却是一种单纯的断语而已。"因此,事情的关键大都在于气温和土地的本性。"无花果授粉"对果实的本性来说是一种阻碍;这一异己的、有扼杀作用的东西,促进植

(VII₁,548)

物本身的再生,完成植物的再生。昆虫刺破果实,从而使果实达到成熟,而不是用带来的花粉使果实达到成熟,正如刺伤的果实一般会脱落,会较早成熟一样。

　　但只要较低的生命在统治,花、授粉和果实就不会有动静。如果花得以展现,那么,秘密的最高展现就处处占了统治地位;生长和发芽已被遏制,花具有的颜色、香气每每随后在所有部分都发展起来。当授粉占了统治地位时,被展现的东西作为业已完成的东西就开始衰亡,在所有部分都开始了这种凋谢的过程,叶不久就掉落,外表皮枯干并脱落,木质部也硬化。当果实终于占了统治地位时,同一的生命精神就出现于所有部分,根长出嫩枝,表皮发出芽眼或芽,叶腋内长出它们的新叶。授粉就其本身来说是植物的目的,是整个植物生命的一个要素。植物的生命贯穿于所有部分,最后自为地使自身破裂,只有在花药内才达到自己显现的分离。"①

§. 349

　　但在概念内设定起来的却是这样一点:过程表现自相联结的个体性,并表明最初作为个体的那样一些部分也是属于中介过程的、并在中介过程里消逝的环节,从而表明直接的个别性和植物生

---

① 舍尔维,前引书,第56—57页,第69页。

命的彼此外在状态业已得到扬弃。这一否定性规定的环节给向真正有机体的转化建立了基础。在真正的有机体内,外在形态符合于概念,以致各部分本质上是有机部分,而主观性是作为贯通整体的同一主观性而存在的。

〔**附释**〕植物是一种从属性的有机体,这种有机体的使命是把自己呈献给更高级的有机体,以便让更高级的有机体加以享用。光在植物颜色上是作为为他的存在,植物作为空气形式也是一种为他的气味。同样地,植物的果实作为以太油,把自己凝缩成含糖而可燃的盐,并变成酒液。在这里植物开始显示为概念,这种概念把光的本原物质化,把水的东西弄成火的东西。植物本身是火的东西在其自身内的运动,它向发酵转化;不过它从自身给自己的热并不是它的血液,而是它的破坏。这种比它作为植物更高的过程,这种动物性的过程,是它的毁灭。既然花的生命这个阶段只是一种对他物的关系,而生命却在于使自己作为有别的东西同其自身发生关系,所以植物借以变得自为的这种花内接触,也就是植物的死亡;因为这里不再有植物的本原了。这种接触就在于把个体的东西、个别的东西设定为和普遍的东西相同一。但这样一来,个别的东西就降低了地位,不再是直接自为的,而是只有通过自己的直接性的否定,才是自为的,但这样也就把自己扬弃于类属,类属在个别的东西上现在达到了实存。而我们也就由此达到了动物有机体的更高概念。

〔(VII₁,549)〕

第三章 动物有机体

§. 350

有机的个体性是作为主观性而存在的,因为形态固有的外在性已经理想化为各个有机部分,而有机体在其对外过程中保持着自己内部的自我性的统一。这就是动物的本性,这种本性在直接个别性的现实性和外在性中反而仍然是在自身内得到反映的个别性的自我,是在自身内存在着的主观普遍性(§. 163)。

(VII₁,550)

〔**附释**〕在动物界里光自己寻找到了自己,因为动物阻碍着自己同他物的关联;动物是一种自为存在的自我,即两种有差别的东西的现实存在着的统一,这种统一是通过两种有差别的东西涌现出来的。既然植物想发展为自为存在,所以,未作为观念的东西而存在的正是两种独立的个体,即植物与芽。这两种个体合成一体,就是动物的本性。由此可见,动物有机体是主观性的二重化,然而这种二重化不再像在植物界里那样,是以不同的形式存在的,而是这样存在的,即只有此种二重化的统一才达到现实存在。所以,动物中存在着真正主观的统一,存在着一种单纯的灵魂,即自身无限的形式,这种形式展现在躯体的外表,而躯体的外表又与无机自然界、与外部世界联系起来。但动物的主观性却在于:不论在其躯体的内部,还是在和外部世界的接触中,这种主观性总是自己保持自己,并作为普遍的东西,自己不离开自己。所以,动物的生命作为自然界的这个顶点,就是绝对唯心论,这就是说,动物同时以一种完全流动的方式在自身中包含着自己的躯体的规定性,要把这种直接的东西合并到主观的东西里,而且已经合并到了主观的东西里。

　　这样,重力在这里就首次真正得到了克服;中心变成了充实的、以自己为对象的中心,首次成为真正的、自为存在的中心。在太阳系,我们有太阳及其他成员,它们是独立的,只是在空间和时间上相互关联,而不是在它们的物理性质上相互关联。如果动物现在也是一个太阳,那么,这里的各个星球则是在物理性质上相互关联的,它们都归于这个太阳,而这个太阳就在自身之内以一种个体性包含着它们。动物的各个有机部分纯粹是一种形式的各个环节,它们时刻都在否定自己的独立性,最后又回到统一中去,而这种统一是概念的实在性,并且是为概念而存在的;就此而言,动物是现实存在着的理念,砍断一个手指,它就不再是手指,而会在化学过程中逐渐瓦解。在动物界里,现在产生的这种统一是为自在地存在的统一而存在的,而这种自在地存在的统一就是灵魂,就是概念;就物体是理想化的过程而言,这概念是在物体性里存在的。空间上相互外在的存在对于灵魂没有任何真理性。灵魂是单纯的,比任何点都精细。很久以来人们就在努力寻找灵魂,但这是一个矛盾。正是在成千成万的点里,到处都表现出灵魂,但灵魂毕竟不存在于点之内,因为空间上相互外在的东西对于灵魂恰恰没有任何真理性。这个主观性的点必须坚持,其他的点则只不过是生命的属性罢了。然而,这种主观性还不是作为纯粹的、普遍的主观性自为地存在的;它不思考自己,只是感觉自己,直观自己。也就是说,这种主观性仅仅是在单一的东西里同时反映到自身中,这种单一的东西在被归结为单纯的规定性以后,就在观念形态中被设

(VII$_1$,551)

定起来;这种主观性只是在一定的、特殊的状态下成为自己的对象,否定任何这样的规定性,但不能超越这个限度,也就像一个贪图感官快乐的人可以尽情放纵欲望,但不能超出这个限度,领悟到自己是普遍的东西。

§. 351

(VII₁,552) 动物具有偶然的自己运动的能力,因为它的主观性像光一样,是一种摆脱重力的观念性,是一种自由的时间,这种自由时间摆脱实在的外在性,自发地按照内在的偶然性确定自己的地位。与此相联系,动物具有发声的能力,因为它的主观性作为现实的观念性(灵魂)支配着时间和空间的抽象观念性,它的自己运动表现为自身内的自由振动。动物还具有动物的热,这种热就是始终保持形态的各个物质部分的内聚性和独立性不断瓦解的过程。此外,动物还具有间断的内填性,这种内填性就是动物对于无机界个体的一种自身个体化的关系。但最为重要的是,动物具有感觉,这种感觉是在规定性方面直接普遍的、单纯留守自己和保持自己的个体性,是被规定状态的现实存在着的观念性。

〔**附释**〕由于动物的自我是自为地存在的,其直接结果便是它的主观性的完全普遍的因素,即感觉的规定。这种规定乃是动物的 differentia specifica〔种差〕或绝对明显的特征。动物的自我是观念的,并不流露出来,沉湎于物质性,而是仅仅在物质性中行动和存在,但同时又在自身寻找自己。这种构成感觉的观念性在自然界里是现实存在的最高富藏,因为它包罗万象,把一切东西都压缩到自身。不错,快乐与痛苦等等也形诸躯体,但它们在躯体中的这一切现实存在还是不同于它们以感觉形式回到单纯的、自为存在着的现实存在。当我看和听的时候，我在单纯与我自身交往，这只是我本身之内的纯粹透明性和清晰性的一种形式。这种点状的、但又可以无限确定的东西，还很明确地停留在其单纯性里，在 (VII₁,553) 它以自己为对象的时候，它就是自我＝自我的主体，就是自我感觉的主体。动物有感觉，因而与他物的关系是理论性的；但植物对外物的关系却要么是无所谓的，要么是实践性的，并且在后一种情况下，植物不会让外物维持原状，而是把它加以同化。的确，动物也像植物一样，对待外物就像对待观念事物；但与此同时，这种他物也获得了解放，坚持其独立存在，同主体毕竟保持着某种关系，而不是与主体毫不相干。这是一种无所欲求的关系。动物具有感觉能力，在为他物所改变的时候，就得到一种内在的满足，而这种内在的满足恰恰构成理论关系的基础。凡参与实践关系的生物，都得不到内在的满足，因为他物是在它内部设定起来的，相反，它不得不对这种在它内部引起的变化作出反应，扬弃和同化这种变化，因为这种变化是对它的干扰。然而，动物在与他物的关系中却能得到内在的满足，因为它能经受住他物所引起的改变，把这种变化同时设定为一种观念的变化。其他规定则只不过是感觉所产生的后果而已。

α）有感觉的动物虽然具有重量，依然受着重力中心的束缚，但动物位置的个别性却摆脱了重力，因为动物是不受重力的这种东西的束缚的。重力是物质的普遍的规定性，但它也规定个别位置；重力的机械关系恰恰在于，某物在空间里得到规定的时候，只不过是在某种外在东西中有它的规定性。但动物作为自己与自己相关的个别性,却没有这种由外界给自己规定的位置的个别性;相反地,动物作为复归于自身的个别性,对无机界是超然的,而且在自由运动中也只是通过一般的空间和时间才同无机界发生关系的。因此,位置的个别化是由动物自己决定的,即这个位置是动物

(VII₁,554)

自己给自己设定的,而不是由他物设定的。在一切不同于动物的东西中位置的个别化是固定的,因为它们不是自为存在的自我。动物虽然并不超然于个别位置的普遍的规定性,但这个位置却是由动物自己设定的。正因为这样,动物的主观性不仅不同于外在的自然界,而且是它自己使自己不同于外在的自然界。这是一种非常重要的区别,是把自己设定为对于各个特定位置的纯粹的和固有的否定。整个物理学就是在与重力的区分中发展着的形式。然而,这种形式在物理学中却达不到摆脱迟钝的重力的自由,而是只有在动物的主观性里才具有这种与重力对抗的自为存在。即使物理学的个体性也不能超脱重力,因为它的过程仍然具有位置和重力的规定性。

β) 发出声音是动物专有的、能引起惊异的高级特权。它是感觉或自我感觉的一种表现。动物在外部表现着自己内部的自为存在,这种外部表现就是发出声音。但只有有感觉能力的东西才能在外部表现出自己的现实感觉。飞禽走兽发出声音,以表示它们的痛苦、需求、饥饿、满足、喜悦、欢乐与性欲,例如,军马奔赴战场时的嘶叫、昆虫的嗡嗡作响、猫感到舒服时的呼噜声,等等。但能唱歌的鸟儿作理论性的自我表示,却是一种比较高级的发音能力,而且鸟儿的这种能力很发达,已经是一种不同于动物的一般发音能力的特殊东西。鱼儿在水中默不作声,鸟儿却在空中自由飞翔,

把空气当作自己的元素;它们脱离客观的地球引力,把自己体现在
空气中,以这种特别的自然元素表现其自我感觉。金属能发出响 （VII₁,555)
声,但还没有发音能力;发音能力是一种业已精神化的机制,它以
这种方式表现自己。无机物只有受到促使和敲打,才能显露其特
殊的规定性,动物则是自动地发出响声。主观的东西把自己表现
为灵魂性的东西,是由于这种东西内部发生振动,而且仅仅是由于
空气被迫发生振动。这种自为的主观性在完全抽象的形式下是纯
粹的时间过程,这个过程在具体的躯体内作为实现自己的时间,就
是振动和声音。动物是这样发音的,即它的活动本身就是躯体发
生振动。但发音不会产生任何外部变化,而只是发生一种运动。
这种运动仅仅是一种抽象的单纯的振动,它只引起位置的改变。
这种改变也同样又得到了扬弃,即发生对比重和内聚性的否定;
但比重和内聚性也同样会得到恢复。发音最接近于思维;因为在
发音中纯粹的主观性变成了客观的东西——不是作为一种特殊的
现实性,作为一种状况或感觉,而是处在空间和时间的抽象元素
中。

γ)同发音相联系的是动物的热。化学过程也产生热,这种热
可以上升为火。但这种热是暂时的。反之,动物作为自我运动、自
我消耗和自我产生的持续过程,则在不断地否定物质东西,又创造
物质东西,因而必定会经常产生出热来。特别是热血动物,当它们
的感受性同应激性的对立达到特别的高度(见下文 §. 370"附
释"),而应激性又是独立地在我们可以称之为流态磁体的血液中
构成的时候,它们的行为就是这样。

δ)因为动物是一种真正自为存在的、已经达到个体性的自

(VII₁,556)　我,所以它具有排他性和离异性,同地球上的一般实体是分离开
的。对它来说,地球上的一般实体只不过是外部的特定存在。不
属于它的自我的支配范围的外在东西,对它来说就是它自身的否
定,就是一种不相干的东西;与此直接相联的,是它的外部无机自
然界对它变成了个别的,因为在外部存在中没有任何东西离开自
然元素。对无机自然界的这种关系就是动物的普遍概念;动物是
个体性的主体,它与个体性东西本身有关,并不像植物那样,只与
元素的东西有关,或除去在类属过程中以外,也不与主观东西有
关。动物也具有植物的本性,与光、空气和水有某种关系;但除此
以外,动物还具有感觉;而在人身上,除了感觉,还有思维。所以,
亚里士多德说植物的、动物的和人类的灵魂是概念发展过程的三
个规定[58]。作为不同的个别性在自身之内得到反映的统一,动物
是作为自己产生自己的目的而存在的。这是一种回到这个个体的
运动。个体的运动过程是一种封闭的循环过程,一般说来在有机
界里都属于自为存在的范围。由于这种自为存在就是动物的概
念,所以,动物的实质或无机自然界对于动物就变成了单一的东
西。但是,由于动物作为自为存在着的自我同样也关系到自身,所
以,在动物与无机界的关系方面,动物就把自己的自为存在设定为
不同于无机界的东西。动物可以中断自己与外物的这种关系,因
为动物常有心满意足和吃饱喝足的时候,就是说,动物是有感觉
的,是自为存在的自我。在睡眠的时候,动物陷入自己与一般自然
界同一的境地;但在清醒的时候,它就同有机个体发生关系,而同
时又可中断这种关系。动物的整个生命就是在这两个规定之间交
替变化的过程。

§. 352

动物有机体作为有生命的普遍性,是这样一种概念,这种概念经历了三个作为推论的规定,其中每个推论都自在地是实质统一的同一总体,同时按照形式的规定,又是向其他推论的转化,因此,从这个过程产生的结果就是现实存在的总体。只有这样不断再生自己,而不是单纯地存在,有生命的东西才得以生存和保持自己。有生命的东西之所以能存在,仅仅是因为它把自己弄成它所是的东西;有生命的东西是先有的目标,而这个目标本身又完全是结果。所以,也像在植物那里一样,应把有机体看作:第一是个体的理念,这种理念在自己的发展过程中仅仅与自己相关联,在自己内部与自己相结合,这就是形态;第二是这样一种理念,这种理念与自己的他物或无机界相关联,并在自身内把无机界设定为观念的东西,这就是同化;第三是这样一种理念,这种理念与那种本身就是生命个体的他物相关联,因此在他物内也就是自己与自己相关联,这就是类属过程。

〔**附释**〕动物有机体是一个小宇宙,是一种业已变得自为的自然界中心,整个无机界都在其中统一起来,变成了理想的。这必须作详细的说明。既然动物有机体是在外部自我相关的主观性的过程,那么,其余的自然事物在这里就首先是作为外在的自然事物存在的,因为动物正是在对外物的这种关系中保持自己的。相反,由于植物易于被引向外部,在与他物的关系中不能真正保持自己,所以,对植物来说,其余的自然事物还不是作为外在的自然事物存在的。动物的生命作为它本身的产物,作为自我目的,同时既是目的

（VII₁,558）

又是手段。目的是观念的规定,它早已存在;由于后来又出现了实现目的的活动,它必须符合于现存的规定,所以就没有产生任何别的东西。实现目的的活动同样是向自身的回复。到达的目的所具有的内容,正是行动中已经存在的内容,因此,有生命的东西并没有用自己的全部行动扩充这一内容。有机体既是自身的目的,同样也是自身的手段,因为它不是持续存在的东西。动物的内脏和一般环节总是被设定为观念的东西,因为它们各自的活动都是相互对立的。每个环节既然是作为中心,靠消耗其余一切环节来产生自己的,所以,也只有经历一个过程才能存在;换句话说,凡是遭到扬弃的、降为手段的东西,本身就是目的,就是产物。动物有机体作为能够从自身发展出概念的东西,是一种理念,这种理念只揭示概念的差别,而概念的每一环节都包含着其余的环节,因而都是一个系统,一个整体。这些特定的总体在自身的转化过程中产生出整体来,每个系统都潜在地是整体,这整体就是统一体,就是主体。

第一个过程是自我相关的、自我体现的有机体的过程,这种有机体在自身包含有他物;第二个过程则是针对无机界的过程,也就是针对作为他物的、有机体的自在东西的过程,是有生命的东西的判断,是有生命的东西的能动概念;第三个过程是最高级的过程,即个别性与普遍性的过程,或个体与自己作为类属相反的过程,而这种个体是与类属有潜在统一性的。在完善的动物中,在人的有机体中,这些过程发育得最充分、最清楚;因此,在这种最高级的有机体内一般就有一种普遍的原型,只有在这种原型中,并且只有根据这种原型,才能认识和阐明不发达的有机体的意义。

A 形态

1. 有机体的功能

§. 353

形态是动物的主体，它只在自我关联中才是整体；在动物的主体中，展现出已经得到发展的概念的规定，因而展现出现在存在于动物主体的概念的规定。这些规定虽然在自身内也像在主观性中一样是具体的，但在这里只是作为动物主体的单纯因素而存在的。因此，动物主体就是：a）概念在其外在性中的单纯的、普遍的己内存在，凭借这种存在，现实的规定性作为特殊性直接地被接纳于普遍东西之中，这种特殊性的普遍东西构成主体与其自身不可分割的同一性，这就是感受性；b）特殊性，它是主体对外来刺激的感受性和受感主体向外发出的反作用，这就是应激性；c）前两个环节的统一，它是主体从外在性状态到自身的否定性复归，以及主体由此而产生自己和把自己设定为个别东西的活动，这就是构成前两个环节的现实性和基础的再生[59]。

〔**附释**〕植物可以让自己的木质和树皮枯萎，可以让自己的叶子凋落，但动物却是这种否定本身。植物只有对变化持超然态度，才能免于变为他物，而拯救自己。但动物却是它自身的否定，这种否定超出动物形态的范围，并不在动物的消化过程和性别过程中让生长停止；相反，作为它自身的否定，动物固有的内在过程在于：动物在自身形成内脏。动物在这样把自己形成为个体的时候，就是形态和个体性的统一。感受性是概念的普遍主观性与其自身的

(VII₁,560) 单纯同一性,是有感觉能力的东西,这种东西在精神领域就是自我;感受性受到他物的触动,就会直接把他物转变为自己的东西。最初被设定为观念东西的那种特殊性,在应激性中得到了自己存在的权利;主体的活动就在于排斥自己所涉及的他物。应激性也是感觉,也是主观性,不过是在关系的形式下存在的。但既然感觉只不过是作为对他物的否定关系,那么,再生就是把外在东西变为我的东西,把我的东西变为外在东西。这才是现实的普遍性,而不是抽象的普遍性;这才是业已得到发展的感受性。再生经过并吸收了感受性和应激性;因此,再生是派生的、设定的普遍性,而这种普遍性既是自己生产自己的活动,同时也是具体的个别性。再生最初是整体,是直接的自相统一,整体在这种统一里也同时发展到关系阶段。动物有机体是能再生的,它的本质就是如此,或者说,它的现实性就是如此。生物的高级本质在于感受性和应激性这两个抽象环节都是独立地出现的;低等生物只会再生,高等生物则在自身包含着更深刻的差别,并在这种更强烈的分化中保存自己。于是就有这样一些动物,它们只会再生,是一堆无体形的胶状物,是一种活动的和反映到自身的黏液,其中的感受性和应激性还没有分离开。这就是动物的普遍环节;然而,不应把这些普遍环节视为一些属性,以致认为每个属性就像颜色对于视觉、滋味对于舌头那样,仿佛都有一种特殊作用。不错,自然界还把一些环节分散为相互外在的、毫不相干的,但完全是在形态中,即在有机体的僵死存在中这样做的。动物是自然界中最明显地表现于自身的东西;

(VII₁,561) 但它最难于理解,因为它的本性是思辨的概念。这种本性虽然是感性的特定存在,但必须用概念加以理解。有生命的东西在感觉里有最高的单纯性,一切他物则都是质的相互外在存在。然而,有生命的东西也同时是最具体的东西,因为有生命的东西允许那些在唯一主体中有实在性的概念环节获得自己的特定存在,反之,无生命的东西则是抽象的。在太阳系,感受性相当于太阳,有区别的东西相当于彗星和月亮,再生则相当于行星。然而,在太阳系里每个物体都是独立的环节,而在动物界里这些环节则都包含在一个统一体中。这种在整个自然界中认识理念的唯心论,同时也是实在论,因为有生命的东西的概念就是作为实在性的理念,虽然在其他方面个体只符合于概念的一个环节。总之,哲学就是在实在的、感性的东西中认识概念。我们必须以概念为出发点;即使概念也许还不能穷尽人们所说的自然界的那种"丰富多彩的性质",即使有许多特殊的东西还没有解释清楚,我们也终究应当相信概念。一般说来,这是一种不确定的要求;这种要求没有得到满足,这并不会给概念带来任何损害,完全相反,经验物理学家的理论倒应当把这一切解释清楚,因为他们的理论的验证全然是建筑在各个具体情况的基础上的。不过概念对其本身是有效的;关于这方面的详细情况将会按照顺序予以说明(见 §. 270"附释",第 112 页)。

2. 形态系统

§. 354

概念的这三个环节不仅在自身是具体的要素,而且在三个系统——神经系统、血液系统和消化系统——中都具有其实在性,其 (VII$_1$,562) 中每个系统都是作为整体按照同一个概念规定在自己内部区分自己的。

a. 这样,感受性系统就把自身规定为:α)抽象的自我相关的极端,这种自我相关是向直接性、无机存在和无感觉性的转变,不过这种转变还是不完备的;这就是骨骼系统,它对内部来说是外壳,而对外部来说则是内在东西对抗外在东西的坚实支柱;β)应激性环节,即大脑系统及其神经分支,神经对内是感觉神经,对外则是运动神经;γ)属于再生的系统,它包括交感神经及神经节,在这种系统只有迟钝的、不确定的和无意志的自我感觉。

b. 应激性是指受到他物的刺激和对此作出的自我保护的反应;反过来说,应激性同样是积极的自我保护和其中所包含的动物对他物的服从。应激性系统由下列三个部分组成:α)抽象的(感性的)应激性,感受之单纯改变为反应,即一般的肌肉;肌肉获得骨骼的外部支撑(直接的自我相关,以便肌肉分为两部分),首先分成伸肌和屈肌,然后发展成为独特的末端系统;β)应激性,它是自为的和不同于他物的,是具体的自我相关和自我包含,所以它是一种内在的能动性,是一种搏动,是一种活生生的自己运动。这种运动的质料只能是一种液体或活血,而且这种运动只能是循环。这循环既然被分化为它所从出的特殊性,所以在自身就是一种双重的、既向内同时又向外的循环。这样的循环就构成了肺系统和门静脉系统。在前一系统内血液在自身赋予自己以生气,在后一系统内血液则煽动自身反对异己的东西。γ)搏动,作为有应激性的、自相融合的总体,是一种循环,这种循环从自己的中心,即心脏出发,经过动脉和静脉的分化,复归于自身;同时这种循环还是一种内在过程,在这个过程中血液一般是供其他部分再生的,而其他

(VII₁,563)

部分也就从血液中获得了自己的营养。

c. 消化系统作为与皮肤和细胞组织相连的腺系统,是一种直接的植物性再生,但在真正的内脏系统里又是一种有中介作用的再生。

〔**附释**〕由于感受性是作为神经系统,应激性是作为血液系统,再生是作为消化系统而独立存在的,所以,任何动物的躯体都可以分解为组成所有器官的三个不同的部分,即细胞组织、肌肉纤维和神经髓。这就是三个系统的简单的抽象的要素。但是,因为这三个系统是同样不可分割的,而且每一点都在直接的统一中包含着这三个要素,所以,它们并不是概念的抽象环节,即不是普遍性、特殊性和个别性。相反,概念的每一环节都在概念的规定性中表现概念的总体,因此在每一系统内实际上存在着别的系统。体内到处都有血液和神经,也到处都有构成再生的腺体和淋巴。这些抽象环节的统一就是动物的淋巴,有机体的内在环节就是由淋巴分化出来的。但是,这种统一不单在内部分化自身,而且还用皮肤把自己包裹起来,作为自己的表面,或者,作为植物有机体对无 $(\mathrm{VII_1,564})$ 机界的一般关系。虽然每个系统作为发达的整体,都在自身包含有别的系统的一些环节,但在每个系统中却总是一种概念形式居于支配地位。直接的形态是僵死的、静止的有机体,它是个体的无机界。由于有机体是这种静止的东西,所以,概念或自我还不是实现的,自我的产物还没有设定起来,或者说,这种自我只是内在的自我,而必须理解这种自我的正是我们。这种外在有机体在其规定性里构成了对于同样无差别的形态的一种关系,是已经分为若干固定不变部分的整体的机制。

感受性作为感觉的自相同一,在被归结为抽象的同一时,就是麻木不仁的、静止的和僵死的东西,这种东西扼杀了自身,却永远离不开有生命的东西的范围。这就是骨骼的产生;借助于骨骼,有机体预先奠定了自己的基础。因此,甚至连骨骼系统也参与有机体的生活。"年迈时骨骼缩小,头盖骨和圆椎骨变薄;它们的髓腔看来"似乎是"靠消耗骨骼物质而增大的。老年人的整个枯干的骨架变得相当的轻;因此,即使不算弯腰驼背,老年人的身体也是在变小。骨骼有大量的血管,所以一般说来是较为活跃的部分"(同软骨比较);"这可以由下列现象来证明:骨骼易于发炎、病变和再生,还有骨骼尖端易于吸收东西,骨骼内部易于引起感觉,以及骨骼的结构比较复杂"①。骨骼,即属于这样的形态的感受性,犹如植物的本质,是一种单纯的、因而僵死的力量,这种力量还不是过程,而是抽象的自身反映。但是,它同时也是自身反映的僵死东西,或者说,它是这样自己产生自己的植物性萌芽,即产生的东西变为一种他物。

（VII₁,565）

a. 骨头的形态最初是骨核,因为所有骨头都是这样开始发展的。骨核逐渐增殖和变长,就像植物茎节变成木质纤维一样。骨核始终处于肢体的末端,骨核内包含着骨髓,骨髓是骨核的尚未长出的神经。骨髓是一种脂肪,所以在瘦人身上为数甚少,或者说,是流动的,而在胖人身上则为数甚多。骨膜是骨头的真正生命,是完全趋向外部的产物,所以这产物总是在内部死亡,而只在骨头表面活着。这是一种模糊的、在骨骼内部的力量;就此而言,骨骼系

① 奥滕里特⁶⁰:《生理学手册》〔图宾根1801—1802年〕,第Ⅱ部分,§.767,§.772。

统在再生过程中是同表皮系统结合在一起的。在不断地向总体发展的过程中,从骨核和骨线中涌现出骨骼;这时,神经取代了骨髓,神经是一种从自己的中心发出自己的经线的核心。达到这种总体以后,骨头就不再属于原来那样的形态;骨髓变成了活跃的感受性,变成了一个分布到线上的点,各个维度就是从这个作为总体的点发展出来的。骨头作为核心是形态的直接感受性。但是,当骨头进一步发展为骨骼的时候,骨头的首要规定则是自己作为静止的、固定的和坚硬的东西对外物发生关系,只在自身把自己造成坚实的,到达机械的客观性,并由此获得对付地球和一般坚硬物体的支柱。

　　b. 骨头的延长是中项,是过渡;这种过渡在于,形态降落为具有另一种内在东西的外物。在各个肢体内,骨头是内在的东西、直接的坚固的东西;但再进一步发展,骨头就不再是内在的东西。像木质在植物内部、表皮在植物外部(种子却相反,木质已被克服,而只是种子的外壳)一样,骨头成为动物内脏的外壳,这种外壳不 (VII₁,566)
再有自己的中心,但开始还是间断的,还具有自己的分化,并用自己的线(sternum〔胸骨〕)联系起来。但到最后,外壳又成为单纯的、没有内容的表面;它过渡到点和线,从那里又发出另一些线,直到变成一种单纯包裹躯体的表面。这是一种还没有臻于完善的总体,自身还有转到外面的趋势。所以,骨头的第二个规定是,它受他物的支配,它自身具有作为主体的他物,并对外延伸为坚实的支持点,如角、爪等等。皮肤可以延长为指甲、利爪等等;皮肤构成有机体的不可毁灭的要素,因为即使是在死尸化为粉末以后,皮肤在某些部位也常常清晰可见。

c. 由于在椎骨里中项的结节发生分离,因此,骨头的第三个规定是,它在回复到自身时,同时也是一种空心颅骨。颅骨的基础是椎骨形式,颅骨可以被分解为这种形式。但是,os sphenoideum〔蝶耳骨〕却力图完全克服中心,把颅骨变成没有自己的中心的平面。然而,这种完全消除中心的活动也同时转化为恢复骨核的活动;牙齿是骨核的这种自我回复,牙齿是经历发展过程的,即是说,是否定的、积极的和有效的分化过程,因而不再仅仅是消极的分化过程。这就是变成应激性的直接感受性。在牙齿中,骨膜已不再是外膜,而仅仅是内膜。骨头也像骨膜一样,没有感觉能力;但在患(梅毒)淋巴病时,它们就获得了这种能力。

(VII₁,567)

椎骨是骨头的基本机体,任何骨头都不过是椎骨的变化形态,就是说,对内是管状,对外是管状的延伸。这就是形成骨头的基本形式。歌德①曾经以洞察有机自然界的锐利眼光做出了这一特别发现。在一篇 1785 年就已经写成,后来编入他的《形态学》的论文中,他详细研究了骨头的全部转化过程。他把这篇论文寄送给奥铿,而奥铿在一篇写到这个问题的提纲[61]中却把这篇论文的思想简直炫耀为自己具有的思想,从而博得了这个发现的荣誉。歌德表明(这是他最杰出的思想之一),头部的所有骨头都是从这一个形式产生的,不论 os sphenoideum〔蝶耳骨〕和 os zygomaticum〔颧骨〕,还是 os bregmatis〔前额骨〕和作为头内骨髓骨的额骨,都是如此。但是,要说明这些骨头的变化形态,要说明它们现在怎样

① 参看《论形态学》,〔第 I 卷,第 2 分册,1820 年〕第 162 页,第 248 页,第 250 页以下。

由躯体内部的中心变成包裹躯体的外壳,它们现在怎样得到一种规定性,对外变成末梢、手脚等等的支柱,相互联系同时能够运动,那么,也像在植物界那样,单用形式的同一性是不够的。这是另一方面的问题,即椎骨在体内变成各块骨头的问题。对这个问题进行详细研究的,则不是歌德而是奥铿。椎骨是骨骼系统的中心,这个中心把自己分化为颅骨和肢体的末端,同时又把它们连接起来。在第一种情况下出现骨腔,骨腔通过面的统一,形成对外封闭的圆形结构;在第二种情况下骨头向长度延伸,这种活动进入中心,主要是靠附着作用,固定在长条肌肉上。 $(\text{VII}_1,568)$

神经系统指向外部,又同他物有联系,这种神经系统就是在感受性中造成差别的因素。这种感觉,不论是直接在外部建立的感觉,还是自我决定的活动,都是特定的感觉。从脊髓发出的主要是运动神经,从脑髓发出的多半是感觉神经。前一种神经是神经系统,因为它是实践的;第二种神经是由外部决定的神经系统,感觉器官也属于此列。总的说来,各种神经都集中在脑髓之中,又从脑髓分出许多支,分布到躯体的一切部位。神经是身体被触动时出现感觉的条件;同样,它也是意志活动以及任何自我决定的目的的条件。此外,我们对脑髓组织还了解得很少。"经验告诉我们,当来自身体有关部位的神经或与这些神经相联系的脊髓、小脑或大脑受到损害或破坏时,某些器官为完成随意行为而进行的运动以及从这些器官发出的兴奋和感觉活动,便会大为削弱,或完全停止。各个神经纤维同它们的神经膜一起,通过细胞组织而被联合为神经束,各个神经束又被联合为相当大的、可能触摸的、密实程度不等的神经丛。甚至各个神经髓纤维也是到处通过充满髓质的小侧管,彼此错综复杂地连接在一起的,这些小侧管在相遇时,看来就形成了一些很精微的神经节;在这方面,神经束很像敞开的网,网的经线拉得很严密,网的纬线几乎是平行分布的。"①大脑同某个外在部位的联络不应当被想象成这样,好像这一部位的神经被激动起来以后,这些特定的神经纤维就会独立地传递兴奋,或者说,似乎大脑会按照神经的外在结合而作用于某种神经纤维;相反,兴奋的传导主要是通过总干进行的,而且由于意志和意识无处不在,终究也是被决定的。神经纤维同许多别的纤维相联系,神经纤维受到刺激,也会影响别的纤维;但这并不会引起好几种感觉,反过来说,从大脑出发的总干也不会使所有神经运动起来。

深入内部的感受性形成了神经节。这种感受性是感性东西的最深处,在这最深处,感性东西已不再是抽象的。这种感受性一般包括神经节系统,并特别包括所谓的交感神经系统,这些系统都是尚未分化出来的,都没有发育为特定的感觉活动形式。这种神经节可以看作是腹腔内的小脑,然而它们不是绝对独立的和自为的,也就是说,它们是与那些直接同脑髓和脊髓相联系的神经结合在一起的;但与此同时,它们又是独立的,又是与那些直接同脑髓和脊髓相联系的神经在功能和结构方面有区别的②。头部大脑与腹部小脑的这一区分就是由腹部引起头痛的原因。"值得注意的是,我们几乎可以说,在胃的贲门附近,直接由大脑发出的第八神经不再延续,而把骨的其余部分让给交感神经,这个部位似乎就形

(VII₁,569)

---

① 奥滕里特,前引书,第 III 部分, §. 824, §. 866, §. 868。
② 同上, §. 869。

成了一种比较明显的感觉的界线。这个贲门在许多疾病中都起着
突出的、重要的作用。尸体解剖表明，在这个部位的附近，炎症的
发作比胃的任何其他部位都更加常见。自然界虽然在很大程度上
允许食物的选择、咀嚼、吞咽以及废物的最后排泄受随意性的支 　$(\text{VII}_1, 570)$
配，但是，却不允许真正的消化活动受随意性的控制。"[①]在患梦游
症时，外部感官昏厥僵化，自我意识对外闭塞，这种内在的生命力
进入神经节里，进入这种模糊的、独立的自我意识的大脑里。因
此，里舍尔兰德[62]说："内部器官依靠交感神经而摆脱意志的支
配。"[②]这些神经节系统是没有规则性的。[③]　毕夏[63]说："我们可以
把神经节系统分为头神经节、颈神经节、胸神经节、腹腔神经节和
盆腔神经节。"[④]可以看出，这些神经节全身都有，但主要是在属于
内部形态的部分，特别是在腹部。"一系列这样的神经节分布在
椎骨间隙的两侧，在这个部位，脊髓神经的后根形成神经节。"[⑤]这
些神经节相互连接，形成所谓交感神经，然后形成 plexus semiluna-
ris，solaris，splanchnicus〔眉形神经丛、腹腔神经丛和内脏神经丛〕，
最后形成 gangliom semilunare〔眉形神经节〕通过自己的分支与胸
神经节相联络的布局。"在许多情况下，我们看到所谓交感神经
是间断的，就是说，胸部和腹部(pars lumbaris)是由间隙分开的。
交感神经在颈部发出大量神经纤维以后，就往往变得比以前更稠

---

① 奥滕里特,前引书,第 II 部分,§. 587。
② 《生理学新原理》〔巴黎 1801 年〕,第 I 卷,导论,第 CIII 页。
③ 奥滕里特,前引书,第 III 部分,§. 871。
④ 《关于生和死的生理学探讨》,(第 4 版,巴黎 1822 年)第 91 页。
⑤ 奥滕里特,前引书,第 III 部分,§. 870。

密。这些系统的神经纤维与真正的脑髓神经和脊髓神经很不相同。后者形态较粗,数量较少,颜色较白,组织较密,结构也比较简

单。反之,神经节的特征则是形体极细(ténuité),特别在神经丛方面,纤维数量甚多,呈浅灰色,组织很软,在不同场合通常都有样式极多的构造。"①关于这些神经节是独立的,还是由脑髓和脊髓产生的,科学家们有一场争论。主要的观念是认为,神经产生于脑髓和脊髓,但这个观念没有任何确定的意义。神经产生于脑髓,这已被认为是一个既成的真理。但是,正像在一个地方神经与脑髓是同一的一样,在另一个地方神经与脑髓则是分开的。然而这种分离并不是先有大脑,后有神经,正如指头不是产生于手掌或神经不是产生于心脏一样。我们可以不损害脑髓的生命而切断一些神经,同样也可以切除脑髓的个别部分而不损伤神经。

　　既然外部有机体的感觉性转化为应激性,转化为差异性,所以,这种机体的已被克服的单纯性也就转化成了肌肉系统的对立面。骨头的发芽生长返回到肌肉的单纯差异性,而肌肉的活动则是有机体对无机界的现实的物质关系,是有机体向外的机械活动的过程。有机体的弹性是软性,它在受到刺激时就向内部收缩,但同样又扬弃这种对于刺激的屈服,以绷紧的直线形式,重新恢复自己。肌肉就是这两个环节的统一,而这两个环节也是作为运动形式存在的。特雷维拉努斯②提出一条原理,说"肌肉的收缩同内聚力的实际增长有关"。特别是下面的实验证明了这一原理。"爱

①　毕夏,前引书,第90页,第92页。
②　特雷维拉努斯:《生物学》,第 V 卷,第238页。

尔曼(吉尔贝特:《物理学年鉴》,1812 年度,第 I 卷,第 1 页)[64]取了
一个两端都敞开着的玻璃圆筒,下端用瓶塞堵住,把一根铂丝穿过 (VII$_1$,572)
瓶塞插入圆筒,并加满了水。然后把一小块活鳗的尾巴投入水中,
接着又把圆筒的上端用瓶塞堵住,也用铂丝穿过瓶塞插入圆筒,此
外,还插入一个两端开口的细玻璃管。当塞进后一个瓶塞时,细管
中渗入了若干水,水的高度可以准确地标出。然后爱尔曼把脊髓
同一根铂丝连接,把肌肉同另一根铂丝连接,又让两根铂丝同伏打
电堆的电极接触。这时爱尔曼观察到:当肌肉收缩时,细管内的水
每次都以颤动的方式下降大约 4—5 分"[①]。不过,肌肉自己可以
使自己受到刺激。例如,心脏肌肉在不刺激心脏神经的情况下,也
可以受到刺激;同样,在直流电路中,肌肉在不触及神经的情况下,
也可以出现运动[②]。特雷维拉努斯还坚持(第 V 卷,第 346 页)他
的这样一个"假定,即意志刺激传播到肌肉和外部印象传达到大
脑,是神经的各组成部分活动的结果,前一过程由神经膜完成,后
一过程由神经髓完成",他认为这一假定还没有人能驳倒。

　　肌肉的运动是一种有弹性的应激性。这种应激性作为整体的
组成部分,建立起一种独特的、使自身分离的和阻止输入的运动,
并作为自身的运动,又从自身建立和产生了一种火的过程,它扬弃
了那种惰性的持续存在。这种持续存在的取消就是肺系统,是具
有真正观念性质的、同无机界和空气元素相互作用的对外过程。
这种过程是有机体特有的自己运动,有机体作为弹性,既有引物入

---

　① 特雷维拉努斯:《生物学》,第 V 卷,第 243 页。
　② 同上,第 291 页。

内的作用,也有排物于外的作用。血液就是这些作用的结果,就是在自身、通过自身而回复到自身的外在有机体,就是把一些有机部分创造为内脏的活生生的个体。血液作为循环反复的、自我追踪的运动,作为这种绝对的内在搏动和震荡,是整体的个体性生命,在这种生命中没有任何区别。这就是动物的时间。然后这种循环反复的运动就分为两个部分,一部分是彗星过程或大气过程,另一部分是火山过程。肺是动物的叶片,它同大气有关,而且肺造成了这种既中断又恢复、既呼气又吸气的过程。反之,肝脏则是从彗星领域向自为存在、向太阴领域的复归;这种自为存在是寻找自己的中心的自为存在,是热烈的自为存在,是对他物存在的愤怒,是烧毁他物存在的活动。肺的活动过程和肝的活动过程彼此紧密相联;短促的、偏心的肺活动过程减弱肝脏的热度,而肝脏使肺活动过程变得生气勃勃。肺在自身吸收了这种自为存在的热量时,就有转变为肝脏的危险,使自身成为结节,然后自行萎缩。血液把自身分为这样两个过程,即肺活动过程和肝活动过程。由此看来,真正的血液循环是三重性的循环:一个是血液自身的循环,另一个是肺的循环,第三个是肝的循环。每一循环都是一种独特的循环,因为在肺循环内表现为动脉的东西,在门脉系统就表现为静脉,反之,进入门脉系统的静脉则表现为动脉。这个生命运动的系统与外部机体相对立,这就是消化力——克服外部机体的力量。在这里,这种无机自然界必然分为三类:αα)外部的、普遍的肺;ββ)特殊的肺,或被降为有机环节的普遍东西,即淋巴和全部存在的有机

体;γγ)单一的东西。血液由空气、淋巴和消化造成,是这三个环节的变化。血液从空气中获得纯粹分解,取得空气中的光和氧;它

从淋巴获得中性液体;它从消化中取得个体性,取得实质性的东西。这样,血液就成为完整的个体,又自相对立,并且产生出形态来。

a)肺循环里的血液在具有一种独特的运动时,就是纯粹否定的非物质的生命,它以空气为其自然界,在这里得到了对于空气的纯粹克服。随着第一次呼吸,婴儿就开始了自己的个体生活,在这之前,婴儿在淋巴里游泳,是以植物吸收养料的方式进行活动。从卵或母胎中出生后,婴儿开始呼吸;这时,他就对自然界发生了关系,这个自然界是一种已经变为空气的东西。但这种东西在婴儿呼吸过程中不是接连不断地流动,而是有间断性;这是简单的有机应激性和活动,凭借这种活动,血液显现自身为纯粹的火,并且作为纯粹的火产生出来。

b)血液是对淋巴里的中性状态和游动的扬弃;血液刺激整个外部有机体,促使它运动,安排它回复到它自身,从而克服了这种中性状态。这种运动同样也是消化系统,是各个不同环节的循环。淋巴管到处形成自己固有的淋巴结或过滤器,淋巴在那里消化自己,最后汇集到 ductus thoracicus〔胸导骨〕里。这样,血液一般就使自己有了流动性,因为它不可能是某种静止不动的东西。淋巴由原来含水过多的中性物质变成脂肪(骨髓就是这样的脂肪),因此,不是变成高级动物形式,而是变成植物油,用于营养。所以,凡具有冬眠习惯的动物,夏天显著发胖,冬天就从内部储备中吸取营养,因而在春天很瘦弱。

c)最后,血液是个别东西的真正消化过程,这就是一般的蠕动运动。作为个别性的这样的过程,血液分为三个环节:$\alpha\alpha$)迟钝的、内在的自为存在的环节,这就是疑病和忧郁病的形成、由这类 $(\text{VII}_1,575)$

病引起的睡眠以及一般的静脉血,这种血液在脾脏内成为这个半夜发作的力量。据说,静脉血在脾脏内会与碳结合;而这种结合正是血液变成土,即变成绝对的主体。ββ)血液从这里过渡到门静脉系统,在这个系统里,血液的主观性就是运动,从而成为活动,成为起消耗作用的火山。血液在肝脏这样地活动,就对胃里制成的稀糊状食物发生了作用。在胃里,消化是从嚼碎食物开始的,同时也是从渗入唾液淋巴开始的。胃液和胰液就好像是溶解酸,使食物发酵。这就是淋巴活动和加热过程——化学有机环节。γγ)在十二指肠(duodenum)里,火和门静脉血产生的胆汁达到了对于食物的真正完全克服。这种转向外部的、依然在淋巴里活动的过程,变成了自为存在,并且在现在变成了动物的自我。乳汁这个血液的产物返回到了血液里;血液自己创造了自己。

个体性的巨大内部循环就是这样,循环的中项是血液本身,因为血液就是个体生命本身。血液作为躯体所有部分的共同实体,是把一切都统摄为内在统一的应激性活动;它是热,是内聚性和比重的转化,但它不仅仅从这方面进行分解,而且对一切部分都作真正动物性的分解。就像任何食物都变成血液一样,血液也为躯体的一切部分而牺牲自己,躯体的一切部分都从血液那里获取自己的营养。从这个完全现实的方面看,血脉的搏动就是这样。有人说过,各种液汁都是分泌的产物,所以是无机的,还说只有躯体的坚实部分才有生命。然而,第一,这样的区分本身没有什么意义,第二,血液不是生命,而是活的主体本身,它是与类属、普遍东西相对立的。瘦弱的素食民族和印度教徒不吃动物,而保全动物的生命;犹太民族的立法者唯独禁止食血,因为他们认为动物的生命存

(VII₁,576)

在于血液中。血液是这种无穷无尽的、连续不断的和竭力超出自身的躁动,而神经则是宁静不动的、怡然自得的东西。无穷无尽的分化,各个部分的这种分解和再分解,就是概念的直接表现。这里,概念可以说是显而易见的。在舒尔茨教授所作的描述[65]里,概念是以直接的感性方式表现出来的:血液中有形成血球的趋向,但终究没有形成。如果把血液滴入水中,血液就形成血球,但活血本身不会这样。由此可知,只有当血液死亡,当它同大气接触时,才出现血球。所以,认为这些血球永远存在的看法,像原子论一样,是一种虚构,是建筑在假象之上的,就是说,是以看到血液被迫从机体外流的那种现象为依据的。血脉的搏动是血液的首要规定;血液循环就是生命的所在,在这里,知性的机械解释是无效的,通过任何最细致的解剖学研究和显微镜观察都无济于事。有人说,血液由于受空气作用而在体内燃烧时,就吸入大气而呼出氮气和碳气。但是,用这种化学观点是理解不了任何东西的,不断地打断呼吸过程的正是生命活动,而不是化学过程。

　　把这种内部分化集中于一个系统的是心脏,而心脏是充满活 (VII$_1$,577)
力的肌肉本原。这个系统处处都与再生过程联系着。我们发现心脏内没有神经,相反,心脏是集中应激性的纯粹活力,是搏动的肌肉。作为绝对的运动,作为天然的生动的自我,作为过程本身,血液是一种运动,但不是被运动。生理学家竭尽全力来解释这种运动,他们说:"血液首先由心肌排出,然后借助于动脉壁和静脉壁,受到坚硬部位的压力的推动;在静脉里,心脏的冲力当然已不起作用,只有静脉壁的压力有效。"然而,生理学家的所有这些机械的说明[66]都是不充分的,因为他们不能解释动脉壁、静脉壁和心脏的这种有弹性的压力的来源。他们回答说,压力"来自血液的刺激";这意思是说,心脏促使血液运动,而血液运动又是促使心脏运动的动力。这是一种循环论证,是一种 perpetuum mobile〔永动机〕;由于各个力量处于平衡状态,这种永动机必定会立即停止不动。正因为如此,血液本身倒是运动的本原;血液是跳动的中心,它使动脉的收缩与心室的松弛恰好吻合。这种自己运动并不是什么不可理解、不可认识的东西,除非"理解"是指某种外在东西被证明为运动的原因。这种外在原因只不过是外在必然性,就是说,根本不是必然性。这种原因本身又是某种东西,而这种东西的原因又有待于探究,如此递进,总是达到某种外在东西,导致单调的无限性;这种单调的无限性是没有能力思考和想象普遍东西、根据或单纯东西的表现,这种单纯的东西乃是对立的统一,因而是不能运动而又运动的东西。血液就是这种对立的统一,就是能像意志一样引起运动的主体。血液作为整个运动过程,既是运动的基础,

又是运动本身。但血液作为一个环节,也同样偏离自身,因为它是自相区别。运动正是这种明显的自身偏离,由于这种偏离,运动就构成主体或事物,同时运动也是这种偏离的扬弃,作为对运动自身与其对立面的统摄。然而,恰恰由于对立面潜在地自己扬弃自己,从对立面方面出现复归过程,所以运动又表现为部分和结果。这样,就从形态中产生了活跃的和有生气的血液力量,但是血液的内在运动也需要真正机械的外在运动。血液运动着,坚持各个部分的否定的质的区别,但不能没有外在运动的单纯否定。长期卧床不动的病人,例如,由于动过截除手术,他的关节就会僵化;由于缺少这种外在运动,滑液就会减少,软骨就会硬化,肌肉也会松弛。

血液循环本身一方面应被看作是每一部分都参与的这种一般循环运动;然而,血液循环同时也是某种完全有内在弹性的东西,它不仅仅是那种一般的循环运动。即使在躯体的不同部位,血液运动一般也有所不同。在门静脉系统和头盖骨内,血液运动比在躯体的其他部分慢,反之,在肺内血液运动则较快。患 panaricium〔脉冠炎〕时,翘骨动脉(radialis)每分钟搏动一百次,在健康的方面则仅仅搏动七十次,同心脏的搏动一致。再有,动脉和静脉的血液是通过最细的管道(毛细管)彼此过渡的,有些地方细到没有红血球,而只有黄血浆。索梅林(§. 72)[67]说,"就眼睛而论,动脉看 (VII₁,579) 来延续至更细的、不再有红色血液的支脉,这些支脉最初也是转入同样细的静脉的,但到最后就转入了有红色血液的小静脉。"由此可见,真正可以称之为血液的东西不是一种简单的过渡,而是一种运动,在运动中血液时而消失,时而重新出现,这是有弹性的振动,而不是循序前进。因此,过渡不能直接观察到,或者说,只有在罕见的情况下才能观察到。特别是各条动脉,还有各条静脉,经常网联在一起,有时形成更大的支脉,有时形成完整的大血管丛,因而根本不能再想象这些地方会出现真正的循环。血液从两侧涌入网联的支脉,形成一种平衡,它不是流向一侧,而只是一种内在的振动。要是只有一条支脉,也许可以想象一个流向占优势,但如果有许多完整的纤毛冠或血管丛,则是一个流向抵消另一个流向,并把运动变为普遍的内在搏动。"在任何开放的动脉里,血液在心脏收缩时的喷射都比心脏松弛时的喷射远得多。在动脉里,收缩的时间较扩张的时间延续得长一些,心脏的情况则与此相反。然而,我们切不可这样想象生气勃勃的动脉系统,以为血液是以圆波形式不断运转的,或以为袒露出来的动脉的全部长度就像一条串连着许多含珠的线绳。相反,动脉系统在其全部长度中,在其全部支脉中,总是表现为圆柱形。心脏每跳动一次,动脉系统都会有轻微振动,都会向两侧均匀地扩张,而这种扩张很难以察觉,只有在较大的血管中才能多少察觉出来;但在心脏收缩时,动脉系统则仿佛随之收缩"①。由此可见,循环是存在的,但它是振动式的循环。

（VII₁,580）　　在肺和肝里,动脉血和静脉血之间的区别达到了自己的实在性。这就是伸肌和屈肌之间的对立。动脉血是一种向外扩展的、分解的活动,静脉血则是在自身的运动;肺系统和肝系统构成它们的独特生命。化学解释了它们的区别,说动脉血含氧气多,因而呈鲜红色,静脉血含碳多,滴入氧气管内,也会变为鲜红的。但这个解释只涉及事实,没有说明这两类血液的性质和它们在整个循环系统内的关系。

普遍的过程是,自我经过其彗星的、月球的和地球的过程返回到自身,从其内脏返回到其统一。这种复归也就是自我的一般消化过程,因而在复归以后自我的特定存在就是宁静;这就是说,自我返回到一般的形态,一般的形态是自我的结果。那种扬弃形态的过程,仅仅把自己分离为内脏,从而恰好自己形成了自己,同时也构成了营养过程,而营养过程的产物也正是形态。这种营养作用并不在于动脉血分离出充满氧气的纤维素。倒不如说,动脉呼气管里更多地盛着经过加工的蒸气——一种极其普遍的营养品,躯体的每个部分都从这里获取自己所需的东西,并造成自己在整

---

① 奥滕里特,前引书,第I部分,§. 367—369。

个躯体中具有的性状。这种从血液产生的淋巴就是赋予生命的营养品。更确切地说，正是普遍的生命创造或每个环节的自为存在把无机界或一般有机体变成自己的东西。血液不供给物质，而是给每个环节以生命，主要的问题在于每个环节的形式。这不仅是动脉的功效，而且是分为静脉血和动脉血的这种二重性血液的功效。所以，心脏是无处不在的，有机体的每一部分只不过是从心脏本身分化出来的力量罢了。

严格地讲，再生的东西或消化系统不是躯体各部分的完备系 （VII₁,581）统。这是因为，感受性和应激性系统属于不同的发展环节，再生则不创造任何形态，除了仅仅是形式的东西，也不是完整的形态，因此不会迥然不同地分为形式的规定。在这里，再生系统只能被称为抽象的，因为它的功能只限于同化。

α. 模糊的、直接的再生的东西，是细胞组织、腺体、皮肤、简单的动物胶质和管道。凡是仅仅由这样的东西组成的动物，还没有发展出什么差别。形态以皮肤为有机活动；与此相联系的是淋巴，它同外部的接触构成整个营养过程。外部有机体的直接自我回归是皮肤，在皮肤里外部有机体成为自我相关的机体。最初，皮肤还只是内部机体的概念，因而是形态的外在东西。皮肤可以是任何东西，可以成为任何东西，包括神经、血管等等；从吸收功能看，皮肤是植物性有机体的一般消化器官。

β. 皮肤在指爪、骨骼和肌肉里已经表现出不同的关系，但现在它打断吸收过程，作为个别的东西同空气和水发生关系。有机体与外物发生关系，不仅是把外物当作一种普遍的元素，而且也是把外物当作个别的东西，即使只是一口水也罢。因此，皮肤也是返回自身,向内发挥作用的。皮肤除了到处都有洞孔以外,还形成嘴这样一个单独的洞孔,把无机物作为个别的东西加以捕捉和吞食。个体强占了这种无机物,撕碎了它的纯粹外部形态,把它变成自身的东西。这个转变不是通过直接的吸收完成的,而是借助于一种中介运动完成的,这种运动使强占的无机物经历了各个不同阶段。这就是对立面的再生过程。高级动物的直接的单纯的消化活动展现于内脏系统,包括胆汁、肝系统、胰腺或腹腺以及胰汁。整个说来,动物的热的来源在于它所消耗的东西正是个别的形态。热是自我反映的有机体的绝对的中介运动。这种有机体自身包含有各种环节,它用这些环节的运动去攫取个别的东西,从而使自己保持积极的态度。有机体吸收食物是通过:1)有机淋巴或唾液;2)碱酸的中和,动物的胃液和胰汁;3)最后是胆汁,火的元素对摄取的食物的袭击。

(VII₁,582)

　　γ. 胃和肠道都是回归到自身的或内脏的再生的东西。胃直接就是这种有消化作用的热,肠道把被消化的食物分裂为两部分:1)被排泄的、完全无机的东西;2)完全动物化的东西,这种东西既是现存形态的统一,也是分解过程中的热的统一,这就是血液。最简单的动物只是一种腔肠。

3. 总体的形态

§. 355

　　为了构成形态,各个环节的差别及其系统联结为普遍的、具体的相互渗透关系,以致形态的每个形成物都包含着这些在形成物内连在一起的环节。同时形态也相应地把自身分成(insectum)：
a)头、胸、腹三个系统的中心；这些系统的末端发挥着机械运动和
捕捉东西的功能，构成了把自身设定为对外不同的个别性的环节。
b)根据抽象的差别，形态把自己区分为两个方向——对外的方向　　(VII₁,583)
和对内的方向。每一形态都分有每一系统的对内方面和对外方
面。对外方面本身是有区别的，它以其器官和四肢成双对称的性
质表现这种区别。(毕夏：《有机体和动物的生命》[68])c)在这个自
相关联的普遍性中，整体作为已经成为独立个体的形态，同时又分
离出性别关系，因而就转向外部，同另一个体发生关系。形态是自
我封闭的，所以就给自己指出了自己的两个向外的方面。

〔**附释**〕感受性、应激性和再生过程具体地联结成整个的形
态，形成了有机体的外部形态，形成了生命力的结晶。

α. 首先，这些规定纯粹是一些形式，像在昆虫身上一样是彼
此分开的；每一环节都作为这种规定的环节或在这一形式下的环
节构成完整的体系。于是，头是感受性的中心，胸是应激性的中
心，腹则是再生过程的中心。这些中心包含最重要的内脏和内部　　(VII₁,584)
功能，而手、足、翼、鳍等末端则标志着有机体同外部世界的关系。

β. 其次，这些中心也是发达的总体，因此，其他规定不仅被确
定为一些形式，而且被表现和包含于每个这样的总体中。每个抽
象的系统都贯穿于一切系统并和它们相联系，每一系统都展示出
完整的形态，展示出神经、血管、血液、骨骼、肌肉、皮肤、腺体等系
统，所以，每个系统都构成完整的结构。这就造成了有机体的交织
状态，因为每一系统都交错于另一占主导地位的系统，同时在自身
又保持着联系。头脑有感官、骨骼和神经；但其他系统的所有部

分,如血液、血管、腺体和皮肤,也从属于头脑。同样,胸也有神经、腺体、皮肤等。

γ. 除了这两种不同的总体形式以外,还有第三种总体形式,这种形式属于感觉本身,它的主要特征在于它类似灵魂。这些高级统一体把所有总体的器官集中在自己周围;并在感觉主体内把所有这些器官联结在一起,这也造成相当大的困难。它们这样做,就是把一个系统的特殊部分同另一个或另一些系统的特殊部分联系起来,但它们在自己的功能方面之所以有联系,部分地是由于它们形成具体的中心,部分地则是由于它们在感觉主体内有它们联合的自在东西,有它们的比较深刻的规定。可以说,它们是一些类似于灵魂的结节。灵魂在人体内一般是以自我决定的实体出现的,而不单单顺应肉体的特殊联系。

1)例如,嘴属于一种特别的,即感受性的系统,因为嘴里有舌,舌是味觉器官,是理论活动过程的一个环节。嘴里还有牙,牙属于末端,因为它的功能是抓取和撕碎外物。此外,嘴也是发音和说话的器官。其他类似的感觉,像渴的感觉,也在那个地方。笑和接吻也靠嘴来完成。由此看来,嘴包括多种感觉的表现。另一个例子是眼。眼是视觉器官,它同时也流泪,甚至动物的眼睛也流泪。视觉和流泪这两种功能,尽管看来相距甚远,但都发生在同一器官,在有感觉能力的生物中是有它们联系的内部基础的;因此,它们具有一种高级联系,而我们并不能说这种联系是包含于生命有机体的过程中的。

2)还存在另外一种联系,在这种联系中有机体的现象表现于彼此相隔很远的躯体部位,它们的联系不是肉体的,而只是潜在的。因此有人说,这些部位之间存在着一种交感作用,拟用神经解释这种作用。但有机体的所有部位都有这种联系,所以这种解释是不充分的。此种联系以感觉的规定性为根据,对于人来说则是以精神的东西为根据。噪音的发达和性的成熟就有这样一种联系,这种联系存在于有感觉能力的生物的内部深处。妊娠期间乳房的鼓起也属于这种联系。

3)如果有感觉能力的生物在这里产生了不具有肉体性质的联系,那么,这种联系就会又把各个具有肉体性联系的部位分隔开。例如,我们可以让身体的某一部位活动,而这一活动又是以神经为中介。然而这些神经本身是一些神经分支,它们同许多别的神经分支相联系,在一个与脑髓相连的躯干内合为一体。有感觉能力的生物无疑会通过这整个躯干来活动,但感觉却把这一活动点孤立起来;因此,这一点的活动是由相应的神经实现的,或者说,是以相应的神经为中介的,而没有其余的肉体性联系参与。奥滕里特(前引书,第 III 部分,§. 937)引用下列例子来说明这一道 (VII₁,586)理:"由内在原因引起的流泪是比较难于解释的,因为伸向泪腺的神经属于第五对神经,而这对神经同时也供许多别的部位使用,在这些部位忧伤的情感不会像在泪腺那样引起任何变化。灵魂能够在某几个方向上向外活动,但这个流泪的方向却不会受神经网络的支配,我们能够依靠个别肌肉使身体的个别部位按一定方向活动,虽然这种肌肉通过共同的神经躯干也同其他许多肌肉联系着,但这其他许多肌肉并不参加这一活动。在这种情况下,甚至意志也是很明显地仅仅通过所有这些肌肉的共同神经躯干而活动的。这个神经躯干的各条纤维是那样复杂地相互交错在一起,以致如果把这根神经切断或扎断,灵魂就不能再对神经所涉及的肌肉产生任何影响,即使这些肌肉同身体其他部位的所有其他各种联系,例如通过脉管、细胞组织等等,都没有受到损害。"这样看来,有感觉能力的生物的自在东西,作为至高无上的东西,支配着各个系统的有机联系和活动。哪里不存在肉体性联系,有感觉能力的生物的自在东西就在哪里建立这种联系;反之,哪里有肉体性联系,它就在哪里切断这种联系。

（VII₁,587）

在这种形态里也有对称,但只在一个方面,在向外的方面①;因为在同他物的关系中,自相同一仅仅表现为等同。形态的各种对内的环节,不仅没有成双对称的性质,而且解剖学家也已经发现,"像脾脏、肝脏、胃、肾和唾液腺这样的内脏器官,其形式、大小、位置和方向常常是不相同的,尤其是淋巴管,它在两个主体中的数目和容积很少相同。"②正如毕夏颇为正确地指出的(前引书,第15—17页),在感受性系统中,感觉神经和运动神经是对称的,因为它们在每一边都受同一对神经支配。感觉器官也是如此,因为我们有两只眼睛和两个耳朵,连鼻子也有两个鼻孔,如此等等。骨骼系统也是非常对称的。在应激性系统里,肌肉和女性的乳房是对称的。用于运动、发音和机械性捕物动作的末端的韧带也是这样,因为臂、手和腿都是成双出现的。喉的非对称现象屡见不鲜,毕夏把这看作一种例外,他说(前引书,第41页):"多数生理学家,特别是哈勒尔⁶⁹,指明嗓音缺乏谐调的原因在于喉(du Lar-

① 毕夏,前引书,第14页。
② 同上,第22页。

ynx)的相互对称的两边不一致,以及它的肌肉与神经的力量不相同。"另一方面,脑、心、肺、神经节、内部再生血管系统、腹肌、肝和胃都不对称。神经节尤其突出,它们完全不规则,就是说,它们全然没有分为两侧。"交感神经全部用来为内脏生命活动服务,其多数分支都分布得不规则;例如,plexus solaris,mesentericus,hypo-gastricus,splenicus,stomachicus〔腹腔、肠系膜、腹下部、脾脏和胃的神经丛〕等等都是如此。"[1]

　　然而,对称成双的器官也不完全相同。尤其对人来说,职业、(VII₁,588)习惯、活动和精神一般又会把形态的这种相同变为不相同。人作为精神的东西,特别能把自己的活动集中于一个点,可以说,人不仅能往嘴里使劲以便取得动物营养,就像动物的嘴本能地使劲那样,而且能形成自己的形式,对外建立起自己的个体性,以专门方式把自己的身体的力量集中于身体的某一点上,从而按照目的把这种力量转到一个方面(比如,在写字的时候),而不是使这种力量保持平衡。人的右臂比左臂发达,右手也比左手发达。造成这种现象的原因当然与整个身体有关,因为心脏在左边,人总是不让这一侧突出,而用右侧保护它。同样,人的两个耳朵很少有听得一样好的,两眼视力往往并不同样敏锐,人脸双颊也极少完全相同。动物的这种对称性远比人要确定。四肢的构成和力气都是一样的,但敏捷的程度各异。很少由精神活动所制约的身体活动都保持着运动的对称性。"动物能非常机灵地从这一山崖跳到另一山崖,极小的动作偏差都会使它们坠入深渊;它们能以惊人的准确性在那

---

[1]　毕夏,前引书,第17—18页。

些几乎没有它们的胼胝宽的石面上行走。甚至连最笨拙的动物也不会像人那样经常摔倒。在动物身上,两侧的运动器官的平衡"远比人保持得严格,人是由于自己的意志而造成不平衡的。当人

(VII₁,589) 们获得了特别精神技能,例如会流畅地书写,会从事音乐、美术、手艺和剑术等等的时候,他的器官的平衡就归于消失①。相反,较为粗笨的、纯粹体力的活动,像列队操练、体操、跑步、攀登、窄路通行、跳高、跳远,却都可以保持这种平衡。但这些活动有碍于技艺活动,并且是没有思想的,所以一般都与精神的集中相矛盾。

在这一节里,形态首先被看作是静止的,其次被看作是对外与他物有关系的,因此,形态的第三个环节也就是它同他物的关系,但这个他物同时属于同一类属,个体在他物中感觉自己,从而到达对自己的感觉。雄性和雌性产生了整个形态的一种规定性,一种不同的习性,它也扩张到人的精神领域,成为一种不同的天性。

4. 形态形成过程

§. 356

形态作为活着的东西,实质上就是过程,而且作为这样的形

(VII₁,590) 态,是抽象的过程,是在其自身内形成形态的过程;在这一过程中有机体把自己固有的环节变成自己的无机物,变成手段,有机体消耗自己的力量,自己生产自己,即生产各个经过分化的环节所组成的这个总体,因此每一环节都交替地既是目的又是手段,既靠别的

---

① 参看毕夏,前引书,第35—40页。

环节保存自己,又在同别的环节的对立中保存自己。这个过程的结果,便是简单的和直接的自我感觉。

〔**附释**〕形态的形成过程作为第一个过程,是过程的概念,是非静止的形态的形成过程,不过,只有作为普遍的活动,作为普遍的动物性过程,才是这样。这个过程作为这样的抽象过程,就生命的力量在于把外在东西直接转变为动物性的东西而言,诚然应当看作是同外部世界相联系的植物性过程;但是,有机体作为一种发达的东西,却把自身表现于自己的特殊分化里,这种分化并不包含独立的部分,而只包含活生生的主观性的一些环节,所以这些环节就是已经由有机体的生命力所扬弃、否定和设定起来的。它们既存在,又不存在,既被抛到主观性之外,又被留在主观性之内,这个矛盾表现为持续不断的过程。有机体是内在东西和外在东西的统一,所以,α)作为内在的东西,它是形态的形成过程,而形态是一种被扬弃的东西,这种东西仍然封闭在自我之内;或者说,这种外在东西、他物或产物又回复到了有创造能力的东西里。有机统一体自己产生自己,而不像在植物中那样,会同时变成别的个体;有机统一体是一种自我复归的循环过程。β)有机体的他在,或外在的有机体,是自由存在着的形态,是与过程相对立的静止。γ)有机体本身是作为两个环节的统一的高度静止,是自相等同的非静止的概念。形态的一般形成过程是:血液在其发散中让自己降为淋巴,而淋巴的迟缓不定的流质却变成凝固的东西,得到分解,因 (VII$_1$,591) 为它一方面分解为肌肉的对立,这种对立是形态的内在运动,另一方面它又撤回到骨头的静止状态里去。脂肪或骨髓是这样一种植物性东西,这种东西就像植物发展成硅土产物一样,能转化为油,并排出一种中性物质,这种中性物质不是水,而是中性土质,是石灰。骨头就是介乎淋巴与骨髓之间的这种僵死的中性物。

但是,个体不仅仅以这种途径使自己客观化,而且同样使这种实在性观念化。每一部分都同另一部分相敌对,又靠着另一部分保存自己,但同样也扬弃自己。有机体没有什么一成不变的;一切东西都会被再生产出来,就连骨头也不例外。所以,关于骨头的形成里舍尔兰德曾说(前引书,第 II 部分,第 256 页):"用探针把内部 periostium〔骨膜〕破坏,包在骨头外的骨膜就脱离骨头,从那些分布到骨头组织里的脉管中吸取磷酸石灰,并在旧骨头周围形成新骨头。"器官只有适应构成整个生命的总目的,才有确定的作用。每一环节都从别的环节里取得自己所需的东西,因为每一环节都分泌动物淋巴,而淋巴被送给脉管,又回到血液;每一环节都从这个分泌物中吸取养料。因此,形态的形成过程是受消耗形成物的作用的制约的。如果有机体只限于这一过程,比如因病而停止对外活动,那么病人就得自己消耗自己,把自己变成营养物。所(VII₁,592)以,有机体在患病时就失去了同化无机物的能力,只能自己消化自己,因而变得消瘦。例如,布鲁毛艾尔[70]的《伊尼德》就叙述到伊尼爱斯的同伴们消耗了自己的胃;而且有人还研究过饿死的狗,确实发现狗的胃已被吃掉,有一部分是被淋巴管吸收的。这个自我分解和自我统摄的过程是一刻也不止息的。据说,经过五年、十年或二十年之后,在有机体内以前的东西什么也剩不下,因为在那段时间内所有物质都已被消耗掉,只有一种实体的形式还留存着。

一般说来,高度的统一在于一个系统的活动受另一系统的活动的制约。例如,消化和血液循环等等是否可以不依赖于神经活动,呼吸等等是否可以不依赖大脑,反过来说,当这些功能中的这个或另一个失调时,生命是否还能保存,对于这些问题,有人作了大量的实验和研究;其次,有人还研究了呼吸过程对血液循环有什么样的影响,如此等等。特雷维拉努斯(前引书,第 IV 卷,第 264 页)在这方面用一个"生下来就没有心和肺,但同时有动脉和静脉的小孩",作为例证。在母胎里,他当然能这样活着,但出了母胎就不行了。有人要从这一例证得出结论说,哈勒尔关于"只有心脏才是血液循环的唯一动力"的论断是不对的;这在过去是一个主要问题,现在已经明确。但问题在于,心脏摘除以后,血液是否还能继续循环?特雷维拉努斯(前引书,第 IV 卷,第 645 页以下)做了多次实验,专门研究青蛙的心脏;但除了折磨这些动物以外,他并没有得到任何结果。同哈勒尔认为只有心脏的跳动才引起血液循环的意见相反,特雷维拉努斯提出,"血液具有自己的动力,这个动力依赖于神经系统,这一系统的、特别是脊髓的正常影响,对于保持这个动力是必要的。"因为当某一环节的神经干和脊髓被 （VII$_1$,593）切断时,这一部分的血液循环就立刻停止。所以他由此得出结论说,"脊髓的每一部分和由此派生的每一神经干,维持着它们供给神经分支的那些器官的血液循环。"莱卡勒瓦[71]"看来连想也没有想到除了哈勒尔的理论之外,还可能存在着另外一种血液运动理论",竟然与特雷维拉努斯相反,提出一个假设,认为"血液循环仅仅取决于心脏的收缩,而且神经系统的部分损坏唯有对这个器官发生影响,才会削弱或者完全破坏血液循环";总之,莱卡勒瓦主张,心脏从整个脊髓那里得到自己的力量①。莱卡勒瓦在小家兔身上,也在一些冷血动物身上做了实验,结果得出如此结论:脊髓的某一部分,例如颈部、胸部或腰部,同身体的相应部位的血液循环确有紧密联系,而身体的某一部分从脊髓的相应部分获得运动神经。当脊髓的这一部分遭到损坏时,这就会对血液循环产生双重影响:α)这种循环剥夺了心脏本来从这一受损坏的脊髓部分得到的力量储备,从而削弱了整个血液循环;β)这种损坏首先削弱了身体的相应部分的循环,然后就迫使心脏还得为血液循环的整个领域完成同以前一样多的工作,虽然心脏再也不能从整个脊髓获得力量。如果脊髓受损坏的部位是在腰部,又把那个部位的动脉扎紧,那么那里就不再需要血液循环了;因为在身体的其余部分脊髓未受损害,所以心脏和血液循环仍保持平衡。这种其余的部分甚至活得更长久;换句话说,在莱卡勒瓦把脑髓和脊髓的后脑部分破坏时,血液循环还会通过颈动脉而继续进行。例如,一只小家

(VII₁,594) 兔的头被全部切掉,采取了防止出血的措施以后,它还活了 3/4 小时以上,这是因为随后出现过一种平衡。他做这些实验,都是用三天、十天或最大十四天的小家兔,而那些年龄较大的家兔则死得较快②。因为年龄较大的动物的生命具有较强的统一性,而年幼的则更多地类似于水螅型的生命。特雷维拉努斯反驳莱卡勒瓦的结论,他的主要经验根据是:即使脊髓受损坏而引起血液循环停止,

---

① 特雷维拉努斯,前引书,第 IV 卷,第 653 页,第 272 页,第 266—267 页,第 269—270 页,第 273 页,第 644 页。

② 《综览》,1818 年,第 312 期。(参看特雷维拉努斯,前引书,第 IV 卷,第 273—275 页。)

心脏也毕竟能继续跳动若干时间。特雷维拉努斯作完了这项研究以后,针对莱卡勒瓦得出了以下结论:"哈勒尔认为,心脏的跳动绝不直接依赖于神经系统的影响,这个学说是无可反驳的。"①不管人们认为这类规定和结论多么重要,他们除了认识到某些差别,例如心脏摘除后消化仍能继续等等,就不能进一步作出任何结论。但这种消化延续的时间是很短的,以致无论如何也不能把这二者看作互不相关。组织越完善,就是说,功能的分工越精细,它们之间的相互依赖关系就越加强。因此,在低等动物身上,这些功能有更坚强的生命韧性。特雷维拉努斯(前引书,第 V 卷,第 267 页) (VII₁,595) 为此举两栖类动物为例,指出"蟾蜍和蜥蜴能在完全封闭的石洞中活着"。这样看来,也许从创世时起它们可能已在那里存在了!"不久前有人在英格兰对两只蜥蜴作了观察,这两只蜥蜴是在苏弗里克的艾里顿附近一块白垩岩底下十五英尺深处找到的。起初,它们看来好像完全是死的;后来它们渐渐地开始表现出生命的征候,尤其在把它们置于太阳光下之后。它们二者的嘴都被黏物封住,所以它们呼吸受到阻碍。把其中的一只放入水中,另一只留在干燥处。前者能摆脱那个黏物,又活了几个星期,才最后死去。而后者第二天夜里就死去了。"一些软体动物、昆虫和蠕虫也在这方面给我们提供了更加令人触目的事实,这些动物经年累月没有食物也能活下去。蜗牛一年多没有头也能活着。有些昆虫能长期处于冻僵状态而不危及生命。有些动物能长期不要空气,另一些动物能在很热的水中生存。轮虫可以在四年以后重新复活,如此

---

① 特雷维拉努斯,前引书,第 IV 卷,第 651—653 页。

等等①。

B　同化

§. 357

个别性的自我感觉同样也是直接排他的,并且把无机自然界
作为自己的外部条件和物质,而与之保持一种紧张关系。

(VII₁,596) 〔附释〕对外过程是现实过程,动物在这一过程中已不再像患
病时那样,把自己固有的本质变为自己的无机物;反之,在这一过
程中有机体还必须让构成自己的环节的他物外化为这种抽象东
西,让无机物作为自己关涉的直接现存的外部世界可以在那里存
在。生命力的立脚点正是这种从自身发出太阳和万物的判断。生
命理念本身就是这种无意识的创造,一种自然的膨胀,它在有生命
的东西里返回到了自己的真理中。但无机自然界对于个体来说是
一种预定的、既成的自然界,生命的有限性也就在此。反之,个体
是自为存在的,但因为有机体内部具有一种否定性,所以两者的这
种联系完全是绝对的、不可分的、内在的和本质的。外在东西只具
有为有机体而存在的规定,有机体则是与外在东西相反,而保存自
己的东西。有机体既在内部同外在东西有紧张关系,也同样又趋
向于外在东西,这就引起了一个矛盾,就是在这种关系中两个独立
的东西处于相互对立的状态,外在东西则必须同时加以扬弃。所
以,有机体必须把外在东西设定为主观的东西,首先把它攫为己

---

① 特雷维拉努斯,前引书,第 V 卷,第 269—273 页(第 II 卷,第 16 页)。

有,使它与自己同一,而这就是同化过程。这个过程的形式有三重性:第一,理论过程;第二,现实的实践过程;第三,上述二者的统一,观念与实在统一的过程,使无机物变得适应生物目的的过程,即本能和发育冲动。

1. 理论过程

§. 357a

　　由于动物有机体在这种外在关系中是直接在自身得到反映 （VII₁,597) 的,因此这种观念的关系就是理论过程,就是作为外部过程,即作为特定感觉的感受性,这种感觉把自身分成对无机自然界的各种感觉。

　　〔**附释**〕有机体的自我是它的血液或纯粹过程和它的形态的统一。由于它的形态是在那种液体中完全被扬弃的,所以它包含的存在是某种被扬弃的东西。通过这种东西,有机体才上升为纯粹观念性,上升为这种完全透明的普遍性。有机体是空间和时间,同时又不是空间或时间的。有机体直观某种空间和时间的东西,也就是直观某种与自己有差别的东西,直观另一种直接同自己不相合的东西。这个直观运动是感觉的普遍因素。感受性正是规定性之消失于纯粹观念性,而这种观念作为灵魂或自我,在他物里也仍然不离开自身。因此,有感觉的东西就是自为存在的自我。动物是有感觉的,因此,它不仅感觉自己,而且以特殊方法来规定自己;动物感觉到自己的某种特殊性。它成为自己的特殊性,这就把有感觉的东西同无感觉的东西区别开了。因此,有感觉的东西那

里就有一种与他物的关系,这个他物是直接作为自我的他物设定
起来的。硬东西、热东西等等都是自我以外的独立东西,但同样也
是直接变化了的东西,是被弄成观念的东西,是我的感觉的一种规
定性;在我之内的东西和在我之外的东西,内容是相同的,只是形
式不同而已。由此看来,精神只具有作为自我意识的意识,换句话
说,我在涉及一个外在对象时,也同时为我自己而存在。理论过程
是自由的东西,是澹泊的感觉过程,它也允许外在东西持续存在。
我们从无机自然界看到的各种不同的规定作为感觉的变化形态,
(VII₁,598) 也构成有机体对无机自然界的各种不同的关系,因此它们叫做感
觉。

§. 358

所以,感觉和理论过程分为:a) 机械范围的感觉,像对于重
力、内聚性及其变化以及热的感觉,这就是感觉本身;b) 对立的感
觉,即 α) 对于特殊气体性质的感觉,β) 对于具体的水同样发挥出
来的中性以及对于瓦解具体中性的对立的感觉,这就是嗅觉和味
觉;c) 观念性作为抽象的自我关系,其中具有一种必不可少的、分
裂为两个互不相干的规定的活动,就此而言,观念性的感觉也同样
是双重的:α) 对于把外在东西表现给外在东西的观念性的感觉,
一般地说这是对于光的感觉,具体地说是对于在具体外界环境中
被确定的光的感觉,即对于颜色的感觉,β) 对于内在性的表现,即
对于声音的感觉,这种内在性在其外部表现中把自身宣示出来;这
两种感觉就是视觉和听觉。

〔**说明**〕我们从这里看到,概念环节的三重体怎样按照数量变

成了五重体;出现这种转变的总根据在于,动物有机体使分解了的
无机自然界还原为无限的主观性的统一,但动物有机体在这个统
一中同时又是无机自然界的发展了的总体,这个总体还只是自然
的主观性,因而它的各个环节是分别存在着的。

〔附释〕存在和属于存在的东西的直接统一,即感觉,首先是 (VII₁,599)
感觉本身,是同对象的非对象性的统一,但在这统一里对象同样也
回到自为存在。因此这个统一是双重的东西:对于作为形态的形
态的感觉和对于热的感觉。这里出现的只有模糊的差别,因为他
物也只不过是一般的他物,而没有成为一种在自身有区别的东西。
所以,差别——肯定的东西和否定的东西——是相互外在的,表现
为外形和热。这样看来,感觉就是对于土质、物质和抗力的感觉,
从这种感觉来看,我是直接作为个别东西存在的,他物则是作为个
别东西到我这里的,虽然就像我所感觉到的那样,他物是自为存在
的物质东西。物质的东西具有达到中心的渴望,而这个渴望是最
初在动物身上得到满足的,因为动物体内有这样的中心。我所感
觉到的,恰好就是这个无我的物质被迫趋于他物的活动。其次,与
这种活动有关的还有作出抵抗的各种特殊方式,像柔软、坚硬、弹
性以及表面的平滑或粗糙。外形和形态也只不过是这种抗力在空
间方面受到限制的方式。我们在各个范围所涉及的这些规定,就
像捆成一把花束一样,汇集于感觉之中;因为像我们在上文
(§. 355"附释"第524—525 页)看到的那样,感觉的本性恰恰有
力量把许多相距甚远的范围联结到一起。

至于说到感觉器官,嗅觉和味觉是紧密相关的,因为鼻和嘴的
联系最密切。如果说感觉是对事物的无差别的特定存在的感觉,

(VII₁,600) 那么嗅觉与味觉则是实践的感觉,它们的对象是事物的现实的为他存在,事物就是被这种他物所耗尽的。

在光里,某物作为直接的特定存在,仅仅直接地表现自己。但内在性的表现,即声音,却是内在性本身的被设定的和被产生的表现。物质的自我在视觉里表现为空间的自我,在听觉里则表现为时间的自我。在听觉里,对象不再是一种物。我们用两只眼睛看见的东西之所以相同,是因为两眼看到的是同一个东西,就像好几支箭仅仅击中一个目标一样,两只眼睛把自己看对象的两个视觉活动合为一个视觉活动。显然,正是方向的统一消除了感觉活动的差异。但把一个对象看成两个也是完全有可能的,如果这个对象在两个眼睛的视野之内,而眼睛却专注于别的什么东西。例如,如果我的眼睛注视着某个远方的目标,同时又关注到我的手指,那么,不用改变眼睛的方向,我就可以感觉到手指,一举看到这两个对象。这种对整个视野的意识就是分散的视觉。对这个问题政府全权代表舒尔茨写了一篇有趣的文章,登在施魏格尔编的杂志上(1816年度)[72]。

作为在自然界得到发展的概念总体,四重体也可以发展为五重体,因为差异不仅是双重的,而且自己表现为三重体。我们本来可以把观念性的感觉作为开端;这种感觉所以表现为双重的,是由于它是抽象的东西,同时却又应当是总体。对自然界的观察,我们一般都从相互外在的观念东西开始,这种东西是空间和时间,而空间和时间又是双重的,因为概念是具体的(概念的各个环节都是完整地存在的;但在抽象东西中它们表现为分散的,因为内容在这种还没有在其具体性中被设定起来）。这样,一方面我们现在具 (VII₁,601) 有由物质规定的空间的感觉,另一方面我们又具有物质性的时间的感觉。空间在这里是根据光明与黑暗这个物理学的抽象确定的,时间则是内部的颤动,是对己内存在的否定。感觉总体的第二个组成部分,即嗅觉和味觉,仍然保持其原来的地位;于是,触觉就成了第三个组成部分。这样的排列并没有多少重要性,重要的是感觉在理性中构成一个总体。因此,由于理论关系的范围是由概念规定的,所以,在这个范围里就确定不会再有各种感觉了,虽然在低等动物中可能连这些感觉也没有。

有感觉作用的感觉器官是皮肤的一般官能。味觉器官是舌肌,是中性的东西,它同嘴相关联,也就是说,同开始成为内在东西的皮肤相关联,或者同整个表面的植物普遍性的消失相关联。鼻子作为嗅觉器官同空气和呼吸相关联。如果说触觉是形态的一般感觉的话,那么味觉就是消化感觉,是外部食物通入内部的感觉。嗅觉像属于空气一样,属于内部有机体。视觉不是上述某种机能的感觉,它同听觉一样是大脑的感觉。在眼睛和耳朵里,感觉对自己发生关系;客观的现实性在眼睛里是一种无差别的自我,在耳朵里则成了扬弃自己的自我。发声作为能动的听觉,是纯粹的自我,它把自己设定为普遍东西,以表现痛苦、欲望、欢乐和满足。每个动物在暴死时都要喊叫,表示它的自我的消亡。感觉是饱和的和充实的空间,但在发声时,感觉返回自己内部,成为一种否定的自我或欲望——感到自己作为纯粹的空间是没有 (VII₁,602) 实体的。

2. 实践关系

§. 359

现实过程或同无机自然界的实践关系,是从自己内部的分裂开始的,是从感到外在性否定主体开始的,主体同时是肯定的自我相关,并确信自己能胜过自己的这种否定。换句话说,现实过程是从缺乏的感觉和克服这种感觉的本能开始的,这里出现的是受到外部刺激的条件,是以客体的方式在其中设定的主体的否定,而主体与客体处于对立的紧张关系里。

〔**说明**〕只有有生命的东西才有缺乏感,因为在自然界中只有它是这样一个概念,这个概念是其自身与其特定对立面的统一。在有界限的地方,界限就是仅仅对于某个第三者、对于外部比较的否定。但是,矛盾本身在一个东西里既是内在的和被设定的,又同样超出这个东西,就此而言,缺乏就是界限。主体是这样一种东西,这种东西在自己内部包含着它自己的矛盾,并能承受这种矛盾;这就构成主体的无限性。同样,即使有人说理性有限,理性也会表明,正因为它规定自己为有限的,所以是无限的;因为说否定是有限,是缺乏,这仅仅是相对于那种扬弃有限、无限地自我相关的东西而言(参看 §. 60“说明”)。缺乏思想的人停留在界限的抽象性上,在概念本身获得现实存在的生命里也同样无法理解概念;这种人固守着一些观念的规定,诸如冲动、本能、需求等等,而不问这些规定本身究竟是什么。但是,对于这些规定的观念的分析将会表明,它们都是否定,是被设定为包含在主体自身的肯定之内的。

关于有机体的研究,用外部力能引起刺激的范畴来代替了外部原因对内造成结果的观念,这对真正了解有机体迈出了重要的一步。唯心论的开端就在于它认为,假如有生命的东西同某种东西发生肯定关系的能力不是自在自为地得到规定的,就是说,不是由概念来规定的,因而根本不是主体所固有的,那么,就没有什么东西能与有生命的东西具有肯定的关系。很久以来,那类形式的和物质的关系就被认为有哲学意义,但是,把它们引入刺激理论,如同反思范畴的某种科学杂烩一样,并没有哲学意义。例如,感受能力和作用能力的极其抽象的对立,据说它们作为两个因素在数量上互成反比;由于这样,有机体的一切需要理解的差别就都陷入了关乎增减、强弱的单纯数量差别的形式主义,也就是说,陷入了最大限度地违背概念的境地。建筑在这些枯燥的知性范畴之上的医学理论,是用一些半通不通的命题完成的,它得到迅速传播和许多门徒是不足为怪的。造成这个迷误的原因在于根本错误地认为,在把绝对规定为主客绝对无差别以后,所有规定就只不过是数量的差别的了。倒不如说,绝对形式,即概念和生命力,唯独以自 （VII$_1$,604）我扬弃的质的差别,以绝对对立的辩证法为其灵魂。可以想象,只要这个真正的无限的否定性还没有被认识,那就像斯宾诺莎的附性和样态出现于外在知性里一样,不能坚持生命的绝对统一,而不使差别变为反映的单纯外在差别;这样,生命就还缺少自我性的飞跃点,缺少自己运动的本原,缺少生命在自身内的分裂过程。

其次,有人用碳和氮、氧和氢直接代替概念的规定,把其中的内涵差别规定为这一物质或那一物质的数量多一些或少一些,而把外部刺激有效的和肯定的比例规定为所缺物质的增补,这种做法我们也应看作是完全没有哲学意义的和粗浅的。在患虚弱病时,例如在患神经炎症时,据说有机体内的氮就获得优势,因为化学分析表明,氮是脑和神经的主要组成部分,所以这些有机组织一般说来应该含有加倍的氮;因此,应当给病人补充碳气,以便恢复这些物质的平衡,从而恢复健康。正因为这个理由,经验证明治神经炎症有效的药物就被看作是属于碳气方面的,而且把这种肤浅

(VII₁,605) 的类比和臆想吹嘘为构造和证明。这种意见之所以粗浅,在于它把最昭目的 caput mortuum〔骷髅〕,把化学分析再次毁灭已死的生命时所涉及的死物质,当作活器官的本质,甚至当作活器官的概念。

不认识和不重视概念,一般会导致懒散的形式主义,用化学物质这样的感性材料,用南北磁极这样属于无机界范围的关系,甚至用磁本身同电的区别,来代替概念规定,并且将这类材料制成的图式从外部附加到宇宙的各个领域和差别上,以此来了解和阐明宇宙。这样,就会有大量的各种各样的形式可用,因为有人总是喜欢采用化学领域内出现的氢、氧等类规定作为图式,把它们推广到磁、机械过程、植物界、动物界等等领域,或者以磁、电、雄性和雌性、收缩与扩张等为基础,把它们理解为任何其他领域的对立,然后应用到其他领域里。

〔**附释**〕诚然,实践过程是对外部无机自然界的独立物质存在的改变和扬弃,但这终究还是一个缺乏自由的过程,因为从动物的欲望看有机体是趋向于外部的。人们以为,只有在意志里他们才有自由,然而正是在这种情况下他们才同某种现实的、外在的东西

发生关系。人只有在他的合理的意志里才是自由的,这种意志是 （VII₁,606）
理论的东西,也是存在于感觉的理论过程之内的。因此,最初的东
西在这里是主体的依赖感,即主体是不独立的,反之,另一个否定
的东西对于主体来说才应该是必然的,而不是偶然的;这是一种不
惬意的需求感。一个只有三条腿的凳子,我们会感到是缺陷;但生
命本身就包含着缺陷,生命知道界限是缺陷,因而这缺陷也就终归
得到了扬弃。感到痛苦是高级动物所特有的权利,动物越高级,
它所感到的不幸就越多。伟大的人物有巨大的需求,也有满足
这些需求的冲动;伟大的行为仅仅发自深切的痛感;恶事的起源
问题在这里得到了解答。由此可见,动物在否定的东西中也同
时肯定是自在的。这也表现高级动物在这种矛盾状态中生存的特
权。同样,动物在自身得到满足的同时,也恢复了它所失去的
平静;动物的欲望是对象的唯心论,因此对象绝不是什么异己的
东西。

　　谢林经常超过类比方法的限度,因此在他的哲学中这一节所
说的那种把握对象的方法就作了充分的表演。奥铿、特罗克斯
勒⁷³和其他人也完全陷入了空洞的形式主义;例如我们在上文
（§. 346“附释”第464—465页）看到,奥铿称植物的木质纤维为
它们的神经,而其他人则称植物的根为它们的大脑(参看上文
§. 348“附释”第479—480页),同样,大脑就被看作是人的太阳。
为了表示植物生命或动物生命某一器官的思想规定,名称不是取
自思想领域,而是取自另一领域。但要想规定其他形式,大家也切
不可又从直观取得形式,而是必须从概念创造出形式来。

§. 360

需求是特定的需求,它的规定性是它的普遍概念的一个环节,虽然它的规定性是以无限多样的方式特殊化了的。冲动是克服这种规定性的不足的活动,也就是克服这种规定性的形式的活动,而这种形式最初只不过是主观的东西。由于规定性的内容是原始的,是在活动中保持自己的,并且只有通过活动才能得到发挥,所以冲动就是目的(§. 204),而且只有在有生命的东西里才是本能。这个形式上的缺陷是一种内部兴奋,它的内容的特殊规定性同时也表现为动物对自然领域的特殊个体化的关系。

〔说明〕理解本能是有困难的,造成这种困难的秘密完全在于目的只能作为内在概念加以理解,因此,单纯的知性解释和知性关系就立刻显得对本能是不妥当的。有生命的东西应该被看作是按照目的进行活动的,这个基本定义早已被亚里士多德所掌握,但在近代几乎被人遗忘殆尽,直到康德才以他自己的方式,用内在合目的性又恢复了这个概念,认为有生命的东西应被看作是以自身为目的。在这个问题上造成困难的主要原因,在于目的关系往往被想象为外在的,而且有一种意见颇为盛行,以为目的似乎仅仅是以有意识的方式存在的。其实,本能是一种以无意识的方式发生作用的目的活动。

〔附释〕冲动既然只能通过十分确定的行动来满足,所以这就表现为本能,因为看来这是按照目的规定作一种选择。但是,冲动并不是一种自觉的目的,所以动物还不知道它的目的就是目的。

亚里士多德把这种按照目的进行无意识活动的东西叫作 φύσις

〔天赋〕[74]。

§. 361

就需求同普遍的机械运动和抽象的自然力量有关联而言,本能也不过是内在的、非交感的兴奋(如睡眠和苏醒、根据气候变化和其他因素所进行的迁徙等等,就是这种情况)。但是,作为动物与其个体化的无机自然界的关系,本能一般是特定的,而且从它的其他特性来看,它的范围也只是一般无机自然界的有限范围。本能对无机自然界保持着一种实践关系,是内在兴奋与外在刺激的映现的结合,并且它的活动有一部分是无机界的形式的同化,另一部分则是无机界的现实的同化。

〔**附释**〕苏醒和睡眠并不是外物刺激的结果,而是与自然界及其变化共同发生的一种不经过中介的过程,表现为内在宁静和与外在世界的分离。动物的迁徙,例如鱼游弋到别的海里,也是这样一种共生现象,是自然界内部的一种过程。睡眠是由于缺乏感产生的,而不是由于需求产生的;人们并不能想睡眠就睡眠。可以这样说,动物积食冬眠是出于本能;这与苏醒是同一类过程。有机体越低级,它与这种自然生命的共生程度也就越大。原始民族能感觉到自然的进程,但精神却把黑夜变成白昼,所以,一年四季的情绪变化在较高级的有机体里是很微弱的。在一定的季节,人们在野兔或鹿的肝脏和大脑中发现的蛔虫是机体的虚弱之处,机体的一部分在这个地方分离出自己的独特的生命。既然动物是以交感的方式与普遍的自然进程共同生存的,所以要说动物与月亮、地球生命和恒星生命有联系,认为鸟类的飞翔(例如在地震时)有所预

(VII$_1$,609)

兆,那是不足为奇的。一些动物有预感气候的能力,尤其是蜘蛛和青蛙,它们是气候的预卜者。人也能在自己的薄弱部分,像伤疤这样的地方,感觉到未来的天气变化;所以气候变化可以在人身上存在和显示出来,虽然这种变化是在以后才作为天气变化正式体现出来。

特定的动物有完全特定的冲动。每一动物都以一个有限的范围为它自己的无机自然界,这个无机自然界完全是它自己支配的领域,它必须靠本能从复杂的环境中找出这个无机自然界来。狮子并不是仅仅看到一只鹿,就引起对鹿的欲求,鹰不是仅仅看到一只兔子,就引起对兔子的欲求,其他动物也不是仅仅看到面前的谷、米、草、燕麦等,就引起对它们的欲求;这里还有一种选择。动物的冲动是内在的,以致对动物本身存在的是草的特殊规定性,而且是眼前这片草、这堆谷的特殊规定性,而任何其他事物对于动物都是完全不存在的。人是体现共性、进行思维的动物,他有广阔的天地,能把每个事物都当作他的无机自然界,当作他的知识对象。不发达的动物只以基本的东西——水——为它们的无机界。百合、柳树和无花果树都有它们自己特有的昆虫,这类昆虫的整个无机自然界完全局限于这种植物。动物只能为它的无机自然界所刺激,因为对于动物来说对立面仅仅是它的对立面。动物不能认识全部他物,每个动物只能认识它的他物,这个他物恰好就是每个动物固有的本性的重要环节。

§. 362

本能以形式的同化为目标,就此而言,它把它的规定迁移到外

在性中,将一种符合于目的的外在形式赋予这些外界材料,并使这 (VII_1,610)
些东西的客观性得以长期存在(如修筑鸟窝和兽穴)。但是,它又
使无机物个体化,或者说,使它自己同这些已经个体化的无机物发
生关系,消耗它们,毁灭它们的特质,从而同化它们,就此而言,它
则是一个现实的过程;也就是说,它是同气相关的过程(呼吸过程
和皮肤过程),同水相关的过程(口渴),以及同个体化的土,即土
的特殊形成物相关的过程(饥饿)。生命就是总体的这些环节的
主体,它作为概念,自己同自己有紧张关系,作为自己的外部实在,
又同这些环节有紧张关系,并且是克服这种外在东西的持久冲突。
动物在这里是作为直接的个别东西行动的,而且只能在个别东西
内按照个体性的所有规定(如此地、此时等)这样做,因此,动物实
现自己的这一过程是不符合自己的概念的,动物不断地从得到满
足的状态回复到有所需求的状态。

〔**附释**〕动物自己给自己规定休息、睡眠和产子的场所;它不
仅变换它的场所,还营造场所。由此可见,动物有实践活动,而且
这种合乎目的的决定方式是见诸行动的内在冲动。

现实过程首先是同自然元素相互作用的过程,因为外在的东
西本身首先是普遍的。植物停留在这个元素过程上,动物则进而
达到个体性过程。同光的关系也可以叫做那种自然元素过程,因
为光也是一种外在的、自然的力能。但这样的光对动物和人来说
却不是那种对植物界存在的力量;反之,人和动物都有视觉,所以 (VII_1,611)
就在外部同光、同客观形式的这种自我显现发生关系,但在理论过
程中则是在观念上同光发生关系。光只对鸟类的颜色和动物皮毛
的颜色有影响;黑人的黑发也是由气候决定的,由热和光决定的;

动物的血液和有色的汁液也是这样。歌德曾经对羽毛的颜色作过观察,看到光的作用和内在组织都决定羽毛的颜色。歌德在谈到一般有机体的颜色时说:"白色、黑色、黄色、橙色和棕色以多种方式交替变化,但它们显现的方式却不会使我们想到基本颜色。倒不如说,它们都是经过有机调配而混合起来的颜色,并且还或多或少地标志着具有这些颜色的动物进化阶段的高度"。皮肤上的斑点同它掩盖下的内在部分有关。贝壳和鱼带有较多的天然颜色。较热的天气也一定对水有影响,使鱼的颜色显得更加美丽和鲜艳。"福尔斯特[75]在塔希提岛看到一些鱼,它们的外表变得非常美丽,尤其是在它们死去的那一瞬间"。贝壳的液汁"有一个特点,就是它暴露在光和空气里的时候,开始呈黄色,然后呈绿色,接着转变为蓝色,由此变为紫色,但进一步又取一种鲜红色,最后则在太阳的影响下——尤其是把它敷在亚麻布上时——取深红色"。"光照对鸟类的羽毛及其颜色的影响是十分明显的。例如某些鹦鹉胸部的羽毛本来是黄色的,但隆起的鳞状部分由于受到光照,便由黄色升为红色。所以,这类鸟的胸部看起来是鲜红的,但要是往羽毛(VII₁,612)里吹一口气,就立刻显出黄色来了。因此,羽毛的袒露部分同处于沉静状态的掩蔽部分极其不同;所以,就拿乌鸦为例,甚至只有袒露部分才出现华丽多彩的颜色。我们以此为向导,就能立即再把乱堆的尾部羽毛按其天然次序排列起来。"①

　　同光相互作用的过程还是观念的过程,然而同气和水相互作用的过程则是与物质东西相关的过程。皮肤的过程是植物性过程

_____

　　① 歌德:《论颜色学》,第Ⅰ卷,§. 664,〔645〕,641,660。

的延续,它长出毛发和羽毛。人的皮肤上的毛发比动物的少;但重要的是,鸟类的羽毛意味着植物性因素向动物性因素的上升。羽茎都是完全分叉的,并由此而真正成为羽毛。"许多这样的羽枝和羽毛还进一步分叉,从而处处使人回想到植物"。"人的身体表面平滑而清洁,因此,在最完善的人体上,除了少数地方较之掩蔽地方装饰着较多的毛发外,身体都显得形态完美。胸部、臂部和腿部的毛发过多,与其说表示强壮有力,不如说表示软弱无力,也许只有诗人才为其他强烈的动物天性的引诱所迷惑,在我们当中颂扬这样毛发丛生的英雄。"[1]

呼吸过程是以间断形式出现的连续性。呼气和吸气引起血液蒸发,从而构成应激性的蒸发(§. 354"附释"第520—521页);向气转化的开始与由气到血的回复是同时并举的。"泥鱼(cobitis fossilis)用嘴吸气,通过肛门排气。"[2]鱼用以分解水的鱼鳃,也是一种相当于肺的附属性呼吸器官。昆虫的气管遍布了全身,在腹腔的两边还有一些气孔。有些水下生活的昆虫储备着一定数量的空气,它们把它储存在翅鞘或腹腔的软毛里。[3] 但血液为什么会同这种消化抽象的自然元素的观念过程发生联系呢?血液就是这种绝对的渴望,就是它在自身和针对自身的骚动;血液渴望火化,向往变异。更确切地说,这种消化过程同时又是同空气相互作用的间接过程,即空气转化为二氧化碳,转化为深色含碳的静脉血和充满氧气的动脉血。我认为,动脉血之所以是能动的与有生气的,与其说是由

(VII₁,613)

---

[1] 歌德:《论颜色学》,第 I 卷, §. 655, §. 669。
[2] 特雷维拉努斯,前引书,第 IV 卷,第 146 页。
[3] 同上,第 150 页。

于它发生了物质变化,不如说是由于它得到了满足,就是说,血液也像其他消化形式一样,总是在不断地止饿或解渴(随你怎么称呼),并通过否定它的他在而达到自为存在。空气是一种潜在的燃烧的东西和否定的东西;血液也同样是这样的东西,是业已发挥出来的不安息的东西,它是动物有机体内部燃烧着的火,这火不仅消耗自己,而且作为流体也维护自己,并在空气中觅取 pabulum vitae〔滋养品〕。因此,注入静脉血以代替动脉血,可以造成有机体的行动瘫痪。当有机体死亡时,我们看到鲜血几乎全被静脉血所代替。而当中风时,大脑里也出现静脉血。这种现象并非由于氧或碳稍多一些或稍少一些引起的。[1] 反之,在患猩红热时,静脉血也是猩红的。其实血液的真正生命就是动脉血与静脉血的不断相互转化,而且在这一相互转化中那些细血管发挥着最大作用。[2] "在各个器官里,都明显地看出动脉血转为静脉血比较快,并且这种静脉血的典型特性(色暗、凝结时浓度较低)比往常显著,例如在脾脏就是这样;然而,那里的血管壁并没有显示出动脉血里的氧气的影响比通常更大,相反,这些管壁较为柔软,往往差不多是稀糊状的。整个看来,甲状腺比人体的其他部位具有较大的动脉,它可以使大量的动脉血通过一种捷径,转为静脉血。"[3]既然甲状腺的导管并非理所当然地变硬,那么动脉血里的氧气又跑到哪里去了呢?问题就在于,这种氧气恰恰不是通过外部的化学过程发挥效力的。

(VII₁,614)

同水相互作用的过程就是趋向中和因素的活动,它一方面抵

---

① 毕夏,前引书,第 329 页以下。
② 奥滕里特,前引书,第 Ⅲ 部分,索引,第 370 页。
③ 奥滕里特,前引书,第 Ⅰ 部分,§. 512(391),§. 548—549。

消抽象的有机体的内热,另一方面抵消人们想要摆脱的特定味觉;正因为这样,人就要喝水。冲动只有涉及个体化的对象,才是本能。如果说这种暂时得到满足的需求还会因此而不断产生出来,那么精神则会通过普遍的方式,在普遍真理的认识中得到满足。

§. 363

机械地掠取外在对象是过程的开始;同化本身则是把外在对象转化为自我性的统一。既然动物是主体,是单纯的否定性,所以这种同化的本性就既不可能是机械的,也不可能是化学的,因为在这些过程中,无论是物质,还是条件和活动,都仍然是彼此外在的,缺乏活生生的、绝对的统一。

〔**附释**〕满腔欲望的有机体知道自己是和对象统一的,从而明确看到他物是特定存在的;这种有机体是一种趋向外部的、武装起来的形态,它的牙齿是由骨头做成的,它的爪子是由皮肤做成的。用爪子和牙完成的过程仍然是机械的,但唾液已经使这种过程成 (VII₁,615) 为有机过程。很久以来就流行一种说法,认为同化过程和血液循环或神经活动统统都可以解释为机械过程,好像神经是一些振动的和绷紧的弦;但是,神经完全是松弛的。甚至神经也被说成是一串小球,在受到压力时,就互相碰撞和推移,最后一个小球似乎触动了灵魂。但灵魂在身体里无处不在,对于灵魂的唯心论来说,相互外在的骨头、神经和血管没有任何意义。因此,要把有限的关系搬到生命上去,比我们讲到电时发现的那种认为天上发生的过程类似于我们室内发生的过程的想法还要离奇。有人想把消化也归结为撞击、汲取等等;但在消化里也应该包含着内在东西与外在东西的外部关系,因为动物毕竟是生命力的绝对自相统一,而绝不是一种纯粹的复合物。在现代有人已开始采用化学关系,但同化也终归不可能是化学的,因为我们在有生命的东西中得到一种主体,这种主体保存自己,同时又否定他物的特性,而在化学领域里,存在于过程中的东西——酸和碱——却丧失了自己的质,毁于盐的中和产物,或者回复到抽象的盐基。在这里任何活动都已经逐渐熄灭,反之,动物则在自我相关中是持续的不安息。不错,消化可以看成是酸和碱的中和,说生命是从这种有限的关系开始的,这也

(VII₁,616) 正确,但生命常常打断这处关系,并产生一种非化学的产物。眼睛里有折射光的水汽;对这种有限的关系可以追踪到某个点,但超过了这个点,就开始了一个完全不同的次序。通过化学分析,也可以发现大脑里含有大量的氮;同样,对呼出的气进行分析,可以发现一些同吸入的气不相同的成分。因此,我们可以不断探索这个化学过程,甚至可以用化学方法分解生物和各个部分。但即便如此,也不能认为这些过程本身就是化学过程,因为化学方法只适应于僵死的东西,而动物过程而总是扬弃化学东西的本性的。在生命领域和气象过程中出现的许多中介,都是可以深入探究和揭示的;但这种中介却不能加以复制。

§. 364

有生命的东西是支配其外部的、与自己对立的自然界的普遍力量。因此,同化首先是吸收到体内的东西与生气的直接融合;吸收的东西受了生气的感化,从而出现了单纯的转化(§. 345“说明”和 §. 346)。其次,同化作为中介活动,构成消化过程;消化过

程是主体与外部东西相对立的过程,是外部东西被进一步分离为有生气的水(胃液、胰液和一般动物淋巴)和有生气的火(胆汁,通过胆汁,有机体从原来在脾脏里具有的凝缩状态向自身的回复,注定要达到自为存在和能动消耗)的过程。然而,这种种过程也都同样是特殊化了的感化过程。

§. 365

(Ⅶ₁,617)

但这种摄取外物、兴奋和过程本身,对于生物的普遍性和单纯自我相关,同样也是外在性的规定;因此,严格地讲,这个摄取本身就构成对象,构成否定有机体的主观性的东西,而这个对象和否定的东西都是有机体必须克服和消化的。这种景象的变换构成有机体向自己内部反射的原理。回复到自身就是有机体的向外活动的否定,它具有双重规定:一方面,有机体从自身分离出自己同客体的外在性相冲突的活动,另一方面,有机体又与这种活动有直接的同一性,因而成为自为的有机体,以这种手段再生了自己。因此,向外进行的过程就转化为第一种单纯自我再生的形式过程,转化为有机体的自相融合。

〔说明〕消化的主要环节是生命的直接作用,生命是支配其无机客体的力量。生命只有同这种客体是潜在地同一的,同时又是它的观念性和自为存在,才能假定它是引起兴奋的刺激物。这种作用就是感化和直接转化,它相当于我们在说明目的活动时所指出的那种直接掠取客体的活动(§. 208)。斯巴兰让尼等人的研究[76]和现代生理学,也都根据经验证明了这种直接性,揭示出这种直接性是符合于概念的。依靠这种直接性,有生命的东西作为不

(Ⅶ₁,618)

假其他中介的普遍东西,单单接触营养物,把它吸收到自己的发热部分和一般范围里,就可以使自己的生命力延续到这种营养物中。这些研究推翻了那种认为消化过程是现成的可用物质部分的单纯机械的、凭空杜撰的选取和离析的观念,推翻了那种认为消化过程只是一种化学过程的观念。对于中介活动的研究并没有得出这种转化的比较确定的环节(像植物性物质中表现出来的那一系列发酵)。事实反而表明,许多营养物是从胃直接转化为大量液汁的,而无须经过其他中介阶段;胰液无非就是唾液,所以,胰腺是可以或缺的,如此等等。最后的产物,即胸管吸收并注入血液的乳糜,是这样一种淋巴,这种淋巴由每个内脏部分和器官分泌出来,在直接的转化过程中由周身的皮肤和淋巴系统所获取,并且在一切地方都是现成的。低等动物组织只不过是一种凝结成皮点或细管(简单肠道)的淋巴,不会超过这种直接的转化。在高等动物组织内,经过中介的消化过程的独特产物,完全像植物以所谓性别为中介而产生的种子一样,是一种过剩的东西。在 faeces〔粪便〕里,往

(VII₁,619) 往有大部分食物原封不变,主要是与一些动物性物质,如胆汁、磷等等混合在一起。儿童摄取的物质较多,所以这种情况尤其见之于儿童的粪便中。这就说明有机体的主要功能在于克服和排出自己的独特产物。

　　因此,有机体的推论不是外在合目的性的推论,因为有机体并不限于把自己的活动和形式指向外在客体,而是把这个由于有外在性而随时都可能变为机械东西和化学东西的过程本身弄成客体。这种行为已被解释为目的活动的普遍推论的第二个前提(§. 209)。有机体在它的外在过程中就是它自己与自己的结合;

它从这个过程所获得和接收的唯一东西就是乳糜——它那种普遍的生命力。因此，作为自为存在着的生动概念，有机体同时也是一种分离性的活动，它使这一过程从它自身排泄出来，从有机体对客体的愤怒状态，从这种片面的主观性分离出来，因而有机体自在地所是的东西就变成自为的，变成有机体的概念与实在之主观的、非中性的同一。这样，有机体活动的结果和产物就是原初已有的有机体。由此可见，求得满足是合理的。发展为外在差异的过程转变成有机体自我相关的过程，其结果并不是手段的单纯产物，而是目的的单纯产物，是有机体的自相结合。　　　　　　　　　（VII$_1$,620）

〔**附释**〕在这里，营养过程是主要因素；有机体与无机自然界处于紧张状态，前者否定后者，使后者与自己同一。在有机体对无机自然界的这一直接关系中，前者仿佛把后者直接溶解为有机液体。二者之间的整个相互关系的基础，正是这种实体的绝对统一性，由于有这种统一性，无机物对有机体来说是完全透明的、观念的和非对象性的。营养过程仅仅是无机自然界变为属于主体的肉体的这种转化过程，只不过在后来也表现为经过许多环节的过程，这种过程已经不再是直接的转化，而显得需要使用手段。动物是与特殊的自然事物相反的普遍东西，这些自然事物在动物中有自己的真理性和观念性；因为它们实际上就是动物组织潜在地所是的东西。同样，所有潜在的人都是有理性的，所以，诉诸一切人的理性本能的人就有支配一切人的力量，因为他给他们揭示的东西，同这种本能有一致的地方，这种地方是能够同明显的理性相合的；当公众直接接受这一揭示给自己的东西时，理性就在公众中表现出感化作用，得到传播，这样以前还存在的那种分离的外表或假象就顿时消失不见了。生机的这种力量是实体关系,是消化过程的主要因素。因此,如果说动物有机体是实体,那么无机物就只是偶性,而它的特性不过是一种它可以直接扬弃的形式。"我们从实验中知道,糖、植物胶和植物油滋养着很少含氮或根本不含氮的躯体,尽管如此,这些东西还是被转变为含有大量氮的动物实体。因为整个民族可以全靠素食维生,正如其他民族可以全靠肉食维生一样。那种民族的适度食素证明,他们的身体不仅从他们的食物中留取少量的、任何植物都有的、类似于动物性物质的成分,排出其余一切部分,而且把大部分植物性食物制成适合于它的各个器官的营养物。"①诚然,某种动物所消耗的动物和植物都已经是有机物,但相对于这种动物说来又是无机物。特殊的、外在的东西没有自身稳定的存在,反之,一旦被生物所触动,就会化为乌有。这种转化就是这种关系的表露。

(VII₁,621)

正是在这种直接的过渡和转化里,所有化学的和力学的说明都遭到了破产,发现了自己的界限,因为这些说明仅仅是根据已经具有外在等同性的现存东西作出的理解。但毋宁说两个方面在其特定存在中都是全然互不相干的。例如,面包本身同人体没有任何关系,或者说,乳糜与血液是某种完全不同的东西。无论是化学还是力学,不管它们想怎样做,都不能从经验中探明营养物变成血液的过程。化学虽然可以从二者中提取出某种类似的东西,如蛋白质、铁和其他诸如此类的东西,以及氧、氢、氮等等,还可以同样从植物中提取出水里也包含的物质,但由于双方同时都是完全不

----

① 奥滕里特,前引书,第Ⅱ部分,§.557。

同的东西,所以树木、血、肉仍然不是同那些物质一样的东西。分解为这些组成部分的血液已不再是活血。要想从双方探索出相同的东西,并对这种东西继续进行探索,那会完全半途而废,因为现实存在着的实体完全消失不见了。当我分解盐时,我又获得两种物质,它们的化合就产生了盐;所以,盐是用这种化合作用得到说明的,在化合里两种物质并没有变成别的东西,而仍然是原来的物质。但有机物则不然,现实存在着的实体恰恰要变成别的东西。(Ⅶ₁,622)由于无机的存在在有机的自我中只不过是一种被扬弃了的因素,所以在这里有意义的不是无机物的特定存在,而是它的概念;但从概念来看,它与有机物是同一的。

　　有机体的同化作用是这样的。进入有机生命领域的营养物,被浸入这种液体,甚至变成这种溶液。它就像一个东西发出气味,变为分解了的东西,变为某种单纯的大气一样,在那里变成了单纯的有机液体,在这种液体中再也找不到它的痕迹或它的组成部分。这个保持不变的有机液体就是无机物的火的本质,无机物在这里直接返回到了自己的概念中;因为吃和喝的过程把无机物变成了无机物潜在地所是的东西。这是对无机物的无意识的把握;无机物之所以变为这种被扬弃的东西,是因为无机物潜在地就是这种东西。这种转化也必定同样表现为经过中介的过程,发展出自己的对立的分化。这种转化的基础是,有机物把无机物直接吸收到自己的有机物质中去,因为有机物是作为单纯的自我的类属,因而是支配无机物的力量。如果有机物通过个别的环节,逐渐使无机物达到同自身的同一性,那么,这些经过许多器官的中介的、迂回曲折的消化途径虽然对于无机物是多余的,但毕竟是有机物内部的过程,这种过程是为了有机物自身而发生的,以便有机物能成为运动,从而能成为现实性。精神也是这样,它所克服的对立越大,精神也就越强。但有机体与他物的基本关系是这样一种单纯的触动,在这种触动中他物直接得到突然的转化。

（VII₁,623）　低等动物还完全没有像胆汁和胃液那样的专门器官,进行同化营养物的特殊活动。如同我们从许多蠕虫和植虫身上可以看到的,皮肤在同空气接触的过程中是吸水的。例如,水螅吃的水就直接变成淋巴和胶状物。"我们发现,采用最简单的营养方式的,即只用唯一的一个嘴来吸食的,是水螅、腕足虫（Brachionus）和钟形虫。水螅吃自己用触须捕捉的小水生动物。它有一个袋形容器,占它身体的大部分,吃东西时就张开,把捕获的小动物吞下去。小动物还几乎没有被吞下去,就已经得到改变,变成同质的东西,并且体积越来越缩小。最后水螅的嘴又张开,这时部分咽下的食物通过原来进入胃的途径,排泄出去。常常有这样的情况,即吞下去的动物是一些长长的蠕虫,胃里只能容纳半截。尽管如此,水螅都能迅速溶解进入胃里的东西,因此往往半截蠕虫还在那里试图逃脱,另半截则同时已被消化。水螅甚至于还能用它的外表皮进行消化",它像一副手套一样,"我们可以把它从里往外翻,把它的胃内壁变成胃外表,而这样翻了以后,上面提到的那些现象仍然和以前一样照常发生。"①这类肠腔只不过是一条管道,它的构造是那样简单,以致找不出食道、胃和肠之间在任何区别。但是,"在离消化道最近的地方,绝没有像肝脏这种为整个动物界普遍具有的

---

① 特雷维拉努斯,前引书,第 IV 卷,第 291—292 页。

内脏。在所有哺乳动物、鸟类、两栖动物、鱼类和软体动物身上，都可找到肝脏。甚至连蠕虫类里的多毛环节动物看来也有胆汁分泌器官，它是含有深绿色苦汁的液囊，分布在肠道的两侧。海参的消 （VII₁,624）化道附近也有类似的液囊；海星则具有真正的肝脏。在昆虫里，那些可以被视为胆管的导管看来承担着肝脏的功能”①。其他学者把这些导管看成另一种东西。“虽然许多植虫没有明显的排泄物，但毋庸置疑，它们都通过皮肤和呼吸器官排出气状物质，而这种排出是同营养有关的。由此可见，营养同呼吸有密切联系。”②

　　再看较发达的动物，我们发现它们也同样有这种直接的消化。捕捉画眉和鸫的猎人都很清楚，这些鸟原来很瘦，而在晨雾之后几小时内却可以变得很肥。在这当中，湿气直接变成动物性物质，没有进一步分泌，也没有经过同化过程的各个环节。人也能直接消化，一艘英国船的航海经历证明了这一点。这艘船的船员用尽了淡水，在船里辛辛苦苦地积聚起来的雨水也不够用了，于是他们弄湿了自己的衬衣，而且把自己也泡到海水里，这样他们就解了渴。显然，他们的皮肤从海里吸入的只是水，而不是盐。具有间接消化器官的动物，一方面具有这种一般的消化过程，另一方面还有特殊的消化过程，在这后一种过程里有机体的热是为同化作用创造条 （VII₁,625）件的东西。但胃和肠道本身无非是一种外部皮肤，只不过翻转过来，发展为特别的形式罢了。特雷维拉努斯对这些不同的薄膜作过详细的比较（前引书，第 IV 卷，第 333 页以下）。在胃外面敷以

---

①　特雷维拉努斯，前上书，第 IV 卷，第415—416 页。
②　同上，第293—294 页。

吐根和鸦片,其效果和内服一样;但人们把吐根涂到肩膀里,它也同样被消化。"我们已经观察到,若干小肉片用小亚麻布袋包裹起来,放入活猫的腹腔里,就像在胃里一样,会分解成糊状物质,甚至小片骨头也会分解成糊状物质。把这类肉放到活动物的皮肤下面,贴着纯粹的肌肉,呆一段时间,也会出现同样的情况。骨折时出现的现象也是这样;生物在骨折部位周围流出大量液体,使骨头的尖端软化和完全溶解。其次,在身体挫伤的部位凝结的血液渐渐地重新溶解,变成液体,最终被吸收到体内,也属于这类现象。因此,胃液并不是作为完全特殊的、与其他任何动物液体不同的液体发挥作用的,而是仅仅作为这样一种液体发挥作用的,这种液体是含水的动物液体,它由呼气的动脉大量下沉到胃囊里。胃液是由动脉血分泌的,动脉血在分泌之前不久,就在肺里受到氧气的影响"①。特雷维拉努斯还说(前引书,第 IV 卷,第 348 页以下):"骨、肉以及其他动物部分,被皮耳士·斯密⁷⁷放到腹腔里或活动

(VII₁,626)物的皮肤下面,都会在这里全部分解(普法夫与社勒编《自然科学、医学与外科手术北方文库》,第 III 卷,第 3 期,第 134 页)。这说明了居维叶对 Salpa octofora〔八腕纽鳃樽〕所作的那一种值得重视的观察。他在许多这样的动物体内,而不是在它们的胃里发现 Anatifera〔鸭嘴兽〕的一些部分,其中的一切东西,乃至外部皮肤,都已经分解和消失了,它们可能是通过纽鳃樽吸水的洞孔进入皮肤的(《自然史博物馆年鉴》,第 IV 卷,第 380 页)。诚然,这些动物也都有一个胃;但是,也许它们在胃里消化多少东西,它们在胃

---

① 奥滕里特,前引书,第 II 部分,§. 597—598。

外也消化多少东西。它们构成了向这样一种有机体的过渡,这种有机体的呼吸、消化和某些其他功能都是同一类器官来实现的。"

斯巴兰让尼的实验,旨在回答这样的问题:消化是靠液汁的溶解作用,还是靠胃肌的粉碎作用完成的,或是二者兼而有之。为了解决这一问题,他把装着食物的薄金属管或薄金属球塞到火鸡、鸭子、鸡雏等等的身体里,而这些管子或圆球都有格子或细孔,所以胃液仍能达到食物;由于这样做谷物从不消化,而只是变得更苦,他便得出了结论说,消化是由胃内壁的强烈挤压和撞击完成的。既然这些动物的胃能研碎最坚硬的东西,像铁管、玻璃球、甚至带刺的和尖锐的东西,因此有人以为,这些动物的胃里常常可以找到的大量小石子(有时数量多到二百个)能帮助磨碎食物。为了反驳这一假设,斯巴兰让尼取了若干幼鸽做实验,它们还不能从其父母的嘴里咽下任何石子;他还注意着它们的饲料,使它们不可能从中吃进石子;他也把它们关起来,防止它们自己觅食类似的东西。结果表明,这些幼鸽没有石子也能消化食物。"我开始在它们的食物中掺入硬东西——若干薄铁圆管、玻璃圆球、玻璃碎片;尽管这些鸽子的胃里原先并没有发现一块小石子,但那些薄铁圆管依然被磨碎(froissés),那些玻璃圆球和玻璃碎片依然被粉碎,磨得没有棱角(émoussés),而胃壁上却没有留下任何微小的伤痕。"① （VII₁,627）

两种消化方式特别在饮料方面有所不同。饮料通过胃壁及细胞组织渗入导尿管,从而排出体外。人们在这方面有许多经验。

---

① 斯巴兰让尼:《关于人和各种动物的消化过程的实验》(让·瑟纳比译本,日内瓦 1783 年),第1—27 页。

啤酒是利尿的。天门冬植物吃下去后几分钟就给尿带来一种特别的气味；这是借助于细胞组织的直接消化过程的作用。这种气味很快就过去，只有过八到十二小时以后，当真正的消化过程和排泄过程完结时，才又出现。属于这种直接消化的，还有特雷维拉努斯指出的情况（前引书，第 IV 卷，第 404 页）：“把五盎司水灌给一只狗，其中两盎司又被狗吐出，一盎司还留在胃里，因此，有两盎司必然是通过胃壁找到出路的。”食物愈同质，例如只吃肉类食物，直接消化就愈容易。动物淋巴是维持动物生命的普遍因素，无机物直接被转化为这种因素。动物就像消化自己的内脏、肌肉、神经等等那样，能顺利地消化外部营养物。同样，它甚至还能吸收磷酸石灰质骨头，例如吸收骨折时的碎骨。它消灭这些形成物的专有特点，把它们变成普遍的淋巴，变成血液，然后又把淋巴分化为特殊的形成物。

　　消化的另一种形式是经过中介的消化，这种消化只在高级有机体中出现。当然，这种消化的最初环节也是有机体对外物的作用，但这已不再是一种全身的作用，而是部分动物形成物的局部作用，如胆汁和胰汁等等的作用。然而，这种中介的活动不单单是食物的移动，例如通过反刍动物的四个胃的移动；也不在于出现各种不同的操作和变化，不在于食物通过不同的烹饪阶段，好像食物需要变软和用佐料调味似的；这种中介的活动也不是一种特殊物质作用于另一种物质的变化。因为假如情况是这样，那就仅仅是一种化学关系，其结果无非是中和。对胃液和胆汁进行化学研究所得到的最高成果表明，胃里的食糜有所变酸（不是腐烂，倒应该说是防腐），而胆汁又使其脱酸。胆汁同食糜掺合起来，“即形成像

（VII₁,628）

浓密黏液那样的白色沉淀物。"虽然这种沉淀物已不再含有酸,但乳汁却在胃里凝结起来。但这还不是完全稳定的,也绝不是什么特殊的东西,因为那种沉淀物在脱酸以后,又会变成和以前一样的东西。所以,胆汁是同导源于胃下的大胰腺的胰汁相对立的。在高级动物里,这种胰汁代替了腺体中包含的淋巴,虽然胰汁同淋巴并没有什么本质的区别。

因此,整个消化过程在于:有机体在对外在东西发怒的时候,也在自身把自己分为两部分。消化的最后产品是乳汁,而乳汁同动物淋巴是相同的东西,有机体以直接感化的方式把这种呈献自 （VII$_1$,629）身的东西或有机体呈献给自己的东西转化为动物淋巴。如果说在低级动物里是直接的转化占支配地位的话,那么,在发达的动物中消化就在于有机体不是以自己的直接活动去对待外物,而是以自己的专门活动去对待外物。在这里一系列阶段都是不那么显著的:食物首先同唾液这种普遍的生命物质掺合起来;然后在胃里添加上胰汁;最后是添加上胆汁。胆汁是某种树胶质的、易燃的东西,起着重要的作用。对胆汁的化学分析除了表明它属于易燃领域而外,再没有发现任何特征。我们还知道,发怒时胆汁流入胃里,因此,胆汁、胃和肝之间存在的联系是众所周知的。研究这类联系的生理学,想必会是很有趣的,比如,它能够解释为什么人害羞时会在脸部和胸部发红。正像发怒是在发生一种使人内心起火的伤害时的自为存在感一样,胆汁则是动物有机体用以对付这种从外部进入自身的力量的自为存在;因为胰汁和胆汁都对食糜有袭击作用。这种能动的吞食活动,这种有机体的向内转折,即胆汁,起源于脾脏。脾脏是一个对生理学家难以理解的器官;它是属于静脉系统的迟钝器官,同肝脏有联系,它的唯一功能好像只是让静脉惯性达到一个同肺对立的中心点。这种惯性的己内存在,在脾脏里有其位置,在被燃烧起来时,就变成胆汁。动物一俟发展到高级阶段,不仅有直接的消化,不仅停留在淋巴阶段,也会立刻具有肝脏和胆汁。

但问题的实质在于,虽然有机体总是通过不同的中介方式进

(Ⅶ₁,630)

行活动的,但它终究不会脱离自己的普遍性,而同时以化学方式转向外部,就像结晶体破碎时暴露出其内部特有的结构是其实存的特殊方式一样。动物的行为是不同的,因此它的内部也是不同的。当动物陷入同外物的斗争时,它同外物的关系是不真实的,因为外物转向动物是由动物淋巴的力量潜在地实现了的;因此,当动物针对这些食物时,它并没有自知之明。由此产生的最直接的结果则是,当动物回到它自身,认识到自己是这种力量时,它就责备自己同外部力量相纠缠,转而反对自己,反对自己以前的错误想法,因而放弃自己的对外转向,而向自身复归。动物克服无机力量,并不就是克服无机力量本身,而是克服动物性东西本身。动物的真正外在性并不是外在事物,而是动物本身反对外物的愤怒态度。动物必须摆脱对自己的这种不信任,必须排除这种错误的趋向,因为从这种不信任的态度来看,制服客体好像是主体要做的事情。同外物的斗争使有机体遭受损失,它在同无机物的对抗中是有所失的。由此可见,有机体所必须克服的,就是它自身的这一过程,就是它与外物的这种纠葛。因此,有机体的活动是同有机体的对外趋向背道而驰的。这一趋向是一种手段,有机体把自己降低为这一手段,以便远离和摒弃这一手段而回归到自身。假如有机体还

进行着对抗无机物的活动,它就不会得到自己的权利;但有机体恰恰是一种中介活动,它既同无机物相纠葛,又终于回归到自身。对外活动的这种否定具有双重意义,一方面有机体从自身分离出自己对抗无机物的活动,并使自己同自己直接同一,另一方面有机体在这种自我保存的活动中也使自己再生。 (VII₁,631)

因此,消化概念所包含的内容在于,在完全设定起消化的中介——这是潜在存在的东西,是对进入生命蒸气范围的营养物的克服——以后,有机体就从对立回归到自身,结果自己把握了自己;符合于这一概念的那些现象,我们已在上面(第563—564页)作过考察。这样,通过这种同化过程,动物就以一种现实的方式,变为自为的;这是因为,动物在它与个体性东西本身的关系中,把自身分化为动物淋巴和胆汁的主要区别,从而证明自己是动物个体,并且通过否定自己的他物,把自己设定为主观性和现实的自为存在。既然动物变成了现实自为的,即个体性的,所以这个自我相关就是动物的直接自我分离和自我划分,主观性的构成就是有机体的直接自相排斥。因此,分化不单单出现于有机体内部,而且有机体是把自己作为某种在自己之外的东西生产出来的活动。正如植物在其分化中会分解一样,动物也会发生区分。不过,动物使自己与之相区分的独立东西,不仅被设定为某种外在的东西,而且同时也被设定为与动物是同一的。在这个现实的生产过程中,动物以排斥自身的方式,把自身二重化,这个生产过程是整个动物界发展的最后阶段。这一现实过程又有三种形式:α)抽象的、形式的排斥,β)发育的冲动,和γ)类属的繁殖。这三种显得性质不同的过程在自然界里有本质的相互联系。排泄器官和生殖器官,动物 (VII₁,632)

组织的最高级的东西和最低级的东西,在许多动物身上都是极其紧密地相联的,像说话和接吻这一方面,同吃、喝和吐另一方面,就都是在同一个嘴上结合起来的。

有机体的抽象的自相排斥就是排泄,就是同化过程的终结,动物通过这种排斥,把自己弄成外部的东西。由于动物只把自己转变为外在东西,所以这种东西就是一种无机物,一种抽象的他物,而在这种东西中动物是得不到其同一性的。这样,有机体在自相分离时,就是在厌弃自己,不再信赖自己;它放弃自己的斗争,废弃自己排出的胆汁,这就属于这种厌弃的表现。因此,排泄物的意义无非在于,有机物认识到自己的过错,从而摆脱自己同外在东西的纠葛;而排泄物的化学性质也证实了这一点。排泄这个环节通常都被认为仅仅是排出无益的和无用的东西;但动物并不需要摄取任何无用的或多余的东西。即使粪便里有不易消化的东西,粪便的主要成分也是被同化的物体,或有机体本身加在已被摄取的物质上的东西,即本来用于与食物相结合的胆汁。"动物愈健康,它所享用的食物愈易于消化,通过直肠的未分解的饲料就愈少,粪便的成分也就愈同质。然而,甚至最健康的动物的粪便,也往往含有已被享用的食物剩余的纤维渣滓。粪便的主要成分是来源于胃液,尤其是来源于胆汁的物质。柏采留斯在人的粪便里发现了未分解的胆汁、蛋白质、胆汁酸以及两种独特的物质,一种物质看来类似于胶质,另一种物质则只有在粪便暴露到空气里时,才由胆汁酸和蛋白质形成[78]。从人体里通过直肠排出的,是胆汁、蛋白质、两种独特的动物物质、胆汁素、碳酸钠、盐酸钠、磷酸钠、磷酸镁和磷酸石灰;通过泌尿器官排出的,是黏液、乳酸、尿酸、氨基酸、盐酸

(VII$_1$,633)

钠、盐酸氨、磷酸石灰、氟酸石灰等。所有这些物质都不是纯属其他种类的、不能同化的物质；它们正是组成动物器官的成分。尿的成分主要是在骨骼内又可以找到。这样的物质，有许多也是头发的成分，其余的则是肌肉和脑的成分。表面上看来，这种对照似乎会导致一个结论，认为在消化过程里同化的物质数量比营养器官能够吸收的要多，这一剩余部分会原封不动地通过排泄器官分离出去。然而，经过比较详细的研究，就会发现营养物的成分、被同化的物质和被排泄的物质之间是不成比例的，它们的关系同那种假定并不相合"。下列研究结果确实表明营养物与被同化的物质之间不成比例，但没有表明被同化的物质与被排泄的物质之间不成比例。"尤其明显的是磷酸与石灰不成比例。富克鲁阿和伏凯林[79]在马粪里发现的磷酸石灰，在鸟粪里发现的碳酸石灰和磷酸石灰，都比在这些动物的饲料里所能抽取的更多。另一方面，原来包含在饲料里的一定数量的硅酸则在鸟类身上消失不见了。"人们也在粪便中发现的"硫磺，可能就是这种情形。吃草动物的身　　（VII$_1$,634）体里可以找到钠，虽然它们的食物中所含的这种盐为数微乎其微。反之，狮子和老虎的尿里却含有大量的钾，而不是钠。由此看来，很可能是所有生物体内一般都有一些分解和结合的作用，它们超过了至今所知的化学作用物的力量。"[1]可是，据说它们终归还是化学的，而没有超出这个领域！但实际上，有机体的活动是合乎目的的活动，因为它的活动恰恰在于达到目的，丢弃手段。所以，胆汁和胰汁等并不是别的，而是有机体自己的过程，有机体以物质形

---

① 特雷维拉努斯，前引书，第 IV 卷，第 480—482 页，第 614—618 页。

式摆脱这种过程。过程的结果是满足,或者说,是与先前的不足感相反,而觉得完善的自我感受。知性总是停留在这样的中介过程上,把它们同机械的和化学的领域相比拟,看作是外在关系;然而,这些领域完全从属于自由的生命力和自我感受。知性想比思辨知道得更多,并且傲然蔑视思辨;但知性总是停留于有限的中介作用,而不能理解生命力本身。

3. 发育冲动

　　按照布鲁门巴赫[80]的意思,发育冲动主要是指繁殖,但在这里不能这么理解。艺术冲动作为本能是第三个环节,即消化的观念理论过程与现实过程的统一。但首先这不过是一个相对的总体,因为真正内在的总体,即整体的第三个环节,是类属过程。在这里被同化的,是属于动物的无机界的外在东西,但同时这种东西可以作为外部对象被留存下来。因此,发育冲动也像排泄一样,是一种自我外化的活动,但同时又是把有机体的形式设定到外部世界中去的活动。对象是以一种能满足动物的主观需求的方式被铸造成形的;然而在这里发生的,并不是欲望同外部世界的单纯敌对关系,而是对外部现实存在的一种宁静态度。这样,欲望同时既得到满足又受到阻碍;有机体使无机物适应自己的需要,从而把自己完全弄成客观的。因此,实践关系和理论关系在这里就统一起来了。形式能满足冲动而不会扬弃对象;但这只是发育冲动的一个方面。另一方面,动物从自身排泄出形成物,但这种排泄不是出于厌恶,达到自我开脱;相反,弄到体外的排泄物会被铸造成形,作为满足

(VII₁,635)

动物需要的东西。

　　这种艺术冲动表现为一种合乎目的的行动,一种天然的明智;这种合目的性的规定使合乎目的的行动很难以理解。合目的性自古以来就显得是最令人惊异的,因为人们习惯于把理性只理解为外在合目的性,而在解释生命方面一般都超不出感性直观方式。发育冲动确实可以同知性,即同自我意识的东西相类比;但大家却不要因而以为天然的合乎目的的行动就是自觉的知性。目的恰恰是预先确定的东西,它是积极活动的,同他物有关,并且同化他物而同时保存自己;大家如果不了解这种目的,就绝不能在考察自然　（VII$_1$,636）方面前进一步。概念就是这些环节的关系,是外在东西的形成过程,或同需要有关的分泌物的形成过程。但作为艺术冲动,这个概念只是动物的内在的自在东西,只是动物的不自觉的管理者;只有在思维当中,在有艺术创造的人那里,概念才是自为地存在的。因此居维叶说,动物愈高级,本能就愈不发达,本能表现得最突出的是昆虫[81]。根据这一内在概念,每一样东西都是手段,就是说,都与一个统一体有关;因此,这个统一体（这里是指有生命的东西）假如没有手段这种东西,没有这种同时也只是整体里的一个环节的东西,那就是被扬弃了的东西,而不是独立的东西,不是自在自为存在的东西。同样,就连太阳也是为地球服务的手段,结晶体的每一条线也是为它的内在形式服务的手段。在有生命的东西里包含着这种构成活动的高级东西,这种活动形成一些外在东西,同时又使它们保留在它们的外在性之中,因为作为合乎目的的手段,它们同概念有着直接的关系。

　　我们在上面已经提到过的艺术冲动的最初形式是靠本能构筑

巢窝、洞穴和驻地的活动,因此,虽然仅仅就形式而言,动物的整个一般环境也可以说是动物本身的(见上文 §. 362);其次是鸟和鱼的迁徙活动——这是它们对气候的感觉的表现——以及储集冬用食物的活动,因此,动物消耗的东西可以说是一种事先归于它们的栖息地点的东西(见上文 §. 361)。这样,动物就同它们的栖息地有了关系,想把这类地方弄得更舒适一些;因此,当它们满足自己的需要时,它们并不像吞食营养物那样,把东西消耗殆尽,而是仅仅把它铸造成形,加以保护。食物当然也是铸造成形的,但以后却被完全消灭了。发育冲动的这个理论方面阻碍了欲望,是植物所不具备的,植物不像动物能抑制自己的冲动,因为它们不具备感觉和理论的能力。

艺术冲动的另一方面就是许多动物都首先自备武器,例如蜘蛛织网,借以捕捉食物,其他动物用爪和脚,水螅用触手,给自己提供更大的活动范围,以发觉和抓住捕获物。这类自备武器的动物从自己身上分泌出某种东西,而这些东西就是它们自己的产物,动物把它们从自己身上分离出去,它们同时也就同动物分离开了。"蟹和腕足虫的肠道里,盲孔的附属物(丛脉、绒毛)代表了肝和胰,一般代替了促进高等动物消化和营养的腺器官的全部装置。"(食道、胃和肠道是一条长长的管道,但通过收缩和括约肌,又分为长度、宽度和组织不同的若干段)。在昆虫身上不仅出现这种情况,而且根本没有任何腺的痕迹。这些(体内的)"类似肠子的盲孔脉管在蜘蛛身上提供了织网的材料,在毛虫和类似的幼虫身上提供了作茧的材料",以便转变为蛹;"在木理蛾的幼虫身上,它们提供了这种动物受刺激时从自身喷出的液汁,在蜜蜂身上提供

(VII₁,637)

了这种昆虫螫刺所传导的毒汁。其次,昆虫还用这些脉管准备生殖所需要的一切液体。雄体的两侧分布着一种由细长柔软、自相交织的管道组成的物件,这一物件相当于哺乳动物的附睾。从这一物件又有一条导管通向阴茎。雌体则有两个卵巢,如此等等。所有昆虫在幼年时期都完全没有生殖器,有些昆虫像工蜂则整个一生都没有生殖器。"这些无性蜂繁殖它们自己的唯一办法,就是 (VII₁,638) 构筑蜂房和分泌蜂蜜。它们就像不结果的花一样,不能达到种的延续。"关于这一点,有一条值得注目的规律,即所有无性昆虫的生殖器都是由某些别的器官来代替的,这些器官提供了一种材料,用以创造艺术作品。但这一规律是不能倒过来说的。例如,蜘蛛是用自己的器官做成的材料完成艺术作品的,但它们并不因而就是无性昆虫。"①毛虫只是吃食和排泄,似乎不可能有任何外部生殖器;第二阶段,作茧自缚,毛虫变蛹,属于发育冲动;在最后的生活期,蛹变成蛾,进行交尾。"有少数昆虫终生都保持着它们从卵里出来的那种形态。所有蜘蛛科昆虫以及某些海蛆与壁虱类昆虫都具有这种特性。所有其他这类动物都在自己的生活史中经历部分的或全部的变态。在仅仅发生局部变态的情况下,幼虫与蛹、蛹与成虫的主要区别,大都仅仅在于前一种形态的器官数目较少或发育不全。相反,如果发生全部变态,则在成虫身上再也找不到从它幼年时期遗留下来的任何痕迹。幼虫的数不清的肌肉消失了,为全然不同的东西所代替;同样,头、心和气管等等也都具有完全

---

① 特雷维拉努斯,前引书,第 I 卷,第 366(364)—367 页,第 369—370 页。

不同的结构。"①

（VII₁,639）
动物以发育冲动自己产生了自己,而仍然保持着最初的直接的原状,在这种情况下,动物首次达到了对它自身的享受,达到了特定的自我感受。最初动物只是享受外物,它的直接感觉只是抽象的己内存在,在这种存在里动物仅仅感觉到自己是如何被规定的。动物在止饿解渴时,得到了满足;但动物依然没有满足自己,它现在只能这样做。动物在使外物适应自己时,它才在现有的外在环境中得到了自己。享受了自己。发声也属于艺术冲动,动物借助于发声,把它自己,把这个观念的主观性迁移到空气中,在外部世界里听到它自己。鸟儿格外沉溺于这种欢乐的自我享受。鸟儿的声音不是需求的单纯表现,也不是单纯的叫唤;反之,它们的歌唱是澹泊的表示,其最终目的是直接享受它们自己。

§. 366

通过同外在自然界相互作用的过程,动物作为单一的个体,赋予它自己的确信和主观概念以真理性和客观性。因此,它的这种生产就是自我保存或再生;但主观性还自在地变成了产物,同时作为直接的主观性得到扬弃。这样自相关联的概念被规定为具体的普遍东西或类属,类属同主观性的个别性有关,进入与这种个别性相互作用的过程中。

（VII₁,640）
〔**附释**〕在这里,得到满足的欲望的意义并不在于个体把自己作为这种个别的东西产生出来,而在于把自己作为普遍东西,作为

---

① 特雷维拉努斯,前引书,第 I 卷,第 372—374 页。

个体性的基础产生出来,个体性在普遍东西里只是一种形式。因此,得到满足的欲望是返回自身的普遍东西,这种普遍东西在自身直接包含着个体性。(感觉)从理论上返回自身只产生一般的缺乏感。但在个体性的场合下缺乏感是积极的东西。这种有缺乏感的东西用自己满足了自己;这是一种双重的个体。首先,动物是局限于自身的;其次,它同化无机自然界,靠牺牲无机自然界生产自己。第三种关系是前两者的结合,是类属过程;在这一过程中动物自己与自己相关,即与同类的东西相关;像在第一个过程一样,动物所对待的是有生命的东西,同时又像在第二个过程一样,它所对待的是在面前现成的东西。

C　类属过程

§. 367

类属是主体的具体实体,同主体的个别性有自在的单纯的统 （VII₁,641）一。普遍的东西则是判断,以便从自己的这种分离中变成在其自身自为地存在着的统一,作为主观普遍性而得到现实存在。这种普遍性同自己结合的过程既包含类属的单纯内在普遍性的否定,也包含类属的单纯直接个别性的否定,而在这种个别性里生物还是天然的东西。在上述过程(见 §. 366)中揭示的这种个别性的否定,只不过是最初的和直接的。在现在这个类属过程中,单纯有生命的东西则只会毁灭,因为这种有生命的东西本身是不会超出天然性的。但是,类属过程的各个环节既然是以尚未成为主体的普遍东西为基础,还不是以统一的主体为基础,所以就是彼此分离的,是作为许多特殊过程而存在的,这些过程都以生物的死亡方式为归宿。

〔**附释**〕自我感觉确认的个体变成了坚实的东西,也可以说,变成了宽广的东西;它的直接个别性已被扬弃,而个别的东西已不再需要同无机自然界有任何关系。它的排他的个别性的规定消失了,因而概念获得了更进一步的规定,即主体把自己规定为普遍东西。这一规定是能够再作判断的,是能够再排斥他物的;但这一规定必须同他物是同一的,并作为同一的东西为他物而存在。这样 (VII₁,642) 我们就得到了类属,类属的规定在于使那种同个别性相对立的差别得到现实存在。这就是一般的类属过程。在个体里,类属确实还没有达到自由的现实存在,没有达到普遍性;但在这种情况下,类属虽然一方面还仅仅是同个体有直接的同一性,可是另一方面,个体也已经达到个别的主观性同类属的差别。这个差别就是过程,其结果是类属作为普遍的东西达到自身,而直接的个别性遭到了否定。这种毁灭就是个体的死亡。通过个别的东西的死亡,类属达到自身,从而成为自己的对象,有机界就是以此告终的,而这就是精神的产生。关于这种个别性毁于类属的过程,我们必须再加以研究。但由于类属与个别东西的关系是各种各样的,所以我们也必须对构成那些生命个体的各种死亡方式的特殊过程加以区别。于是,类属过程又分为三种形式:第一是性别关系。类属的产生就是一些个体通过其他同类个体的死亡而生殖出来的活动;一个个体在把自己作为另一个体繁殖出来以后,就会自行衰亡。第二,类属把自己分成自己的各个物种,这些物种既是与其他个体相对立的个体,同时也彼此构成无机自然界,作为与个体相反的类属；这就是暴死。第三是个体作为类属在单一主观性内对自己的关系，这种关系有一部分是作为疾病时的暂时比例失调告终的，有一部分则是以类属本身的自我保存告终的，因为个体过渡到了作为普遍东西的现实存在；这就是自然死亡。

1. 性别关系

§. 368

这种关系是开始于需求的过程，因为个体作为个别的东西是 （VII₁,643）不符合于内存的类属的，同时又是类属在一个统一体内自相同一的关系；于是，个体就有这种缺乏的感觉。因此，类属在个体里作为同自己的个别现实性的不符合状态相反的紧张关系，就是这样一种冲动，即在个体的类属的他物中达到个体的自我感觉，通过同他物的结合而把自己弄成总体，并通过这一中介使类族自相结合，达到现实存在；这就是交配过程。

〔**附释**〕在通过同无机自然界的相互作用过程而设定了无机自然界的观念性的时候，动物的自我感觉及其客观性就在动物本身得到了证实。这不单单是潜在的自我感觉，而且是现实存在的自我感觉，是自我感觉中的生命力。两性的分离是这样一种分离，在这种分离中各端都是自我感觉的总体；动物的冲动是动物作为自我感觉的生产，是作为总体的生产。过去，就像在发育冲动中那样，有机体变成了僵死的产物，这产物即使是从有机体自由地释放出来的，也只是加给外在物质的表面形式，因此这种外在物质在过去就不能作为自由的、无差别的主体而成为自己的对象；但现在与

(VII₁,644) 这一情形不同,就像在同化过程中那样,双方都是独立的个体,不过两者并不是作为有机物与无机物彼此发生关系,反之,两者都是有机物,都是属于类属的,所以它们只是作为同一个物种而存在的。它们的结合就是两性的消失,结果形成了一个单纯的类属。动物有一个对象,它按照自己的感觉,而与这个对象有直接的同一性;这种同一性就是第一个过程(形成过程)的环节,它是附加到第二个过程(同化过程)的规定上的。一个个体与另一同种个体的这种关系是类属的实体性关系。每一个体的天性都是通过两者出现的,而两者又处于这普遍性的范围之内。这个过程在于,它们两者也把它们潜在地所是的东西,即同一个类属,同一种主观生命力,设定为这样的东西。在这里,天性的观念实际上是包含在成双的雌雄中的;直到现在,它们的同一性和自为存在对于我们来说只存在于我们的反思中,现在则在两性的无穷反思内部被两性本身感觉到了。对普遍性的这一感觉,是动物所能达到的最高东西;但在这一感觉内部,理论的直观对象对动物来说始终没有变为它的具体的普遍性。否则,这种感觉变会成为只有类属才能在其中达到自由存在的思维或意识。因此,矛盾就在于:类属的普遍性、个体的同一性是与其特殊个体性不同的;个体只是两个个体中的一个,而且不是作为统一体存在的,而只是作为个别性存在的。动物的活动就是要扬弃这一区别。作为基础的类属是推论的一端,因为每一过程都具有推论的形式。类属就是有推动作用的主观性,其中埋藏着渴求生殖的生命力。中介或推论的中项是各个个体的

(VII₁,645) 这种本质同它们的个别现实性的不符合状态相反的紧张关系;由于这样,个体就恰好被推动起来,只在同类的他物身上获得其自我

感觉。类属赋予自己以现实性；这样，类属就同推论的另一端，即个别性结合起来了，不过这种现实性也当然会由于其直接现实存在的形式，而只是个别的现实性。

性别的形成必定是不同的，它们的相互规定性是作为概念设定起来的东西而存在的，因为它们作为不同的东西就是冲动。然而双方并不像在化学过程中那样，本身纯粹是中性的东西；相反，它们的形态最初就有同一性，因此雄性器官和雌性器官是以同一原型为基础的，只不过在这种生殖器中是这一部分构成本质的东西，在那种生殖器中则是另一部分构成本质的东西，雌性的本质东西必然是无差别的成分，雄性的本质东西则必然是分为两部分的、对立的成分。在低等动物身上这种同一性尤其明显。"有些蝗虫（例如 Gryllus verruccivorus〔多疣蝗虫〕有大的睾丸，它们由卷成簇状的脉管组成，类似于同样大的、由同样卷成簇状的输卵管组成的卵巢。雄牛虻的睾丸不仅在其轮廓方面同较粗较大的卵巢完全一样，而且也是由近似于卵形的、细长的膀胱组成的，膀胱的底部粘连在睾丸体上，如同卵粘连在卵巢上一样。"[①]在雄性器官中发现雌性的子宫是最为困难的。阴囊曾经不恰当地被认为是子宫[②]，因为睾丸确实显得是相当于雌性卵巢的东西。倒不如说，雄性的前列腺相当于雌性的子宫；子宫在雄体中降为腺，降为无差别的共性。阿凯尔曼[83]从他研究的两性体上很好地证明了这一点。这个两性体有一个子宫，虽然它的其他器官的形态都是雄性的。然而 (VII$_1$,646)

---

① 舒伯特[82]：《对生命发展通史的预测》，第 I 卷，第 185 页。

② 同上，第 205—206 页。

这个子宫不仅占据着前列腺的位置,而且射精管(conduits ejaculateurs)也穿过这个子宫体,在 crista galli〔鸡冠〕那里通入尿道(urethra)。其次,雌性的阴唇是皱缩的阴囊,因此,在阿凯尔曼研究的两性体中阴唇充满一种睾丸的形成物。最后,scrotum〔阴囊〕的中线在雌体中发生分裂,形成 vagina〔阴道〕。这样我们就完全可以理解一种性变成另一种性的现象了。一方面,在雄体中子宫降为单纯的腺,另一方面,在雌体中雄性睾丸则被包在卵巢里,既不现出对立,也不独立地成为能动的脑。阴蒂是一般的被动的感觉;反之,在雄体中它则是能动的感觉,是跳动的心脏,有 corpora cavernosa〔海绵体〕充血和尿道海绵组织网充血。相当于雄性的这种充血的,是雌性的月经。这样,子宫受孕作为单纯的行为,就在雄体中分裂为创造性的大脑和外在性的心脏。因此,根据这一差别,雄性是能动的,雌性则处于其不发达的统一体中,因而是受孕的。

(VII₁,647) 我们切不可把生殖归结为卵巢和雄性精液,似乎新的形成物只是双方的形式或成分的结合;与此相反,事实上是雌性包含物质因素,雄性则包含主观性。受孕是整个个体收缩到单纯的、自暴自弃的统一体中,收缩到个体的观念中的活动。精子就是这个单纯的观念本身,是完全单一的点,就像它的名称和整个自我那样。所以,受孕不是别的,而是这些对立的东西、这些抽象的观念变成一个观念。

§. 369

产物是不同个别性的否定的同一性,它作为生成的类属,是一种无性的生命。从天性方面看,这个产物仅仅自在地是这个类属,而与各个单一东西不同,各个单一东西的差别则消失于产物中;但同时产物本身也是直接的单一东西,其使命是把自己发展成为同样的天然个体性,发展成为相同的差异性和暂时性。这样一来,这个繁殖过程就流于单调的无限进展过程。类属只有通过个体的灭亡才得以保持自己,而个体则在交配过程中完成了自己的使命,并且由于没有比这更高的使命,因而就走向死亡。

〔**附释**〕这样,动物有机体就完成了自己的循环,而成了无性的、受孕产生的普遍东西;它变成了绝对的类属,但这个类属就是这个个体的死亡。因此,低等动物有机体,像蝴蝶,交配以后就立 (Ⅶ₁,648)刻死亡,因为它们已经在类属里扬弃了自己的个别性,而它们的单一性就是它们的生命。高等动物有机体在交配以后还会保存自己,因为它们具有较高的独立性,它们的死亡是它们的形态经过发展的过程,我们将在下面把这个过程作为疾病加以考察。类属是通过否定自己的差别而产生的,但并非自在地和自为地存在的,而是仅仅存在于一系列单个的生物中。因此,矛盾的扬弃总是新的矛盾的开端。在类属过程中各种不同的东西都会趋于毁灭,因为它们只有在这个过程的统一之外才是不同的,而这个统一就是真正的现实性。反之,爱则是这样一种感觉,在这种感觉中单一东西的自私性及其分离的持续存在遭到否定。因此单一形态也就归于毁灭,而不能再保持自己。因为只有自相同一的、绝对的东西才能保存自己,而这种东西就是为普遍东西而存在的普遍东西。但在动物里类属并不是现实存在的,而只是自在存在的;只有在精神里类属才以精神的永恒性,自在地和自为地存在着。在理念中,在概念中,即在永恒的创造中,潜在地发生了向现实存在着的类属的过渡,但在这里自然界的发展过程就结束了。

2. 类属和物种

§. 370

　　动物的各个不同形成物和纲目以普遍的、取决于概念的动物原型为基础,自然界展现出这个原型,有一部分是在其从最简单的组织到最完善的组织——在这种组织中自然界是精神的工具——

(VII₁,649) 的各个不同发展阶段中展现出来的,有一部分则是在元素自然界的各个不同环境和条件下展现出来的,发展到个别性的动物物种在自身并通过自身使自己区别于其他动物物种,以便否定其他动物物种,而成为自为的。因此,在这种敌对的、把其他物种降低为无机自然界的关系中,暴死就是各个个体的自然命运。

　　〔说明〕动物学也像一般自然科学一样,过去所关心的事情主要在于揭示纲、目等等的一些特征,它们对于主观认识必须是确实的和简单的。在认识动物方面,只有在更多地不着眼于这个建立所谓人工体系的目的以后,才打开了一种认识形成物本身的客观本性的更广阔的眼界。在经验科学里还很难有一门科学,像动物

(VII₁,650) 学这样通过自己的辅助科学,即比较解剖学,在近代取得了长足进步——这种进步主要不是在积累大量观察材料方面(因为任何科学都不乏大量观察材料),而是在其材料经过加工,符合于概念方面。(主要是由法国自然科学家作出的)有见识的自然观察,在把植物分为单子叶植物和双子叶植物以后,也在动物界作出了基本的、以有没有脊椎为基准的区分。这样,动物的基本分类实质上就

回到了亚里士多德已经发现的分类[84]。

从此以后,一方面是单个形成物的习性更详细地被当作决定每一部分的结构的联系,弄成了首要的因素,以致比较解剖学的伟大奠基人居维叶可以自傲地宣称,他能够从单独一根骨头判明动物的本性[85]。另一方面,则是通过各个不同的、还很不完善的和看来全异的形成物去探索动物的普遍原型,在几乎没有露头的预兆中去认识这种普遍原型,在器官和功能的混合状态中去认识它们的意义,而且恰恰借助这种方法,动物的普遍原型就从特殊性被提高为它的普遍性。

这种考察方法的一个重要方面,是认识自然界怎样使这些有机体适应它给它们所安置的特殊元素,适应气候和营养范围,或一般来说,适应它们的生活环境(这个环境也可能是某一植物类属或另一动物类属——见 §. 361"附释")。而为了确定物种,一种正确的本能方法就在于也从动物所用的武器——牙齿、指爪等等,选出可资区别的特征;因为动物正是靠着这种武器,针对其他东西,把自己设定为自为存在,而保存自己的,也就是说,把自己与其他东西区别开的。

生命理念的直接性使得概念并不是作为概念存在于生命之中,因此,概念的特定存在服从于外在自然界的各种各样的条件和情况,并可能以最贫乏的形式表现出来;土地的肥沃性使生命到处都能以各种方式生长出来。动物界几乎还不如自然界其他领域能表现内在独立的和合乎理性的组织系统,能保持那些可能是由概念规定的形式,使它们在不完善的、杂乱的条件面前防止混合、萎缩和退化。在一般自然界里概念的这种软弱性不仅使个体的形成 (VII₁,651)

服从于外部偶然性——高级动物(尤其是人)则发生了畸形——，
而且也使类属整个地服从于自然界的一般外部生命过程的变化。
动物的生命过程是同这种自然生命过程的交替变化并行的(参看
§. 392"说明")，所以，动物生命仅仅是健康和疾病的交替变化。
外部偶然性的环境所包含的几乎全是异己的东西；它使动物感觉
到一种持续的暴力和危险的威胁，这是一种不安全、恐惧和不幸的
感觉。

〔**附释**〕动物作为一种属于自然界的生命，本质上还是一种直
(VII₁,652) 接的特定存在，因而是某种确定的、有限的和部分的东西。同无机
界和植物界的无限多的分化现象相联系的生命力，总是作为有限
的物种存在的，而这种有限性为生物所无法克服。特殊性并不以
现实存在的普遍性(这可以构成思维)为自己的规定；反之，动物
在自己同自然界的关系中只不过达到特殊性。生命接受了这些自
然力量，它的形成过程能够表现出极其多种多样的变化形态；它能
够适应任何条件，在任何条件下继续搏动，虽然普遍的自然力量在
其中总是彻底起支配作用的东西。

在现在研究动物分类方面有一种方法，就是找出一个共同环
节，把各个具体形成物都归结为这个环节，具体地说，就是在一种
单纯的、感性的、因而也是外部的规定性中找到这个环节。但这样
的单纯的规定性是不存在的。例如，如果把"鱼"的一般观念作为
我们在观念里统摄在这个名称下的东西的共同环节，问鱼的单纯
规定性或唯一客观特性是什么，那么，答案就是：鱼在水中游；但这
种回答是不能令人满意的，因为许多陆地动物也能这样做，何况游
泳既不是器官，也不是形成物，也不是鱼的形态的某一部分，而是

鱼的一种活动方式。像鱼这样一种普遍东西,正因为是普遍的东西,就与其外部现实存在的任何特殊方式都没有关系。如果认为在一种单纯的规定性中,比如在鱼翅中肯定会有这样一种共同的环节,但又没有发现这种环节,那么动物分类的任务就困难了。在分类方面,有人以个别类属和物种的方式方法为基础,把它们作为规则提出来;但其多种多样的和自由自在的生活却不允许有共同的东西。因此,动物形式的无限性不能认为是很精确的,好像系统的必然性可以绝对坚持。相反地,我们必须把一些共同的规定性 (VII₁,653)视为规则,拿自然形成物与它们相比较。如果自然形成物不是符合于而是近似于这个规则,在这一方面适合于,但在另一方面又不适合于这个规则,那么,应当改变的就不是规则,不是属或纲等等的规定性,好像规则需要适合这些现实存在似的,而是相反,这些现实存在应该适合规则;如果这种实在性不是这样,那就是实在性的缺陷。例如,某些两栖动物是胎生的,并且也像哺乳动物和鸟一样用肺呼吸,但它们像鱼一样没有乳房,心脏只有一个心室。如果说我们现在甚至于还承认人也会有不好的作品,那么在自然界这种作品就更多了,因为自然界是以外部存在形式出现的理念。在人那里,出现这类作品的原因在于他的随心所欲、主观任性和疏忽大意,例如,他把画术引入音乐,或用石头装饰镶嵌物,或把叙事诗体移入戏剧,就会出现这类结果。在自然界,生命形成物的萎缩是由外部条件造成的;但这些条件之所以能产生这样的结果,是由于生命没有固有的规定性,而要从这些外在东西中获得自己的特殊规定性。所以,自然界的各个形式不能归入绝对的体系;因此,动物的各个种是受着偶然性的支配的。

　　这个问题的另一方面在于,概念虽然也在后来发挥着自己的作用,但只发挥到一定程度。世界上只存在一个动物原型(§.352"附释"第500页),所有的差别只不过是这一原型的变化形态。主要的差别都基于我们以前在无机自然界里作为自然因素加以考察的那些规定。这些阶段也是一般动物原型发育过程的阶段,因此从这些规定也可以识别各种动物的发展阶段。这样,我们就有两种原则来确定动物类属的差别。一种动物分类原则比较接近于理念,系指动物的每个更进一步的发展阶段只不过是唯一动物原型的一个更进一步的发展;另一种原则是指有机原型发展的阶梯同动物生命被投于其中的自然元素有本质联系。然而这种联系只发生于高等动物生命中;低等动物生命同自然元素联系很少,对这些巨大差别漠然处之。动物分类除了这些主要环节,还在气候中有另一些规定性。正如我们在前面已经提到的(见§.339"附释"第393页),这些规定性是:由于北半球的几个大陆更多地连接起来,北半球的植物界和动物界也就更多地联结为一体;反之,在非洲和美洲越是往南延伸,在那里大陆分割开,动物类属分成的物种也就越多。所以,动物取决于气候的不同,人则随便什么地方都可以生活;但即使如此,以发育方面爱斯基摩人和其他极地民族同温带的居民也有所区别。然而,动物则在很大程度上受这种规定性和地区性的影响,受山脉、森林、平原等等的影响。所以这里就没有必要到处去寻找概念的规定,虽然它们的痕迹无处不有。

　　在类属和物种形成的阶段发展进程中,我们可以把不发达的动物作为开端,这种动物的感受性、应激性和再生这三个系统还没有明确的区别。人作为生命力最完善的有机体,则是最高的发展

(VII₁,654)

阶段。这种以发展阶段为根据的分类形式最近在动物学中获得了 （VII₁,655）
特别重要的意义；因为用这种形式可以自然而然地从不发达的有
机体进展到高级的有机体。但为了理解低级阶段，我们就必须认
识发达的有机体。因为发达的有机体是不发达的有机体的尺度和
原型；由于发达的有机体内的一切都已到达其发达的活动水平，所
以很清楚，只有根据这种有机体才能认识不发达的东西。纤毛虫
不能当作基础，因为在这种模糊的生命中有机体的各种萌芽还很
微弱，以致只有根据较发达的动物生命才能理解它们。有人说动
物比人更完善，那是愚蠢的说法。虽然动物在某一方面可能发育
得比较好，但完善性却在于组织的和谐。构成基础的普遍原型，当
然在后来是不可能作为这样的原型存在的；反之，这种普遍的东西
因为是存在着的，所以就是在某种特殊性中存在的。同样，完善的
艺术美也总是必须被弄成个体。只有在精神里，普遍的东西作为
理想或理念，才具有其普遍的特定存在。

　　我们现在应当看到有机体是怎样为这些特殊性而规定自己
的。有机体是活的有机体，它的内脏由概念所规定，然而它也整个
地按照这种特殊性而发展。这种特殊的规定性渗透到形态的一切
部分，使它们相互和谐。这种和谐主要存在于四肢中（而不是存
在于内脏中），因为特殊性正是一种向外的、向特定无机界的趋
向。这种分化的趋势越明显，动物就越高级、越发达。居维叶现在
发展了这一方面，他研究化石骨头，从而得出了这一结果。为了搞 （VII₁,656）
清各块化石骨头属于哪种动物，他不得不研究它们的形成过程。
这就导致他对各个肢体的相互目的性作考察。在他的《Recher-
ches sur les ossements fossiles des quadrupèdes》〔《四足类化石骨头

研究》]的《Discours préliminaire》[《导论》](巴黎,1812 年)中,他说(第 58 页以下):

"每个有机生物都形成一个整体,形成一个唯一的和封闭的系统,这一系统的各个部分相互适应,并通过它们的交互作用,而促成它们的目的活动。这些部分没有一个会在其他部分也未改变的情况下改变自己;因此,它们之中每个部分,就其本身而言,都可以表示和得出所有其他部分。"

"所以,如果某一动物的内脏是以只能消化新鲜肉的方式组织起来的,那么这一动物的颌骨也必须适应于吞咽捕获物,指爪也必须适应于捕捉和撕碎捕获物,牙齿也必须适应于咬断和嚼烂生肉。此外,这一动物的整个运动器官系统必须善于追踪和赶上其他动物,同样,眼睛也必须善于从远处就看到其他动物。自然界本身给动物脑子里安排了一种必要的本能,促使动物掩蔽自己,给他的牺牲品设置圈套。这就是食肉动物的一般条件,每个食肉动物都必须把这些条件毫无遗漏地结合到自身。不过,像捕获物的大小、种类和出没处这样的特殊条件,也是在一般形式范围内,由特殊环境造成的,因此,不仅动物的纲,而且动物的目、属、甚至种都在每一部分的形式上表现出来。"

"实际上,为了使颌骨能捕食,髁(condyle)",即推动颌骨的肌肉加固的器官,"就必须具有一种特别的形态。太阳穴的各块肌肉必须具有一定的规模;这就要求嵌着它们的骨头和它们从下面通过的颧骨突(arcade zygomatique)有一定的深度。这个颧骨突还必须具有一定的强度,以便给咀嚼肌(masseter)提供足够的支撑。"

同样的原则也适用于整个有机体,"为了使动物能够运走其捕获物,用来抬头的肌肉"(颈肌)"必须特别坚强有力,这又同肌肉加固的脊椎骨的形式,同嵌入肌肉的后头项的形式都密切相关。牙齿必须相当尖锐,以便咬断兽肉,而且还必须有坚实的基础,以便压碎骨头。指爪必须具有一定的运动性",——所以说,它们的肌肉和骨头都必须发达;足趾等等也是如此。

此外,这种和谐也导致一些对应点,它们有另一种内在联系,而这种联系往往不是那么容易认识的:"例如,我们容易理解,为什么有蹄类动物必须吃草,因为它们没有抓捕食物的指爪。我们也能理解为什么它们不需要特别大的肩胛骨,因为它们使用它们的前脚只能是为了支持它们的身体。它们的草食活动要求牙齿有平面齿冠,以粉碎谷粒和青草。粉碎活动需要这种齿冠作水平运动,所以颌骨的髁就不必像食肉动物那样有紧固的铰状关节。"[86]特雷维拉努斯说(前引书,第 I 卷,第 198—199 页):"有角动物的下颌通常有八个门齿,上颌则由一个软骨垫代替门齿。这种动物多数无犬齿,臼齿则往往被剪裁成锯齿形的横面凹槽。这些臼齿 (VII$_1$,658) 的齿冠不是水平的,而是有倾斜切迹的,以致上颌的臼齿外边较长,而下颌臼齿则是靠近舌头的里边较长。"

居维叶的下述研究结果也不难理解:"那种牙齿不很完善的动物往往需要有比较复杂的消化系统。"这里他提到的正是反刍动物,它们需要这种比较复杂的消化系统,主要由于草食较难消化。"但我怀疑,是否有人不经过观察,受到教益,就得出结论说,反刍动物都有分趾蹄,因而不反刍的有蹄类动物的牙齿系统比分趾蹄动物或反刍动物的牙齿系统更完善。同样,我们还可以看到,牙齿的发育同脚的骨骼系统的巨大发展是并驾齐驱的。"[87]按照特雷维拉努斯的看法(前引书,第Ⅰ卷,第 200 页),有角动物一般没有腓骨(柯伊特[88]:《De quadrupedum sceletia〔四足类骨骼〕》,第 2 章;堪培尔[89]:《Natural History of Orang-outang〔猩猩自然生活史〕》,第 103 页)。在上面引证的地方,居维叶还继续写道:"我们不可能解释这些关系的原因,;但它们不是偶然的,因为分趾蹄动物常常在牙齿的安排方面显得近似于非反刍动物,在脚的结构方面也接近于非反刍动物。例如骆驼的上颌有些犬齿(canines),甚至还有两个或四个门齿,在跗骨(tarse)中多一块骨头"[90],这是同牙齿系统不那么发达的其他动物相比而言。同样,小孩的牙齿以及走路和说话的本领的发育,都是同时开始于一岁到两岁之间。

(VII₁,659)

因此,规定的特殊性就给动物的所有形成物带来一种和谐:"极细小的骨面,极微小的骨突(apophyse)都相对于动物所属的纲、目、属和种而具有一定特性,所以只要得到一块保存得完好的骨骸,就足以借助于类推和比较,颇有把握地确定动物的其余一切部分,好像整个动物呈现在大家面前",正如俗话所说的,ex ungue leonem〔一爪知狮〕[91]。"在我完全确信这个方法可以处理化石骨头之前,我经常在众所周知的动物的各个部分试用这个方法,结果它总是得到很圆满的成果,所以,对于它给我提供的结果的确实性,我就再也不表示丝毫怀疑了。"[92]

但是,尽管有一种普遍原型作基础,自然界把它在动物界发挥出来,以致这种发挥是符合于特殊性的,却毕竟不能认为动物身上所发现的一切都是合乎目的的。许多动物有一些器官的萌芽,它们只属于普遍原型,而不属于这些动物的特殊性,因而它们没有得到发展,因为动物的特殊性不需要它们;因此,我们在低级有机体中也无法理解它们,而它们只能根据高级有机体加以认识。例如,在爬行动物、蛇和鱼身上,我们会看到有一些脚的萌芽,它们完全是没有意义的;又如,鲸的牙齿不发达,也没有任何意义,因为它们只是牙齿的开端,藏在颌骨里。相反,人身上则有一些东西,它们是只有低等动物才需要的器官;例如,人的脖子上有一种腺,即所谓的甲状腺,它的功能是无法洞察的,而且实际上已经闭塞和消失了;但在母胎里的胎儿身上,主要是在低等动物物种身上,这种器官却是很起作用的。

至于进一步说到提供了一般动物分类的主要基础的动物发展 (VII₁,660)阶梯,那么,由于动物首先(在内部发展方面)是直接的自我生产,其次(在对外关节方面)是以无机界为中介的生产,所以,动物界的形成物的区别或是基于这两个本质方面的平衡,或是基于动物的存在,或者是在这一方面更多,或者是在另一方面更多,以致一个方面得到较多的发展,另一方面则退居次要的地位。由于这种片面性,一种动物就低于另一种动物;但在动物身上任何一个方面都是不可完全缺少的。人是有机体的主要类型,他被用作精神的工具,所以在人身上一切方面都得到了最完善的发展。

旧的动物分类法是亚里士多德创立的,他把所有动物分成两大类——有血($\acute{\epsilon}\nu\alpha\iota\mu\alpha$)动物和无血($\acute{\alpha}\nu\alpha\iota\mu\alpha$)动物。对此他还根据实验观察提出了一个总定理:"所有有血动物都具有骨质的或骨状的脊柱"[①]。这是巨大的、真正的区分。当然,对这个区分可

---

　　①　亚里士多德:《动物史》,I4,III7:$\pi\acute{\alpha}\nu\tau\alpha$ $\delta\acute{\epsilon}$ $\tau\grave{\alpha}$ $\zeta\^{\omega}\alpha$,$\acute{o}\sigma\alpha$ $\acute{\epsilon}\nu\alpha\iota\mu\acute{\alpha}$ $\acute{\epsilon}\sigma\tau\iota\nu$,$\acute{\epsilon}\chi\epsilon\iota$ $\acute{\rho}\acute{\alpha}\chi\iota\nu$ $\acute{\eta}$ $\acute{o}\sigma\tau\^{\omega}\delta\eta$ $\acute{\eta}$ $\grave{\alpha}\kappa\alpha\nu\theta\acute{\omega}\delta\eta$.

以提出许多异议,比如说,像水蛭和蚯蚓这样的动物,按其习性来说是无血动物,但它们有红液汁。一般说来问题在于:什么是血?最后得出的结论是:居然正是颜色造成了这种区分。因此,亚里士多德的这个分类法终于因其含糊不清而被抛弃了;与此相反,如大家知道的,林奈把动物分为六个纲。但是,就像在植物学中法国人摒弃了林奈的纯粹死板的、偏重知性的植物系统分类法,而采取了裕苏的分类法,把植物分为单子叶植物和双子叶植物一样,在动物学中他们也通过拉马克这位富有思想的法国人,又终于回到了亚里士多德的动物分类法,只是不以血为标志,而是把动物分为脊椎动物（animaux avec vertèbres）与无脊椎动物（animaux sans vertèbres）。居维叶把两种分类原则结合到一起,因为脊椎动物实际上同时也有红血,其余的动物则是白血,而没有内部骨骼,或者说,即使有骨骼也是无关节的,即使有关节也只是表面的。在匕鳃鳗身上破天荒第一次出现了脊椎,但这种脊椎仍然是皮质的,在它身上只是由一些皱纹暗示出来。脊椎动物包括哺乳动物、鸟类、鱼类和两栖类,它们不同于软体动物（Mollusken）和从肉皮分离出甲壳的甲壳动物（Crustaceen）,也不同于昆虫和蠕虫。通观动物界,就可以立即看出它所分成的这两类之间普遍存在的巨大区别。

这个区别也符合于我们前面已经提到的那种按照内脏机体与对外肢体的关系所作出的划分,而这种关系是以 vie organique und vie animale〔有机体的生命与动物的生命〕的重要区别为基础的。"无脊椎动物当然也不会有正式骨骼的基础,它们也没有由细胞组成的真正的肺,因而也不会发声,没有发音器官。"[1]亚里士多德

（VII₁,661）

---

① 拉马克:《动物学原理》,第 I 卷,第 159 页。

的以血为标志的分类法在这里整个地得到了证实。拉马克在我们已经引用的那个地方继续写道:无脊椎动物"没有真正的发红的血"和温热的血;倒不如说它们的血近乎淋巴。"血的颜色取决于生命力的强度",而这种强度也是这种动物所缺乏的。"整个说来这样的动物没有真正的血液循环;它们的眼睛里没有虹膜,它们没 (VII₁,662)有肾。它们也没有脊髓和大交感神经"[93]。由此看来,脊椎动物具有较为发达的结构,具有内外之间的平衡;反之,在另一类动物中,这一方面则是靠牺牲另一方面而发达起来的。因此,应该从无脊椎动物中特别举出两个纲——蠕虫(软体动物)和昆虫;前者的内脏较后者发达,然而后者具有较优雅的外形。其次,水螅和纤毛虫等也属于无脊椎动物,只不过它们纯粹是由皮和胶状物组成的,因而显得极其不发达。水螅像植物一样,由某些个体组成,可以劈成几部分;庭园里的蜗牛也可以重新长出头来。但这种再生的力量是机体实质软弱的表现。无脊椎动物的心、脑、鳃、循环脉管、听觉器官、视觉器官和性器官,以及一般感觉,甚至运动,看来都在逐渐消失①。凡是内在性独占统治的地方,那里的消化和再生器官就发达,但作为具体的普遍东西,其中还没有什么分化。只有在动物界属于外在性的地方,才随着感受性和应激性的出现发生了一种分化。因此,如果说在无脊椎动物中有机体的生命和动物的生命是对立的,那么在脊椎动物中,在把这两个环节结成一个统一体的地方,则必然会出现另一种重要的分类根据;即以动物的自然生活环境为标准的分类根据,看它是陆地动物、水生动物,还是空中动

---

① 拉马克,前引书,第214页。

物。反之，无脊椎动物没有展现出自己的发展同自然环境的这种

（VII₁,663） 关系，因为它们服从于第一种分类根据。当然也有些动物是居于中间的东西，不能清楚地分为哪一类，这是由于自然界无能为力，不能忠于概念，不能纯粹坚持思维规定所致。

　　a) 蠕虫、软体动物和贝壳动物等的内部有机体比较发达，但它们在外部却不成形式。"尽管软体动物的外形与高等动物不同，但我们发现，它们的内部结构部分地与高等动物的组织相同。我们看到敷在食管上的脑子，带有动脉和静脉的心脏，但没有找到脾和胰。软体动物的血有白色的或浅蓝色的；血纤维朊不形成血块，而是它的纤维体在血浆中自由地游动。雄性器官和雌性器官很少分配到不同的个体上；如果有这种情况，这些性器官的构造也很特异，以致常常连它们的特性都无法推测。"① "它们用鳃呼吸，它们也有神经系统，但它们的神经没有神经节，即没有形成神经节系列；最后，它们有一个或几个心脏，虽然它们只有一个心室，但终究得到了发育。"②然而软体动物的对外关节系统的发达程度较昆虫差得多。"在鱼和两栖动物身上还可以看到头、胸和腹的差别的痕迹，但在软体动物身上这种差别就完全消失了。软体动物也没有鼻子；它们大多数没有任何外部肢体，它们或者靠腹肌的交替收缩和松弛而运动，或者根本不能前进。"③

（VII₁,664） 　　b) 昆虫在运动器官方面远较软体动物高超，一般说来，后者只有很少的运动肌。昆虫有足和翅，还有头、胸和腹的明确区分。

---

① 特雷维拉努斯，前引书，第 I 卷，第 306—307 页。
② 拉马克，前引书，第 165 页。
③ 特雷维拉努斯，前引书，第 I 卷，第 305—306 页。

然而它们的内部结构看来很不发达。它们的呼吸系统贯通到它们的整个躯体,并且和一些鱼一样,同消化系统重合。同样,昆虫的血液系统也很少有发达的器官,即使有这种器官,也几乎不能同消化器官分开,但它们的对外关节,例如食物咀嚼器官,却是相当明确地形成的。"在昆虫和其他低等动物中,液体运动看来不用循环的方式进行,液汁总是仅仅从食道表面出发,被吸收到体内,供躯体各部分生长之用,然后又逐渐通过表皮或其他途径,被作为废物排出体外。"[1]这就是无脊椎动物的一些主要的纲;照拉马克的看法(前引书,第128页),它们有十四个部。

c)至于说到动物的另一种分类法,那么,脊椎动物是可以很简单地按照无机自然元素,即土、气和水来划分的,因为它或者是陆地动物,或者是鸟,或者是鱼。这种差别在这里是决定性的,而且对毫无偏颇的自然官能是可以直接认识的;而在前一种分类中,这种差别则变成了某种微不足道的东西。例如,许多甲虫有蹼,但它们也同样在陆上生活,并且还有翅膀用来飞翔。当然,就连高等动物也有从这一纲转变为取消那种差别的另一纲的情况。生命之所以能在不同的自然环境里把自身统一起来,恰恰是因为在陆地动物观念里找不出专门的规定性,可以包含它的单纯的本质特性。(VII$_1$,665)只有思维或知性才会制造固定不变的差别;因为精神是精神,所以只有精神才会创造出符合于这些严格差别的作品。艺术或科学的作品是很抽象的和很本质的个体化了的东西,它们既忠于它们的个体规定性,也不混淆本质的区别。如果在艺术中,比如在诗体散

---

① 奥滕里特,前引书,第Ⅰ部分,§.346。

文中或散文体诗中,在历史剧中,也出现这种混淆,如果把绘画引入音乐或诗艺,或用石头作画,例如用雕刻艺术表现卷发(浅浮雕也是雕刻绘画),那么,这就破坏了每个艺术形式的特征。因为天才只有通过一定的个体性去表现自己,才能创造出真正的艺术作品。如果一个人想成为诗人、画家兼哲学家,那也会出现乱套的情况。自然界就不是这样,一个形成物可以向两个不同的方面发展。陆地动物以鲸鱼的身份重新回到水中;鱼以两栖动物和蛇的身份重新爬上陆地;蛇具有刚见端倪而毫无意义的脚,因而变为一种可怜的形成物;鸟成为水生的,以致鸭嘴兽(Ornithorynchus)变为陆地动物,鸵鸟变为类似骆驼的毛发多于羽毛的陆地动物;有些陆地动物和鱼也能飞翔,前者见之于叶口和蝙蝠,后者见之于飞鱼——所有这些都不会抹煞上述基本差别,这种差别不应当看成是共同的,而是自在自为地规定的。上面提到的不完善的自然产物,只不过是像湿气和湿土(即粪土)这样一些规定的混合,不管这种产物(VII₁,666) 如何,物种的主要差别必须加以坚持,物种的过渡也必须列为差别的混合。真正的陆地动物,即哺乳动物,是最完善的;其次是鸟,最不完善的是鱼。

α)鱼的整个结构表明,水是它们的自然环境;它们的关节受自然环境的限制,因此集中于自身。它们的血几乎一点不热,血的温度同它们的生活环境的温度差不多。鱼或有带一个心室的心,或有带几个心室的心,这几个心室总是相互直接联系的。拉马克在叙述四个高等动物纲时(从第 140 页起)说:"鱼用鳃呼吸,有一种光滑的或鳞状的皮,有鳍,没有气管,没有喉,没有触觉,可能也没有嗅觉。"鱼和另外一些动物简直对自己生的幼小动物感到抵触,它们在生出幼小动物以后,也立刻与它们的后代根本不再有任何关系。因此,这样的动物还感觉不到它们同它们所生的幼小动物的同一性。

β)爬行动物或两栖动物都是部分属于土、部分属于水的中间形态;正因为如此,它们身上有些令人讨厌的东西。它们只有一个心脏的心室,一种不完善的肺呼吸,一种光滑的或鳞状的皮。青蛙在幼小时还根本没有肺,而是有鳃。

γ)鸟同哺乳动物类似,具有对自己的雏鸟的感觉。雏鸟还在蛋里时,它们就供给雏鸟营养。"它们的胎儿包含在一种无机物外壳(蛋壳)里,并且很早就完全脱离母体,能在蛋壳内发育,而不必从母体吸取营养。"[1]鸟用自己的身体温暖自己的雏鸟,把自己的食物分出一部分喂它们,也喂自己的雌鸟;但它们不为繁殖幼鸟而牺牲自己的生命,不像昆虫那样在幼虫出生前死去。鸟能筑巢,把自己变为他物的无机界,这显示了它们的艺术本能和发育本能,从而到达积极的自我感觉;第三,它们以直接排出的方式生产雏鸟。拉马克想从这方面确立鸟类的下列发育顺序(前引书,第150页):"如果注意到水生鸟(如蹼足鸟)、涉水鸟和鹑鸡类较之其余所有的鸟都有一个优点,即它们的雏鸟刚从蛋中孵出,就能行走和自己摄食,那么显而易见,它们应形成头三个目;同样明显的是,鸽类、麻雀类、肉食鸟以及攀禽类等都应当列为这个纲的后四个目,因为它们的雏鸟孵出后既不会行走,也不会自己摄食。"我们可以看出,正是这个情况促使拉马克把这个顺序倒转过来,更不必说蹼

（VII₁,667）

————————————

① 拉马克,前引书,第146页。

足鸟是杂种了。鸟的特色在于它们同空气的联系有积极的因素，在这种联系中它们的肺同皮肤气槽、同大骨髓腔连结起来。它们没乳房，因为它们不给雏鸟喂奶；它们有两脚，两臂或前脚已变为翅膀。由于这种动物的生命委身于空气，抽象的自然元素在鸟的生命中很起作用，所以它们都转到植物性占优势，这种植物性在它们的皮肤上形成为羽毛。既然它们属于空气，所以它们的胸部系统特别发达。因此，许多鸟不仅像哺乳动物那样能发声，而且也能唱歌，因为它们内部的振动是在作为它们的自然元素的空气中形成的。马儿嘶喊，公牛嗥叫，鸟儿则把这种叫声发展为观念性的自我享受。但鸟并不在地上打滚，表现粗鲁的自我感觉，而是仅仅沉湎于空气，从中得到自我感觉。

（VII₁,668）

　　δ)哺乳动物有乳房，分出四肢，所有器官都处于发达状态，因为它们有乳房，哺养它们的后代。所以，这些动物已达到对于一个个体同另一个体的统一性的感觉，达到对于类属的感觉。类属正是在产儿中由两个个体构成而得到存在的，虽然在自然界这种个体同类属的统一又陷于个别性。但完善的动物能在类属中感觉到自己的普遍环节，因而还同这种类属的存在保持着关系；这就是哺乳动物和那些仍有孵育能力的鸟。猴子最驯良，并且最痛爱它们的子孙；它们的性欲在得到满足以后，还会变为客观的，因为它们把自身转化成了他物，并且在注意传授自己的东西时，对这种统一具有较高的、澹泊的直观。虽然哺乳动物的皮肤也过着植物性生活，但这种植物性生活早已不像鸟身上那样旺盛。哺乳动物的皮肤转化为羊毛、毛发、鬃毛、芒刺（在刺猬身上），甚至变为鳞和甲（在犰狳身上）。相反，人的皮肤却平滑、干净和具有更多的动物性,并且脱离了任何骨质性的东西。女性的毛发生长性很强。男人的胸部或其他部位毛多,被看成是强壮有力的标志;然而毛多只是皮肤组织相对软弱的标志(见上文 §. 362"附释"第 548—549 页)。

　　哺乳动物进一步的重要划分是以个体动物对其他个体动物的 (VII₁,669)关系,即它们的牙齿、脚、爪和喙作为基础。选择这些部位是出于一种正确的本能;因为动物本身正是以这些部位相互区别的。但区别要成为真正的,就不应当是我们根据标志作出的区别,而必须是动物本身的一种区别。动物作为个体,用武器去对付其无机界,这就显示出动物是自为存在着的主体。按照这种分类基础,哺乳动物可以很准确地分为以下各纲:$\alpha\alpha$)脚变成手的动物,即人和猴(猴是对人的一种讽刺,如果人对这种讽刺并不那么在乎,而只是想嘲弄自己一番,那他就会心甘情愿地欣赏这种讽刺);$\beta\beta$)末端变成爪的动物,即狗和食肉动物,像狮这个兽中之王;$\gamma\gamma$)啮齿动物,它的牙齿特别发达;$\delta\delta$)脚趾间有薄膜的蝙蝠(某些啮齿动物的脚趾间也有这种薄膜,但它们更接近于狗和猴);$\varepsilon\varepsilon$)树懒,它在某一方面完全没有脚趾,脚趾已成了爪;$\zeta\zeta$)有鳍形四肢的动物,即cetacea〔鲸鱼〕;$\eta\eta$)有蹄动物,如猪和有长鼻的象,有角牲畜和马等等。这些动物的力量集中在身体的上部,它们大部分能驯服干活;它们的四肢发达,这表示它们对无机界的一种特别关系。如果把 $\beta\beta$、$\gamma\gamma$、$\delta\delta$、$\varepsilon\varepsilon$ 里的动物归纳为有爪动物,那么可以分为四个纲:1)有手动物,2)有爪动物,3)能干活的有蹄动物,4)有鳍动物。据此,拉马克(前引书,第 142 页)提出了哺乳动物的如下递降阶序(dégradation):"有爪哺乳动物(mammifères onguiculés)有四肢,脚趾的末端有祖露的爪,有的扁平,有的锐利。这些四肢一般适合于 (VII₁,670)

抓捕对象,或至少勾住对象。这类动物都是组织最完善的动物。有蹄(ongulés)哺乳动物有四肢,脚趾的末端完全被一种圆形角质物体(corne〔角质外壳〕)覆盖着,大家称之为蹄(sabot)。它们的脚只能用来在地上行走或奔跑,无论是要爬树,还是要抓住任何一个对象或捕获物,或是要进攻或撕碎其他动物,它们的脚都是不能加以使用的。它们完全是吃草动物。无蹄(exongulés)哺乳动物只有两肢,它们很短,而且平滑,形如鱼鳍。它们的脚趾包着皮,既没有指爪,也没有角质外壳(corne);它们是哺乳动物中组织最不完善的。它们没有骨盆,没有后脚;它们的吞食,不预先经过咀嚼;最后,它们通常在水中生活,虽然也浮到水面呼吸空气。"至于谈到更进一步的细分,那么在这里大家则必须将意外的和偶然的东西存在的权利,即外界决定的东西存在的权利,让给自然界。然而,气候仍然是重要的决定因素。在南方,动物界由于气候和地域的不同,比在北方分化更多,因此,亚洲的象同非洲的象彼此就有重要的差别,在美洲则根本没有象;同样,狮和虎等等也有差别。

3. 类属和个体

a. 个体的疾病

§. 371

(VII₁,671)

在上述两种关系中进行着类属自我中介的过程,这一过程是通过类属分解为一些个体和扬弃各个个体的差别而实现的。但类属由于又采取外在普遍性的形态,采取同个体相对立的无机自然界的形态(§. 357),所以在个体内是以抽象的和否定的方式达到现实存在的。单个有机体既可以在其特定存在的那种外在性关系中不符合于自己的类属,同时也可以在类属范围内回复到自身,从而保持自身(§. 366)。当有机体的某一系统或器官受到刺激,而同无机界力量相冲突的时候,当这一系统或器官坚持自己的独立,坚持自己的特别活动,而与整体活动相对立,从而阻碍了整体的流动性和经过一切环节的过程的时候,有机体就处于疾病状态。

〔**附释**〕如果说动物界的划分就是动物原型自身的分化,那么,单个有机体有病时也能分化,这种分化不符合它的概念,即不符合它的整个特殊性。所以,与类属相反的单个主体的缺陷依然没有消除,但个体在其自身就是与其自身相反的类属;个体自身只是类属,并在其自身内有类属。这就是动物现在所经受的、并以之告终的分裂。

健康就是有机体的自我与其特定存在的平衡,就是所有器官都在普遍的东西里流动;健康就在于有机东西同无机东西有平衡的关系,以致对有机体来说并没有自己无法克服的无机东西存在。疾病并不在于某种刺激对有机体接受刺激的能力太大或太小;反之,疾病的概念在于有机体的存在同有机体的自我不平衡。这种不平衡并不是有机体内相互分离的因素之间的不平衡,因为这些 (VII₁,672) 因素都是一些抽象的环节,它们不可能分离。关于疾病,有人说是刺激活动的提高和接受刺激的能力的降低,因此,似乎一方面越大,另一方面就越小,一方面增高,另一方面就降低;有人在这么说时,这种数量对立一定立即会使人产生怀疑。也不应当埋怨气质,仿佛没有实际受到感染,没有觉得身体不适,人本身就能生病;因为有机体构成这种反射作用本身,即潜在的东西也是现实的。当生存的有机体不是与内在的因素分离开,而是与整个内在的现实的方面分离开时,疾病就发生了。疾病的原因,一部分在于有机体本身,如年龄、死亡和先天性缺陷,另一部分则在于生存的有机体会受到外界影响,以致内部影响的力量所不适应的一个方面得到了增长。于是,有机体就处于其存在与自我的对立形式里,而自我正是这样一种东西,有机体自身的否定东西就是为这种东西而存在的。石头不会有病,因为它在它自己的否定东西里会归于毁灭,遭到化学分解,而不能保持它的形式。因此,石头并不像有机体的生病感觉和自我感觉中那样,是它自己的否定东西,这种否定东西超越自己的对立面。甚至欲望,即对缺乏的感觉,对它自身也是否定东西,是作为否定东西,自己与自己相关;它既是它自身,又是作为有缺乏感的东西,而与它自身有关;只不过在欲望中这种缺乏是一种外在东西,或者说,自我并不反对其形态本身,反之,在疾病中否定的东西则是形态本身。

因此,疾病就是刺激和反应能力之间的不平衡。有机体是一种单个的机体,所以能在一个外部方面加以坚持,而向一个特殊方面超出自己的限度。赫拉克利特说:"热过度则发烧,冷过度则麻痹,气过度则窒息。"[1]有机体能接受超过自己可能接受的刺激,因为它是(实体和自我的)可能性和现实性的完整统一,完全从属于这一或那一形式。性别对立使反应能力和刺激相互分离,把它们

(VII₁,673)

---

① 赫拉克利特,144b. : ὅσα ἐν ἡμῖν ἑκάστου κράτος, νόσημα᾽ ὑπερβολὴ θερμοῦ, πυρετός ὑπερβολὴ ψυχροῦ, παράλυσις᾽ ὑπερβολὴ πνεύματος, πνῖγος.

分配给两个有机个体。但有机个体本身就是由这两者构成的,有机体把它自身分解为这两种形式,这就是它自行死亡的内在可能性。因此,疾病的可能性就在于个体是由这两者构成的。在性别关系中,个体放弃了自己的向外的本质规定性,因为这种规定性就存在于性别关系中。但这时个体在它自身就有这种规定性,好像是它自己同它自己交配。统一不是在类属内完成的,因为生命力同一种个别性相联系,而且许多动物的交配甚至就是它们的现实存在的终点。虽说别的一些动物能在交配后还活着,以致克服了无机界和自己的类属,但类属仍然是支配这些动物的主人。疾病则属于这种关系的倒转。当有机体健康时,所有生命功能都在这种观念性范围内保持着;但是,当有机体生病时,比如血液发热,有机体就开始发烧,而后单独行动起来。同样,胆活动过度,就会增生,例如,会产生胆石。胃的负担过重,消化活动就单独分离开,把自己弄成中心,不再是整体的一环,而是支配着整体。这种分离活动,可以发展到很远的地步,以至肠里生虫;所有的兽类在一定时期内都在心、肺和脑里长着蠕虫(见 §. 361“附释”)。一般说来动物比人弱,人是最强的动物;但是,认为人体内脏出现绦虫是由 (VII₁,674) 于吞食了这些动物的卵,这却是一个错误的假设。健康的恢复只能在于克服这种分化活动。

有位歌戴[94]博士先生,在《伊西斯》(第 VII 卷,1819 年,第 1127 页)中提出一种空话来反对上述见解,这种空话甚至要从哲学的深度“拯救理念的统一,拯救本质,拯救对生命和疾病的本质的理解。”他说:“这个疾病定义是错误的;它只把握了发烧的外部现象,只把握了发烧的症状。”想用真理通常具有的傲慢态度和敢言精神,这样去反驳一种对于纯粹现象和外表的理解,这确实是一种非同小可的自负。在第 1134 页上他还继续写道:"凡是在生命中统一的、融合的和内部隐蔽的东西,都表现为特殊的东西,即以独特的方式形成和表现一个有机体及其理念的本质。这样,生命的内在本质在外部就表现为它的特点。在一切东西俱在,其生命都来源于同一理念、同一本质的地方,所有的对立都仅仅是表面的和外在的,仅仅是为现象和反映存在的,而不是内在地为生命和理念存在的。"然而,有生命的东西本身正是反映活动、分裂活动。自然哲学家心目中所想的只是一种外部反映,但生命却在于表现出来。他们不能解释生命,因为他们不能到达生命的现象,而是停留在僵死的重力上。特别是,歌戴先生看来有这样一种想法,即认为疾病的形成物不是同有机体发生冲突,而首先是同自己固有的本质发生冲突,他写道:"整体的全部活动首先是各个部分的自由运动受到阻碍的结果和反应。"他以为这就是真正的思辨所要说

(VII₁,675)

的东西。但本质究竟是什么? 恰好就是生命力。现实的生命力是什么? 正是整个有机体。因此,说器官与其本质、与其自身相冲突,就意味着与总体相冲突,这个总体就是有机体内部的一般生命力或普遍的东西。不过,这种普遍的东西的实在性就是有机体本身。就是这样一些高尚的哲学家,认为他们在本质中得到了真理,他们不厌其烦地谈论本质,似乎这就是内在的东西和真正的东西! 我根本不想对他们的"本质说"表示敬意,因为它只不过是一种抽象的反思而已。要阐明本质,就是要使它表现为特定存在。

主观性由于缺乏活动的观念性而受到扰乱的方式是各种各样的。致病的主要原因一方面是空气和潮湿,另一方面是胃和皮肤

过程。更具体地说,疾病的方式可以归结为下列几种:

1)有害性,作为主观性受到扰乱的一种方式,首先是一般无机界所固有的一种普遍规定性。这样的有害性是一种单纯的规定性,它虽然必须被看成来源于外部的和强加于有机体的,但同时也可以表现为是在有机体本身设定起来的,就像在外部自然环境中设定起来一样。因为像流行病或传染病这样的疾病,并不能看作有机体的一种特殊性,而应看作外部自然界的整个规定性,而有机体也正是属于外部自然界。我们可以把这种疾病叫作对有机体的感染。各种环境都属于这种有害的规定性。这些环境就是元素环境和气候环境,因此,在有机体的元素规定性中也有其地位,即初步萌芽。可见,这些疾病最初存在于有机体的模糊的一般基础中,主要是存在于皮肤、淋巴和骨头中,而这些基础还没有构成一种发达的和定型的系统。这类疾病不仅具有气候性,而且具有历史性,因为它们出现于一定的历史时期,然后又消失。居住在一种气候环境里的有机体被迁移到另一种气候环境里,也可以产生这类疾 $(\text{VII}_1, 676)$ 病。对这个问题的历史研究现在并没有得出透彻的结论。例如,梅毒和花柳病就是这样。在这种疾病的发生过程中,欧洲有机体与美洲有机体确实有过接触;但并没有证实这种疾病是从美洲传来的,这种看法只不过是一种想象罢了。法国人称梅毒为 mal de Naples〔那不勒斯病〕,因为这种病发生在他们攻克那不勒斯的时候,但它究竟从何而来,谁也没有弄清楚。希罗多德叙说过一个民族从里海迁移到米太以后,就患了一种病,这种病仅仅是由于居住地点的变迁而引起的[95]。在我们当中现在也出现了同样的情形:牲口从乌克兰移居到德国南部,虽然全部动物原来都是健康的,但仅仅由于驻地的变迁就发生了牛疫。许多神经性疾病都来源于德国有机体和俄国的有毒空气的接触;同样,上千名本来健康的俄国俘虏在德国却传染了一种可怕的斑疹伤寒。在美洲和若干沿海地区,例如在西班牙,黄热病只在本地流行,而不往远处蔓延,因为当地居民为了预防传染,就从海岸向内陆迁入若干英里。这些元素环境的性质,正是人的有机体所具有的,因此我们不能说这种有机体受到感染,因为这种变化也存在于人的有机体内部;当然后来也发生过感染。因此,争论这些疾病是自发的还是传染的,就没有什么意义。两种情况都是存在的;这些疾病如果是自发的,那么,在侵入淋巴系统以后,也是通过感染发生的。

(VII$_1$,677)

2)疾病的另一种普遍方式是由外部的特殊有害性引起的,有机体与这种有害性相接触,以致它的某一特殊系统,如皮肤或胃,就被卷到这一接触过程里,于是特别活动起来,因而自己把自己单独分离开。这里需要区分疾病的两种形式,即急性病和慢性病,对于其中前一种疾病医学有最好的处理方法。

αα)急性病是这样的疾病:如果有机体的某一系统有病,治愈的首要方法就在于使整个有机体都能变为有病的,因为这样做,整个有机体的活动便能够继续处于自由状态,从而更加易于治愈疾病。这时,有机体已经与外界隔绝,没有任何食欲,肌肉停止运动;并且由于有机体仍然活着,它就消耗自身的储备。因为急性病遍及于整个有机体,不是只限于某一系统,而是存在于各种所谓的体液中,所以有机体能使自己解脱急性病。

ββ)但是,如果疾病不能变为整个有机体的疾病,那么,我认为这样的疾病就是慢性的,例如,肝硬变和肺结核等就属于慢性病。在患这样的疾病时,既有良好的食欲和消化,性欲也依然发挥自己的力量。在这种情形下,由于某一系统使自己成为独立活动的中心,有机体已不能再控制这一特殊活动,所以,疾病就固定在某个器官,而有机体也不能再把自己表现为独立的整体。这就使这种疾病的医治变得困难,而且那个器官或系统愈是受到侵害和发生变异,困难就愈大。

3)疾病的第三种方式来源于整个的主体,特别是在人身上。这就是精神病,这种疾病是由惊恐、悲伤等等引起的,也能造成死亡。　　　　　　　　　　　　　　　　　　　　　　　(VII₁,678)

§. 372

疾病的独特显现是,整个有机过程的同一性表现为生命运动的连续进程,即表现为发烧。这一进程是通过有机体的各个不同环节,即通过感受性、应激性和再生实现的。然而发烧作为同孤立活动相反的总体的进程,也同样是痊愈的尝试和开端。

〔**附释**〕如果说疾病的概念就在于有机体在其自身的这种分离,那么现在我们就应当更仔细地来考察疾病过程。

α)疾病在其第一阶段是潜在地存在的,而没有不适的感觉。

β)疾病在其第二阶段是对自我形成的;这就是说,同作为普遍东西的自我相对立,在自我中确立起一种规定性,它把自己变为固定的自我,或者,有机体的自我成为凝固的特定存在,成为整体的特定部分。因此,如果有机体的各个系统至今只有无我的持续存在,那么,疾病的实际开端现在就在于有机体感受的刺激超过了它的反应能力,以致单个系统从某个局部方面获得了同自我对立的持续存在。疾病或者可以开始于有机体整体,表现为整个地失去消化能力(因为问题毕竟在于消化),或者可以开始于有机体的某一加强自身的个别方面,诸如肝或肺的过程。存在着的规定性是单一的,支配着整体的是这种规定性,而不是自我。疾病在直接以孤立的形式出现时,如医生说的那样,还是处于它的最初阶段;这仍然不过是最初的冲突,是单个系统的过度增殖。但是,当这个规定性成为中心,成为整体的自我时,当一个特定的自我代替自由的自我,居于支配地位时,真正的疾病就发作起来了。另一方面,只要是仅仅某一个器官受到刺激或抑制,因而疾病还是为一个特别系统所有,而局限于在这一系统的发展,那就比较容易治疗。这个系统仅仅是要摆脱和节制自己同无机物的瓜葛。所以在这方面外部医疗手段也是有用的。总而言之,在这种情况下,医疗手段可以只限于这种特殊的刺激,例如,用催吐药、泻药、放血以及类似的疗法,就属于这种手段。

（VII₁,679）

γ)但疾病也会转移到有机体的整个生命中去,因为当某个特殊器官患病时,整个有机体也会受到感染。这样,整个有机体就都得了疾病,而且有机体的活动受到了干扰,因为它里面的一个环节把自己弄成了中心。但同时,有机体的整个生命力也转而抵抗疾病,所以,孤立的活动就不会仍然是赘瘤,而会成为整体的环节。例如,假如消化活动变成孤立的,那么,血液循环和肌肉力量也势必会受影响;又如,得黄疸病时,全身都分泌胆汁,并完全呈现肝色,如此等等。因此,疾病的第三阶段是化脓。在这个阶段,一个系统受到的伤害变成了整个有机体的事情;这时疾病已不再限于个别部分,外在于整体,而是全部生命都专注于疾病。治疗这种疾病,像我们在前面(第604页)已经看到的治疗急性病那样,总是比治疗慢性病更加容易,例如,像肺病这样的慢性病,就不能再成为整个有机体的疾病。这样,在整个有机体都受了某一特殊性的感染时,就开始出现一种双重生命。同宁静的普遍自我相反,整体变成进行区分的运动。有机体把自身设定为一个与规定性相对立的整体;在这种情况下,医生毫无办法,一般说来,全部医术也不过 (VII$_1$,680) 是助理自然力量罢了。反之,既然个别疾病感染能转化为整体的感染,整体的这种疾病本身同时也就是一种治疗;因为正是整体处于运动过程里,并在必然性范围内把自身分离开。因此,疾病的真正机制在于有机过程现在以这种固定的形态进行着,也就是说,有机体的各个和谐过程现在形成为一个阶段发展序列,而且那些相互分离的一般系统已不再构成直接的统一,而是通过彼此转化来表现这种统一。健康存在于有机体里,同时又受到了阻碍;它只能通过活动的连续序列而存在。健康这个总体过程,不是就疾病的形式或体系而言,潜在地有异常性,而是唯独通过这个连续序列,才有异常性。这个运动过程现在就是发烧。于是,发烧就是真正的、纯粹的疾病,或者说,是个别有机体的疾病,这种有机体摆脱了自己的特定疾病,就像健康的有机体摆脱了自己的特定过程一样。由此看来,如果说发烧是有病机体的纯粹生命,那么,也只有在出现发烧时,我们才能够真正识别一种正式的疾病。发烧既是功能的这种连续序列,同时也是功能的流动序列,所以这种运动过程也就同时扬弃和消化了疾病;这就是针对着有机体的无机自然界的一种内部循环过程,就是药物的一种消化过程。因此,发烧虽然一方面是病态和疾病,但在另一方面也是有机体自己治疗自己的方式。但是,只有发烧很严重、很厉害,彻底激动了整个有机体,它才能发挥这种作用;反之,潜伏进行的、消耗体力的、从不真正出现的那种发烧却是慢性病的一个很危险的征候。因此,慢性病是发烧所不能克服的那种规定性;在发烧潜伏进行时,这一过程不占优势,而是有消化能力的有机体的所有个别过程都仅仅毫无拘束地产生自己,每一过程都是为其自身进行活动。因此,在这里发烧只是表面的过程,它不能征服有机体的这些部分。在剧烈地发烧时,为害的主要力量在血管系统,而在微弱地发烧时,为害的主要力量则在神经系统。在真正发烧时,整个有机体首先归于神经系统,归于一般机体,然后归于内部有机体,最后归于它的形态。

（VII₁,681）

αα）首先,发烧就是发冷、头沉、头痛、背部酸痛,皮肤痉挛和打颤。神经系统出现这种活动时,肌肉就松弛,因而通过自己固有的应激性,表现出不可控制的颤抖和精疲力竭的状态。发烧开始时,感到骨骼沉重,四肢疲乏无力,皮肤血液减退以及浑身发寒。有机体的单纯的、完全反映在自身的持续存在,把自己孤立起来,并支配着整体。有机体在自身把自己的一切部分分解为神经的单纯性,并觉得自己在退回到单纯的实体。

ββ）其次,正是这一情形作为整体的分解,构成否定的力量;通过这一概念,这种分解为神经的有机体就转化为血液发热的有机体,这就是神志昏迷。那种回归正是向发热、向否定性的转化,这时血就是占支配地位的因素。

γγ）第三,这一分解活动最后转化为形态、产物。有机体在再生过程中归于淋巴,这就是汗,是液体性的持续存在。这一产物的意义在于,孤立活动、个别东西和规定性已不再存在于其中,因为

有机体已经作为整体产生出来,整个消化了自己;汗是煮过的致病 （VII₁,682）

物质,像古代医生所说的,这是一个很好的概念。汗是危象的分泌
物;有机体在其中得以排泄自己,通过排泄,有机体把自己的异常
东西抛到自身之外,并解脱自己的病态活动。危象是有机体自己
控制自己的现象,有机体再生自己,并通过分泌,引起这种力量。
被分泌的东西当然不是致病物质,所以,假如身体里没有这种物
质,或能用羹匙把它舀出来,身体就健康了。反之,危象就如一般
的消化一样,同时也是一种分泌。但分泌的产物是双重的。所以,
危象的分泌同无力的分泌颇有差别;后者实质上根本就不是分泌,
而是有机体的分解,因此它的意义同危象的分泌正好相反。

　　发烧所包含的健康的恢复,在于有机体的总体是积极活动的。
由于健康的恢复,有机体就不再沉没于特殊性之中;有机体作为整
体是生气勃勃的。有机体克服了特殊活动,然后把它排除掉。这
样产生的有机体就变为普遍的东西,而不是变为有病的机体。规
定性首先转化为运动,转化为必然性和整个过程,而这整个过程转
化为整个产物,从而同样转化为整个自我,因为这个产物就是单纯
的否定性。

b. 治疗

§. 373

　　药物促使有机体消除那种固定了整体的形式活动的特殊兴 （VII₁,683）
奋,也促使它恢复特殊器官或特殊系统在整体里的流动性。这一
效果是用药物达到的,因为药物是一种刺激物,但难以同化和克

服,因而有机体就遇到某种外在的东西,而要对付这种外在东西,则不得不竭尽其力。有机体在对付这种外在东西时,摆脱了曾经变得与自己同一的局限性;只要这种外在东西不成为有机体的对象,有机体就要受这种局限性的束缚,而不能对它作出反应。

〔说明〕药物主要应看作是某种不易消化的东西。但是不易消化的特性也是相对的,而且也没有那么一种含糊的意思,好像只有软弱的体质能忍受的东西才是容易消化的,倒不如说,这类东西对于体质较强的个体更难以消化。在生命中有其现实性的内在概念相对性,就其性质方面来说,是质的东西,就其数量方面——因为数量在这里是有效的——来说,则在于对立环节的内在独立性愈大,它们的同质性也就愈高。还没有达到内在差异的低等动物,就像植物一样,只能消化没有个体性的中性东西——水。小孩易于消化的东西,一部分是完全同质的动物淋巴,即母奶;这是一种已经消化了的东西,或毋宁说,是已经以一般方式直接转化为动物性的东西,是在体内不进一步加以分化的东西。小孩易于消化的另一部分东西,是业已分化的物质中的那些依然极少发育为个体性的部分。对于强壮的体质来说,这样的物质反而不容易消化。

(Ⅶ₁,684)

这种体质更易于消化的东西,或者是一些已经个性化了的动物性物质,或者是一些植物性液汁,它们在光的作用下被酿成更加强有力的自我,因而被称为精神性的,而不是那些依然只呈中性颜色、较接近于特殊化学作用的植物性产物。这些易于消化的物质通过其更强烈的自我性,构成一种较尖锐的对立;但正因为如此,它们又是较为同质的刺激物。就此而言,药物是一些否定性的刺激物、毒物;某种有刺激作用、同时又不易消化的东西,作为对有机体外

在的异己力量,被提供给那种在疾病中自我异化的有机体,有机体
必须集中精力,反对这种异己力量,进入自己又由以达到自我感觉
和自己的主观性的过程。

按照布朗的体系[96],疾病的性质被归结为亢进和虚弱,后者又
被归结为直接的和间接的两种;药物的功效被归结为强化和减弱
这样两种作用;这些差异又被归结为碳和氮、氧和氢,或者被归结
为磁、电和化学因素,被归结为可以赋予这一体系以自然哲学外貌
的此类公式。布朗的体系曾经被视为完整的医学体系。从这种情
况看,它实际上是一种空洞的形式主义;虽然如此,但它也有助于
扩大人们对疾病和药物的看法,使之不再单纯局限于一种特殊的、
专门的范围,而是在这两者中把普遍的东西认作本质。布朗体系
反对以前那种整个侧重于减弱作用的方法,这也表明有机体对于
对立的治疗法作出反应,并不是采取一种对立的方式,而是往往采
取一种至少在最终治疗结果上相同的、因而普遍的方式,表明有机 　(VII$_1$,685)
体的单纯的自相同一,作为针对其个别系统所出现的特殊痼瘴的
实质性的和真正有效的活动,把自身表现于一些特殊的刺激中。
尽管这一节及其附释所列举的规定性很一般,以致同多种多样的
疾病现象比较起来很不充分,但是,唯有概念的坚实基础才既能引
导我们透过特殊的东西,又能使我们充分理解疾病现象和治疗方
式的本质,而这种本质在习惯于注意特殊东西的外表的人看来却
是悖谬反常、莫名其妙的。

〔附释〕我们应当像过去考察消化那样来设想治疗。有机体
并不想制胜某种外在的东西,倒不如说,治疗的实质在于,有机体
要摆脱自己同那种在它看来一定低于自己地位的特殊东西的纠

缠,而回到自身。这可以用各种不同方式来完成。

　　α. 一种方式是,在有机体内占支配地位的规定性对有机体表现为一种无机自然界的规定性,表现为一种无我的东西,有机体是在与这种规定性或东西打交道。这种规定性在这样表现为一种与健康对立的规定性时,对于有机体就是药物。动物本能地感觉到自己内部确立起来的规定性;自我保存的本能,即整个自我相关的机体的机制,有一定的不足之感。这样,有机体就打算吞并这一规定性,把它当作应当消耗的无机自然界来对待。因此,对于有机体来说,这一规定性就只具有效力很小的形式,具有单纯存在的形式。特别是人们在顺势疗法的理论中得到一种药物,它能在健康的身体上引起同样的疾病。有机体吸收了这种毒物,或一般地说,吸收了某种对自己不利的东西,结果有机体所具有的那种特殊性就成为自己的某种外在东西,而当有机体患病时,这一特殊性还是有机体本身的一个特性。因此,药物虽然也同样是一种特殊性,但又有差别,就是说,药物现在使有机体与其规定性发生了冲突,而这一规定性是某种外在的东西。于是,有机体的健康力量就作为一种向外活动的力量被鼓动起来,不得不振作精神,脱离开那种沉湎于自身的生活,不仅要专注于自己内部,而且还要消化这个外在的东西。每一种疾病(尤其是急性病)都是有机体的一种疑病,有机体患这种疾病时就拒斥它所讨厌的外部世界,因为有机体仅仅局限于自身,在它自身就包含了它自身的否定东西。但既然药物现在刺激它去消化药物,所以它反而又被置于一般的同化活动中。这一结果之所以能达到,恰恰是因为给有机体提供了一种远比它的疾病还不易消化的东西,它不得不全力以赴地去克服这种东西。

（Ⅶ₁,686）

这样一来,有机体在自身就分为两部分;因为最初的内在痈瘤如今变成了一种外在痈瘤,这样,有机体就在自身把它自己弄成一个双重的有机体:它既是生命的力量,又是患病的机体。这种药物的效果可以称为神奇的效果,宛如动物催眠术使有机体从属于别人的支配那样;因为药物已经使整个有机体从属于这一特殊规定性,所以有机体也就屈服在一位魔法师的威力之下。但是,即使有机体由于自己的患病状态而处于他物支配之下,它也毕竟像在动物催眠现象中所表现的那样,同时具有一个超乎患病状态之外的世界,通过这一世界生命力就能重新恢复自己。这种现象见之于有机体能够安睡;因为在睡眠中有机体始终是自在的。因此,当有机体在自己内部以这种方式把它自身分为两部分的时候,它就按照它的生命的力量被设定为自为的;如果它到达了这一目的,它就根本拯救了它的整个普遍生命力,消除了它拘泥于这种特殊东西的痈瘤,这时没有任何坚实东西再对抗有机体的内在生命,内在生命已经通过有机体的这种分离而重新恢复了自己,就像催眠时那样,与痈瘤相对抗的内在生命是活跃的。所以,正是这种解放活动使有机体同时获得了通过消化而返回自身的可能性与现实性,而有机体的复元也正在于它在这种自我回归中消化自己。

（VII₁,687）

　　究竟哪一种药物合适,我们现在难以说明。关于疾病与药物之间的这种关系 *Materia medica*〔药物学〕还没有说出任何一句合理的话来,而是唯有靠经验才可能加以判定。服用鸡粪的经验不亚于服用各种药用植物的任何其他经验,因为过去为了使药物能引起呕吐,曾经给病人使用过人尿、鸡粪和孔雀粪。因此,每一种特殊的疾病都没有一种特殊的药物。重要的问题在于发现疾病与药物之间的联系,即发现一种规定性在有机体里的存在方式,在植物界里的存在方式,或者一般地说,这种规定性作为僵死的外在刺激物的存在方式。金鸡纳霜、植物叶子和绿色东西看来对血液都颇有清凉作用。对过分强的应激性,则必须用可溶性的盐和硝石去克服。由于患病时有机体还活着,只是遭到了障碍,所以,容易消化的食物也足以维持生命,因而常常用这类食物就足以治病。当疾病不是存在于一个特定的系统,而是在于一般消化不良时,就会自动出现呕吐,尤其是儿童很容易呕吐。服用像水银这样的无机药物,有机体的局部活动会异常加剧;这种药物一方面虽然造成特殊的效果,但同时也造成有机体的普遍兴奋。总的说来,疾病同药物的关系可以说是神奇的。像布朗那样,大家可以把药用的刺激物或毒物称为积极的刺激物。

(VII₁,688)

　　β. 然而药物也可以更多地具有消极刺激物的作用方式,例如盐酸就是这样。使用这种药物的目的是抑制有机体的活动,因此,当有机体的所有活动被消除时,生病的有机体所具有的那些活动也就逐渐消失了。这样,在一种情况下有机体必须集中力量对外,因而应该进行紧张的活动,在另一种情况下则应该削弱冲突的活动,例如,用释放血液、敷冰退热或盐麻消化等手段。这样一来,任何外部对象就都不再存在了,从而给突出有机体的内在生命活动留下了余地。饥饿疗法已经作为减弱疗法盛行起来;顺势疗法主要在于注意饮食,就此而言,也属于减弱疗法。像胎儿在母体内所获得的那种最简单的营养,可以造成一种结果,那就是有机体自己营养自己,从而克服异常现象。总的说来,各种药物都有一个普遍目标。在许多情形下,有机体只需要受到一般的震动,并且医生们

自己也承认,两种对立的药物可以有同样的效果。因此,减弱疗法 　（VII₁,689)
和加强疗法这两者虽然是相互对立的,但都以这种方式证明自己
是有效的。先前用呕吐药和泻药治疗的疾病,从布朗时代起就用
鸦片、石油精和烧酒来治疗了。

γ. 与第三种疾病方式(见 §. 371"附释",第 604—605 页)相
对应的第三种疗法,是一种也对有机体的普遍东西发生作用的疗
法。催眠疗法就属于这一类。既然有机体作为内在的普遍东西,
有可能既被提高到自己之上,也被带回到自己之内,那么,就可以
从外部施加影响,让它做到这一点。因此,当自我作为单纯的东西
处于有病的机体以外时,正是催眠术家的手指头按摩整个有机体,
就使它产生了必要的磁流。病人只要能接受催眠,就可以在这外
部影响下被置于睡眠状态。催眠恰恰是使有机体集中于自己的单
纯状态,从而使它达到对它自身的内在普遍性的感觉。然而不仅
催眠术能引起这种睡眠,而且患病时的健身睡眠也同样能引起这
一转机,就是说,有机体能完全自动地把自己集中于自己的实体性
状态里。

§. 374

动物有疾病时,就受到无机力量的纠缠,被固定在自己的一个
特殊系统或器官中,而与自己的生命力的统一相对立,这时动物有
机体作为特定存在具有一种数量方面的抗力,即确实能够克服自
己分裂为两部分的现象,但同样也能够受这种分裂的控制,并在其
中得到一种自己死亡的方式。一般说来,个别的不适应性的克服
与消逝并不能扬弃普遍的不适应性,个体之所以有这种普遍的不

(VII₁,690)

适应性,是因为个体的理念只是直接的理念,是作为动物处于自然界之内,动物的主观性仅仅自在地是概念,并非自为地是概念。所以,内在普遍性就与有生命的东西的天然个别性相反,依然是否定的力量,有生命的东西受着这一否定力量的强制,而归于毁灭,因为它的这样的特定存在本身并不包含这种普遍性,因而也就不是与这种普遍性相适应的实在性。

〔附释〕与自我分离开的有机体是自行死亡的。但真正的疾病,就其不是死亡而言,则是这种从个别东西到普遍东西运动的外部的、现实存在着的过程。死亡的必然性并不在于个别原因,就像在有机体中任何现象都一般不在于个别原因一样;因为外在情况可能成为死亡的原因,这本身是由于有机体的内在本性所致。个别原因总有办法对付,它软弱无力,不会成为死亡的根据。死亡的根据是个体性转为普遍性的必然性;因为有生命的东西就其为有生命的而言,是作为自我的特定存在的片面性,而类属则是一种运动,这种运动产生于扬弃个别的、存在着的自我的活动,又回归到这种扬弃活动,是存在着的自我走向毁灭的一个过程。一般说来,因年老而死亡是一种精力衰竭的情况,是一种普遍的、单纯的减弱状况。老死的外在表现就是骨骼变硬,肌肉和筋腱变得松弛,消化不良,感觉衰退,由个体性生活倒退到单纯的植物性生活。"如果说年老时心脏的坚固性有一定的增长,那么它的应激性则在降低,直至最后完全消失。"①还可以看到,"到了十分年迈的时候,躯体

---

① 奥滕里特,前引书,第Ⅰ部分,§.157。

就会抽缩。"①而这种纯粹数量的行为,作为质的特定的过程,就是真正的疾病;真正的疾病并不是虚弱或亢进,如果这样理解,那是完全肤浅的看法。

c. 个体的自行死亡

§. 375

按照普遍性,动物作为个别的东西是一种有限的现实存在,在本身抽象的、动物内部进行的过程所导致的结果(§. 356)里,这种普遍性在动物身上表现为抽象的力量。动物不符合于普遍性,这就是动物原初就有的疾病和与生俱来的死亡的萌芽。扬弃这种不符合状态就是实现这一命运。个体把自己的个别性想象成普遍性,以扬弃这种不相符合的状态;但由于这种普遍性是抽象的、直接的,因此,个体这样做只能到达抽象的客观性,在这样的客观性范围内,个体的活动逐渐变得迟钝而僵化,生命的活动变成了没有过程的习性,以致个体就这样自己毁灭着自己。(VII₁,691)

〔**附释**〕有机体虽然可以从疾病中恢复健康,但因为有机体生来就是有病的,所以其中隐藏着死亡的必然性,也就是隐藏着解体的必然性,在这种解体的活动里,一系列过程变成了空虚的、不返回自身的过程。在性别对立中,直接死亡的只是业已分离的性别器官,即类似于植物的部分。在这里,各个性别器官是由于它们的片面性死亡的,而不是作为整体死亡的;它们作为整体死亡,是由

---

① 奥滕里特,前引书,第 II 部分,§. 767。

于每个性别器官都在自身之内包含的雌雄对立。像植物的雄蕊(stamina)发育为消极的花托,而雌蕊的消极方面发育为生殖的本原一样,现在每个个体本身都是两性的统一。然而,这也就构成个体的死亡;因为这只不过是个体性,而个体性就构成个体的本质规定性。只有类属在同一统一体内才是完全的整体的统一。因此,如果说不可克服的雌雄对立最初可能是属于有机体的,那么现在则可以很肯定地说,整体的各个抽象形式的对立是属于有机体的,这些形式在发烧时出现,并且充满了整体。个体性并不是普遍东西,所以不能这样分配自己的自我。在这种普遍的不符合状态里包含着精神和肉体的可分离性,但精神却是永恒的、不朽的;这是因为,它作为真理,是以其自身为其对象,因而它与它的实在性是不可分的,也就是说,它是普遍的东西,这种普遍的东西把自身表现为普遍的东西。在自然界则相反,普遍性只以这样一种否定的方式表现出来,即主观性在普遍性中得到了扬弃。产生那种分离的形式,正是个别东西的完成,这种个别的东西使自己变为普遍的东西,但又不能承受这种普遍性。动物面对着自己的无机自然界和类属,虽然能维持自己的生命,但最终还是类属作为普遍的东西保持着优势。有生命的东西作为个别的东西,在把自己的实在性注入自己的体内时,就由于生活习惯而死亡了。既然活动已经变得普遍,生命力也就会使自身自为地成为普遍的东西,而且在这种普遍性中死亡的正是生命力。生命力是一个过程,因而需要有对立,但是,生命力从前必须克服的那个他物现在对它来说已不再是他物了。在精神事物方面,年老的人们对他们自己和他们的类属的操心越来越多,他们的一般看法越来越被大家所熟悉,特殊的东

(VII₁,692)

西消失得越来越多，但这样一来也就同时逐渐减少了紧张关系或利害关系（相互争执），而他们对这种没有争讼的习惯是感到满意的。在精神方面如此，在物质方面也完全一样。有机体是不断向着没有对立的状态发展的，这种状态就是死者的安息，而死亡的这种安息克服了疾病中存在的个别性与普遍性不符合的情况，所以说这种不符合是死亡的根本起源。

§. 376

但现在所达到的这种与普遍东西的同一性，是个体的直接个 (VII₁,693)
别性和普遍性之间的形式对立的扬弃，并且这仅仅是事情的一个方面，具体地说，仅仅是事情的抽象方面，即自然事物的死亡。然而在生命理念中主观性就是概念，因此主观性自在地就是现实性的绝对己内存在和具体的普遍性；主观性通过其实在性的直接性的这种扬弃，就与其自身结合到了一起；自然界最终的己外存在被扬弃了，因而那个在自然界中仅仅自在地存在着的概念也就变成了自为的。这样，自然界就过渡到了自己的真理性，过渡到了概念的主观性，这个主观性的客观性本身就是个别性的被扬弃了的直接性，也就是具体的普遍性；因此，这个具有与自己相符合的实在性的概念，这个以概念为自己的特定存在的概念，就被设定起来了，而这就是精神。

〔附释〕超乎自然的这种死亡之上，从这种僵死的外壳中产生了一个更美妙的自然，产生了精神。有生命的东西是以这种在其内部的分离和抽象结合而告终的。然而分离和结合这两个环节是相互矛盾的：α）结合在一起的东西，因为是结合在一起的，就是同一的,因此,概念或类属和实在,或主体和客体都不再分离;β)而相互排斥和分离的东西,正因为是相互排斥和分离的,就不是抽象同一的。真理就在于它们作为不同的东西的统一,所以,由于它们的潜在存在着的同一,在这种结合和分离中就只有它们的形式对立得到了扬弃,同样,由于它们的分离,也只有它们的形式同一遭到了否定。更具体地说,这里的意思是:生命的概念、类属或有其普遍性的生命,从自身排斥自己的那种已经变成内在总体的实在性,但与那种实在性又是潜在地同一的,因而是理念,是绝对保持

(VII₁,694) 自己的,是神圣的东西,是永恒的东西,所以总是留存于实在性之内;而被扬弃的只是形式,是天然的不符合状态,是在时间和空间上依然仅仅抽象的外在性。在生命的东西虽说是概念在自然中的最高实存方式,但在这里,概念也不过是潜在的,因为理念在自然中只是作为个别的东西现实存在着。动物在位置移动中确实完全摆脱了重力的束缚,在感觉活动中感觉到自己,在声音中听到自己;类属现实地存在于类属过程中,但也只是作为个别的东西现实存在着。由于这种现实存在还总是与理念的普遍性不符合,所以理念必须突破这一范围,打破这一不符合的状态而自由呼吸。因此,并不是类属过程中的第三者又降为个别性,而是这种过程的另一方面,即死亡,构成个别东西的扬弃,因而构成了类属、精神的出现;因为自然事物的否定,即直接个别性的否定,就在于以类属的形式设定普遍的东西,设定类属。在个体性里,双方的这种运动就是一种自我扬弃的过程,其结果是产生意识,产生这样一种统一,这种统一自在和自为地是双方的统一,是作为自我,而不只是作为个别东西的内在概念中的类族。这样一来,理念就在独立的主体

内获得了现实存在,对于这个主体,一切事物作为概念的器官,都
是观念的和流动的;就是说,这个主体思维着,使一切时间上和空
间上的东西都成为自己的东西,所以,它在自身内包含着普遍性,
即包含着它自己。因为普遍东西现在是为普遍东西而存在的,所
以概念是自为的;这首先表现于精神,在精神里,概念使其自身成
为对象,可是,这就设定起了作为概念的概念的现实存在。思维作
为这种自为地存在着的普遍东西,是不死的东西;有死的东西则是
理念或普遍东西在其中与自身不符合的东西。

　　在我们面前的是自然事物向精神的过渡。自然界在有生命的　(VII₁,695)
东西中得到完成,并在转变为更高级的东西时建立起自己的和平
状态。因此,精神是从自然界发展出来的。自然界的目标就是自
己毁灭自己,并打破自己的直接的东西与感性的东西的外壳,像芬
尼克斯那样焚毁自己⁹⁷,以便作为精神从这种得到更新的外在性
中涌现出来。这样,自然界就变成了一个他物,以便把自己作为理
念再加以认识,并自相调和。但是,把精神看成由自在东西仅仅发
展为自在存在的变化过程,那是片面的。自然界虽然是直接的东
西,但作为不同于精神的东西,仅仅是一种相对的东西,因而作为
否定的东西,仅仅是一种被设定的东西。扬弃这种否定性的,正是
自由精神的力量;自由的精神既存在于自然界之先,也同样存在于
自然界之后,而不仅仅是自然界的形而上学理念。正因为如此,自
由的精神作为自然界的目标是先于自然的,自然界是由精神产生
的,然而不是以经验方式产生的,而是这样产生的,即精神以自然
界为自己的前提,总是已经包含于自然之中。不过,精神的无限自
由也允许自然界有自由,并且把针对自然的理念活动当作自然本

身的内在必然性,就像世界上的一个自由人确信他的行为是世界
的活动一样。因此,精神本身首先出自直接的东西,但后来就抽象
地理解自己,想从自身铸造出自然,从而解放自己;这种精神活动
就是哲学。

　　这样,我们就使我们对于自然界的考察达到了它的极限。已
经理解了自己的精神也想在自然界中认识自己,想把丧失了的自
己再恢复起来。唯有精神同自然和现实性的这种调和才是精神的
真正解放,在这种解放活动中精神摆脱了自己的思维和直观的特
（VII₁,696）殊方式。这种从自然界及其必然性中解放出来的活动就是自然哲
学的概念。各种自然形态仅仅是概念的形态,然而是包含在外在
性的元素里的。外在性的形式作为自然界发展的各个阶段虽然是
以概念为基础的,但是,即使在概念把自己汇集于感觉里的时候,
概念也仍然不是作为概念的概念的自在存在。自然哲学的困难恰
恰在于,第一,物质的东西与概念的统一性是大相径庭的,第二,精
神不得不对付越积越多的细节。虽然有这种困难,理性还必须有
自信,相信在自然界中概念对着概念说话,而隐藏在无穷多外在形
态之下的真正概念形态最终将会向理性展现出来。——如果我们
简略地看一下我们所经历过的领域,我们就会发现,理念最初是在
重力范围内自由地外化为这样一种有形体的东西,这种东西的各
个环节就是自由的天体;然后,这种外在性就形成为一些属性和性
质,它们属于个体的统一性,在化学过程中得到了一种内在的和物
理的运动;最后,在生命中,重力就外化为具有主观统一性的环节。
这部演讲录的宗旨就是要提供一幅自然图画,以便制胜普罗丢斯,
在这种外在性中只寻找我们自己的明镜,在自然界中看到精神的

一种自由反映——这就是要认识上帝,不是在精神的静观中去认识,而是在上帝的这种直接特定存在中去认识。

译 者 注 释

导　　论

1. 黑格尔指的是谢林和谢林派自然哲学家，如埃申迈耶尔（A. K. A. Eschenmayer）、里特尔（J. W. Ritter）、特雷维拉努斯（G. R. Treviranus）、奥铿（L. Oken）、施特芬斯（H. Steffens）等人。——第 1 页

2. 克利斯蒂安・沃尔夫（Christian Wolff 1679—1754），德国唯心论哲学家，莱布尼茨哲学的继承人。他的自然哲学观念，见他的著作《关于自然作用的理性思想》（哈雷 1723 年）和《关于人类、动物和植物诸部分的理性思想》（法兰克福 1725 年）。——第 4 页

3. 亚里士多德：《形而上学》，A2，982b；参看吴寿彭译本，北京 1962 年，第 5 页。——第 4 页

4. 普罗丢斯（Proteus）是希腊神话中的一位海神，他变化无穷，被视为创造世界的本原的象征。德国自然哲学家往往把千变万化的自然比作普罗丢斯。——第 5 页

5. 索福克勒斯：《安提戈涅》，第 334—360 行；参看罗念生译本，北京 1961 年，第 16—17 页。——第 7 页

6.《讽喻短诗》是歌德和席勒针对当时尼古拉为首的文学流派所写的短嘲诗集。黑格尔涉及的是其中的第十五首，题目为《目的论者》。它是讽刺施托尔贝格（F. L. Stolberg）宣扬的目的论的。——第 8 页

7. 亚里士多德：《形而上学》，Δ2，1013a；参看中译本，第 84 页。——第 8 页

8. 原文为 Insichsein，来自拉丁文 in se esse，意思是"在自身内的存在"；

黑格尔的这个概念起源于亚里士多德的实体概念,见《形而上学》,Z3,
1029a;参看中译本,第 127 页。与 Insichsein 相对立的概念是 Aussersichsein,
来自拉丁文 in alio esse,本书译为"己外存在",意思是"在自身外的存在";参
看黑格尔《小逻辑》,贺麟译,北京 1954 年,第 84—98 节。——第 12 页

9. 伊西斯(Isis)是埃及神话中的一位女神,母性和丰收、生命和健康和
护佑者。——第 13 页

10. 约翰·格奥尔格·哈曼(Johann Georg Hamann 1730—1788),德国宗
教哲学家,非理性主义者。黑格尔援引的这句话出自哈曼写给康德的一封信
(1759 年 12 月底)。——第 14 页

11. 歌德:《浮士德》,第 I 部分,第 1938—1941 行;参看郭沫若译本,第 I
卷,上海 1954 年,第 89 页。黑格尔在引证时对原来的诗句有所改动。——
第 16 页

12. 阿尔布雷希特·冯·哈勒尔(Albrecht von Haller 1708—1777)在《人
类德行之虚伪》(1732 年)中断言,"没有一个创造性的精神能深入自然的内
在本质",因而必须安于对外壳的认识。歌德写了《毋庸置疑》(1820 年)这
首诗批评他的谬误,强调自然界里一切都是统一的,不能把它分为不可认识
的内核和可以认识的外壳。原诗入歌德《论形态学》第 I 卷第 3 分册,斯图加
特与图宾根 1820 年,第 304 页。恩格斯的有关评论,见《自然辩证法》,曹葆
华等译,北京 1955 年,第 201 页。——第 17 页

13. 原话见《旧约》,"创世记",第 2 章,第 23—24 节。——第 19 页

14. 柏拉图:《蒂迈欧篇》,34c—35b。——第 19 页

15. 费洛(Philo 纪元前 20—纪元后 50),犹太哲学家,新柏拉图主义者,
释经家。他把逻各斯视为上帝最高的和最完善的创造。黑格尔对他的评述,
见《哲学史讲演录》,第 III 卷,贺麟等译,北京 1962 年,第 162 页以下。——
第 20 页

16. 尤里奥·恺撒·梵尼尼(Giulio Cesare Vanini 1584—1619),意大利
哲学家,泛神论者,把神看作无限存在,在自然界里作为神圣的力量起作用。
黑格尔对他的评述,见《哲学史讲演录》,第 III 卷,中译本,第 366 页以
下。——第 25 页

17. 雅可布·波墨(Jacob Bøhme 1575—1624),德国唯心论哲学家,泛神

论者,主张上帝和自然同一。黑格尔对他的评述,见《哲学史讲演录》,中译本,第 IV 卷,第 31 页以下。——第 27 页

18. 黑格尔批评的是施特芬斯的说法。——第 30 页

19. 在古代主张进化说的先驱是阿那克西曼德;黑格尔谈到流射说时,主要是指印度古代《世尊歌》中发挥的思想。在 18 世纪欧洲生物学发展史中,法国让·巴帕梯斯特·罗比耐(Jean Baptiste Robinet 1735—1820)主张,生物的变化是一种从低级到高级的进化过程;若尔日·布丰(Georges Buffon 1707—1788)主张,生物的变化是一种从复杂到简单的退化过程。黑格尔认为流射说与进化说都有片面性,而竭力维护歌德的变形说,主张在发展过程中进化与退化是结合在一起的。——第 30 页

20. "自然界里无飞跃"这个说法,最早见于法国雅克·蒂索(Jacques Tissot)的著作《对生命的真正探讨》(里昂 1613 年,傅尼尔本,第 247 页),后来见于莱布尼茨《人类理智新论》"序言"(巴黎 1704 年,参看《16—18 世纪西欧各国哲学》,洪谦等译,北京 1975 年,第 509 页)和林奈的《植物哲学》(斯德哥尔摩 1751 年,第 27 页)。——第 32 页

21. 威廉·特劳哥特·克鲁格(Wilhelm Traugott Krug 1770—1842),德国唯心论哲学家,后康德主义者。黑格尔对他的批判,见《通常的人类理智是怎样看待哲学的——评克鲁格先生的著作》,原载《哲学评论杂志》,1802 年,第 I 卷,第 1 期。——第 33 页

22. 恩格斯关于黑格尔自然哲学的划分的评论,见《自然辩证法》,北京 1955 年,第 210 页。——第 36 页

23. "力能"原文为 Potenz,来自拉丁文 potentia,意思为力量、能力、势力,表示自身能够如何,或能使他物如何。黑格尔的力能概念导源于柏拉图和亚里士多德的 $\delta \acute{\upsilon} \nu \alpha \mu \iota \varsigma$ 概念。柏拉图用这个概念表示物质体现理念的消极能力;亚里士多德用它表示事物使自身或他物运动变化的动因、能力。我国过去把这个希腊文译为潜在、潜能、力能等等。鉴于黑格尔思想的来源,本书也将 Potenz 译为"力能"。——第 38 页

第一篇　力学

1. 康德:《纯粹理性批判》,第 I 部分第 1 节;参看蓝公武译本,北京 1965

年,第49页以下。——第41页

2. 牛顿在其《自然哲学的数学原理》"附说"Ⅱ中说:"绝对空间按其本性,与任何外在对象无关,永远保持不变,并且不动。"黑格尔批评了他把空间形式与物质运动割裂开的观点。——第42页

3. 莱布尼茨认为空间绝不是物质性的,而是一种依赖于单子关系的秩序。见《人类理智新论》第Ⅱ部分第13章第17节以及他同克拉尔克(S. Clarke)的有关通信。——第43页

4. 黑格尔这个论断不对。康德最初考虑过怎样解释物理空间的三维性问题。他在《关于真正度量活力的想法》(1746年)中提出了空间三维性与万有引力相联系的假设,指出"三维性的产生显然是由于现实世界的物体在相互发生作用时,作用力与距离的平方成反比"。黑格尔对此采取了不闻不问的态度;反之,恩格斯则在《自然辩证法》(北京1955年,第48页)中提到康德的这一富有成果的思想。——第43页

5. 欧几里得在其《几何原本》中以半径相等规定圆,黑格尔认为这个定义不完善,完善的圆定义是笛卡尔在其《几何学》中给出的。——第47页

6. 康德:《纯粹理性批判》,第Ⅰ部分第2节;参看中译本,第55页以下。——第48页

7. 原文为Chronos。黑格尔这里所说的显然是古希腊神话中的时间之神,而不是农耕收获之神。由于名字同音,奥菲士教徒往往把两者混淆起来。——第49页

8. 牛顿在其《自然哲学的数学原理》"附说"Ⅰ中说,"绝对的、真实的及数学的时间,按其自身并按其本性来说,在均匀地流逝着,与任何外在对象无关。这种时间也可以称为延续。"黑格尔批评了他把时间形式与物质运动割裂开的观点。——第50页

9. 恩格斯对黑格尔这一观点的评论,见《自然辩证法》,北京1955年,第237页。——第58页

10. 关于芝诺的运动悖论,黑格尔在《哲学史讲演录》第Ⅰ卷(中译本,第272页以下)作了详细分析,强调指出运动的本质在于时空的连续性与间断性的统一。恩格斯关于这一矛盾的论述,见《反杜林论》,吴黎平译,北京1960年,第123页。——第59页

11. 见牛顿《光学》(伦敦 1730 年),第 III 卷,第 1 部分,质疑 28 与 31。——第 60 页

12. 恩格斯对黑格尔关于吸引和排斥的辩证法观点的评述,见《自然辩证法》,北京 1955 年,第 204 页。——第 62 页

13. 黑格尔:《逻辑学》,上卷,杨一之译,北京 1974 年,第 185 页以下。——第 62 页

14. 见牛顿《自然哲学的数学原理》"运动的基本定律"。——第 66 页

15. 这里批评的是牛顿。——第 66 页

16. 牛顿派本杰明·洛宾斯(Benjamin Robins 1707—1751)研究了空气对炮弹的阻力,见他的论文集《炮学新原理》(伦敦 1742 年)。——第 75 页

17. 路易 - 本杰明·弗兰开尔(Louis-Benjamin Francoeur 1773—1849),法国数学家、力学家和地学家。——第 76 页

18. 即 V = gt。见伽利略《关于两门新科学的谈话和数学证明》(莱顿 1638 年),定理 I,命题 I。——第 79 页

19. 约瑟夫·路易·拉格朗日(Joseph Louis Lagrange 1736—1813),法国著名数学家。他在其《解析函数论》(巴黎 1797 年)中不用极限概念,用代数方法建立微分学。黑格尔引证的这一章的标题是"论力学的对象·关于匀速运动和匀加速运动·关于直线、空间、速度和加速力的关系"。——第 79 页

20. 即 $S = \frac{1}{2}gt^2$。见伽利略《关于两门新科学的谈话和数学证明》,定理 II,命题 II。——第 80 页

21. 弗列得里克·威廉·赫谢耳(Friedrich William Herschel 1738—1822),英国天文学家。他在其《论天空的结构》(柯尼斯堡 1791 年)中,遵照康德的设想,把自己观察到的两千个星云分为四大类,即不规则星云、星团、盘状星云和球形星云,以显示一种天体演化程序。——第 85 页

22. 约翰·开普勒(Johann Kepler 1571—1630),德国天文学家,发现了行星运动的三条定律:(1)行星沿椭圆轨道绕太阳运行,太阳位于椭圆的一个焦点上;(2)对任何一个行星来说,它的矢径在相等的时间内扫过相等的面积;(3)行星绕太阳运动周期 T 的平方与椭圆轨道的长半轴 α 的立方成正

比，即 $\dfrac{T^2}{\alpha^3}$ = 常数，此常数对各行星都相同，与行星的性质无关。前两条定律是在 1602—1606 年发现的，发表于 1609 年出版的《新天文学》中；第三条定律是在 1618 年发现的，发表于 1619 年出版的《宇宙和谐》中。牛顿根据开普勒定律，进一步研究了致使各行星作轨道运动的作用力，从而得出了万有引力定律：任何物体间都存在相互作用的力，力的方向是沿两物体的连线方向，力的大小与两物体质量的乘积成正比，与两者之间的距离的平方成反比，即 $F = G\,\dfrac{m_1 m_2}{r_{1,2}^{2}}$，G 为引力常数。——第 89 页

23. 见牛顿：《自然哲学的数学原理》，第 I 卷，命题 LXV，定理 25；第 III 卷，命题 XIII，定理 13。——第 91 页

24. 第谷·戴·布拉赫（Tycho de Brache 1546—1601），丹麦天文学家，曾对行星运动作了大量精确观测，试图把太阳中心说和地球中心说结合起来。他的工作成果为开普勒提出自己的行星运动定律提供了经验材料。——第 96 页

25. 尼古拉·哥白尼（Nicolaus Copernicus 1473—1543），波兰天文学家，推翻了地球中心说，建立了太阳中心说，认为地球和别的行星一样围绕太阳转动；但他仍然认为行星运动的轨道是圆形的，而运动是偏离圆心的。见《天体运动论》（纽伦堡 1543 年），第 V 卷，第 4 章。——第 96 页

26. 开普勒在《宇宙和谐》（林茨 1619 年）里谈了他自己研究天体运动的经过。——第 98 页

27. 黑格尔讲月亮无自转是不对的，因为月亮围绕自己的轴心转动，其周期等于月亮围绕地球中心转动的周期，即 27.3 昼夜。——第 108 页

28. 安东尼·富克鲁阿（Antoine Fourcroy 1755—1809），法国化学家，热质说批判者。黑格尔转述的意思出自富克鲁阿在其《化学知识体系》（巴黎 1800 年）里关于消化过程所作的分析。——第 110 页

29. 天体演化学至今还不能解释星距定律。关于这个问题，恩格斯曾经在《自然辩证法》（北京 1955 年，第 153 页）中摘录了黑格尔的原话。——第 111 页

30. 毕达哥拉斯首先企图用五个几何体，即四面体、正六面体、八面体、十二面体和二十面体，构成天体演化的基础。柏拉图在其《蒂迈欧篇》里论

述了毕达哥拉斯的思想。开普勒曾经研读柏拉图的这一著作,在其《宇宙神秘》(图宾根 1596 年)中借助于那五个立方体来论证星距定律。——第 111 页

31. 18 世纪与 19 世纪之交,天文学家力求按照波德数列 0,3,6,12,48,96,192,去填补火星和木星之间的空隙。1801 年皮亚齐(G. Piazzi 1746——1826)发现谷神星;1802 年奥伯斯(H. Olbers 1758—1840)发现武女星。天后星和灶神星分别发现于 1804 年和 1807 年。——第 111 页

第二篇　物理学

1. 黑格尔认为,在自然界中从力学领域到物理领域的过渡相当于逻辑中从存在到本质的过渡。参看黑格尔《小逻辑》第 112 节,北京 1954 年,第 250 页以下。——第 117 页

2. 关于光的论述,黑格尔在许多方面与谢林观点一致(参看谢林《自然哲学体系初步纲要》,耶纳 1799 年)。在黑格尔看来,光是与有重量的物质对立的东西,借助于光的作用,有重量的物质变为可见的。如同自我设定非我,以便显现和扬弃自我本身一样,光也按其本性进行反射,把自身显现为一种他物,反映实在中的观念东西和观念中的实在东西。光在物质领域中的意义犹如自我在精神领域里的意义。——第 118 页

3. 黑格尔重复了瑞士气象学家让·安得累·戴吕克(Jean André Deluc 1727—1817)的观念。戴吕克在其《关于气象学的新观念》(柏林 1788 年)中认为,阳光本身并不热,只有阳光在物体内部与物质结合为热质,我们才有热的感觉。——第 123 页

4. 雅克·亚历山大·弗朗索瓦·阿利克斯(Jacques Alexandre François Allix 1776—1836),拿破仑帝国的将军,后来寓居德国,从事科学研究。黑格尔这里援引的是他的《宇宙论,运动的初始原因及其根本结果》(巴黎 1818 年)。——第 124 页

5. 牛顿提出的微粒说认为,光是由一种具有完全弹性的球形微粒大量地聚集成的,这些微粒以极大的速度作直线运动,只有在媒质发生变更时,才有速度的变化(见牛顿:《光学》,伦敦 1704 年)。黑格尔认为这是关于物质的间断性的片面假设。——第 126 页

6. 惠更斯提出的波动说认为,光是在一种特殊的弹性物质——光以太——中进行的弹性机械波动(见他的《论光》,莱顿 1690 年)。黑格尔认为这是关于物质的连续性的片面假设。——第 127 页

7. 埃梯恩·路易丝·马吕斯(Étiene Louis Malus 1775—1812),法国物理学家,发现双折射的两束光线的相对强度与晶体的位置有关,从而发现光的偏振现象。见《关于结晶物质中光的双折射的理论》(巴黎 1810 年)。——第 133 页

8. 原文为 entoptisch,是黑格尔提出、歌德采纳的一个术语,用以标明光偏振时所得的光色。1817 年 7 月 20 日黑格尔给歌德的信中写道:"使我欣慰的是您保存了这个名称,那是我仿照希腊文 epoptisch 想出来的"。——第 133 页

9. 约翰·路德维希·海谋(John Ludwig Heim 1741—1819),德国地质学家。黑格尔这里援引的是他的《论昔日地球表面与今日月球表面的相似性》,原载《地学与天文学通讯月刊》,第 VI 卷,哥达 1802 年。——第 136 页

10. 爱德蒙·哈雷(Edmund Halley 1656—1742),英国天文学家,1705 年发现第一颗彗星轨道,预言其周期为 75 年,后来这颗彗星分别出现于 1758 年、1835 年和 1910 年。——第 139 页

11. 黑格尔用他的思辨方法,把"普遍性(A)—特殊性(B)—个别性(E)"这个三段式硬套到一切现实事物上,认为太阳、行星和彗星也构成这类三段式。——第 140 页

12. 约翰·埃勒特·波德(Johann Ehlert Bode 1747—1826),德国天文学家,柏林天文台台长,太阳与行星距离规律的发现者之一,这条规律的表达式为 $\frac{4+3\cdot 2h}{10}$,其中 h 可依次代入 0,1,2,3 等量值。——第 141 页

13. 开普勒的这个思想是在其《宇宙和谐》第 III 卷里详加阐述的。拉普拉斯认为,"开普勒借助于音乐和谐的规律,解释过太阳系的秩序。很明显,甚至从他成熟的著作来看,他都受了这些虚幻思辨的很大影响,以致他把它们视为天文学的生命和灵魂"。(《宇宙体系解说》,巴黎 1796 年,第 II 卷,第 263 页)——第 141 页

14. 见牛顿《光学》,第 I 卷,第 II 部分,命题 III 与 VI;第 II 卷,第 I 部分,观测 14,第 III 部分,命题 XVI,第 IV 部分,观测 5 和 8。——第 142 页

15. 黑格尔的这一思想,恩格斯有过评述,参看《自然辩证法》,北京 1955 年,第 200 页。——第 142 页

16. 亨利克·施特芬斯(Henrik Steffens 1773—1845),德国自然科学家,谢林派自然哲学家。关于这种类比,可参看谢林《对我们的行星体系的特殊形成和内在关系的考察》(1802 年,入《谢林全集》施劳普版,补编,第 I 卷)和施特芬斯《地球内在自然史论丛》(夫赖堡 1801 年)。——第 143 页

17. 特奥弗拉斯图斯·博巴斯特·冯·帕拉采尔苏斯(Theophrastus Bombast von Paracelsus 1490—1541),德国自然科学家和医生。他在其《论三种根本元素》(日内瓦 1658 年)中认为一切物体都是由三种元素——水银(或液体)、硫磺(或油)和食盐——组成的;关于这一点,黑格尔已在本书 §. 316 "说明"有正确陈述。因此,这里的文字有问题。——第 144 页

18. 与当时的化学家相反,黑格尔认为化学元素概念并不表现物质的质的特点,而是把物质性状归结为纯粹量的东西。他试图找到物质的质的特征,他的四元素说可以解释为对各种物质状态的质的描述。——第 144 页

19. 恩培多克勒(Empedocles 纪元前 492—纪元前 432),古希腊哲学家,按照他的观点,一切事物都是借"爱"与"恨",由四种元素(火、气、水、土)构成的。黑格尔对他的详细评述,见《哲学史讲演录》,第 I 卷,北京 1956 年,第 317 页以下。——第 145 页

20. 让·巴帕梯斯特·毕奥(Jean Baptiste Biot 1774—1862),法国物理学家。黑格尔引证的这部书是 1816 年在巴黎出版的。毕奥在书中吸收了盖－吕萨克根据大量实验所作出的结论,即气体体积随温度增高而膨胀。——第 150 页

21. 黑格尔把火与水当作两种对立的元素,认为物体在火里是能燃烧的,在水里则不然。这种对立是不合乎科学的,因为在水里也能发生燃烧过程,例如钾、钠等等在水里的燃烧。——第 153 页

22. 见亚里士多德:《天论》,268b。——第 159 页

23. 弗利德里希·阿贝尔特·卡尔·格临(Friedrich Albert Karl Gren 1760—1798),德国化学家与医学家。黑格尔这里引证的书名应为《自然学说大纲》(哈雷 1797 年,第 3 版)。瑞士物理学家索修尔(H. B. de Saussure 1740—1799)的看法,见他所著《论湿度测量法》(纳沙特尔 1783 年)。——

第 160 页

24. 格奥尔格·克利斯托夫·李希滕贝格（Georg Christoph Lichtenberg 1742—1799），德国物理学家、化学家、语言学家和艺术评论家。柏林科学院以英国胡顿（J. Hutton 1726—1797）和瑞士戴吕克关于雨的成因的辩论结果为题，悬赏征文。齐留斯（J. D. O. Zylius 1764—1820）写出《对戴吕克先生的雨论的检验》（柏林 1795 年），获得了悬赏。李希滕贝格随后写出《捍卫温度计与戴吕克雨论》（哥廷根 1800 年），批驳了胡顿的分解论，为戴吕克的转化论进行了辩护。——第 160 页

25. 约翰·威廉·里特尔（Johann Wilhelm Ritter 1776—1810），德国自然科学家、谢林派自然哲学家，1801 年发现紫外线。黑格尔提到的实验，见《伽法尼电详解》（耶纳 1800—1805 年），第 II 卷，第 1—54 页。黑格尔与里特尔一起，反对卡文迪什于 1781 年已经确立的水的化学组成的定义，而认为水是一种简单的物质，它的正极变为氢，负极变为氧。参看 1807 年 1 月 11 日谢林致黑格尔的信和同年 2 月 23 日黑格尔回谢林的信。——第 161 页

26. 亚历山大·冯·洪堡特（Alexander von Humboldt 1769—1859），德国自然科学家，曾与盖-吕萨克一起，对空气进行化学分析。黑格尔这里提到的研究结果，原载吉尔贝特（Gilbert）编《物理学年鉴》第 XX 卷，第 38—95 页（哈雷 1805 年）。——第 162 页

27. 威廉·爱德华·帕里（William Edward Parry 1790—1855），英国海军将领，对北极作过考察和研究。——第 164 页

28. 英国科学家吕克·霍瓦德（Luke Howard 1772—1864）在其《论云的形态变化》（伦敦 1803 年）里详细地描述了云的各个类型。歌德在这个问题上的观点曾受过霍瓦德的影响。参看歌德：《按照霍瓦德的观点来看云的形态》，入《论自然科学》第 I 卷，第 3 分册（1820 年）。——第 168 页

29. 提图·李维（Titus Livius 纪元前 59—纪元后 17），古罗马历史学家，在其著作中记载过陨石雨。——第 169 页

30. 黑格尔认为，与研究那种在自身之外寻求统一中心的物质的普遍个体性物理学相反，特殊个体性物理学研究在自身之内具有统一中心的物质，具体地说，即研究这种物质的纯粹量的关系（比重）、各个物质部分的关系的特殊方式（内聚性）和各个物质部分的这种关系本身（声音和热）。——第

171 页

31. 见康德:《自然科学的形而上学基础》第二章"动力学的形而上学基础"（里加 1786 年）。黑格尔在其《逻辑学》（上卷,北京 1974 年,第 236 页以下）已经讨论过康德的动力学观点。恩格斯关于康德动力学观点的评述,参看《自然辩证法》,北京 1955 年,第 48 页以下。——第 175 页

32. 谢林:《全部哲学、特别是自然哲学的体系》（1804 年手稿）,第 147 节:"磁作为运动的形式,相当于作为己内设定的形式的绝对内聚性。换句话说,积极地、生动地加以直观的绝对内聚性本身就是磁"。（《谢林全集》,施劳特版,补编,第 II 卷,第 252 页）。——第 180 页

33. 黑格尔的声音说与物理学关于声音是物质微粒振动的学说相吻合。依照黑格尔的看法,如果说弹性是对物质微粒的外在性和独立性的否定,那么声音则是否定之否定,因为在振动中物质微粒同时保持着自己的凝聚性,不离开自己在振动物体中间的地位,从而显示出自己的独立性。振动在时间上形成某种连续性,因而黑格尔认为声音是物质空间性向物质时间性的转化。——第 188 页

34. 黑格尔关于金属发声,水和空气只能传声的说法,是与当时的物理学实验背道而驰的。——第 191 页

35. 恩斯特·弗劳伦斯·弗里德里希·克拉尼（Ernst Florens Friedrich Chladni 1756—1827）,德国物理学家,声学家。黑格尔这里提到的实验结果,见克拉尼的《声学》（莱比锡 1802 年）,第 107—108 页。——第 192 页

36. 毕奥:《物理学研究》,第 II 卷,第 4 页。——第 193 页

37. 朱赛佩·塔尔忒尼（Giuseppe Tartini 1692—1770）,意大利小提琴家、作曲家和音乐理论家。他在他的《音乐论》（帕多瓦 1754 年）里说,他是在 1714 年发现这些不同的组合律音的。——第 194 页

38. 关于古希腊哲学家毕达哥拉斯发现律音与数量比例的一致性的问题,黑格尔曾作过详细叙述,见《哲学史讲演录》,第 I 卷,北京 1956 年,第 238 页以下。——第 195 页

39. 在黑格尔看来,对称是可见的和谐,乐音是可闻的和谐。关于音乐与建筑的对比,参看黑格尔:《美学》,第 I 卷,朱光潜译,北京 1958 年,第 99 页以下。——第 195 页

40. 格奥尔格·约瑟夫·弗格勒尔(Georg Joseph Vogler 1749—1814),天主教神甫,德国作曲家和音乐理论家。他从1786年到1789年在彼得堡和斯德哥尔摩工作期间,致力于制造一种自动风琴。成功以后,周游欧洲各地,进行了表演。——第202页

41. 见里特尔:《一位青年物理学家的遗著残篇》,海德堡1810年,第Ⅱ卷,第225—269页。——第203页

42. 约翰·巴帕梯斯特·冯·斯皮克思(Johann Baptist von Spix 1781—1826),德国动物学家,谢林派自然哲学家。卡尔·弗里德里希·菲力普·冯·马齐乌斯(Karl Friedrich Philipp von Martius 1794—1868),德国植物学家。他们二人参加了巴伐利亚政府组织的巴西远征(1817—1820),回国后写出了这部游记(三卷本,慕尼黑,1823—1831)。——第206页

43. 原名本杰明·汤普森(Benjamin Thompson 1753—1814),受封爵号伦福德(Rumford),从美国移居欧洲的科学家,在慕尼黑钻造炮膛时,发现热是金属分子的机械运动,从而支持了热的唯动说。黑格尔援引的这项实验,见伦福德1798年向英国皇家学会宣读的论文:《关于摩擦所生的热的起源的探讨》,入《伦福德全集》(四卷本,波士顿1870—1875年),第Ⅰ卷,第471—493页。——第207页

44. 马尔克·奥古斯特·皮克泰特(Marc Auguste Pictet 1752—1825),瑞士自然科学家。黑格尔提到的这项实验,可参看皮克泰特《物理学实验》(日内瓦1790年),第82页。——第208页

45. 例如,荷兰物理学家彼得·范·马森布罗克(Peter van Musschenbroek 1692—1761)在其《自然哲学导论》(莱顿1762年)里认为,金属在被火煅烧时,重量有所增加,因此热是有重量的物质。后来随着化学的发展,热质又被认为是一种没有重量的物质,例如,格临在他的《化学全书》(哈雷1787年)里认为,热质是一种没有重量的物质,潜伏在物质里,燃烧时释放出来。——第209页

46. 黑格尔还没有把热量和温度区分开;但这种区分早在1760年就已经由布拉克(J. Black 1728—1799)作出。热量被理解为物体热能的总量,温度被理解为分子平均动能的标志。——第212页

47. 在黑格尔的自然哲学中,与研究那种在自身之内寻求统一中心的物

质的特殊个体性物理学相反,总体个体性物理学研究设定起概念总体的物质,在这种物质中,重力中心已不再是物质所寻求的主观性,而是物质所固有的主观性。——第218页

48. 黑格尔把总体个体性的发展划分为磁、电和化学过程这三个阶段,是对谢林的所谓"物质的构造"的继承和发展。参看谢林《自然哲学体系初步纲要》第Ⅲ章第Ⅲ节d和《先验唯心论体系》(北京1977年)第Ⅲ章第Ⅱ节C。——第219页

49. 雅可布·尼古拉·莫勒尔(Jacob Nicolai Møller 1777—1862),挪威科学家,唯心论哲学家。黑格尔援引的这篇文章是他在谢林的影响下写的,题为《论摩擦生热》。——第223页

50. 耶雷米亚斯·本杰明·里希特(Jeremias Benjamin Richter 1762—1807),德国化学家。黑格尔在这里引证的是他的《论提炼钴和镍的最可靠的方法》,原载盖隆编《新化学杂志》第ⅩⅩ卷(柏林1804年)。——第230页

51. 安顿·布鲁格曼(Anton Brugmans 1732—1789),荷兰自然科学家与哲学家。他研究磁性时得出了这个结论。见他的《对磁性物质的哲学探讨》(弗兰耐开尔1765年)。——第232页

52. 詹·汉德里克·范·施文登(Jan Hendrik van Swinden 1746—1823),荷兰自然科学家与哲学家。他继续了布鲁格曼的磁性研究工作。见他的《对磁现象的数学理论探讨》(莱比锡1772年)。——第232页

53. 在18世纪,欧洲的自然科学家们孤立地看待磁、电和化学作用。19世纪初叶,戴维用实验证明化学亲和力可以归因于电(1801年),格罗杜斯发现盐类在水溶液中产生电离的现象(1805年),柏采留斯提出"二元电化基团"说(1812年),奥斯忒揭示出电和磁的相互作用(1819年),安培提出电流产生磁场的基本定律(1822年),在这种情况下,认为磁、电和化学作用有同一性的观点就逐渐取得了胜利。黑格尔肯定了自然科学的这一重大进步,同时也指明它又跳到另一极端,忽视这些现象的差别。——第234页

54. 保罗·爱尔曼(Paul Erman 1764—1851),德国物理学家,柏林大学教授。关于他用这套装置做的实验,见《关于奥斯忒先生发现的电磁现象的物理关系的概括说明》(柏林1821年),第7—36页。——第237页

55. 原文为"im Durchgang der Blätter, d. h. in der Kerngestalt"。前一概念

是韦尔纳在其《论化石的外部标志》(莱比锡 1774 年)里提出来的,意思为
"层理"或"叶片脉路",用以表明晶体结构的基本特征;后一概念是奥伊在其
《晶体结构理论》(巴黎 1784 年)时提出的,意思为"核心形态"或"解理核
心",也是用来解释晶体结构的。黑格尔在这里把韦尔纳与奥伊的概念等同
起来了。——第 241 页

56. 阿伯拉哈姆·哥特劳伯·韦尔纳(Abraham Gottlob Werner 1750—
1817),德国矿物学家和地质学家,岩石水成论创始人。——第 244 页

57. 阿贝·勒内 – 朱斯特·奥伊(Abbé René-Just Hauy 1743—1822),法
国矿物学家,结晶学奠基人。——第 245 页

58. 雅可布·波墨以泛神论观点进一步发挥了帕拉采尔苏斯的这一学
说。见他的《神圣本质的三条原则》(1619 年)、《人的三重生活》(1620 年)、
《事物的征象》(1621 年)和《伟大的神秘》(1623 年)。——第 246 页

59. 克里斯托夫·弗里德里希·路德维希·舒尔茨(Christoph Friedrich
Ludwig Schultz 1781—1834),普鲁士政府枢密顾问,柏林大学总监。曾对颜
色理论发生兴趣,写过三篇文章。黑格尔这里援引的是他的《论生理学颜色
现象》(1821 年脱稿),歌德把它刊印于自己的《论自然科学》,第 II 卷,第 1
分册。——第 253 页

60. 维尔布洛德·斯涅尔(Willebrord Snell 1580—1626),荷兰数学家与
物理学家,1620 年从实际观察中归纳出光线的折射定律。笛卡尔 1638 年在
其《方法谈》"折光学"中从微粒说推出这条定律时,引用了斯涅尔的手
稿。——第 263 页

61. 光的双折射是丹麦物理学家巴赛林(E. Bartholin 1625—1698)于
1669 年发现光线通过方解石时产生的现象。惠更斯和牛顿研究过这种现
象。在黑格尔时代,它是物理学中的难题之一,为马吕斯和菲涅耳(A. J.
Fresnel 1788—1827)进一步加以探讨。——第 266 页

62. 见黑格尔 1821 年 2 月 24 日给歌德的信。——第 267 页

63. 亚里士多德认为,光是体现于物质中的隐得来希,颜色是一种形式
(光)与物质(暗)的统一。歌德坚持亚里士多德的观点,认为白色是原始现
象,一切颜色都是由相互对立的亮与暗综合而成的,颜色的性质依物体的驳
杂成分和混浊程度而定。他同牛顿的争论是颜色视觉生理学中的一个重要

发展阶段。在这场争论中,黑格尔站在歌德一边,反对牛顿的理论。恩格斯评论说,"黑格尔从纯粹的思想构成了关于光和色的理论,并且这样一来就堕入了普通市侩体验的最粗鄙的经验里去了(虽然也还有一些道理,因为这一点当时还没有弄清楚),例如,他举出画家的色彩混合来反对牛顿。"(《自然辩证法》,北京 1955 年,第 244 页)。——第 269 页

64. 原文为"epoptisch",歌德颜色学中的一个术语,用以说明接触透镜或振动薄片时因干扰而产生的有色圆圈。歌德关于这类颜色的定义,见他的《论颜色学》(图宾根 1808 年),第 430 节。——第 271 页

65. 见牛顿:《光学》,第 II 卷,第 2 部分,观察 14。——第 273 页

66. 毕奥试图把牛顿所说的光微粒的冲动解释为分子的转动或振荡,认为分子从右向左转动时,就出现紫色和蓝色光线,从左向右转动时,就出现红色光线。参看《物理学研究》(巴黎 1816 年),第 IV 卷,第 499—542 页。——第 275 页

67. 牛顿给自己提出的目标,是要使颜色学成为一门精确数学化的科学。他用两种方法测量颜色:(1)在棱镜光谱中确定色带宽度;(2)确定相互接触的透镜之间空气层的厚度。黑格尔嘲笑牛顿在颜色学研究中应用数学方法,这是不对的。——第 283 页

68. 光的衍射是意大利格里马第(F. M. Grimaldi 1613—1663)发现的。牛顿虽然在其《光学》里讨论过衍射问题,然而衍射理论是托马斯·杨(Thomas Young 1773—1829)和菲涅耳制定的。——第 288 页

69. 原文为"paroptisch",歌德颜色学中的一个术语,用以表示衍射产生的光谱颜色,有时也表示色散与反射产生的颜色。歌德关于这类颜色的定义,见他的《论颜色学》第 391 节。——第 294 页

70. 见谢林《四种贵金属》(1802 年),入《谢林全集》,施劳特版,补编,第 I 卷,第 565—574 页。——第 297 页

71. 原诗见席勒:《大钟歌》,第 V 章,第 167 行以下。——第 300 页

72. 黑格尔把电理解为一种在自身有对立关系的物质状态,就像反对声质说、热质说一样,反对把电理解为某种特殊物质。恩格斯关于黑格尔这一思想的评论,见《自然辩证法》,北京 1955 年,第 88 页。——第 305 页

73. 克劳特·路易·伯叟莱(Claude Louis Berthollet 1748—1822),法国

化学家。在黑格尔援引的这部书里,伯叟莱认为"热质"与"电流质"是类似的,他试图证明它们的效应为什么常常是相同的。——第 309 页

74. 18 世纪末曾经流行过各种电质说。德国自然科学家卡尔斯滕(W. J. G. Karsten 1732—1787)在其《通用自然知识指南》(哈雷 1783 年),第 497 节中认为,正电是充满火的纯气,负电是与弱酸结合起来的热质。黑格尔这里指的可能是戴吕克在其《关于气象学的新观念》(柏林 1787 年)中所坚持的"电流质"论。——第 311 页

75. 格奥尔格·弗里德里希·鲍勒(Georg Friedrich Pohl 1788—1849),德国数学家与物理学家,黑格尔派自然哲学家。——第 316 页

76. 约翰·萨莫尔·特劳哥特·盖勒尔(Johann Samuel Traugott Gehler 1751—1795),德国数学家与物理学家。他所编的《物理学辞典》原来共四卷(莱比锡 1787—1795 年),后来由德国海德堡大学物理学教授孟克(G. W. Muncke 1772—1847)加以增订,改为十一卷(莱比锡 1825—1845 年)。——第 316 页

77. 汉斯·克利斯梯安·奥斯忒(Hans Christian Oersted 1777—1851),丹麦物理学家,谢林派自然哲学家,1819 年发现电流能使磁针偏转,磁铁能使电流偏转,开始揭示了电和磁的相互关系。——第 317 页

78. 见谢林:《动力学过程或物理学范畴的一般演绎》,原载《思辨物理学杂志》(耶纳与莱比锡 1800 年),第 I 卷,第 1—2 期。——第 318 页

79. 里特尔认为,日食会使伏打电堆的功率减低。见《1804 年 2 月 11 日日食时对电流的观察》,入里特尔:《物理学与化学论文集》(莱比锡 1806 年),第 III 卷,第 308—319 页。——第 327 页

80. 奥地利化学家温特尔(J. J. Winterl 1732—1809)认为,物质本身是不活动的,只有借助于两个相互对立的本原,才能变为活动的,而这两个本原的结合,又需要借助于某种媒介物质。他使用"物合"(Synsomation,来自希腊文 σvv〔综合〕+ σωμα〔物体〕)一词,来表示这个结合过程。参看他的学生舒斯特尔(J. Schuster 1777—1839)所著《温特尔的二元化学体系》(柏林 1807 年),第 I 卷,第 447—450 页。——第 328 页

81. 温特尔曾经宣称,他发现了一种叫作 Andronia 的物质,它是与氢结合成蛋白质的东西。后经富克鲁阿、伏凯林和伯叟莱鉴定,证明这种东西主

要是由硅酸组成的。——第 328 页

82. 这个故事出自威特鲁维(Vitruvius)的《建筑体系论》,说希隆把金交给金匠做王冠,金匠用银偷换了重量相等的金,后来阿基米德根据浮沉原理进行鉴定,算出了王冠中金与银的比例。黑格尔的说法与历史的记载有出入。——第 329 页

83. 让·达赛(Jean d'Arcet 1725—1801),法国化学家,曾用铋、铅和锡配制成十四种不同的合金,黑格尔这里提到的是其中的第十种。——第 330 页

84. 在 18 世纪末—19 世纪初化学蓬勃发展的时期,黑格尔还没有完全从古代炼金术的思想中解放出来。他否认物质是由化学原子组成的,而把当时业已发现的许多化学元素归结为可以套用他的公式的三种元素:无差别的元素、对立的元素和个体性的元素。——第 331 页

85. 约翰·巴托洛毛斯·特罗姆斯多夫(Johann Bartholomäus Trommsdorff 1770—1837),德国化学家。黑格尔这里援引的论述,见他的《化学大全》(埃尔富特 1805—1820 年),第 IV 卷,第 235 页。——第 332 页

86. 路易·贝尔纳·吉顿·戴·莫尔沃(Louis Bernard Guiton de Morveau 1737—1816),法国化学家,燃素说的拥护者。他的这一假设是在他与戴索迈(C. B. Desormes 1777—1862)合写的文章《论两种固体碱的分解与组合》(入《国立研究院回忆录》,1802 年,第 III 卷,第 321—336 页)中提出的。——第 332 页

87. 安都昂·罗朗·拉瓦锡(Antoine Laurent Lavoisier 1743—1794),法国化学家,确立了燃烧的氧化学说,指出物质只能在含氧的空气中进行燃烧,燃烧物重量的增加与空气中失去的氧相等,从而推翻了全部燃素说,并正式确立质量守恒原理。参看他的《论金属在封闭容器中的煅烧过程》(巴黎 1774 年)和《关于燃素的回顾》(巴黎 1783 年)。——第 333 页

88. 黑格尔把化学过程的进展分为两个方面,即化合与分解。他的所谓化合,是指过程从无差别的东西(氮、金属)出发,出现对立的东西(氧和氢、酸性物质和碱性物质),而达到中性物质(盐);他的所谓分解,是指过程从中性物质出发,出现分解的东西,而回到无差别的东西。——第 335 页

89. 延斯·雅各布·柏采留斯(Jøns Jacob Berzelius 1779—1848),瑞典化学家,电化学理论创立人。他分析过两千多种化合物,以氧为标准,测定了四

十多种元素的化学结合量;他认为所有元素都含有正电极和负电极,但电量与强度不相等,元素按正负电量的不等而相互吸引,进行化合,从而抵消了部分电性,未抵消的部分还可以化合成更复杂的化合物。黑格尔从哲学角度对他的化学理论所做的评论,见《逻辑学》上卷,北京 1975 年,第 392 页以下。——第 343 页

90. 黑格尔指的是谢林的公式主义。见谢林《动力学过程的一般演绎》第 60—62 节。——第 343 页

91. 黑格尔在这里指的是 19 世纪初关于伏打电堆里电的起源的争论。他既没有附和化学论,也没有附和接触论。关于这场争论,可参看恩格斯的评述,《自然辩证法》,北京 1955 年,第 94 页以下。——第 345 页

92. 这个问题是特劳姆斯多夫在其《化学大全》第 IV 卷,第 117—119 页讨论的。——第 347 页

93. 见施特芬斯:《论矿物学和矿物学研究》(阿尔托纳 1797 年),第 135—143 页。——第 348 页

94. 见里特尔:《物理学和化学论文集》(莱比锡 1806 年),第 III 卷,第 269 页——第 348 页

95. 见洪堡特:《关于刺激肌肉和神经纤维的实验》(柏林 1797 年),第 I 卷,第 471—478 页。——第 349 页

96. 约翰·萨劳莫·克里斯多夫·施魏格尔(Johann Salomo Christoph Schweigger 1779—1857),德国数学家与物理学家。他的这一实验旨在证明温度的差异能引起电的差异。见他的《电流的结合》,原载《化学、物理学和矿物学杂志》,第 VII 卷 537 页以下,第 IX 卷第 316 页以下。——第 349 页

97. 威廉·海德·渥拉斯顿(William Hyde Wollaston 1766—1828),英国医生和自然科学家。黑格尔援引的是他的《关于化学生产与电力作用的实验》,原载英国《皇家学会哲学报告录》,1801 年,第 427—434 页。——第 349 页

98. 胡弗里·戴维(Humphry Davy 1778—1829),英国化学家,研究过用大量物质对组成电池的问题,由化学论转向接触论。黑格尔这里提到的实验,见戴维从 1801 年到 1802 年在《尼科尔森杂志》上发表的文章,特罗姆斯多夫在其《化学大全》第 V 卷第 68 页曾加以摘引。——第 350 页

99. 季奥伐尼·阿尔迪尼(Giovanni Aldini 1762—1834),意大利物理学家,坚持伽伐尼的学说,反对伏打的接触论。黑格尔在这里援引的是他的《论伽伐尼电的理论和实验》(巴黎 1804 年),第Ⅰ卷,第 53—55 页。——第 350 页

100. 洪堡特:《关于刺激肌肉和神经纤维的实验》,第Ⅰ卷,第 78—79 页。——第 351 页

101. 伏打:《论各类不同的导电物质的接触所引起的电》,载英国《皇家学会哲学报告录》,1800 年,第 402 页以下。——第 351 页

102. 里特尔:《物理学和化学论文集》,第Ⅱ卷,第 270 页。——第 352 页

103. 里特尔:《物理学和化学论文集》,第Ⅱ卷,第 126—141 页。——第 354 页

104. 这句话是黑格尔从舒斯特尔的《温特尔的二元化学体系》转引的。——第 357 页

105. 施特芬斯:《自然哲学的根本特征》(柏林 1806 年),第 117 页。——第 361 页

106. 约翰·舒斯特尔:《温特尔的二元化学体系》,第Ⅰ卷,第 415—417 页。——第 361 页

107. 约翰·舒斯特尔:《温特尔的二元化学体系》,第Ⅰ卷,第 412—413 页。——第 361 页

108. 里希特于 1791 年提出酸碱中和定律,制定了中和当量表。见他的《化学分析法基础》(布雷斯劳与希尔施贝格 1792—1794 年)第Ⅰ卷。——第 362 页

109. 黑格尔这里援引的是吉顿·莫尔沃给《方法论百科全书》写的“亲和力”辞条。见该书(巴黎 1786 年)第Ⅰ卷第 1 部分,第 535—613 页。——第 362 页

110. 弗兰茨·约瑟夫·加尔(Franz Joseph Gall 1758—1828),奥地利医生与人体解剖学家,骨相学创始人。黑格尔曾批评过他的学说里的糟粕,指出用颅骨断定人的性格和才能是荒谬的。参看《精神现象学》上卷,北京 1962 年,第 204 页以下。——第 365 页

111. 约翰·道尔顿(John Dalton 1766—1844),英国化学家与物理学家,现代化学理论的奠基人。黑格尔这里提到的道尔顿的结论,见《化学哲学新体系》(曼彻斯特 1808—1827 年),第 I 卷,第 141—144 页、第 211—220 页。黑格尔不了解道尔顿的化学原子论开辟了化学发展的新时代的伟大意义。——第 365 页

112. 见戴维 1806 年 11 月 20 日的演讲:《论电的某些化学作用》。——第 366 页

113. 黑格尔重复了赫拉克利特的观点,把火与时间等同起来。参看《哲学史讲演录》,第 I 卷,北京 1956 年,第 205 页。——第 370 页

114. 参看赫拉克利特:《著作残篇》122。《古希腊罗马哲学》,北京 1957 年,第 29 页。——第 376 页

第三篇　有机物理学

1. 自然界之划分为矿物界、植物界和动物界,起源于亚里士多德,17 世纪贝斯勒(M. R. Besler 1607—1661)和寇尼希(E. Kønig 1658—1731)曾加以传播。18 世纪,林奈在其《自然体系》(莱顿 1735 年)中,林克在其《论自然界的发展阶梯》(罗斯托克与莱比锡 1794 年)中,也接受了这种三分法。在黑格尔的时代,生物学观点在地质学里居于支配地位,因此,他在采纳这种三分法时,把矿物界理解为生命过程的死骸或地质有机体。——第 377 页

2. 斯宾诺莎:《伦理学》,第 II 部分,命题 XLV 和 XLVI;贺麟译本,北京 1959 年,第 78—79 页。——第 379 页

3. 康德:《判断力批判》,第 63—67 节;韦卓民译本,北京 1964 年,第 12—31 页。——第 380 页

4. 原文为 Geognosie,来自希腊文 $\gamma\epsilon\omega$ ($\gamma\acute\eta$)〔地,地球〕+ $\gamma\nu\tilde\omega\sigma\iota\varsigma$〔知识,学问〕。这个词在地质学家富克赛尔(J. C. Füchsel 1722—1773)和韦尔纳的著作中表示研究地球构造、地球演化的科学。——第 386 页

5. 在 18 世纪末,关于岩石的起源火成论和水成论的争论达到了最激烈的程度。火成论观点的集大成者是英国地质学家詹姆士·赫顿(James Hutton 1726—1797);他在他的《地球理论》(爱丁堡 1795 年)里详细说明了这一观点。水成论观点的集大成者是德国地质学家亚伯拉罕·哥特劳伯·韦尔

纳（1749—1817），他在其《关于矿脉形成的新理论》（夫赖堡 1791 年）中系统地阐述了这一观点。——第 386 页

6. 见《马太福音》第 XXIV 章第 35 节，《马可福音》第 XIII 章第 31 节，《彼得后书》第 III 章第 4—10 节，《启示录》第 XXI 章第 1 节。——第 387 页

7. 约翰·哥特弗里德·埃贝尔（Johann Gottfried Ebel 1764—1830），瑞士医生。他在《论地球的构造》（苏黎世 1808 年）中把地球视为一个巨大的伏打电堆，认为埋藏到地层里的一切形成物都曾经由此获得自己的生气。——第 387 页

8. 见《伏尔泰全集》（巴黎 1828 年），第 XLII 卷，第 227—244 页。——第 388 页

9. 密纳发即希腊神话中的智慧女神雅典娜；丘比特即希腊神话中的主神宙斯。她是宙斯和美蒂斯的女儿。在她出生以前，她的父亲已吞掉她的母亲，所以她从父亲的头部生出来。——第 392 页

10. 原文为 Oryktognosie，来自希腊文 ορυκτος〔采掘〕+ γνῶσις〔知识〕。这个词在 18 世纪表示研究化石的科学，后来被赖尔提出的"古生物学"所代替，就不再加以使用了。——第 395 页

11. 见韦尔纳：《关于矿脉形成的新理论》，第 2 节。——第 396 页

12. 施特芬斯关于原始岩层内的对立的论述，见他的《地球构造学和地质学论文集》（汉堡 1810 年），第 205 页。——第 397 页

13. 埃贝尔：《论地球的构造》，第 I 卷，第 63—64 页。——第 398 页

14. 黑格尔这里评论的是德国地质学家海谋的《图林根森林山脉的地质学描述》（三卷本，迈宁根 1796—1812 年）。——第 399 页

15. 卡尔·格奥尔格·封·洛默尔（Karl Georg von Raumer 1783—1865），德国地质学家、矿物学家和自然史学家。——第 401 页

16. 弗里德里希·威廉·亨里希·冯·特莱布拉（Friedrich Wilhelm Heinrich von Trebra 1740—1819），德国地质学家和矿物学家，对哈尔茨山的地质、动植物化石作过重要考察，著有《岩层内部所见》（莱比锡 1786 年）、《采矿学》（莱比锡 1789—1790 年）。黑格尔引证的见解，见《岩层内部所见》，法文版，第 246 页。——第 402 页

17. 施特芬斯：《自然哲学的根本特点》，第 115—116 页。——第 404 页

18. 在古希腊罗马哲学中,泰利士、赫拉克利特、德谟克利特和卢克莱修都主张生物是从非生命物质自然地产生出来的。在 16 世纪到 18 世纪,培根、笛卡尔和布丰都持有类似的观点,认为苍蝇、蚊子和微生物都可以自然发生。从 1668 年雷蒂(F. Redi 1626—1698)做出否定自然发生的实验开始,自然发生说每况愈下,物种产生说占了上风。恩格斯关于自然发生说的评论,见《自然辩证法》,北京 1955 年,第 251 页以下。——第 407 页

19. "一切生命来自卵"这句话,一般认为出自哈维(W. Harvey 1578—1657)的《关于生物发生的实验》(伦敦 1651 年)。这部著作的卷首插画描绘了宙斯手里拿着的一颗蛋产生出一切生物,并附有"Ex ovo omnia"〔一切来自卵〕的题词。——第 410 页

20. 阿戴尔贝特·封·夏米索(Adelbert von Chamisso 1781—1838),德国小说家、诗人和植物学家。1815 年 10 月 23 日他与埃施绍尔茨(J. F. v. Eschscholtz 1793—1831)在大西洋加那利群岛发现这种海樽。关于这一发现的说明,见他的《环球旅行记》(柏林 1819 年)。——第 411 页

21. 卡尔·阿斯蒙德·鲁道勒菲(Karl Asmund Rudolphi 1771—1832),德国生物学家、生理学家和医学家,著有《生理学原理》(英译本,伦敦 1825 年)、《植物解剖学》(柏林 1807 年)等。——第 413 页

22. 见谢林:《论世界灵魂》(1798 年),入《谢林全集》,施劳特版,第 I 卷,第 637 页。——第 421 页

23. 卡尔·亨里利·舒尔茨(Karl Heinrich Schultz 1798—1871),德国植物学家和医学家。——第 423 页

24. 见谢林:《自然哲学观念》(1797 年),入《谢林全集》,施劳特版,补编,第 I 卷,第 174—175 页。——第 424 页

25. 卡尔·路德维希·维尔德诺夫(Karl Ludwig Willdenow 1765—1812),德国植物学家和分类学家,他的《草木学大纲》(柏林 1792 年第 1 版)当时流行甚广。——第 425 页

26. 哥特弗里德·莱因霍尔德·特雷维拉努斯(Gottfried Reinhold Treviranus 1776—1837),德国生物学家,谢林派自然哲学家,著有《生物学或关于活自然界的哲学》(六卷本,哥廷根 1802—1822 年)和《有机生命的现象和规律》(两卷本,不来梅 1831—1833 年),坚持有机界进化的观念。——第 427

页

27. 特雷维拉努斯这里援引的是德国医生胡弗兰德（Ch. W. Hufeland 1762—1836）的论文《论岩黄蓍的运动和电对这种植物的影响》，原载《物理学和自然史新知识杂志》（哥达1790年），第Ⅵ卷第3号。——第427页

28. 奥古斯特·皮朗·戴·康道勒（Auguste Pyrame de Candolle 1778—1841），瑞士植物学家、形态学家和植物分类学家。他在他的《植物学基本理论》（1813年）和《植物自然系统》（1817年）里认为，植物的亲缘关系不能用比较器官的功能的方法加以研究，而应该用比较器官的形态和发展的方法加以探讨，从而为达尔文的进化论做了准备。黑格尔提到的实验，见他在《物理学杂志》第LII卷上发表的文章。——第428页

29. 西格门德·黑尔姆施泰德（Siegmund Hermbstädt 1760—1833），德国化学家、药物学家。关于他的这项研究，见《论活植物冬季生热的能力》，原载《博物学最新发现杂志》（柏林1808年），第Ⅱ卷，第316—319页。——第428页

30. 特雷维拉努斯提到的这项实验，见意大利自然科学家芬塔纳（F. Fontana 1730—1805）在《国外医学和外科学文献新杂志》（爱尔兰根1806年，第Ⅴ卷，第2号）上发表的文章。——第429页

31. 弗里德里希·卡西米尔·梅迪库斯（Friedrich Kasimir Medicus 1736—1808），德国医学家和植物学家。他所作的这项观察，见他的《植物生理学论文集》（莱比锡1803年），第Ⅰ卷，第29页。——第430页

32. 亨利希·弗里德里希·林克（Heinrich Friedrich Link 1767—1851），德国化学家、植物学家和康德派自然哲学家。他的《论自然界发展的阶梯》（莱比锡与罗斯托克1794年）涉及黑格尔《自然哲学》采纳的许多观念。他在《论自然哲学》（1806年）和《自然与哲学》（1811年）里，继续研究了自然科学中的许多哲学问题。他在晚年所写的《健全理性的哲学》（1850年），把经验归纳法视为掌握哲学真理的唯一可靠方法。——第431页

33. 法国植物学家米尔贝尔（Ch. F. B. de Mirbel 1776—1854）在其《自然通史与植物专发》（巴黎1802年，第Ⅰ卷，第263—264页）讲到法国植物学家德斯丰泰因（R. L. Desfontaines 1750—1833）所做的这项实验。——第431页

34. 原书名为《解释植物变形的尝试》（哥达1790年），后来以《植物的

变形》为题,收入《论形态学》(斯图加特与图宾根 1817 年)。——第 432 页

35. 德国植物学家罗特(A. W. Roth 1757—1834)关于仙莱属的定义,见他的《略论隐花水生植物研究》(汉诺威 1797 年),第 33—36 页。——第 433 页

36. 奥贝尔·杜·佩蒂 – 图阿尔斯(Aubert du Petit-Thouars 1758—1831),法国植物学家,他的著作资料丰富,但缺乏系统整理。在他的时代人们对年轮和新木质部的认识很差,他的解释带有想象性质。——第 435 页

37. 关于这种繁殖方式,见德国医生阿格利科拉(G. A. Agricola 1672—1738)的著作《有关乔木、灌木和花草的通用繁殖方法的试验》(累根斯堡 1716 年)和美国园艺家巴尔内斯(Th. Barnes 生卒年代不详)的著作《果树与开花灌木的新繁殖法》(伦敦 1758 年)。——第 436 页

38. 奥古斯丁·曼迪洛拉(Augostino Mandirola ?—1661),意大利植物学家、园艺家。他用叶片繁殖柠檬、柑橘,见他所著《意大利花园与橘园》(纽伦堡 1670 年),第 III 卷,第 5 章。——第 437 页

39. 弗里德里希·约瑟夫·舍尔维(Friedrich Joseph Schelver 1778—1832),德国植物学家、医生和自然哲学家。——第 441 页

40. 赫尔曼·弗里德里希·奥滕里特(Hermann Friedrich Autenrieth 1799—1874),德国医学博士、生理学家。——第 444 页

41. 这个比喻出自《一千零一夜》。——第 450 页

42. 瑞典自然科学家卡尔·冯·林奈(Carl von Linnaeus 1707—1778),在他的《自然体系》里提出植物的人工分类体系。他把植物界分为 24 纲。前 23 纲属于显花植物,其划分是以雄蕊和雌蕊的特征为基础;第 24 纲为隐花植物。法国植物学家安都因·劳伦·戴·裕苏(Antoine Laurent de Jussieu 1748—1836)在他的《处于自然状态的植物序列》(1789 年)里提出植物的自然分类体系。他以胚胎的基本部分——胚层——为主要标志,把植物界分为 15 个纲,100 个科。他描述了两万种植物,以有无子叶为基础,把 15 个纲合并为三大类:无子叶、单子叶和双子叶植物。——第 452 页

43. 见舒尔茨:《活植物自然界》(柏林 1823 年),第 I 卷,第 508—526 页。——第 455 页

44. 林克这里援引的是德国植物学家施普伦格尔(K. P. J. Sprengel

1766—1833)的《植物知识入门》(哈雷 1802 年),第 88 页。——第 456 页

45. 罗伦茨·奥镗(Lorenz Oken 1779—1851),德国自然科学家,谢林派自然哲学家。1816—1848 年主编《伊西斯》杂志,1822 年在莱比锡组织了第一个自然科学家年会。他在他的代表著作《自然哲学教程》(耶纳 1809—1811 年)里试图系统地总结当时的自然科学知识,但他的逻辑是浅薄的。——第 457 页

46. 波纳文图拉·科尔蒂(Bonaventura Corti 1729—1813),意大利植物学家,摩德纳植物园园长。——第 460 页

47. 乔梵尼·巴梯斯塔·阿米契(Giovanni Battista Amici 1786—1863),意大利物理学家、植物学家,佛罗伦萨天文台长。——第 460 页

48. 林克援引的试验,见德国林学家迈耶尔(F. Ch. F. Meyer 1777—1854)所著《对植物发展、发育和生长的客观阐述》(莱比锡 1808 年),第 49—50 页。——第 463 页

49. 林克援引的试验,见瑞士生物学家索修尔(N. Th. de Saussure 1767—1845)所著《植物的化学研究》(巴黎 1804 年),第 104、109 页。索修尔研究过二氧化碳的循环,研究过气与水对植物的营养作用。——第 474 页

50. 荷兰自然科学家黑尔蒙特(J. B. v. Helmont 1577—1644)的实验,见他所著《医学初步》(阿姆斯特丹 1652 年),第 XVIII 卷,第 30 节。——第 476 页

51. 法国植物生理学家杜阿梅尔(H. L. Duhamel 1700—1782)的实验,见他所著《论树木生理、苗木解剖和植物经济》(巴黎 1758 年),第 II 卷,第 198 页。——第 476 页

52. 德国生物化学家施拉德尔(J. Ch. K. Schrader 1762—1826)的实验,见他为柏林皇家科学院所写的悬赏征文,入《两篇论述各种谷物里的土质的真正性质和产生过程的得奖论文》(柏林 1800 年),第 27—28 页。——第 476 页

53. 从 17 世纪末开始,植物学家通过实验证实植物有性别。维尔德诺夫这里提到的德国植物学家、柏林植物园园长格列迪奇(J. G. Gleditsch 1714—1786)的实验,见《皇家科学院沿革与艺术作品》(柏林 1749 年),第 103—108 页。德国植物学家卡尔斯鲁厄御园总监克勒洛伊特(J. G. Kølreuter

1733—1806)的实验,见他所著《关于植物性别的若干实验和观察的临时报导》(莱比锡 1761—1766 年)。关于德国园艺家埃克莱本(H. J. Eckleben ? —1778)在彼得堡所做的实验,可参看斯托尔平斯基《园艺家埃克莱本与圣彼得堡的第一个园艺学校》,1914 年俄文版,第 V 卷,第 409—435 页。——第 483 页

54. 拉扎罗·斯巴兰让尼(Lazaro Spallanzani 1729—1799),意大利自然科学家,在血液循环、消化过程、生殖生理方面有一系列发现。林克援引的实验,见他的重要著作《论动物和植物的产生》(摩德纳 1780 年),第 III 卷,第 305 页。——第 484 页

55. 尤利乌斯·邦台德拉(Julius Pontedra 1688—1757),意大利植物学家,支持马尔丕基(M. Malpighi 1628—1694)的观点,否认植物有性别。——第 488 页

56. 约翰·鲍欣(Johann Bauhin 1541—1613),瑞士医生、植物学家,曾经用了 50 年时间编辑他的巨著《植物通史》(伊佛东 1619 年)。舍尔维援引的是这部植物学全书论述无花果树的段落(第 I 卷,第 135 页)。——第 489 页

57. 伽尤斯·普利尼(Caius Plinius 23—79),古罗马学者,著 37 卷本《博物学》。——第 489 页

58. 亚里士多德区分了灵魂的营养能力、吃食能力、感觉能力和思维能力,认为植物只具有第一种能力,动物具有第一、第二和第三种能力,人则另有思维能力。见《论灵魂》II,414a—414b。——第 498 页

59. 关于感受性、应激性和再生这三种有机体功能,黑格尔继承和发展了谢林的观点。参看谢林:《自然哲学体系初步纲要》,第 III 章,第 2 节。——第 501 页

60. 约翰·亨利希·奥滕里特(Johann Heinrich Autenrieth 1772—1835),德国医学家、生理学家。他在他的《生理学手册》(三卷本,图宾根 1801—1802 年)里试图摆脱谢林自然哲学对生理学的影响,竭力强调实验是这门科学发展的基础。——第 506 页

61. 奥铿在耶拿大学的就职演讲:《论头盖骨的意义》(耶纳 1807 年)。——第 508 页

62. 昂泰勒姆·巴尔塔萨·里舍尔兰德(Anthelme Balthasar Richerand

1779—1840),法国医学家、生理学家。他的《生理学新原理》(巴黎 1801 年)流行甚广,出过十三版,有十七种外文译本。——第 511 页

63. 马里·弗朗索瓦·格扎维埃·毕夏(Marie François Xavier Bichat 1771—1802),法国医学家、生理学家,组织学创始人。——第 511 页

64. 德国物理学家爱尔曼发表在《物理学年鉴》上的这篇文章,题为《关于肌肉收缩的若干说明》,是批评英国物理学家威廉·克鲁奈(William Croone 1633—1684)的。——第 513 页

65. 见舒尔茨:《活植物自然界》,第 I 卷,第 534 页。——第 517 页

66. 黑格尔这里反对的是法国生理学家毕夏在其《普通解剖学》(四卷本,巴黎 1801 年)中所代表的观点。——第 517 页

67. 萨木尔·托玛斯·封·索梅林(Samuel Thomas von Sømmerring 1755—1830),德国解剖学家、生理学家。黑格尔的引文出自他的《论人体构造》(五卷本,美茵河畔法兰克福 1791—1796 年),第 IV 卷,第 83 页。——第 519 页

68. 见毕夏:《关于生和死的生理学探讨》,第 1 章,第 7—8 页。——第 523 页

69. 毕夏在这里援引的论证,见瑞士生理学家阿尔布雷希特·封·哈勒尔(Albrecht von Haller 1708—1777)所著《人体生理学基础》(八卷本,洛桑 1757—1766 年),第 III 卷。——第 526 页

70. 约翰·阿劳伊斯·布鲁毛艾尔(Johannes Alois Blumauer 1755—1798),奥地利诗人、讽刺家。黑格尔援引的故事,见《布鲁毛艾尔全集》(柯尼格斯堡 1827 年),第 I 卷,第 137 页。——第 530 页

71. 朱利安·让·赛沙·莱卡勒瓦(Julien Jean César Legallois 1770—1814),法国医学家、生理学家。他认为脊髓与脑对心脏活动、血液循环和呼吸系统具有决定作用。他的主要著作为《论生命原则》(巴黎 1812 年)。——第 531 页

72. 舒尔茨:《论生理学的视觉现象与颜色现象》,原载施魏格尔编:《化学与物理学杂志》,第 XVI 卷,第 121—157 页(纽伦堡 1816 年)。——第 538 页

73. 伊格纳茨·鲍勒·维他利斯·特罗克斯勒(Ignaz Paul Vitalis Troxler

1780—1866),瑞士医学家与唯心论哲学家。黑格尔批评的是他在谢林影响下写出的著作:《病理学与医疗学基础观念》(耶纳 1803 年)、《有机物理学研究》(耶纳 1804 年)和《医学理论纲要》(维也纳 1805 年)。——第 543 页

74. 亚里士多德:《物理学》,第 II 卷,第 1 章。——第 545 页

75. 歌德援引的事实,见德国自然科学家福尔斯特的《环球旅行记》(伦敦,1778 年),第 184—185 页。——第 548 页

76. 见斯巴兰让尼:《论动物和植物的产生》,第 I 卷。黑格尔使用的是让·瑟纳比(Jean Senebier)的法文译本,书名改为《关于人和各种动物的消化过程的实验》(日内瓦 1783 年)。——第 553 页

77. 皮耳士·斯密(Pierce Smith 1774—1796),英国动物学家。德国生物学家普法夫(Ch. H. Pfaff 1773—1852)与社勒(P. Scheel 1773—1811)报导的是他的《鸟眼结构观察》,原载英国《皇家学会哲学报告录》,1795 年,第 II卷,第 263—269 页。——第 560 页

78. 柏采留斯:《人类组成研究》,原载盖隆(A. F. Gehlen)编《新普通化学杂志》,1806 年,第 VI 卷,第 509—541 页。——第 566 页

79. 路易-尼古拉·伏凯林(Louis-Nicolas Vauquelin 1763—1829),法国化学家,富克鲁阿的合作者。特雷维拉努斯援引的是他的《鸡粪实验研究》(载《化学年鉴》,1799 年,第 XXIX 卷,第 1—26 页)和他与富克鲁阿合写的《论海鸟粪》(载泰劳彻编:《哲学杂志》,1806 年,第 112—115 页)。——第 567 页

80. 约翰·弗里德里希·布鲁门巴赫(Johann Friedrich Blumenbach 1752—1840),德国解剖学家、人类学家。黑格尔这里提到的观点,见他的《发育冲动与生殖活动》(哥廷根 1781 年)。——第 568 页

81. 见法国生物学家若尔日·居维叶(Georges Cuvier 1769—1832):《按组织划分的动物界》(四卷本,巴黎 1817 年),第 I 卷,第 47—55 页。——第 569 页

82. 哥特希尔弗·亨里希·封·舒伯特(Gotthilf Heinrich von Schubert 1780—1860),德国医学家、自然史学家、谢林派自然哲学家。他在《对生命发展通史的预测》(三卷本,莱比锡 1806—1821 年)里试图总结当时的自然科学发现。——第 577 页

83. 雅可布·菲戴利斯·阿凯尔曼（Jakob Fidelis Ackermann 1765—1815），德国解剖学家、生理学家和法医学家，加尔骨相学的批判者。黑格尔这里提到的研究，见他的《有机体的生命力的科学阐明》（两卷本，法兰克福 1797—1800 年）。——第 577 页

84. 亚里士多德在《动物史》（III,7,516b）中以有无红血作基础，把动物分为有血动物（胎生四足类、鸟类、四足和无足卵生类、鱼类）和无血动物（软体动物、软甲动物、昆虫、披鳞动物）。林奈在他的《自然体系》中提出动物的人工分类体系。他也以有血或无血为标准，把动物界分为哺乳类、鸟类、两栖类、鱼类、昆虫类和蠕虫类。法国动物学家让·巴帕梯斯特·拉马克（Jean Baptiste Lamarck 1744—1829）认为动物界有一种从简单到复杂的发展过程（摄食动物、感性动物和理智动物），以有无脊椎为标准，把动物分为无脊椎动物和脊椎动物，前者又分为十个纲，后者又分为四个纲。居维叶则以神经系统与循环系统为标志，把动物分为脊椎动物、软体动物、关节动物和辐射状动物四个类型，认为所有动物都是这四个类型的趋异性变化，而且它们一经创造出来，形状就固定不变。黑格尔试图调和居维叶的原始类型说和拉马克的直线发展观，用自己的三段式把动物分为：a. 蠕虫、软体动物和贝壳动物；b. 昆虫；c. 脊椎动物——α. 水生动物鱼类，β. 爬行动物或两栖动物；γ. 空中动物鸟类；δ. 陆地动物哺乳类。——第 581 页

85. 见居维叶：《四足类化石骨头研究》（巴黎 1812 年），第 I 卷，第 58 页。——第 581 页

86. 见居维叶，前引书，第 I 卷，第 61—62 页。——第 587 页

87. 见居维叶，前引书，第 I 卷，第 62—64 页。——第 587 页

88. 弗勒赫尔·柯伊特（Volcher Coiter 1534—1576），荷兰解剖学家，比较解剖学创始人之一。——第 588 页

89. 皮特·堪培尔（Pieter Camper 1722—1789），荷兰自然科学家、医学家。——第 584 页

90. 见居维叶，前引书，第 I 卷，第 64 页。——第 588 页

91. 来自希腊文 *Εκ τῶ οίνχων τὸν λέντα γιγνώακειν*。普鲁泰克认为这个谚语出自希腊诗人阿勒开，路西安说它出自雕刻家菲狄亚。——第 588 页

92. 见居维叶，前引书，第 I 卷，第 65 页。——第 588 页

93. 见拉马克:《动物学原理》,第 I 卷,第 138 页,第 161—162 页。——第 591 页

94. 汉斯·阿道夫·歌戴(Hans Adolf Gøde 1785—1826),德国医学家,写了一篇题为《评黑格尔关于疾病与医疗的本质的概念》的文章(载奥铿编:《伊西斯》,耶纳 1819 年,第 1127—1138 页),批评黑格尔的医学理论,黑格尔在这里对他的观点作了反驳。——第 601 页

95. 希罗多德(Herodotus 纪元前 484—纪元前 425)在其《历史》第 I 卷第 103—105 章记载了赛格梯人入侵米太,说他们在劫洗了乌兰尼亚神庙以后,得了一种由当地女人而不是男人传染给他们的疾病。——第 603 页

96. 约翰·布朗(John Brown 1735—1788),英国医学家。按照他的体系,有机体的健康依赖于刺激和兴奋应有的平衡,有机体不能保持这种平衡,就会生病。正像兴奋不足引起虚弱病一样,兴奋有余则引起亢进病。他把健康与疾病视为一种显示兴奋程度的量的差别的状态,这种状态没有任何质的不同。黑格尔这里评论的是他的代表作《医学原理》(爱丁堡 1780 年)。——第 611 页

97. 芬尼克斯(Phønix),埃及神话中的长生鸟,据说这种鸟每隔 500 年自行烧死,然后由灰烬中再生。黑格尔在《历史哲学》(王造时译本,北京 1956 年,第 114 页)里说:"这不死之鸟终古地为它自己预备下了火葬的柴堆,而在柴堆上焚死它自己;但是从那劫灰余烬当中,又有新鲜活泼的生命产生出来"。——第 621 页

译 后 记

一、本书是根据格罗克纳编《黑格尔全集》第九卷翻译的。格罗克纳版只是据米希勒本重印,内容并无改动。马克思、恩格斯和列宁使用的是米希勒本,因此,我们在译文里标出米希勒版的相应页码,以便读者对照研究经典作家对黑格尔《自然哲学》的评述。《自然哲学》的"附释"是由米希勒增补的,有些材料出自黑格尔本人,属于不同时期的手稿,有些材料则出自黑格尔学生的课堂笔记,并不完全准确可靠。米希勒补加这些材料的方法,黑格尔著作的其他出版家曾经给予严厉的批评。他们指出,黑格尔的著作不仅被掺杂了不属于黑格尔的成分,而且属于黑格尔的手稿也遭到了砍伐。荷夫麦斯特在《耶纳现实哲学》编者前言(第二卷,1931年,第 IX 页)中说,"他简单地删去了困难的段落,一般只引入易读的段落,而且常常作了很大改动,以适合自己的心意"。尼柯林与鲍格勒尔在《哲学全书》编者导言(1959 年,第 XLV—XLVI 页)中说,"黑格尔的友人与学生的这种做法,也许只能看作是出于他们的基本哲学立场。他们寻求的是他们想要依靠和发挥的完整的、封闭的体系。因此,他们对于黑格尔思想的发展和这种发展的文献丝毫不感兴趣"。我们希望,这类问题能在西德目前编辑的新版黑格尔全集中得到解决。

二、本书的哲学术语基本上采用了国内通常的译法。例如，Sein 译为"存在"；Dasein 译为"特定存在"或"定在"；Existenz 译为"现实存在"或"实存"；Verstand 译为"知性"；Wirklichkeit 译为"现实性"或"现实"；Realität 译为"实在性"或"实在"，等等。但也有个别哲学术语是译者按照黑格尔的原意译出的。例如，Au??-ersichsein，相当于拉丁文 in alio esse，黑格尔用以表示"在自身外的存在"，如果直译为中文，则嫌累赘，所以我们把它简译作"己外存在"，并把与它相反的 Insichsein 简译作"己内存在"；又如，Gestaltung，相当于拉丁文 figuratio，黑格尔用以表示"形成形态的活动或过程"，我们把它译作"形态形成"。

本书的自然科学方面的术语，是根据中国科学院编译出版委员会编订的各门自然科学名词译出的。有些罕见的生物学术语，是在请教中国科学院植物研究所和动物研究所的同志后拟译的；还有个别科学术语，只在科学史上短期出现过，现在已被淘汰，没有旧译可资参考，是由译者直接译出的，例如，Synsomation 译为"物合"。

三、翻译本书时，我们参考过拉松版（莱比锡，1923 年）、尼柯林与鲍格勒尔版（汉堡，1959 年）和莫登豪艾尔与米谢尔版（美茵河畔法兰克福，1970 年），校正了米希勒本上一些错字。此外，还参考过下列译本：斯托尔普涅尔与卢麦尔的俄译本（莫斯科，1934年与 1975 年）；彼特里的英译本（伦敦，1970 年）和米勒尔的英译本（牛津，1970 年）

四、本书的翻译是这样分工的：导论，薛华译；第一篇（根据英译本），钱广华译；第二篇，梁志学译；第三篇第一章和第二章，薛华译;第三章(根据俄译本),沈真译。凡由英、俄文本转译的,由梁志学根据德文本校阅。分篇译出后,全部译稿又都作过互校。译者注是参考俄译本和彼特里英译本的注释编成的。

五、在翻译过程中,曾得到贺麟、洪谦、杨一之、管士滨、王玖兴、范岱年、胡文耕、傅乐安、马振铎、张乃烈、王维、余谋昌、殷登祥、林夏水、刘长林、李曦和金吾伦等同志的支持和帮助,谨向他们表示谢意。

六、本书的翻译从 1976 年 7 月开始,到 1978 年 7 月完成。由于译者的哲学水平、科学知识和外语水平有限,加以时间仓促,研究不够,所以错误缺点在所难免,请读者批评指正。

1978 年 7 月 28 日

于中国社会科学院哲学研究所

图书在版编目(CIP)数据

　　自然哲学/(德)黑格尔著;梁志学,薛华等译.—
北京:商务印书馆,2006(2024.8重印)
　(汉译世界学术名著丛书)
　ISBN 978-7-100-02382-5

　Ⅰ.①自…　Ⅱ.①黑…②梁…③薛…　Ⅲ.①自
然哲学　Ⅳ.①N02

　中国版本图书馆 CIP 数据核字(2005)第 085946 号

权利保留,侵权必究。

汉译世界学术名著丛书
自　然　哲　学
〔德〕黑格尔　著
梁志学　薛华　钱广华　沈真　译

商　务　印　书　馆　出　版
(北京王府井大街 36 号　邮政编码 100710)
商　务　印　书　馆　发　行
北京盛通印刷股份有限公司印刷
ISBN 978-7-100-02382-5

1980 年 5 月第 1 版　　开本 850×1168　1/32
2024 年 8 月北京第 7 次印刷　印张 21⅝
定价:96.00 元